Erosion damage and durability improvement technology of concrete under complex climatic environment

复杂气候环境下混凝土侵蚀损伤机理与耐久性提升技术

陈华鑫　何　锐　关博文　著

人民交通出版社股份有限公司

北　京

内 容 提 要

本书系统论述了复杂气候环境下混凝土耐久性问题,建立了复杂环境下混凝土盐侵蚀扩散反应模型,形成了基于交变荷载和盐侵蚀等耦合的混凝土寿命预估理论,内容包括:绪论、复杂气候环境对现代混凝土微结构的影响、交变荷载与干湿循环作用下混凝土氯离子传输机制、交变荷载与干湿循环作用下混凝土硫酸盐侵蚀损伤机理、干湿循环作用下混凝土界面硫酸盐侵蚀损伤与演化机理、复杂气候环境下高抗裂混凝土制备与工程应用、高性能湿喷混凝土制备与工程应用、复杂气候环境下混凝土表面防护技术与工程应用。

本书适合从事混凝土材料研究的科研人员阅读,也可供从事混凝土工程设计、施工、管理的技术人员参考使用。

图书在版编目(CIP)数据

复杂气候环境下混凝土侵蚀损伤机理与耐久性提升技术 / 陈华鑫, 何锐, 关博文著. — 北京 : 人民交通出版社股份有限公司, 2023.1

ISBN 978-7-114-18195-5

Ⅰ.①复… Ⅱ.①陈…②何…③关… Ⅲ.①气候环境—影响—混凝土—建筑材料—损伤(力学) Ⅳ.①TU528

中国版本图书馆CIP数据核字(2022)第164725号

Fuza Qihou Huanjing xia Hunningtu Qinshi Sunshang Jili yu Naijiuxing Tisheng Jishu

书　　名: 复杂气候环境下混凝土侵蚀损伤机理与耐久性提升技术
著 作 者: 陈华鑫　何　锐　关博文
责任编辑: 李　农　石　遥　闫吉维
责任校对: 赵媛媛
责任印制: 张　凯
出版发行: 人民交通出版社股份有限公司
地　　址: (100011)北京市朝阳区安定门外外馆斜街3号
网　　址: http://www.ccpcl.com.cn
销售电话: (010)59757973
总 经 销: 人民交通出版社股份有限公司发行部
经　　销: 各地新华书店
印　　刷: 北京交通印务有限公司
开　　本: 787×1092　1/16
印　　张: 29.5
字　　数: 535千
版　　次: 2023年1月　第1版
印　　次: 2023年1月　第1次印刷
书　　号: ISBN 978-7-114-18195-5
定　　价: 145.00元

交通运输行业
高层次人才培养项目著作书系

编审委员会

书系前言

PREFACE OF SERIES

进入21世纪以来,党中央、国务院高度重视人才工作,提出人才资源是第一资源的战略思想,先后两次召开全国人才工作会议,围绕人才强国战略实施做出一系列重大决策部署。党的十八大着眼于全面建成小康社会的奋斗目标,提出要进一步深入实践人才强国战略,加快推动我国由人才大国迈向人才强国,将人才工作作为“全面提高党的建设科学化水平”八项任务之一。十八届三中全会强调指出,全面深化改革,需要有力的组织保证和人才支撑。要建立集聚人才体制机制,择天下英才而用之。这些都充分体现了党中央、国务院对人才工作的高度重视,为人才成长发展进一步营造出良好的政策和舆论环境,极大激发了人才干事创业的积极性。

国以才立,业以才兴。面对风云变幻的国际形势,综合国力竞争日趋激烈,我国在全面建成社会主义小康社会的历史进程中机遇和挑战并存,人才作为第一资源的特征和作用日益凸显。只有深入实施人才强国战略,确立国家人才竞争优势,充分发挥人才对国民经济和社会发展的重要支撑作用,才能在国际形势、国内条件深刻变化中赢得主动、赢得优势、赢得未来。

近年来,交通运输行业深入贯彻落实人才强交战略,围绕建设综合交通、智慧交通、绿色交通、平安交通的战略部署和中心任务,加大人才发展体制机制改革与政策创新力度,行业人才工作不断取得新进展,逐步形成了一支专业结构日趋合理、整体素质基本适应的人才队伍,为交通运输事业全面、协调、可持续发展提供了有力的人才保障与智力支持。

“交通青年科技英才”是交通运输行业优秀青年科技人才的代表群体,培养选拔“交通青年科技英才”是交通运输行业实施人才强交战略的“品牌工程”之一,1999年至今已培养选拔282人。他们活跃在科研、生产、教学一线,奋发有为、锐意进取,取得了突出业绩,创造了显著效益,形成了一系列较高水平的科研成果。为加大行业高层次人才培养力度,“十二五”期间,交通运输部设立人才培养专项经费,重点资助包含“交通青年科技英才”在内的高层次人才。

人民交通出版社以服务交通运输行业改革创新、促进交通科技成果推广应用、支持交通行业高端人才发展为目的,配合人才强交战略设立“交通运输行业高层次人才培养项目著作书系”(以下简称“著作书系”)。该书系面向包括“交通青年科技英才”在内的交通运输行业高层次人才,旨在为行业人才培养搭建一个学术交流、成果展示和技术积累的平台,是推动加强交通运输人才队伍建设的重要载体,在推动科技创新、技术交流、加强高层次人才培养力度等方面均将起到积极作用。凡在“交通青年科技英才培养项目”和“交通运输部新世纪十百千人才培养项目”申请中获得资助的出版项目,均可列入“著作书系”。对于虽然未列入培养项目,但同样能代表行业水平的著作,经申请、评审后,也可酌情纳入“著作书系”。

高层次人才是创新驱动的核心要素,创新驱动是推动科学发展的不懈动力。希望“著作书系”能够充分发挥服务行业、服务社会、服务国家的积极作用,助力科技创新步伐,促进行业高层次人才特别是中青年人才健康快速成长,为建设综合交通、智慧交通、绿色交通、平安交通做出不懈努力和突出贡献。

交通运输行业高层次人才培养项目

著作书系编审委员会

2014年3月

作者简介

AUTHOR INTRODUCTION

陈华鑫，工学博士，二级教授，博导，美国普渡大学博士后经历。国务院特殊津贴专家，教育部交通铺面材料工程研究中心主任，交通部重点领域创新团队“特殊地区公路建设与养护材料创新团队”负责人，陕西省中青年科技创新领军人才。

陈华鑫教授长期从事道路工程材料前沿科学研究，主持开展了国家“十二五”科技支撑计划课题、“十三五”重点研发计划子课题、国家西部交通建设科技项目、教育部新世纪优秀人才支持计划、国家自然科学基金面上项目等多项国家级和省部级计划项目的课题研究。在国际高水平期刊发表学术论文200余篇，被EI/SCI收录70余篇，获发明专利20余件，参编《喷射混凝土用速凝剂》(GB/T 35159)、《混凝土高吸水性树脂内养护剂》(JC/T 2551)、《路用硫化橡胶粉/聚合物复合改性沥青》(T/CACE007)、《公路沥青路面微表处设计与施工技术规范》(DB62/T 3129)等国家、团体和地方标准规范多部，获国家和省部级奖励10余项。

陈华鑫教授在耐久性路面结构与材料，环境友好型路面材料与结构，沥青路面施工质量检测、评价与控制技术，特种改性沥青技术，道路功能材料研发等方面特色鲜明、优势突出。研发了抗渗抗裂外加剂、无碱液体速凝剂与混凝土内养护剂，显著提升高原复杂环境长寿命混凝土耐久性；发明了高含固量、高掺量SBS改性乳化沥青及应力吸收层抗裂技术，有效延长路面使用寿命；研发的隧道尾气净化涂层、桥隧长效防腐涂层、主动融冰雪路面等，大幅拓展道路使用功能。多项技术成果在世界超级工程港珠澳大桥、青藏高原首条高速公路“共玉高速”等重大工程中应用，成效显著，国内累计推广里程超过500km，对于促进我国交通基础设施建设的发展和相关技术研究的进步起到了积极作用。

作者简介

AUTHOR INTRODUCTION

何锐，工学博士，教授、博导，博士后。陕西省青年科技新星、交通运输部交通运输青年科技英才，中国混凝土与水泥制品协会喷射混凝土材料与工程技术分会、中国硅酸盐学会测试技术分会专家委员。

以“一带一路”交通基础设施建设和交通铺面新材料发展所面临的重大和关键科技问题为导向，紧密围绕耐久性路面结构与材料、先进水泥基复合材料以及环保型铺装新材料等领域开展技术创新，先后主持了包括国家自然科学基金、“十二五”国家科技支撑计划子课题、中国博士后科学基金、陕西省重点科技攻关项目和陕西省自然科学基金项目等在内的30余项课题的研究与实践，作为核心成员入选交通部交通运输行业重点领域创新团队“特殊地区公路建设与养护材料创新团队”，以第一或通讯作者发表科技论文60余篇，其中EI/SCI检索30篇，授权发明专利30件、软件著作权2件、实用新型6件，实现专利转化1件，获青海省科技进步二等奖2项、中国公路学会科技进步二等奖2项，中国科协创新创业大赛银奖1项。同时，积极参与国内外道路工程材料行业间科技交流和技术合作，参编团体标准1部、地方标准3部，多项技术成果在湖北、陕西、青海和西藏等地的国家重大或重点工程中得以应用。

作者简介

AUTHOR INTRODUCTION

关博文，工学博士，副教授，国际学生博士生导师，目前担任《青海交通科技》《西部素质教育》编委，*Mathematical Problems in Engineering* Leader Guest Editor，*Construction and Building Materials*，*Journal of Materials in Civil Engineering*，《中国公路学报》《复合材料学报》等学术期刊审稿专家。

主要从事道路工程材料研究工作，研究方向包括：道路混凝土腐蚀行为及侵蚀机理、功能型道路材料研究与开发、特种胶凝材料开发、道路材料再生技术。近年来，主持和技术负责完成国家自然科学基金“干湿循环与交变荷载作用下水泥混凝土氯离子侵蚀机理”，中国博士后基金项目“多因素作用下水泥混凝土氯离子传输机制”“多因素作用下再生混凝土腐蚀疲劳损伤机理”，青海省自然科学基金“环境因素与疲劳荷载作用下再生混凝土硫酸盐侵蚀损伤机制”，青海省科技厅项目“腐蚀疲劳作用下道路混凝土寿命预测”，青海省交通科技项目“镁水泥在道路工程中的应用研究”，陕西省交通科技项目“复合稳定黄土在公路路基路面中的应用技术研究”，安徽省交通科技项目“桥梁破除废弃混凝土再生技术与应用综合研究”等国家省部级项目10余项。发表期刊及会议论文50余篇，其中EI/SCI检索文章22篇，以第一作者或通讯作者发表30余篇。获青海省科技进步二等奖2项，中国公路学会科学技术奖二等奖2项，安徽省交通科技进步二等奖1项，陕西省交通科技一等奖1项，中国科技工作者创新创业大赛银奖。

前　言

FOREWORD

自波特兰水泥问世以来，混凝土材料在世界各地的工程建设领域得到广泛应用。混凝土材料在服役过程中，由于受到外部荷载和环境因素的综合作用而发生不同程度的劣化，随着时间的推移而导致其使用功能的退化或丧失。长期以来，严酷环境下混凝土结构的维修和养护耗费了大量的资金和不可再生资源，混凝土材料的耐久性已成为交通运输、土木建筑和材料科学与工程领域普遍关注的重要科学问题，直接关系到混凝土结构的服役寿命和工程建设投资。当前，我国正处于实现“两个一百年”奋斗目标的历史交汇时期，交通基础设施和城市化建设仍将是拉动有效投资、推动我国国民经济和社会高速发展的重要引擎。在这一过程中，混凝土材料的研究和应用起着举足轻重的作用。研究如何提高混凝土材料的耐久性，延长工程结构的服役寿命，降低养护维修成本，对于提高工程结构的安全服役水平，推动“双碳”目标的实现都具有重要意义。

经过国内外众多学者的研究，混凝土耐久性方面已经取得了丰硕的成果，对于推动混凝土技术的发展和工程应用起到重要作用。本团队十余年来围绕我国西部地区复杂气候环境下混凝土耐久性问题开展系统攻关，通过室内外试验与理论分析，揭示了荷载和盐侵蚀等多因素耦合作用下混凝土内部损伤的萌发与扩展机制，建立了复杂环境下混凝土盐侵蚀扩散反应模型，形成了基于交变荷载和盐侵蚀等耦合的混凝土寿命预估理论，并对混凝土关键材料进行功能与结构优化设计，研究解决了在干燥、大温差、严寒等严酷气候环境与水文地质条件下的高强混凝土开裂、耐蚀性差，湿喷混凝土渗漏、开裂等病害，以及混凝土表面防护等问题；开发了具有自主知识产权的液体无碱环保型水泥混凝土速凝剂、抗渗抗裂水泥混凝土复合外加剂和长效环保型混凝土双层水性防腐涂装材料等，并在实体工程中应用。基于上述研究，获得了在理论、材料、设备、方法及工艺上的系列成果，参编了国家、行业和团体标准各1部，研究成果在青海黄清沟大桥和甘肃麦积山隧道等重大工程中得以应用。

本书吸纳了本团队多年来的研究结晶，主要成果在国家科技支撑计划课题“西部桥隧耐久性混凝土关键技术研究和应用”(2011BAE27B04)和国家自然基金面上项目“硫酸盐腐蚀作用下道路混凝土疲劳损伤机理研究”(50978031)等项目的资助下完成，在多项实体工程中得以检验，获青海省科技进步二等奖和中国公路学会科学技术奖二等奖各1项。

全书由长安大学陈华鑫教授组织策划、撰写和统稿，长安大学何锐教授和关博文副教授参与了书稿的撰写、整理和校对。全书的相关研究工作是在何文敏、徐鹏、於德美等博士和李华平、杨涛、黄鑫、王铜、邵玉、王全磊、薛邵龙、杨昊、尹凌云、黄振等硕士的合作下完成。本书在写作和研究过程中得到了众多朋友、同行和学生的支持与帮助，其中部分内容是与中国建筑材料科学研究总院有限公司王玲教授级高工、同济大学张雄教授、哈尔滨工业大学杨英姿教授、北京工业大学李悦教授等联合研究的成果，在此一并表示感谢。同时，感谢国家重点研发计划和国家自然科学基金对相关研究的资助，以及交通运输部交通运输行业高层次人才培养项目对本书出版的资助。

随着荷载作用形式以及气候环境的变化，目前在混凝土材料耐久性领域尚有许多问题需进一步探讨，加之作者水平有限，书中的疏漏在所难免，恳请广大读者批评指正。

作　者

2022年8月

目　录

CONTENTS

第 1 章
CHAPTER 1

绪论

1.1 我国现阶段重大交通基础设施混凝土耐久性需求

随着"一带一路"倡议的稳步推进，交通基础设施互联互通力度逐步加大，复杂气候环境地区交通基础设施建设需求越来越大。近年来，国家在加速推进横贯东西、纵贯南北的运输通道建设，快速推动川藏铁路、西(宁)成(都)铁路等重大工程开工，打通断头路、瓶颈路，加强综合客运枢纽、货运枢纽(物流园区)的建设，为改善西部地区的交通基础设施条件发挥了重要作用。我国交通基础设施建设的重心已经逐步向西部地区转移，水泥混凝土因强度高、刚度大、承载力优良、原材料来源广泛等特点，在交通基础设施建设中得到广泛应用。而西部地区复杂恶劣的水文地质及气候环境条件给混凝土的设计、施工与管理提出了极大挑战和更高要求。

1.1.1 西部地区严酷的自然环境对混凝土的影响

我国西部地区地形复杂，多山地、海拔高。如青藏高原是我国最大、世界平均海拔最高的高原，高山大川密布，一般海拔在3000~5000m之间，平均海拔在4500m以上，远远超过同纬度的周边地区。众所周知，温度随海拔高度升高而降低，通常每升高100m，气温下降约0.6℃，造成青藏高原地区常年平均温度较低。青藏高原地区太阳辐射强烈，日照充足，一年中太阳总辐射量可达5000~8500MJ/m^2，大多数地区辐射总量在6500MJ/m^{2}以上，一年中日照总时数可达2500~3200h。高原地区白天日照长，太阳辐射强，温度上升迅速，水分蒸发散失快，环境相对湿度低，但晚上气温会急剧下降，昼夜温差大。每年正负温交替变化时间大于6个月，年冻融循环次数高达100次以上。如青藏铁路全程约1954km，其沿线的气候特征见表1-1。

青藏铁路沿线气候特征 表1-1

地点	1月平均气温(℃)	7月平均气温(℃)	年平均气温(℃)	年降水总量(mm)	年蒸发总量(mm)	海拔(m)
西宁	-15.3	16.5	5.7	400	1364	2295
格尔木	-1.2	12.2	-4.2	43	3000	2808
五道梁	-16.9	5.5	-8.6	270	3200	4675
沱沱河	-24.8	7.5	-4.2	283	1500	4533

续上表

地 点	1月平均气温(℃)	7月平均气温(℃)	年平均气温(℃)	年降水总量(mm)	年蒸发总量(mm)	海拔(m)
安多	-14.6	7.8	-2.8	435	1810	4750
那曲	-10.9	10.1	0.5	410	1900	4513
当雄	-9.4	7.3	1.3	481	1726	4293
拉萨	-4.3	15.2	7.5	426	2184	3650

混凝土是一种典型的脆性材料,易在拉、弯、冲击等应力作用下开裂。其强度及耐久性与制备、成型、养护及使用过程中的温度、湿度、风速等气候条件密切相关。在西部地区蒸发量大、日温差大、全年低温期长的气候条件下,大体积混凝土的收缩开裂非常严重,混凝土制备成型过程中强度难以保证,使得隧道衬砌混凝土更易产生开裂与松散,更易导致隧道渗漏和冻融破坏等耐久性问题。高原强紫外线照射、持续低温及高低温交替变化使得混凝土路面面层产生温度裂缝与冻融、冻胀破坏,导致服役性能大幅降低。车辆荷载与恶劣环境因素的耦合作用,导致路面混凝土结构疲劳损伤加剧,加速了混凝土结构和材料的疲劳与裂化,坑槽、剥落和开裂等早期病害易发。

1.1.2 高浓度腐蚀介质对混凝土耐久性的影响

我国盐湖区域面积占国土面积一半以上,主要集中在西北地区和内蒙古地区。盐湖卤水主要盐分是钾、钠和镁的硫酸盐、氯盐以及碳酸盐,对混凝土和钢筋混凝土结构的耐久性构成严重威胁。盐湖卤水中的各种离子对混凝土与钢筋混凝土的破坏影响并非孤立存在,而是相互诱导和相互促进的。例如,氯离子不仅参与钢筋混凝土的化学腐蚀,还协同钠和钾离子参与对混凝土的物理结晶腐蚀;钙离子的作用也不仅限于物理结晶腐蚀,还参与硫酸根的化学腐蚀。由于盐分的迁移和自然环境的影响,在盐湖周围还分布有面积更大的盐渍土区域,其中富含饱和或过饱和的晶间卤水,其含盐成分和含盐量与盐湖卤水类似,对混凝土结构也同样产生化学腐蚀、物理结晶腐蚀和钢筋锈蚀。

同时,我国盐湖地处高原内陆,气候条件恶劣,夏季炎热、冬季干冷、温差变化大、降水量少、蒸发量大,给混凝土腐蚀破坏带来更大威胁。如果环境相对湿度低,而风速大,混凝土表面裂缝(包括早期塑性收缩和后期干燥收缩)则更易产生,为腐蚀介质的侵入提供了更便捷的通道,加速了混凝土裂化。同时,虽然盐分的存在能降低水的冰点,但是也能提高混凝土的保水度,在极端低温天气下,过冷溶液最终结冰,从而加速混凝土的破坏,因盐浓度差导致分层结冰后将产生应力差,并且盐分因过饱和而在孔中产生盐结晶而形成结晶压,从而导致混凝土在物理化学腐蚀和冻融循环双因素作用下的损伤失效加速。因此,高浓度腐蚀介质环境给混凝土结构的安全性和服役寿命造成了巨大的影响。特别是近年来随着大量设计寿命超过120年、高度超过100m的薄壁高墩特大桥的推广应用,其所用C40甚至C50强度等级的混凝土由于其开裂问题未能很好地解决,将严重影响到其结构耐久性。

1.1.3 西部地区经济发展与脆弱的生态环境对耐久性混凝土的需求

我国西部地区土地面积占全国的56%,人口占全国的22.8%(2009年),实施西部大开发,对加快中西部地区发展,扩大内需,推动国民经济持续增长,促进各地区经济协调发展,实现共同富裕,加强民族团结,维护社会稳定和巩固边防,均具有十分重要的意义。

西部地区气候环境恶劣,生态系统稳定性差,植被生长和自我修复的能力非常缓慢。如高寒草甸植被,在其生长周期内植物的生长高度一般仅为10~30cm,并且物种群落结构简单,每平方米内的物种种类仅为8~20种,层次分化不明显,仅有2~3层,公路与铁路沿线生态环境无论是在其内部结构还是外部环境特征上都具有十分明显的脆弱性。青藏铁路沿线50年前的取土坑,至今仍是光秃秃一片;20世纪70~80年代改建青藏公路时铲除植被的位置仍荒秃一片。鉴于该地区恶劣的生态环境,需重新审视西部大开发中经济建设与生态环境保护协调均衡的问题。因此,在进行西部地区交通基础设施建设过程中,必须以生态环境保护、自然资源节约为导向,大幅提升混凝土结构物的耐久性,避免因结构耐久性不足而引起养护成本、材料用量和工程量的增加,尽量减小对西部地区脆弱环境的破坏。

鉴于此,为保证混凝土结构安全,应明确复杂气候环境下混凝土侵蚀损伤行为作用机理,并提出合适措施改善提升混凝土结构的耐久性。

1.2 复杂气候环境下混凝土耐久性所面临的问题

1.2.1 温度对混凝土性能的影响

众所周知,温度是影响混凝土结构以及性能发展的关键因素,温度直接影响水泥水化反应进程,从而对水泥早期性能发展速度产生很大影响。混凝土早期所处的环境温度升高时,早期混凝土强度发展的速度随之加快,但并不是温度越高对混凝土性能发展越有利。因为温度过高,尤其是短时间内环境温度的上升速度过快,水泥水化产生的水化热会导致混凝土内部水分加速蒸发,影响水化速率。同时,由于混凝土内部温度升高,水泥水化速度明显加快,导致水化产物在混凝土内部分布不均匀,同时部分水化产物包裹在水泥表面,导致未水化的水泥无法接触到水分而水化不充分;而且水化产物快速增加会导致混凝土体积产生膨胀,易引起混凝土内部产生大量裂缝。养护温度较低时,水泥的水化速度则比较缓慢,甚至当环境温度下降到 -10℃时,水泥水化反应将不再进行,混凝土强度停止发展。

1.2.2 湿度对混凝土的影响

混凝土的性能与其所处环境的湿度关系密切。水泥水化需要消耗大量的水分,其水化反应速率随湿度的降低而显著降低。当水泥开始水化时,需要大量的水分,水分在混凝土内部发生迁移。此外,一旦混凝土暴露在环境中,混凝土内部与外界产生湿度差,两者之间就会产生水分与热量交换。当外界环境湿度较低时,混凝土内部水分向外蒸发干燥,直到达到平衡,混凝土内部水分含量降低,从而影响水泥水化进程。

R. G. Patel 认为混凝土暴露在干燥的空气中所产生的湿度梯度会导致混凝土水化和孔隙度的不同,如环境相对湿度、温度、风速、暴露年龄、离暴露表面的深度和暴露时间等都影响其湿度梯度。如果周围空气的相对湿度足够低,水泥在暴露表面的水化作用就会停止。在混凝土内部,当有足够的孔隙水时,水泥将继续水化。孔隙水在水化过程中会被部分消耗,在干燥过程中会有部分损失。

Powers 发现,当毛细管内的相对水蒸气压力降至0.8MPa 以下时,水泥的水化作用实际上就停止了。Spears 认为,在相对湿度为 80% 的情况下继续养护并不会导致水泥水化的增加,而水泥水化是进一步提高混凝土质量的必要途径。在实践中,现场混凝土要承受因季节变化而造成的干湿循环,主动养护可能在水泥完全水化之前就停止了。为了研究混凝土内外部相对湿度对其性能的影响,国内学者进行了大量研究。刘保东通过控制混凝土试件在水中的浸泡时间来改变混凝土的含水率,分析处于不同含水率下混凝土抗压强度的变化,发现混凝土的饱和含水率随着混凝土强度等级的提高而减小,随着试块比表面积的减小而减小。强度等级相同时,混凝土的含水率越大,抗压强度越低。

1.2.3 气压对混凝土的影响

环境气压的改变会影响水体表面的张力系数。王余杰利用自主设计的表面张力测量仪器,研究低气压环境下水体表面张力系数的变化规律,发现在相同的水体温度下,表面张力系数随着气压的降低而增加,两者存在线性关系,如式(1-1)所示。

$$\gamma_p = \gamma_0 + 133.3P \tag{1-1}$$

式中:γ_p——低气压下 t 温度时水体表面张力系数;

P——真空压力(MPa);

γ_0——1 个大气压下温度 t 时水体表面张力系数。

混凝土中含有大量的水分与气泡,环境气压的改变会引起气泡特性的变化。朱长华通过在北京以及青海格尔木地区进行混凝土摇泡试验,研究不同环境气压对混凝土引气剂引气能力的影响,发现相同配比的混凝土在低压地区含气量降低,并提出在实际工程中通过增加引气剂掺量来减少低气压环境对混凝土造成的影响。

李雪峰通过环境箱模拟西藏地区低气压环境,研究了低气压环境下新拌混凝土的含气量以及气泡稳定性的差异,发现混凝土含气量经时损失增加且气孔间距系数变大。柯国炬分析比较了常压和低压环境下混凝土泵送能力的变化,发现在高海拔地区混凝土泵送性急剧下降。马新飞发现低气压环境会加速混凝土表面水分的蒸发以及内部水分的迁移,水泥水化反应速率受到影响,导致混凝土孔隙结构发生改变以及微裂纹出现,混凝土力学特性、耐久性能劣化。葛昕以低湿度、低气压和大温差作为高原地区的典型气候特征,发现低压导致混凝土内部水分散失,造成混凝土内部水化程度的降低。因此,应优选引气剂品种,增加引气剂用量,在低气压下推荐使用具有出色发泡能力和稳定性的引气剂,优化水泥浆体的孔结构,以确保低压地区混凝土抗冻耐久性。

1.2.4 硫酸盐侵蚀及交变荷载对混凝土的影响

20 世纪 50 ~ 60 年代,美国、欧洲等对混凝土的抗腐蚀性能进行了研究并相继制定了混凝土硫酸盐腐蚀的有关标准。ASTM(American society of test materials)C1012 中提出干湿循环交替法作为美国现行混凝土硫酸盐侵蚀破坏试验方法。Robert D. Cody 等通过试验研究,比较了硫酸钠溶液中在连续浸泡、干湿循环、冻融循环的条件下混凝土的膨胀量。结果表明,干湿循环中的膨胀量最大,冻融循环中的膨胀量次之,连续浸泡中的膨胀量最小。Santhanam 等证实了升温会加速硫酸盐的侵蚀,并建立了温度对硫酸盐腐蚀影响的模型。Hekal 也发现混凝土在 60℃ 下浸烘循环,混凝土强度普遍低于浸泡下的强度。

与国外相比,我国在干湿循环、荷载等因素作用下混凝土硫酸盐侵蚀方面的研究起步较晚。孙伟等领衔的课题组依据不同损伤因素组合,研究了不同强度等级混凝土在硫酸盐、弯曲荷载和冻融循环的单一、双重和多重破坏因素作用下的损伤失效规律。高润东等通过试验研究了恒定荷载与干湿循环共同作用下混凝土受硫酸钠溶液侵蚀劣化机理,主要试验研究了混凝土强度劣化规律以及硫酸根离子在混凝土中的传输规律。本书作者团队对交变荷载作用下的混凝土硫酸盐腐蚀损伤破坏机理进行了系统的研究,并建立了硫酸盐腐蚀与疲劳荷载耦合作用下道路混凝土复合损伤模型。

实际工程中,同时作用于混凝土工程的各种因素之间并非“各自为政”,而是相互联系、相互影响、相互促进或抑制的,具有一定的交互作用,或者说有“损伤复合效应”存在。这种“复合效应”的存在,会加速与加剧混凝土的破坏与损伤,使得按照传统耐久性研究结果设计的混凝土工程存在一定的安全隐患,这可能是很多混凝土工程在设计使用年限以内便出现严重破坏的原因。然而,目前对混凝土腐蚀,通常是研究单一因素独立作用对混凝土的损伤机理,部分试验研究了腐蚀与恒定荷载、干湿循环与腐蚀等双因素损伤的规律,但这些研究都是停留在定性分析的水平上,而对于更加普遍的交变荷载作用、干湿循环及多因素复合作用的情况,损伤机理的研究几乎空白。

1.3 复杂气候环境下混凝土侵蚀损伤与耐久性提升

针对西部地区交通基础设施严酷复杂的环境特点,如何提升水泥混凝土的耐久性是目前业界关注的重点。本书通过探究多因素作用下混凝土侵蚀损伤机理,对混凝土关键材料进行功能与结构优化设计,采用混凝土的表面防护技术,以期提高混凝土结构的耐久性,主要做了以下几个方面工作:

1.3.1 复杂气候环境对现代混凝土微结构形成与损伤的影响机理研究

混凝土微结构对其性能影响显著,而微结构与混凝土所在环境及其形成时间关系密切,其关键是水化造成了混凝土微结构的动态变化。严酷环境下基础设施受环境侵蚀效应影响，加速和加剧了混凝土微结构的破坏与损伤，使得常规混凝土工程存在一定的安全隐患，致使混凝土工程在设计使用年限内便出现严重破坏。因此，亟待探明复杂气候环境下混凝土宏观性能、细观结构和界面过渡区的损伤规律，为复杂气候环境下的混凝土表面防护和混凝土结构的耐久性提升提供理论依据。

1.3.2 交变荷载与干湿循环作用下混凝土氯离子传输机制研究

混凝土存在原生的微裂纹和连通的微孔隙等缺陷，当遭受氯盐侵蚀时，氯离子通过这些连通孔隙和原生微裂纹进入混凝土内部，并向深处扩散。车辆荷载作用加剧了混凝土内部微裂纹的萌生和扩展，使得氯离子的扩散通道增加，扩散速率增大，导致混凝土结构服役性能劣化严重，加剧了疲劳损伤，更易出现坑槽、剥落和开裂等早期病害。为保证混凝土结构安全的服役性能，混凝土结构应始终保持高稳定性、高可靠性，在服役过程中存在复杂气候环境作用的情况下仍能保证达到预期服役寿命。为此，亟待研究交变荷载与干湿循环作用下混凝土氯离子传输机制。

1.3.3 交变荷载与干湿循环作用下混凝土硫酸盐侵蚀损伤机理研究

硫酸盐侵蚀是造成沿海和盐渍土等地区混凝土结构破坏损伤和服役寿命衰减的主要因素之一。为反映承受频繁交通荷载重复作用的公路、桥梁、机场道面等道路工程结构损伤的真实性，应探明荷载-硫酸盐腐蚀作用下水泥混凝土性能劣化规律，并研究交变荷载与硫酸盐腐蚀共同作用下混凝土损伤机理，建立交变荷载作用下盐离子在饱和混凝土中的传输模型，分析侵蚀溶液浓度、加载条件（应力水平、加载频率）、材料参数（水灰比）等对硫酸根离子迁移规律的影响，为建立交变荷载与硫酸盐侵蚀联合作用下混凝土膨胀内应力响应模型及寿命预测打下基础。

1.3.4 干湿循环作用下混凝土界面硫酸盐侵蚀损伤与演化机理研究

一般情况下，混凝土受硫酸盐侵蚀的同时还会受到干湿循环的作用，从而加速侵蚀损伤进程。界面过渡区作为水泥基材料中最为薄弱的一相，其“短板效应”限制了水泥基材料耐久性提升。因此，有必要模拟各水灰比下水泥基体和界面过渡区的微结构抗拉强度，建立界面损伤效应的干湿循环作用下混凝土硫酸盐侵蚀劣化多尺度微观膨胀模型,建立硫酸盐溶液-干湿循环耦合作用下不同水灰比混凝土的寿命预测模型,揭示干湿循环作用下混凝土硫酸盐剥蚀机理,并对混凝土硫酸盐侵蚀寿命进行预测。该工作对丰富混凝土硫酸盐侵蚀理论,促进混凝土结构物防腐与寿命提升具有重要现实意义。

1.3.5 复杂气候环境下高抗裂混凝土制备与工程应用

在蒸发量大、日温差大、冻融循环次数频繁等复杂气候条件下,混凝土表面极易产生大量的微裂缝。与一般混凝土结构物相比,薄壁高墩混凝土结构比表面积更大,其内部温湿度场分布对于外界温度与湿度的变化更为敏感。随着西部地区基础设施建设的增加,干燥、大温差、严寒等复杂环境下的桥梁高强混凝土性能研究至关重要,从温度应力与荷载应力耦合作用的角度分析薄壁高墩混凝土开裂特性,设计与制备适应复杂环境特征的薄壁(50~60cm)高墩(>100m)桥梁混凝土,开发针对干燥、大温差、严寒等复杂环境下薄壁(50~60cm)高墩(>100m)桥梁混凝土抗裂施工技术具有重要意义。

1.3.6 高性能湿喷混凝土制备与工程应用

西部地区隧道开挖阶段混凝土结构受力条件复杂,对初期支护的强度和安全性提出更高要求。但高强喷射混凝土由于速凝剂的质量和喷射技术的制约,在我国的推广应用受到限制。基于这种情况,研发高效液体无碱环保型混凝土速凝剂,设计与制备适用于干燥与冻融环境的C25~C35高性能湿喷混凝土,形成小回弹率、低粉尘、高抗渗、高性能的湿喷混凝土施工技术具有重要的现实意义。

1.3.7 复杂气候环境下混凝土表面防护技术与工程应用

通过物理或化学的方法在混凝土表层(0~5mm深度)形成一道屏障,可以阻挡有害物质对混凝土的侵蚀,同时起到装饰、自清洁等目的。在复杂环境下,混凝土表面防护技术需要满足更高的耐腐蚀性要求,因此,开发相应的表面防腐涂层评价指标和防护技术。在此基础上,逐步开发出适用于复杂高盐环境下混凝土表面防护涂层防护体系施工技术,可为工程应用和材料开发提供技术指导。

经过十多年的研究积累,为了改善和提升西部地区复杂气候环境下混凝土耐久性,先后开发了高性能抗渗抗裂复合外加剂、环保型无碱无氯液体速凝剂,以及长效环保型混凝土双层水性防腐涂层;研制了复杂环境-交通荷载耦合作用下混凝土模拟试验装置、新拌混凝土黏聚力测试仪器——剪切直剪仪及混凝土现场收缩测量装置等;提出了定量体视学的混凝土集料组成设计方法、高含气量湿喷混凝土组成设计方法、速凝剂稳定性定量分析方法及强腐蚀环境下水性防腐涂层体系评价方法等;提出了薄壁高墩桥梁抗裂混凝土制备与施工关键技术、高性能湿喷混凝土施工技术以及强腐蚀环境下水性防腐涂层施工控制技术等;从界面维度揭示了多因素作用下混凝土内部损伤的萌发与扩展机制,并将交变荷载、温度、干湿循环等参数引入盐离子侵蚀混凝土的迁移模型,建立了复杂环境下混凝土盐侵蚀扩散反应模型,提出复杂环境作用下混凝土的应力-应变本构关系,形成复杂环境下混凝土寿命预估理论。研究成果在青海、陕西、甘肃、广西、海南等省(区)得以推广应用,社会、经济及环境效益显著。

本章参考文献

[1] 陈华鑫,王铜,何锐,等. 高原复杂气候环境对混凝土气孔结构与力学性能的影响[J]. 长安大学学报(自然科学版),2020,40(02):30-37.

[2] 何锐,王铜,陈华鑫,等. 青藏高原气候环境对混凝土强度和抗渗性的影响[J]. 中国公路学报,2020,33(07):29-41.

[3] 李扬,王振地,薛成,等. 高原低气压对道路工程混凝土性能的影响及原因[J]. 中国公路学报,2021,34(09):194-202.

[4] 关博文,杨涛,於德美,等. 干湿循环作用下钢筋混凝土氯离子侵蚀与寿命预测[J]. 材料导报,2016,30(20):152-157.

[5] 苏林王,蔡健,刘培鸽,等. 盐雾环境与交变荷载下混凝土梁的试验研究[J]. 华南理工大学学报(自然科学版),2017,45(05):97-104.

[6] 关博文,杨涛,吴佳育,等. 交变荷载作用下损伤混凝土中氯离子传输行为[J]. 建筑材料学报,2018,21(02):304-308.

[7] 关博文,於德美,马慧,等. 疲劳荷载作用下道路混凝土硫酸盐侵蚀及防护[J]. 表面技术,2016,45(03):127-133.

[8] 陈拴发,李华平,李祖仲,等. 交变荷载对硫酸盐侵蚀混凝土速率影响研究[J]. 武汉理工大学学报,2011,33(06):44-49.

[9] 刘娟红,马虹波,段品佳,等. 硫酸盐干湿循环环境下超深井井壁混凝土抗腐蚀性能[J]. 材料导报,2021,35(12):12081-12086.

[10] J Zuquan, Z Xia, Z Tiejun, et al. Chloride ions transportation behavior and binding

capacity of concrete exposed to different marine corrosion zones[J]. Construction and Building Materials, 2018, 177: 170-183.

[11] 甘磊,吴健,沈振中,等.硫酸盐和干湿循环作用下玄武岩纤维混凝土劣化规律[J].土木工程学报,2021,54(11):37-46.

[12] 高润东,赵顺波,李庆斌,等.干湿循环作用下混凝土硫酸盐侵蚀劣化机理试验研究[J].土木工程学报,2010,43(02):48-54.

[13] Pan Z, Zhu Y, Zhang D, et al. Effect of expansive agents on the workability, crack resistance and durability of shrinkage-compensating concrete with low contents of fibers[J]. Construction and Building Materials, 2020, 259: 119-129.

[14] 王家滨,牛荻涛.盐湖卤水侵蚀喷射混凝土衬砌损伤演化[J].材料导报,2019,33(20):3426-3435.

第2章
CHAPTER 2

复杂气候环境对现代混凝土微结构的影响

复杂气候环境下现代混凝土材料微结构的形成过程对混凝土性能有重要影响，而各因素对混凝土的微结构影响相互关联，具有“损伤复合效应”。本章基于复杂气候环境模拟，通过对比分析复杂气候环境下现代混凝土材料的微结构特征、固相和孔相的交互行为，研究高原复杂气候环境对混凝土界面过渡区的细微观形貌及其结构的影响，建立混凝土细微观结构与宏观性能之间的联系，从内部微结构变化角度阐释高原复杂环境下混凝土宏观性能劣化机理。

2.1 温湿度对混凝土性能及细观结构的影响

混凝土是一种非均质多孔材料，其孔隙结构对其物理性能有显著影响。为此，有必要明确其孔隙结构特征与性能的关系。混凝土孔隙种类包括气孔、毛细孔和凝胶孔(钙硅酸盐水合物凝胶的层间孔隙)，其孔隙大小分布排列及连接状态是随机的，结构十分复杂。目前分析混凝土内部气孔结构的试验方法主要有压汞孔隙度法(MIP)、氮吸附法(BET)、直线导线法以及CT扫描法等。本章主要采用直线导线法研究高原环境下混凝土内部细观气孔结构的变化。

2.1.1 原材料与配合比

P·O 42.5水泥为西藏高争建材股份有限公司生产，其性能指标见表2-1。

P·O 42.5水泥基本性能 表2-1

性能指标	初凝(min)	终凝(min)	安定性(mm)	抗折强度(MPa)		抗压强度(MPa)	
				3d	28d	3d	28d
规定值	≥45	≤600	≤5.0	≥3.5	≥6.5	≥17.0	≥42.5
实测值	152	240	1.3	4.3	8.1	21.6	47.8

砂为西藏拉泽隧道轧石场生产的河砂，细度模数为2.71，属于中砂，含泥量为1.4%，其筛分结果见表2-2。

细集料筛分结果　　表 2-2

筛孔尺寸(mm)	筛余量(g)	分计筛余(%)	累计筛余(%)
9.5	0.0	0.0	0.0
4.75	18.9	3.8	3.8
2.36	60.3	12.1	15.8
1.18	89.1	17.8	33.7
0.6	50.1	10.0	43.7
0.3	145.4	29.1	72.8
0.15	111.0	22.2	95.0
<0.15	17.9	3.6	98.5

石子为西藏拉泽隧道轧石场生产的石灰岩碎石,含泥量为 0.5%,碎石的级配见表 2-3。

碎石级配　　表 2-3

筛孔尺寸(mm)	2.36	4.75	9.5	16.0	19.0	26.5
累计筛余(%)	100	100	78.3	3.1	0	0

减水剂为天津宏耐科技有限公司生产的 HN-1 聚羧酸盐高性能减水剂,其性能符合规范要求,具体指标见表 2-4。

减水剂指标　　表 2-4

颜　　色	减水率(%)	固含量(%)
浅黄色	20	30

引气剂为天津宏耐科技有限公司生产的粉末状皂基引气剂,属于非离子性表面活性剂,固含量为 4%,其性能符合规范要求。

试验用水为饮用水。

混凝土设计强度等级为 C35。保持水灰比以及其他原材料配比不变的基础上,改变引气剂的掺量,总共设计了 3 个配合比,具体配合比方案见表 2-5。

混凝土配合比　　表 2-5

编号	水灰比	水泥 (kg/m^3)	砂 (kg/m^3)	石 (kg/m^3)	水 (kg/m^3)	减水剂 (%)	引气剂 (‰)
S1	0.4	410	726.8	1090.2	164	1	0
S2	0.4	410	726.8	1090.2	164	1	2
S3	0.4	410	726.8	1090.2	164	1	4

2.1.2 试验方案

为体现复杂气候环境对混凝土的影响,试验方法及养护环境设计如下:①西藏拉萨达孜标准室内养护,温度为20℃ ±2℃,相对湿度为95%,大气压强为66.2kPa,记为LC组;②陕西西安标准室内养护,温度为20℃ ±2℃,相对湿度为95%,大气压强为103.2kPa,记为XC组;③西藏拉萨达孜室外养护,温度为 -7 ~9℃,相对湿度为20%,大气压强为66.2kPa,记为ZC组。LC、ZC组在拉萨达孜地区试验室内成型,温度为18℃ ±2℃,相对湿度为20%,大气压强为65.3kPa。XC组混凝土在陕西西安试验室内成型,温度为18℃ ±2℃,相对湿度为55%,大气压强为103.2kPa。按配合比制备的混凝土成型脱模后分别放入上述三种环境下进行养护,三组混凝土所采用的成型与制备方法相同,龄期满28d后进行混凝土孔结构分析以及性能的测试。拉萨1月室外气候环境见表2-6,西安3月室外气候环境见表2-7。混凝土试块养护环境如图2-1所示。

拉萨1月室外气候环境 表2-6

最高气温	最低气温	平均气温	降水量	相对湿度	降水天数
9℃	-7℃	0℃	1mm	20%	0

西安3月室外气候环境 表2-7

最高气温	最低气温	平均气温	降水量	相对湿度	降水天数
16℃	6℃	10℃	18mm	55%	6

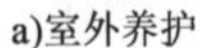
a)室外养护

b)室内标准养护

图2-1 混凝土试块养护环境

混凝土抗压强度试验按照《公路工程水泥及水泥混凝土试验规程》(JTG 3420—

2020）中混凝土抗压强度试验方法成型试件，尺寸为 100mm × 100mm × 100mm 的立方体，在上述 3 种环境下养护至规定龄期后进行抗压强度的测试。

混凝土的抗冻性采用水泥混凝土抗冻性试验方法（快冻法）确定，按照《公路工程水泥及水泥混凝土试验规程》（JTG 3420—2020）中混凝土抗冻性试验方法成型试件，尺寸为 100mm × 100mm × 400mm 的棱柱形混凝土试件，放入冻融循环机中进行试验，每隔 25 次冻融循环试验对试件进行一次质量与动弹性模量的测量。冻融试验到达以下三种情况的任何一种时，可终止试验：

（1）冻融循环次数到达 300 次；

（2）试件的相对动弹性模量下降至 60% 以下；

（3）试件的质量损失率超过 5%。

混凝土的细观气孔结构通过新拌混凝土的含气量以及硬化混凝土的气孔结构分析来表征。根据《普通混凝土拌合物性能试验方法标准》（GB/T 50080—2016），将搅拌均匀的新拌混凝土放入 SANYO 直读式精密混凝土含气量测定仪，测定仪器内的气压，并根据含气量与压力对应表计算新拌混凝土的气压。新拌混凝土含气量试验如图 2-2 所示。

a)SANYO直读式精密混凝土含气量测定仪

b)气压表

图 2-2 新拌混凝土含气量试验

硬化混凝土气孔结构的分析需要对混凝土试块进行处理，首先将养护龄期满 28d 的立方体混凝土试块沿纵向切割成 100mm × 100mm × 20mm 的薄片试样，依次采用 600 目、800 目、1000 目、1500 目和 2000 目的砂纸对试样进行反复打磨，打磨至在镜面下看不到划痕为止；然后将试样置于超声波清洗器中，利用无水乙醇作为清洗液清洗 10min，去除混凝土表面以及孔隙中的粉末；再利用黑色墨水对试样表面进行染色，干燥后在其表面抹上纳米碳酸钙粉末用以填充孔隙；最后用刀片刮去表面多余的粉末即完成试样制备。

采用 CABR-457 型硬化混凝土气孔分析仪分析其气孔结构参数(含气量、平均孔径和气孔间距系数等)。气孔分析试验如图 2-3 所示。

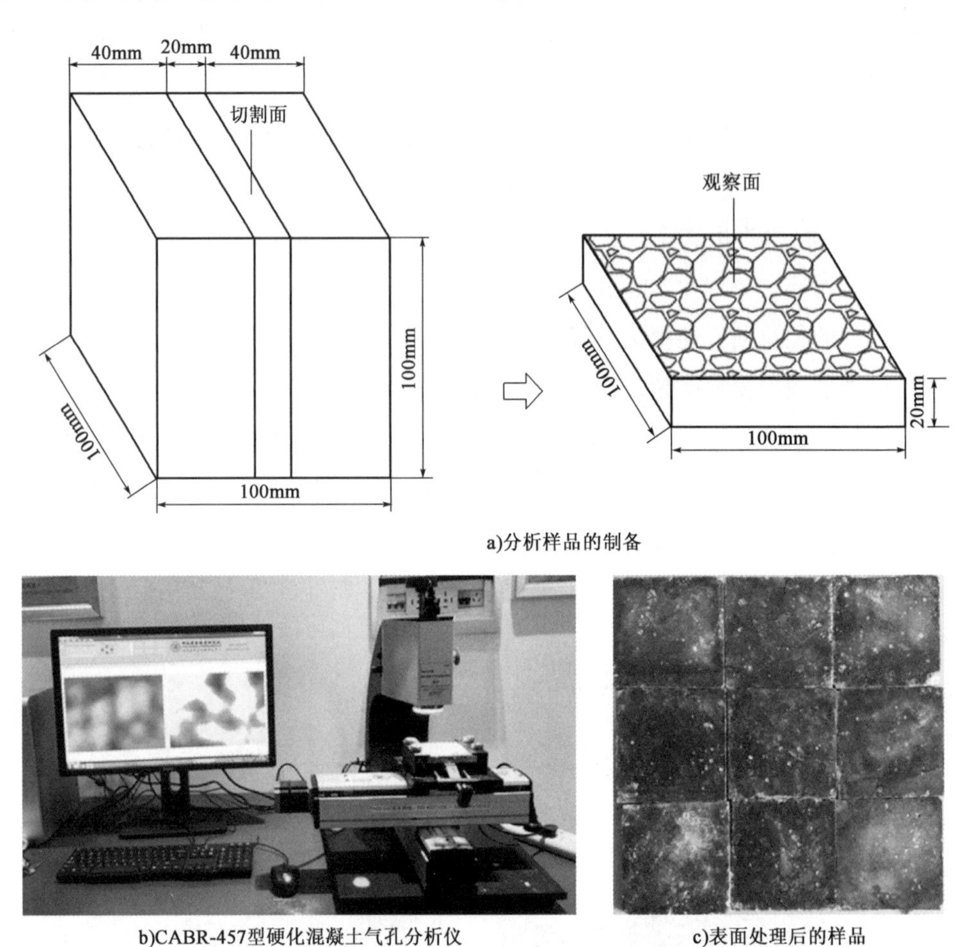

图 2-3　气孔分析试验

2.1.3　制备与养护环境对混凝土抗压强度的影响

在三种不同的制备与养护环境下,分别对混凝土的 7d、28d 抗压强度进行测试,如图 2-4 所示。

如图 2-4 所示,三种不同养护条件下,混凝土抗压强度的大小关系为 LC > XC > ZC。混凝土配合比为 S1 时,与 LC 组混凝土相比,XC 组的混凝土 7d 抗压强度降低了 5.6%,28d 抗压强度降低了 8.4%,ZC 组的混凝土 7d 抗压强度降低了 32.3%,28d 抗压强度降低了 27.2%;混凝土配合比为 S2 时,与 LC 组混凝土相比,XC 组的混凝土 7d 抗压强度降低了 7.5%,28d 抗压强度降低了 5.13%,ZC 组的混凝土 7d 抗压强度降低了 33.3%,28d 抗压强度降低了 26.0%;混凝土配合比为 S3 时,与 LC 组混凝土相比,XC 组的混凝土 7d 抗压强度降低了 10.9%,28d 抗压强度降低了 8.4%,ZC 组的混凝土 7d 抗压强度降低了 36.1%,28d 抗压强度降低了 21.9%。

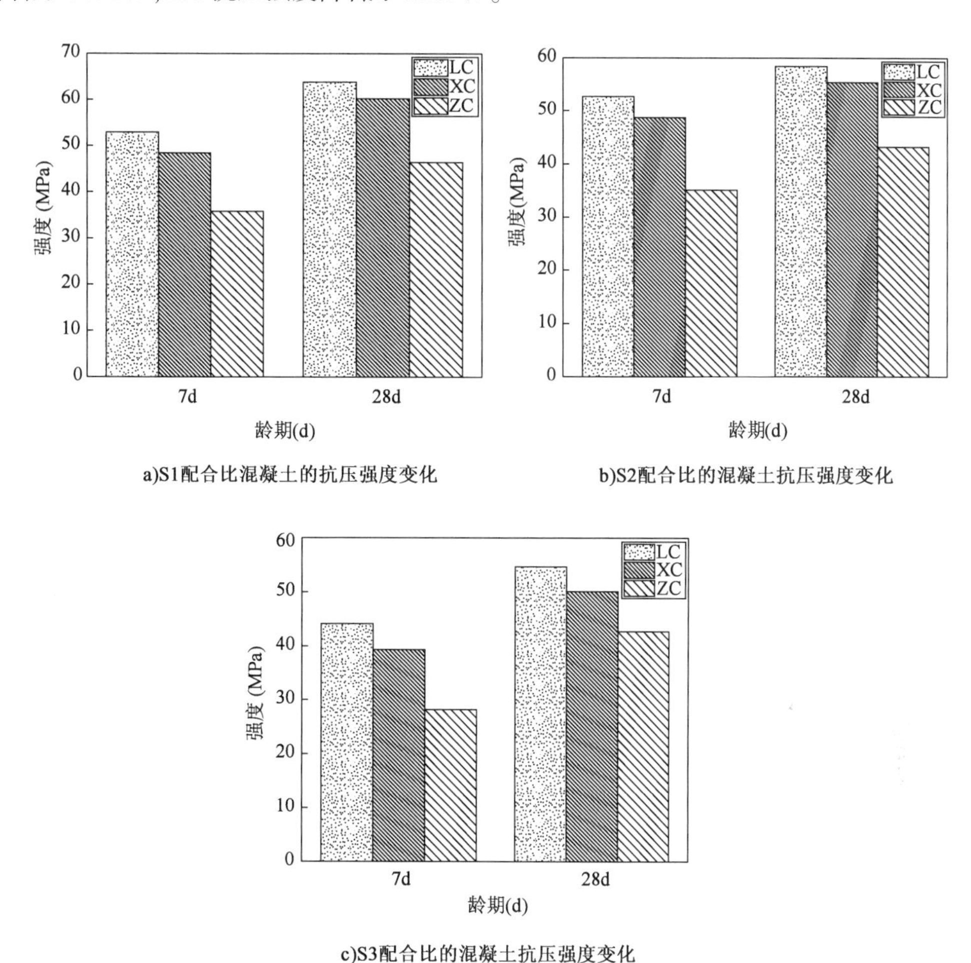

a)S1配合比混凝土的抗压强度变化

b)S2配合比的混凝土抗压强度变化

c)S3配合比的混凝土抗压强度变化

图 2-4 混凝土抗压强度变化

由此可见,养护条件对混凝土强度的形成影响显著。LC、XC 两组混凝土仅制备与养护时的环境气压不同,环境温度与湿度均有利于水泥水化反应的进行,水化程度较高,所以 LC、XC 两组混凝土的抗压强度相对较高,而 LC 组混凝土的环境气压较低。可以看出,与常压标准养护相比,低气压标准养护环境下混凝土的强度较高,说明低压标准养护环境下混凝土结构相对密实。与 XC 组混凝土相比,LC、ZC 两组混凝土制备与养护时的环境气压相同,但是 ZC 组养护环境温差大且湿度低。低温下水泥的水化反应受到影响,且干燥环境会使混凝土发生干燥收缩,致使高原气候环境下混凝土细微观结构发生劣化,强度下降。

处于相同制备与养护条件下不同配合比混凝土的抗压强度也存在一定差异,S1 > S2 > S3,即混凝土抗压强度随着引气剂掺量的增加而降低。因为混凝土内部气孔随着引气剂掺量增加而增加,混凝土内部结构疏松,致密性降低,导致其抗压强度下降。此外,LC 组中在添加引气剂后,混凝土抗压强度下降幅度明显小于其他两组。因为高原气候环境下引气剂的掺入会在混凝土内部引入大量的气泡,当气泡中引入自由水后,易使低温结冰发生冻胀,而气泡提供了一定的缓冲作用,有效减缓了冻胀应力对混凝土内部结构的破坏。因此,掺入引气剂可以在一定程度上减少混凝土早期低温冻伤,有效避免混凝土抗压强度损失。

2.1.4 制备与养护环境对混凝土抗冻性的影响

混凝土抗冻性是其抵抗正负温交替作用下混凝土内部冻胀开裂导致其内部遭到破坏的性质,是评价混凝土耐久性的重要指标之一。高原地区一年中正负温交替现象频发,并且昼夜温差大,混凝土易发生冻融疲劳破坏。依据混凝土快速冻融循环试验,探索不同制备与养护环境下混凝土的质量损失率、相对动弹性模量以及耐久性指数的变化规律。结果如图 2-5 ~ 图 2-7 所示。

结果表明,随着冻融循环次数增加,混凝土质量损失率增大,表明混凝土内部结构受冻融循环作用后出现损伤破坏,且冻融循环次数越多,质量损失率越大。对于 S1 混凝土,ZC 组在 50 次冻融循环后质量损失率就达 5.3% ,LC 组则在 75 次冻融循环后质量损失率达到 5.01% ,XC 组则经历了 150 次冻融循环后其质量损失率达到 5.45% ,表明 XC 组抗冻性优于其他两组。对于 S2 混凝土,ZC 组在冻融循环 75 次后质量损失率为 5.4% ,而 LC 组冻融循环 150 次后达到了 5.65% ,XC 组则在冻融循环 175 次后质量损失率为 5.59% ,LC、XC 组混凝土的抗冻性明显优于 ZC 组。结果还表明,相同制备与养护环境下,S2 混凝土抗冻性要优于 S1。对于 S3 混凝土,ZC 组在冻融循环 75 次后质量损失率为 5.14% ,LC 组在冻融循环 150 次后质量损失率为 5.32% ,XC 组经历了 200 次冻融循环后其质量损失率达到 5.43% ,即三组混凝土抗冻性优劣顺序为 XC 优于 LC、LC 优于 ZC。结果还表明,相同制备与养护环境下不同配合比混凝土抗冻性优劣顺序为 S3 优于 S2、S2 优于 S1。

如图 2-6 所示,混凝土相对动弹性模量的变化规律与质量损失类似,混凝土的相对动弹性模量均随着冻融循环次数的增加而降低,且整体上降低的幅度随着冻融循环次数的增加而增大。对于 S1 混凝土,ZC 组在经历 25 次冻融循环后其相对动弹性模量下降到了 54.1%,LC 组则经过 3 个循环周期后其相对动弹性模量迅速下降到了 37.53%,XC 组在 4 个冻融循环后其相对动弹性模量下降到了 41.9%。对于 S2 混凝土,ZC 组在经过 3 个冻融循环周期后其相对动弹性模量下降了 50.9%,LC 组则经过 4 个循环周期后相对动弹性模量下降到了 43.9%,XC 组在 6 个冻融循环后相对动弹性模量下降到了 41.7%。而对于 S3 混凝土,ZC 组在经过 4 个冻融循环周期后的相对动弹性模量下降到了 42.3%,LC 组则经过 6 个循环周期后相对动弹性模量下降到了 55.9%,XC 组在 8 个冻融循环后相对动弹性模量下降到了 45.6%。结果表明,相同配合比的三组混凝土的抗冻性优劣顺序为 XC 优于 LC、LC 优于 ZC,处于相同制备与养护环境下的不同配合比混凝土抗冻性优劣顺序为 S3 优于 S2、S2 优于 S1。

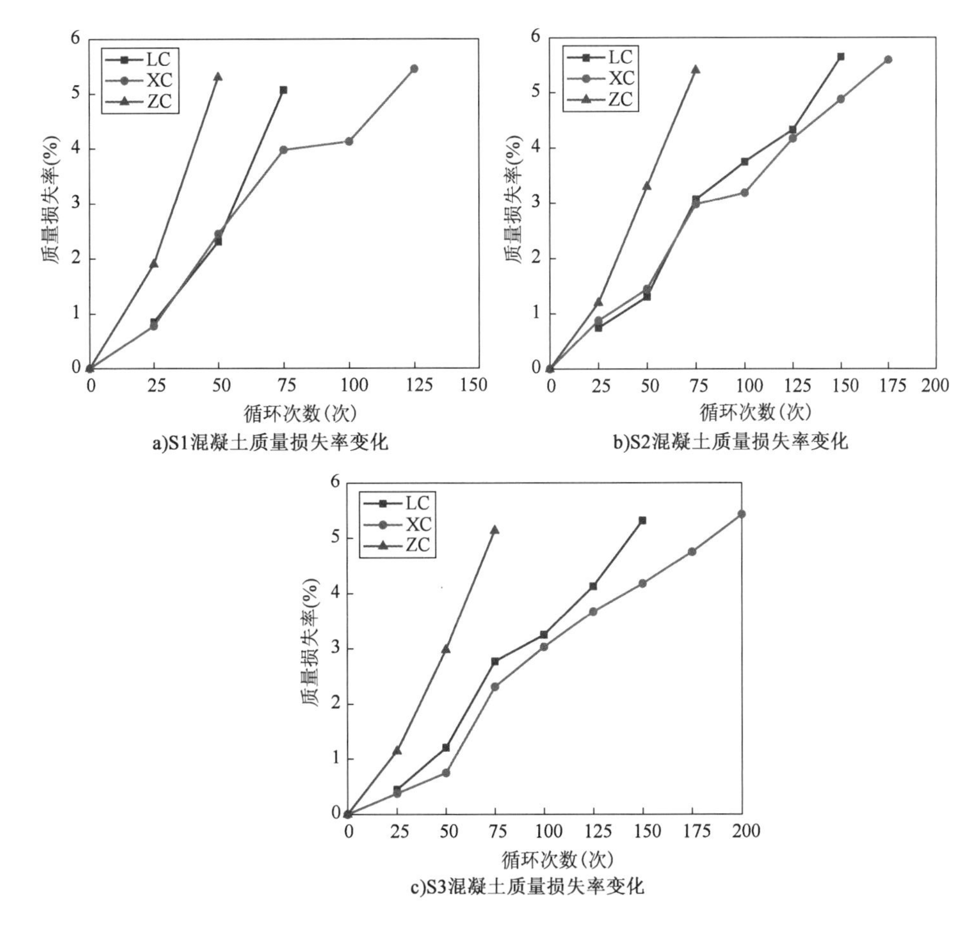

图 2-5 混凝土质量损失率的变化

可以通过抗性标号及耐久性指数 DF 来评价混凝土的抗冻性优劣。此处采用耐久性指数 DF 评价混凝土抗冻性,试验结果如图 2-7 所示。

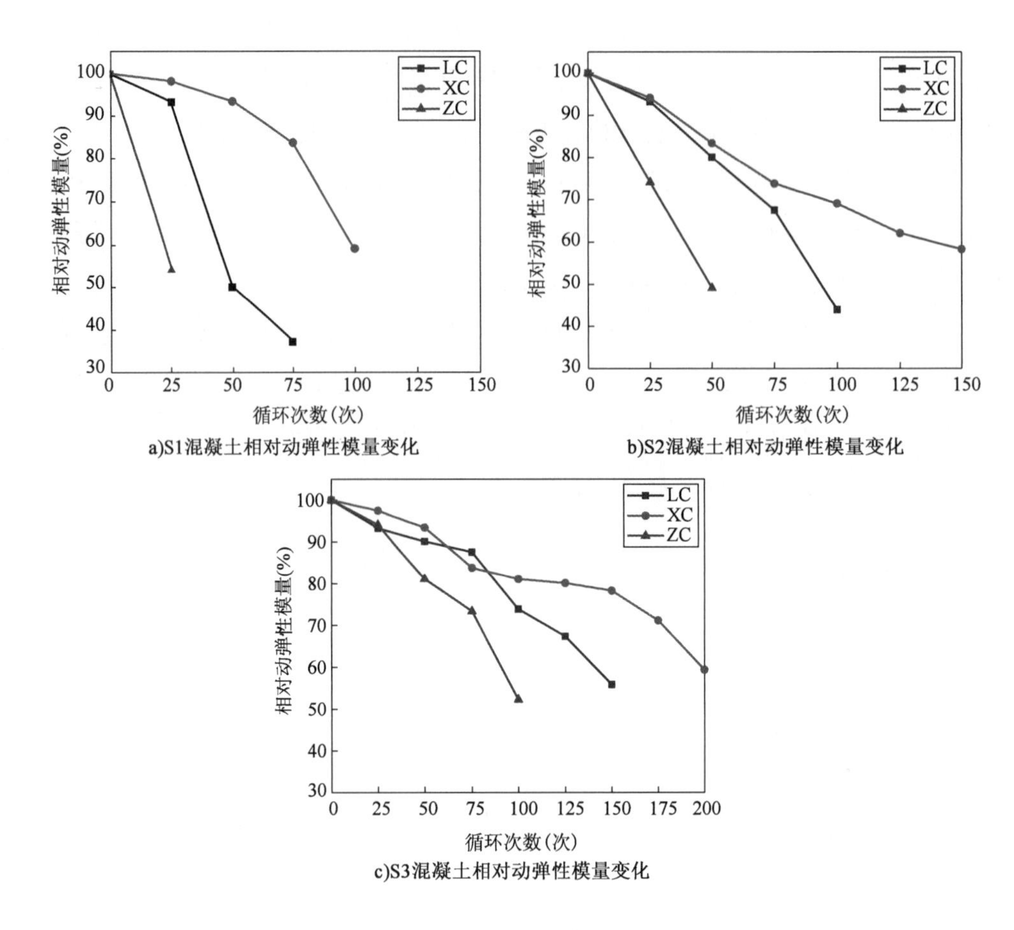

a)S1混凝土相对动弹性模量变化

b)S2混凝土相对动弹性模量变化

c)S3混凝土相对动弹性模量变化

图 2-6　混凝土相对动弹性模量变化规律

结果表明,对于 S1 混凝土,XC 组的混凝土耐久性指数 DF 比 LC 组增加了 110.1%,ZC 组的 DF 则降低了 52.02%。对于 S2 混凝土,XC 组的 DF 比 LC 组增加了 99.6%,ZC 组的 DF 则降低了 44.17%。而 S3 混凝土中,与 XC 组的 DF 比 LC 组增加了 41.61%,ZC 组的 DF 则降低了 37.74%。说明相同配合比的三组混凝土的抗冻性优劣顺序为 XC 优于 LC、LC 优于 ZC。

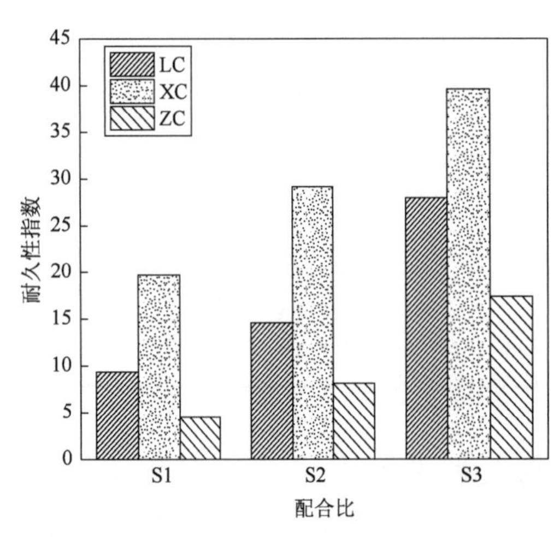

图 2-7　混凝土耐久性指数变化规律

ZC 组混凝土处于高原室外养护,平均温度及湿度较低,水泥的水化程度低,混凝土结构在早期就遭到了破坏,导致其抗冻性较弱。XC 与 LC 组抗冻性不同则主要因为当地气压不同引起混凝土内部细微观结构发生变化，从而影响抗冻性。根据POWERS理论，混凝土内部孔隙水在低温下因结冰产生静水压力或渗透压力，如果在对混凝土内部结构造成破坏之前其压力得到缓冲释放，就可以避免因冻胀对混凝土材料产生的破坏。引气剂可以在混凝土内部产生大量均匀稳定微小气泡，可以有效切断混凝土内部的毛细管通道，进而起到缓冲减压作用，可有效减少冻胀应力影响，从而提高混凝土抗冻性，因此添加引气剂后S2、S3组混凝土抗冻性得以明显提升。

2.1.5　制备与养护环境对混凝土气孔结构的影响

1)复杂环境对混凝土含气量的影响

利用新拌混凝土含气量测定仪，对不同环境下制备的新拌混凝土进行含气量的测定，分析低气压环境对新拌混凝土含气量的影响，并研究新拌混凝土的含气量与流动度之间的关系，结果见表2-8～表2-10。

S1配合比新拌混凝土的坍落度与初始含气量　　表2-8

编　号	坍落度(mm)	初始含气量(%)
LC/ZC	121	1.8
XC	130	2.5

S2配合比新拌混凝土的坍落度与初始含气量　　表2-9

编　号	坍落度(mm)	初始含气量(%)
LC/ZC	138	3.3
XC	140	3.9

S3配合比新拌混凝土的坍落度与初始含气量　　表2-10

编　号	坍落度(mm)	初始含气量(%)
LC/ZC	152	5.2
XC	176	6.3

结果表明，混凝土的含气量随着引气剂掺量增加而增大。在不同环境下，每增加0.1%的引气剂，新拌混凝土的含气量增加1%～2%。使用相同配合比的新拌混凝土，在不同的制备环境下初始含气量却相差很多，拉萨与西安的新拌混凝土含气量最多相差20%。两组混凝土仅存在制备混凝土时环境气压的差异，LC/ZC组制备混凝土时所处的环境气压较低，拉萨的大气压只有西安的64%，表明常压环境下制备的新拌混凝土的初

始含气量要明显高于低气压环境。从混凝土内部中的溶液-气泡界面张力角度来看,随着环境气压的降低,空气中存在的气体分子之间的距离增加,减弱了分子间的吸引力,但是液体的密度并不因为环境气压的降低带来太大改变,这样导致处于液-气界面层上分子受液体分子的拉力要高于常压环境,即低压环境下溶液-气泡的界面张力增加。气压越低,溶液-气泡界面张力越大,溶液-气泡界面张力的增大会使混凝土中气泡稳定性变差,混凝土中的气泡更容易损失,这较好地阐释了低气压环境下新拌混凝土含气量较低的原因。

2)复杂环境对硬化混凝土气孔特征参数的影响

对切割的混凝土试件表面处理后用硬化混凝土气孔分析仪进行气孔特征参数测定,得到制备与养护环境下硬化混凝土气孔特征参数的变化规律。硬化混凝土扫描图如图2-8所示,气孔特征参数变化规律如图2-9所示。

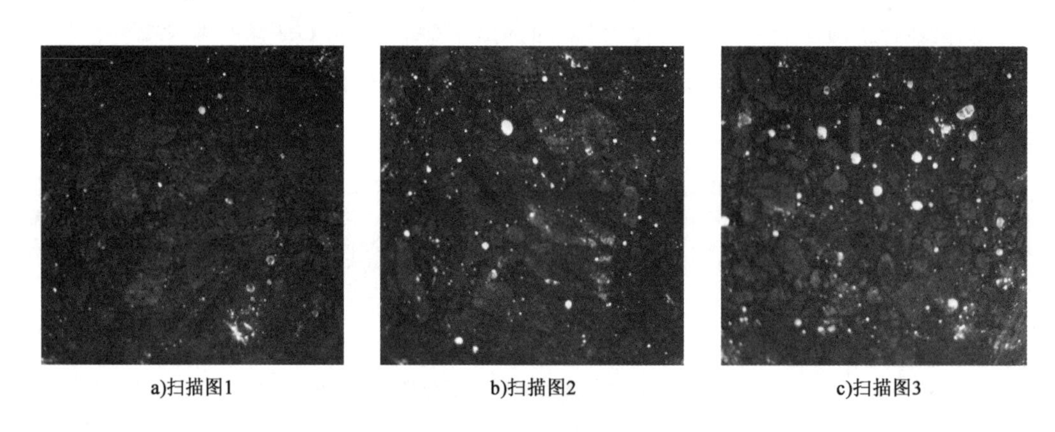

a)扫描图1　b)扫描图2　c)扫描图3

图2-8　硬化混凝土扫描图

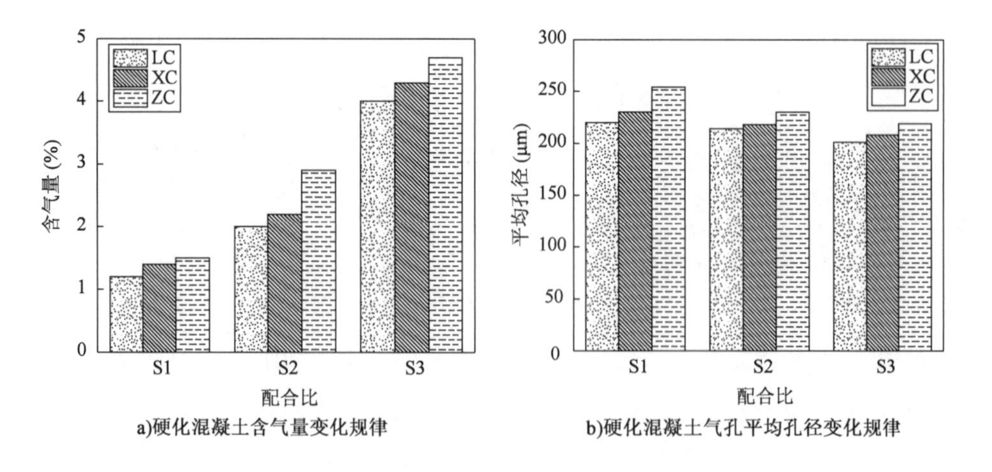

a)硬化混凝土含气量变化规律　b)硬化混凝土气孔平均孔径变化规律

图　2-9

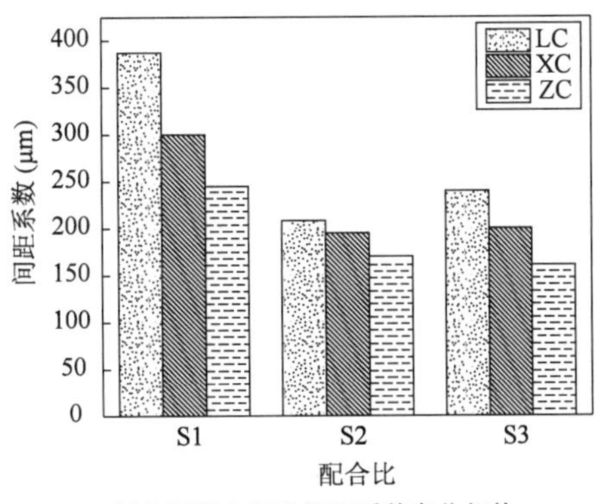

c)硬化混凝土气孔间距系数变化规律

图 2-9　气孔特征参数变化规律

结果表明，不同养护环境下硬化混凝土的含气量排序为 LC < XC < ZC，气孔平均孔径排序为 LC < XC < ZC。其中，ZC 组与 LC 相比硬化混凝土含气量增加了 20% ~30%，气孔平均孔径大小增加了 7% ~15%；XC 组与 LC 组相比，硬化混凝土含气量增加了 5% ~22%，气孔平均孔径大小增加了 3% ~5%。也就是说，与低压标准养护相比，高原养护硬化混凝土含气量增加，气孔平均孔径变大；常压标准养护硬化混凝土含气量也增加，气孔平均孔径也变大。因为，ZC 组混凝土处于室外较低的温度下时混凝土水化速度变慢，在混凝土早期硬化过程中，由于水泥未完全水化导致水化产物不足，在混凝土结构内部形成大量孔隙。另外，ZC 组混凝土外界养护环境的相对湿度较低，混凝土内外的湿度差会引起混凝土内部的水分向外部迁移，导致混凝土内部水分减少，也导致水泥水化不足，使混凝土中气孔数量增加，导致硬化混凝土含气量增加，气孔平均孔径变大。LC 组混凝土处于低气压环境下，气泡的稳定性变差，硬化过程中气泡损失增多，导致硬化混凝土含气量降低，气孔平均孔径增大。

由图 2-9a）可知，处于相同养护环境下硬化混凝土的平均孔径随着引气剂掺量的增加而降低，引气剂掺量每增加 0.1%，硬化混凝土的平均气孔孔径降低 5% ~10%。因为引气剂的作用是在混凝土搅拌过程中引入大量均匀分布、稳定而封闭的微小气泡，气泡的直径一般在 20 ~200μm 之间，这些微小气泡的引入可在一定程度上减小硬化混凝土的平均孔径，所以硬化混凝土平均孔径会随着引气剂掺量的增加而减小。

由图 2-9b）、c）可知：处于相同养护环境下硬化混凝土的含气量越大，气泡间距系数越小；不同环境下硬化混凝土的气孔间距系数大小为 LC > XC > ZC，与 LC 相比，ZC 间距系数减小了 15% ~20%，XC 间距系数减小了 4% ~11%。与低压标准养护环境下混凝土相比，高原及常压标准养护环境下硬化混凝土气孔间距系数减小，与含气量的变化趋势相反，可以看出造成不同环境下气孔间距系数差异的主要原因是硬化混凝土含气量的变化,硬化混凝土中气泡间距系数随着含气量的增加而减少。

3)复杂环境对硬化混凝土孔径分布的影响

采用硬化混凝土气孔分析仪研究高原环境下硬化混凝土的气孔孔径分布变化规律,图 2-10 为不同配合比混凝土的气孔孔径分布以及孔径占比变化规律图。

由图 2-10 可见,硬化混凝土的气孔孔径主要集中于 0 ~ 200μm 之间,大于 200μm 的气孔所占比例相对较小。硬化混凝土中的孔隙按照孔径大小分布一般可以分为凝胶孔、毛细孔和气孔,凝胶孔孔径在 10nm 以下,气孔较小,而毛细孔孔径在 0.01 ~ 10μm 之间,气孔的孔径较大,一般在 20 ~ 200μm 之间。通过引气剂引入混凝土中的气孔孔径一般在 20 ~ 200μm 之间,可以发现气孔孔径在 0 ~ 200μm 之间所占比例随着引气剂掺量的增加而增加,但是引气剂引入的大孔径气泡数量较少,因此造成硬化混凝土气孔孔径在 200 ~ 2000μm 之间所占比例产生差异是其养护环境的不同引起的。

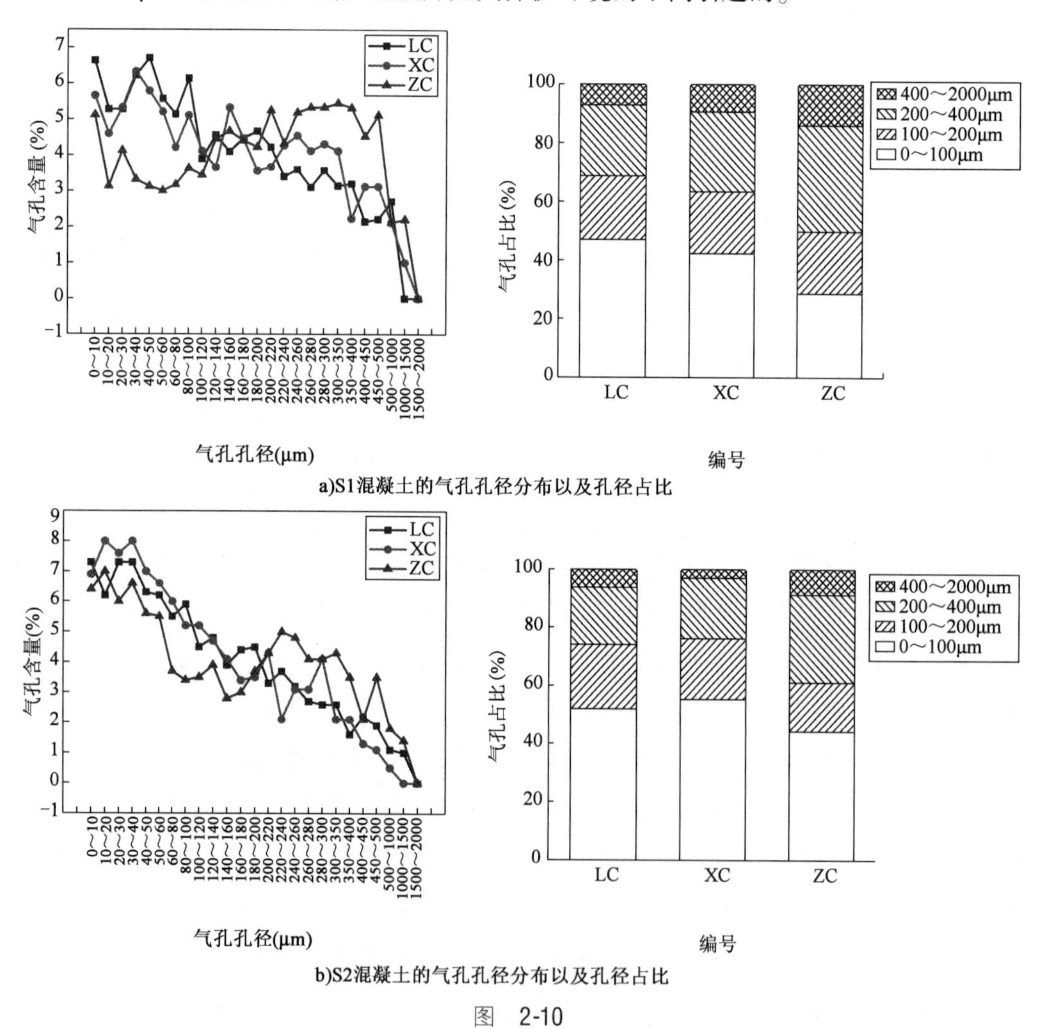

a)S1混凝土的气孔孔径分布以及孔径占比

b)S2混凝土的气孔孔径分布以及孔径占比

图 2-10

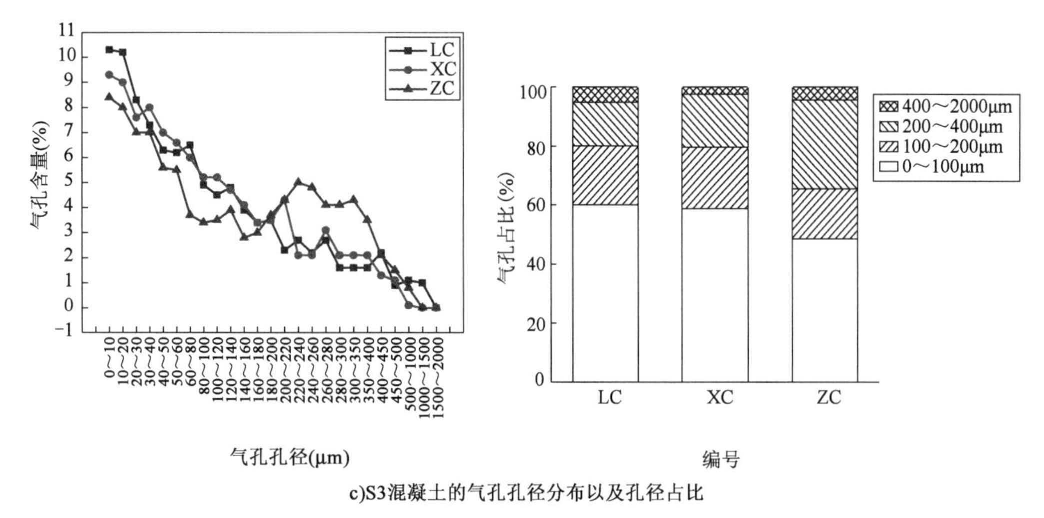

c)S3混凝土的气孔孔径分布以及孔径占比

图2-10　气孔孔径分布以及孔径占比变化规律图

XC组与LC组混凝土相比,S1混凝土的XC组硬化混凝土孔径大小在0～200μm范围内的气孔占比下降了7.75%,孔径大小在200～2000μm范围内的气孔占比增加了17.1%;S2混凝土的XC组硬化混凝土孔径大小在0～200μm范围内的气孔占比下降了2.83%,孔径大小在200～2000μm范围内的气孔占比增加了8.11%;S3混凝土的XC组硬化混凝土孔径大小在0～200μm范围内的气孔占比下降了1.25%,孔径大小在200～2000μm范围内的气孔占比增加了2.51%。由此可见,与LC组相比,XC组混凝土在200～2000μm范围内的气孔占比有所增加,大孔隙数量有所增加,但增加的速率逐渐变缓,LC组混凝土与XC组混凝土的主要区别在于制备与成型时环境气压不同,LC组混凝土所处的环境气压较低,低气压环境下混凝土气泡的稳定性较差,混凝土中的大气泡分散为小气泡,所以LC组混凝土孔径在0～200μm范围的气孔含量增加,孔径在200～2000μm的气孔含量下降。

与LC组相比,S1混凝土的ZC组硬化混凝土孔径大小在0～200μm范围内的气孔占比下降了27.46%,孔径大小在200～2000μm范围内的气孔占比增加了60.28%;S2混凝土的ZC组硬化混凝土孔径大小在0～200μm范围内的气孔占比下降了17.54%,孔径大小在200～2000μm范围内的气孔占比增加了50.19%;S3混凝土的ZC组硬化混凝土孔径大小在0～200μm范围内的气孔占比下降了18.22%,孔径大小在200～2000μm范围内的气孔占比增加了73.36%。由此可见,与LC组相比,ZC组混凝土在200～2000μm范围内的气孔占比显著增加,大孔隙数量明显增多,气孔孔径分布向较大气孔孔径区间转变。ZC组与LC组的主要区别在于养护时的环境温度以及湿度不同,ZC组混凝土的养护温度为-7～9℃,湿度为20%,即低温、干燥环境下混凝土的水化速率降低,水化产物较少,会使混凝土内部孔隙变多,硬化混凝土气孔平均孔径变大,导致 ZC 组混凝土孔径大小在 200 ~ 2000μm 范围的气孔含量增多。

2.2 复杂气候环境对混凝土界面过渡区的影响

2.2.1 原材料、配合比及试验方法

原材料、配合比及试验方案与 2.1 节相同。混凝土的微观结构通过界面过渡区的微观形貌以及显微硬度来表征。混凝土界面过渡区试件的制样方法与气孔结构分析类似,首先将养护龄期满 28d 的混凝土切割成 20mm × 20mm × 100mm 的长条状试块,利用线切割机从长方体试块中心取 20mm × 20mm × 2mm 的薄片状试样;分别用 600 目、800 目、1000 目、1500 目、2000 目的砂纸对试样进行反复打磨,打磨至在镜面下看不到划痕时为止;最后将试样置于超声波清洗器中,利用无水乙醇作为清洗液清洗 5min,去除混凝土表面以及孔隙中的粉末,放入干燥箱中干燥 2h,将试样放入密封袋中保存,完成试样的制备。界面过渡区试验制备如图 2-11 所示。

通过扫描电镜(SEM)与原子力显微镜(AFM)可探测界面过渡区(ITZ),其力学特性可利用显微硬度表征。扫描电镜(SEM)为牛津仪器公司生产的 S-4500 型场发射电子显微镜(SEM),界面过渡区(ITZ)测试是将上述样品用导电胶粘到样品台,喷金处理后放入样品室,利用电子扫描镜观察界面过渡区的形貌。

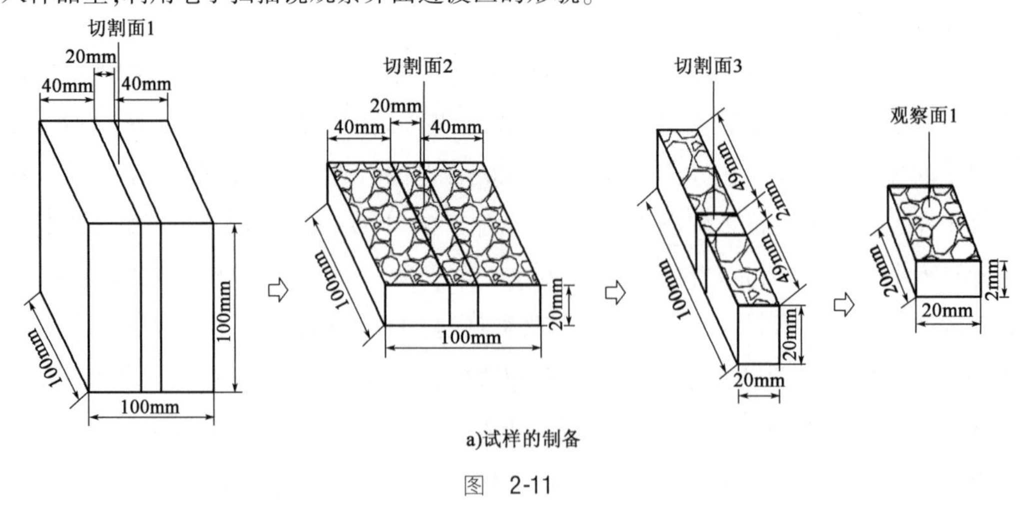

a)试样的制备

图 2-11

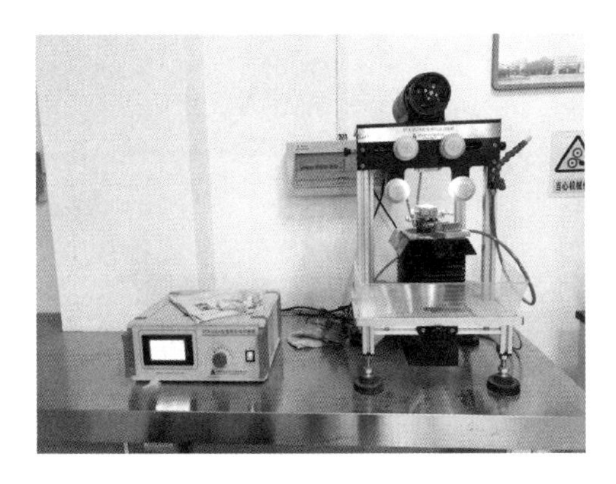

b)STX-202A型金刚石线切割机

c)处理后的样品

图2-11 界面过渡区试验制备

显微硬度是一种压入硬度,反映了被测物体对抗另一硬物体压入的能力,在水泥混凝土中经常用来反映混凝土界面的力学特性。采用华银试验仪器有限公司生产的HV-1000型显微硬度仪,通过施加荷载与试件表面压痕的面积的比值计算显微硬度,如式(2-1)所示,对界面过渡区及其附近的区域进行显微硬度的测量。

$$HV = 0.1891\frac{F}{d^2} \tag{2-1}$$

式中:HV——维氏硬度(MPa);

F——施加荷载(N);

d——两条对角线长度(d_1,d_2)的平均值(mm)。

原子力显微镜(AFM)可观察非导电物质,是在扫描隧道显微镜基础上发展起来的分子和原子级显微工具,具有较高空间分辨率、制样简单、试验环境多样的特点,被广泛应用于观察物质分子、原子尺度形貌、结构和物理属性等领域。利用美国Veeco公司生产的Innova型原子力显微镜(AFM),选用轻敲模式,将混凝土样品置于原子力显微镜下,利用针尖与样品间的有频率接触,通过针尖扫描过程中与样品的作用力,测量针尖纵向位移,还原出样品表面的形貌,能够较精准地得到样品表面信息,获得高分辨、高质量混凝土界面过渡区显微结构图像。微观试验仪器如图2-12所示。

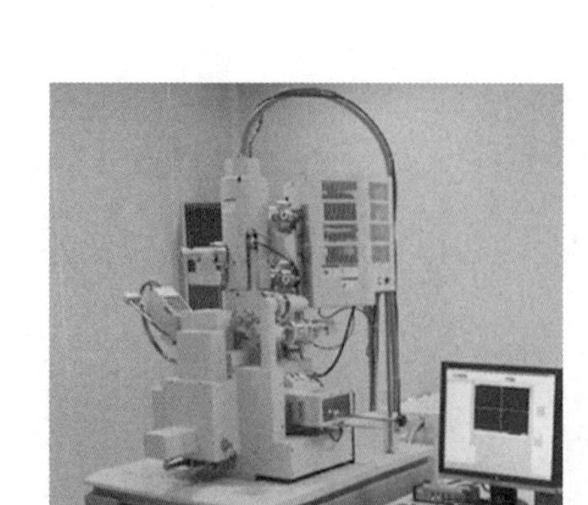

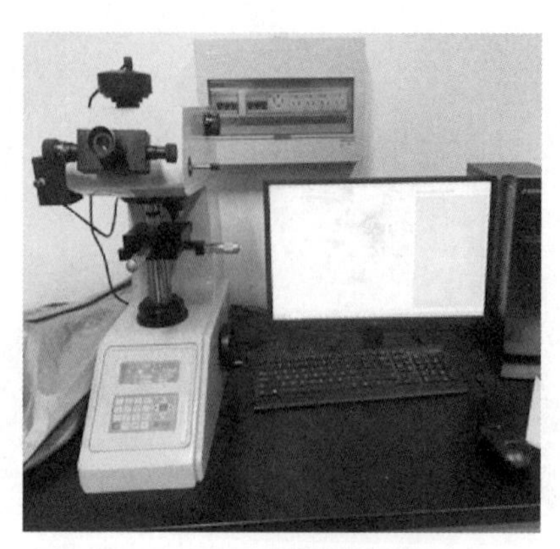

a)S-4500型场发射电子显微镜　　b)HV-1000型显微硬度仪

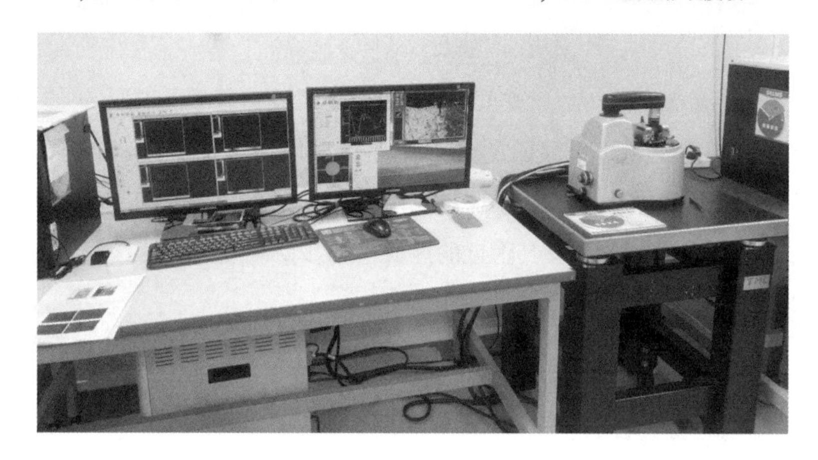

c)Innova型原子力显微镜

图 2-12　微观试验仪器

2.2.2　复杂气候环境下混凝土界面过渡区 SEM 试验与显微硬度

1)复杂气候环境对界面过渡区结构的影响

以 S3 混凝土为例,分析高原环境对硬化混凝土界面过渡结构的影响。S3 混凝土 SEM 下的 ITZ 微观形貌如图 2-13 所示。

由图 2-13 可见,区域中结构密实、表面平滑有较少纹理的区域为集料,主要元素组成为 Si 与 O;区域中结构疏松、孔隙较多且表面粗糙的区域则为界面过渡区,界面过渡区的位置用白色虚线表示,主要元素组成有 Ca、Si、Al、Mg 和 O 等,白色虚线区域右边则为水泥浆体。

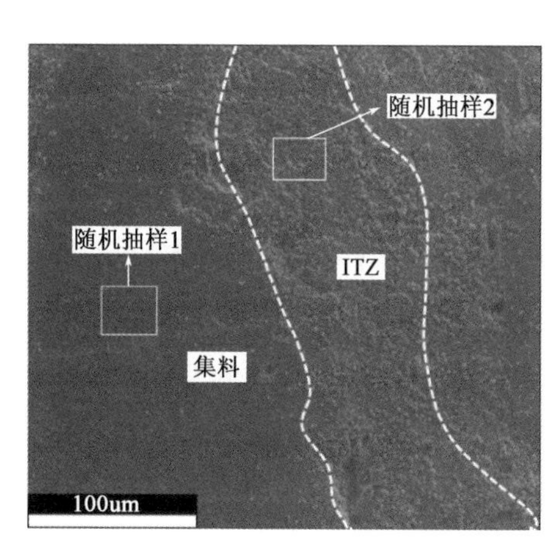

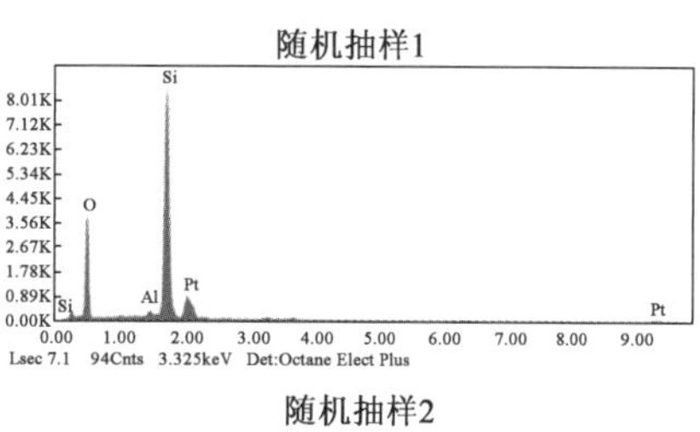

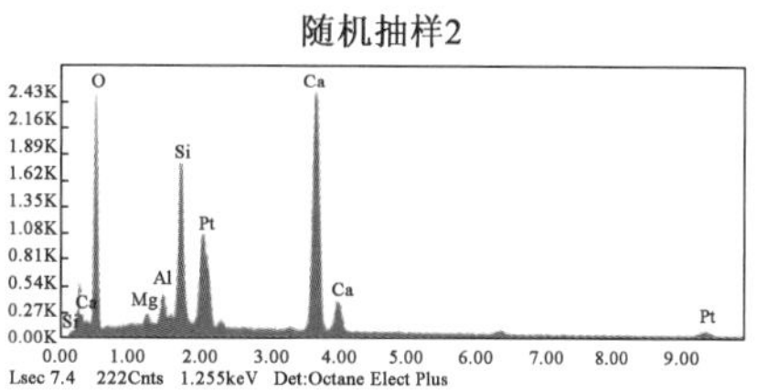

a)LC组混凝土界面过渡区微观形貌和成分对比

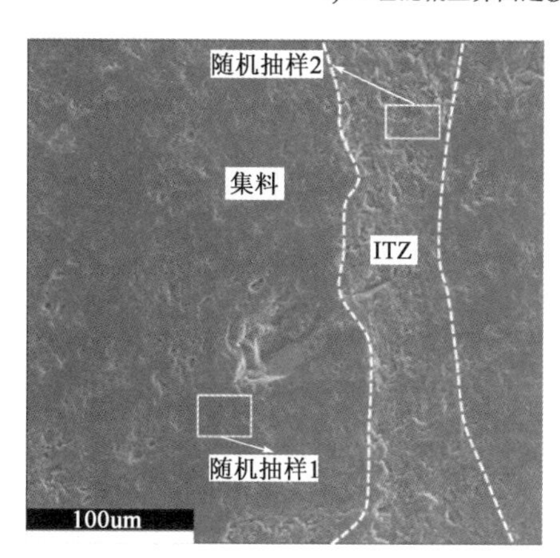

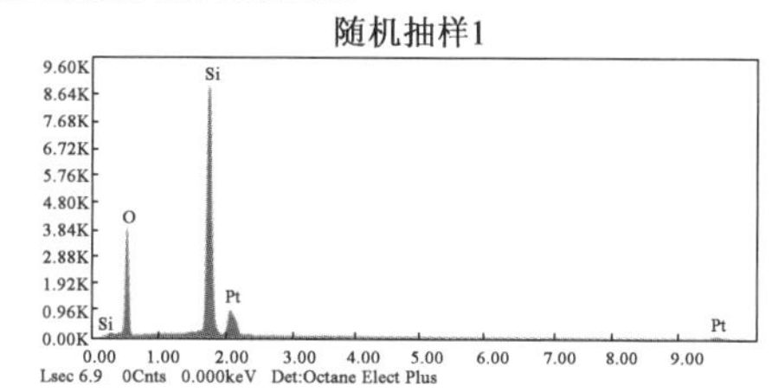

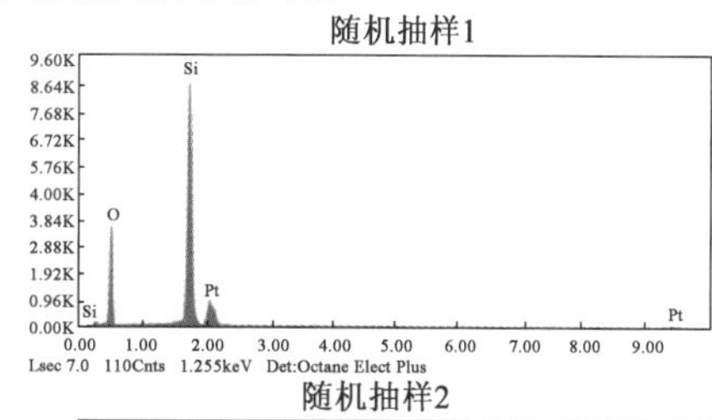

b)XC组混凝土界面过渡区微观形貌和成分对比

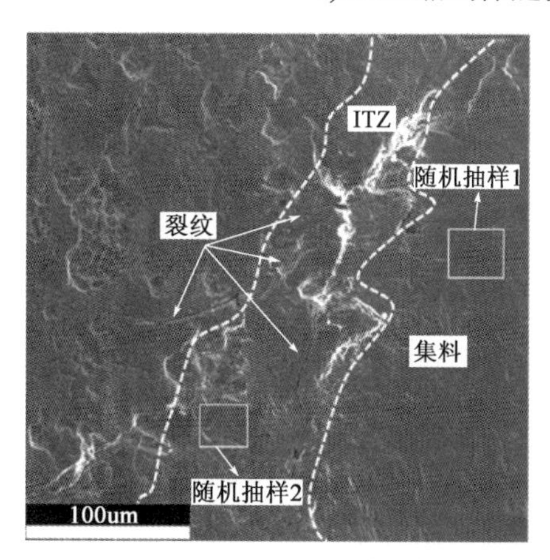

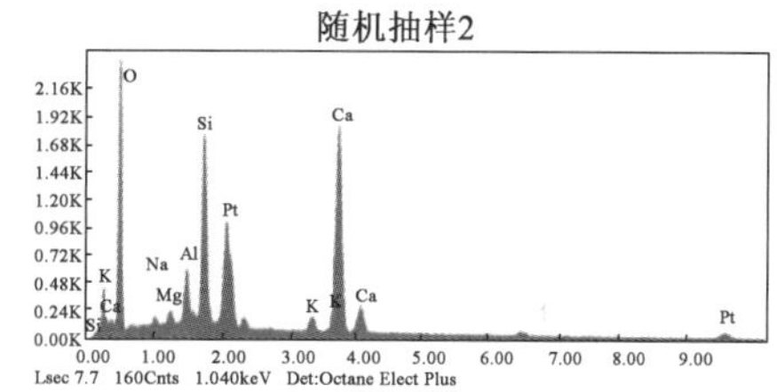

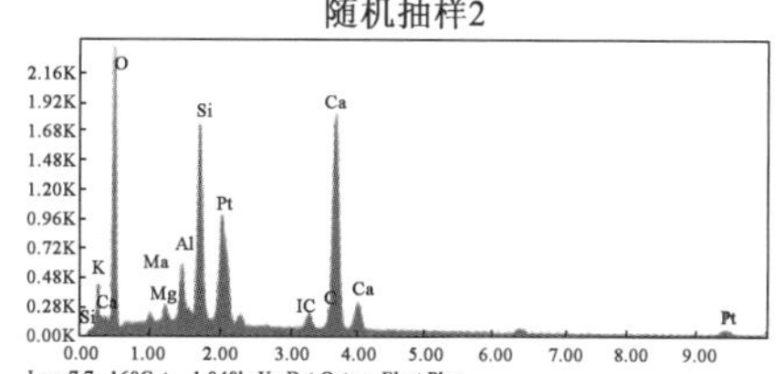

c)ZC组混凝土界面过渡区微观形貌和成分对比

图2-13　混凝土界面过渡区微观形貌和成分对比

不同制备与养护环境下三组混凝土界面过渡区的微观形貌存在较大的差异，可以看出LC组ITZ区域中孔与裂缝的数量较少，结构相对密实，因LC组水泥水化程度较高，环境气压较低，低压环境下混凝土气泡的稳定性较差，导致ITZ区域中孔的数量较少，ITZ区域结构相对密实。XC组ITZ区域存在一定数量的气孔，XC组为常压标准养护，与LC组相比，ITZ区域气孔较多，气孔的孔径也明显变大。而ZC组的混凝土养护环境干燥，温差较大，混凝土早期的水化受影响，水化产物减少导致ITZ区域变得疏松，产生大量的孔隙。同时ZC组混凝土ITZ区域存在许多微裂纹，因为干燥以及低温环境使得水泥早期水化程度较低，混凝土的早期强度发展缓慢，混凝土内部结构无法承受混凝土干燥收缩产生的应力，会使其结构内部产生许多微裂纹。另外，ZC组的养护温度在－7～9℃，温差较大，当外界温度较低时，混凝土孔隙里的水会结冰而产生冻胀压力，同时其早期混凝土水化程度较低，混凝土强度没有完全形成，通过引气剂的引入可缓冲冻胀压力，但ZC组的气泡在环境气压较低时，变得不稳定，导致混凝土中的气泡数量减少，没有足够多的气泡用来缓冲冻胀压力，使混凝土的孔隙结构遭到破坏，所以在ITZ区域产生微裂纹。当外界温度回升时，混凝土内部孔隙中的水融化，在混凝土内外湿度差的影响下继续向外迁移。每次外界环境发生温度周期性的升高与降低，都会使混凝土孔隙中的水结成冰，冰又融成水，相当于混凝土内部在结构完全形成前就遭受了很多次的冻融循环，每次冻融循环产生的微裂纹相互累加，产生大量的裂纹。

2）复杂气候环境对界面过渡区结构的影响

借助显微硬度仪，利用其光学镜头找到界面过渡区位置，将正四棱锥状的金刚石压头压入ITZ区域中间位置，然后卸去荷载，在所选区域表面压出一个棱形压痕，得到实测硬度图，计算显微硬度，并将此位置设置为原点，在原点左右以15μm为间隔继续设置压入点，分别测定压入点的显微硬度。棱形压痕图如图2-14所示。

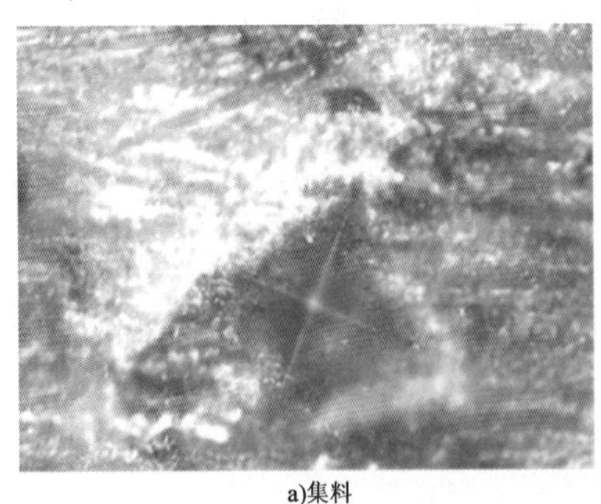

a)集料

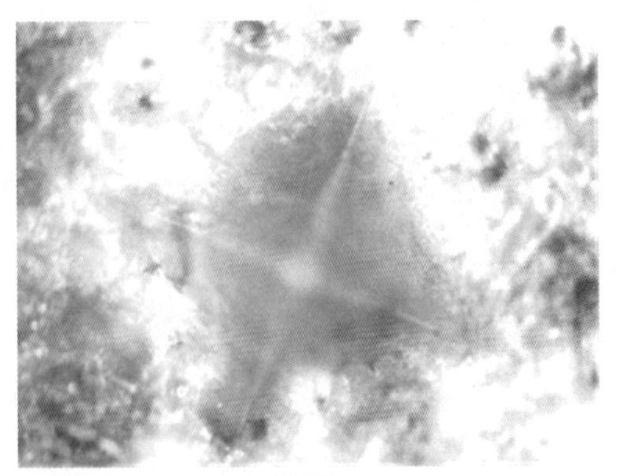

b)ITZ

图　2-14

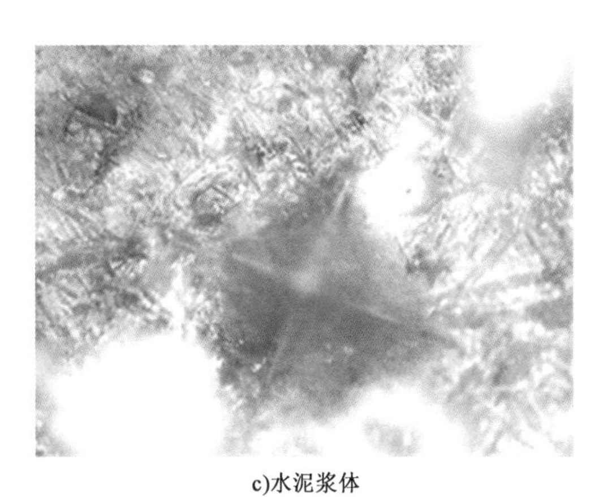

c)水泥浆体

图 2-14　棱形压痕图

通过棱形压痕图的面积可以定性判断出显微硬度的大小,通常棱形压痕的面积越大,其显微硬度的值越大。图 2-15 为根据棱形压痕尺寸计算出的各组混凝土界面过渡区的显微硬度变化。

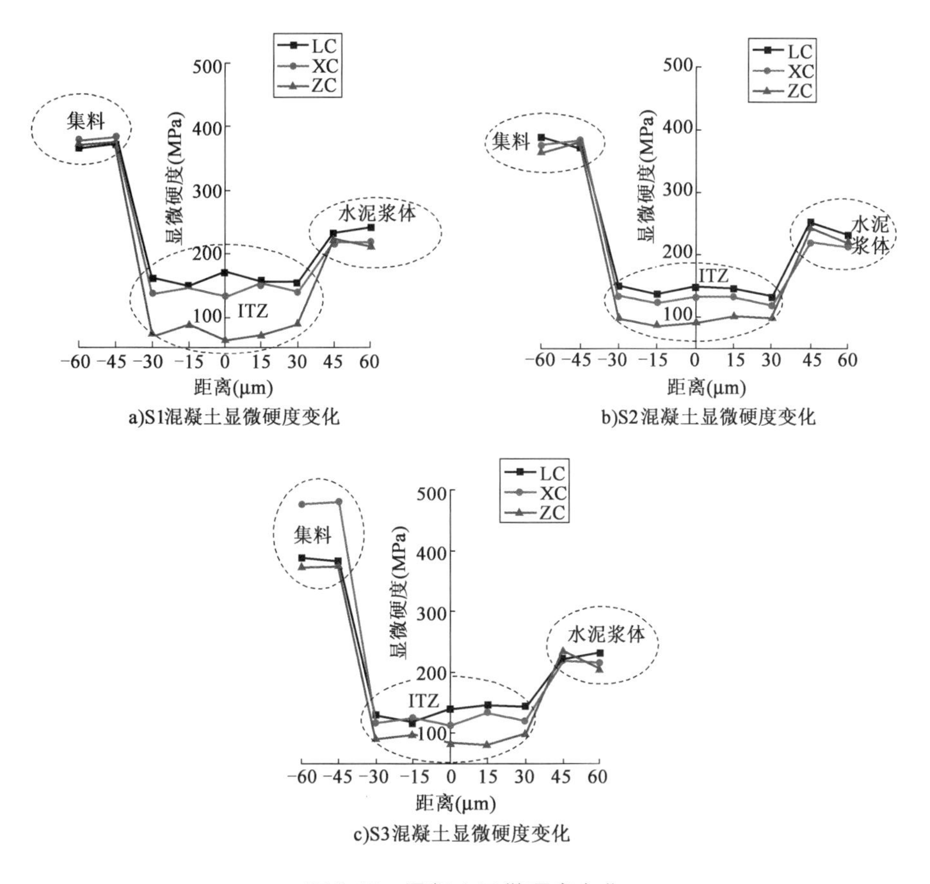

a)S1混凝土显微硬度变化

b)S2混凝土显微硬度变化

c)S3混凝土显微硬度变化

图 2-15　混凝土显微硬度变化

由图2-15可知,金刚石压头由集料到ITZ区域再到水泥浆体,压入点的显微硬度呈现出先下降再上升的趋势。集料的结构致密,显微硬度较大,ITZ区域的结构疏松,显微硬度较低,水泥浆体部分显微硬度上升,在ITZ区域显微硬度的变化较为明显。三组混凝土ITZ区域的显微硬度值存在明显的差异,对于S1混凝土,其LC、XC、ZC组混凝土ITZ区域的平均显微硬度分别为157.4MPa、141.8MPa、76.0MPa,ZC组混凝土ITZ区域显微硬度相较于XC和LC组混凝土分别下降了51.7%和46.4%;对于S2混凝土,其LC、XC、ZC组ITZ区域的平均显微硬度分别为143.2MPa、129.4MPa、96.2MPa,ZC组混凝土ITZ区域显微硬度相较于XC和LC组混凝土分别下降了32.8%和25.6%;对于S3混凝土,其LC、XC、ZC组混凝土ITZ区域的平均显微硬度分别为137MPa、122MPa、90MPa,ZC组混凝土ITZ区域显微硬度相较于XC和LC组混凝土分别下降了34.3%和26.2%。可以看出,XC、LC两组混凝土ITZ区域的显微硬度值相差不多,与之相比,ZC组混凝土ITZ区域的显微硬度则明显下降。结合界面过渡区微观形貌可见,LC组混凝土ITZ区域气孔与微裂纹较少,显微硬度相对较高;XC组混凝土ITZ区域的气孔增加,导致其显微硬度下降。ZC组混凝土ITZ区域有大量的气孔与微裂纹,通过扫描电子显微镜也可以观察到,高原气候环境下ITZ区域遭到严重破坏,显微硬度显著降低,混凝土ITZ区域显微硬度的变化规律也与抗压强度变化规律一致。

2.2.3 混凝土界面过渡区AFM试验结果与分析

1)AFM的试验方法

水泥混凝土界面过渡区的表面形貌及细微观结构,通常从微米及纳米尺度上分别采用扫描电子显微镜与投射电子显微镜对水泥混凝土界面过渡区的表面形貌与微观结构进行观察。而AFM则可以从更小的原子尺度上研究界面过渡区的表面形貌以及细微观结构,但是由于AFM对样品表面的平整度要求较高,未经表面处理的混凝土样品难以满足测试要求,容易对探针针头造成损伤。为此,对混凝土样品表面进行特殊处理,通过AFM以获得混凝土界面过渡区纳米尺度表面性质的信息。

AFM采用轻敲模式,其原理为:扫描时,通过控制微悬臂的共振频率使探针针尖与样品间进行有频率的接触,根据针尖在扫描过程中样品表面对其造成的反作用力,通过探针针头产生的纵向位移还原出样品表面的微观形貌,能够得到较精准的样品表面微观形貌信息。

2)复杂气候环境对界面过渡区形貌的影响

通过AFM轻敲模式,扫描频率为0.5Hz,扫描区域大小为30μm×30μm。扫描时首先利用光学镜头找到集料、界面过渡区以及水泥浆体的位置，用探针依次从集料部分扫过界面过渡区直至水泥浆体部分，得到扫描区域图像，然后利用 NanoScope Analysis 分析软件导出 ITZ 区域的高度与 3D(三维)立体图。探针扫描方向相位图如图 2-16 所示。

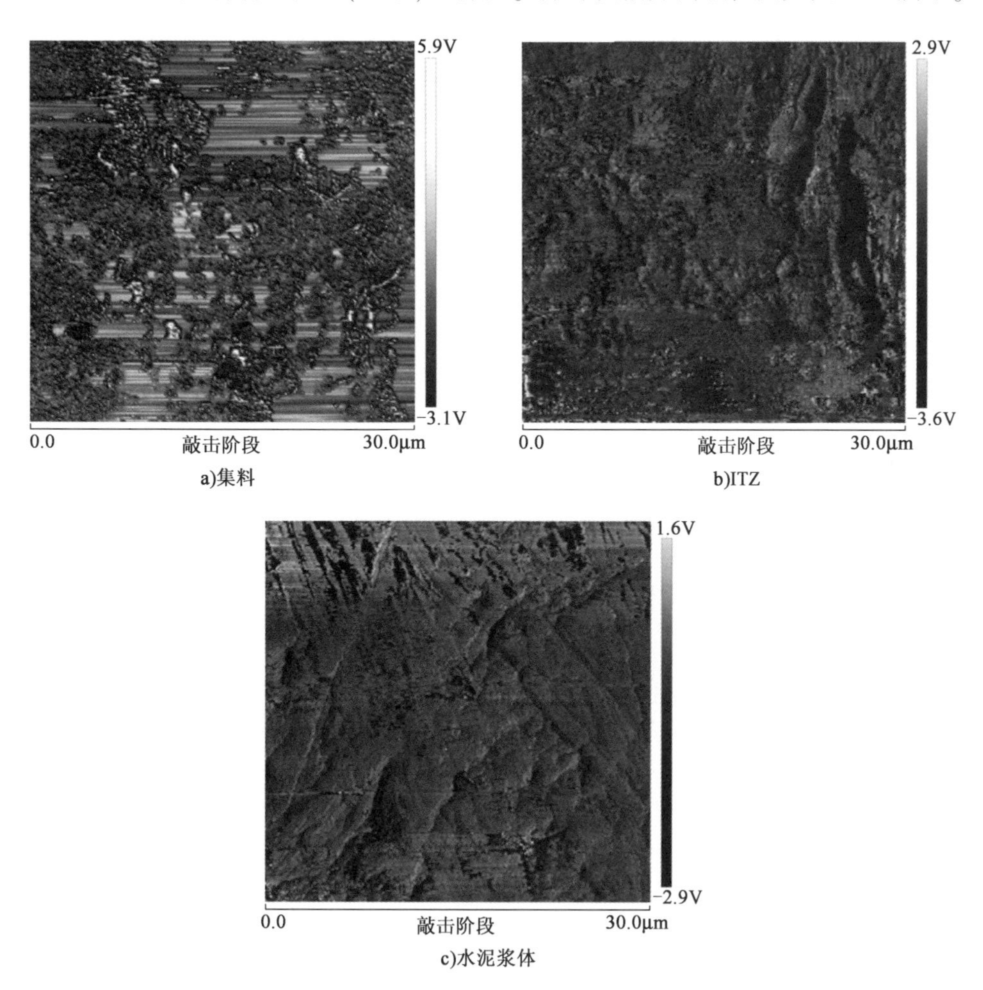

图 2-16　探针扫描方向相位图

探针扫描分别由集料到界面过渡区，最后到水泥砂浆部分，分别得到不同位置的 AFM 相位图，可以看出不同位置的相位图存在明显差异。集料部分的相位图比较平整光滑，结构也比较致密；界面过渡区的相位图则明显疏松，并且存在许多凹凸不平、表面起伏较大的沟壑，水泥浆体部分的相图结构比较密实，表面存在一定的沟壑，但是数量要明显小于界面过渡区。可以通过对比不同制备与养护条件下界面过渡区微观形貌 AFM 相位图的差异，研究高原复杂气候环境对混凝土界面过渡区微观形貌的影响。下面以 S3 混凝土为例，解释高原环境对硬化混凝土的界面过渡区微观形貌的影响。

如图 2-17 ~ 图 2-19 所示，LC、XC、ZC 三组混凝土界面过渡区部分有明显的沟壑，不平整,且存在许多颗粒物。三组混凝土界面过渡区的微观形貌存在一定的差异,LC 组 ITZ 形貌较为平整,区域内部表面起伏较小,整个区域内沟壑的数量与面积较小,因为低压标准养护下,水泥的水化程度高且混凝土含气量较低。2.1 节中已经对硬化混凝土的细观气孔结构进行过分析,ITZ 内气孔较少,结构相对密实,LC 组 ITZ 区域的微观形貌较为完整。XC 组混凝土 ITZ 区域沟壑的数量比 LC 组 ITZ 区域多,原因在于 XC 常压标准养护条件下混凝土的含气量比 LC 组混凝土高,ITZ 区域中的气孔数量较多,导致 ITZ 区域内沟壑的数量增多。ZC 组混凝土 ITZ 区域内的沟壑数量相较于前两组则明显增多,几乎整个区域内全部都是沟壑,并且从 3D 立体图中还可以发现许多颗粒状物质,结构疏松。ZC 组在高原气候环境制备与养护环境下成型,一方面,混凝土早期的水化受到影响,水化产物减少导致 ITZ 区域变得疏松,产生大量的孔隙;另一方面,混凝土早期遭受周期性的冻融循环,结构受到破坏,导致 ZC 组混凝土 ITZ 区域沟壑增多,结构疏松。

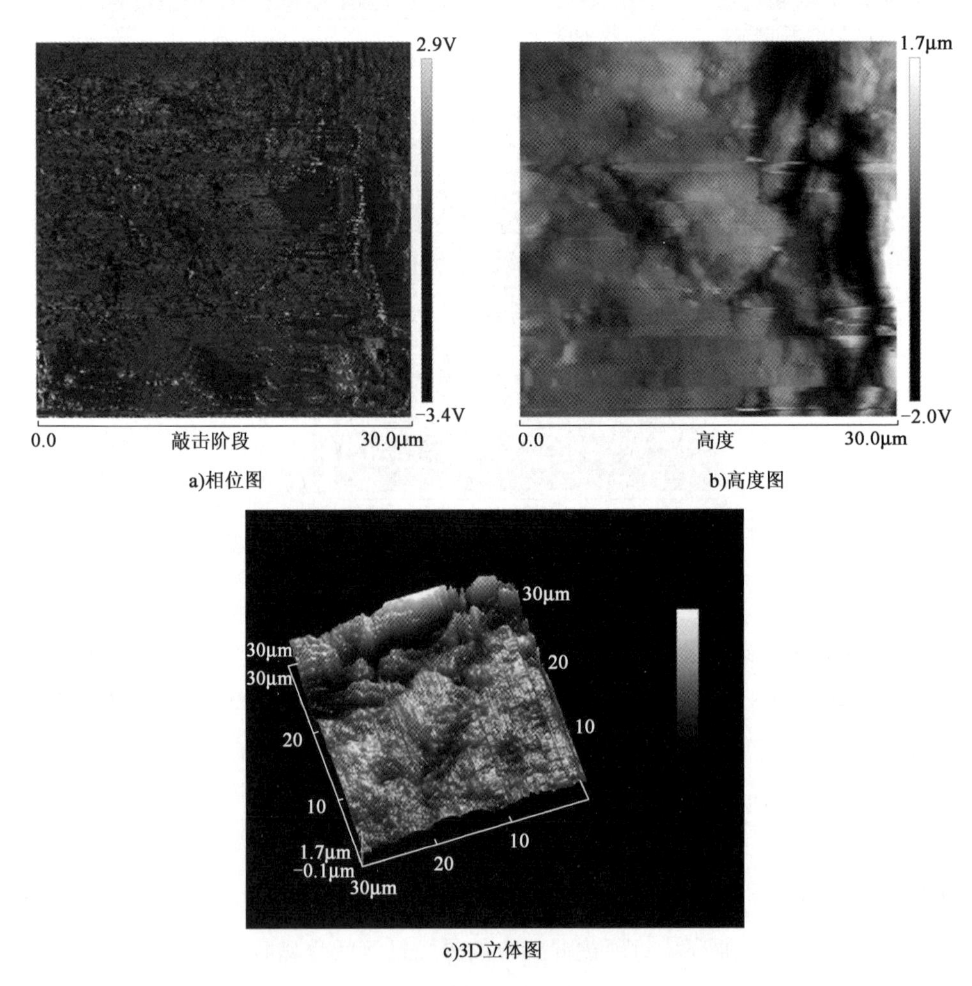

图 2-17　LC 组混凝土 ITZ 形貌

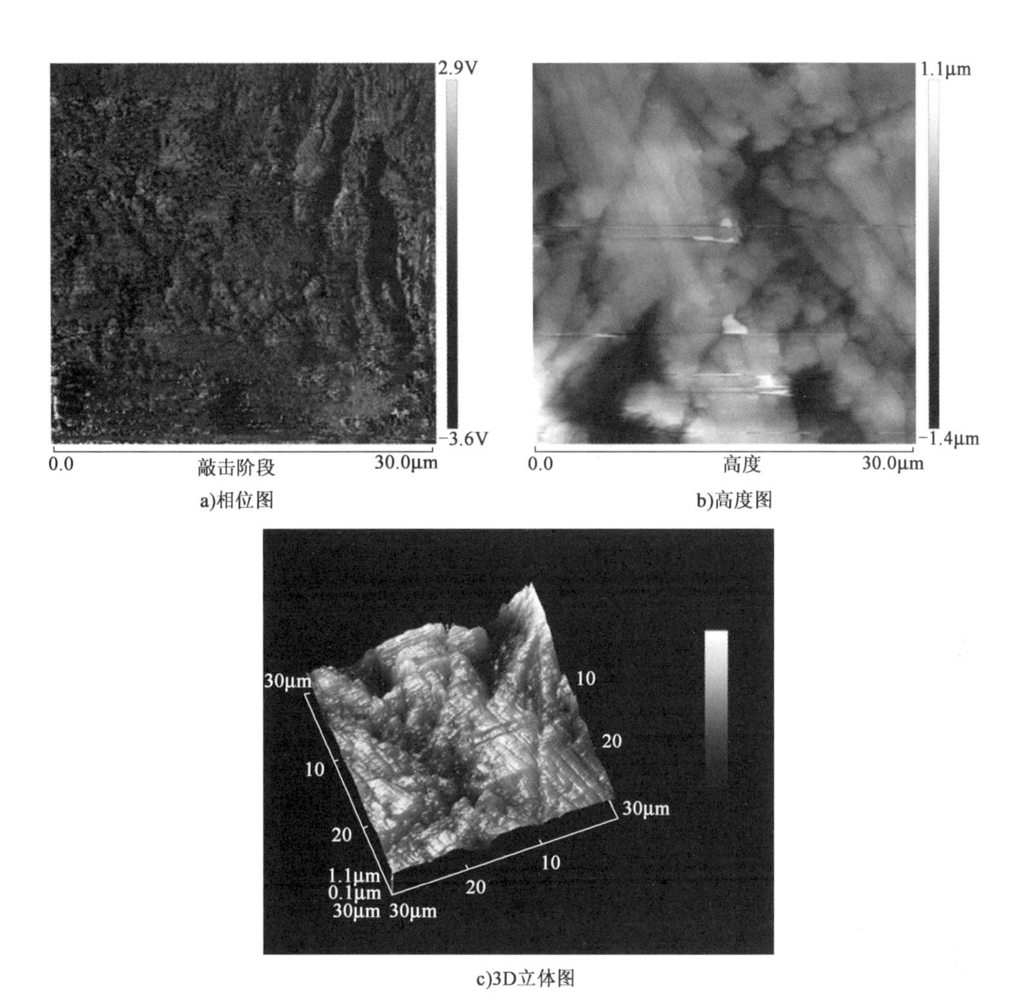

a)相位图

b)高度图

c)3D立体图

图 2-18 XC 组混凝土 ITZ 形貌

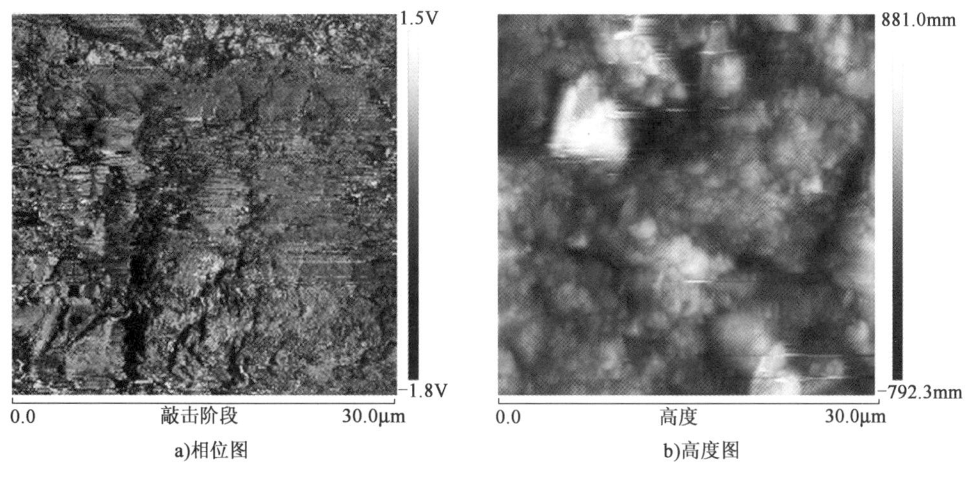

a)相位图

b)高度图

图 2-19

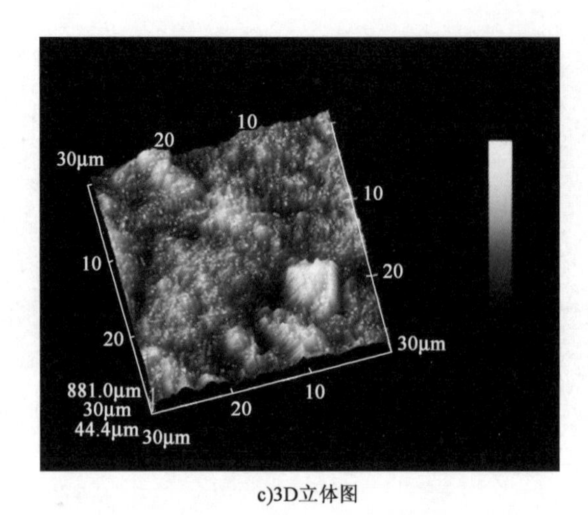

c)3D立体图

图 2-19　ZC 组混凝土 ITZ 形貌

3)复杂气候环境下混凝土界面过渡区粗糙度变化

物体的粗糙度是指样品表面具有的微小间距和微小峰谷的不平度,利用 NanoScope Analysis 软件的粗糙度分析功能,得到混凝土 ITZ 区域的粗糙度 R_q,利用表面轮廓高度均方根 R_q 来表征表面形貌特征,其计算公式如式(2-2)所示。在微观层面上,混凝土中粗糙度 R_q 可以用来表示 ITZ 的表面起伏变化,反映水泥水化产物的颗粒大小和致密程度,以及孔隙率的变化,各组混凝土的粗糙度变化如图 2-20 所示。

$$R_q = \sqrt{\frac{1}{n}\sum_{i=1}^{n} Z_i^2} \tag{2-2}$$

式中:Z_i——各点轮廓高度;

n——测量点数。

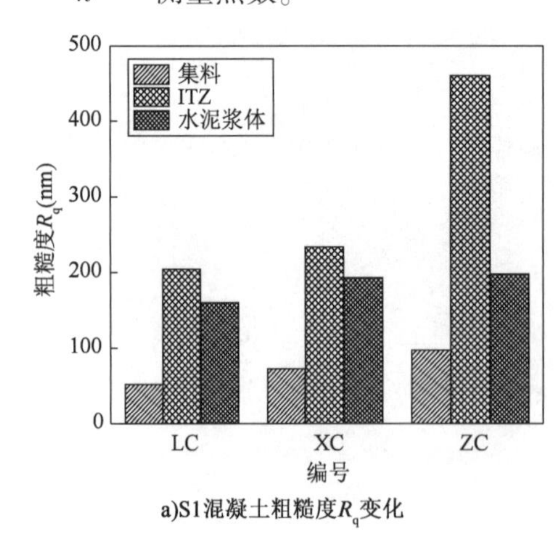

a)S1混凝土粗糙度R_q变化

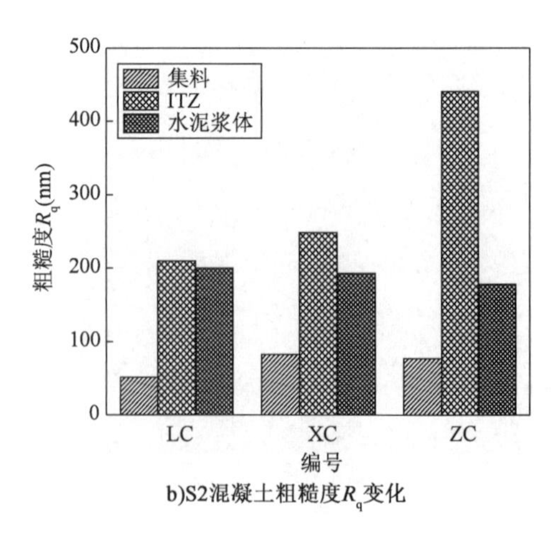

b)S2混凝土粗糙度R_q变化

图　2-20

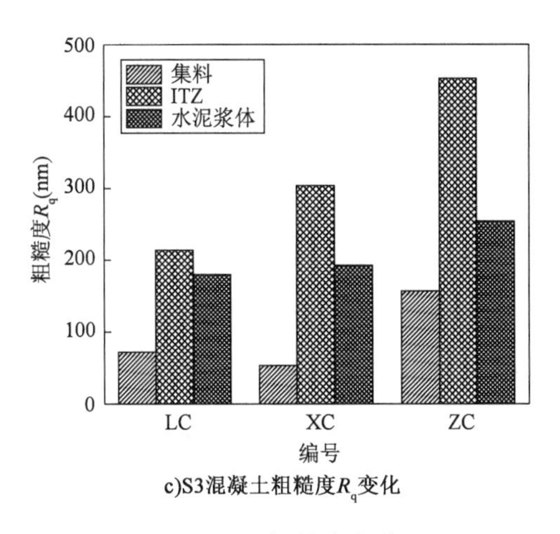

c)S3混凝土粗糙度R_q变化

图2-20　粗糙度变化

由图2-20可见,ITZ区域的粗糙度 R_q 是三个扫描区域中最高的。通过5.2.2节中不同位置的AFM微观形貌可以发现,ITZ区域疏松多孔表面沟壑数量相对较多,粗糙度 R_q 较大;而集料以及水泥浆体的结构相对密实,粗糙度 R_q 较小。S1混凝土的LC、XC、ZC组ITZ区域粗糙度 R_q 大小分别为204nm、234nm、461nm;S2混凝土的LC、XC、ZC组ITZ区域粗糙度 R_q 大小分别为210nm、249nm、473nm,S3混凝土的LC、XC、ZC组ITZ区域粗糙度 R_q 大小分别为214nm、304nm、453nm。可以发现不同制备与养护环境下混凝土ITZ区域粗糙度 R_q 的大小关系为LC < XC < ZC,LC与XC组混凝土ITZ区域粗糙度 R_q 在200~300nm之间,而ZC组混凝土ITZ区域粗糙度 R_q 则达到了450~500nm,要显著大于前两组。ZC组混凝土粗糙度 R_q 的显著增加说明ITZ区域致密程度低,表面起伏与孔隙率较大,复杂气候环境下混凝土界面过渡区破坏严重。

本章参考文献

[1] 陈华鑫,王铜,何锐,等.高原复杂气候环境对混凝土气孔结构与力学性能的影响[J].长安大学学报(自然科学版),2020,40(02):30-37.

[2] 徐福卫,田斌,徐港.界面过渡区厚度对再生混凝土损伤性能的影响分析[J].材料导报,2022,36(04):122-128.

[3] 李扬,王振地,薛成,等.高原低气压对道路工程混凝土性能的影响及原因[J].中国公路学报,2021,34(09):194-202.

[4] 李雪峰,付智,王华牢.高原地区抗冻引气混凝土含气量设计方法研究[J].硅酸盐通报,2021,40(08):2600-2608.

[5] 徐泽华,赵庆新,张津瑞,等.界面过渡区对混凝土徐变性能的影响[J].硅酸盐学

报,2021,49(02):347-356.

[6] 申艳军,张欢,潘佳,等.混凝土界面过渡区微-细观结构识别及形成机制研究进展[J].硅酸盐通报,2020,39(10):3055-3069.

[7] 黄瀚锋.环境热疲劳作用下高性能混凝土性能演化机理研究[D].北京:北京交通大学,2020.

[8] 何锐,王铜,陈华鑫,等.青藏高原气候环境对混凝土强度和抗渗性的影响[J].中国公路学报,2020,33(07):29-41.

[9] 曹润倬.胶凝材料组成及温湿度影响下补偿收缩混凝土性能研究[D].兰州:兰州理工大学,2019.

[10] 黄庆华,周承宗,顾祥林,等.混凝土界面过渡区水分传输特性试验研究[J].建筑结构学报,2019,40(01):174-180.

[11] He J, Lei D, Xu W. In-situ measurement of nominal compressive elastic modulus of interfacial transition zone in concrete by SEM-DIC coupled method[J]. Cement and Concrete Composites, 2020, 114: 103-114.

[12] 徐晶,王先志.纳米二氧化硅对混凝土界面过渡区的改性机制及其多尺度模型[J].硅酸盐学报,2018,46(08):1053-1058.

[13] 郭鹏,韦万峰,杨帆,等.再生集料及再生混凝土界面过渡区研究进展[J].硅酸盐通报,2017,36(07):2280-2286,2292.

[14] 徐晶,王彬彬,赵思晨.纳米改性混凝土界面过渡区的多尺度表征[J].建筑材料学报,2017,20(01):7-11.

[15] 李雪峰.青藏高原地区混凝土抗冻设计及预防措施研究[D].南京:东南大学,2015.

[16] 李恒,郭庆军,王家滨.再生混凝土界面结构及耐久性综述[J].材料导报,2020,34(13):13050-13057.

[17] Liao K Y, Chang P K, Peng Y N, et al. A study on characteristics of interfacial transition zone in concrete[J]. Cement and Concrete Research, 2004, 34(6): 977-989.

[18] Zhan B J, Xuan D X, Poon C S, et al. Characterization of interfacial transition zone in concrete prepared with carbonated modeled recycled concrete aggregates[J]. Cement and Concrete Research, 2020, 136: 106-135.

第3章

CHAPTER 3

交变荷载与干湿循环作用下混凝土中氯离子传输机制

在富含氯盐的环境中,道路、桥梁等道路工程混凝土结构物不仅遭受氯盐的侵蚀,还要承受交通荷载的反复作用,在交变荷载作用下,混凝土的抗氯离子侵蚀性能不断劣化;同时,在实际工程环境中,除水下部分,大多数混凝土结构由于干湿循环反复交替作用而处于水分饱和与完全干燥之间的非饱和状态,例如道路工程中经受浪溅、潮汐作用的混凝土结构,干湿交替作用也会加速混凝土中氯离子的侵蚀。因此,在氯盐富集环境中,混凝土真实服役情况应是干湿循环和交变荷载两者共同作用下的氯离子侵蚀。干湿循环与交变荷载共同作用加速了混凝土氯离子侵蚀,使得按现有的设计标准设计的混凝土存在一定的安全隐患。随着公路、桥梁的建设向西部和沿海地区延伸,氯盐富集环境中道路混凝土结构物同时遭受干湿循环与交变荷载作用越来越普遍,由于设计标准的缺陷,导致混凝土耐久性不足,后期维护费用不断增加,为国民经济带来了巨大损失。为了避免或减少这种由于氯离子的侵蚀造成的经济损失,阐明交变荷载与干湿循环共同作用下水泥混凝土的氯离子侵蚀机理显得尤为重要。但直至今日,交变荷载和干湿循环共同作用下的水泥混凝土氯离子侵蚀试验与理论分析却鲜有报道,特别是基于细观力学理论分析研究更少。揭示交变荷载与干湿循环作用下混凝土中氯离子传输机制,对改善混凝土抗氯离子侵蚀性能,提高混凝土对钢筋的保护作用,具有重要的理论和现实意义。

3.1 交变荷载作用下混凝土中氯离子传输机制

交变荷载是道路工程混凝土结构物的主要受力类型,目前还没有涉及交变荷载对混凝土中氯离子传输的理论分析。本节从交变荷载对混凝土的疲劳损伤入手,介绍了基于氯离子扩散系数对于裂纹面积的表征过程,从微观角度定量分析疲劳损伤对混凝土裂纹面积的扩展变化值,建立交变荷载下混凝土中氯离子传输方程,探讨交变荷载应力水平、荷载频率、水灰比、氯盐浓度等因素对氯离子传输的影响。

3.1.1 氯离子在混凝土中的传输机理

氯离子等侵蚀介质在混凝土中传输的实质是带电离子在混凝土孔隙液中的迁移。驱动氯离子在混凝土孔隙液中迁移的原动力有以下三种:孔隙液中不均匀的化学势分布、压力梯度或毛细作用下氯离子的迁移、电场作用下的定向迁移。在这些驱动力下，氯离子在混凝土中的迁移主要表现为扩散、对流、吸附、电迁移等传输方式，其中对流由于环境的影响，可分为渗流和毛细吸收两种原动力。

1)扩散作用

扩散指在浓度梯度作用下溶液中的氯离子发生迁移的过程。假设氯离子只在一维方向上发生扩散(图3-1)，即只在 x 方向上由左向右发生扩散，而在其他几个方向上无扩散现象发生。

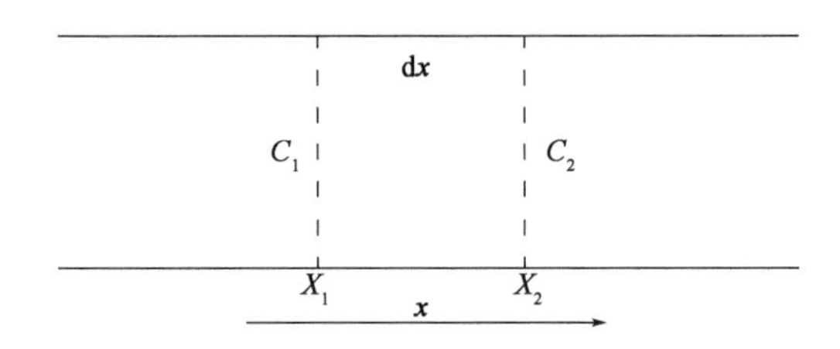

图3-1 氯离子一维扩散示意图

在图3-1中，虚线表示氯离子浓度面，同一虚线位置氯离子浓度相同，C_1、C_2 表示位置 X_1、X_2 的氯离子浓度，并且 $C_1 > C_2$。在稀释溶液中，氯离子浓度 C_1 的化学位 μ_1 可表示为：

$$\mu_1 = \mu_1^* + RT\ln C_1 \tag{3-1}$$

式中：μ_1^*——标准状态下的化学位(J/mol)；

R——气体常数，8.31J/(mol·K)；

T——绝对温度(K)。

由于 C_1 与 x 有关，所以化学位 μ_1 也与 x 有关。假设存在单位物质的量的氯离子从位置 X_1 处迁移到位置 X_2，则该溶液体系的化学位改变量 $\Delta\mu$ 为：

$$\Delta\mu = \mu_2 - \mu_1 = RT\ln\frac{C_2}{C_1} \tag{3-2}$$

在整个过程中做的功 ω 为：

$$\omega = \Delta\mu \tag{3-3}$$

对式(3-3)进行微分，可以得到：

$$\delta\omega = \mathrm{d}\mu \tag{3-4}$$

假如存在一个驱动力 F_d 使氯离子从位置 x 处迁移到 $x+\mathrm{d}x$ 位置处，则有：

$$F_\mathrm{d}\mathrm{d}x = -\mathrm{d}\mu \tag{3-5}$$

即

$$F_\mathrm{d} = -\frac{\mathrm{d}\mu}{\mathrm{d}x} \tag{3-6}$$

由此可看出，化学势梯度是产生氯离子扩散驱动力的本质。扩散是混凝土氯离子侵蚀的主要传输机制。扩散分为稳态扩散和非稳态扩散两种方式。

(1)稳态扩散。

稳态扩散是指在氯离子扩散系统中，任意某一单元在任意某一时刻，进入单元的氯离子量与流出单元的氯离子量相等，氯离子的量不随时间、外界环境等因素的变化而变化，始终保持稳定。对于一维稳态扩散，氯离子扩散通量 J 表示单位时间进入垂直于扩散方向的单位面积的氯离子物质的量，单位为 $mol \cdot m^2 \cdot s^{-1}$，它与该面积处的浓度梯度成正比，并且与外界压力、温度等环境因素有关。假设在作用力 F_d 下，氯离子扩散通量 J 是一个定值，此时体系处于稳定状态，氯离子扩散通量 J 与驱动力 F_d 的关系可表示为：

$$J = C(a + bF_d + cF_d^2 + dF_d^3 + \cdots) \tag{3-7}$$

式中：C——氯离子浓度(kg/m^3)；

a、b、c、d——回归常数。

由于氯离子在混凝土中的扩散化学梯度较低，扩散驱动力很小，可忽略较高次项的影响，同时通过边界条件可得 $A=0$，此时有：

$$J = CbF_d \tag{3-8}$$

将式(3-1)、式(3-6)代入式(3-8)，可以得出：

$$J = -bC\frac{d(\mu_1^* + RT\ln C)}{dx} = -bRT\frac{dC}{dx} \tag{3-9}$$

从式(3-9)可看出，在同温条件下，扩散通量 J 与$\frac{dC}{dx}$成正比，令 $D=bRT$，则式(3-9)可简写为：

$$J = -D\frac{dC}{dx} \tag{3-10}$$

式中：D——氯离子扩散系数(m^2/s)。

式(3-10)即著名的 Fick 第一定律。20 世纪 70 年代，意大利学者 Marcialis 假设混凝土为各向同性、均匀的材料，首次将 Fick 第一定律用于描述氯离子在混凝土中的传输行为。

(2)非稳态扩散。

在稳态扩散中，假定氯离子的扩散通量不随时间和空间的改变而改变，此假设与实际情况正好相反，它是一个随时间和空间的变化而变化的量。如图 3-1 所示，将 X_1、X_2 两个垂直于 x 轴的截面组成一个微体积单元，进入 X_1 截面和流出 X_2 截面的氯离子通量之差 ΔJ 等于该微体积内氯离子的总变化率，可以得出：

$$\Delta J = \frac{\partial J}{\partial x}\mathrm{d}x = \frac{\partial C}{\partial t}\mathrm{d}x \tag{3-11}$$

将式(3-10)代入式(3-11)得出：

$$\frac{\partial C}{\partial t} = \frac{\partial}{\partial x}\left(D\frac{\partial C}{\partial x}\right) \tag{3-12}$$

式(3-12)即氯离子在混凝土中传输的非稳态扩散控制方程，即 Fick 第二定律，是目前用于描述氯离子在混凝土中扩散应用最广泛的方程。

2)对流作用

对流指氯离子随混凝土孔隙溶液迁移而迁移的现象。单位时间内通过垂直于对流平面的氯离子通量 J 可表示为：

$$J = Cv \tag{3-13}$$

式中：v——混凝土孔隙液的对流速度(m/s)。

引起氯离子在混凝土中发生对流现象的驱动力有两种：一种是在外界压力作用下引起的混凝土孔隙水产生定向迁移，通常称为渗流；另一种则是在毛细压力作用下将外界氯盐溶液吸入混凝土中，从而带动氯离子进入混凝土。下面就引起对流的两种驱动力分析其发生原理和表达方程。

(1)渗流作用。

外界压力作用下，混凝土内部孔隙水压力分布不均匀，孔隙液发生渗流现象。假如混凝土孔隙液不可压缩，那么渗流过程符合达西定律：

$$v = -\frac{k}{\eta}\frac{\mathrm{d}p}{\mathrm{d}x} \tag{3-14}$$

式中：k——渗流系数(m/s)；

η——孔隙液的黏滞系数(Pa·s)；

p——压力水头(m)。

渗流系数 k 是研究混凝土渗流过程的关键问题，国内外学者已经做了大量的研究，建立了一系列相关因素与渗流系数之间的关系。

(2)毛细作用。

实际环境中，氯离子通过渗流作用进入混凝土的现象很少，主要以毛细吸收作用为主。服役中的混凝土大多处于非饱和状态，当混凝土在氯盐溶液中浸泡时，为了达到内外液面压力平衡，在表面张力作用下，将氯盐溶液吸入混凝土内。毛细作用只发生在混凝土与氯盐溶液直接接触的表层区域，影响厚度通常只有 0~25mm。

毛细作用在计算方法上可等效为压力作用下的渗流，同样可用式(3-14)来表达，只是毛细渗流通常只发生在非饱和混凝土中,因此,这里的渗流系数 k 还是孔隙饱和度的函数。

3)吸附作用

氯离子在混凝土中传输时会伴随水泥等胶凝材料对氯离子的吸附,这种吸附作用对氯离子在混凝土中的迁移会产生一定的减缓作用。根据吸附原理的不同,吸附作用可分为物理吸附和化学结合两种作用力,物理吸附依靠分子之间的范德华力结合,作用力比较弱;化学结合是由于氯离子与水泥中的铝酸三钙(C_3A)发生反应生成 Friedel 盐,作用力比较强。

混凝土对氯离子的吸附能力可用结合氯离子浓度与自由氯离子浓度的比值$\partial C_b/\partial C_f$表征,不同混凝土种类吸附能力不同。混凝土与氯离子的吸附结合规律可归纳为以下四种:

(1)无结合。

$$C_b = 0, \frac{C_b}{C_f} = 0 \tag{3-15}$$

(2)线性结合。

$$C_b = \alpha C_f, \frac{C_b}{C_f} = \alpha \tag{3-16}$$

式中:α——常数。

(3)Langmuir 等温吸附结合。

$$C_b = \frac{\alpha C_f}{1 + \beta C_f}, \frac{C_b}{C_f} = \frac{\alpha}{(1 + \beta C_f)^2} \tag{3-17}$$

式中:β——常数。

(4)Freundlich 等温吸附结合。

$$C_b = \alpha C_f^{\beta}, \frac{C_b}{C_f} = \alpha\beta C_f^{\beta-1} \tag{3-18}$$

上述四种结合形式,无结合机制不考虑吸附作用对氯离子传输的影响,显然与实际情况相差较大;线性结合机制形式最简单,但它低估了混凝土在低氯离子含量的结合能力,而高估了高氯离子含量时的结合能力,不过由于其简单的形式,被广泛应用于数值模拟中;Langmuir 等温吸附机制在高氯离子含量时吸附曲线趋于水平,限定了氯离子结合能力的上限,适用于氯离子浓度低于 1.773kg/m^3 的孔隙液;Freundlich 等温吸附机制适用于氯离子浓度大于 0.355kg/m^3 的孔隙液。

4)电迁移作用

在电场作用下混凝土孔隙液中的氯离子会发生定向迁移。国内外学者研究发现,混凝土孔隙液中氯离子在电场作用下的定向迁移与氯盐浸泡状态下的迁移具有很好的相关性,因此,研究电场作用下混凝土氯离子的迁移机理对提高混凝土的抗侵蚀能力具有重大意义。Tang 等研究发现在电场作用下,氯离子的传输通量与氯离子浓度、电场强度成正比,其具体表达式见式(3-19):

$$J = \frac{zFED}{RT}C \tag{3-19}$$

式中:z——氯离子的电价;

F——法拉第常数,为 96485.3C/mol;

E——电场强度(N/C);

D——氯离子扩散系数(m^2/s);

R——气体常数,为 8.31J/(mol · K);

T——绝对温度(K);

C——氯离子浓度(kg/m^3)。

式(3-19)是目前描述混凝土中氯离子在直流电场下传输问题的核心方程,目前用于测量氯离子扩散系数的 RCM 法就基于此公式。

3.1.2 混凝土的疲劳累积损伤原理

材料内部存在微裂纹、微孔隙、夹杂等缺陷,这些缺陷都统称为损伤。在交变荷载作用下材料内部的缺陷不断扩展演化,直至发生破坏,这种损伤称为疲劳损伤。混凝土是由水泥、集料、水、外掺剂等组成的人工复合材料,在成型和水化过程中,由于泌水、化学反应、温度作用等原因,在水泥浆体与集料之间、水泥浆体内部形成许多初始的微裂纹,随着荷载循环次数的增加,这些原始微裂纹不断扩展,混凝土的疲劳损伤逐渐积累。混凝土疲劳积累损伤理论主要有以下几种:

1)线性疲劳累积损伤理论

线性疲劳累积损伤理论最早由 Miner 提出,该理论假设在疲劳荷载作用下,各应力之间是相互分开、互相独立的,疲劳损伤可线性叠加,当疲劳损伤累加到某一临界值时,构件即发生疲劳破坏。其表达式为:

$$d = \sum_{i=1}^{k} d_i = \sum_{i=1}^{k} \frac{n_i}{N_i} \tag{3-20}$$

式中：d——构件的疲劳损伤度；

d_i——应力水平 S_i 产生的疲劳累积损伤；

n_i——应力水平 S_i 下的疲劳荷载次数；

N_i——构件在应力水平 S_i 下的疲劳寿命次数。

实际上，当构件的疲劳损伤 d 在 1 附近时，构件就会发生疲劳破坏。线性疲劳累积损伤理论的形式非常简单，使用也较方便，同时也满足工程现场的随机性，在工程上广泛使用。

2）非线性疲劳累积损伤理论

虽然线性疲劳累积损伤理论具有简便易用的优点，但是它没有考虑多级荷载情况下各个应力之间的相互影响，使预测结果和试验结果相差甚远，因而有学者提出了非线性疲劳累积损伤理论。比较典型的理论模型有以下几种。

（1）Marco-Starkey 理论模型。

该理论认为构件的损伤量与循环数比呈幂函数关系，其表达式为：

$$D = \left(\frac{n_i}{N_i}\right)^{C_i} \tag{3-21}$$

式中：D——构件的损伤量；

C_i——和应力水平、加载顺序相关的常数，由试验确定。

在疲劳过程中，当各应力水平的循环次数比之和达到损伤量临界值时，构件就发生疲劳破坏。但是该模型存在两个关键性问题无法解决：第一，损伤量临界值与应力水平和应力加载顺序有关，难以确定；第二，幂指数 C_i 很难给出确切数值。因此，该模型虽对后人的启发较大，但其求解至今尚未解决，带有很大的不确定性，只能用来定性分析，不能用于工程实践。

（2）Corten-Dolan 疲劳累积损伤理论。

该理论从损伤的物理概念出发，考虑了应力的加载顺序和非线性因素的影响，其表达式为：

$$D = \sum_{i=1}^{k} n_i m_i^c r_i^d \tag{3-22}$$

式中：D——构件的损伤量；

m——构件损伤核的数目，应力越大其数值越大；

r——构件的损伤发展速度，与应力水平成正比；

c、d——常数，与构件材料有关。

构件疲劳损伤临界值为 $D_c = N_l m_l^c r_l^d$，当等幅疲劳荷载时，N_l 为该应力水平下的疲劳寿命；当变幅疲劳荷载时，下标 l 代表作用荷载中最大荷载对应的疲劳寿命。

3）概率疲劳累积损伤理论

疲劳损伤具有不可逆性和随机性两大基本特征。然而线性疲劳累积损伤理论、非线性疲劳累积损伤两者都建立在确定性的基础上，与现实存在一定的差异，由此发展了概率疲劳累积损伤理论。概率 Miner 理论是其中一个较典型的概率疲劳累积损伤理论，它克服了 Miner 理论没有考虑疲劳荷载顺序和瞬时累积损伤分散性的两大缺陷，其公式与 Miner 线性理论一样，但物理符号含义有较大差异，将疲劳寿命 N 和疲劳损伤度 d 都看作随机变量，都服从对数正态分布，其概率分布密度函数分别如式（3-23）和式（3-24）所示。

$$f_{\mathrm{N}}(x)=\begin{cases}\dfrac{1}{\sqrt{2\pi}\sigma_{\mathrm{N}}x}\exp\left[-\dfrac{(\ln x-\mu_{\mathrm{N}})^2}{2\sigma_{\mathrm{N}}^2}\right] & (x>0)\\ 0 & (x\leqslant 0)\end{cases} \tag{3-23}$$

$$f_{\mathrm{d}}(x)=\begin{cases}\dfrac{1}{\sqrt{2\pi}\sigma_{\mathrm{d}}x}\exp\left[-\dfrac{(\ln y-\mu_{\mathrm{d}})^2}{2\sigma_{\mathrm{d}}^2}\right] & (y>0)\\ 0 & (y\leqslant 0)\end{cases} \tag{3-24}$$

3.1.3 交变荷载对氯离子扩散系数的影响

1）氯离子扩散系数基于裂纹面积的表征

由于混凝土的天然缺陷，存在原生的微裂纹和连通的微孔隙，当遭受氯盐侵蚀时，氯离子通过这些连通孔隙和原生微裂纹进入混凝土内部，并向深处扩散。交变荷载的存在加剧了混凝土内部微裂纹的发生和扩展，使得氯离子的扩散通道增加，扩散速率增大。同时，当交变荷载加载时，混凝土微裂纹张开，在裂纹的尖端产生局部真空，氯盐溶液通过泵吸作用迅速进入裂纹中，卸载时微裂纹闭合，迫使盐溶液喷出，如此来回反复，氯盐溶液在微裂纹附近形成紊动扩散，极大地提高了氯离子的扩散能力。

在此，将混凝土划分为混凝土基体和微裂纹两个部分，氯离子通过基体的连通孔隙和微裂纹向混凝土内部扩散，进入混凝土内部氯离子总的扩散通量为基体扩散通量和微裂纹扩散通量之和，即：

$$J(A_{\mathrm{m}}+A_{\mathrm{c}})=J_{\mathrm{m}}A_{\mathrm{m}}+J_{\mathrm{c}}A_{\mathrm{c}} \tag{3-25}$$

式中：J——进入混凝土内部总的的氯离子扩散通量；

J_{m}——通过基体进入混凝土的扩散通量；

J_c——通过裂纹进入混凝土的扩散通量；

A_m——混凝土基体的面积；

A_c——混凝土裂纹的面积。

根据扩散理论,扩散通量为离子在介质中的扩散系数与离子化学位梯度之积,即

$$J = -D\mu \tag{3-26}$$

$$J_m = -D_m\mu \tag{3-27}$$

$$J_c = -D_c\mu \tag{3-28}$$

式中:μ——氯离子化学位梯度；

D——氯离子在混凝土中总的扩散系数；

D_m——氯离子在基体中的扩散系数；

D_c——氯离子在裂纹中的扩散系数。

将式(3-26)~式(3-28)代入式(3-25)可得:

$$D = \frac{D_m A_m + D_c A_c}{A_m + A_c} \tag{3-29}$$

式(3-29)即用裂纹面积表征的氯离子扩散系数。由此得到的氯离子扩散系数 D 是氯离子在连通孔隙内扩散和裂纹内扩散综合作用的结果,是一个等效扩散系数。现有的测试方法如 RCM、RCPT、NEL 等,其测试结果皆为氯离子等效扩散系数。

对于一般普通混凝土,裂纹面积很小,基体面积远大于裂纹面积,即 $A_m \gg A_c$,式(3-29)可简化为:

$$D = D_m + \frac{A_c}{A_m}D_c \tag{3-30}$$

若对混凝土加载交变荷载,交变荷载对其产生疲劳累积损伤,裂纹面积增大,氯离子扩散系数也随之增大,损伤后氯离子扩散系数可表示为:

$$D' = D_m + \frac{A'_c}{A_m}D_c \tag{3-31}$$

式中:D'——疲劳损伤之后的氯离子扩散系数；

A'_c——疲劳损伤之后的裂纹面积。

裂纹面积由初始裂纹面积和裂纹面积扩展值两部分组成,即

$$A'_c = A_c + \Delta A_c \tag{3-32}$$

式中:ΔA_c——疲劳损伤之后裂纹面积的变化值。

将式(3-32)代入式(3-31)可得:

$$D' = D_m + \frac{A_c}{A_m}D_c + \frac{\Delta A_c}{A_m}D_c = D + \frac{\Delta A_c}{A_m}D_c \tag{3-33}$$

式中：D——用RCM等方法测试得到的等效氯离子扩散系数；

D_c——氯离子在混凝土裂纹中的最大扩散系数。

式(3-33)即表征疲劳损伤后氯离子扩散系数是基于裂纹面积和初始扩散系数。

2)疲劳损伤对裂纹面积的影响

混凝土梁梁底中部和混凝土路面板板底中部承受的弯拉应力最大，在交变弯拉应力和氯盐侵蚀双重作用下，此部位的弯拉变形最大、最为薄弱，氯离子渗透速率最快。选取混凝土梁底部或路面板底部中间部位的某一单元，做如下三个假设：

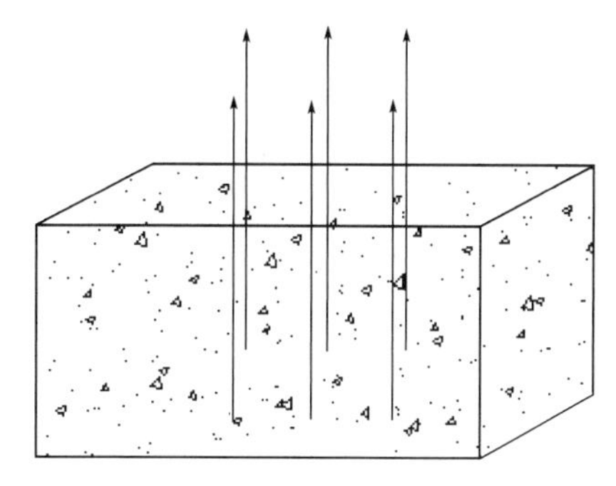

图3-2　氯离子在混凝土中一维扩散示意图

(1)假设混凝土是均质的固体，氯离子在混凝土单元中呈一维扩散(图3-2)；

(2)假设初始微裂纹在混凝土中均匀分布；

(3)假设混凝土在疲劳损伤过程中只表现为微裂纹的扩展。

在上述假设的基础上，做如下工作，如图3-3所示。

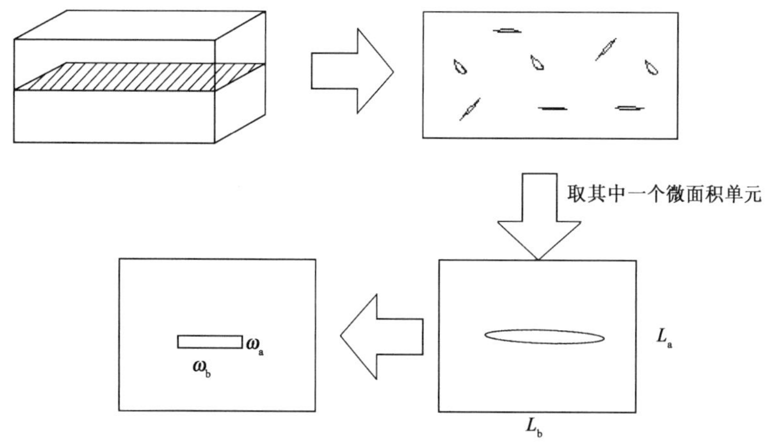

图3-3　混凝土微裂纹等效简化示意图

(1)在混凝土中取一个垂直于扩散方向的界面，微裂纹在此界面上均匀分布；

(2)将此截面均匀划分为N个微面积单元，使每个微面积单元都包含一条微裂纹；

(3)将微面积单元内不规则的裂纹简化为矩形，使矩形的面积与初始的裂纹面积相等。

根据上述对裂纹面积的等效简化,简化后矩形的长、宽分别为 ω_b、ω_a,则初始的裂纹面积 A_c 为:

$$A_c = N\omega_a\omega_b \tag{3-34}$$

式中:N——划分的微面积单元个数。

疲劳损伤后微裂纹的扩展为裂纹长度和宽度的增长,扩展之后裂纹的长 ω'_b、宽ω'_a分别为:

$$\omega'_b = \frac{\omega_b}{1-d} \tag{3-35}$$

$$\omega'_a = \frac{\omega_a}{1-d} \tag{3-36}$$

式中:d——混凝土的疲劳累积损伤。

那么,损伤之后混凝土中的裂纹面积 A'_c 为:

$$A'_c = N\omega'_a\omega'_b = \frac{N\omega_a\omega_b}{(1-d)^2} \tag{3-37}$$

裂纹面积的变化值 ΔA_c 为:

$$\Delta A_c = A'_c - A_c = N\omega_a\omega_b\left[\frac{1}{(1-d)^2} - 1\right] = A_c\left[\frac{1}{(1-d)^2} - 1\right] \tag{3-38}$$

将式(3-38)代入氯离子扩散系数裂纹面积表征式(3-33),可以得到:

$$D' = D + D_c\frac{A_c}{A_m}\left[\frac{1}{(1-d)^2} - 1\right] \tag{3-39}$$

令 $\rho_e = \frac{A_c}{A_m} = \frac{\text{初始微裂纹面积}}{\text{基体面积}}$,式(3-39)可转化为:

$$D' = D + D_c\rho_e\left[\frac{1}{(1-d)^2} - 1\right] \tag{3-40}$$

由 ρ_e 的定义可以看出它表示混凝土初始微裂纹面积密度,Kustermann、李曙光等利用真空环氧浸渍法和荧光液体置换法测得混凝土的初始微裂纹面积密度。由式(3-40)可看出,使混凝土疲劳损伤的氯离子扩散系数可由初始微裂纹面积密度和疲劳累积损伤表示。

3)交变荷载的引入

交变荷载使混凝土产生损伤,随着荷载次数的增加,疲劳损伤不断积累。根据线性疲劳累积损伤理论,混凝土的疲劳损伤 d 与荷载加载次数成正比:

$$d = \frac{n}{N_f} \tag{3-41}$$

式中：n——交变荷载作用次数；

N_f——混凝土的疲劳寿命。

交变荷载的作用次数 n 是荷载作用的频率与作用时间之积，即

$$n = ft \tag{3-42}$$

式中：f——交变荷载的作用频率；

t——交变荷载的作用时间。

根据混凝土的疲劳方程，混凝土的疲劳寿命与最大应力呈半对数关系：

$$S = a - b\lg N_f \tag{3-43}$$

式中：S——交变荷载作用的最大应力水平；

a、b——与材料相关的试验常数。

将式(3-42)、式(3-43)代入式(3-41)，可得：

$$d = \frac{ft}{10^{\frac{a-S}{b}}} \tag{3-44}$$

再将式(3-44)代入式(3-40)，可得：

$$D' = D + D_c \rho_e \left[\frac{1}{\left(1 - \frac{ft}{10^{\frac{a-S}{b}}}\right)^2} - 1 \right] \tag{3-45}$$

式(3-45)是交变荷载对混凝土氯离子扩散系数影响的表达式，可定量分析交变荷载的应力水平、频率、时间对氯离子扩散系数的影响。

3.1.4　交变荷载作用下混凝土中氯离子传输方程的建立与求解

1）交变荷载作用下混凝土中氯离子传输方程的建立

根据3.1.2节的假设，氯离子在混凝土中为一维扩散形式，在交变荷载与氯盐浸泡共同作用下混凝土处于饱和状态，氯离子的传输行为可用 Fick 第二定律描述，即

$$\frac{\partial C}{\partial t} = D' \frac{\partial^2 C}{\partial x^2} \tag{3-46}$$

式中：C——混凝土氯离子的浓度，与氯盐侵蚀时间和空间位置有关；

D'——交变荷载作用下氯离子扩散系数，可用式(3-45)表示；

x——氯离子扩散方向的空间位置。

2）交变荷载作用下混凝土中氯离子传输方程的求解

求解式(3-46)时首先需要确定方程的初始条件和边界条件。

(1)初始条件。

混凝土内部氯离子的初始含量为 C_0,即:

$$C(x \geqslant 0, t = 0) = C_0 \tag{3-47}$$

(2)边界条件。

由于混凝土一直用氯盐浸泡,处于饱和状态,混凝土表面氯离子浓度 C_s 为氯盐溶液的浓度,即:

$$C(x = 0, t \geqslant 0) = C_s \tag{3-48}$$

求解时,假设混凝土为半无限大体系,在式两边同除以 D',得到:

$$\frac{\partial C}{D' \partial t} = \frac{\partial^2 C}{\partial x^2} \tag{3-49}$$

令:

$$\partial T = D' \partial t \tag{3-50}$$

将式(3-50)代入式(3-49),得到:

$$\frac{\partial C}{\partial T} = \frac{\partial^2 C}{\partial x^2} \tag{3-51}$$

根据式(3-47)和式(3-48),对式(3-51)进行 Laplace 变换,得到:

$$C(x,t) = C_0 + (C_s - C_0)\mathrm{erfc}\left(\frac{x}{2\sqrt{T}}\right) \tag{3-52}$$

式中:erfc——误差函数的余函数, $\mathrm{erfc}(z) = \frac{2}{\sqrt{\pi}}\int_z^{\infty} \mathrm{e}^{-x^2}\mathrm{d}x$。

对式(3-50)进行积分:

$$T = \int_0^t D'\mathrm{d}t = \int_0^t D + D_c\rho_e\left[\frac{1}{\left(1 - \frac{ft}{10^{\frac{a-S}{b}}}\right)^2} - 1\right]\mathrm{d}t = Dt\left[1 + \frac{D_c\rho_e}{D}\left(\frac{1}{1 - \frac{f}{10^{\frac{a-S}{b}}}t} - 1\right)\right] \tag{3-53}$$

将式(3-53)代入式(3-52),可得:

$$C(x,t) = C_0 + (C_s - C_0)\mathrm{erfc}\left\{\frac{x}{2\sqrt{Dt\left[1 + \frac{D_c\rho_e}{D}\left(\frac{1}{1 - \frac{f}{10^{\frac{a-S}{b}}}t} - 1\right)\right]}}\right\} \tag{3-54}$$

式(3-54)即交变荷载与氯盐浸泡共同作用下混凝土内部氯离子传输方程的解析解。

3.1.5　交变荷载作用下混凝土中氯离子传输模型的验证

为验证所建交变荷载与氯盐浸泡共同作用下混凝土中氯离子传输模型的合理性,采用自主设计的交变荷载混凝土化学介质侵蚀试验装置设计室内试验,验证疲劳损伤下混凝土氯离子侵蚀情况。

1)混凝土化学介质侵蚀试验装置

目前研究交变荷载对混凝土氯盐侵蚀影响还没有专门的试验装置,大多通过 MTS 材料试验机先对混凝土施加疲劳荷载,产生一定残余应变或者施加一定循环次数之后,再对混凝土进行氯盐腐蚀。这种试验方法研究的是交变荷载与氯盐腐蚀交互作用的影响,而非实际工作中交变荷载与氯盐侵蚀同时进行,两者共同作用,并且这样的试验装置只能进行简单、单一的氯盐腐蚀试验,无法适应实际工作中复杂的氯盐腐蚀环境设计需要。鉴于这种情况,为更好地研究交变荷载和外界环境共同作用对混凝土氯离子传输的影响,设计出一套交变荷载与干湿循环作用下混凝土化学侵蚀试验装置,如图 3-4 所示。试验装置原理图如图 3-5 所示。该装置利用支架、横梁、电机、压头等组成应力加载部分,利用环境箱设置可控可测的氯盐侵蚀条件,组成腐蚀模拟部分,利用电子传感器实时采集压头的压力和腐蚀环境温度等参数。该装置能够较准确地模拟纯浸泡、干湿循环、不同温度影响的腐蚀条件和不同应力水平、荷载频率的交变荷载环境,提升水泥混凝土交变荷载与干湿循环作用下氯离子侵蚀研究水平。

图 3-4　交变荷载与干湿循环作用下混凝土化学侵蚀试验装置

2)原材料和混凝土配合比设计

(1)原材料。

①水泥。采用陕西冀东水泥有限公司生产的强度等级为 42.5 的普通硅酸盐水泥,

化学成分见表3-1,物理力学特性见表3-2。

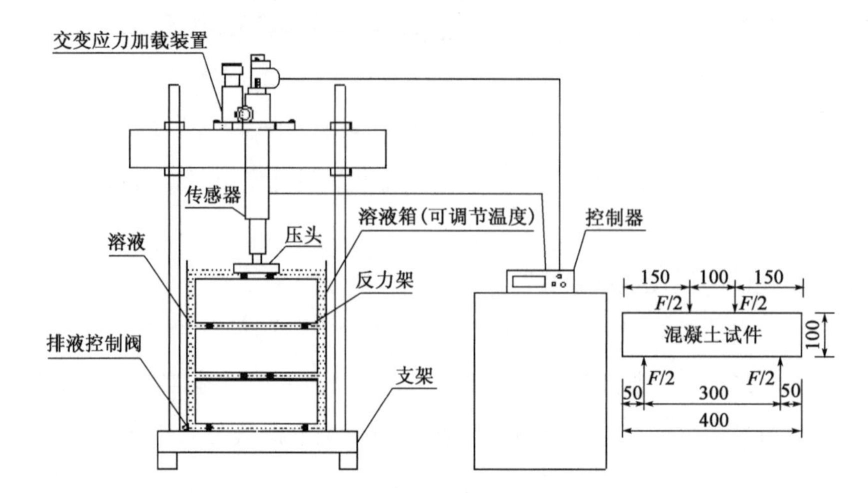

图3-5 交变荷载与干湿循环作用下混凝土化学侵蚀装置原理图(尺寸单位:mm)

冀东42.5普通硅酸盐水泥化学成分 表3-1

化学成分	SiO_2	SO_3	Fe_2O_3	Al_2O_3	CaO	MgO	烧失量
含量(%)	21.21	3	3.46	5.54	58.69	0.89	0.88

冀东42.5普通硅酸盐水泥技术指标 表3-2

密度(g/cm^3)	细度(%)	标准稠度用水量(%)	安定性	凝结时间(min)	抗压强度(MPa)	抗折强度(MPa)
3.04	0.8	27.9	合格	初凝(175)	3d(30.6)	3d(5.7)
				终凝(278)	28d(49.9)	28d(8.4)

②集料。

粗集料采用石灰石碎石,按集料粒径划分为5~10和10~20两档集料,根据各档集料的级配进行掺配,掺配质量比为5~10:10~20=9:11,掺配后级配类型为连续级配,表观密度为2.71g/cm^3。

细集料采用西安产河砂,细度模数为2.60,表观密度为2.65g/cm^3。

③减水剂。

减水剂为聚羧酸减水剂,氯离子含量小于0.01%,可忽略不计。

(2)混凝土配合比设计。

《公路水泥混凝土路面施工技术细则》(JTG/T F30—2014)要求:高速公路、一级公路路面有抗盐冻要求时,水灰比不大于0.4。《水工混凝土结构设计规范》(SL 191—

2008)要求:使用除冰盐、海水浪溅区、重度盐雾区等环境的水灰比不大于0.4。因此,本书选择水灰比为0.4的混凝土进行试验。设计坍落度为120mm,采用100mm×100mm×400mm的模具成型试块,试件成型方法和坍落度试验按照《公路工程水泥及水泥混凝土试验规程》(JTG 3420—2020)执行。混凝土各组成材料比见表3-3。

混凝土材料配合比组成　　表3-3

水泥(kg)	水(kg)	碎石(kg)	砂(kg)	减水剂
420	168	1250	588	0.3%

3)试验方案设计和测试方法

(1)试验方案设计。

常艳婷等总结大量文献得出水泥混凝土路面结构在行车荷载作用下承受的应力水平在0.2~0.65之间;苏林王等研究得出码头钢筋混凝土箱梁承受的应力水平在0.1~0.47之间;张庆章等总结得出当氯盐溶液的质量百分比为5%~10%时,能较好地加速模拟氯离子在混凝土中的侵蚀。本书研究本着尽量模拟混凝土结构的实际工作环境,又能加快氯盐侵蚀速率、节约试验时间的原则,交变荷载的最大应力水平S_{max}取0.6,最小应力水平S_{min}取0.1,氯盐溶液浓度选取8%。

试件成型后在标准养护室养护28d,测试其弯拉强度,然后将其他试块四个面用改性沥青涂装密封,留取两个对立的100mm×400mm非成型面,确保氯离子侵蚀时呈一维扩散。待涂有沥青的混凝土试件冷却30min,将试块置于清水中浸泡24h,保证试块处于水饱和状态,氯离子的传输机制为扩散作用,然后按要求将试块放于化学介质侵蚀装置试验架上,倒入规定浓度的氯盐溶液,施加交变荷载,交变荷载的加载频率为400次/d,每隔30d测试混凝土内部氯离子浓度。交变荷载的荷载谱形成如图3-6所示。

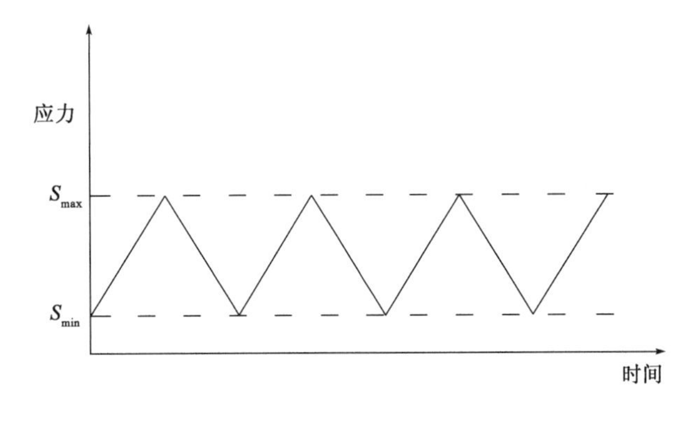

图3-6　交变荷载的荷载谱形式

(2)测试方法。

①混凝土采样方法。

本试验中测定的氯离子含量为氯离子占混凝土质量的百分比。每到预定的疲劳腐蚀时间30d、60d、90d后,取出一根混凝土试块,自然风干至少24h,然后在混凝土试块受弯拉疲劳腐蚀面采用电钻钻孔取粉,每次钻孔深度为5mm,为保证取样均匀,每个深度钻取6个样点,每个取样位置的总深度为50mm,如图3-7所示。将得到的粉末试样均匀混合,在105℃的烘箱中干燥12h,自然冷却至室温,然后用0.63mm的方孔筛筛取冷却后的粉末试样,去除较大的颗粒,以免影响氯离子含量的测定。

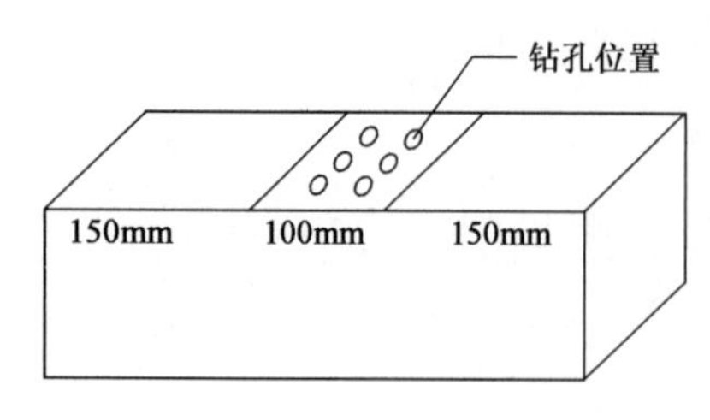

图3-7　钻孔取粉位置示意图

②氯离子浓度测试方法。

首先,用精度为0.01g的电子秤称取干燥、冷却混凝土粉末2.0g(质量记为G)放入三角烧瓶内,注入100mL的蒸馏水V_1,塞紧瓶塞剧烈振荡2min,然后浸泡24h,使自由氯离子充分溶解在溶液中。

其次,用移液管分别移取20mL上层清液V_2放入2个三角烧瓶中,各滴入两滴酚酞溶液,使溶液呈现微红色,然后用稀硫酸中和至无色,再加10滴络酸钾指示剂,然后立即滴入硝酸银溶液至砖红色,记录所消耗的硝酸盐体积V_3。

最后,计算氯离子浓度,混凝土中自由氯离子的质量百分比为:

$$C_{Cl^-} = \frac{C_{AgNO_3}V_3 - 0.03545}{G \times \frac{V_2}{V_1}} \times 100\% \tag{3-55}$$

式中:C_{Cl^-}——混凝土中自由氯离子浓度(质量百分比);

C_{AgNO_3}——硝酸银标准溶液浓度(mol/L)。

4)测试结果分析

根据上述氯离子浓度测试方法,对交变荷载和氯盐浸泡共同作用下混凝土受疲劳弯拉荷载部位的氯离子含量进行测试,测试结果如图3-8所示。从图3-8可以看出,随着时间延长,混凝土氯离子浓度越来越大,氯离子侵蚀深度也越来越深。这是因为时间越长,氯离子在混凝土中扩散得越久,进入混凝土内的氯离子越多,同时,交变荷载的加入使混凝土裂纹发生扩展,加载时间越长,裂纹扩展倍数越大,氯离子进入混凝土的速率越快。

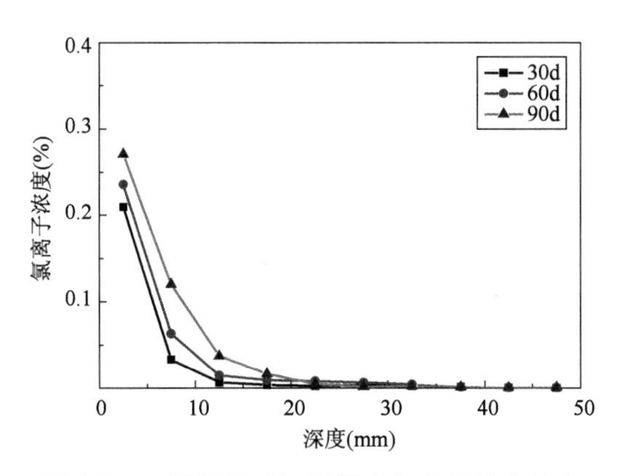

图 3-8　不同侵蚀时间混凝土氯离子浓度分布

5）模型计算结果与试验测试结果的对比

（1）模型参数的取值。

假设混凝土在成型过程中没有混入其他氯离子，初始氯离子浓度 $C_0=0$。混凝土表面孔隙内溶液浓度为外界环境氯离子浓度，那么混凝土表面氯离子浓度可表示为 $C_s=\frac{C\varphi s}{\rho_c}$。其中，$C_s$ 为混凝土表面氯离子质量百分比；C 为氯盐溶液质量百分比浓度；s 为混凝土饱和度，混凝土全浸泡时饱和度为1；φ 为混凝土初始孔隙率；ρ_c 为混凝土密度。混凝土基体中氯离子扩散系数 D 根据美国 Life-365 标准设计程序中氯离子扩散系数 D 与水胶比 W/B 的关系计算而来；裂缝中氯离子的扩散系数 D_c 采用浙江大学延永东拟合的最大扩散系数。王川等研究表明当水灰比为0.4左右时，混凝土初始微裂纹面积最大。本书取 Kustermann 测试结果中裂纹面积密度 ρ_e 的最大值。模型计算中各参数具体数值见表 3-4。

计算模型参数取值　　表 3-4

参数名称	数　值
氯离子在混凝土基体中的扩散系数 D(m^2/s)	7.9×10^{-12}
氯离子在混凝土裂缝中的扩散系数 D_c(m^2/s)	1.5×10^{-9}
混凝土的初始孔隙率(%)	10
混凝土水灰比	0.4
初始裂纹面积密度 ρ_e(mm^2/mm^2)	61×10^{-5}
混凝土密度 ρ_c(g/cm^3)	2.3
疲劳常数 a	1.07
疲劳常数 b	0.09
荷载频率(次/d)	400
交变荷载最大应力水平 S	0.6

(2)试验结果和计算结果的比较。

图3-9是不同试验时间模型计算结果和试验结果的对比图。由图可以看出,计算结果与试验结果具有较好的相关性,试验测试点都分布在计算曲线附近,模型计算结果能较好地反映交变荷载下混凝土氯离子浓度随时间的变化规律。虽然计算结果比试验结果偏小,原因可能是由于电钻取粉时深层混凝土粉末混淆了浅层混凝土粉末。

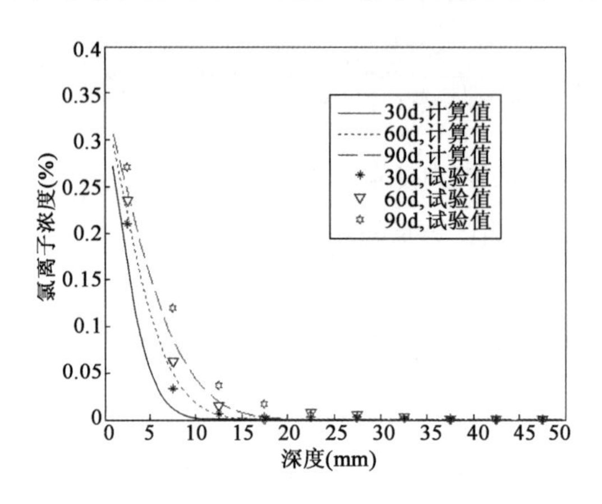

图3-9 模型计算结果与试验结果对比

3.1.6 交变荷载作用下混凝土中氯离子传输影响因素分析

交变荷载作用下氯离子在混凝土内部的传输行为受混凝土水灰比、交变荷载的应力水平、荷载频率、外界氯盐浓度等因素的影响,为进一步探讨这些因素对氯离子传输的影响规律,揭示氯离子在承受交变荷载作用下在混凝土中的传输机理,本节探讨模型参数对氯离子传输的影响。

1)应力水平对混凝土中氯离子迁移的影响

承受交变荷载是道路工程混凝土结构物的常见受力形式。混凝土路面在行车荷载作用下,承受的应力水平在0.2~0.65之间,混凝土梁在交通荷载作用下承受的应力水平在0.1~0.47之间,混凝土桥墩由于自重作用承受的应力水平在0.2左右,选择0、0.2、0.4、0.6四个应力水平,分析交变荷载应力水平对混凝土中氯离子迁移的影响。图3-10为不同应力水平交变荷载下混凝土内部的氯离子浓度分布,其中表面氯离子浓度取0.8%,水灰比取0.4,荷载频率为1000次/d。当应力水平为0时,荷载频率为0,疲劳腐蚀时间为150d。

从图3-10可以看出,交变荷载的加入增大了混凝土内部的氯离子浓度,当应力水平从0.2增加到0.6,随着应力水平的增大,混凝土内部氯离子浓度也逐步增大。因为交变荷载使混凝土的微裂纹发生扩展,氯离子的传输通道增多,传输速率增大,所以进入混凝土内部的氯离子浓度增大,且随着应力水平的增加而增大。同时还发现,当应力水平为0.2时,氯离子浓度的增大幅度很小,随着应力水平的提高,氯离子浓度增大幅度有逐渐增大的趋势,原因可能是:在相同的荷载频率和加载时间下,低应力水平的疲劳寿命长,而高应力水平的疲劳寿命短,低应力水平对混凝土产生的损伤小,故对微裂纹的扩展较小,而高应力水平产生的损伤大得多,对微裂纹的扩展较大,所以出现低应力水平对氯离子浓度变化较小,而高应力水平对氯离子浓度变化较大的现象。由此也说明了道路的交通荷载越重,车辆超载越严重,氯离子侵蚀速率越快。

2)加载频率对混凝土中氯离子迁移的影响

交变荷载的荷载频率对混凝土氯离子的侵蚀情况,反映了交通量对氯离子侵蚀的影响。图3-11为不同荷载频率的交变荷载对混凝土疲劳腐蚀150d后混凝土中的氯离子浓度分布,其中选取300次/d、600次/d、900次/d三个荷载频率,交变荷载的最大应力水平为0.6,混凝土水灰比取0.4,表面氯离子浓度取0.8%。

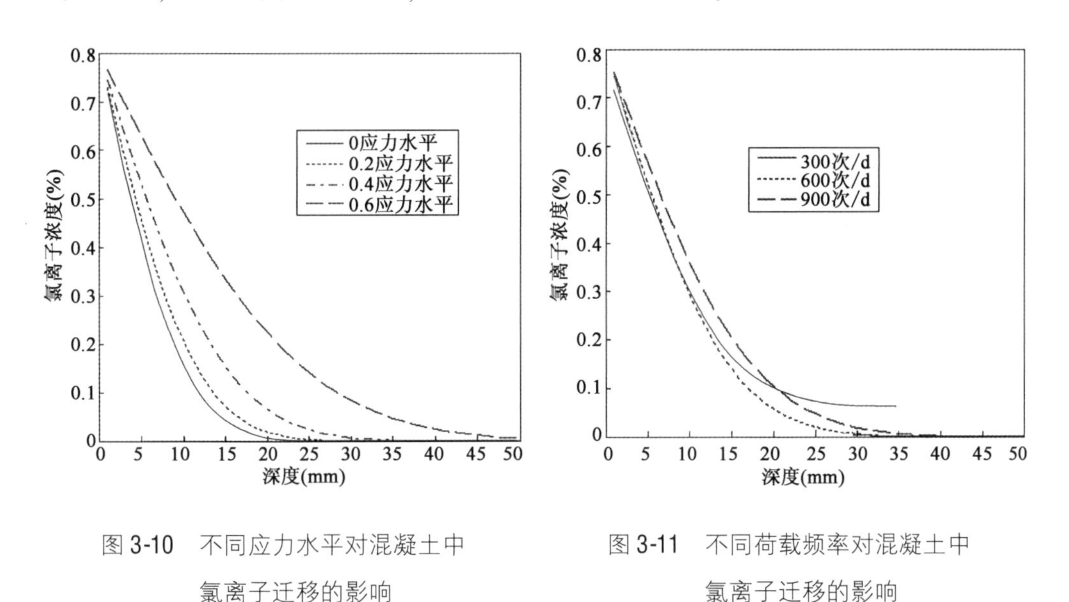

图3-10　不同应力水平对混凝土中氯离子迁移的影响

图3-11　不同荷载频率对混凝土中氯离子迁移的影响

从图3-11中可以看出,交变荷载频率从300次/d逐渐升到900次/d,混凝土中氯离子浓度随交变荷载频率的增加而增加。因为在相同的应力水平和疲劳加载时间下,不同荷载频率对混凝土产生疲劳损伤不同,荷载频率越高,加载次数越多,对混凝土产生的疲劳损伤也越大,混凝土微裂纹的扩展越大,故荷载频率高的混凝土中氯离子浓度分布也高。由此说明道路日均交通量越大,荷载越频繁,混凝土结构的氯盐侵蚀越严重。

3)水灰比对混凝土中氯离子迁移的影响

混凝土水灰比是混凝土材料最重要的参数,对混凝土的强度、孔隙率、裂纹面积等起决定性作用,从而对混凝土氯离子扩散系数、初始微裂纹面积密度等起决定性作用,是影响氯离子传输特性的关键性参数。

国内外学者对混凝土水灰比对氯离子扩散系数的影响已做过大量研究,也已取得大量研究成果,本书选取美国 Life-365 标准设计程序中推荐的混凝土 28d 龄期氯离子扩散系数 D 与水胶比 W/B 的计算关系:

$$D = 10^{-12.06+2.4W/B} \tag{3-56}$$

王川等研究了混凝土水灰比在 0.31 ~ 0.60 之间微裂纹面积的变化,得出混凝土水灰比为 0.40 左右时,初始微裂纹面积最大。假设水灰比在 0.31 ~ 0.40 和 0.40 ~ 0.60 之间,混凝土裂纹面积分别与水灰比成线性关系,结合 Kustermann、李曙光、王善名等的研究成果,对部分水灰比混凝土裂纹面积密度进行赋值,当水灰比为 0.40 时,混凝土初始微裂纹面积密度取 $61 \times 10^{-5} mm^2/mm^2$;当水灰比为 0.31 时裂纹面积密度取 $18 \times 10^{-5} mm^2/mm^2$;当水灰比为 0.6 时,裂纹面积密度取 $4.4 \times 10^{-5} mm^2/mm^2$。则初始微裂纹面积密度与水灰比的关系可表示为:

$$\rho_e = 0.00478W/C - 0.0013 \quad (0.31 \leqslant W/C \leqslant 0.40) \tag{3-57}$$

$$\rho_e = -0.00283W/C + 0.00174 \quad (0.40 \leqslant W/C \leqslant 0.60) \tag{3-58}$$

根据上述混凝土水灰比对氯离子扩散系数和初始微裂纹面积密度的陈述,分析水灰比对氯离子传输的影响。图 3-12 为疲劳腐蚀 150d 后,不同水灰比下混凝土内部氯离子分布。其中,交变荷载最大应力水平取 0.6,荷载频率 500 次/d,表面氯离子浓度取 0.8%。

从图 3-12 中可以看出,混凝土水灰比从 0.32 增大到 0.60,水灰比越大,混凝土内部氯离子浓度越大,氯离子的侵蚀深度也随之增大。虽然水灰比为 0.40 时混凝土初始微裂纹面积密度最大,水灰比为 0.5 时混凝土内部氯离子浓度依然比 0.4 水灰比时的大,说明初始微裂纹面积的减少虽然在一定程度上减少了氯离子扩散通道,但水灰比越大,混凝土连通孔隙越多,增大了混凝土基体的氯离子扩散系数。由此可见,水灰比对混凝土中氯离子扩散影响很大,是混凝土结构设计中抗氯离子侵蚀的关键性因素。

4)氯离子浓度对混凝土中氯离子迁移的影响

外界氯盐浓度决定了混凝土表面氯离子浓度,盐湖、海水的氯盐浓度,喷洒除冰盐的量都会影响氯盐在混凝土中的侵蚀速率。图 3-13 为交变荷载下 4%、6%、8% 3 个氯盐侵蚀浓度下混凝土中氯离子浓度分布。其中,最大应力水平取0.6,混凝土水灰比取0.4,疲劳腐蚀时间150d。

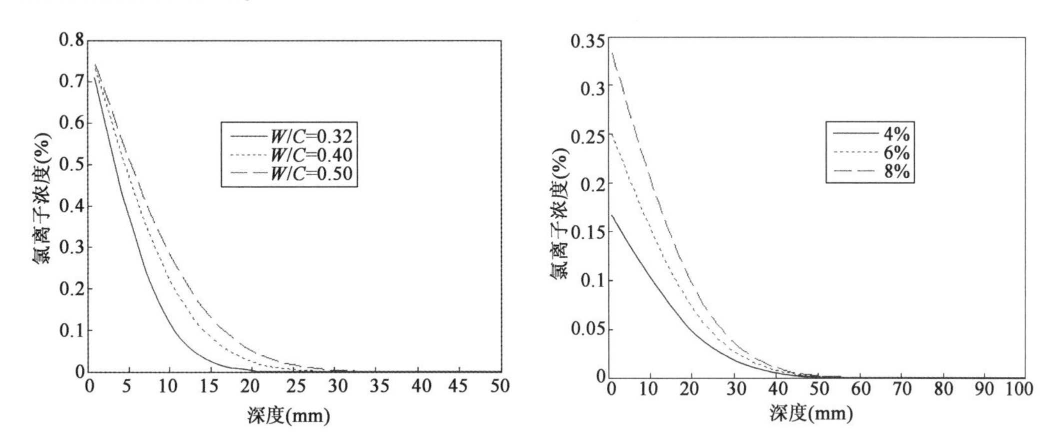

图3-12 不同水灰比对混凝土氯离子迁移的影响　图3-13 氯盐浓度对混凝土氯离子迁移的影响

从图3-13中可看出,氯盐浓度从4%升至8%,氯盐侵蚀浓度越高,混凝土内部氯盐浓度越大,这是由于高的氯盐浓度使氯离子向混凝土内部扩散的化学梯度增大的缘故;从图中还可看出,不同外界氯盐浓度只影响混凝土表层内部氯离子浓度的大小,对氯盐的侵蚀深度几乎没有影响。由此可见,外界氯盐浓度对氯离子侵蚀深度几乎没有影响,混凝土水灰比、交变荷载的应力水平、荷载频率对氯盐侵蚀深度具有明显影响。室内模拟试验中,通过增大氯盐浓度是加快氯盐侵蚀的有效有段之一。

3.2 干湿循环作用下混凝土中氯离子传输机制

在实际工程环境中,大多数混凝土结构由于干湿循环反复交替作用而处于水饱和与完全干燥之间的非饱和状态,例如位于盐湖环境中的水位变动区,海洋环境中的潮汐区、浪溅区、大气区等道路工程混凝土结构,干湿循环作用会加剧混凝土中氯离子的侵蚀。本节根据氯离子在混凝土中的传输机制,考虑干湿交替过程中水分传输的差别,以及混凝土龄期、饱和度、环境温度、吸附作用对氯离子传输的影响,建立氯离子在非饱和混凝土中传输的对流-扩散模型,探讨不同因素对氯离子传输的影响。

3.2.1 干湿循环作用下混凝土中氯离子传输模型

目前,Fick第二定律是描述混凝土中氯离子传输应用最广泛的方程,研究表明,Fick

第二定律在模拟水下区混凝土(即饱和混凝土)中氯离子的传输与实际工程测试结果具有良好的相关性,但用于模拟潮汐区、浪溅区等水位变动、干湿交替环境中非饱和混凝土中的氯离子的侵蚀时,与实际结果有较大的差异。Fick 第二定律基于氯离子的扩散机制,而氯离子在非饱和混凝土中传输的机制包括由浓度梯度引起的扩散和由毛细吸收作用引起的对流。因此,在干湿交替环境中进入混凝土中的氯离子通量 J 包括扩散通量和对流通量两个部分,即

$$J = J_d + J_c \tag{3-59}$$

式中:J_d——氯离子扩散通量;

J_c——氯离子对流通量。

1)氯离子传输模型的建立

根据氯离子进入混凝土内部机制的不同,下面分别从氯离子扩散通量和对流通量两个方面进行研究,建立氯离子传输模型。

(1)氯离子扩散通量。

通过扩散进入混凝土中的氯离子通量 J_d 可表示为:

$$J_d = -\Theta D \mathrm{grad} C \tag{3-60}$$

式中:Θ——混凝土含水率(%);

D——混凝土中氯离子扩散系数(m^2/s);

C——混凝土孔隙液浓度(kg/m^3)。

氯离子扩散系数 D 表征氯离子在混凝土内部迁移的快慢程度,混凝土内部迁移通道越多、氯离子越活跃,氯离子迁移速度越快,扩散系数也越大。影响氯离子扩散系数的因素有混凝土龄期、饱和度、环境温度等。

①混凝土龄期对氯离子扩散系数的影响。

氯盐对混凝土的侵蚀过程中,氯离子主要通过混凝土内部的连通孔隙往混凝土深处扩散。随着水泥水化反应的不断进行,混凝土内部的孔隙逐渐减少,氯离子扩散系数也逐渐减小。研究表明,氯离子扩散系数随混凝土龄期呈指数衰减,Thomas 等将其表示为参考龄期氯离子扩散系数的关系:

$$D_t = D_r\left(\frac{t_r}{t}\right)^m \tag{3-61}$$

式中:D_t——时间 t 的氯离子扩散系数;

D_r——参考龄期 t_r 的氯离子扩散系数,一般取 28d 龄期;

m——氯离子扩散系数时间衰减系数,不同的混凝土水灰比、侵蚀环境以及胶凝材

料衰减系数 m 的值不同。

Mangat 和 Poulsen 通过试验分别研究了不同水灰比与时间衰减系数 m 的关系：

$$m = 2.5 - 0.6\frac{W}{C} \tag{3-62}$$

$$m = 3\left(0.55 - \frac{W}{C}\right) \tag{3-63}$$

Nokken 对不同水灰比及不同矿物掺合料的 m 值进行了拟合。美国 Life-365 标准设计程序中，给出了普通硅酸盐水泥掺加矿物掺合料后 m 值的变化，如式(3-64)所示。式中，FA 表示粉煤灰占胶凝材料的比例，SG 表示矿渣占胶凝材料的比例。欧洲混凝土耐久性设计规范对海洋环境中不同类型混凝土的衰减系数 m 给出了建议值，见表 3-5。LIFECON 对不同环境的衰减系数 m 值进行了贝塔分布统计，见表 3-6。

$$m = 0.2 + 0.4\left(\frac{FA}{0.5} + \frac{SG}{0.7}\right) \tag{3-64}$$

欧洲混凝土耐久性设计规范中衰减系数 m 的建议值　　表 3-5

外界环境	胶凝材料			
	硅酸盐水泥	掺加粉煤灰	掺加矿渣	掺加硅灰
水下区域	0.30	0.69	0.71	0.62
潮汐、浪溅区域	0.37	0.93	0.60	0.39
大气区域	0.65	0.66	0.85	0.79

LIFECON 中衰减系数 m 的贝塔 β 分布参数　　表 3-6

混凝土类型	时间衰减系数 m
普通混凝土	$\beta(\mu = 0.30;\sigma = 0.12;a = 0;b = 1)$
粉煤灰混凝土	$\beta(\mu = 0.60;\sigma = 0.15;a = 0;b = 1)$
矿渣混凝土	$\beta(\mu = 0.45;\sigma = 0.20;a = 0;b = 1)$

Tang 等在式(3-61)的基础上提出了更完善的氯离子扩散系数表达式：

$$D_t = \frac{D_r}{1 - m}\left[\left(1 + \frac{t_{ex}}{\Delta t}\right)^{1-m} - \left(\frac{t_{ex}}{\Delta t}\right)^{1-m}\right]\left(\frac{t_r}{t}\right)^m \tag{3-65}$$

式中：t_{ex}——混凝土开始经受氯盐侵蚀时的龄期；

Δt——暴露于氯盐环境中的时间。

Audenaert 通过测试混凝土的孔隙率对氯离子表观扩散系数的影响，比较了式(3-61)与式(3-65)预测的氯离子表观扩散系数与用孔隙率测试结果的差异，发现式(3-61)与测试结果依然具有很好的相关性，误差小于 5%，式(3-65)更适合估计 10 年以上龄期混凝土的氯离子扩散系数。在此,本书选用表达形式简单且精度较高的式(3-61)作为混凝土龄期随时间变化的表达式。

②混凝土饱和度对氯离子扩散系数的影响。

孔隙液是氯离子在混凝土中传输的载体,孔隙中孔隙液越多,即混凝土饱和度越大,越利于氯离子的扩散。Nguyen 和 Meira 等研究得出氯离子扩散系数 D_s 与饱和度 S 存在指数关系,分别如式(3-66)和式(3-67)所示:

$$D_s = D_0 s^l \tag{3-66}$$

$$D_s = D_0 s^l \tag{3-67}$$

式中:D_0——混凝土饱和状态的氯离子扩散系数;

l——试验常数。

Vera 和 Guimarães 等研究表明,氯离子扩散系数与混凝土饱和度可简化为二次多项式,将该关系式表示为饱和度 S 对氯离子扩散系数 D_s 的影响:

$$D_s = D_0(a_0 s^2 + b_0 s + c_0) \tag{3-68}$$

式中:a_0、b_0、c_0——拟合常数。

金伟良等为便于计算,简化了饱和度与氯离子扩散系数的关系,假设氯离子扩散系数与饱和度成线性关系。此假设虽然有利于建模,但过于粗糙,与实际情况偏差较大。本书选取式(3-68)作为氯离子扩散系数与饱和度的表达式,这样既保证了饱和度与氯离子扩散系数关系的准确性,又便于计算。

③环境温度对氯离子扩散系数的影响。

温度的升高对混凝土中氯离子的传输具有双重作用。其一,温度的升高使混凝土内部的水分蒸发加快,降低了混凝土内部的饱和度,减小氯离子的扩散速率,同时,升高温度有利于加快水泥的水化速率,促进水化,减少混凝土的孔隙率,使氯离子向内部扩散的速率减小;其二,温度升高使混凝土表面的孔隙饱和度减小,孔隙的毛细作用能力增强,促进了氯离子向混凝土内部渗透的能力,且温度升高,增大了氯离子的单位活化能,有利于氯离子的扩散。研究表明,温度升高会提高氯离子的扩散系数,根据 Nernst-Einstein 方程,温度从 20℃升至 30℃,氯离子扩散系数提高 1 倍。

Saetta 等建议用 Arrhenius 定律描述温度对混凝土中氯离子扩散系数的影响:

$$D_T = D_{T_0} e^{\frac{E}{R}\left(\frac{1}{T_0}-\frac{1}{T}\right)} \tag{3-69}$$

式中:D_{T_0}——T_0 温度的氯离子扩散系数,T_0 通常取 293K;

E——氯离子在混凝土中的迁移活化能(kJ/mol),对于普通硅酸盐水泥,水灰比为 0.4 时,E 取 41.8 ±4.0,水灰比为 0.5 时,E 取 44.6 ±4.3,水灰比为 0.6

时,E 取 32.0 ±2.4;

R——气体常数。

美国 Life-365 标准设计程序即采用此表达式。

Amey、DuraCrete、LIFECON 等提出了氯离子扩散系数与温度呈指数关系的类似表达式。

综合上述考虑混凝土龄期、饱和度、环境温度对氯离子扩散系数的影响,氯离子扩散系数 D 可表示为:

$$D = D_{\mathrm{r},0}^{T_0}\left(\frac{t_{\mathrm{r}}}{t}\right)^m \mathrm{e}^{\frac{E}{R}\left(\frac{1}{T_0}-\frac{1}{T}\right)}(a_0 s^2 + b_0 s + c_0) \tag{3-70}$$

式中:$D_{\mathrm{r},0}^{T_0}$——混凝土在 T_0 温度、28d 龄期、饱和状态的氯离子扩散系数,通常为用 RCM 测试方法测得的氯离子扩散系数。

因此,进入混凝土内部的氯离子扩散通量 J_{d} 可表示为:

$$J_{\mathrm{d}} = -\Theta D_{\mathrm{r},0}^{T_0}\left(\frac{t_{\mathrm{r}}}{t}\right)^m \mathrm{e}^{\frac{E}{R}\left(\frac{1}{T_0}-\frac{1}{T}\right)}(a_0 s^2 + b_0 s + c_0)\,\mathrm{grad}C \tag{3-71}$$

(2)氯离子对流通量。

由式(3-13)可知,对流作用引起的氯离子对流通量 J_{c} 可表示为:

$$J_{\mathrm{c}} = Cv \tag{3-72}$$

式中水分在混凝土中的渗流速度 v 由式(3-14)计算:

$$v = -\frac{k}{\eta}\frac{\mathrm{d}p}{\mathrm{d}x} = -\frac{k}{\eta}\frac{\partial p}{\partial \Theta}\cdot\frac{\partial \Theta}{\partial x} \tag{3-73}$$

令$\frac{k}{\eta}\frac{\partial p}{\partial \Theta} = D_{\mathrm{H_2O}}(\Theta)$,则式(3-73)可表示为:

$$v = -D_{\mathrm{H_2O}}(\Theta)\frac{\partial \Theta}{\partial x} = -D_{\mathrm{H_2O}}(\Theta)\,\mathrm{grad}\Theta \tag{3-74}$$

式中:$D_{\mathrm{H_2O}}(\Theta)$——水分在混凝土中的扩散系数。

水分在混凝土中的扩散系数是混凝土含水率的函数,混凝土含水率与混凝土孔隙率和饱和度有关。因此,水分扩散系数是混凝土孔隙率和饱和度的函数。假设混凝土孔隙率是个常数,不随时间发生变化,则有:

$$D_{\mathrm{H_2O}}(\Theta) = D_{\mathrm{H_2O}}(s) \tag{3-75}$$

在干湿交替过程中,水分扩散系数因所处湿润、干燥的不同阶段,其扩散系数不一样:

$$D_{\mathrm{H_2O}}(s) = \begin{cases} D_{\mathrm{H_2O}}^{d}(s) & (\text{干燥过程}) \\ D_{\mathrm{H_2O}}^{w}(s) & (\text{湿润过程}) \end{cases}$$

Lin 等考虑混凝土龄期、饱和度、温度的影响，建立水分扩散系数与三者之间的关系：

$$D_{H_2O}(s) = \begin{cases} D^d e^{\frac{U}{R}(\frac{1}{T_0}-\frac{1}{T})}(0.3 + \sqrt{\frac{13}{t}})\left[\alpha + \frac{1-\alpha}{1+(\frac{1-s}{1-s_c})^N}\right] & \text{（干燥过程）} \\ D^w e^{\frac{U}{R}(\frac{1}{T_0}-\frac{1}{T})}(0.3 + \sqrt{\frac{13}{t}})e^{ns} & \text{（湿润过程）} \end{cases} \tag{3-76}$$

式中：D^d——饱和度为 1 时水分在混凝土中的扩散系数；

D^w——初始饱和度下水分在混凝土中的扩散系数；

U——水分在混凝土中的迁移活化能（kJ/mol）；

α、s_c、N——常数，$\alpha = 0.05$，$s_c = 0.792$，$N = 6$；

n——常数，$n = 6$。

综上所述，考虑混凝土龄期、饱和度、外界温度三种因素对水分在混凝土中扩散的影响，氯离子在混凝土中的对流通量 J_c 可表示为：

$$J_c = -CD_{H_2O}(s)\mathrm{grad}\Theta \tag{3-77}$$

$D_{H_2O}(s)$ 如式（3-76）所示。

将式（3-71）、式（3-77）代入式（3-59），干湿交替环境下通过扩散和对流进入混凝土中的氯离子通量为：

$$J = -\Theta D_{r,0}^{T_0}\left(\frac{t_r}{t}\right)^m e^{\frac{E}{R}(\frac{1}{T_0}-\frac{1}{T})}(a_0 s^2 + b_0 s + c_0)\mathrm{grad}C - CD_{H_2O}(s)\mathrm{grad}\Theta \tag{3-78}$$

根据混凝土氯离子总质量守恒可得：

$$\frac{\partial(\Theta C)}{\partial t} = -\frac{\partial J}{\partial x} \tag{3-79}$$

将式（3-78）代入式（3-79），可以得到：

$$\frac{\partial(\Theta C)}{\partial t} = \frac{\partial}{\partial x}\left[\Theta D_{r,0}^{T_0}\left(\frac{t_r}{t}\right)^m e^{\frac{E}{R}(\frac{1}{T_0}-\frac{1}{T})}(a_0 s^2 + b_0 s + c_0)\mathrm{grad}C + CD_{H_2O}(s)\mathrm{grad}\Theta\right] \tag{3-80}$$

又

$$\Theta = \varphi s \tag{3-81}$$

将式（3-81）代入式（3-80），得到：

$$\frac{\partial(\varphi s C)}{\partial t} = \frac{\partial}{\partial x}\left[\varphi s D_{r,0}^{T_0}\left(\frac{t_r}{t}\right)^m e^{\frac{E}{R}(\frac{1}{T_0}-\frac{1}{T})}(a_0 s^2 + b_0 s + c_0)\mathrm{grad}C + CD_{H_2O}(s)\mathrm{grad}(\varphi s)\right] \tag{3-82}$$

由于氯离子只能通过混凝土内部的孔隙传输，而孔隙中氯离子浓度难以测量，将孔隙液氯离子浓度转换为氯离子占混凝土质量比浓度 C',C'与 C 的关系为：

$$C=\frac{C'\rho_c}{\varphi s} \tag{3-83}$$

式中：ρ_c——混凝土密度(kg/m^3)。

将式(3-83)代入式(3-82),可以得到：

$$\frac{\partial(C')}{\partial t}=\frac{\partial}{\partial x}\left[\varphi s D_{r,0}^{T_0}\left(\frac{t_r}{t}\right)^m e^{\frac{E}{R}\left(\frac{1}{T_0}-\frac{1}{T}\right)}(a_0s^2+b_0s+c_0)\mathrm{grad}\frac{C'}{\varphi s}+\frac{C'}{\varphi s}D_{H_2O}(s)\mathrm{grad}(\varphi s)\right] \tag{3-84}$$

混凝土孔隙率随混凝土龄期逐渐减小,由于考虑了混凝土龄期对氯离子扩散系数和水分扩散系数的影响,在式(3-84)中忽略孔隙率随时间和空间的变化,可简化为：

$$\frac{\partial C'}{\partial t}=\frac{\partial}{\partial x}\left[D_{r,0}^{T_0}\left(\frac{t_r}{t}\right)^m e^{\frac{E}{R}\left(\frac{1}{T_0}-\frac{1}{T}\right)}(a_0s^2+b_0s+c_0)\mathrm{grad}C'+\frac{C'}{s}D_{H_2O}(s)\mathrm{grad}(s)\right] \tag{3-85}$$

当考虑氯离子的吸附效应时,式(3-85)等号左边为总氯离子浓度随时间的变化,等号右边为自由氯离子的通量,则式(3-85)可变换为：

$$\frac{\partial C_t}{\partial t}=\frac{\partial}{\partial x}\left[D_{r,0}^{T_0}\left(\frac{t_r}{t}\right)^m e^{\frac{E}{R}\left(\frac{1}{T_0}-\frac{1}{T}\right)}(a_0s^2+b_0s+c_0)\mathrm{grad}C_f+\frac{C_f}{s}D_{H_2O}(s)\mathrm{grad}(s)\right] \tag{3-86}$$

而进入混凝土中总氯离子量为自由氯离子和结合氯离子之和,即

$$C_t=C_b+C_f \tag{3-87}$$

式中：C_t——总氯离子浓度(%)；

C_b——结合氯离子浓度(%)；

C_f——自由氯离子浓度(%)。

将式(3-86)等号左边进行变换：

$$\frac{\partial C_t}{\partial t}=\frac{\partial C_t}{\partial C_f}\frac{\partial C_f}{\partial t}=\frac{\partial(C_b+C_f)}{\partial C_f}\frac{\partial C_f}{\partial t}=\left(1+\frac{\partial C_b}{\partial C_f}\right)\frac{\partial C_f}{\partial t} \tag{3-88}$$

将式(3-88)代入式(3-86),得：

$$\left(1+\frac{\partial C_b}{\partial C_f}\right)\frac{\partial C_f}{\partial t}=\frac{\partial}{\partial x}\left[D_{r,0}^{T_0}\left(\frac{t_r}{t}\right)^m e^{\frac{E}{R}\left(\frac{1}{T_0}-\frac{1}{T}\right)}(a_0s^2+b_0s+c_0)\mathrm{grad}C_f+\frac{C_f}{s}D_{H_2O}(s)\mathrm{grad}(s)\right] \tag{3-89}$$

令 $k=1+\dfrac{\partial C_b}{\partial C_f}$,则 k 为吸附作用影响系数,与水泥种类有关,施惠生等对线性关系下吸附作用影响系数 k 进行了研究,得到不同水泥种类 k 的取值范围,见表3-7。

不同水泥吸附作用影响系数　　表3-7

普通硅酸盐水泥	矿渣水泥	粉煤灰水泥	硅灰水泥
0.7～0.9	0.6～0.7	0.6～0.7	0.7～0.8

在一维方向上式(3-89)可简化为：

$$k\frac{\partial C_{\mathrm{f}}}{\partial t}=\frac{\partial}{\partial x}\left[D_{\mathrm{r},0}^{T_0}\left(\frac{t_{\mathrm{r}}}{t}\right)^{m}\mathrm{e}^{\frac{E}{R}\left(\frac{1}{T_0}-\frac{1}{T}\right)}\left(a_0s^2+b_0s+c_0\right)\frac{\partial C_{\mathrm{f}}}{\partial x}+\frac{C_{\mathrm{f}}}{s}D_{\mathrm{H_2O}}(s)\frac{\partial s}{\partial x}\right] \tag{3-90}$$

式(3-90)即所建立的干湿交替环境中分别考虑湿润、干燥的环境区别,混凝土龄期、饱和度、外界温度、吸附作用影响的氯离子在混凝土传输的对流-扩散模型。

式(3-90)含有氯离子浓度 C_{f} 和水分饱和度 s 两个变量。混凝土中水分饱和度 s 扩散模型可表示为：

$$\frac{\partial s}{\partial t}=\frac{\partial}{\partial x}\left[D_{\mathrm{H_2O}}(s)\frac{\partial s}{\partial x}\right] \tag{3-91}$$

联立式(3-90)和式(3-91),结合初始条件和边界条件可对混凝土氯离子浓度分布进行求解。

2)初始条件和边界条件模型

(1)初始条件。

混凝土内部初始饱和度为 s_0,初始氯离子浓度为 C_0,通常忽略试件成型过程中外部氯离子的混入,计为0,即：

$$s(x\geqslant 0,t=0)=s_0 \tag{3-92}$$

$$C(x\geqslant 0,t=0)=C_0 \tag{3-93}$$

(2)边界条件。

干湿交替环境中,混凝土所处环境有湿润、干燥两个不同阶段,所处环境不同,混凝土的边界条件也不同。对于湿润过程,混凝土与氯盐溶液接触时表面即饱和状态,表面孔隙液中浓度与氯盐溶液浓度相同,即：

$$s(x=0,t)=1 \tag{3-94}$$

$$C(x=0,t)=c_{00} \tag{3-95}$$

式中：c_{00}——氯离子混凝土质量百分比,可通过氯盐溶液浓度和式(3-83)计算而来。

对于干燥过程,假设干燥开始时混凝土表面饱和度瞬间变为常数 s_{00},表面中的氯离子不随水分流出,仍留在混凝土内部,即：

$$s(x=0,t)=s_{00} \tag{3-96}$$

$$D_{\mathrm{r},0}^{T_0}\left(\frac{t_{\mathrm{r}}}{t}\right)^{m}\mathrm{e}^{\frac{E}{R}\left(\frac{1}{T_0}-\frac{1}{T}\right)}\left(a_0s^2+b_0s+c_0\right)\frac{\partial C_{\mathrm{f}}}{\partial x}+\frac{C_{\mathrm{f}}}{s}D_{\mathrm{H_2O}}(s)\left.\frac{\partial s}{\partial x}\right|_{x=0}=0 \tag{3-97}$$

3.2.2　干湿循环作用下混凝土中氯离子传输方程的数值求解

求解氯离子在混凝土中的传输模型需联立式(3-90)和式(3-91),并结合初始条件式(3-92)、式(3-93)和边界条件式(3-94)~式(3-97)。该模型方程是一个非线性偏微分方程,可用有限差分法进行数值编程求解。有限差分法可分为显式、隐式和Crank-Nicolson三种格式。显式格式形式比较简单,计算简便,但是计算结果不稳定;隐式格式虽然计算结果稳定,但是时间精度较差,截断误差是时间的一阶误差;Crank-Nicolson格式则计算烦琐,但是精度较高,截断误差可达到时间和空间的二阶误差。本书选用Crank-Nicolson格式作为模型的求解格式。

1)氯离子传输模型的数值离散

为便于书写,对式(3-90)和式(3-91)进行简化,令 $DS = D_{H_2O}(s)$、$DF = D_{r,0}^{T_0}\left(\frac{t_r}{t}\right)^m e^{\frac{E}{R}\left(\frac{1}{T_0}-\frac{1}{T}\right)}(a_0 s^2 + b_0 s + c_0)$ 分别表示环境因素对水分扩散系数的影响和氯离子扩散系数的影响。

将混凝土沿扩散方向等分为 N 份,由外到内进行编号,依次为1、2、……、N,第 i 份记为 i。首先对水分的扩散方程式按Crank-Nicolson格式进行离散,i 表示空间位置,j 表示时刻:

$$\frac{s_i^{j+1} - s_i^j}{\Delta t} = \frac{1}{2\Delta x}\left[\begin{array}{l} DS_{i+\frac{1}{2}}^j \dfrac{s_{i+1}^j - s_i^j}{\Delta x} - DS_{i-\frac{1}{2}}^j \dfrac{s_i^j - s_{i-1}^j}{\Delta x} + \\ DS_{i+\frac{1}{2}}^{j+1} \dfrac{s_{i+1}^{j+1} - s_i^{j+1}}{\Delta x} - DS_{i-\frac{1}{2}}^{j+1} \dfrac{s_i^{j+1} - s_{i-1}^{j+1}}{\Delta x} \end{array}\right] \tag{3-98}$$

式中:

$$DS_{i\pm\frac{1}{2}}^j = \frac{D_{H_2O}(s_i^j) + D_{H_2O}(s_{i\pm1}^j)}{2} \tag{3-99}$$

$$DS_i^j = \begin{cases} D^d e^{\frac{U}{R}\left(\frac{1}{T_0}-\frac{1}{T}\right)}\left(0.3 + \sqrt{\dfrac{13}{i\Delta t}}\right)\left[\alpha + \dfrac{1-\alpha}{1+\left(\dfrac{1-s_i^j}{1-s_c}\right)^N}\right] & (\text{干燥过程}) \\ D^w e^{\frac{U}{R}\left(\frac{1}{T_0}-\frac{1}{T}\right)}\left(0.3 + \sqrt{\dfrac{13}{i\Delta t}}\right)e^{ns_i^j} & (\text{湿润过程}) \end{cases} \tag{3-100}$$

令 $\delta = \dfrac{\Delta t}{2\Delta x^2}$,整理可得:

$$
\begin{aligned}
&-\delta DS_{i+\frac{1}{2}}^{j+1} s_{i+1}^{j+1} + (1 + \delta DS_{i+\frac{1}{2}}^{j+1} + \delta DS_{i-\frac{1}{2}}^{j+1}) s_i^{j+1} - \delta DS_{i-\frac{1}{2}}^{j+1} s_{i-1}^{j+1} \\
&= \delta DS_{i+\frac{1}{2}}^{j} s_{i+1}^{j} + (1 - \delta DS_{i+\frac{1}{2}}^{j} + \delta DS_{i-\frac{1}{2}}^{j}) s_i^{j} + \delta DS_{i-\frac{1}{2}}^{j} s_{i-1}^{j}
\end{aligned}
\tag{3-101}
$$

令

$$a_i = -\delta DS_{i-\frac{1}{2}} \quad (i = 2,\cdots,N-1) \tag{3-102}$$

$$b_i = 1 + \delta DS_{i+\frac{1}{2}} + \delta DS_{i-\frac{1}{2}} \quad (i = 2,\cdots,N-1) \tag{3-103}$$

$$c_i = \delta DS_{i-\frac{1}{2}} \quad (i = 2,\cdots,N-1) \tag{3-104}$$

$$d_i = 1 - \delta DS_{i+\frac{1}{2}} + \delta DS_{i-\frac{1}{2}} \quad (i = 2,\cdots,N-1) \tag{3-105}$$

式(3-101)可转化为:

$$a_{i+1} s_{i+1}^{j+1} + b_i s_i^{j+1} + a_i s_{i-1}^{j+1} = c_{i+1} s_{i+1}^{j} + d_i s_i^{j} + c_i s_{i-1}^{j} \quad (i = 2,\cdots,N-1) \tag{3-106}$$

将式(3-106)转化为矩阵形式:

$$\{A\}\{s^{j+1}\} = \{B\}\{s^{j}\} \tag{3-107}$$

式中,A、B 为 $N \times N$ 稀疏矩阵,$[A]_{(N-2)\times N} = \begin{bmatrix} a_2 & b_2 & a_3 & & \\ & \ddots & \ddots & \ddots & \\ & & a_{N-1} & b_{N-1} & a_N \end{bmatrix}_{(N-2)\times N}$,

$[B]_{(N-2)\times N} = \begin{bmatrix} c_2 & d_2 & d_3 & & \\ & \ddots & \ddots & \ddots & \\ & & c_{N-1} & d_{N-1} & c_N \end{bmatrix}_{(N-2)\times N}$。

将氯离子传输方程式(3-90)按 Crank-Nicolson 格式进行离散:

$$
k\frac{C_i^{j+1} - C_i^{j}}{\Delta t} = \frac{1}{2\Delta x}
\left[
\begin{aligned}
&DF_{i+\frac{1}{2}}^{j} \frac{C_{i+1}^{j} - C_i^{j}}{\Delta x} - DF_{i-\frac{1}{2}}^{j} \frac{C_i^{j} - C_{i-1}^{j}}{\Delta x} + \\
&DF_{i+\frac{1}{2}}^{j+1} \frac{C_{i+1}^{j+1} - C_i^{j+1}}{\Delta x} - DF_{i-\frac{1}{2}}^{j+1} \frac{C_i^{j+1} - C_{i-1}^{j+1}}{\Delta x} + \\
&\frac{1}{2} DS_{i+\frac{1}{2}}^{j} \left(\frac{C_{i+1}^{j}}{s_{i+1}^{j}} + \frac{C_i^{j}}{s_i^{j}}\right) \frac{s_{i+1}^{j} - s_i^{j}}{\Delta x} - \frac{1}{2} DS_{i-\frac{1}{2}}^{j} \left(\frac{C_i^{j}}{s_i^{j}} + \frac{C_{i-1}^{j}}{s_{i-1}^{j}}\right) \frac{s_i^{j} - s_{i-1}^{j}}{\Delta x} + \\
&\frac{1}{2} DS_{i+\frac{1}{2}}^{j+1} \left(\frac{C_{i+1}^{j+1}}{s_{i+1}^{j+1}} + \frac{C_i^{j+1}}{s_i^{j+1}}\right) \frac{s_{i+1}^{j+1} - s_i^{j+1}}{\Delta x} - \frac{1}{2} DS_{i-\frac{1}{2}}^{j+1} \left(\frac{C_i^{j+1}}{s_i^{j+1}} + \frac{C_{i-1}^{j+1}}{s_{i-1}^{j+1}}\right) \frac{s_i^{j+1} - s_{i-1}^{j+1}}{\Delta x}
\end{aligned}
\right]
\tag{3-108}
$$

令 $\delta' = \dfrac{\Delta t}{2k\Delta x^2}$，对式(3-108)进行整理，可得：

$$
\begin{aligned}
& -\delta'\left[DF_{i+\frac{1}{2}}^{j+1} + \frac{1}{2}DS_{i+\frac{1}{2}}^{j+1}\left(1 - \frac{s_i^{j+1}}{s_{i+1}^{j+1}}\right)\right]C_{i+1}^{j+1} + \\
& \delta'\left[DF_{i+\frac{1}{2}}^{j+1} + DF_{i-\frac{1}{2}}^{j+1} - \frac{1}{2}DS_{i+\frac{1}{2}}^{j+1}\left(\frac{s_i^{j+1}}{s_i^{j+1}} - 1\right) + \frac{1}{\delta'} + \frac{1}{2}DS_{i-\frac{1}{2}}^{j+1}\left(1 - \frac{s_{i-1}^{j+1}}{s_i^{j+1}}\right)\right]C_i^j - \\
& \delta'\left[DF_{i-\frac{1}{2}}^{j+1} + \frac{1}{2}DS_{i-\frac{1}{2}}^{j+1}\left(1 - \frac{s_i^{j+1}}{s_{i-1}^{j+1}}\right)\right]C_{i-1}^{j+1} \\
& = \delta'\left[DF_{i+\frac{1}{2}}^{j} + \frac{1}{2}DS_{i+\frac{1}{2}}^{j}\left(1 - \frac{s_i^{j}}{s_{i+1}^{j}}\right)\right]C_{i+1}^{j} + \\
& \left\{1 - \delta'\left[DF_{i+\frac{1}{2}}^{j} + DF_{i+\frac{1}{2}}^{j} - \frac{1}{2}DS_{i+\frac{1}{2}}^{j}\left(\frac{s_{i+1}^{j}}{s_i^{j}} - 1\right) + \frac{1}{2}DS_{i-\frac{1}{2}}^{j}\left(1 - \frac{s_{i-1}^{j}}{s_i^{j}}\right)\right]\right\}C_i^j + \\
& \delta'\left[DF_{i-\frac{1}{2}}^{j} + \frac{1}{2}DS_{i-\frac{1}{2}}^{j}\left(\frac{s_i^{j}}{s_{i-1}^{j}} - 1\right)\right]C_{i-1}^{j}
\end{aligned}
\tag{3-109}
$$

式中，$i = 2\cdots N-1$，下同。

令

$$
e_i = -\delta'\left[DF_{i+\frac{1}{2}}^{j+1} + \frac{1}{2}DS_{i+\frac{1}{2}}^{j+1}\left(1 - \frac{s_i^{j+1}}{s_{i+1}^{j+1}}\right)\right] \tag{3-110}
$$

$$
f_i = \delta'\left[DF_{i+\frac{1}{2}}^{j+1} + DF_{i-\frac{1}{2}}^{j+1} - \frac{1}{2}DS_{i+\frac{1}{2}}^{j+1}\left(\frac{s_i^{j+1}}{s_i^{j+1}} - 1\right) + \frac{1}{\delta'} + \frac{1}{2}DS_{i-\frac{1}{2}}^{j+1}\left(1 - \frac{s_{i-1}^{j+1}}{s_i^{j+1}}\right)\right] \tag{3-111}
$$

$$
g_i = -\delta'\left[DF_{i-\frac{1}{2}}^{j+1} + \frac{1}{2}DS_{i-\frac{1}{2}}^{j+1}\left(1 - \frac{s_i^{j+1}}{s_{i-1}^{j+1}}\right)\right] \tag{3-112}
$$

$$
h_i = \delta'\left[DF_{i+\frac{1}{2}}^{j} + \frac{1}{2}DS_{i+\frac{1}{2}}^{j}\left(1 - \frac{s_i^{j}}{s_{i+1}^{j}}\right)\right] \tag{3-113}
$$

$$
p_i = 1 - \delta'\left[DF_{i+\frac{1}{2}}^{j} + DF_{i+\frac{1}{2}}^{j} - \frac{1}{2}DS_{i+\frac{1}{2}}^{j}\left(\frac{s_{i+1}^{j}}{s_i^{j}} - 1\right) + \frac{1}{2}DS_{i-\frac{1}{2}}^{j}\left(1 - \frac{s_{i-1}^{j}}{s_i^{j}}\right)\right] \tag{3-114}
$$

$$
q_i = \delta'\left[DF_{i-\frac{1}{2}}^{j} + \frac{1}{2}DS_{i-\frac{1}{2}}^{j}\left(\frac{s_i^{j}}{s_{i-1}^{j}} - 1\right)\right] \tag{3-115}
$$

式(3-109)可简化为：

$$e_i C_{i+1}^{j+1} + f_i C_i^j + g_i C_{i-1}^{j+1} = h_i C_{i+1}^j + p_i C_i^j + q_i C_{i-1}^j \tag{3-116}$$

式(3-116)可转化为矩阵形式：

$$\{E\}\{C^{j+1}\} = \{F\}\{C^j\} \tag{3-117}$$

式中，E、F 为 $N \times N$ 稀疏矩阵，$[E]_{(N-2)\times N} = \begin{bmatrix} e_2 & f_2 & g_2 & & \\ & \ddots & \ddots & \ddots & \\ & & e_{N-1} & f_{N-1} & g_{N-1} \end{bmatrix}_{(N-2)\times N}$，

$[F]_{(N-2)\times N} = \begin{bmatrix} h_2 & p_2 & q_3 & & \\ & \ddots & \ddots & \ddots & \\ & & h_{N-1} & p_{N-1} & q_{N-1} \end{bmatrix}_{(N-2)\times N}$。

2)边界条件模型的数值离散

水分在混凝土中传输时，湿润过程中表面水分饱和度为1，干燥过程中表面水分饱和度为 s_{00}，都为常数，所以矩阵 A、B 第一行：

$$[A]_{1\times N} = [1 \quad \cdots \quad 0],[B]_{1\times N} = [1 \quad \cdots \quad 0]$$

湿润过程中，混凝土表面的氯离子浓度也为常数，矩阵 E、F 第一行：

$$[E]_{1\times N} = [1 \quad \cdots \quad 0],[F]_{1\times N} = [1 \quad \cdots \quad 0]$$

干燥过程中，把模型的 $i=1$ 层作为边界层，假设存在 $i=0$ 层，边界条件式(3-97)可表示为：

$$DF_1^j(C_2^j - C_0^j) + \frac{1}{2}(s_2^j - s_0^j)DS_1^j\left(\frac{C_2^j}{s_2^j} + \frac{C_0^j}{s_0^j}\right) = 0 \tag{3-118}$$

将水分传输方程式(3-91)和氯离子传输方程(3-90)用显式格式在 $i=1$ 层展开：

$$\frac{s_1^{j+1} - s_1^j}{\Delta t} = \frac{1}{\Delta x}\left(DS_{\frac{3}{2}}^j \frac{s_2^j - s_1^j}{\Delta x} - DS_{\frac{1}{2}}^j \frac{s_1^j - s_0^j}{\Delta x}\right) \tag{3-119}$$

$$k\frac{C_1^{j+1} - C_1^j}{\Delta t} = \frac{1}{\Delta x}\left[DF_{\frac{3}{2}}^j \frac{C_2^j - C_1^j}{\Delta x} - DF_{\frac{1}{2}}^j \frac{C_1^j - C_0^j}{\Delta x} + \frac{1}{2}DS_{\frac{3}{2}}^j\left(\frac{C_2^j}{s_2^j} + \frac{C_1^j}{s_1^j}\right)\frac{s_2^j - s_1^j}{\Delta x} - \frac{1}{2}DS_{\frac{1}{2}}^j\left(\frac{C_1^j}{s_1^j} + \frac{C_0^j}{s_0^j}\right)\frac{s_1^j - s_0^j}{\Delta x}\right] \tag{3-120}$$

联立式(3-118)～式(3-120)，可得：

$$e_1 C_1^{j+1} = q_1 C_1^j + p_1 C_2^j \tag{3-121}$$

式中，

$$e_1 = \frac{DF_1^j - \frac{1}{2}DS_1^j(\frac{s_2^j}{s_0^j} - 1)}{2\delta'\left[DF_{\frac{1}{2}}^j - \frac{1}{2}DS_{\frac{1}{2}}^j(\frac{s_1^j}{s_0^j} - 1)\right]}$$

$$q_1 = e_1\left\{1 - 2\delta'\left[DF_{\frac{3}{2}}^j + DF_{\frac{1}{2}}^j - \frac{1}{2}DS_{\frac{3}{2}}^j(\frac{s_2^j}{s_1^j} - 1) + \frac{1}{2}DS_{\frac{1}{2}}^j(1 - \frac{s_0^j}{s_1^j})\right]\right\}$$

$$p_1 = DF_1^j - \frac{1}{2}DS_1^j(\frac{s_2^j}{s_0^j} - 1) + e_1\left\{2\delta'\left[DF_{\frac{3}{2}}^j + \frac{1}{2}DS_{\frac{3}{2}}^j(1 - \frac{s_1^j}{s_2^j})\right]\right\}$$

所以,矩阵 E、F 的第一行:

$$[E]_{1\times N} = [e_1 \quad \cdots \quad 0],[F]_{1\times N} = [q_1 \quad p_1 \quad \cdots \quad 0]$$

求解过程中假设为无限厚介质,第 N 层水分饱和度、氯离子浓度不变,则有:

$$[A]_{N\times N} = [0 \quad \cdots \quad 1],[B]_{N\times N} = [0 \quad \cdots \quad 1]$$

$$[E]_{N\times N} = [0 \quad \cdots \quad 1],[F]_{N\times N} = [0 \quad \cdots \quad 1]$$

3)MATLAB 软件数值求解

对氯离子传输模型选用 MATLAB 软件进行编程,采用追赶法迭代进行求解,求解过程如下:

(1)根据水分传输方程的初始条件和边界条件,计算水分饱和度在混凝土内部的分布。由于水分传输模型是非线性偏微分方程,求解时为保证精度对结果进行迭代,相邻时间步长同一空间位置的饱和度满足:

$$\left|\frac{s_{i+1}^{j+1} - s_i^j}{s_i^j}\right| \leqslant \varepsilon \tag{3-122}$$

ε 为精度要求。

(2)根据水分的饱和度分布、氯离子传输的初始条件和边界条件,用追赶法求解氯离子在混凝土中的浓度分布。

(3)根据步骤(1)水分饱和度分布和下一步环境类型的边界条件,求解水分饱和度分布,求解氯离子浓度分布,过程如步骤(1)、(2)所述。如此循环,直到时间终点。

3.2.3　干湿循环作用下混凝土中氯离子传输模型验证

为验证所建干湿循环作用下混凝土中氯离子传输模型的合理性,设计两组室内试验,模拟实际工程加速侵蚀环境,对模型进行验证,分析干湿循环对混凝土氯离子侵蚀的影响。

1）试验方案设计

试验使用的原材料及配合比设计与第2章相同。在洒除冰盐的混凝土路面、水位变动的盐湖道路混凝土结构，由于季节的变化、降雨量和水位的变动，导致干湿循环制度设计、氯盐溶液的浓度难以确定，因此，本章以海洋环境为研究对象，设计模拟海洋环境中混凝土氯离子侵蚀的室内试验。

海洋环境下的混凝土结构，由于潮水涨落的影响，经常经受氯盐干湿循环的侵蚀。据观测，潮汐主要分为半日潮和全日潮两种，半日潮指一天出现两次高潮和低潮，大约以12h为一个干湿循环周期，涨潮、落潮各6h左右，干湿时间比为1∶1左右；全日潮指一天只出现一次高潮和低潮，大约以24h为一个干湿循环周期，涨潮、落潮各12h左右，干湿时间比为1∶1左右。海水中氯盐浓度为3.5%左右。

模拟海洋环境中氯盐的侵蚀试验国内外学者已做过不少研究，张庆章等总结各国学者的干湿循环制度设计，结合海洋实际环境，得出氯盐浓度为5%～10%时能达到较好的加速侵蚀的目的。本章选取8% NaCl溶液，选取1∶1和1∶3两组干湿时间比，为便于试验选取干湿循环周期为48h，设计两组试验模拟海洋环境下的氯离子对混凝土的侵蚀。试验设计方案见表3-8。

干湿循环试验制度　　表3-8

试验编号	氯盐浓度	干湿循环周期	干燥时间	湿润时间
G1	8%	48h	24h	24h
G2	8%	48h	12h	36h

试验过程中，试件成型方法及涂抹处理与第2章相同。涂抹沥青后，将试块放入装有8%的氯盐溶液箱中，使混凝土非涂抹沥青面与箱底垂直，干燥和湿润过程都在室温条件下进行。15个、30个、45个干湿循环周期之后钻孔取粉，测试混凝土内部的氯离子浓度分布。

2）测试方法及测试结果

混凝土钻孔取粉方法以及氯离子浓度测试方法与第2章相同。图3-14、图3-15为两组不同干湿时间比下G1、G2混凝土中的氯离子浓度分布。对比图3-14和图3-15可以看出，干湿时间比不同，氯离子进入混凝土的浓度和深度不同，在相同干湿循环周期下，干湿时间比大的混凝土在相同深度处氯离子浓度小。因为干燥时间越长，水分蒸发越多，混凝土的饱和度越小，虽然增强了对流作用，混凝土浸没时吸入氯盐溶液的能力增强，但是缩短了氯离子与混凝土的接触时间，进入混凝土的氯离子变少，所以干湿时间比大的混凝土氯离子浓度小。

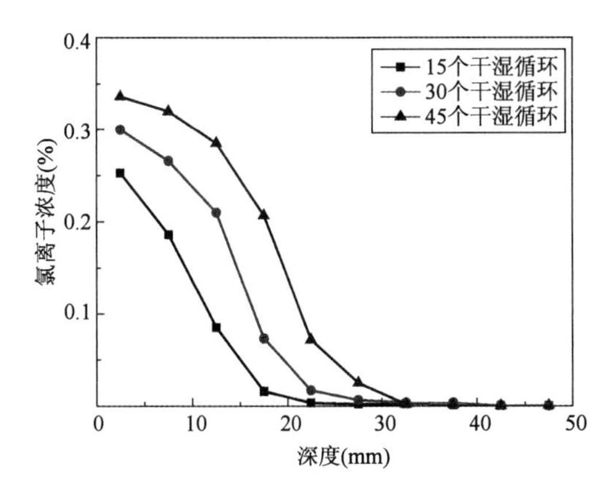

图 3-14　G1 混凝土中氯离子浓度分布

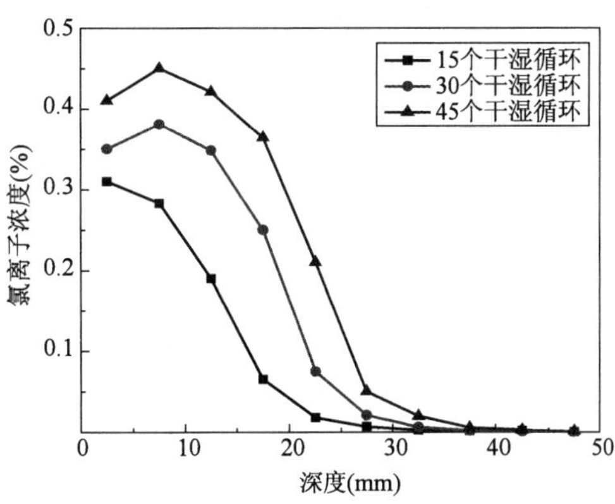

图 3-15　G2 混凝土中氯离子浓度分布

3)模型计算结果与试验测试结果的对比分析

(1)模型参数的取值。

取模型尺寸 $L=0.1$m,等分 200 份,取距离步长 0.0005m,时间步长取 1h。计算 G1 组时,干燥时间为 24h,湿润时间为 24h;计算 G2 组时,干燥时间为 36h,湿润时间为 12h。混凝土 28d 氯离子扩散系数通过式(3-90)确定。干燥过程中,混凝土表面水分饱和度的取值、干燥过程的水分扩散系数、湿润过程的水分扩散系数参照相关文献的研究成果。计算模型的主要参数见表 3-9。

计算模型主要参数　　表 3-9

参数名称	数　值
湿润过程水分的扩散系数 D^{w}(m^2/s)	4.05×10^{-11}
干燥过程水分扩散系数 D^{d}(m^2/s)	1.31×10^{-10}
混凝土初始饱和度 s_0	0.3
干燥过程表面水分饱和度 s_{00}	0.5
环境温度 T(℃)	25
吸附效应影响因子 k	0.8
饱和度影响参数 a_0	0.0001745
饱和度影响参数 b_0	0.01031
饱和度影响参数 c_0	0.1820
氯离子迁移活化能 E(J/mol)	41800
水分迁移活化能 U(J/mol)	11900

（2）模型计算结果与试验结果对比。

图3-16和图3-17为G1、G2两组混凝土中氯离子浓度在不同干湿循环下的计算结果和试验结果对比。对比分析模型的计算结果和试验结果可以看出，模型计算结果与试验结果吻合较好，尤其在 $x > 10$mm 区域内，模型计算结果与试验结果具有良好的相关性。而且模型还能较好地模拟由干湿交替引起的对流层和对流层浓度峰值，以及干湿循环时间比的不同对氯离子传输的影响。在对流层，氯离子的传输机制主要是对流和扩散。对流层以内氯离子的传输机制主要是扩散，干燥过程时，混凝土内部水分向外扩散，带动氯离子向混凝土表层传输；湿润过程时，混凝土吸入高浓度的氯盐溶液，氯离子由表层高浓度向低浓度扩散。如此循环积累，在混凝土中即产生一个氯离子浓度峰值，计算结果的模拟曲线能很好地体现氯离子浓度逐渐积累的过程。由计算结果还可以看出，干湿循环的对流层深度在10～15mm之间，与欧洲DucraCrete规范认为的14mm，国内通常认为的10mm相近。

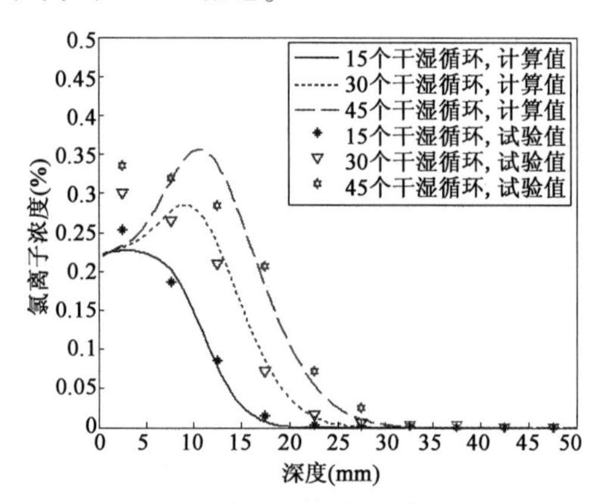

图3-16　G1组混凝土中氯离子浓度在不同干湿循环下的计算结果和试验结果对比

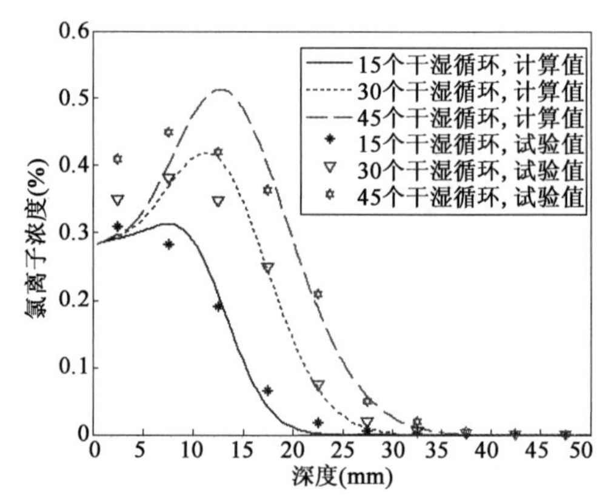

图3-17　G2组混凝土中氯离子浓度在不同干湿循环下的计算结果和试验结果对比

在混凝土表层 $x = 2.5$mm 处，模型计算结果与试验结果相差较大，原因可能是：混凝土试件在成型时表面会凝聚一层水泥浆体，没有粗集料，孔隙率较大，有利于氯离子的聚集；混凝土在干燥过程中，氯盐不随水分向空气中蒸发，表面聚集有少量氯盐颗粒，增大了表层氯离子的浓度，而这些氯盐颗粒在湿润过程中快速溶入水中，不会增大氯离子在混凝土中的扩散速度。

3.2.4　干湿循环作用下混凝土中氯离子传输影响因素分析

干湿循环作用下氯离子在混凝土内部的传输行为受混凝土水灰比、干湿循环制度设

计、外界氯盐浓度、外界温度等因素的影响，为进一步研究这些因素对氯离子在混凝土中传输的影响规律，揭示氯离子在混凝土中的传输机理，本节对这些因素对氯离子传输的影响做深入的探讨。

1）水灰比对混凝土中氯离子迁移的影响

混凝土孔隙率、连通孔隙和孔径分布对氯离子传输通道和毛细孔压力有关键性的影响，决定着混凝土氯离子扩散作用和对流作用的大小。混凝土水灰比是影响混凝土材料孔隙率、连通孔隙和孔径分布的关键参数。不仅如此，水灰比对氯离子和水分在混凝土中迁移活化能存在影响，不同的水灰比迁移活化能不同。选取0.4、0.5、0.6三个水灰比研究干湿循环下不同水灰比对混凝土中氯离子传输的影响规律，其中，干湿循环制度选取干湿循环周期为48h（湿润时间24h，干燥时间24h）。不同水灰比的氯离子迁移活化能和水分迁移活化能见表3-10，其他参数与表3-8相同。图3-18为75个干湿循环周期下（即150d）不同水灰比对混凝土中氯离子浓度的分布。

不同水灰比的氯离子和水分迁移活化能　表3-10

水　灰　比	氯离子迁移活化能（J/mol）	水分迁移活化能（J/mol）
0.4	41800	11900
0.5	44600	25260
0.6	32000	10750

从图3-18可以看出，水灰比从0.4增大到0.6，水灰比越大，混凝土内部氯离子浓度越大，氯离子的侵蚀深度也越大。水灰比的增大，增大了混凝土内部的孔隙率和连通孔隙，氯离子的扩散系数增大，同时，水灰比的增大，降低了氯离子和水分的迁移活化能，有利于氯离子和水分在混凝土中的迁移，所以出现氯离子浓度随水灰比增大而增大的现象。

2）干湿循环制度对混凝土中氯离子迁移的影响

干湿循环制度影响混凝土氯盐溶液浸泡和干燥的时间，对于潮汐区等水位变动区的混凝土结构，由于结构位置、水位高度的不同，经受的氯盐浸泡和干燥的时间不同，氯盐的腐蚀程度不一样。

图3-19是不同干湿循环制度下75个干湿循环周期之后混凝土中氯离子浓度分布情况。其中，选取1∶23、1∶11、1∶3、1∶1四个干湿时间比，循环周期取48h，水灰比选取0.4，模型其他参数与表3-8相同。

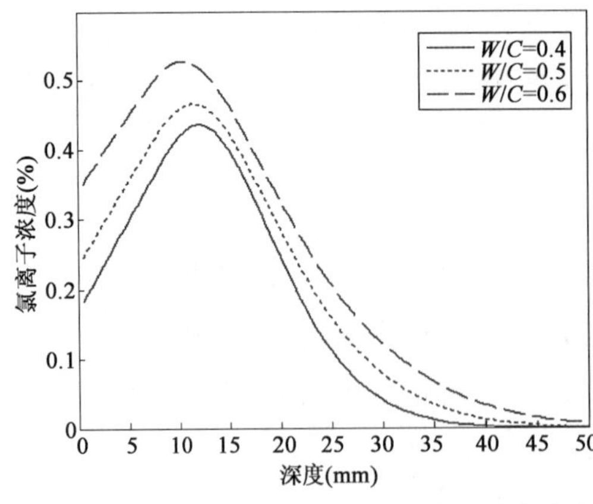

图 3-18　不同水灰比下混凝土中氯离子浓度分布

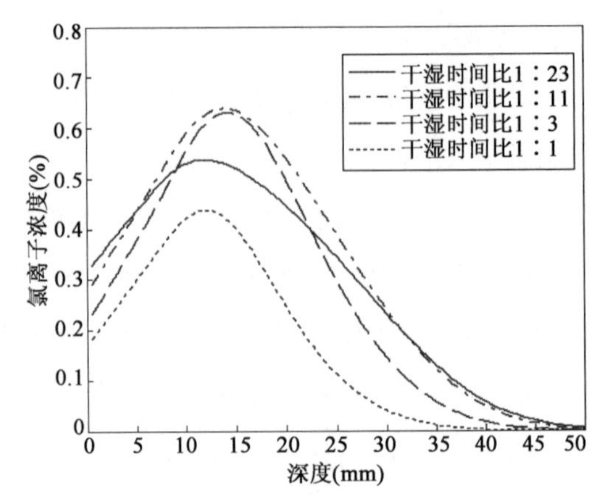

图 3-19　不同干湿制度下混凝土中氯离子浓度分布

从图 3-19 可以看出,干湿时间比从 1∶23 增大到 1∶1,氯离子浓度呈现先增大后减小的变化趋势。干湿循环时间比在 1∶23 ~ 1∶11 之间,氯离子浓度随干湿时间比的增大而增大,对流层厚度也有增大的趋势;干湿循环时间比在 1∶11 ~ 1∶1 之间,氯离子浓度随干湿时间比的增大而减小。干燥和湿润的时间比例,决定氯离子传输中对流和扩散哪个机制起主导作用,在完全浸泡过程中,氯离子进入混凝土的传输机制是扩散,随着干燥过程的加入,氯离子的传输机制增加了对流作用,混凝土干燥时间越长,对流作用越强,混凝土湿润时间越长,扩散作用越明显。当干湿时间比逐渐增大时,混凝土内部的孔隙饱和度逐渐减小,毛细孔压力逐渐增大,在湿润过程中吸入的氯盐溶液越多,随水分进入混凝土内部的氯离子也越多;当干燥时间达到一定时间后,虽然对流作用较强,但是氯离子与混凝土的接触时间变少,进入混凝土的氯离子总量变少,所以氯离子浓度随干湿时间比的增大先增大后减小。

3)氯离子浓度对混凝土中氯离子迁移的影响

图 3-20 为不同外界氯盐浓度下干湿循环 75 个周期后混凝土中氯离子浓度分布。其中,干湿循环制度取湿润时间 24h,干燥时间 24h,混凝土水灰比取 0.4,其他模型参数与表 3-8 相同。

从图 3-20 可以看出,外界氯盐浓度从 4% 升至 8%,氯盐浓度越大,混凝土中氯离子浓度越大,但对氯离子浓度侵蚀深度和对流层深度几乎没有影响。由此可见,增大氯盐溶液浓度可明显起到加速氯盐腐蚀的效果。进行室内模拟试验时,为缩短试验时间,可通过增大氯盐溶液浓度实现。氯盐浓度对表层混凝土的氯离子浓度影响较大,氯盐溶液浓度越大,表面氯离子浓度越大,这与各国海工混凝土设计标准中将表面氯离子浓度设为定值不同。原因可能是:表面氯离子浓度与混凝土表层的空隙率、孔隙液浓度、水泥的物理吸附作用有关,空隙率越大、孔隙液浓度越高、水泥吸附作用越强,表面氯离子浓度越大,短期内,高的氯盐溶液使混凝土表层的孔隙液浓度升高、水泥吸附作用增大，表现为高的氯盐溶液表面氯离子浓度高，扩散速率快，但当侵蚀达到一定时间之后，混凝土孔隙液的浓度达到上限，水泥吸附的氯离子达到饱和状态，表面氯离子浓度即趋于稳定，成为定值。

4）环境温度对混凝土中氯离子迁移的影响

由于季节和气候的变化，混凝土所处的环境温度也跟着发生变化。温度的升高对氯离子的侵蚀存在两个方面的影响。其一，温度升高，加快混凝土内部水分的蒸发，降低混凝土孔隙饱和度，使氯离子的传输介质减少，降低了氯离子扩散系数，同时，温度的升高，加快了水泥的水化反应，降低了混凝土的孔隙率，减小了氯离子扩散系数；其二，混凝土孔隙饱和度的降低，增大了混凝土孔隙的毛细孔压力，湿润时，对流作用增强，有利于氯盐溶液的吸入，增大了氯离子传输速率，同时，温度的升高，增大了氯离子活跃度，有利于氯离子的传输。

图3-21为不同温度下75个干湿循环周期后混凝土中氯离子浓度分布。其中，干湿循环周期为48h，湿润时间为24h，干燥时间为24h，混凝土水灰比为0.4，其他参数与表3-8相同。从图3-21可以看出，温度对氯离子侵蚀速率影响较大，温度越高，氯离子传输速率越快，侵蚀深度也越大。虽然温度对氯离子的传输存在双重效应，但是促进作用在氯离子传输中占主导作用，这与Martin的研究结论相同。

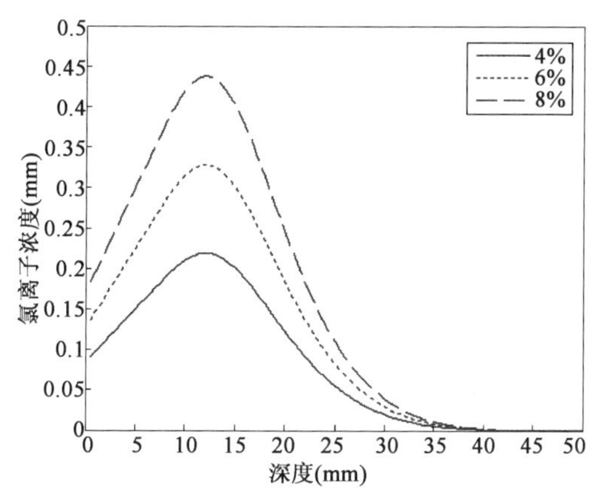

图3-20　不同氯盐浓度下混凝土中氯离子浓度分布

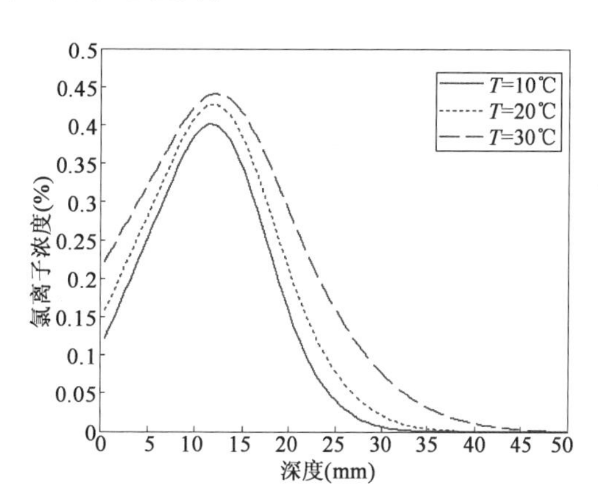

图3-21　不同温度下混凝土中氯离子浓度分布

3.3　交变荷载与干湿循环联合作用下混凝土中氯离子传输机制

在盐湖、海洋等氯盐富集地区，桥梁、码头等混凝土结构物不仅遭受氯盐的侵蚀作用，还要承受交通荷载的疲劳反复作用。对处在潮汐区、浪溅区、水位变动区等环境中的混凝土结构,还要遭受氯盐的干湿循环作用,混凝土处于非饱和状态,加剧了氯盐对混凝土的侵蚀。本节基于交变荷载与混凝土中氯离子扩散系数的基本关系,建立交变荷载对氯离子扩散系数和水分扩散系数的影响系数,然后依据建立的干湿循环环境氯离子传输模型,分别从干燥和湿润两个过程考虑,建立交变荷载与干湿循环共同作用下混凝土氯离子的传输模型,探讨了不同因素对氯离子传输规律的变化。

3.3.1 交变荷载与干湿循环联合作用

1)交变荷载与干湿循环联合作用方法

在实际工程环境中,氯盐腐蚀环境下的混凝土结构物在承受反复交通荷载的同时,还遭受水分干湿循环的作用。交变荷载的作用,使混凝土的微裂纹发生扩展,不仅扩大了氯离子的传输通道,也扩大了水分在混凝土中的扩散通道,增大了扩散和对流传输机制的驱动力,从而加速了氯离子在混凝土中的传输。将交变荷载与干湿循环共同作用下氯离子的传输行为考虑为交变荷载对氯离子扩散系数的影响和水分扩散系数的影响,分别建立交变荷载对氯离子、水分扩散系数的影响系数,然后结合干湿循环下氯离子在混凝土内部的传输方程,建立交变荷载与干湿循环联合作用下混凝土氯离子传输方程。

2)交变荷载影响系数的建立

依据交变荷载对混凝土微裂纹的影响,建立了交变荷载下混凝土氯离子扩散系数,在此对其进行转换,如式(3-123)所示:

$$D' = D\left\{1 + \frac{D_c\rho_e}{D}\left[\frac{1}{\left(1 - \frac{ft}{10^{\frac{a-S}{b}}}\right)^2} - 1\right]\right\} \tag{3-123}$$

令:

$$f_s = 1 + \frac{D_c\rho_e}{D}\left[\frac{1}{\left(1 - \frac{ft}{10^{\frac{a-S}{b}}}\right)^2} - 1\right] \tag{3-124}$$

式(3-124)可表示为氯离子初始扩散系数与交变荷载影响系数的关系。f_s 为交变荷载对氯离子扩散系数的影响系数,代表交变荷载对氯离子扩散系数的扩大倍数,它与氯离子初始扩散系数有关。

式(3-124)表征微裂纹的扩展对氯离子扩散系数的影响,将微裂纹对水分扩散系数的影响系数与氯离子扩散系数的影响系数进行类比，可知交变荷载对水分扩散系数的扩展变化关系式与氯离子扩散系数的扩展变化关系式相同，则水分的交变荷载影响系数可表示为：

$$f_s(H_2O) = 1 + \frac{D_c\rho_e}{D_{H_2O}}\left[\frac{1}{\left(1 - \frac{ft}{10^{\frac{a-S}{b}}}\right)^2} - 1\right] \tag{3-125}$$

由式(3-125)可知，水分的交变荷载影响系数 $f_s(H_2O)$ 与水分的初始扩散系数有关。

3)交变荷载影响系数分析

由式(3-124)和式(3-125)可知，对于特定的混凝土，交变荷载影响系数 f_s、$f_s(H_2O)$ 只与交变荷载的应力水平、荷载频率以及荷载时间有关。下面对交变荷载影响系数进行分析。

(1)氯离子交变荷载影响系数的影响分析。

①应力水平对氯离子交变荷载影响系数的影响。

图3-22是不同应力水平下氯离子交变荷载影响系数随时间的变化。从图3-22可以看出，交变荷载影响系数随时间增长而增大，即氯离子扩散系数随交变荷载作用时间而增大。在高应力水平下，交变荷载影响系数变化较快，在低应力水平下，交变荷载影响系数变化较慢。高应力水平下，混凝土疲劳寿命次数较短，在相同的荷载次数下，混凝土产生的疲劳损伤大，微裂纹扩展速率快，故高应力水平下交变荷载影响系数增长快，而低应力水平下交变荷载影响系数增长缓慢。

②荷载频率对氯离子交变荷载影响系数的影响。

图3-23为不同荷载频率下氯离子交变荷载影响系数随时间的变化。从图3-23可以看出，高荷载频率下的交变荷载影响系数比低频率下的交变荷载影响系数大，这是因为在相同的应力水平和时间下，高荷载频率对混凝土加载次数多，疲劳损伤大，微裂纹的扩展幅度大，氯离子扩散系数变化也随之变大。同时还发现，在交变荷载的前期，交变荷载影响系数增长较缓慢，而后期增长较快，可能是前期微裂纹增长幅度较小，对氯离子传输的促进作用较小，后期微裂纹扩展幅度大，氯离子传输的阻隔小，更加通畅，所以出现先增长缓慢、后快速增长的现象，这也说明了短期内交变荷载对混凝土氯离子侵蚀影响较小，对氯盐长期侵蚀影响较大。

(2)水分交变荷载影响系数的影响分析。

由于水分在混凝土中扩散时水分扩散系数随润湿、干燥过程的不同而不同，需对水分交变荷载影响系数依湿润、干燥的不同环境进行分析。

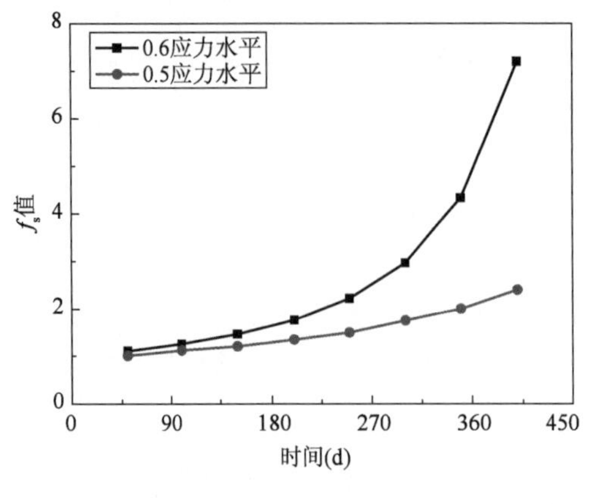

图 3-22　不同应力水平对氯离子交变荷载影响系数的影响

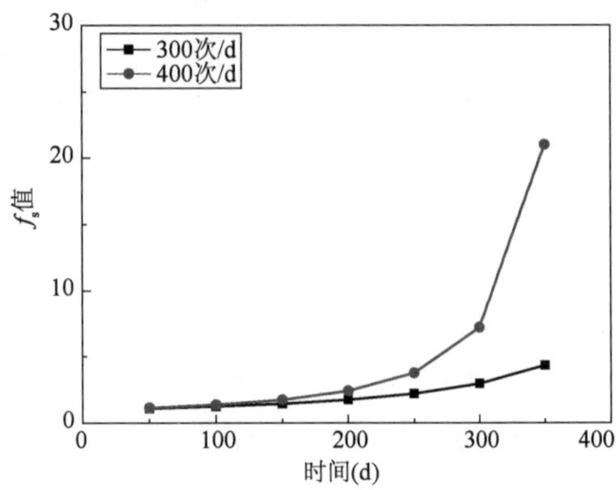

图 3-23　不同荷载频率对氯离子交变荷载影响系数的影响

①应力水平对水分交变荷载影响系数的影响。

图 3-24 和图 3-25 为 0.6 和 0.5 两个应力水平在湿润和干燥过程中水分交变荷载影响系数随时间的变化。从图 3-24 和图 3-25 可以看出,不管是湿润过程,还是干燥过程,水分交变荷载影响系数均随加载时间逐渐变大,并且高应力水平下的值比低应力水平下的值大,湿润过程的值比干燥过程的值大。前者是高应力水平下产生的裂纹面积大的缘故,后者是湿润过程中水分扩散系数小,干燥过程中水分扩散系数较大。裂纹面积微小的变化即对湿润过程水分扩散系数产生较大的影响,而对干燥过程水分扩散系数产生的影响较小。

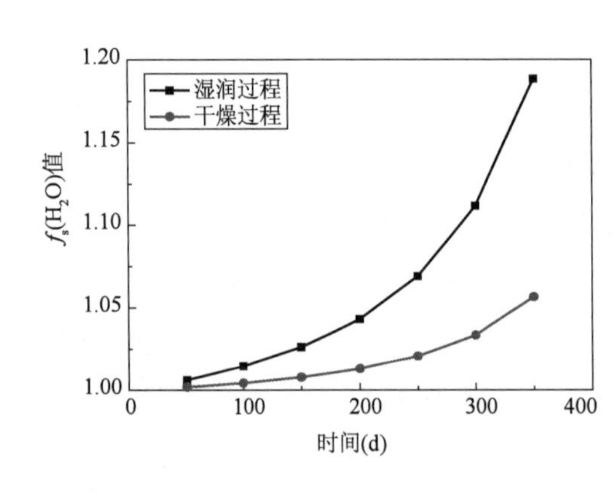

图 3-24　0.6 应力水平水分交变荷载影响系数变化

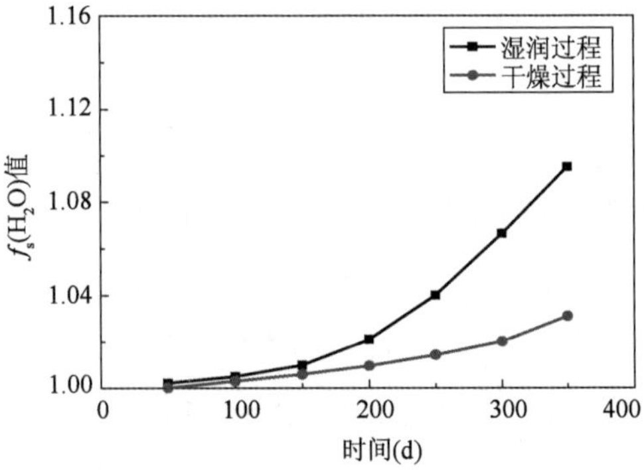

图 3-25　0.5 应力水平水分交变荷载影响系数变化

②荷载频率对水分交变荷载影响系数的影响。

图 3-26 为不同荷载频率下湿润和干燥过程水分交变荷载影响系数随时间的变化。

从图3-26可以看出,交变荷载频率越高,水分交变荷载影响系数越大,其变化规律与氯离子交变荷载影响系数一样,原因也相同。湿润过程水分交变荷载影响系数较干燥过程变化大,原因也是湿润过程水分扩散系数小,干燥过程水分扩散系数大,裂纹面积微小的变化即对湿润过程水分扩散系数产生较大的影响,而对干燥过程水分扩散系数产生的影响较小。

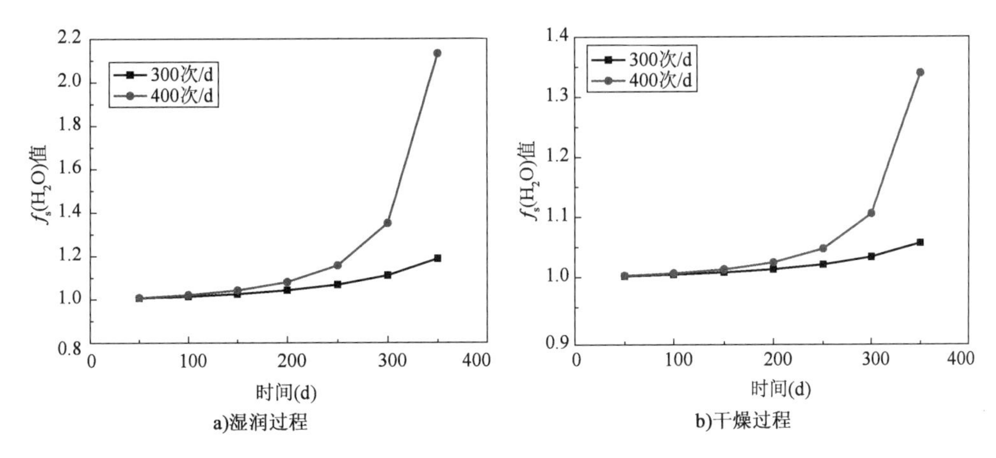

图3-26　不同荷载频率对水分交变荷载影响系数的影响

通过以上交变荷载对氯离子扩散系数和水分扩散系数的影响分析可知,虽然交变荷载对氯离子扩散系数和水分扩散系数表达式相同,但交变荷载对氯离子扩散系数影响较大,而对水分扩散系数影响较小;对湿润过程水分扩散系数影响较大,而对干燥过程水分扩散系数影响较小。

3.3.2　交变荷载与干湿循环联合作用下混凝土中氯离子传输模型

1)交变荷载与干湿循环联合作用下混凝土中氯离子传输模型的建立

与干湿循环状态下混凝土氯离子传输一样,交变荷载与干湿循环联合作用下混凝土同样处于非饱和状态,氯离子进入混凝土的机制主要有扩散和对流两种。

(1)氯离子扩散通量。

根据氯离子扩散系数表达式(3-70)和交变荷载对氯离子扩散系数的影响式(3-124),交变荷载与干湿循环联合作用下混凝土氯离子扩散系数D可表示为:

$$D = D_{r,0}^{T_0}\left(\frac{t_r}{t}\right)^m e^{\frac{E}{R}\left(\frac{1}{T_0}-\frac{1}{T}\right)}(a_0s^2 + b_0s + c_0)\left\{1 + \frac{D_c\rho_e}{D_{r,0}^{T_0}}\left[\frac{1}{\left(1 - \frac{ft}{10^{\frac{a-S}{b}}}\right)^2} - 1\right]\right\} \tag{3-126}$$

因此,交变荷载与干湿循环作用下进入混凝土内部的氯离子扩散通量J_d为:

$$J_{\mathrm{d}} = -\Theta D_{\mathrm{r},0}^{T_0}\left(\frac{t_{\mathrm{r}}}{t}\right)^{m} \mathrm{e}^{\frac{E}{R}\left(\frac{1}{T_0}-\frac{1}{T}\right)}\left(a_0 s^2 + b_0 s + c_0\right)\left\{1 + \frac{D_{\mathrm{c}}\rho_{\mathrm{e}}}{D_{\mathrm{r},0}^{T_0}}\left[\frac{1}{\left(1 - \frac{ft}{10^{\frac{a-S}{b}}}\right)^2} - 1\right]\right\}\mathrm{grad}C \tag{3-127}$$

(2)氯离子对流通量。

根据水分扩散系数式(3-76)和交变荷载对水分扩散系数的影响式(3-125),交变荷载与干湿循环联合作用下混凝土水分扩散系数可表示为:

$$D_{\mathrm{H_2O}}(s) = \begin{cases} D^{\mathrm{d}}\mathrm{e}^{\frac{U}{R}\left(\frac{1}{T_0}-\frac{1}{T}\right)}\left(0.3 + \sqrt{\frac{13}{t}}\right)\left[\alpha + \frac{1-\alpha}{1+\left(\frac{1-s}{1-s_{\mathrm{c}}}\right)^{N}}\right]\left\{1 + \frac{D_{\mathrm{c}}\rho_{\mathrm{e}}}{D^{\mathrm{d}}}\left[\frac{1}{\left(1 - \frac{ft}{10^{\frac{a-S}{b}}}\right)^2} - 1\right]\right\} & (\text{干燥过程}) \\ D^{w}\mathrm{e}^{\frac{U}{R}\left(\frac{1}{T_0}-\frac{1}{T}\right)}\left(0.3 + \sqrt{\frac{13}{t}}\right)\mathrm{e}^{ns}\left\{1 + \frac{D_{\mathrm{c}}\rho_{\mathrm{e}}}{D^{w}}\left[\frac{1}{\left(1 - \frac{ft}{10^{\frac{a-S}{b}}}\right)^2} - 1\right]\right\} & (\text{湿润过程}) \end{cases} \tag{3-128}$$

因此,交变荷载与干湿循环联合作用下进入混凝土内部的氯离子对流通量 J_{c} 为:

$$J_{\mathrm{c}} = -CD_{\mathrm{H_2O}}(s)\,\mathrm{grad}\Theta \tag{3-129}$$

因此,交变荷载与干湿循环联合作用下进入混凝土的氯离子总通量 J 为:

$$J = -\Theta D_{\mathrm{r},0}^{T_0}\left(\frac{t_{\mathrm{r}}}{t}\right)^{m} \mathrm{e}^{\frac{E}{R}\left(\frac{1}{T_0}-\frac{1}{T}\right)}\left(a_0 s^2 + b_0 s + c_0\right)\left\{1 + \frac{D_{\mathrm{c}}\rho_{\mathrm{e}}}{D_{\mathrm{r},0}^{T_0}}\left[\frac{1}{\left(1 - \frac{ft}{10^{\frac{a-S}{b}}}\right)^2} - 1\right]\right\}\mathrm{grad}C - CD_{\mathrm{H_2O}}(s)\,\mathrm{grad}\Theta \tag{3-130}$$

根据氯离子质量守恒定律,可得:

$$\frac{\partial(\Theta C)}{\partial t} = -\frac{\partial J}{\partial x} \tag{3-131}$$

将式(3-130)代入式(3-131),可以得到:

$$\frac{\partial(\Theta C)}{\partial t} = \frac{\partial}{\partial x}\left[\Theta D_{\mathrm{r},0}^{T_0}\left(\frac{t_{\mathrm{r}}}{t}\right)^{m} \mathrm{e}^{\frac{E}{R}\left(\frac{1}{T_0}-\frac{1}{T}\right)}\left(a_0 s^2 + b_0 s + c_0\right)\left\{1 + \frac{D_{\mathrm{c}}\rho_{\mathrm{e}}}{D_{\mathrm{r},0}^{T_0}}\left[\frac{1}{\left(1 - \frac{ft}{10^{\frac{a-S}{b}}}\right)^2} - 1\right]\right\}\mathrm{grad}C + CD_{\mathrm{H_2O}}(s)\,\mathrm{grad}\Theta\right] \tag{3-132}$$

然后将氯离子浓度转换为氯离子占混凝土的质量百分比,并考虑氯离子的吸附效

应,将式(3-132)变换、简化,具体过程参见式(3-82)变换至式(3-90)。在一维方向上,氯离子的传输方程为:

$$k\frac{\partial C_{\mathrm{f}}}{\partial t}=\frac{\partial}{\partial x}\left\{D_{\mathrm{r},0}^{T_0}\left(\frac{t_{\mathrm{r}}}{t}\right)^{m}\mathrm{e}^{\frac{E}{R}\left(\frac{1}{T_0}-\frac{1}{T}\right)}\left(a_0s^2+b_0s+c_0\right)\left\{1+\frac{D_{\mathrm{c}}\rho_{\mathrm{e}}}{D_{\mathrm{r},0}^{T_0}}\left[\frac{1}{\left(1-\frac{ft}{10^{\frac{a-S}{b}}}\right)^2}-1\right]\right\}\frac{\partial C_{\mathrm{f}}}{\partial x}+\frac{C_{\mathrm{f}}}{s}D_{\mathrm{H_2O}}(s)\frac{\partial s}{\partial x}\right\} \tag{3-133}$$

式(3-133)即交变荷载与干湿循环联合作用下混凝土内部氯离子传输的对流-扩散模型。

2)交变荷载与干湿循环联合作用下混凝土中氯离子传输方程的求解

交变荷载与干湿循环联合作用下氯离子传输方程式(3-133)含有氯离子浓度 C_{f} 和水分饱和度 s 两个变量,无法独立求解,需引入水分饱和度在混凝土中的扩散方程式(3-91),其中水分扩散系数 $D_{\mathrm{H_2O}}(s)$ 采用式(3-128)。方程求解时,联立式(3-132)和式(3-91),结合方程初始条件和边界条件可求得氯离子在混凝土中的分布。初始条件和边界条件的选取方法与干湿循环下氯离子传输模型相同,初始条件如式(3-92)和式(3-93)所示,边界条件如式(3-94)~式(3-96)所示,特别需要注意的是,干燥过程中氯离子传输方程的边界条件有所区别,为:

$$\left.D_{\mathrm{r},0}^{T_0}\left(\frac{t_{\mathrm{r}}}{t}\right)^{m}\mathrm{e}^{\frac{E}{R}\left(\frac{1}{T_0}-\frac{1}{T}\right)}\left(a_0s^2+b_0s+c_0\right)\left\{1+\frac{D_{\mathrm{c}}\rho_{\mathrm{e}}}{D_{\mathrm{r},0}^{T_0}}\left[\frac{1}{\left(1-\frac{ft}{10^{\frac{a-S}{b}}}\right)^2}-1\right]\right\}\frac{\partial C_{\mathrm{f}}}{\partial x}+\frac{C_{\mathrm{f}}}{s}D_{\mathrm{H_2O}}(s)\frac{\partial s}{\partial x}\right|_{x=0}=0 \tag{3-134}$$

交变荷载与干湿循环联合作用下混凝土中氯离子传输模型方程是一个非线性偏微分方程,无法求出其解析解,需对其进行数值求解。首先采用有限差分法中精度较高的 Crank-Nicolson 格式对模型方程、初始条件、边界条件进行数值离散,离散过程参照前文所述,然后对模型进行 MATLAB 软件编程,采用追赶法迭代求解。求解时,先求解水分在混凝土中的水分饱和度分布,然后依据水分饱和度分布求解混凝土中氯离子浓度分布。

3.3.3　干湿循环作用下混凝土中侵蚀离子传输模型验证

为验证所建交变荷载与干湿循环联合作用下混凝土内部氯离子传输模型的合理性,

本节设计室内试验,模拟实际工程加速侵蚀环境,对模型进行验证,分析交变荷载与干湿循环对氯离子侵蚀的影响。

1)试验方案

为加快氯盐的腐蚀速度和试验方便,设计两组试验方案,交变荷载的应力水平选取0.6和0.4两个,干湿循环时间比为1∶1,循环周期取48h,交变荷载加载频率为400次/d,见表3-11。

交变荷载与干湿循环作用试验方案　　表3-11

试验编号	应力水平	氯盐浓度	干湿循环周期	干燥时间	湿润时间
J1	0.4	8%	48h	24h	24h
J2	0.6	8%	48h	24h	24h

试验所用原材料和混凝土配合比、试件成型方法、试件密封处理、试验方法都与3.2节相同,试验装置采用交变荷载与干湿循环混凝土化学侵蚀试验装置。

2)测试方法及测试结果

当15个、30个、45个干湿循环周期之后钻孔取粉,测取混凝土内部的氯离子浓度分布。图3-27和图3-28为两组不同应力水平下交变荷载与干湿循环联合作用下混凝土氯离子浓度分布。对比图3-27和图3-28可以看出,施加高应力水平的混凝土氯离子浓度比低应力水平的氯离子浓度大,侵蚀深度也更大,因为高应力水平使混凝土的微裂纹扩展倍数更大,氯离子更易于向混凝土内部传输。交变荷载与干湿循环联合作用下混凝土中氯离子浓度比纯干湿循环环境中混凝土氯离子浓度大,因为交变荷载的加入使混凝土微裂纹发生扩展,促进了氯离子的传输。

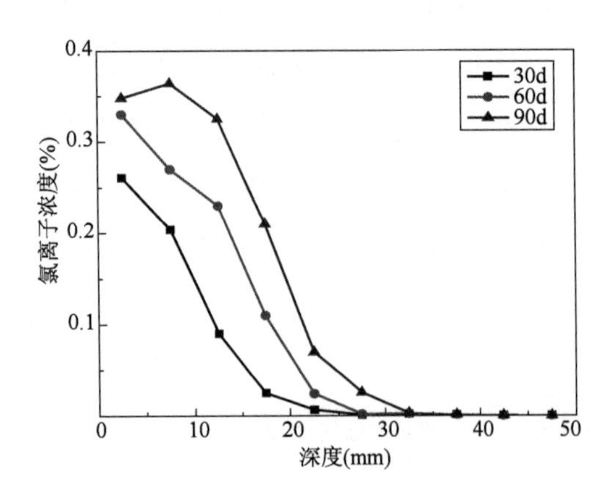

图3-27　J1组混凝土氯离子浓度分布

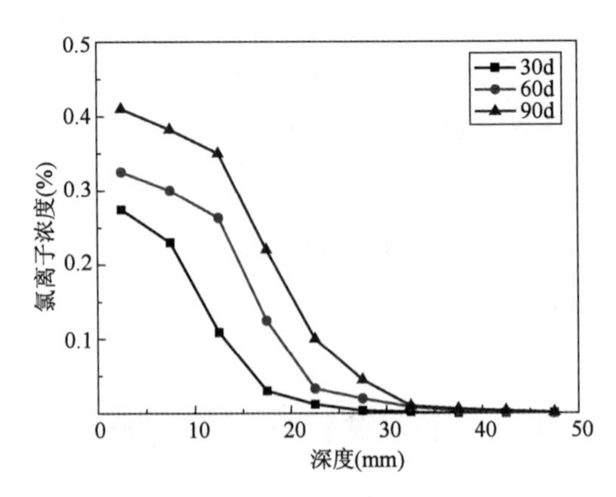

图3-28　J2组混凝土氯离子浓度分布

3)模型计算结果与试验测试结果的对比

进行理论计算时取模型尺寸 $L=0.1\text{m}$,等分 200 份,取距离步长 0.0005m,时间步长取 1h,其他参数取值参照表 3-8。图 3-29 和图 3-30 为 J1、J2 两组混凝土中氯离子浓度的计算结果和试验结果对比。对比模型计算结果和试验结果可以看出,模型计算结果与试验结果吻合较好,尤其在 $x>10\text{mm}$ 区域内模型结果与试验结果具有良好的相关性,只是在 $x=2.5\text{mm}$ 处模型结果与试验结果相差较大,原因与纯干湿循环下情况相同。从计算结果还可看出,交变荷载与干湿循环联合作用下混凝土中氯离子浓度分布比只施加交变荷载的浓度大,模拟曲线与纯干湿循环下氯离子浓度分布相似,也存在对流层和对流层峰值,说明在交变荷载与干湿循环联合作用下氯离子的传输规律与纯干湿循环环境下相同。交变荷载的加入使氯离子扩散系数和水分扩散系数增大,促进了氯离子在混凝土内的传输。

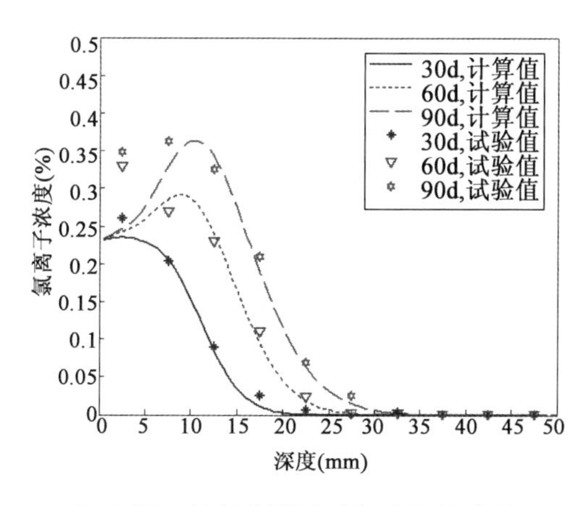

图 3-29　J1 组混凝土中氯离子浓度的计算结果和试验结果对比

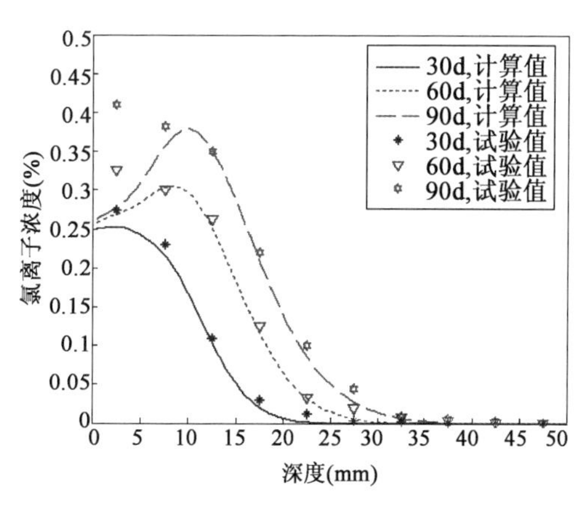

图 3-30　J2 组混凝土中氯离子浓度的计算结果和试验结果对比

本章参考文献

[1] 关博文,吴佳育,陈华鑫,等.再生骨料残余砂浆覆盖率测试及其对混凝土渗透性的影响[J].中国公路学报,2021,34(10):155-165.

[2] 冯超,於德美,关博文,等.非饱和混凝土氯离子传输模型及特性分析[J].硅酸盐通报,2017,36(01):8-13.

[3] 关博文,刘佳楠,吴佳育,等.基于侵蚀损伤的混凝土硫酸根离子传输行为[J].硅酸盐通报,2020,39(10):3169-3174+3183.

[4] Wang Y, Guo S, Yan B, et al. Experimental and analytical investigation on chloride

ions transport in concrete considering the effect of dry-exposure ratio under diurnal tidal environment[J]. Construction and Building Materials, 2022, 328: 127-138.

[5] 杨林,张云升,等.非饱和砂浆氯离子传输与 pH 分布相关性研究[J].材料导报,2021,35(18):18064-18068.

[6] C Tongning, Z Lijuan, S Guowen, et al. Simulation of chloride ion transport in concrete under the coupled effects of a bending load and drying - wetting cycles[J]. Construction and Building Materials, 2020, 241: 118-145.

[7] 解国梁,申向东,姜伟,等.干湿循环作用下氯离子在聚丙烯纤维混凝土中传输性能研究[J].硅酸盐通报,2021,40(06):2019-2025.

[8] J Zuquan, Z Xia, Z Tiejun, et al. Chloride ions transportation behavior and binding capacity of concrete exposed to different marine corrosion zones[J]. Construction and Building Materials, 2018, 177: 170-183.

[9] 董荣珍,高印,卫军,等.干湿循环作用下混凝土裂缝区域氯离子的传输状态[J].硅酸盐通报,2017,36(04):1113-1119.

[10] 关博文,杨涛,於德美,等.干湿循环作用下钢筋混凝土氯离子侵蚀与寿命预测[J].材料导报,2016,30(20):152-157.

[11] 陆春华,刘荣桂,崔钊玮,等.开裂状态下沿海干湿区桥梁粉煤灰混凝土氯离子扩散模型[J].中国公路学报,2015,28(08):40-49.

[12] 徐港,徐可,苏义彪,等.不同干湿制度下氯离子在混凝土中的传输特性[J].建筑材料学报,2014,17(01):54-59.

[13] 付传清.混凝土中氯盐的传输机理及钢筋锈胀模型[D].杭州:浙江大学,2012.

[14] Han Q, Wang N, Zhang J, et al. Experimental and computational study on chloride ion transport and corrosion inhibition mechanism of rubber concrete[J]. Construction and Building Materials, 2021, 268: 121-128.

[15] Lv L S, Wang J Y, Xiao R C, et al. Chloride ion transport properties in microcracked ultra-high performance concrete in the marine environment[J]. Construction and Building Materials, 2021, 291: 123-310.

[16] Tran V Q, Soive A, Baroghel-Bouny V. Modelisation of chloride reactive transport in concrete including thermodynamic equilibrium, kinetic control and surface complexation [J]. Cement and Concrete Research, 2018, 110: 70-85.

[17] Wang G, Wu Q, Zhou H, et al. Diffusion of chloride ion in coral aggregate seawater

concrete under marine environment[J]. Construction and Building Materials, 2021, 284: 122-143.

[18] Jiang J, Zheng X, Wu S, et al. Nondestructive experimental characterization and numerical simulation on self-healing and chloride ion transport in cracked ultra-high performance concrete[J]. Construction and Building Materials, 2019, 198: 696-709.

第4章
CHAPTER 4

交变荷载与干湿循环作用下混凝土硫酸盐侵蚀损伤机理

硫酸盐对混凝土的腐蚀作用是影响混凝土耐久性能的重要因素之一。混凝土遭受硫酸盐侵蚀时,侵蚀离子通过渗透、扩散等作用沿混凝土中连通的孔隙系统传输到混凝土内部,同时与水泥水化产物发生化学反应生成膨胀性侵蚀产物。侵蚀产物首先要填充混凝土孔隙,一旦孔隙被填满,新生成的侵蚀产物将在混凝土孔隙壁上产生膨胀作用,由其导致的拉应力一旦超过混凝土的抗拉强度,就会产生微裂纹,微裂纹的形成将改变侵蚀离子在混凝土中的传输特性(渗透系数、扩散系数等)。随着侵蚀时间的增加,受侵层内微裂纹的数量不断增加,开裂前缘不断向前移动,即损伤由表及里不断演变,在宏观上则表现为混凝土膨胀、耐久性降低。基于道路、桥梁、隧道混凝土的实际服役环境,道路工程受硫酸盐侵蚀的混凝土结构不仅受干湿循环作用,同时还受到交变荷载的作用,混凝土结构在遭受双重作用后的性能劣化过程较单一因素作用更加严峻和复杂。深入探讨交变荷载与硫酸盐腐蚀共同作用下混凝土损伤机理对硫酸盐环境下混凝土材料与结构设计具有重要的意义。

4.1 荷载-硫酸盐腐蚀作用下混凝土性能劣化

道路、桥梁等工程结构混凝土不仅遭受硫酸盐腐蚀作用,还要承受反复的交通荷载,混凝土真实工况为硫酸盐腐蚀与交变荷载联合作用下的劣化。这种共同作用加速与加剧了混凝土的破坏与损伤,使得按照传统耐久性研究结果设计的混凝土工程存在一定的安全隐患。当混凝土结构物在硫酸盐腐蚀介质环境中服役时,混凝土在硫酸盐腐蚀作用下抵抗荷载的损害。鉴于荷载与硫酸盐腐蚀的共同作用是盐富集环境中道路工程混凝土在设计使用年限以内便严重破坏的根本原因,本书介绍了硫酸盐、持续荷载-硫酸盐、交变荷载-硫酸盐作用下混凝土的性能劣化规律,探讨硫酸盐种类(Na_2SO_4、$MgSO_4$)、硫酸盐浓度(5%、10%)、应力水平(20%、40%、60%),以及水灰比对硫酸盐腐蚀、持续荷载-硫酸盐腐蚀与交变荷载-硫酸盐腐蚀作用下混凝土的破坏作用,即研究了荷载水平、硫酸盐浓度、水灰比等因素对混凝土荷载-硫酸盐腐蚀的影响,以及抗弯拉强度及疲劳腐蚀因子、饱和面干吸水率及相对动弹性模量的变化规律,探讨了荷载-硫酸盐腐蚀作用下混凝土的破坏机理。

4.1.1　硫酸盐溶液腐蚀作用下混凝土性能劣化

1) Na_2SO_4 溶液

(1)溶液浓度。

图 4-1 ~ 图 4-4 分别为 5%、10% 浓度 Na_2SO_4 溶液腐蚀作用下水泥混凝土抗弯拉强度、腐蚀因子、相对动弹性模量 RDEM 以及饱和面干吸水率随腐蚀时间的变化趋势。

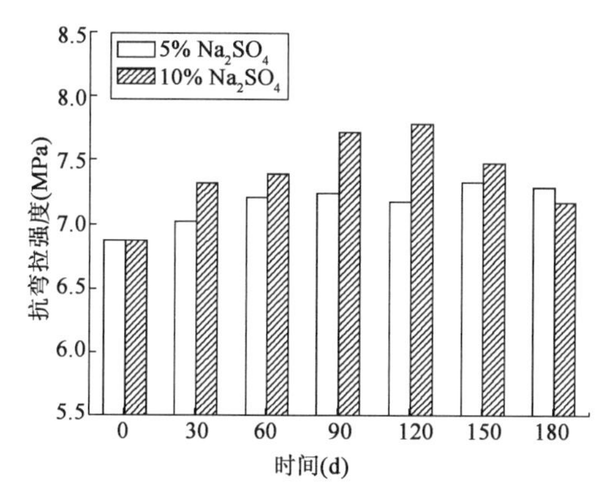

图 4-1　抗弯拉强度经时变化

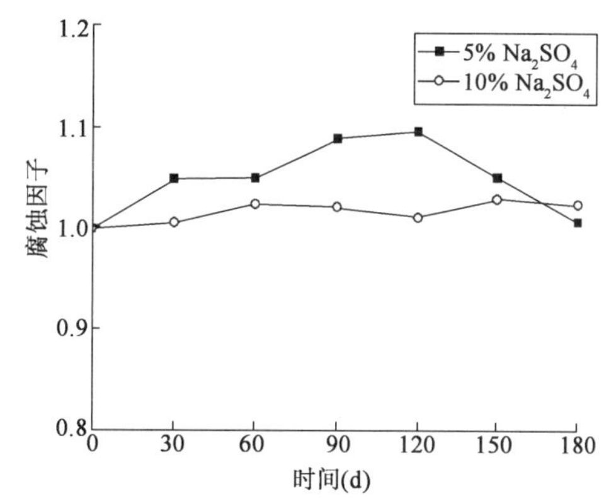

图 4-2　腐蚀因子经时变化

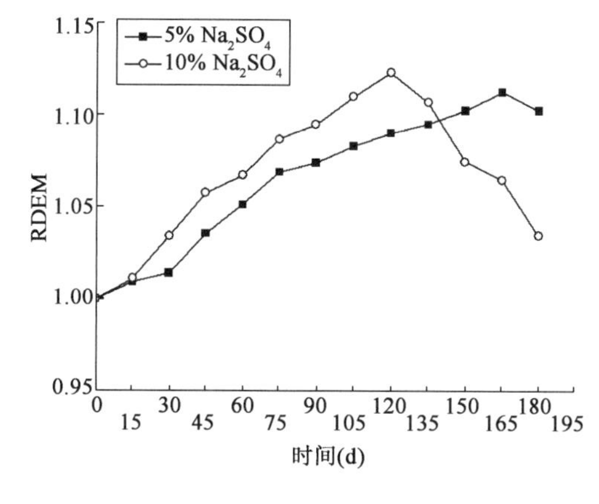

图 4-3　相对动弹性模量经时变化

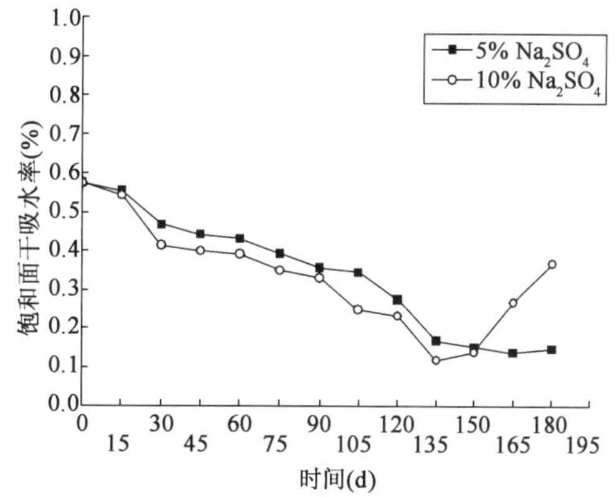

图 4-4　饱和面干吸水率经时变化

由图 4-1 ~ 图 4-4 可以看出,对于 Na_2SO_4 溶液中浸泡的试件,其腐蚀因子经时变化曲线可分为两个阶段。第一阶段为腐蚀因子上升期,混凝土的抗硫酸盐腐蚀性能提高,其主要原因在于:外部硫酸盐不断地向混凝土内部扩散,并与混凝土的水化产物发生化学反应,主要化学反应如下:

$$Na_2SO_4 \cdot H_2O + Ca(OH)_2 \rightarrow CaSO_4 \cdot H_2O + 2NaOH + 8H_2O$$

$$3(CaSO_4 \cdot H_2O) + 4CaO \cdot Al_2O_3 \cdot 12H_2O + 14H_2O \rightarrow$$

$$3CaO \cdot Al_2O_3 \cdot 3CaSO_4 \cdot 32H_2O + Ca(OH)_2$$

从上述反应可以看出,硫酸盐与混凝土水化反应,生成石膏后较氢氧化钙单位体积增加 1.2 倍,生成钙矾石后单位体积较水化铝酸钙增加 1.26 倍,因此混凝土的硫酸盐腐蚀是一个膨胀反应。混凝土在浇筑、成型过程中不可避免地存在毛细孔、孔隙及材料裂隙等原始缺陷,在腐蚀初期,腐蚀反应生成的膨胀产物首先填充这些缺陷。宏观测试表现为随着混凝土材料的密实度提高,饱和面干吸水率减小与相对动弹性模量增大,抗弯拉强度处于上升期。10% 浓度 Na_2SO_4 溶液中试件抗弯拉强度在 120d 达到峰值,为相同龄期标准养护下试件抗弯拉强度的 1.13 倍。在腐蚀中后期,随着硫酸盐不断地侵入至混凝土内部,钙矾石晶体持续生成,其产生的结晶压力导致混凝土内部微裂缝的出现,腐蚀因子经时曲线趋势逐渐下行,进入下降阶段;随着硫酸盐腐蚀反应的不断进行,混凝土内部局部膨胀应力过大,造成内部微裂缝的开展和混凝土渗透性的增大,宏观表现为饱和面干吸水率减小,相对动弹性模量增大,抗弯拉强度下降和腐蚀因子逐渐减小。由于腐蚀时间较短,5% 、10% 浓度 Na_2SO_4 溶液中试件抗弯拉强度仍高于基准值。

由 5% 与 10% 浓度 Na_2SO_4 溶液中试件性能变化规律可以看出,浸泡在 10% 浓度 Na_2SO_4溶液中混凝土的抗弯拉强度、腐蚀因子及相对动弹性模量出现峰值较 5% 浓度 Na_2SO_4溶液试件早,且出现峰值后迅速下降。而浸泡在 5% 浓度 Na_2SO_4溶液中的混凝土抗弯拉强度、腐蚀因子及相对动弹性模量持续缓慢增大,但数值均小于 10% 浓度 Na_2SO_4溶液中的试件,表明 Na_2SO_4溶液浓度的增大加速并扩大了硫酸钠的腐蚀破坏作用。不同浓度 Na_2SO_4溶液,其腐蚀作用具有较大的差别。当混凝土内部与外界具有较大的浓度梯度时,浓度梯度越大其侵蚀速度越快,较高的浓度梯度加速了硫酸盐侵入混凝土生成钙矾石填充孔隙作用以及填充满孔隙后产生的膨胀应力导致混凝土内部膨胀开裂、混凝土密实度及强度下降的过程。如图 4-4 所示饱和面干吸水率经时变化也从侧面反映了 10% 浓度Na_2SO_4溶液中混凝土密实到开裂的过程以及 5% 浓度 Na_2SO_4 溶液中混凝土持续密实的过程。

从图 4-2 可以看出,硫酸盐溶液腐蚀作用下混凝土腐蚀因子随龄期的变化趋势分为上升和下降两个阶段。为了进一步定量比较不同硫酸盐浓度对混凝土的腐蚀作用,对 5% 、10% 浓度 Na_2SO_4溶液中混凝土腐蚀因子随龄期变化曲线第二阶段下降段进行线性回归,得到回归曲线 $CF = A + BT$(式中:CF 为腐蚀因子,T 为腐蚀龄期,A、B 为回归参数),并对斜率 B 进行对比分析。B 的绝对值越大,表明混凝土在腐蚀龄期内的腐蚀因子的下降速度越快,表示硫酸盐腐蚀对混凝土破坏的速度越快。不同浓度 Na_2SO_4溶液腐蚀作用下混凝土 CF-*T* 关系式参数见表 4-1。

不同浓度 Na_2SO_4 溶液腐蚀作用下混凝土 CF-*T* 关系式参数　　表 4-1

腐蚀溶液类型	腐蚀溶液浓度	*A*	*B*	R^2
Na_2SO_4	5%	180d 内腐蚀因子无下降区		
	10%	1.096	-15×10^{-4}	0.99

由表 4-1 可知,5% 浓度 Na_2SO_4 溶液腐蚀作用下混凝土试件腐蚀因子在 180d 内无下降区。其原因为,由于腐蚀介质浓度较低,腐蚀反应过程缓慢,直至腐蚀龄期 180d 结束后,5% 浓度 Na_2SO_4 溶液中试件一直处于逐渐密实状态。但随着腐蚀介质浓度提高至 10%,腐蚀龄期达到 120d 后,腐蚀因子处于下降阶段,且随着 Na_2SO_4 溶液浓度的增加,混凝土抗硫酸钠腐蚀能力逐渐变差,加快了 Na_2SO_4 溶液腐蚀混凝土的损伤破坏作用。

(2)水灰比。

图 4-5 ~ 图 4-8 分别为 10% 浓度 Na_2SO_4溶液腐蚀作用下水灰比为 0.35、0.38 和 0.41 时混凝土抗弯拉强度、腐蚀因子、相对动弹性模量以及饱和面干吸水率随腐蚀时间的变化趋势。

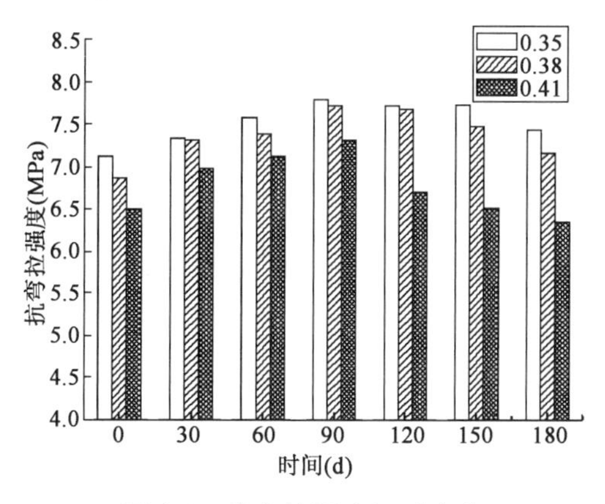

图 4-5　抗弯拉强度经时变化

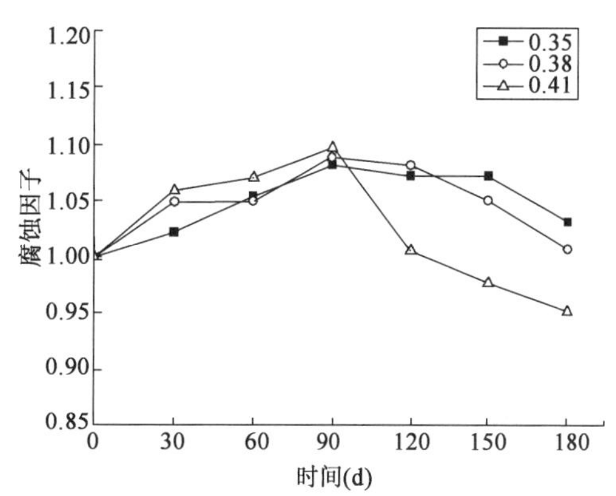

图 4-6　腐蚀因子经时变化

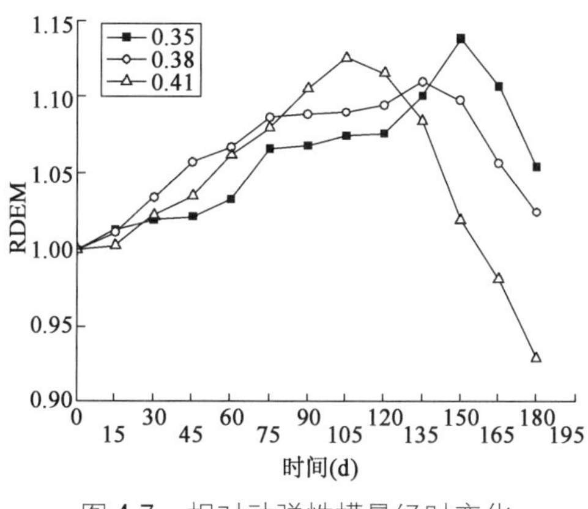

图 4-7　相对动弹性模量经时变化

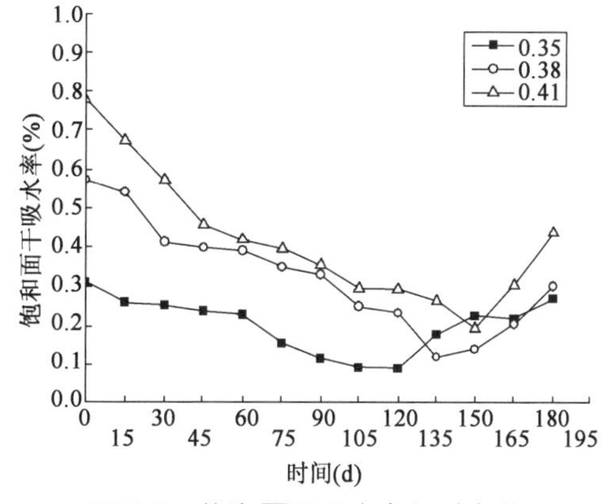

图 4-8　饱和面干吸水率经时变化

从图 4-5 可以看出，对于水灰比分别为 0.35、0.38 和 0.41 的试件，其曲线总的变化趋势基本相似，抗弯拉强度变化规律都表现为先增大后减小的趋势。但随着水灰比的变化，其强度增大和下降速率明显不同。对于水灰比为 0.41 的试件，其强度衰减最大，在 90d 左右时达到峰值后迅速降低，180d 为标准养护下抗弯拉强度的 95% 左右，而水灰比为 0.35、0.38 的试件抗弯拉强度仍然大于标准养护下的抗弯拉强度。

从图 4-6 中三种水灰比混凝土腐蚀因子经时变化可以看出，腐蚀龄期 90d 之内混凝土腐蚀因子从大到小排列为：0.41 > 0.38 > 0.35，而当腐蚀龄期达到 180d 时混凝土腐蚀因子从大到小排列为：0.35 > 0.38 > 0.41。结果说明水灰比较高的试件在早期较水灰比较低的试件具有优异的抵抗硫酸盐侵蚀能力，但后期高水灰比试件耐硫酸钠腐蚀性能迅速下降。结合图 4-7 相对动弹性模量经时变化规律及图 4-8 饱和面干吸水率经时变化规律，分析原因为：较大水灰比试件具有较大的原始孔隙结构，在腐蚀早期一定程度上缓解了硫酸盐腐蚀产物形成局部膨胀压导致混凝土的开裂破坏，宏观性能上表现为饱和面干吸水率降低，腐蚀因子与相对动弹性模量升高。当腐蚀到一定龄期时，膨胀应力大于孔壁承受能力，形成大量的微裂纹，而硫酸盐溶液通过较大孔隙更易渗透到混凝土中发生膨胀破坏，导致高水灰比试件密实度迅速下降，宏观上表现为饱和面干吸水率升高，腐蚀因子与相对动弹性模量迅速降低，混凝土加速破坏。

为了定量化比较不同水灰比对 Na_2SO_4 溶液腐蚀混凝土速度的影响，对 10% 浓度 Na_2SO_4 腐蚀溶液中水灰比为 0.35、0.38、0.41 混凝土腐蚀因子随龄期变化曲线第二阶段进行线性回归，得到回归曲线 $CF = A + BT$（式中：CF 为腐蚀因子，T 为腐蚀龄期，A、B 为回归参数），并对斜率 B 进行对比分析。腐蚀因子下降段回归曲线 CF-T 关系式参数见表 4-2。

不同水灰比混凝土 **CF-*T*** 关系式参数　　表 4-2

腐蚀溶液类型	水　灰　比	***A***	***B***	R^2
10% Na_2SO_4	0.35	1.087	-5×10^{-4}	0.76
	0.38	1.099	-9×10^{-4}	0.92
	0.41	1.078	-15×10^{-4}	0.90

B 的绝对值按从小到大排序：5×10^{-4}（水灰比 0.35）< 9×10^{-4}（水灰比 0.38）< 15×10^{-4}（水灰比 0.41）。由表 4-2 可知，当水灰比从 0.35 升至 0.41 时，Na_2SO_4 溶液腐蚀破坏的速度提高 3 倍，说明随着水灰比的增大，下降段斜率逐渐增大，腐蚀因子衰减速

度加快，提高水灰比可以加快混凝土 Na_2SO_4 溶液侵蚀的破坏，降低水灰比可以一定程度上降低 Na_2SO_4 溶液腐蚀破坏速度。

2）$MgSO_4$ 溶液

（1）溶液浓度

图 4-9 ~ 图 4-12 分别为 5%、10% 浓度 $MgSO_4$ 溶液腐蚀作用下水泥混凝土抗弯拉强度、腐蚀因子、相对动弹性模量及饱和面干吸水率随腐蚀时间的变化趋势。

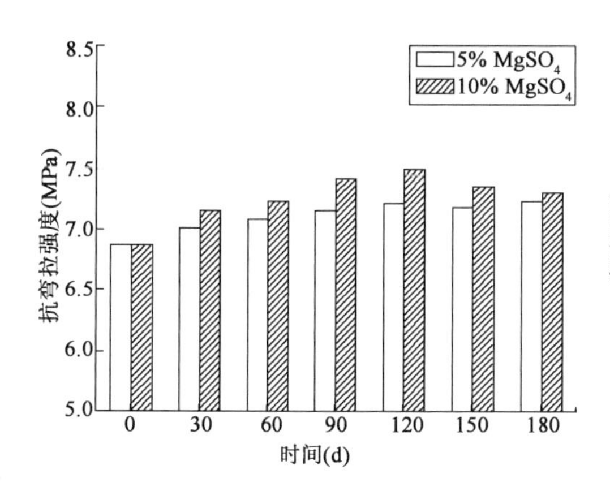

图 4-9　抗弯拉强度经时变化

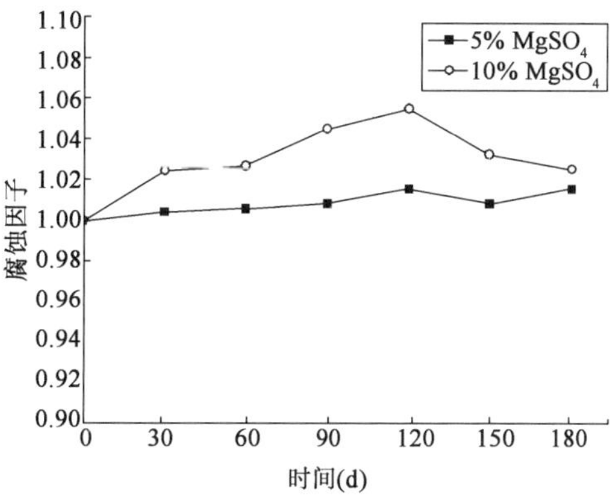

图 4-10　腐蚀因子经时变化

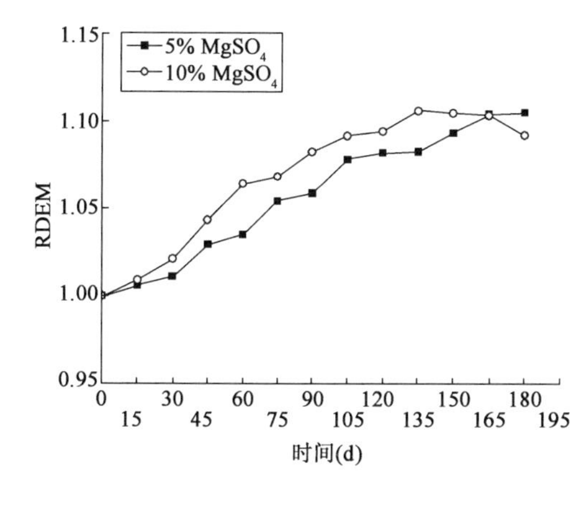

图 4-11　相对动弹性模量经时变化

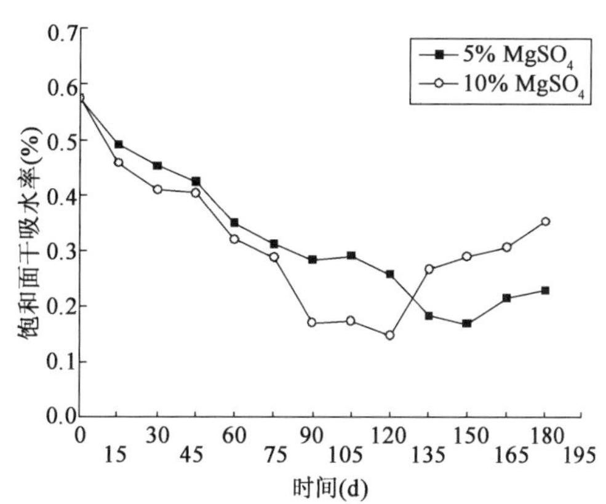

图 4-12　饱和面干吸水率经时变化

从图 4-5、图 4-6 与图 4-9、图 4-10 对比可知，$MgSO_4$溶液腐蚀作用下混凝土性能变化规律与 Na_2SO_4溶液腐蚀大致相同，但变化幅度有所差异。相同浓度 $MgSO_4$腐蚀作用较 Na_2SO_4腐蚀作用下混凝土试件的腐蚀因子变化更为平缓，变化趋势为先增大再减小，前期 $MgSO_4$溶液中混凝土的强度略低，但相差不大。Na_2SO_4溶液中混凝土的强度降低幅度比 $MgSO_4$溶液中的大。分析原因如下：

①两者的侵蚀机理不同，硫酸盐侵入混凝土内部后，与水泥水化产物发生化学反应，生成产物不同，反应方程式见式(4-1)、式(4-2)。

$$Na_2SO_4 + Ca(OH)_2 + 2H_2O = 2NaOH + CaSO_4 \cdot 2H_2O \tag{4-1}$$

$$MgSO_4 + Ca(OH)_2 + 2H_2O = Mg(OH)_2 + CaSO_4 \cdot 2H_2O \tag{4-2}$$

从式(4-1)、式(4-2)可以看出，硫酸钠侵入混凝土中生成的 NaOH 是可溶性物质，而硫酸镁腐蚀生成的 $Mg(OH)_2$溶解度很低，在混凝土表面将形成一层保护膜，很大程度上降低了硫酸镁侵入混凝土的速度。

②由于试验涉及相对动弹性模量及饱和面干吸水率的测试，需要对试件进行烘干处理，因此试验中进入混凝土中未发生化学反应的 Na_2SO_4和 $MgSO_4$发生吸水和脱水反应，反应方程式见式(4-3)、式(4-4)。

$$Na_2SO_4 + 10H_2O \longrightarrow Na_2SO_4 \cdot 10H_2O \tag{4-3}$$

$$MgSO_4 + H_2O \rightarrow MgSO_4 \cdot H_2O + 5H_2O \longrightarrow MgSO_4 \cdot 5H_2O + 6H_2O \longrightarrow MgSO_4 \cdot 7H_2O \tag{4-4}$$

从式(4-3)、式(4-4)可知，不断地处于吸水膨胀和脱水收缩的状态产生的盐结晶作用也能导致混凝土开裂，强度降低。硫酸钠生成的结晶产物发生膨胀至自身体积的 4～5 倍，而 $MgSO_4$形成 $MgSO_4 \cdot 7H_2O$ 需要一定的结水过程，并且其体积膨胀率远低于十水硫酸钠，因此硫酸钠腐蚀破坏较硫酸镁腐蚀破坏更为严重。

从图 4-9～图 4-12 可知，混凝土试件在不同浓度硫酸镁其抗弯拉强度、腐蚀因子、相对动弹性模量、饱和面干吸水率变化规律不同，混凝土在 10% 浓度 $MgSO_4$溶液中 120d 抗弯拉强度及腐蚀因子达到峰值，180d 时仍大于初始强度，而 5% 浓度 $MgSO_4$溶液中试件随着腐蚀龄期的增大，相对动弹性模量增大，饱和面干吸水率持续降低，混凝土越密实，其抗弯拉强度也随之增大，直到 180d 其抗弯拉强度依然没有衰减趋势。值得注意的是，去除由于混凝土中未完全水化产物继续水化导致混凝土强度增长的影响，5% 浓度 $MgSO_4$溶液中混凝土试件腐蚀因子随腐蚀龄期的增加而增大，但短期内增大幅度不明显。其原因为 5% 浓度 $MgSO_4$溶液浓度梯度较小，腐蚀溶液侵蚀动力不足，并且低溶解度 $Mg(OH)_2$生成后，覆盖在试件表面阻止腐蚀溶液的进一步侵入，两者相互抵消作用使得腐蚀破坏程度较低，宏观性能表现为在 180d 腐蚀龄期内饱和面干吸水率缓慢降低，相对动弹性模量持续升高。

为了定量化比较不同浓度 $MgSO_4$ 腐蚀介质对混凝土速度的影响，将5%、10%浓度 $MgSO_4$ 溶液作用下混凝土腐蚀因子随龄期变化曲线第二阶段下降段进行线性回归，得到回归曲线 $CF = A + BT$（式中：CF为腐蚀因子，T 为腐蚀龄期，A、B 为回归参数）并对斜率 B 进行对比分析，不同浓度 $MgSO_4$ 溶液作用下混凝土腐蚀因子下降段回归曲线CF-T关系式参数见表4-3。

不同浓度 $MgSO_4$ 溶液作用下混凝土 CF-T 关系式参数　　表4-3

腐蚀溶液类型	腐蚀溶液浓度	A	B	R^2
$MgSO_4$	5%	180d内腐蚀因子无下降区		
	10%	1.052	-5×10^{-4}	0.92

从表4-3可以看出，由于 $MgSO_4$ 溶液浓度较小，5%浓度 $MgSO_4$ 溶液作用下混凝土试件腐蚀因子在180d内无下降区，此与 Na_2SO_4 腐蚀规律相似，当溶液浓度升至10%，腐蚀龄期在120d后，混凝土试件腐蚀因子逐渐下降。通过斜率对比发现，随着 $MgSO_4$ 溶液浓度的增加，加快了 $MgSO_4$ 腐蚀混凝土的损伤破坏速度，混凝土抗 $MgSO_4$ 腐蚀能力逐渐变差。

为了定量化比较不同种类硫酸盐对混凝土腐蚀破坏速度的影响，将 Na_2SO_4 溶液与 $MgSO_4$ 溶液作用下混凝土 B 值（腐蚀因子第二阶段回归曲线斜率）进行对比分析。如图4-13所示为 Na_2SO_4 与 $MgSO_4$ 溶液作用下混凝土的 B 值柱状图。

从图4-13可以看出：10%浓度 Na_2SO_4 溶液作用下混凝土腐蚀因子衰减速度是10%浓度 $MgSO_4$ 溶液作用下的3倍，因此 Na_2SO_4 对混凝土破坏速度大于 $MgSO_4$。这是由于低溶解度 $Mg(OH)_2$ 生成，覆盖在试件表面阻止腐蚀溶液的进一步侵入，导致 $MgSO_4$ 比 Na_2SO_4 的破坏速度较小。

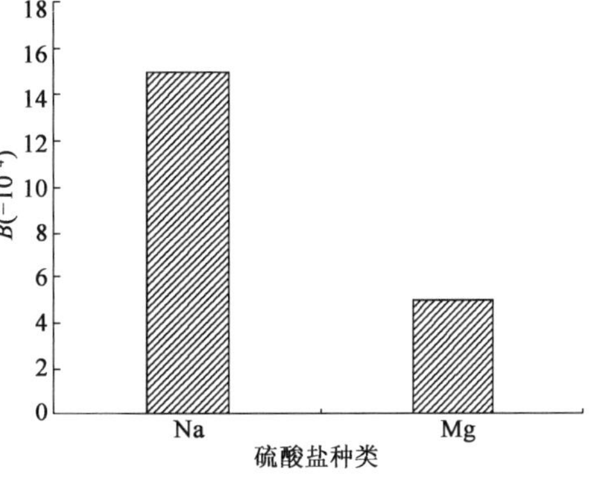

图4-13　不同硫酸盐种类混凝土的 B 值

（2）水灰比。

图4-14～图4-17分别为10%浓度 $MgSO_4$ 溶液作用下水灰比分别为0.35、0.38和0.41水泥混凝土抗弯拉强度、腐蚀因子、相对动弹性模量以及饱和面干吸水率随腐蚀时间的变化趋势。

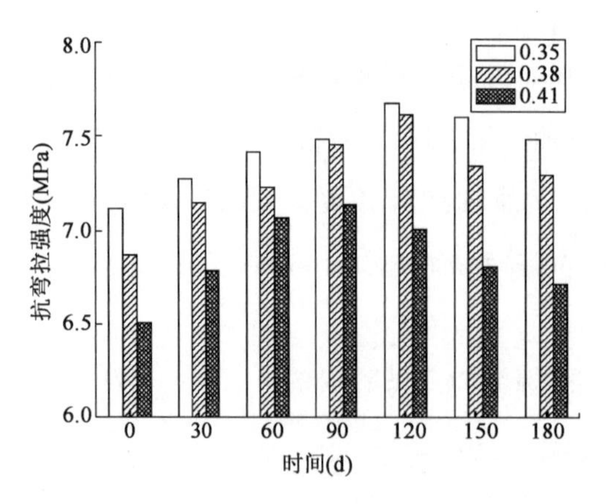

图 4-14　抗弯拉强度经时变化

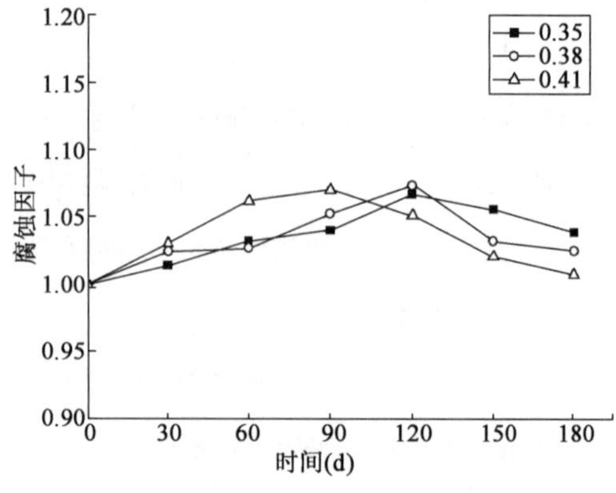

图 4-15　腐蚀因子经时变化

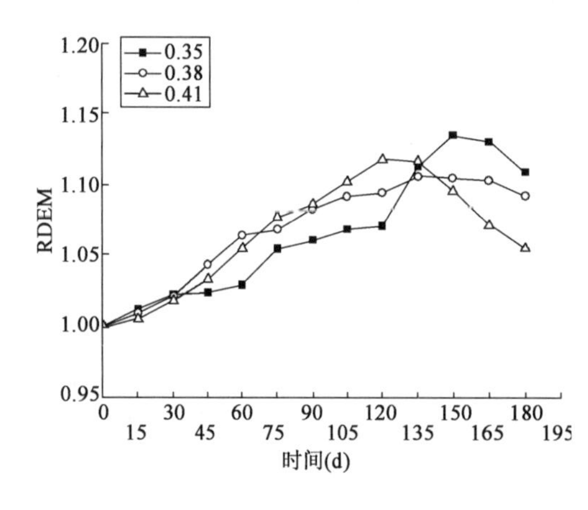

图 4-16　相对动弹性模量经时变化

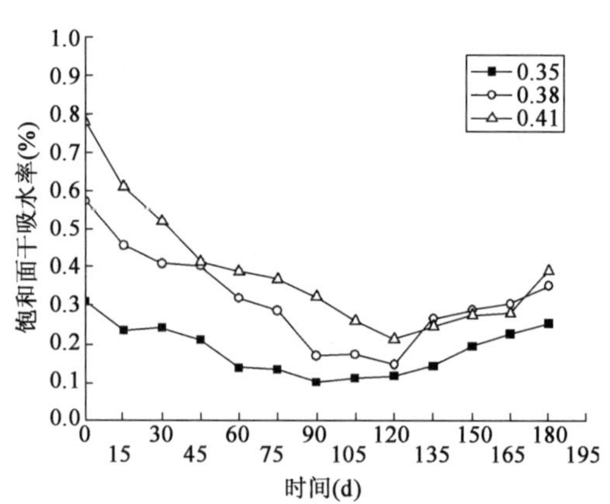

图 4-17　饱和面干吸水率经时变化

从图 4-14 ~ 图 4-17 中可知，对于水灰比为 0.41 的试件，其抗弯拉强度和腐蚀因子在腐蚀时间为 90d 时最先达到最大值 7.49MPa。而水灰比 0.35、0.38 混凝土于 120d 后达到最大值。这是因为水灰比小的试件，孔隙结构越密实，饱和面干吸水率低，相对动弹性模量增加，抗弯拉强度与腐蚀因子持续增长。在盐浓度较大环境中后期的抗弯拉强度损伤下降较低浓度提前显现，而水灰比大的试件，提供了更多扩散侵蚀通道，在浓度较大的盐溶液中，抗弯拉强度下降比较明显。同 Na_2SO_4 侵蚀一样，$MgSO_4$ 的侵蚀也受到混凝土的多相结构影响，水灰比为影响混凝土毛细孔隙率的重要原因之一，因此，水灰比不仅会直接影响混凝土渗透性的大小，也决定了硫酸根离子的扩散范围和速率。与 Na_2SO_4 腐蚀不同之处为，$MgSO_4$ 由于其自身腐蚀特点，其腐蚀破坏程度小于 Na_2SO_4 腐蚀，但性能衰减整体规律相近，即水灰比越小，其耐硫酸盐侵蚀能力越强，反之越弱。

为了定量化比较不同水灰比对$MgSO_4$腐蚀混凝土速度的影响，将10%浓度$MgSO_4$溶液中水灰比为0.35、0.38、0.41的混凝土腐蚀因子随龄期变化曲线第二阶段下降段进行线性回归，得到回归曲线 $CF = A + BT$（式中：CF为腐蚀因子，T为腐蚀龄期，A、B为回归参数），并对斜率B进行对比分析。$MgSO_4$腐蚀作用下混凝土腐蚀因子下降段回归曲线CF-T关系式参数见表4-4。

不同水灰比混凝土 CF-T 关系式参数　　表4-4

腐蚀溶液类型	水灰比	A	B	R^2
$MgSO_4$	0.35	1.068	-5×10^{-4}	0.99
	0.38	1.070	-7×10^{-4}	0.98
	0.41	1.068	-8×10^{-4}	0.86

从表4-4可以看出，B的绝对值按从小到大排序为：5(0.35) < 7(0.38) < 8(0.41)。这与Na_2SO_4腐蚀破坏的规律是一致的。随着水灰比的减小，下降段斜率逐渐减小，腐蚀因子衰减速度减慢，当水灰比从0.35升至0.41时，腐蚀因子衰减速度提高1.6倍，提高水灰比可以加速混凝土$MgSO_4$侵蚀的破坏，而降低水灰比可以在一定程度上提高混凝土抗$MgSO_4$侵蚀的能力。

为了定量化比较不同种类硫酸盐对混凝土腐蚀破坏速度随水灰比变化的规律，将硫酸钠溶液与硫酸镁溶液B值（腐蚀因子第二阶段回归曲线斜率）随混凝土水灰比变化进行对比分析。图4-18表示Na_2SO_4与$MgSO_4$腐蚀溶液中混凝土B值随水灰比的变化规律。

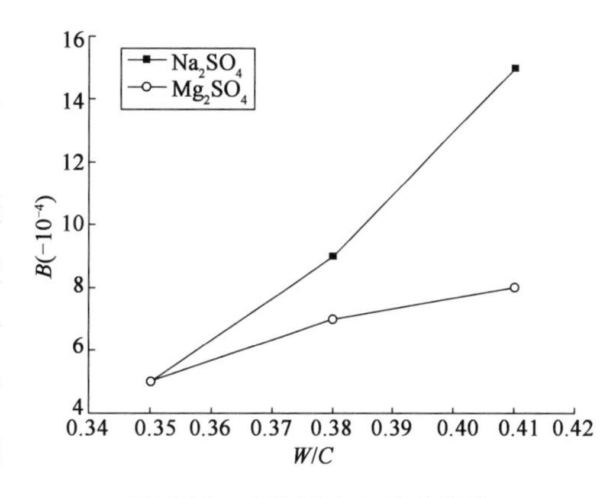

图4-18　B值随水灰比的变化

从图4-18中可以看出，当水灰比大于0.35时，Na_2SO_4作用下混凝土腐蚀因子下降段斜率B值大于$MgSO_4$，说明相同溶液浓度和水灰比条件下，硫酸钠溶液中混凝土试件腐蚀因子下降速度更快，硫酸钠溶液腐蚀作用较硫酸镁溶液具有更大的腐蚀破坏加速作用。当水灰比为0.35时，两者的B值接近，说明Na_2SO_4溶液作用下混凝土腐蚀劣化速度与$MgSO_4$相近；但当水灰比提高至0.41时，Na_2SO_4溶液作用下混凝土劣化速度是$MgSO_4$的1.9倍，说明水灰比的变化对不同种类硫酸盐腐蚀破坏作用影响幅度有所区别，且随着水灰比的增大，Na_2SO_4溶液作用下混凝土腐蚀因子衰减速度增幅远高于$MgSO_4$溶液。

4.1.2 持续荷载-硫酸盐溶液腐蚀作用下混凝土性能劣化

1)持续荷载-Na_2SO_4 溶液

(1)溶液浓度

图 4-19 ~ 图 4-22 分别为 5%、10% 浓度 Na_2SO_4 溶液与 60% 持续荷载作用下水灰比为 0.38 时水泥混凝土抗弯拉强度、应力腐蚀因子、相对动弹性模量,以及饱和面干吸水率随腐蚀时间的变化趋势。

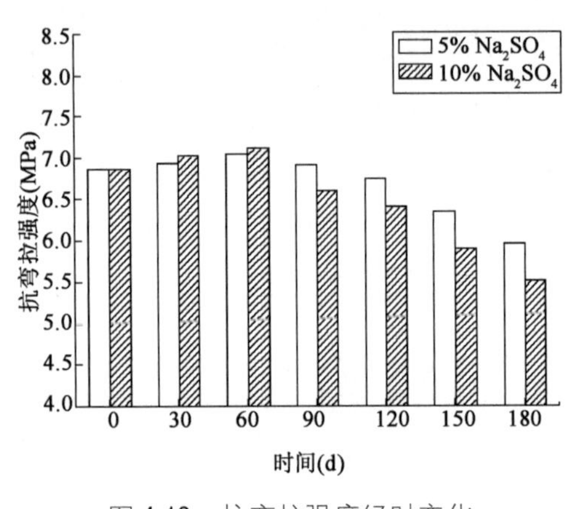

图 4-19 抗弯拉强度经时变化

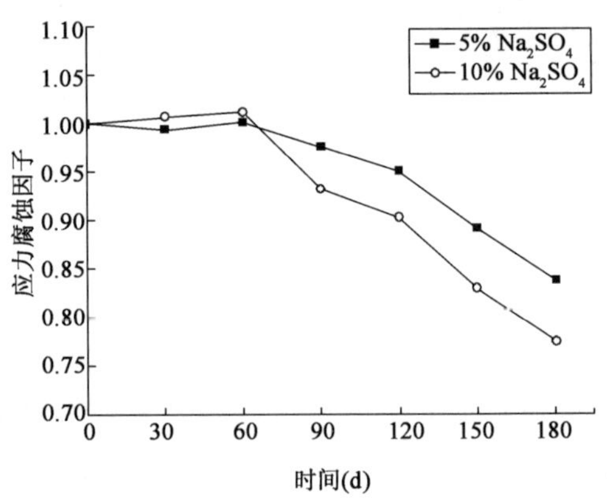

图 4-20 腐蚀因子经时变化

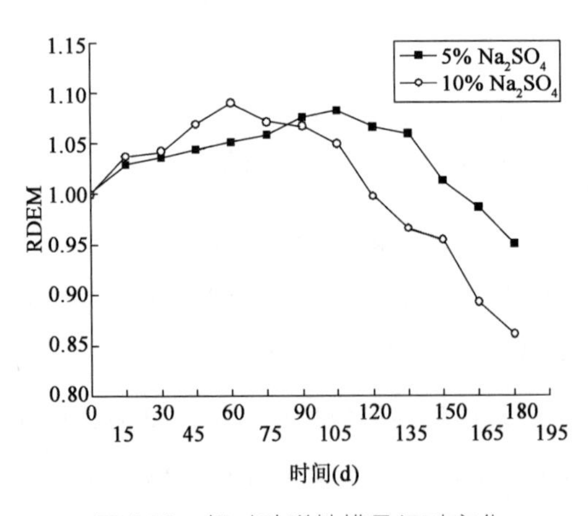

图 4-21 相对动弹性模量经时变化

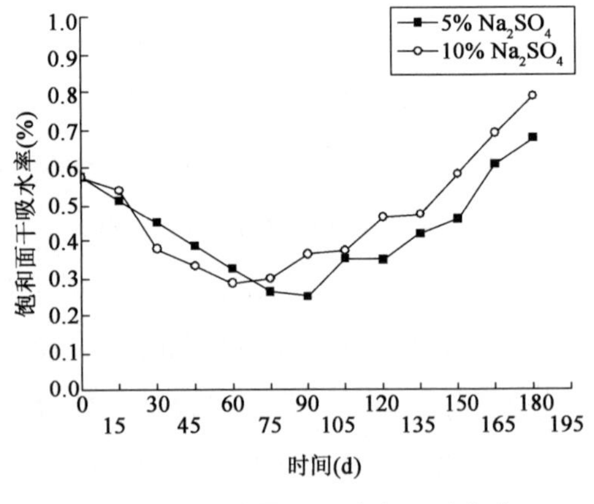

图 4-22 饱和面干吸水率经时变化

从图 4-19、图 4-20 与图 4-1、图 4-2 对比分析可发现,在腐蚀溶液中承受持续荷载试件与非承受持续荷载试件相比,承受硫酸盐腐蚀与持续荷载双重作用下的损伤更大,说明持续荷载的存在推动了混凝土硫酸盐腐蚀作用。这是由于混凝土受到荷载作用后,在受拉区形成了微裂缝，使其由表及里形成损伤区，加速了外界环境腐蚀介质的侵入，也进一步加剧了混凝土的损伤。同时，当混凝土承受外加应力时，水化产物分子内部化学键需承受一部分的外加应力，这相当于增加了化学反应的活化能，使得硫酸盐更易于水泥水化产物发生反应，加速了硫酸盐腐蚀对混凝土的腐蚀破坏。

从图4-19和图4-20可以看出，腐蚀龄期在60d之内时，抗弯拉强度缓慢增加，除去混凝土中未水化的水泥继续水化导致混凝土随着龄期的增大强度增长的影响，应力腐蚀因子几乎保持不变。这是由于在应力腐蚀早期，持续荷载的作用扩展和加大了混凝土内部的孔隙结构，给腐蚀生成物晶体提供了生长空间，有助于硫酸盐腐蚀生成物的发展，有利于早期强度的提高。但外加应力的存在，更加大了这种分离作用，引起更多的残余塑性变形，使混凝土密实性变差，降低了混凝土强度。Na_2SO_4溶液侵蚀的密实作用与弯曲荷载作用于混凝土发生的开裂等破坏相互抵消导致了早期应力腐蚀因子变化不大。

图4-22持续荷载-Na_2SO_4溶液下与单一Na_2SO_4溶液作用下混凝土饱和面干吸水率变化规律对比，持续荷载－10%浓度Na_2SO_4溶液达到峰值为60d，而10%浓度Na_2SO_4溶液腐蚀作用下混凝土相对动弹性模量达到最大值为135d，说明持续荷载的作用缩短了硫酸盐腐蚀早期对混凝土的密实作用，使其提前发生破坏作用。当腐蚀龄期达到180d时，持续荷载－10%浓度Na_2SO_4溶液作用下混凝土试件的相对动弹性模量为0.86，远低于单一10%浓度Na_2SO_4溶液作用下的试件，表示持续荷载的作用使得混凝土结构更加松散，加速了混凝土损伤破坏。图4-21与图4-4饱和面干吸水率的变化规律也从侧面证明了这一点。

从图4-19～图4-22可知，10%浓度Na_2SO_4溶液浓度梯度较5%高，腐蚀溶液侵蚀动力性较强，硫酸根离子更容易进入混凝土内部，与水泥水化产物发生化学反应生成膨胀产物，硫酸盐腐蚀导致的膨胀破坏在短期内显现，其宏观性能上反映为相对动弹性模量的降低与饱和面干吸水率的迅速增大，因此10%浓度Na_2SO_4溶液中混凝土试件强度增长期较5%浓度Na_2SO_4溶液短，且抗弯拉强度随着龄期增长而迅速劣化。180d时，抗弯拉强度仅为标准养护龄期下抗弯拉强度的80.3%，而5%浓度Na_2SO_4溶液中混凝土试件为86.9%。对比可知，硫酸钠溶液浓度的增大在后期加剧了混凝土的应力腐蚀破坏。

为了定量化比较不同浓度Na_2SO_4腐蚀介质对持续荷载-Na_2SO_4溶液作用下混凝土劣化速度的影响，将5%、10%浓度Na_2SO_4溶液作用下混凝土试件应力腐蚀因子随龄期变化曲线第二阶段下降段进行线性回归，得到回归曲线$SCF = A + BT$（式中：SCF为应力腐蚀因子，T 为腐蚀龄期，A、B 为回归参数)，并对斜率 B 进行对比分析，不同浓度 Na_2SO_4 溶液作用下混凝土应力腐蚀因子下降段回归曲线 SCF-T 关系式参数见表 4-5。

不同浓度 Na_2SO_4 溶液作用下混凝土应力腐蚀 SCF-T 关系式参数 表 4-5

腐蚀溶液类型	浓　度	A	B	R^2
Na_2SO_4	5%	1.030	-9×10^{-4}	0.83
	10%	0.942	-18×10^{-4}	0.98

B 的绝对值按从小到大排序：9(5%浓度 Na_2SO_4) < 18(10%浓度 Na_2SO_4)。从表 4-5 可以看出，当 Na_2SO_4 溶液浓度从 5% 升至 10%，持续荷载-Na_2SO_4 溶液共同作用下混凝土腐蚀因子衰减速度提高 2 倍。随着 Na_2SO_4 溶液的浓度的增加，混凝土抗持续荷载-Na_2SO_4 溶液作用能力逐渐变差，Na_2SO_4 溶液浓度越高，Na_2SO_4 与持续荷载共同作用下混凝土的损伤破坏速度越快。

(2)应力水平

图 4-23、图 4-24、图 4-25 和图 4-26 分别为 10%浓度 Na_2SO_4 溶液腐蚀与 20%、40%、60%持续荷载作用下水灰比为 0.38 时水泥混凝土抗弯拉强度、应力腐蚀因子、相对动弹性模量以及饱和面干吸水率随腐蚀时间的变化趋势。

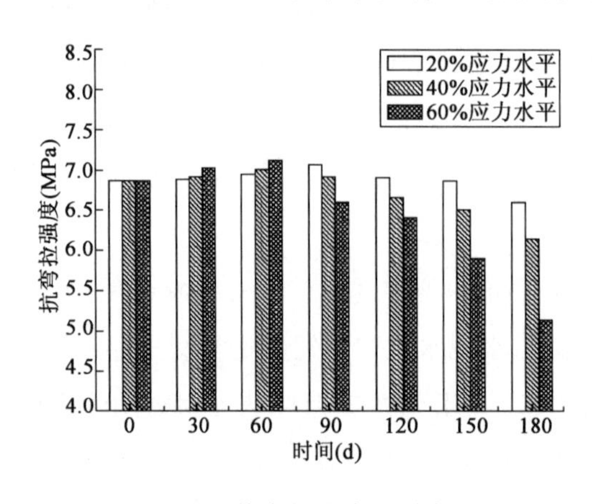

图 4-23　抗弯拉强度经时变化

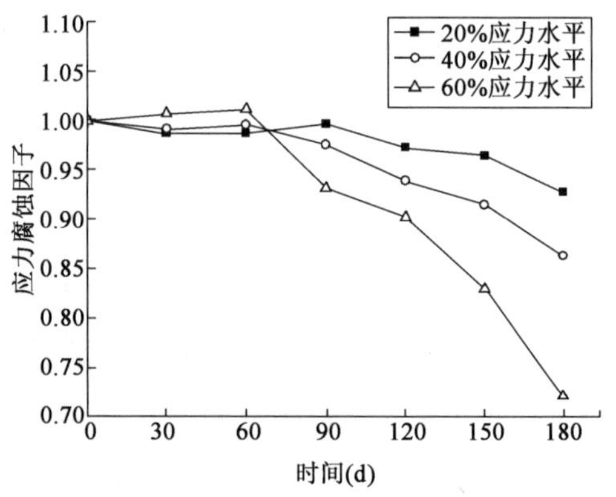

图 4-24　应力腐蚀因子经时变化

从图 4-23 可以看出，在持续荷载与硫酸盐腐蚀共同作用下，在应力腐蚀龄期 60d 之前，混凝土抗弯拉强度并无明显下降。其原因为混凝土中未水化的水泥继续水化和腐蚀反应生成膨胀产物对强度的增强作用与持续荷载对混凝土损害作用相互抵消。随着应荷载水平和应力腐蚀龄期的增加，不利作用影响迅速增大，宏观上表现为混凝土抗弯拉强度的迅速降低。60%持续荷载应力水平作用下混凝土强度降低幅度较高，当腐蚀龄期达到 180d 时，20%、40%和 60%荷载水平作用下，混凝土抗弯拉强度分别下降为标准养护龄期下抗弯拉强度的 96.2%、89.5% 和 74.8%。

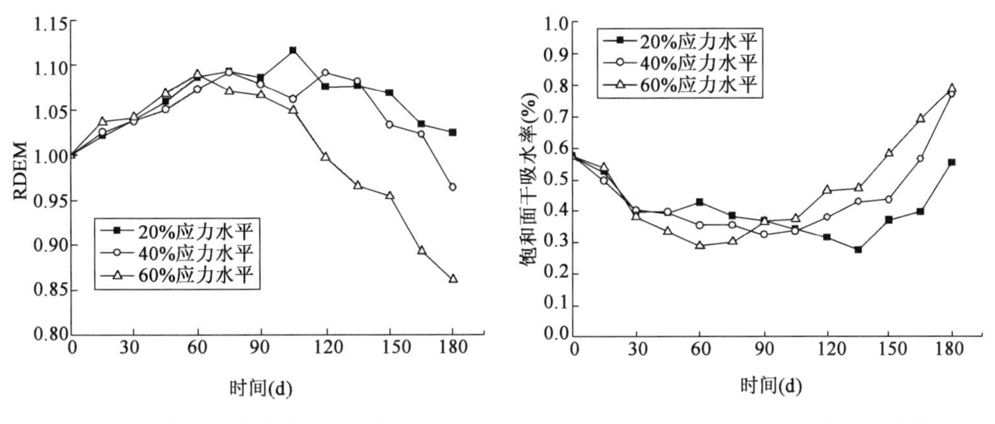

图 4-25　相对动弹性模量经时变化　　图 4-26　饱和面干吸水率经时变化

从图 4-24 可以看出，在持续荷载与硫酸盐腐蚀共同作用下，随着持续荷载应力水平的提高，混凝土的应力腐蚀因子明显加快。当应力水平从 40% 升至 60% 时，混凝土应力腐蚀因子衰减幅度明显高于应力水平从 40% 升至 60%，说明在当承受较高应力水平的持续荷载时，混凝土更易遭受硫酸盐腐蚀的破坏。从此规律可以看出，混凝土自重和外界持续荷载越大，混凝土耐硫酸盐侵蚀能力越差。

从图 4-25 和图 4-26 可以看出，在相同浓度 Na_2SO_4 溶液腐蚀作用时，应力水平对混凝土内部结构影响较大。在应力腐蚀早期，硫酸盐填充密实作用占主导作用，表现为混凝土结构随应力水平和应力腐蚀龄期的增长越来越致密，在应力腐蚀后期，持续荷载导致混凝土开裂破坏作用占主导作用，表现为混凝土致密性降低，并且随着应力水平的增大而急剧下降。

为了定量化比较不同应力水平对 Na_2SO_4 溶液与持续荷载作用下混凝土性能衰减速度的影响，将 20%、40% 和 60% 应力水平与 10% 浓度 Na_2SO_4 溶液共同作用下混凝土应力腐蚀因子随龄期变化曲线第二阶段下降段进行线性回归，得到回归曲线 $SCF = A + BT$（式中：SCF 为应力腐蚀因子，T 为腐蚀龄期，A、B 为回归参数），并对斜率 B 进行对比分析。不同应力水平作用下混凝土应力腐蚀因子下降段回归曲线 SCF-T 关系式参数见表 4-6。

不同应力水平混凝土应力腐蚀 SCF-*T* 关系式参数　　表 4-6

腐蚀溶液类型	应力水平	A	B	R^2
10% 浓度 Na_2SO_4	0.2	1.013	-9×10^{-4}	0.96
	0.4	0.993	-14×10^{-4}	0.99
	0.6	0.984	-18×10^{-4}	0.99

从表 4-6 可以看出，*B* 的绝对值按从小到大排序:9(20% 应力水平) < 14(40% 应力水平) < 18(60% 应力水平)。当应力水平从 20% 升至 60% 时，持续荷载-Na_2SO_4 溶液共同作用下混凝土腐蚀因子衰减速度提高 2 倍。因此，随着持续荷载应力水平的增加，混凝土抗持续荷载-Na_2SO_4 溶液作用能力逐渐变差，应力水平越高，Na_2SO_4 与持续荷载共同作用下混凝土的损伤破坏速度越快。

(3)水灰比。

图 4-27、图 4-28、图 4-29 和图 4-30 分别为 10% 浓度 Na_2SO_4溶液与 60% 持续荷载作用下水灰比为 0.35、0.38、0.41 时水泥混凝土抗弯拉强度、应力腐蚀因子、相对动弹性模量以及饱和面干吸水率随腐蚀时间的变化趋势。

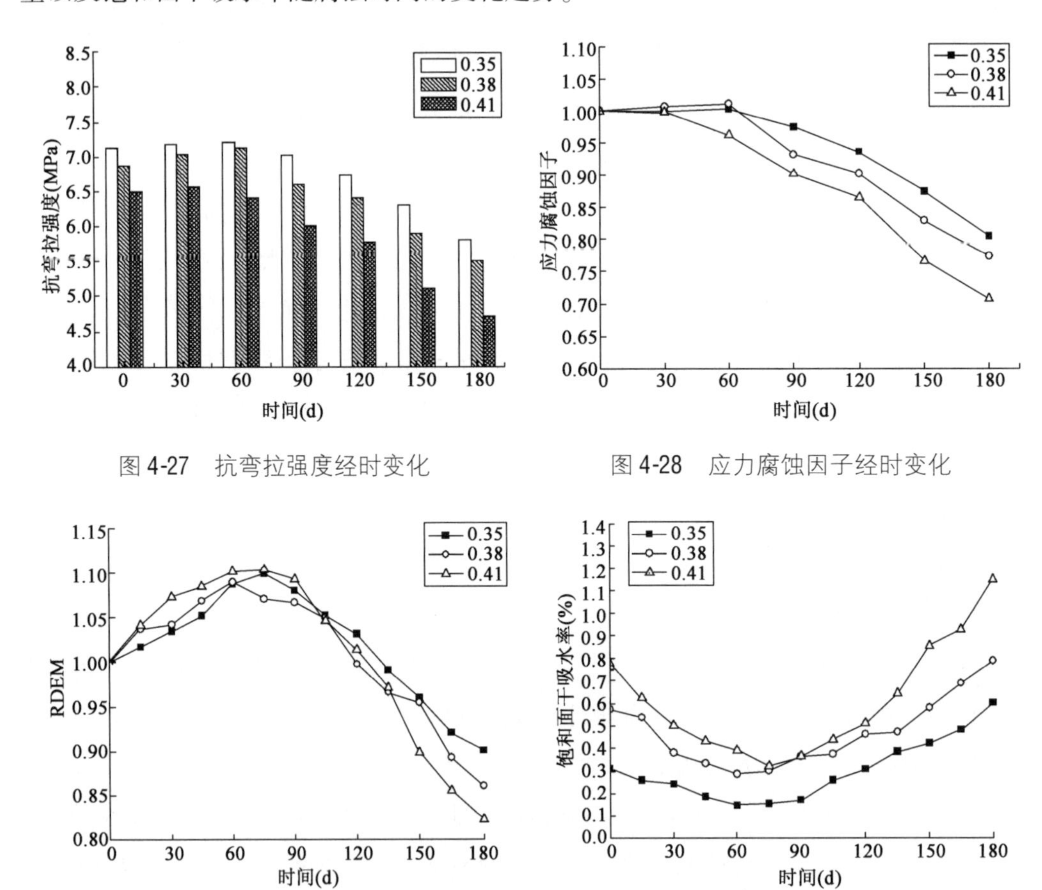

图 4-27　抗弯拉强度经时变化

图 4-28　应力腐蚀因子经时变化

图 4-29　相对动弹性模量经时变化

图 4-30　饱和面干吸水率经时变化

从图 4-27、图 4-28 与图 4-5、图 4-6 对比可知，当应力腐蚀龄期在 180d 时，水灰比从 0.35 至 0.41，混凝土应力腐蚀因子从 0.806 降至 0.709，损失率达到 12%，而腐蚀龄期在 180d 时，浸泡试件腐蚀因子从 1.032 降至 0.952，损失率为 7.5%。因此，水灰比对混凝土应力腐蚀的影响超过浸泡在硫酸钠溶液中的试件。其原因为,持续荷载作用对混凝土造成大量的微裂缝,加速了硫酸盐的侵蚀;混凝土抵抗持续荷载的能力也受水灰比因素的影响,随着水灰比的升高,其能力越弱,水灰比较高,混凝土抵抗持续荷载能力越差,硫酸盐溶液更易侵入混凝土内部,对混凝土造成的应力腐蚀破坏更严重。

从图 4-27 ~ 图 4-30 可以看出,随着混凝土水灰比增大,其受到的应力腐蚀破坏越严重。其原因为,混凝土水灰比越大,混凝土中的孔隙率越大,水泥浆体中存在大量孔径较大的孔隙与连通性良好的毛细孔,使得硫酸根离子更易侵入混凝土内部,并且在持续荷载作用下,混凝土产生大量的微裂缝,这为腐蚀溶液的渗入提供了通道。因此,从长期性能来看,降低水灰比有利于提高混凝土抵抗持续荷载作用下硫酸盐侵蚀的能力。从图 4-30 可以看出,低水灰比初始饱和面干吸水率较高水灰比低,表明低水灰比混凝土更加密实,硫酸盐侵蚀溶液不易侵入混凝土内部,因此,在应力腐蚀期间,0.35 水灰比饱和面干吸水率变化规律较 0.38、0.41 水灰比试件更加平缓。

为定量化比较不同水灰比对 Na_2SO_4 溶液与持续荷载作用下混凝土性能衰减速度的影响,将 60% 应力水平与 10% 浓度 Na_2SO_4 溶液共同作用下水灰比为 0.35、0.38、0.41 混凝土试件应力腐蚀因子随龄期变化曲线第二阶段进行线性回归,得到回归曲线 $SCF = A + BT$(式中:SCF 为应力腐蚀因子,T 为腐蚀龄期,A、B 为回归参数),并对斜率 B 进行对比分析。不同水灰比混凝土应力腐蚀因子下降段回归曲线 SCF-T 关系式参数见表 4-7。

不同水灰比混凝土应力腐蚀 SCF-T 关系式参数　　表 4-7

腐蚀溶液类型	水　灰　比	A	B	R^2
10% 浓度 Na_2SO_4	0.35	1.008	-15×10^{-4}	0.98
	0.38	0.998	-18×10^{-4}	0.99
	0.41	1.050	-19×10^{-4}	0.99

从表 4-7 可以看出,随着应力水平的增加,B 的绝对值按从小到大排序:水灰比 15(水灰比 0.35) < 18(水灰比 0.38) < 19(水灰比 0.41),当水灰比从 0.35 升至 0.41,持续荷载-Na_2SO_4 溶液共同作用下混凝土腐蚀因子衰减速度提高 1.27 倍,因此,随着混凝土水灰比的增加,混凝土抗持续荷载-Na_2SO_4 溶液作用能力逐渐变差,降低水灰比可以在一定程度上提高混凝土抗持续荷载-Na_2SO_4 溶液破坏的能力。

2)持续荷载-$MgSO_4$ 溶液

(1)溶液浓度。

图 4-31、图 4-32、图 4-33 和图 4-34 分别为 5%、10% 浓度 $MgSO_4$溶液腐蚀与 60% 持续荷载作用下水灰比为 0.38 时水泥混凝土抗弯拉强度、应力腐蚀因子、相对动弹性模

量,以及饱和面干吸水率随腐蚀时间的变化规律。

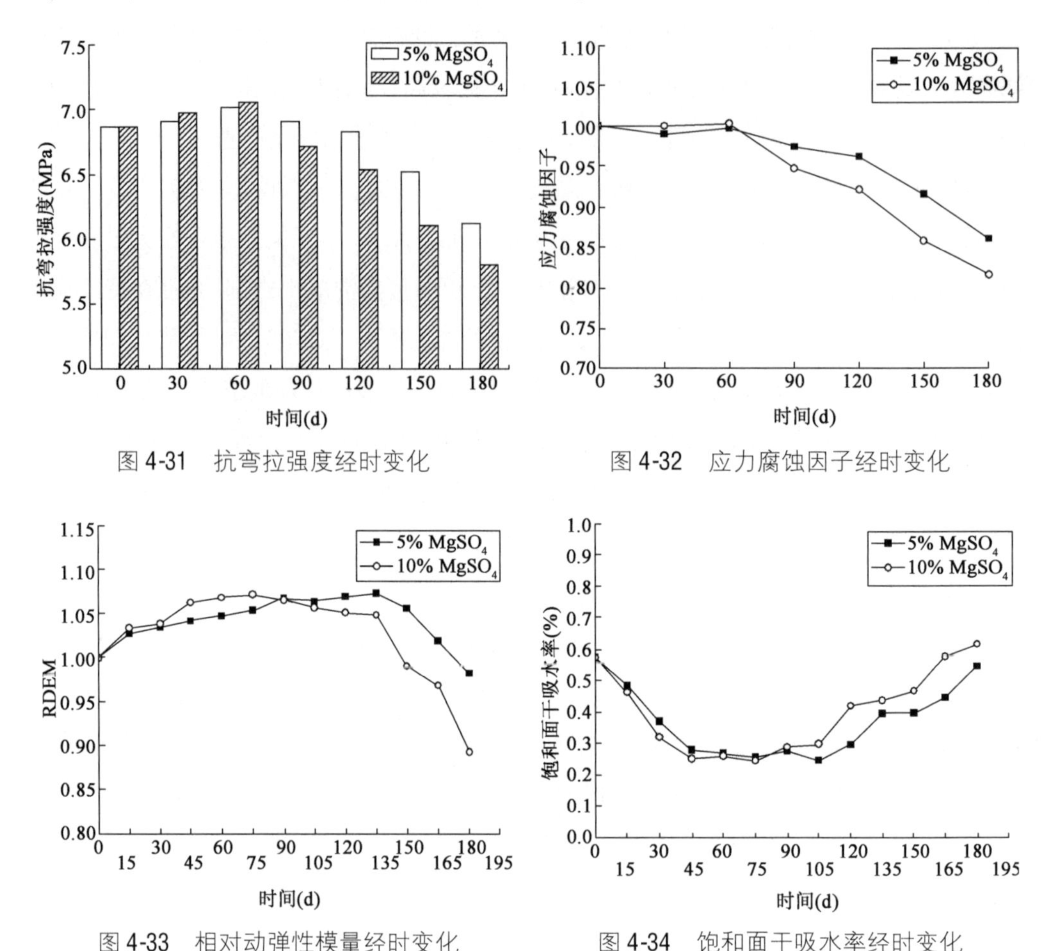

图 4-31 抗弯拉强度经时变化

图 4-32 应力腐蚀因子经时变化

图 4-33 相对动弹性模量经时变化

图 4-34 饱和面干吸水率经时变化

由图 4-31、图 4-32 与图 4-19、图 4-20 对比分析,持续荷载-$MgSO_4$ 溶液作用下混凝土力学性能劣化幅度小于持续荷载-Na_2SO_4 溶液作用,分析原因为,由于大量的低溶解度 $Mg(OH)_2$生成并附着在试件表面,硫酸根离子扩散速度降低,因此减小了 $MgSO_4$ 溶液对混凝土侵入作用,宏观性能表现为:应力腐蚀龄期同为 180d 时,10% 浓度 Na_2SO_4 溶液中混凝土应力腐蚀因子为 0.775,小于 10% 浓度 $MgSO_4$ 溶液中的试件的 0.816。由图 4-33 与图 4-34 可知,相同 $MgSO_4$ 溶液中混凝土试件相对动弹性模量的极值点分别出现在 75d(10% 浓度)、135d(5% 浓度),出现时间均短于 Na_2SO_4 溶液中混凝土试件的 60d(10% 浓度)、105d(5% 浓度),亦表明了 $MgSO_4$ 溶液早期对混凝土的密实作用低于 Na_2SO_4 溶液。但腐蚀到一定龄期时,混凝土密实达到一定程度,内部无法容纳更多膨胀物质,这种膨胀作用将与持续荷载共同对混凝土试件产生破坏作用,因此持续荷载-Na_2SO_4 溶液造成的损害大于持续荷载-$MgSO_4$ 溶液对混凝土的破坏。

从图4-31～图4-34可以看出,持续荷载-$MgSO_4$溶液作用下混凝土变化规律与持续荷载-Na_2SO_4溶液作用下混凝土变化规律相近。不同浓度$MgSO_4$溶液溶液中混凝土试件抗弯拉强度、应力腐蚀因子、相对动弹性模量随着应力腐蚀龄期的增长先增大后降低,饱和面干吸水率先降低后增大。腐蚀龄期为180d时,5%与10%浓度$MgSO_4$溶液中试件应力腐蚀因子分别为0.861和0.816;当$MgSO_4$溶液浓度从5%升至10%时,混凝土应力腐蚀因子降低了5.21%,说明浓度越高,持续荷载-$MgSO_4$溶液作用对混凝土破坏作用越大。

为了定量化比较不同浓度硫酸镁腐蚀介质对持续荷载-$MgSO_4$溶液作用下混凝土劣化速度的影响,将5%、10%浓度$MgSO_4$溶液混凝土试件应力腐蚀因子随龄期变化曲线第二阶段下降段进行线性回归,得到回归曲线$SCF = A + BT$(式中:SCF为应力腐蚀因子,T为腐蚀龄期,A、B为回归参数),并对斜率B进行对比分析。不同浓度$MgSO_4$溶液作用下混凝土应力腐蚀因子下降段回归曲线SCF-T关系式参数见表4-8。

不同浓度$MgSO_4$溶液作用下混凝土应力腐蚀SCF-T关系式参数　　表4-8

腐蚀溶液类型	浓　度	A	B	R^2
$MgSO_4$	5%	1.022	-7×10^{-4}	0.82
	10%	1.033	-11×10^{-4}	0.90

从表4-8中可以看出,B的绝对值按从小到大排序为:7(5%浓度$MgSO_4$)<11(10%浓度$MgSO_4$),当$MgSO_4$溶液浓度从5%升至10%,持续荷载-$MgSO_4$溶液共同作用下混凝土腐蚀因子衰减速度提高1.57倍,随着$MgSO_4$溶液浓度的增加,混凝土抗持续荷载-$MgSO_4$溶液共同作用能力逐渐降低,$MgSO_4$溶液浓度越高,$MgSO_4$溶液与持续荷载共同作用下混凝土的损伤破坏速度越快。

为了定量化比较不同种类持续荷载-硫酸盐对混凝土破坏速度随硫酸盐浓度变化的规律,将持续荷载-Na_2SO_4溶液与$MgSO_4$溶液作用下B值(应力腐蚀因子第二阶段回归曲线斜率)随硫酸盐浓度变化进行对比分析。图4-35表示Na_2SO_4与$MgSO_4$溶液与持续荷载共同作用下混凝土B值随硫酸盐浓度变化的规律。

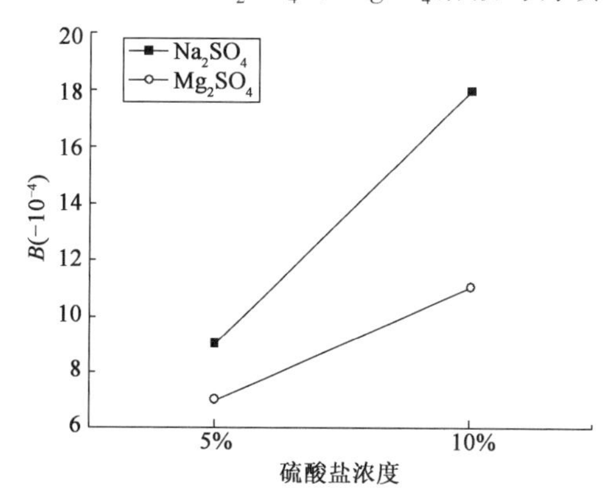

图4-35　B值随硫酸盐浓度的变化(应力腐蚀)

从图4-35可以看出,持续荷载-Na_2SO_4溶液作用下混凝土腐蚀因子下降段斜率B值明显大于持续荷载-$MgSO_4$溶液,说明在相同腐蚀溶液浓度、应力荷载水平和水灰比条件下,持续荷载-Na_2SO_4溶液共同作用下混凝土试件腐蚀因子下降速度更快,Na_2SO_4溶

液腐蚀作用较 $MgSO_4$ 溶液具有更大的腐蚀破坏加速作用。当腐蚀溶液浓度由 5% 升至 10% 时，Na_2SO_4 作用下混凝土应力腐蚀因子衰减速度提高 2 倍，$MgSO_4$ 溶液作用下混凝土应力腐蚀因子衰减速度提高 1.6 倍，说明持续荷载-Na_2SO_4 溶液共同作用下混凝土腐蚀因子衰减速度增幅大于持续荷载-$MgSO_4$ 溶液，并且随着腐蚀溶液浓度的增大，这种差距亦将越来越大。

(2)应力水平。

图 4-36、图 4-37、图 4-38 和图 4-39 分别为 10% 浓度 $MgSO_4$ 溶液与 20%、40%、60% 持续荷载作用下水泥混凝土抗弯拉强度、应力腐蚀因子、相对动弹性模量，以及饱和面干吸水率随腐蚀时间的变化规律。

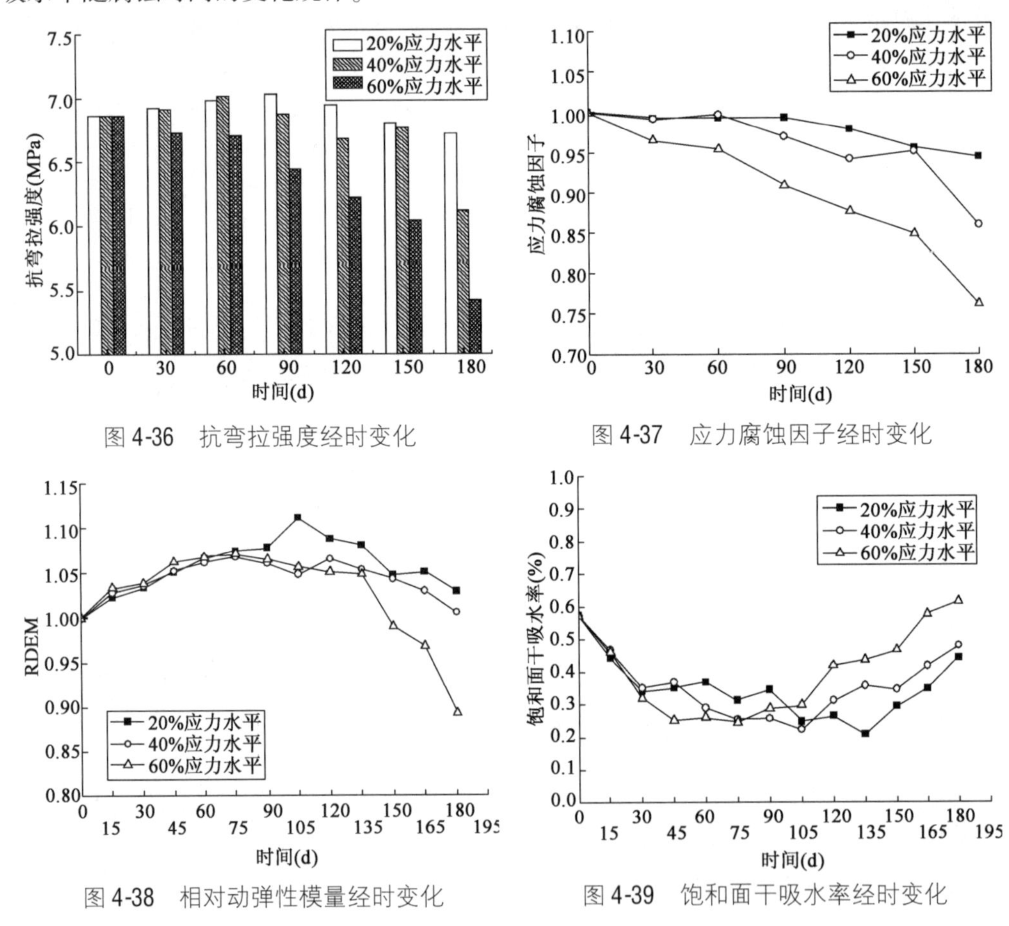

图 4-36　抗弯拉强度经时变化

图 4-37　应力腐蚀因子经时变化

图 4-38　相对动弹性模量经时变化

图 4-39　饱和面干吸水率经时变化

由图 4-36 与图 4-24 可知，当腐蚀龄期为 180d 时，应力水平从 20% 增加到 60% 时，持续荷载-$MgSO_4$ 溶液作用下混凝土应力腐蚀因子从 0.945 变为 0.763，降低了 19%。而持续荷载-Na_2SO_4 溶液作用下混凝土应力腐蚀因子从 0.928 变为 0.722，降低 22%。因此，相同幅度提高持续荷载应力水平，持续荷载-Na_2SO_4 溶液较持续荷载-$MgSO_4$ 溶液对混凝土破坏作用更大。

由图4-36、图4-37可以看出，$MgSO_4$溶液中受持续荷载作用的混凝土试件强度损失随着应力水平的增长而加大。应力腐蚀龄期达到180d时，当持续荷载应力水平从20%升至60%后，应力腐蚀因子衰减9%；当持续荷载应力水平从40%升至60%，应力因子衰减12%。高应力腐蚀区腐蚀因子衰减幅度高于低应力腐蚀区衰减因子，表明高应力水平作用下混凝土更易受到$MgSO_4$溶液的破坏。由图4-38、图4-39表现，随着应力腐蚀龄期的增加，混凝土试件由密实逐渐松散，但在20%～40%应力区间，180d后其密实度差距不大，40%～60%应力区间其密实度迅速降低，间接地表明了高应力水平加大了硫酸盐腐蚀导致的膨胀开裂作用，混凝土更易遭到破坏。

为了定量化比较不同持续荷载应力水平对持续荷载-$MgSO_4$溶液作用下混凝土劣化速度的影响，将10%浓度$MgSO_4$溶液与20%、40%、60%持续荷载共同作用下混凝土试件应力腐蚀因子随龄期变化曲线第二阶段下降段进行线性回归，得到回归曲线$SCF = A + BT$（式中：SCF为应力腐蚀因子，T为腐蚀龄期，A、B为回归参数），并对斜率B进行对比分析。不同应力水平的持续荷载与10%浓度$MgSO_4$溶液共同作用下混凝土应力腐蚀因子下降段回归曲线SCF-T关系式参数见表4-9。

不同应力水平混凝土应力腐蚀 **SCF-*T*** 关系式参数　　表4-9

腐蚀溶液类型	应力水平	A	B	R^2
10%浓度$MgSO_4$	0.2	1.002	-6×10^{-4}	0.85
	0.4	1.011	-8×10^{-4}	0.77
	0.6	0.984	-13×10^{-4}	0.94

从表4-9可以看出，随着应力水平的增加，B的绝对值按从小到大排序为：6（20%应力水平）<8（40%应力水平）<13（60%应力水平）。当应力水平从20%升至60%，持续荷载-$MgSO_4$溶液共同作用下混凝土腐蚀因子衰减速度提高2.17倍，因此，随着持续荷载应力水平的增加，混凝土抗持续荷载-$MgSO_4$溶液作用能力逐渐变差，应力水平越高，$MgSO_4$溶液与持续荷载共同作用下混凝土的损伤破坏速度越快。

为了定量化比较不同种类持续荷载-硫酸盐对混凝土破坏速度随应力水平变化的规律，将持续荷载-Na_2SO_4溶液与$MgSO_4$溶液作用下B值（应力腐蚀因子第二阶段回归曲线斜率）随应力水平变化进行对比分析。图4-40表示Na_2SO_4与$MgSO_4$溶液与持续荷载共同作用下混凝土B值随持续荷载应力水平的变化规律。

从图4-40可知，当应力水平由20%升至60%时，Na_2SO_4溶液作用下混凝土应力腐蚀因子衰减速度提高2倍，$MgSO_4$溶液作用下混凝土应力腐蚀因子衰减速度提高2.1

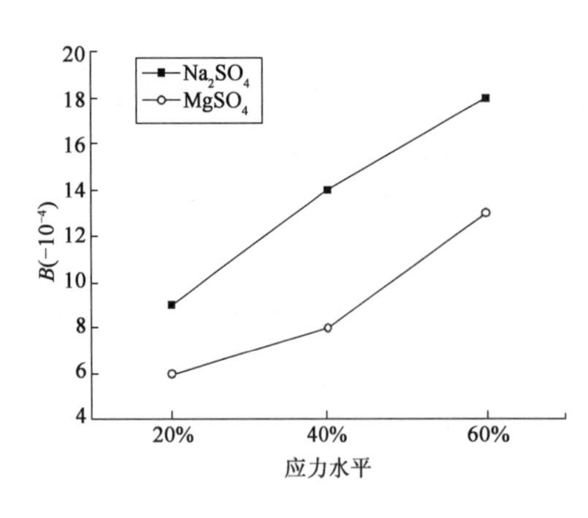

图 4-40　*B* 值随应力水平的变化(应力腐蚀)

倍,说明持续荷载-$MgSO_4$ 溶液共同作用下混凝土腐蚀因子衰减速度增幅略微大于持续荷载-Na_2SO_4 溶液,但两者差距不大。其原因为:由于提高应力水平后混凝土表面产生大量的裂纹,为 $MgSO_4$ 溶液的侵入提供了通道,消除解决了由于低溶解度 $Mg(OH)_2$ 生成并包覆在混凝土外表面,导致 $MgSO_4$ 溶液难以侵入的问题。因此,$MgSO_4$ 溶液与 Na_2SO_4 溶液中混凝土试件破坏加速度受持续荷载应力水平影响敏感度差别不大。

(3)水灰比。

图 4-41、图 4-42、图 4-43 和图 4-44 分别为 10% 浓度 $MgSO_4$溶液与 60% 持续荷载作用下水灰比为 0.35、0.38、0.41 水泥混凝土抗弯拉强度、应力腐蚀因子、相对动弹性模量,以及饱和面干吸水率随腐蚀时间的变化规律。

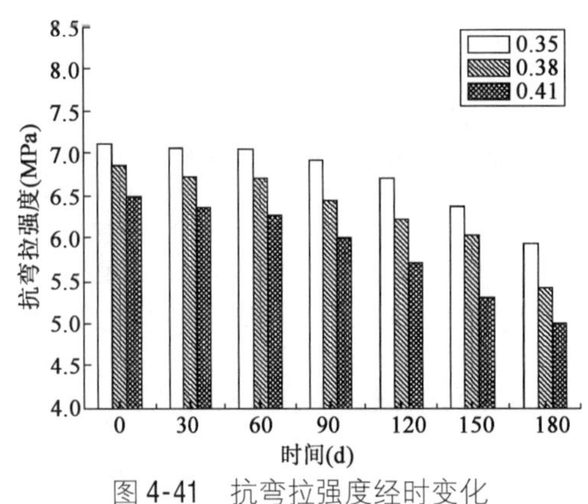

图 4-41　抗弯拉强度经时变化

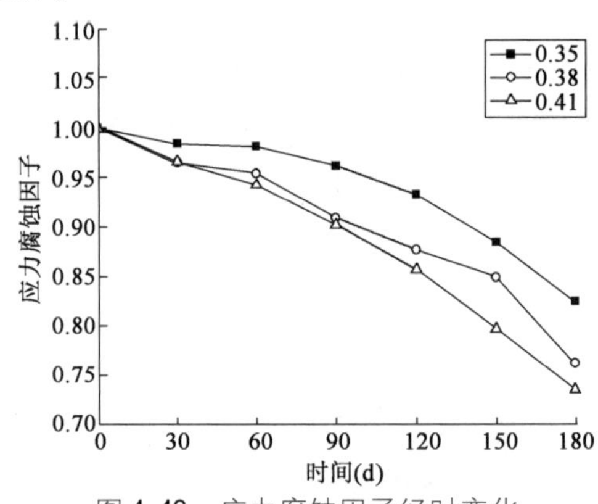

图 4-42　应力腐蚀因子经时变化

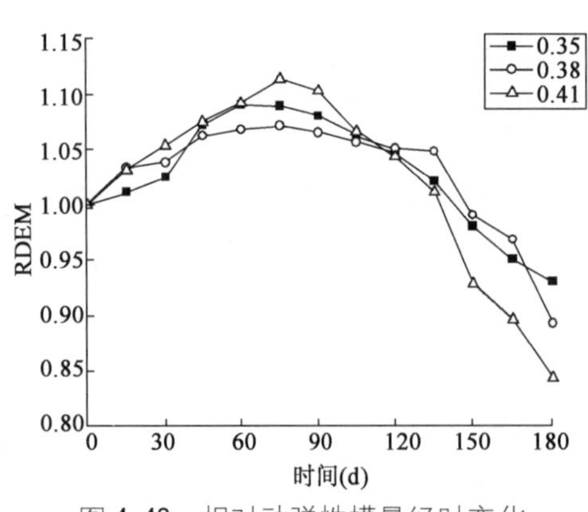

图 4-43　相对动弹性模量经时变化

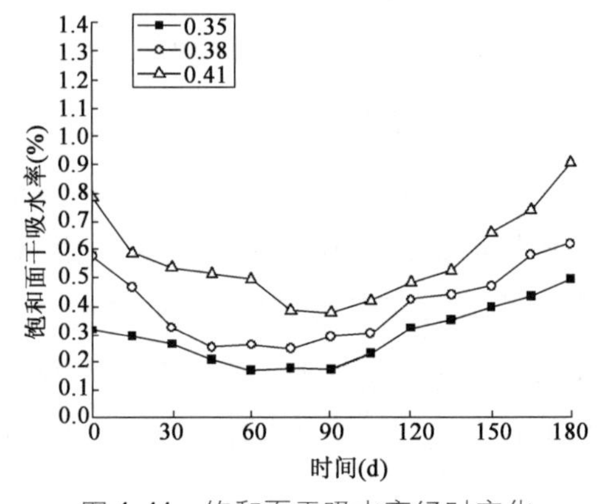

图 4-44　饱和面干吸水率经时变化

从图4-41、图4-42与图4-14、图4-15对比可知，当应力腐蚀龄期在180d时，水灰比从0.35升至0.41，混凝土应力腐蚀因子从0.931降至0.844损失率达到9.3%，而腐蚀龄期在180d时，$MgSO_4$溶液对试件的腐蚀因子从1.093降至1.007，损失率为7.8%，水灰比变化对应力腐蚀的影响大于$MgSO_4$溶液浸泡腐蚀，并且与Na_2SO_4溶液应力腐蚀相比，$MgSO_4$溶液对试件腐蚀的水灰比从0.35升至0.41，应力腐蚀因子损失率较小，因此，不同水灰比混凝土受Na_2SO_4溶液应力腐蚀损伤的影响大于$MgSO_4$溶液应力腐蚀损伤。

从图4-41～图4-44可以看出，与Na_2SO_4溶液应力腐蚀规律类似，随着混凝土水灰比增大，应力腐蚀对混凝土试件的破坏作用越大。不同的是，$MgSO_4$溶液腐蚀一段时候后，在试件周围形成一层"保护膜"，一定程度上阻碍了腐蚀溶液的侵入，进一步表明了不同水灰比混凝土受Na_2SO_4溶液应力腐蚀损伤的影响大于$MgSO_4$溶液应力腐蚀损伤。从图4-43和图4-44可以看出，腐蚀龄期在180d时，低水灰比的密实程度要高于高水灰比，宏观力学性能表现为抗弯拉强度较大。

为了定量化比较不同水灰比对$MgSO_4$溶液与持续荷载作用下混凝土性能衰减速度的影响，将60%应力水平与10%浓度$MgSO_4$溶液腐蚀共同作用下水灰比为0.35、0.38、0.41时混凝土应力腐蚀因子随龄期变化曲线第二阶段下降段进行线性回归，得到回归曲线$SCF = A + BT$（式中：SCF为应力腐蚀因子，T为腐蚀龄期，A、B为回归参数），并对斜率B进行对比分析。不同水灰比混凝土应力腐蚀因子下降段回归曲线SCF-T关系式参数见表4-10。

不同水灰比混凝土应力腐蚀 SCF-*T* 关系式参数 表4-10

腐蚀溶液类型	水灰比	A	B	R^2
10%浓度$MgSO_4$	0.35	1.201	-10×10^{-4}	0.94
	0.38	1.214	-15×10^{-4}	0.81
	0.41	1.342	-17×10^{-4}	0.96

从表4-10可以看出，随着应力水平的增加，B的绝对值按从小到大排序为：10（水灰比0.35）<15（水灰比0.38）<17（水灰比0.41），当水灰比从0.35升至0.41，持续荷载-$MgSO_4$溶液共同作用下混凝土腐蚀因子衰减速度提高1.7倍。因此，随着混凝土水灰比的增加，混凝土抗持续荷载-$MgSO_4$溶液作用能力逐渐变差，降低水灰比可以在一定程度提高混凝土抗持续荷载-$MgSO_4$溶液破坏的能力。

为了定量化比较不同种类持续荷载-硫酸盐对混凝土破坏速度随水灰比变化的规

律,将持续荷载-Na_2SO_4 溶液与 $MgSO_4$ 溶液作用下 B 值(应力腐蚀因子第二阶段回归曲线斜率)随水灰比变化进行对比分析。图 4-45 表示 Na_2SO_4 与 $MgSO_4$ 溶液与持续荷载共同作用下混凝土 B 值随水灰比的变化规律。

从图 4-45 可以看出,当水灰比由 0.35 升至 0.41 时,Na_2SO_4 溶液作用下混凝土应力腐蚀因子衰减速度提高 1.3 倍,$MgSO_4$ 溶液作用下混凝土应力腐蚀因子衰减速度提高 1.7 倍,表明随着水灰比的增加,持续荷载-$MgSO_4$ 溶液共同作用下混凝土腐蚀因子衰减速度增幅大于持续荷载-Na_2SO_4 溶液。分析原因为:与增大应力水平相似,提高水灰比为 $MgSO_4$ 溶液进入混凝土内部提供了通道,减小 $Mg(OH)_2$ 生成物对溶液的阻碍作用,从而加快了对混凝土的破坏速度。

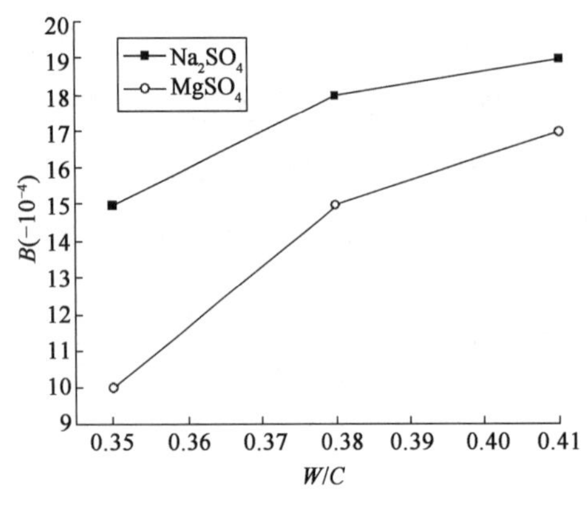

图 4-45 B 值随水灰比的变化(应力腐蚀)

4.1.3 交变荷载-硫酸盐溶液腐蚀作用下水泥混凝土性能劣化

1)交变荷载-Na_2SO_4 溶液

(1)溶液浓度。

图 4-46、图 4-47、图 4-48 和图 4-49 分别为 5%、10% 浓度 Na_2SO_4 溶液与 60% 交变荷载作用下水泥混凝土抗弯拉强度、应力腐蚀疲劳因子、相对动弹性模量,以及饱和面干吸水率随腐蚀疲劳时间的变化规律。

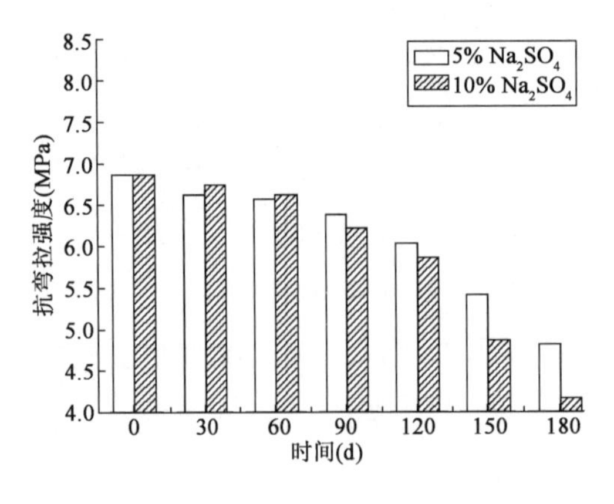

图 4-46 抗弯拉强度经时变化

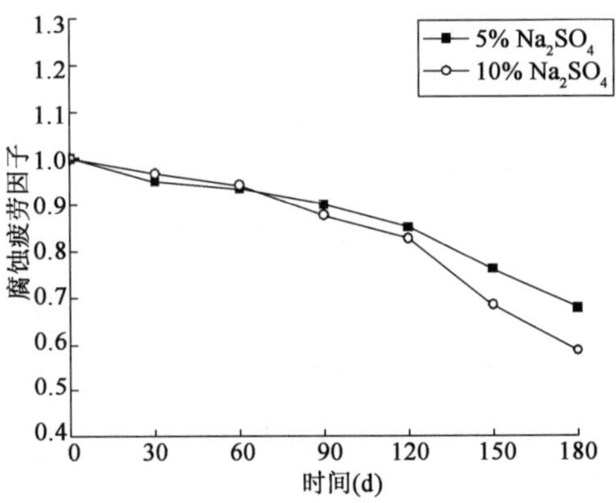

图 4-47 腐蚀疲劳因子经时变化

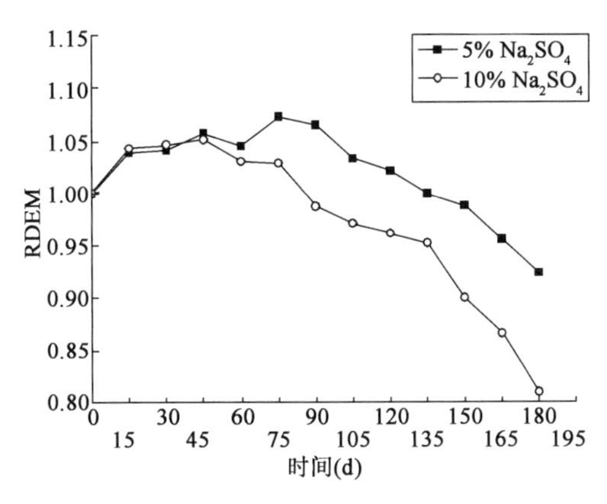

图 4-48 相对动弹性模量(RDEM)经时变化

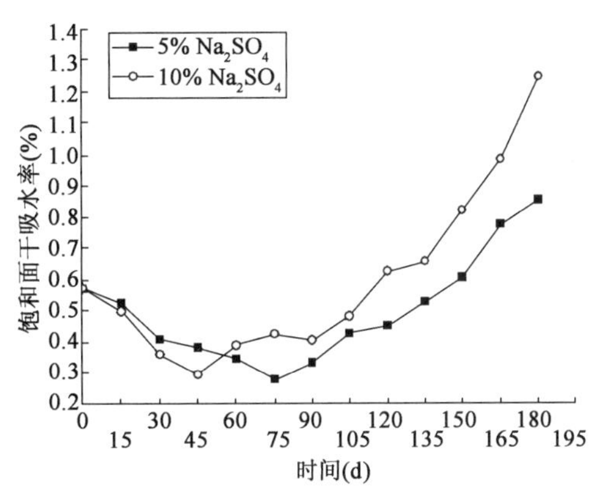

图 4-49 饱和面干吸水率经时变化

由图 4-46、图 4-47 和图 4-19、图 4-20 对比可知,在 10% 浓度 Na_2SO_4 溶液与 60% 应力水平(持续荷载、交变荷载)作用下 180d 水泥混凝土强度衰减分别为 19.7% 和 39.3%,说明在同腐蚀介质、同应力水平作用下,交变荷载-硫酸盐溶液腐蚀作用对混凝土造成的破坏要远大于持续荷载-硫酸盐溶液腐蚀作用。这是由于混凝土在成型施工过程中不可避免地产生大量的缺陷如内部相界面分离、大量连通孔隙和裂缝等。当混凝土承受交变荷载时,这些缺陷部位将发生应力集中,当应力集中大于缺陷部位的极限拉应力时,体内将形成一些细小的微裂缝。当外界的交变荷载继续作用时,微裂缝逐渐汇集和贯通形成宏观裂缝,宏观裂缝尖端处受到外界作用产生新的裂纹区,逐渐又产生新的宏观裂缝。疲劳破坏加速了硫酸盐腐蚀溶液侵入混凝土内部结构,而硫酸盐侵蚀生成的膨胀产物又使混凝土产生大量裂缝,如此反复。交变荷载加快了硫酸盐腐蚀溶液侵入混凝土的速度,混凝土硫酸盐腐蚀破坏促进了交变荷载造成的损伤积累,两者之间相互促进。因此,交变荷载-硫酸盐腐蚀作用对混凝土造成的破坏要远大于持续荷载-硫酸盐腐蚀作用。从图 4-48、图 4-49 与图 4-20、图 4-21 可知,由于交变荷载与 Na_2SO_4 溶液的共同作用,其混凝土结构密实度增大后急剧减小,180d 饱和面干吸水率为 1.28%,大于持续荷载与 Na_2SO_4 溶液共同作用 0.8%,相对动弹性模量也迅速降低至 0.81。这也说明了交变荷载较持续荷载加大了混凝土结构内部松散程度,导致混凝土更易于遭受腐蚀疲劳的破坏。

从图 4-46 ~ 图 4-49 还可以看出,交变荷载与硫酸盐腐蚀作用明显加剧了水泥混凝土的劣化。由于受到交变荷载的作用,浸泡在硫酸盐溶液中的水泥混凝土无强度增长,且腐蚀疲劳因子随着时间的增加而迅速降低,表明交变荷载损伤作用大于硫酸盐腐蚀早期密实所带来的强度补偿。在腐蚀疲劳早期,混凝土腐蚀疲劳因子衰减随着硫酸盐浓度增加而缓慢降低,这主要是由于由交变作用产生的裂缝被硫酸盐腐蚀产物所填充,腐蚀生成产物的填充作用在早期抵消一部分交变荷载对混凝土的不利作用;但随着腐蚀龄期的增长，更大量的膨胀性腐蚀产物生成，从而产生膨胀压力，当膨胀压力大于混凝土极限抗拉强度时，混凝土发生破坏，交变荷载损伤与硫酸盐腐蚀损伤共同作用造成了混凝土腐蚀疲劳因子的急剧下降。相对动弹性模量迅速减小，饱和面干吸水率增大。

为了定量化比较不同浓度 Na_2SO_4 腐蚀介质对交变荷载-Na_2SO_4 溶液作用下混凝土劣化速度的影响，将5%、10%浓度 Na_2SO_4 溶液作用下混凝土腐蚀疲劳因子随龄期变化曲线第二阶段进行线性回归，得到回归曲线 $CFF = A + BT$（式中：CFF 为腐蚀疲劳因子，T 为腐蚀龄期，A、B 为回归参数），并对斜率 B 进行对比分析。不同浓度 Na_2SO_4 溶液作用下混凝土腐蚀疲劳因子下降段回归曲线 CFF-T 关系式参数见表4-11。

不同浓度 Na_2SO_4 溶液作用下混凝土腐蚀疲劳 CFF-T 关系式参数 表4-11

腐蚀溶液类型	浓　度	A	B	R^2
Na_2SO_4	5%	1.021	-17×10^{-4}	0.94
	10%	1.047	-23×10^{-4}	0.93

从表4-11可以看出，B 的绝对值按从小到大排序：17（5%浓度 Na_2SO_4）< 23（10%浓度 Na_2SO_4），当 Na_2SO_4 浓度由5%升至10%时，交变荷载-Na_2SO_4 溶液共同作用下混凝土腐蚀疲劳因子衰减速度提高了35%。因此，随着 Na_2SO_4 溶液浓度的增加，混凝土抗交变荷载-Na_2SO_4 溶液作用能力逐渐变差，外界硫酸盐浓度越高，Na_2SO_4 溶液与交变荷载共同作用下混凝土的损伤破坏速度越快。

(2)应力水平。

图4-50、图4-51、图4-52和图4-53分别为10%浓度 Na_2SO_4 溶液与20%、40%、60%交变荷载作用下水泥混凝土抗弯拉强度、腐蚀疲劳因子、相对动弹性模量，以及饱和面干吸水率随腐蚀疲劳时间的变化规律。

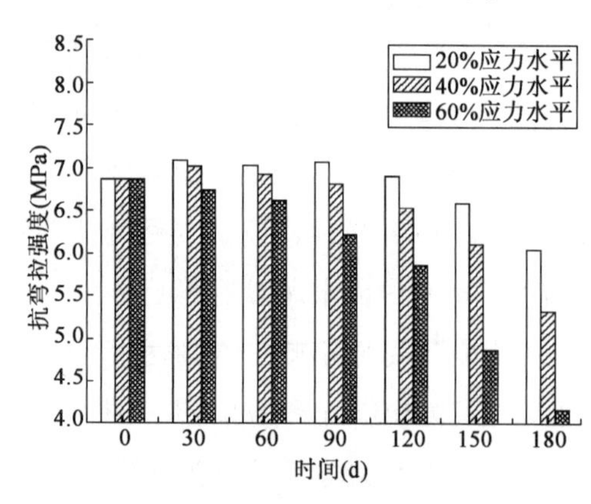

图4-50 抗弯拉强度经时变化

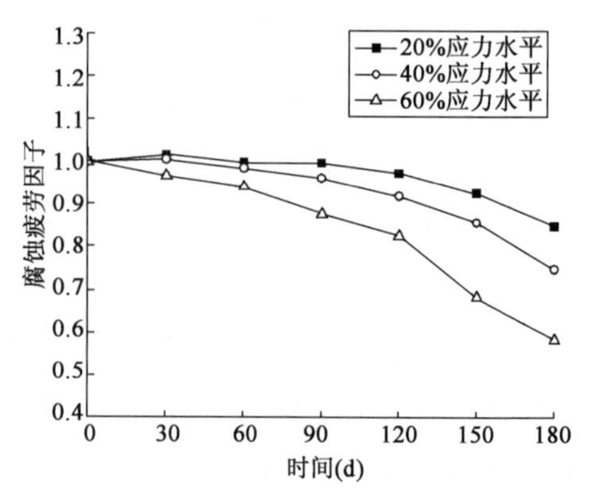

图4-51 腐蚀疲劳因子经时变化

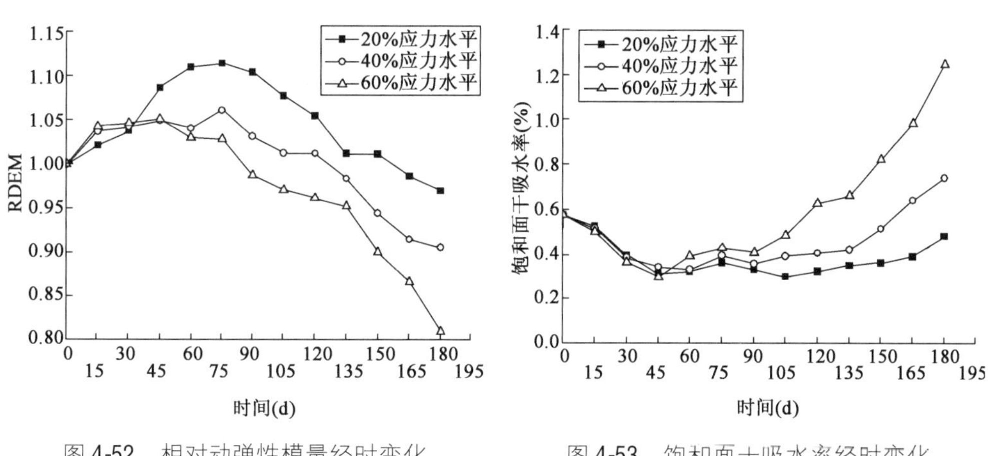

图 4-52　相对动弹性模量经时变化　　　图 4-53　饱和面干吸水率经时变化

从图 4-50 ~ 图 4-53 可知，与持续荷载-Na_2SO_4 溶液作用下混凝土衰变规律不同，在低应力水平区，在腐蚀疲劳早期混凝土强度与腐蚀疲劳因子随腐蚀疲劳龄期的增加而增大。其原因为卸载-加载过程，裂缝收缩扩展产生的动水压力，加速了腐蚀溶液的入侵，并且在低应力水平区，由于混凝土的弹性恢复，交变荷载对混凝土造成的损害较小，硫酸盐腐蚀早期密实作用对强度的增强大于交变荷载对混凝土强度的减小作用。而当应力水平达到 60% 时，混凝土强度与腐蚀疲劳因子无增长阶段；但在腐蚀疲劳后期，无论低应力水平还是高应力水平区，当混凝土承受交变荷载与硫酸盐腐蚀共同作用时，随着交变荷载应力水平的提高，混凝土腐蚀疲劳因子迅速降低。这是由于交变荷载应力水平对混凝土的疲劳裂缝扩展速率的影响，应力水平越高，混凝土裂纹扩展速度越快。并且，在混凝土集料-水泥胶凝材料界面存在微裂缝，在持续交变的高应力作用下，产生的应力集中作用，使得界面中原有的微裂纹进一步扩展，从而形成新的通道，使外界腐蚀溶液更容易侵入混凝土内部，加剧了混凝土硫酸盐腐蚀破坏。与此同时，应力水平越高，产生的微裂纹越多，由于卸载-加载过程，裂缝收缩扩展产生的动水压力越大，腐蚀溶液循环越快，导致混凝土迅速劣化，宏观性能表现为抗弯拉强度、腐蚀疲劳因子、相对动弹性模量迅速降低，饱和面干吸水率迅速增大。

为了定量化比较不同应力水平对 Na_2SO_4 溶液与交变荷载作用下混凝土性能衰减速度的影响，将 20%、40% 和 60% 应力水平与 10% 浓度 Na_2SO_4 溶液共同作用下混凝土腐蚀疲劳因子随龄期变化曲线第二阶段进行线性回归，得到回归曲线 $\mathrm{CFF} = A + BT$（式中：CFF 为腐蚀疲劳因子，T 为腐蚀龄期，A、B 为回归参数），并对斜率 B 进行对比分析。不同应力水平作用下混凝土腐蚀疲劳因子下降段回归曲线 CFF-T 关系式参数见表 4-12。

不同应力水平混凝土腐蚀疲劳 CFF-*T* 关系式参数　　表 4-12

腐蚀溶液类型	应力水平	*A*	*B*	R^2
10% Na_2SO_4	0.2	1.036	-8×10^{-4}	0.74
	0.4	1.045	-13×10^{-4}	0.84
	0.6	1.047	-23×10^{-4}	0.93

从表 4-12 可以看出,*B* 的绝对值按从小到大排序:8(20% 应力水平) < 13(40% 应力水平) < 23(60% 应力水平)。当应力水平从 20% 升至 60%,交变荷载-Na_2SO_4 溶液共同作用下混凝土腐蚀疲劳因子衰减速度提高 2.86 倍,因此,随着交变荷载应力水平的增加,混凝土抗交变荷载-Na_2SO_4 溶液作用能力逐渐变差,应力水平越高,Na_2SO_4 溶液与交变荷载共同作用下混凝土的损伤破坏速度越快。

(3)水灰比。

图 4-54、图 4-55、图 4-56 和图 4-57 分别为 10% 浓度 Na_2SO_4 溶液与 60% 交变荷载作用下水灰比为 0.35、0.38、0.41 时水泥混凝土抗弯拉强度、腐蚀疲劳因子、相对动弹性模量,以及饱和面干吸水率随腐蚀时间的变化规律。

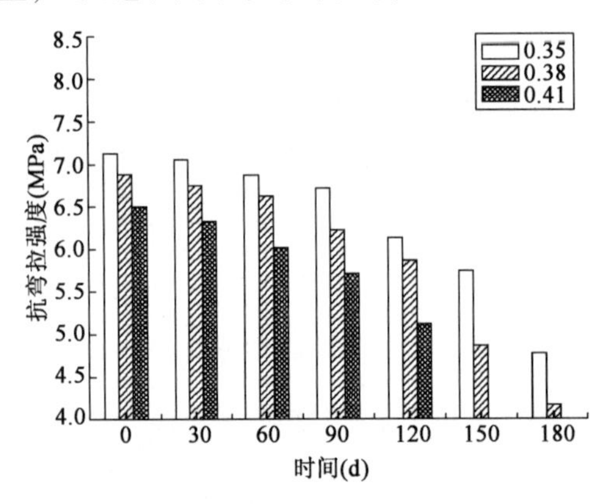

图 4-54　抗弯拉强度经时变化

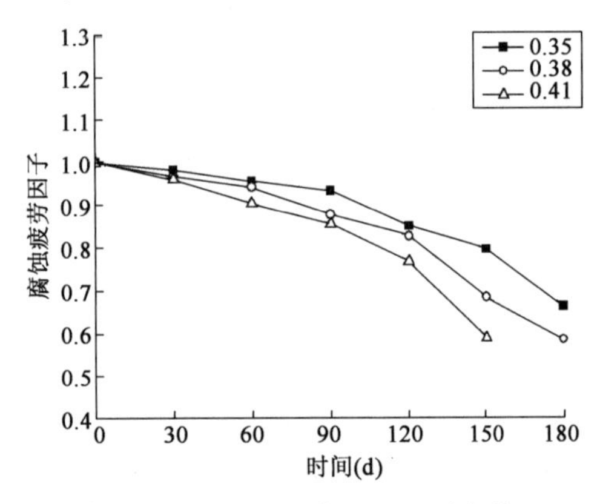

图 4-55　腐蚀疲劳因子经时变化

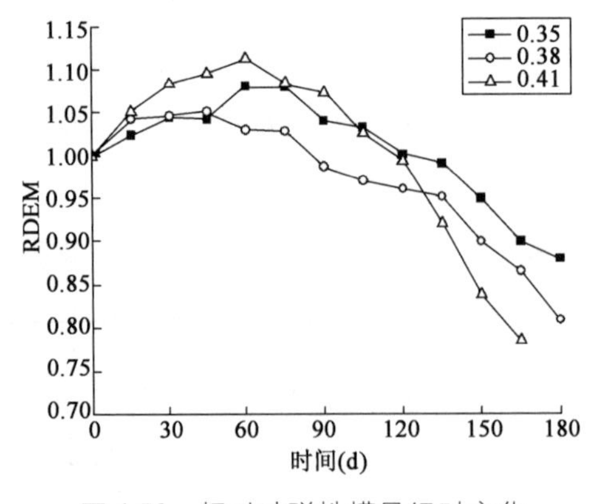

图 4-56　相对动弹性模量经时变化

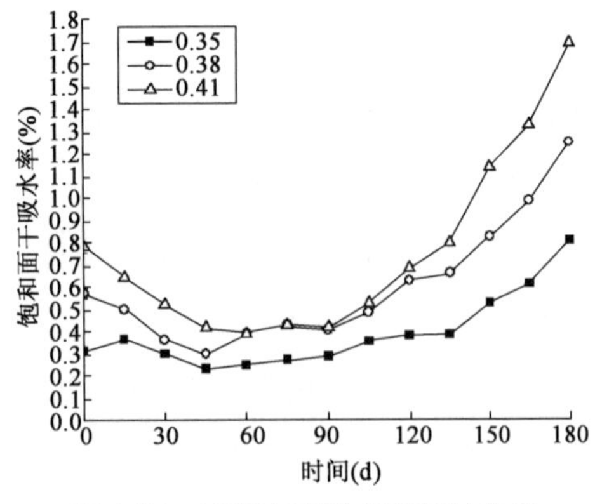

图 4-57　饱和面干吸水率经时变化

从图4-54～图4-57中发现，腐蚀疲劳因子由0.663（水灰比0.35试件）变为0.586（水灰比0.38试件），水灰比0.41试件已破坏，随着混凝土水灰比增大，混凝土耐腐蚀疲劳性能下降，并且随着龄期的增加而下降幅度进一步增大。分析原因：较低水灰比具有较高的强度，混凝土疲劳寿命随着强度的提高而提高。同时，混凝土的水灰比越大，其越密程度越差，内部的孔隙率越高，硫酸根离子在混凝土中扩散速度越快。在交变荷载的作用下，大量孔隙逐渐连通，加速了硫酸根离子的侵入。在腐蚀早期，水灰比较高的试件受硫酸盐侵蚀速度较快，腐蚀产物填充混凝土内部孔隙，结构逐渐密实，宏观上表现为相对动弹性模量的上升和饱和面干吸水率的降低。但由于交变荷载的作用，水灰比较大的混凝土产生大宏观裂缝较多，腐蚀产物生成物与裂缝边缘属于不同的两个相，其界面区连接薄弱，当受到交变荷载的持续作用时，各相界面之间形成较大的剪切应力，导致界面区连接断裂，因此，水灰比较大的混凝土早期腐蚀疲劳因子仍然低于水灰比较小的混凝土，并且随着龄期的发展差距逐渐增大。

为了定量化比较不同应力水平对 Na_2SO_4 溶液与交变荷载作用下混凝土性能衰减速度的影响，将60%应力水平与10%浓度 Na_2SO_4 溶液共同作用下水灰比0.35、0.38、0.41时混凝土腐蚀疲劳因子随龄期变化曲线第二阶段段进行线性回归，得到回归曲线 $CFF = A + BT$（式中：CFF为腐蚀疲劳因子，T 为腐蚀龄期，A、B 为回归参数），并对斜率 B 进行对比分析。不同水灰比混凝土腐蚀疲劳因子下降段回归曲线 CFF-T 关系式参数见表4-13。

不同水灰比混凝土腐蚀疲劳 CFF-*T* 关系式参数 表4-13

腐蚀溶液类型	水灰比	A	B	R^2
10%浓度 Na_2SO_4	0.35	1.042	-18×10^{-4}	0.93
	0.38	1.047	-23×10^{-4}	0.93
	0.41	1.038	-26×10^{-4}	0.91

从表4-13可以看出，随着水灰比的增加，B 的绝对值按从小到大排序为：18（水灰比0.35）$<$23（水灰比0.38）$<$26（水灰比0.41），当水灰比从0.35升至0.41，交变荷载-Na_2SO_4 溶液共同作用下混凝土腐蚀因子衰减速度提高1.4倍。因此，随着混凝土水灰比的增加，混凝土抗交变荷载-硫酸钠溶液腐蚀作用能力逐渐变差，降低水灰比可以一定程度提高混凝土抗交变荷载-Na_2SO_4 溶液破坏的能力。

2）交变荷载-$MgSO_4$ 溶液

（1）溶液浓度。

图4-58～图4-61分别为5%、10%浓度MgSO4溶液与60%交变荷载作用下水泥混

凝土抗弯拉强度、腐蚀疲劳因子、相对动弹性模量，以及饱和面干吸水率随腐蚀疲劳时间的变化规律。

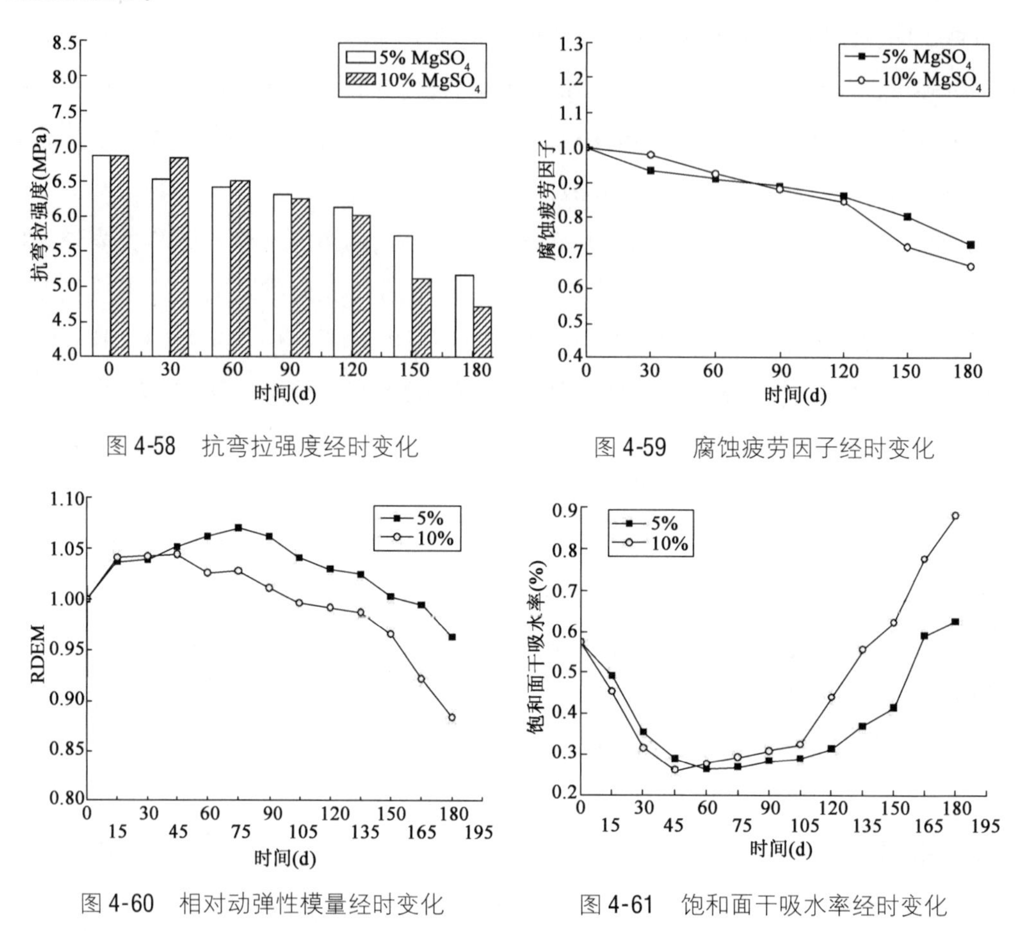

图 4-58　抗弯拉强度经时变化

图 4-59　腐蚀疲劳因子经时变化

图 4-60　相对动弹性模量经时变化

图 4-61　饱和面干吸水率经时变化

由图 4-58、图 4-59 与图 4-46、图 4-47 对比分析可知，在 10% 浓度 Na_2SO_4、$MgSO_4$ 溶液与 10% 应力水平（交变荷载）作用下，180d 水泥混凝土强度衰减分别为 39.3% 和 31.1%，表明交变荷载-Na_2SO_4 溶液对混凝土破坏程度较交变荷载-$MgSO_4$ 溶液破坏程度大。在 10% 浓度 Na_2SO_4、$MgSO_4$ 溶液与 10% 应力水平（持续荷载）作用下 180d 水泥混凝土强度衰减分别为 25.2% 和 20.9%，持续荷载-Na_2SO_4 溶液中与 $MgSO_4$ 溶液中试件强度衰减幅度相差 4.3%，低于交变荷载作用下的 8.2%，表明交变荷载作用下的泵吸作用加速了化学腐蚀反应，Na_2SO_4 溶液进一步进入混凝土试件中，而 $MgSO_4$ 溶液与水化产物在混凝土表面形成大量的 $Mg(OH)_2$ 保护膜阻止了反应的继续，从而使两种溶液中试件腐蚀破坏程度差异加大。

从图 4-58 与图 4-59 中可以明显看出，5% 浓度 $MgSO_4$ 溶液腐蚀疲劳作用下，水泥混凝土的性能发生了明显劣化，其抗弯拉强度和疲劳腐蚀因子均随着腐蚀疲劳时间的推移逐渐减少，无强度增长期。在腐蚀疲劳早期，较高浓度的 $MgSO_4$ 与水泥水化产物反应生成的物质填充了交变荷载反复作用产生的裂缝，增加了混凝土的密实度，因此，受 10% 交变荷载-$MgSO_4$ 溶液作用下的混凝土早期强度降低幅度较 5% 交变荷载-$MgSO_4$ 溶液作用下的混凝土低，但随着腐蚀龄期的增长，当腐蚀疲劳龄期达到 90d 后，10% 浓度交变荷载-$MgSO_4$ 溶液作用下的混凝土强度与疲劳腐蚀因子急剧衰减，水泥混凝土的疲劳腐蚀破坏更为明显。分析原因：随着龄期的增长，腐蚀产生的物质不断生成，当腐蚀产物产生的膨胀应力由“增强作用”转为“破坏作用”时，其和外界荷载应力共同作用于混凝土上，造成其迅速劣化。

图 4-60 与图 4-61 从侧面反映了受交变荷载-$MgSO_4$ 溶液作用下混凝土内部密实程度的变化规律，5% 和 10% 浓度 $MgSO_4$ 溶液侵蚀及应力水平为 60% 的腐蚀疲劳荷载耦合条件下，水泥混凝土的相对动弹性模量总体变化趋势与混凝土应力腐蚀相同，均随着腐蚀时间先增加后减少，而饱和面干吸水率先减小后增加。对于浸泡在 10% 浓度 $MgSO_4$ 溶液中的混凝土试件，其动弹性模量与饱和面干吸水率峰值(45d)出现较 5% 浓度 $MgSO_4$ 溶液(75d)早，在腐蚀疲劳早期，相同龄期内的混凝土试件，10% 浓度 $MgSO_4$ 溶液中的试件密实程度更高，解释了交变荷载-10% 浓度 $MgSO_4$ 溶液作用下的混凝土试件早期强度降低较 5% 浓度 $MgSO_4$ 溶液小的原因。而在腐蚀疲劳后期 10% 浓度 $MgSO_4$ 溶液中试件动弹性模量下降，饱和面干吸水率增大，混凝土密实度下降。

为了定量化比较不同浓度 $MgSO_4$ 腐蚀介质对交变荷载-$MgSO_4$ 溶液腐蚀混凝土劣化速度的影响，将 5%、10% 浓度 $MgSO_4$ 溶液作用下混凝土腐蚀疲劳因子随龄期变化曲线第二阶段进行线性回归，得到回归曲线 $CFF = A + BT$(式中：CFF 为腐蚀疲劳因子，T 为腐蚀龄期，A、B 为回归参数)，并对斜率 B 进行对比分析。不同浓度 $MgSO_4$ 溶液作用下混凝土腐蚀疲劳因子下降段回归曲线 CFF-T 关系式参数见表 4-14。

不同浓度 $MgSO_4$ 溶液作用下混凝土腐蚀疲劳 CFF-T 关系式参数　　表 4-14

腐蚀溶液类型	浓　度	A	B	R^2
$MgSO_4$	5%	0.998	-13×10^{-4}	0.95
	10%	1.032	-19×10^{-4}	0.95

从表 4-14 可以看出，B 的绝对值按从小到大排序：13(5% 浓度 $MgSO_4$) < 19(10% 浓度 $MgSO_4$)，当 $MgSO_4$ 溶液由 5% 升至 10% 时，交变荷载-$MgSO_4$ 溶液共同作用下混凝土腐蚀疲劳因子衰减速度提高了 46%。因此，随着 $MgSO_4$ 溶液浓度的增加，混凝土抗交变荷载-$MgSO_4$ 溶液作用能力逐渐变差，外界 $MgSO_4$ 溶液浓度越高，$MgSO_4$ 溶液与交变荷载共同

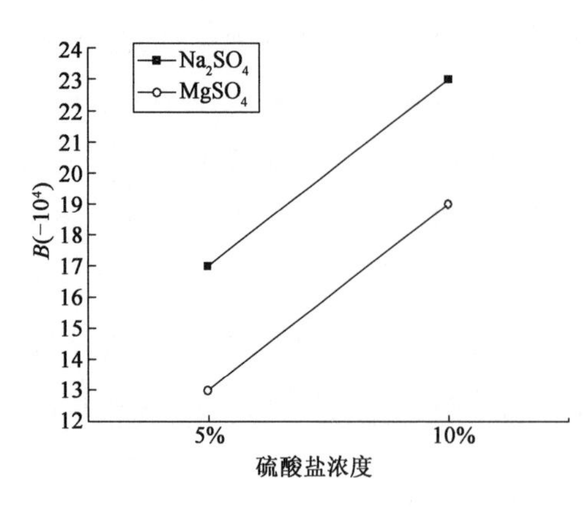

图 4-62　B 值随硫酸盐浓度的变化(腐蚀疲劳)

作用下混凝土的损伤破坏速度越快。

为了定量化比较不同种类交变荷载-硫酸盐对混凝土破坏速度随硫酸盐浓度变化的规律，将交变荷载-Na_2SO_4 溶液与 $MgSO_4$ 溶液作用下 B 值(腐蚀疲劳因子第二阶段回归曲线斜率)随硫酸盐浓度变化进行对比分析。图 4-62 表示 Na_2SO_4 与 $MgSO_4$ 溶液与交变荷载共同作用下混凝土 B 值随硫酸盐浓度变化规律。

从图 4-62 可以看出，交变荷载-Na_2SO_4 溶液作用下混凝土腐蚀因子下降段斜率 B 值大于持续荷载-$MgSO_4$ 溶液，说明在相同腐蚀溶液浓度、应力水平和水灰比条件下，交变荷载-Na_2SO_4 溶液作用下混凝土试件腐蚀因子下降速度更快，Na_2SO_4 溶液腐蚀作用较 $MgSO_4$ 溶液具有更大的腐蚀破坏加速作用。当腐蚀溶液浓度由 5% 升至 10% 时，Na_2SO_4 溶液作用下混凝土腐蚀疲劳因子衰减速度提高 1.4 倍，$MgSO_4$ 溶液作用下混凝土腐蚀疲劳因子衰减速度提高 1.5 倍，说明随着硫酸盐浓度的提高，交变荷载-Na_2SO_4 溶液作用下混凝土腐蚀疲劳因子衰减速度增幅与交变荷载-硫酸镁溶液相近。

(2)应力水平。

图 4-63、图 4-64、图 4-65 和图 4-66 分别为 10% 浓度 $MgSO_4$ 溶液与 20%、40%、60% 交变荷载作用下水泥混凝土抗弯拉强度、腐蚀疲劳因子、相对动弹性模量，以及饱和面干吸水率随腐蚀疲劳时间的变化规律。

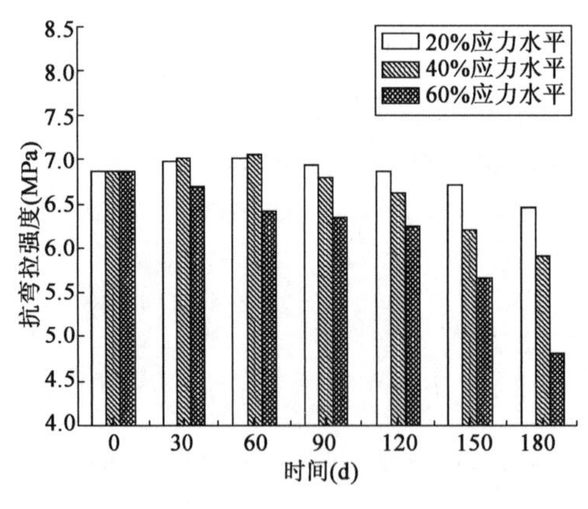

图 4-63　抗弯拉强度经时变化

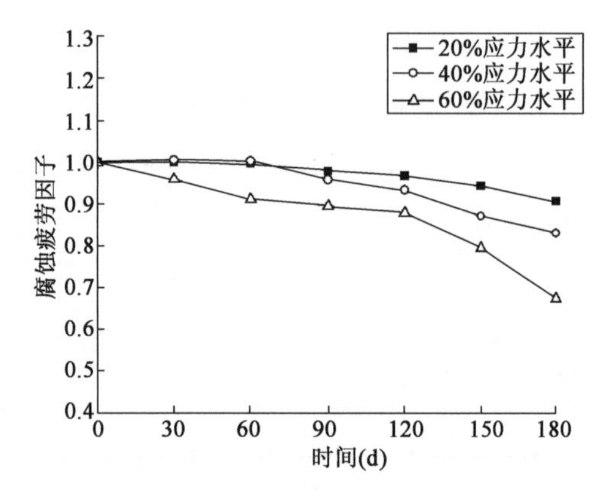

图 4-64　腐蚀疲劳因子经时变化

从图 4-64 与图 4-51 可以发现，当腐蚀龄期为 180d 时，应力水平从 20% 提高到 60% 时，交变荷载-$MgSO_4$ 溶液作用下混凝土应力腐蚀因子从 0.907 变为 0.677，降低了

25.4%。而持续荷载-Na_2SO_4 溶液作用下混凝土应力腐蚀因子从 0.928 变为 0.722，降低了 25.4%。相同幅度地提高交变荷载应力水平，持续荷载-Na_2SO_4 溶液作用下混凝土试件应力腐蚀因子从 0.850 变为 0.586，降低 31.02%，因此，相同幅度应力水平变化条件下，交变荷载-Na_2SO_4 溶液较交变荷载-$MgSO_4$ 溶液对混凝土破坏作用更强。

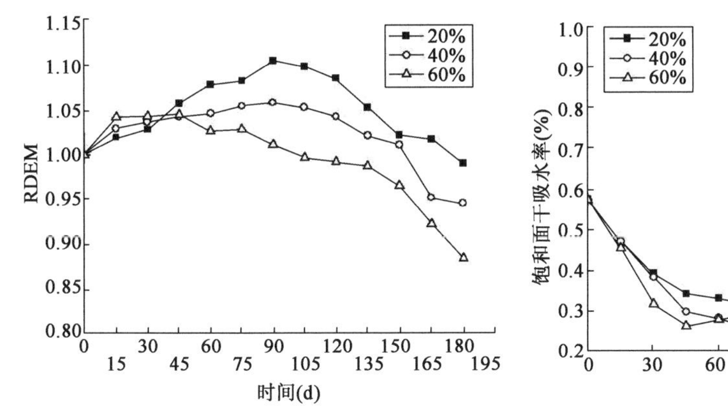

图 4-65　相对动弹性模量经时变化

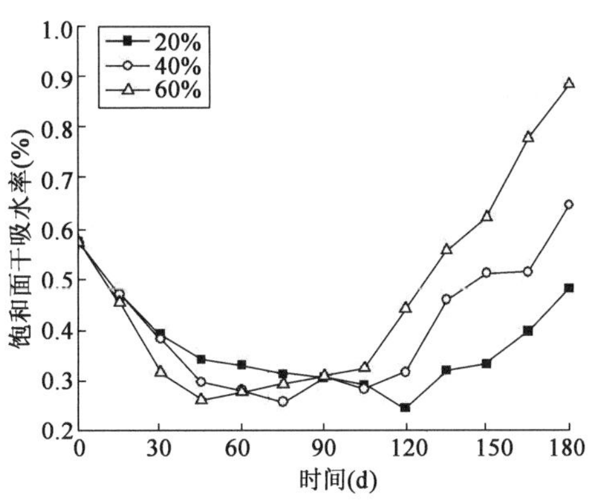

图 4-66　饱和面干吸水率经时变化

由图 4-63 与图 4-64 发现，$MgSO_4$ 溶液中受持续荷载作用混凝土试件强度损失随着应力水平的增长而加大，当腐蚀疲劳龄期达到 180d 时，应力水平在低应力水平区 20% ~40% 变化时，腐蚀疲劳因子衰减率为 8.37%，而应力水平在高应力水平区 40% ~60% 变化时，腐蚀疲劳因子衰减率为 18.5%，高应力区腐蚀疲劳因子衰减幅度明显大于低应力区，表明应力水平越高，混凝土硫酸盐腐蚀破坏越严重。从图 3-65 和图 3-66 中可以看出，在 10% 浓度 $MgSO_4$ 溶液及应力水平为分别为 20%、40%、60% 的交变荷载条件下，其相对动弹性模量极高点分别出现在 90d、75d 和 45d，饱和面干吸水率极低点分别出现在 120d、75d 和 45d，应力水平越高，其达到峰值所需要的时间越短，这从侧面解释了高应力水平能够加速硫酸盐腐蚀，生成大量腐蚀物质，从而导致混凝土由密实到膨胀开裂。

为了定量化比较不同应力水平对 $MgSO_4$ 溶液与交变荷载作用下混凝土性能衰减速度的影响，将 20%、40% 和 60% 应力水平与 10% 浓度 $MgSO_4$ 溶液共同作用下混凝土腐蚀疲劳因子随龄期变化曲线第二阶段进行线性回归，得到回归曲线 $CFF = A + BT$（式中：CFF 为腐蚀疲劳因子，T 为腐蚀龄期，A、B 为回归参数），并对斜率 B 进行对比分析。不同应力水平作用下混凝土腐蚀疲劳因子下降段回归曲线 CFF-T 关系式参数见表 4-15。

不同应力水平混凝土腐蚀疲劳 CFF-T 关系式参数　　表 4-15

腐蚀溶液类型	应力水平	A	B	R^2
10% 浓度 $MgSO_4$	0.2	1.016	-5×10^{-4}	0.87
	0.4	1.034	-10×10^{-4}	0.89
	0.6	1.017	-16×10^{-4}	0.90

从表 4-15 可以看出,B 的绝对值按从小到大排序:5(20% 应力水平)<10(40% 应力水平)<16(60% 应力水平)。当应力水平从 20% 升至 60%,交变荷载-$MgSO_4$ 溶液共同作用下混凝土腐蚀疲劳因子衰减速度提高 3.2 倍。因此,随着交变荷载应力水平的增加,混凝土抗交变荷载-$MgSO_4$ 溶液作用能力逐渐变差,应力水平越高,$MgSO_4$ 溶液与交变荷载共同作用下混凝土的损伤破坏速度越快。

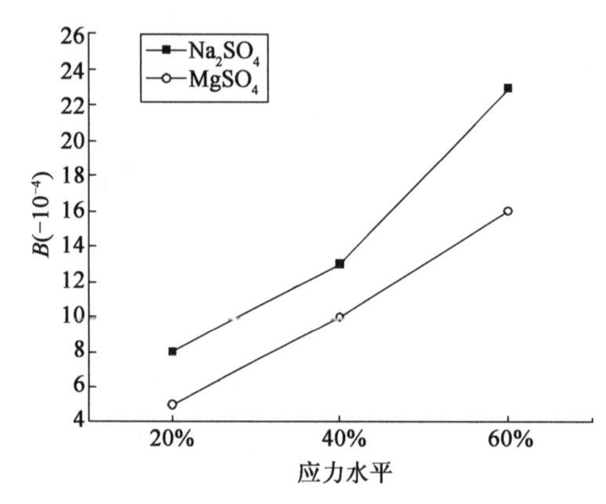

图 4-67　B 值随交变荷载应力水平的变化

为了定量化比较不同种类交变荷载-硫酸盐对混凝土破坏速度随应力水平变化的规律,将交变荷载-Na_2SO_4 溶液与 $MgSO_4$ 溶液作用下 B 值(腐蚀疲劳因子第二阶段回归曲线斜率)随应力水平变化进行对比分析。图 4-67 表示 Na_2SO_4 与 $MgSO_4$ 溶液与交变荷载共同作用下混凝土 B 值随交变荷载应力水平的变化规律。

从图 4-67 还可以看出,当应力水平为 20% 升至 60% 时,Na_2SO_4 溶液作用下混凝土腐蚀疲劳因子衰减速度提高 2.9 倍,$MgSO_4$ 溶液作用下混凝土腐蚀疲劳因子衰减速度提高 3.2 倍,说明随着交变荷载应力水平的提高,交变荷载-Na_2SO_4 溶液共同作用下混凝土腐蚀因子衰减速度增幅略大于交变荷载-$MgSO_4$ 溶液。

(3)水灰比。

图 4-68、图 4-69、图 4-70 和图 4-71 分别为 10% 浓度 $MgSO_4$ 溶液与 60% 交变荷载作用下水灰比为 0.35、0.38、0.41 水泥混凝土抗弯拉强度、腐蚀疲劳因子、相对动弹性模量以及饱和面干吸水率随腐蚀时间的变化规律。

由图 4-68、图 4-69 与图 4-54、图 4-55 对比可知,当腐蚀疲劳龄期在 180d 时,水灰比从 0.35 升至 0.41,混凝土的 $MgSO_4$ 腐蚀疲劳因子从 0.736 降至 0.518,损失率达到 21%,而腐蚀龄期在 180d 时,Na_2SO_4 溶液作用下疲劳试件已经发生破坏。可以看出:水灰比变化对 $MgSO_4$ 腐蚀疲劳的影响小于 Na_2SO_4 溶液浸泡腐蚀,并且与 Na_2SO_4 应力腐蚀相比,$MgSO_4$ 应力腐蚀试件水灰比从 0.35 升至 0.41,腐蚀疲劳因子损失率较小。因此,不同水灰比混

凝土受 $MgSO_4$ 应力腐蚀损伤的影响小于 Na_2SO_4 应力腐蚀损伤；并且随着混凝土水灰比增大，混凝土耐 $MgSO_4$ 腐蚀疲劳性能随着龄期的增加而下降幅度进一步增大。

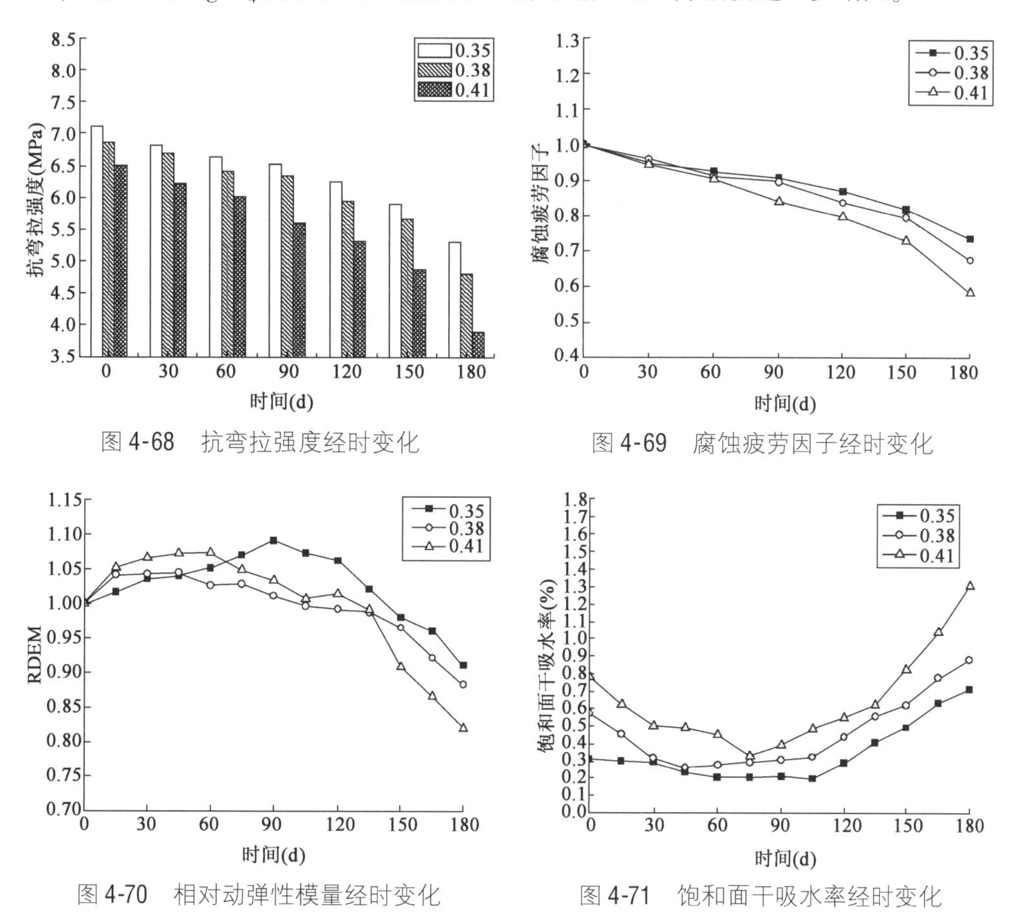

图 4-68 抗弯拉强度经时变化

图 4-69 腐蚀疲劳因子经时变化

图 4-70 相对动弹性模量经时变化

图 4-71 饱和面干吸水率经时变化

为了定量化比较不同应力水平对 $MgSO_4$ 溶液与交变荷载作用下混凝土性能衰减速度的影响，将60%应力水平与10%浓度 $MgSO_4$ 溶液共同作用下水灰比为0.35、0.38、0.41时混凝土试件混凝土腐蚀疲劳因子随龄期变化曲线第二阶段段进行线性回归，得到回归曲线 $CFF = A + BT$（式中：CFF 为腐蚀疲劳因子，T 为腐蚀龄期，A、B 为回归参数），并且对斜率 B 进行对比分析。不同水灰比作用下混凝土腐蚀疲劳因子下降段回归曲线 CFF-T 关系式参数见表4-16。

不同水灰比混凝土腐蚀疲劳 **CFF-*T*** 关系式参数 表4-16

腐蚀溶液类型	水 灰 比	*A*	*B*	R^2
10%浓度 $MgSO_4$	0.35	1.005	-13×10^{-4}	0.95
	0.38	1.052	-16×10^{-4}	0.94
	0.41	1.010	-21×10^{-4}	0.96

从表4-16可以看出，B的绝对值按从小到大排序：13（水灰比0.35）<16（水灰比0.38）<21（水灰比0.41），当水灰比从0.35升至0.41时，交变荷载-$MgSO_4$溶液共同作用下混凝土腐蚀因子衰减速度提高1.6倍。因此随着混凝土水灰比的增加，混凝土抗交变荷载-$MgSO_4$溶液作用能力逐渐变差，降低水灰比可以在一定程度上提高混凝土抗交变荷载-$MgSO_4$溶液腐蚀破坏的能力。

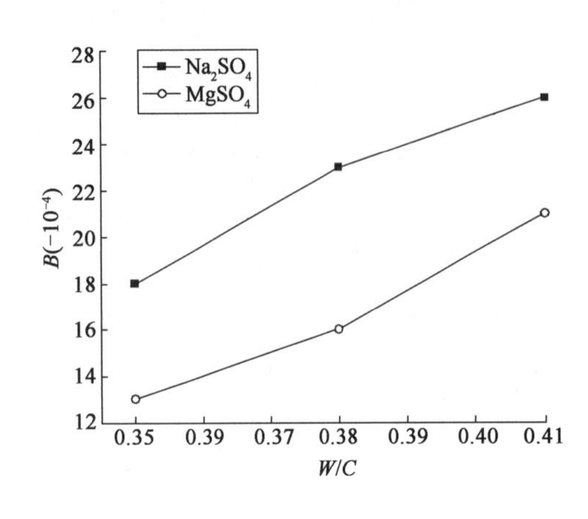

图4-72　B值随水灰比的变化（腐蚀疲劳）

为了定量化比较不同种类交变荷载-硫酸盐对混凝土破坏速度随水灰比变化的规律，将交变荷载-Na_2SO_4溶液与$MgSO_4$溶液作用下B值（腐蚀疲劳因子第二阶段回归曲线斜率）随水灰比变化进行对比分析。图4-72表示Na_2SO_4与$MgSO_4$溶液与交变荷载共同作用下混凝土B值随水灰比的变化规律。

从图4-72还可以看出，当水灰比从0.35升至0.41时，Na_2SO_4溶液作用下混凝土腐蚀疲劳因子衰减速度提高1.5倍，$MgSO_4$溶液作用下混凝土腐蚀疲劳因子衰减速度提高1.6倍，说明随着混凝土水灰比的增大，交变荷载-Na_2SO_4溶液共同作用下混凝土腐蚀因子衰减速度增幅略大于交变荷载-$MgSO_4$溶液。

4.2　交变荷载与硫酸盐腐蚀共同作用下混凝土损伤机理

随着水泥混凝土耐久性与性能预测研究的深入，混凝土的性能预测也由单一影响因素向双重或多重因素的研究过渡，并形成了一些研究成果。然而，这些双因素或多因素下的研究一般而言都是对单一因素的简单加和，而没有对各因素的正负叠加以及交互作用进行深入的探讨。因此，本书将在交变荷载-硫酸盐作用下混凝土室内试验研究的基础上，提出叠加效应系数K，分析交变荷载与硫酸盐腐蚀叠加效应，结合硫酸根离子化学测试以及SEM分析，探讨交变荷载与硫酸盐腐蚀混凝土损伤机理。同时，根据对腐蚀疲劳因子及其关联因子（水灰比W/C、应力水平S、腐蚀疲劳龄期D、硫酸盐浓度C）的灰色关联分析，对提出的混凝土抗交变荷载-硫酸盐溶液腐蚀能力改善方法进行优选，利用灰色系统理论建立交变荷载-硫酸盐溶液腐蚀作用下水泥混凝土力学性能预测模型，并提出其相应的预测简化式。

4.2.1　交变荷载与硫酸盐腐蚀作用叠加效应分析

1)叠加效应系数

为分析硫酸盐腐蚀与疲劳荷载的叠加效应对混凝土强度劣化的影响,引入强度损失因子 D(强度损失百分比):

$$D = 1 - \frac{R_1}{R_2} \tag{4-5}$$

式中:R_1——试件在溶液中腐蚀疲劳某一龄期的强度值(MPa);

R_2——标养下相应天数的基准强度值(MPa)。

用叠加效应系数 K 来表征硫酸盐腐蚀与疲劳荷载两个因素的叠加交互作用,即相互促进或抑制。硫酸盐腐蚀强度损失因子为 D_1,疲劳荷载强度损失因子为 D_2,硫酸盐腐蚀和疲劳荷载联合作用下的强度损失因子为 D_t,则硫酸盐腐蚀和疲劳荷载联合作用下的混凝土强度损失因子 D_t 与单个强度损失因子 D_1、D_2 的关系如下:

$$D_t = K(D_1 + D_2) \tag{4-6}$$

$$K = \frac{D_t}{D_1 + D_2} \tag{4-7}$$

当 $0 < K < 1$ 时,表示硫酸盐腐蚀与疲劳荷载联合作用存在负效应,即两种因素叠加导致混凝土强度的损失小于两者分别作用之和,两因素之间的交互作用延缓了混凝土的破坏;当 $K > 1$ 时,表示硫酸盐腐蚀与疲劳荷载联合作用存在正效应,即两种因素叠加导致混凝土强度的损失大于两者分别作用之和,叠加效应使得混凝土加速破坏。

2)影响因素分析

(1)硫酸盐浓度。

图 4-73 为 5%、10% 浓度 Na_2SO_4、$MgSO_4$ 溶液与 60% 交变荷载作用下水灰比为 0.38、混凝土腐蚀疲劳龄期为 180d 时叠加效应系数 K 值柱状图。

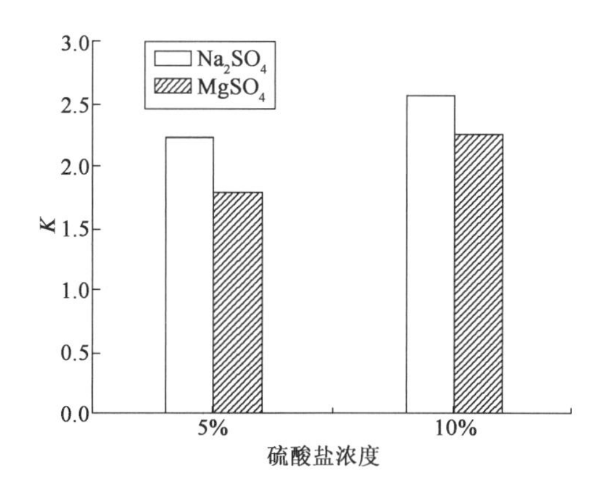

图 4-73　硫酸盐浓度对 K 值的影响

从图 4-73 中叠加效应系数 K 值范围可以看出,硫酸盐腐蚀与交变荷载联合作用叠加效应系数 K 值在大于 1 的范围内,说明硫酸盐溶液与交变荷载联合作用加快混凝土强度衰减，即交变荷载加快了硫酸盐腐蚀溶液侵入混凝土的速度，混凝土硫酸盐腐蚀破坏促进了交变荷载造成的损伤积累，两者之间相互促进。

相同浓度交变荷载-Na_2SO_4 溶液叠加效应系数 *K* 值大于交变荷载-$MgSO_4$ 溶液叠加效应系数 *K* 值，表明 Na_2SO_4 溶液腐蚀与交变荷载叠加效应大于 $MgSO_4$ 溶液腐蚀与交变荷载叠加效应。分析原因如下：由于 $MgSO_4$ 溶液与水化产物会在混凝土表面形成大量的 $Mg(OH)_2$ 保护膜，阻止进一步反应的进行，Na_2SO_4 溶液腐蚀的破坏作用大于 $MgSO_4$ 溶液，因此 Na_2SO_4 溶液降低混凝土抵抗外界荷载能力的作用高于 $MgSO_4$ 溶液。当承受交变应力时，Na_2SO_4 溶液中的试件产生的微裂缝更多，导致 Na_2SO_4 溶液进一步的侵入，因此相同浓度交变荷载-Na_2SO_4 溶液叠加作用大于交变荷载-$MgSO_4$ 溶液。

从同一腐蚀疲劳龄期不同浓度硫酸盐溶液的 *K* 值对比可以看出，10% 浓度 Na_2SO_4（$MgSO_4$）溶液的 *K* 值大于 5% 浓度 Na_2SO_4（$MgSO_4$）溶液，说明硫酸盐腐蚀溶液浓度的增加使硫酸盐腐蚀损伤在叠加效应中发挥更大的作用。分析原因为：由于外界硫酸盐浓度的增大，硫酸根离子更容易通过混凝土中孔隙侵入混凝土内部，造成混凝土硫酸盐腐蚀破坏，而硫酸盐侵入后发生腐蚀破坏作用进一步降低混凝土抵抗外界荷载的能力，混凝土承受交变应力后产生更多裂缝，使得硫酸盐更容易侵入，因此外界硫酸盐浓度的增大促进了交变荷载与硫酸盐腐蚀的联合作用，宏观上表现为 *K* 值随硫酸盐浓度的增大而增大。

（2）应力水平。

图 4-74 为 10% 浓度 Na_2SO_4、$MgSO_4$ 溶液与 20%、40% 与 60% 交变荷载作用水灰比为 0.38、混凝土腐蚀疲劳龄期为 180d 时叠加效应系数 *K* 值柱状图。

从图 4-74 中叠加效应系数随应力水平变化规律可以看出，随着应力水平的增大，*K* 值逐渐增大。应力水平在 20% ~40% 时，*K* 值缓慢增加；当应力水平大于 40% 时，*K* 值大幅度增大。分析原因，当应力水平为 20% ~40% 时，混凝土处于弹性阶段，混凝土受腐蚀疲劳破坏中发生弹性恢复，硫酸盐腐蚀与交变荷载叠加效应处于较低水平，宏观上反应为应力水平为 20% ~40% 时，*K* 值缓慢增加，20% 应力水平下的 *K* 值与 40% 应力水平 *K* 值相近。当应力水平为 40% ~60% 时，由于硫酸盐腐蚀生成膨胀产物与交变荷载作用使混凝土稳定裂缝体系平稳进行扩展，而裂缝扩展导致混凝土内部结构损伤，所以在高应力区间，硫酸盐腐蚀与交变荷载叠加作用

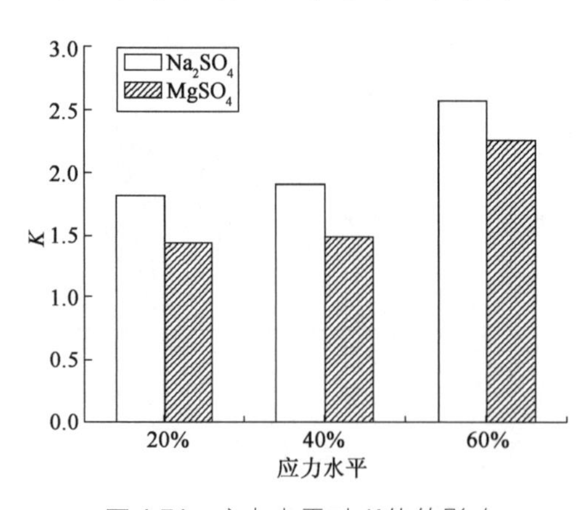

图 4-74　应力水平对 *K* 值的影响

明显增大。

(3)水灰比。

图 4-75 为 10% 浓度 Na_2SO_4、$MgSO_4$ 溶液分别与 60% 交变荷载作用下水灰比为 0.35、0.38 和 0.41、混凝土腐蚀疲劳龄期为 180d 时叠加效应系数 K 值柱状图。

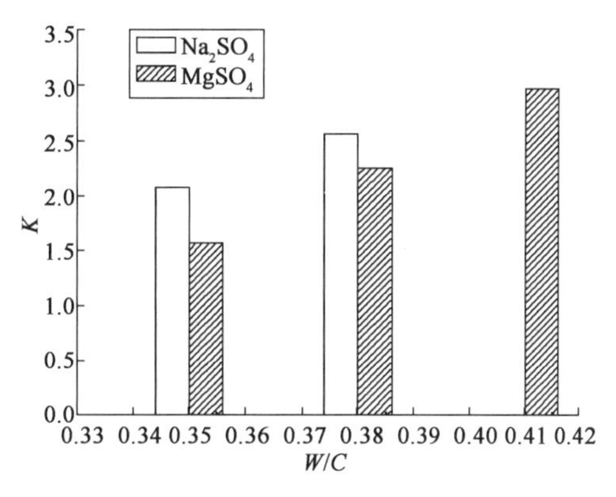

图 4-75　水灰比对 K 值的影响

由于交变荷载-Na_2SO_4 溶液作用下水灰比为 0.41 混凝土在 180d 时发生破坏，因此该处 K 值缺失。从图 4-75 中叠加效应系数随混凝土水灰比变化规律可以看出，随着水灰比的增大，K 值逐渐增大，表明硫酸盐腐蚀与交变荷载叠加作用随着水灰比的增大明显增大，适当降低水灰比可以减小硫酸盐腐蚀与交变荷载叠加作用对水泥混凝土的破坏。分析原因：随着混凝土水灰比越大，抵抗外界荷载能力越低，当水灰比较大的混凝土承受外界荷载时，必然将产生更多的裂缝，使得硫酸盐更加容易侵入，而硫酸盐侵入后发生腐蚀破坏作用，进一步降低混凝土抵抗外界荷载的能力，因此，水灰比的增加促进了交变荷载与硫酸盐腐蚀的联合作用，宏观上表现为 K 值随水灰比的增大而增大。

4.2.2　混凝土在交变荷载-硫酸盐腐蚀作用下的微结构演变

混凝土在交变荷载与硫酸盐腐蚀联合作用下，混凝土在硫酸盐溶液环境中，硫酸根离子因内外浓度差扩散到混凝土内部，与水泥水化产物水化铝酸钙发生反应生成膨胀性产物钙矾石和石膏。混凝土在施工中，由于施工工艺以及其自身的原因，将产生大量的毛细孔、孔隙、裂缝等原始缺陷。当道路工程结构物运营时，混凝土将承受大量的交变荷载作用，进而造成缺陷部分产生应力集中现象，发生开裂破坏，产生大量新缺陷，在这些原始与新形成的缺陷具有较大的空间，腐蚀产物在此处的结晶所需能量最低。因此，腐蚀产物首先在混凝土的孔隙和浆体-集料界面区生长并聚集，腐蚀产物由于体积大于原有空间时，在该点将产生膨胀应力，硫酸盐腐蚀与交变荷载导致混凝土的内部产生微裂纹，从而导致混凝土腐蚀疲劳破坏速度增加。交变荷载会加速硫酸盐侵蚀混凝土的速度，而硫酸盐腐蚀能促进交变荷载损伤的积累，两者之间相互促进。随腐蚀疲劳的继续进行，腐蚀产物逐渐增多并在裂纹处生长，腐蚀与疲劳作用使混凝土内部产生的微细裂纹扩展，并形成宏观裂纹，从而导致混凝土的抗弯拉强度、腐蚀疲劳因子与相对动弹性模量降低,饱和面干吸水率增大。

1)SEM 试样的制备

由于混凝土的抗腐蚀疲劳性能取决于本身微观结构,故采用 Hitachi S-4800 扫描电子显微镜对混凝土受腐蚀疲劳作用过程中微结构演变进行观测。本书从新鲜断面采取块状或粉末状固体试样分析受交变荷载与硫酸钠腐蚀共同作用下混凝土内部组成及微观结构变化。对经受过交变荷载与硫酸钠腐蚀共同作用的混凝土试件抗弯拉强度试验后,在试件断口距地面 5mm 处取得大约 1cm3 试样,然后放入密封袋中。水泥混凝土是无机非金属材料,电子束作用于混凝土将造成电荷堆积,导致入射电子束难以射出试样表面,图像质量不高,因此需要在 SEM 分析测试前,用真空镀膜仪对混凝土试样喷镀一层金膜。

2)腐蚀产物的生成过程

图 4-76 ~ 图 4-78 为受交变荷载-Na_2SO_4 溶液作用下混凝土腐蚀产物的能谱图和疲劳腐蚀龄期分别为 90d 和 180d 的水灰比为 0.38 的水泥混凝土微观形貌图。

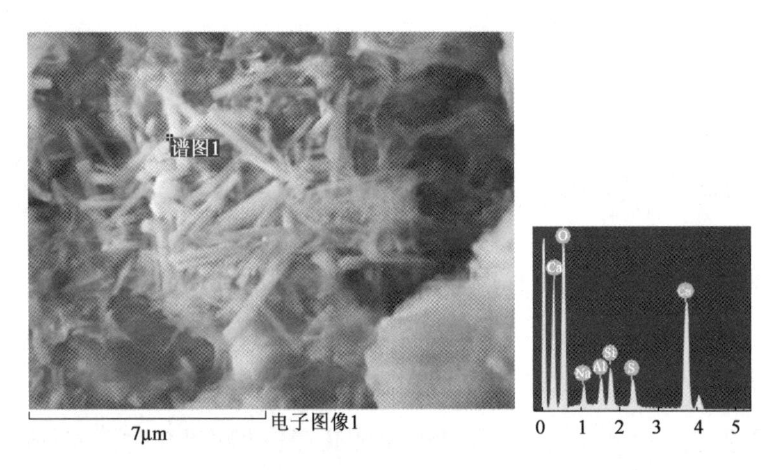

图 4-76　混凝土腐蚀产物的能谱

图 4-77　90d 试件中钙矾石微观形态

图 4-78　180d 试件孔隙中的钙矾石微观形态

图 4-76 表明，其腐蚀产物其主要元素是 Ca、S、Al，推测该针状产物为钙矾石。

从图 4-77 和图 4-78 中可以看到大量针状的钙矾石丛生，混凝土内部钙矾石结晶形态呈簇状由中心向外辐射的针状钙矾石晶体，且钙矾石的结晶形态并且随着腐蚀时间的增加变长加宽。在 10% 浓度 Na_2SO_4 溶液腐蚀 180d 后，钙矾石结晶长度明显比孔隙直径要大得多，将导致钙矾石晶体对孔隙壁产生膨胀压力，从而形成微裂纹，这从微观角度验证了上述硫酸盐腐蚀作用下水泥混凝土宏观性能劣化的原因。

图 4-79 是腐蚀疲劳龄期 120d 混凝土的表面 SEM 图片，从中可以发现，在腐蚀疲劳龄期过程中形成大量的钙矾石晶体并分散在混凝土表面，但较孔隙中形成钙矾石形态更加纤细，由于混凝土表面缺陷具有较大的晶体生长空间，在此处发生腐蚀反应，生成结晶产物所需能量较表面低，因此孔隙、裂缝等缺陷中腐蚀反应生成的产物优先生长并聚集，微观形貌表现为结晶形态较混凝土表面钙矾石更为粗壮。

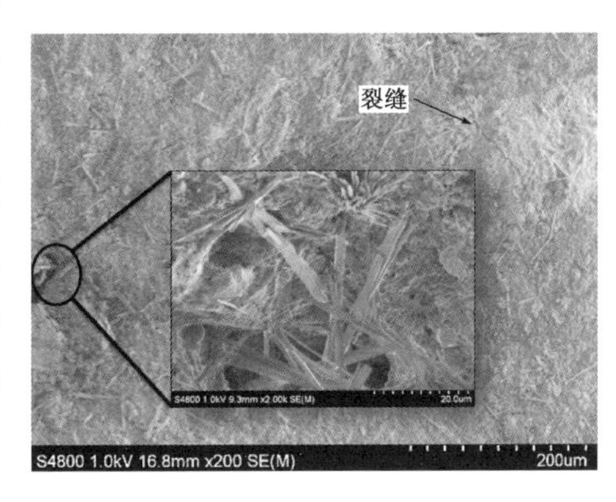

图 4-79　孔隙中形成的钙矾石形貌

从图 4-80、图 4-81 中可以看出，混凝土裂缝中聚集着大量的短柱状腐蚀产物，这将导致裂缝宽度不断扩大及扩展。从腐蚀产物 EDS 分析中可以发现，腐蚀产物主要为钙相和硫相组成，推断该柱状产物为石膏。

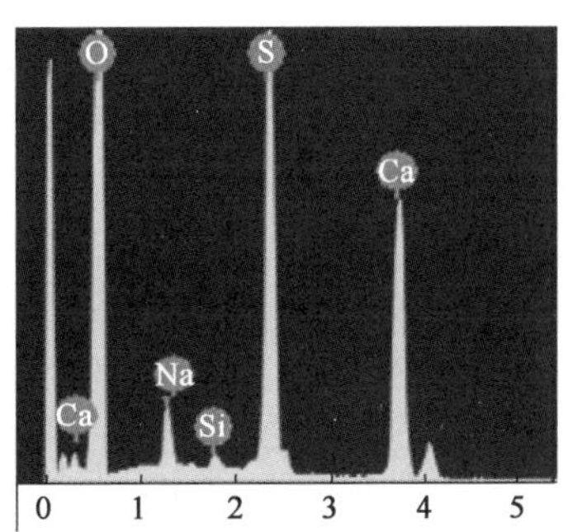

图 4-80　混凝土孔洞以及浆体-集料界面区腐蚀产物的能谱

混凝土的抗腐蚀性能取决于本身微观结构，尤其是混凝土的孔隙率。混凝土的成型制备过程中不可避免产生内部裂缝等缺陷，这些缺陷使得硫酸盐腐蚀溶液更易进入。另外，混凝土内部孔隙结构也因为外界荷载作用而发生变化，疲劳破坏加速了硫酸盐腐蚀介质更易于侵入混凝土内部结构，降低其抗硫酸盐腐蚀性能。这从微观角度上解释了交变荷载-硫酸盐腐蚀随硫酸盐浓度增大、应力水平增加、水灰比提高而导致力学性能降低的原因。

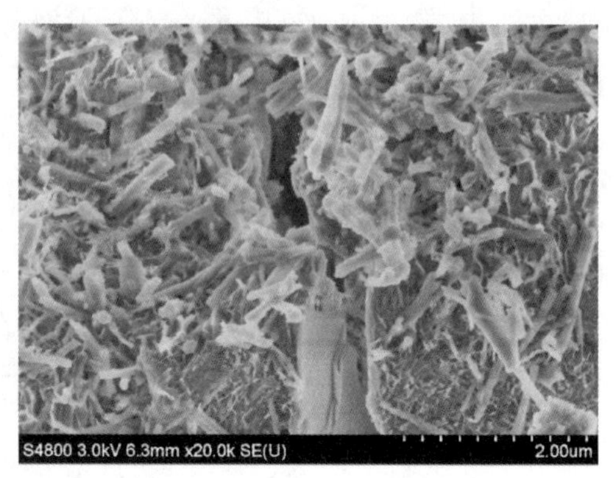

图 4-81　混凝土孔隙及裂缝中短柱状腐蚀产物富集区

3）裂纹扩展过程

图 4-82 为受交变荷载-Na_2SO_4 溶液作用下疲劳腐蚀龄期分别为 60d 和 120d 时，水灰比为 0.38 时水泥混凝土裂缝扩展形貌图。

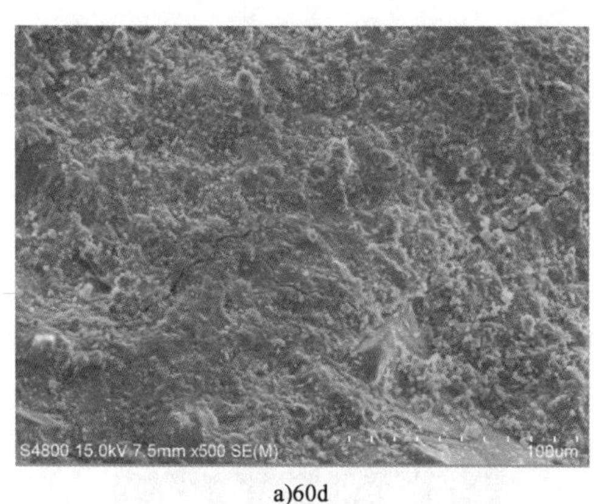

a)60d

b)120d

图 4-82　腐蚀疲劳下裂纹的扩展过程

从图 4-82 裂纹随腐蚀疲劳时间增长发生扩展的过程中可以看出：腐蚀疲劳 60d 时试件内长生大量细微的裂缝，随着时间增加到 120d，细微的裂缝逐渐连通、变宽，从而导致硫酸盐溶液更易侵入以及混凝土性能的迅速劣化。分析其扩展过程：混凝土内部存在大量的毛细孔、孔隙及材料裂隙等原始缺陷。当经受外力作用与内部硫酸盐侵蚀导致膨胀应力的共同作用下，这些薄弱部位与缺陷处将发生应力集中作用，逐渐扩展形成微裂缝，微裂缝逐渐汇集和贯通形成宏观裂缝，宏观裂缝尖端处受到外界作用而产生新的裂纹区，逐渐产生新的宏观裂缝。新的宏观裂缝之间相互连通，逐渐在薄弱处扩展，最终混凝土发生断裂破坏。

4)混凝土界面过渡区破坏过程

水泥混凝土中由水化硅酸钙凝胶相、氢氧化钙晶体相、钙矾石等晶体相,以及未水化的水泥颗粒及混凝土集料组成,当混凝土受到外力(交变荷载、腐蚀产物的膨胀力)作用时,各相之间相互作用传递荷载。在混凝土组成成分中,水化铝酸钙、氢氧化钙具有较强的抗拉应力。图4-83为混凝土界面过渡区SEM图像,从图中可以看出过渡区存在明显的界面缝,其原因为混凝土界面主要靠黏结和机械咬合作用结合,抗拉应力较差,因此混凝土中界面过渡区更容易产生裂纹和扩展。

图4-83 混凝土界面区SEM图像

当承受交变荷载与硫酸盐腐蚀作用时,混凝土内部存在拉应力,故混凝土裂缝传递将从薄弱区进行传递,由于集料强度较高荷载方向将发生改变,当遇到强氧化钙、钙矾石等相时继续转向消耗断裂能。由于水化铝酸钙、氢氧化钙、钙矾石、水化硅酸钙晶体弹性模量相差比较大。因此,界面过渡区连接薄弱,当受到交变荷载作用时,各相界面之间形成较大的剪切应力,导致界面区连接断裂,形成裂缝。

图4-84为交变荷载与硫酸盐腐蚀联合作用180d混凝土界面过渡区与未作用混凝土界面过渡区对比分析图。从图4-84中可以看出未发生腐蚀前两相结合较为紧密,而腐蚀疲劳180d后,两相已经严重分离,并且有大量腐蚀产物在缝隙中。分析破坏过程为:界面薄弱区由于荷载的作用导致两种界面发生分离,并且伴随着大量硫酸盐的入侵进入界面缝隙之中,发生结晶膨胀作用,两者相互促进,如此反复,最终导致了薄弱区的破坏。

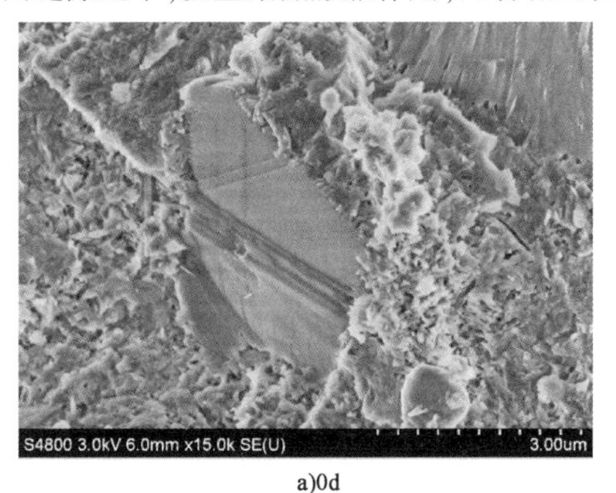

a)0d

b)180d

图4-84 混凝土界面区破坏过程

从腐蚀产物生成及裂缝扩展 SEM 分析可知:硫酸盐腐蚀溶液与交变荷载联合作用,加速混凝土强度衰减,即交变荷载加快了硫酸盐腐蚀溶液侵入混凝土的速度,混凝土硫酸盐腐蚀破坏促进了交变荷载造成的损伤积累,两者相互促进。

4.2.3 混凝土在交变荷载-硫酸盐腐蚀共同作用下影响因素的灰关联分析

交变荷载-硫酸盐腐蚀作用下对混凝土性能的影响因素构成一个极为复杂的系统,在这个系统中,存在多种导致混凝土性能变异的因素。为了定量地确定混凝土性能与各影响因素之间的关系,在应用灰色系统理论建立性能预测模型之前,有必要对混凝土耐腐蚀疲劳性能与各影响因素进行相关性研究。即通过对腐蚀疲劳因子及其关联因子(水灰比 W/C、应力水平 S、腐蚀疲劳龄期 D、硫酸盐浓度 C)的灰色关联分析,对各因子的重要性程度通过关联分析给予量化,得到这种相关性大小的数量表征。由于计算过程较为繁杂,本书仅以交变荷载-Na_2SO_4 溶液作用下混凝土为计算实例,交变荷载-$MgSO_4$ 溶液作用下混凝土计算直接列出结果。

1)灰关联分析计算

(1)原始数据。

将混凝土腐蚀疲劳因子(CF)作为参考序列 X_a,则:$X_a = [X_a(k) | k = 1,2,\cdots,35]$,其中,$k$ 表示混凝土试验序号,$X_a(k)$ 表示第 k 号试验混凝土试件腐蚀疲劳因子。将影响混凝土耐交变荷载-硫酸盐腐蚀破坏作用参数做比较序列,即 $X_i = [X_i(k) | k = 1,2,\cdots,35; i = 1,2,\cdots,4]$,其中 i 表示水灰比(W/C)、硫酸盐浓度(C)、应力水平(S)、腐蚀疲劳龄期(D)四个影响因素。灰关联分析原始数据见表 4-17。

选取的腐蚀疲劳因子样本　　表 4-17

编号	水灰比 W/C $X_1(k)$	硫酸盐浓度 C $X_2(k)$	应力水平 S $X_3(k)$	腐蚀天数 T $X_4(k)$	腐蚀疲劳因子(Na_2SO_4) $X_a(k)$	腐蚀疲劳因子($MgSO_4$) $X_a(k)$
1	0.38	5%	60%	30	0.950	0.936
2	0.38	5%	60%	60	0.935	0.912
3	0.38	5%	60%	90	0.900	0.891
4	0.38	5%	60%	120	0.851	0.865
5	0.38	5%	60%	150	0.761	0.805
6	0.38	5%	60%	180	0.677	0.726

续上表

编号	水灰比 *W/C* $X_1(k)$	硫酸盐浓度 *C* $X_2(k)$	应力水平 *S* $X_3(k)$	腐蚀天数 *T* $X_4(k)$	腐蚀疲劳因子 (Na_2SO_4) $X_a(k)$	腐蚀疲劳因子 ($MgSO_4$) $X_a(k)$
7	0.38	10%	60%	30	0.967	0.980
8	0.38	10%	60%	60	0.942	0.926
9	0.38	10%	60%	90	0.877	0.883
10	0.38	10%	60%	120	0.827	0.848
11	0.38	10%	60%	150	0.684	0.719
12	0.38	10%	60%	180	0.586	0.664
13	0.38	10%	20%	30	1.016	1.000
14	0.38	10%	20%	60	0.999	0.997
15	0.38	10%	20%	90	0.997	0.979
16	0.38	10%	20%	120	0.973	0.968
17	0.38	10%	20%	150	0.927	0.944
18	0.38	10%	20%	180	0.850	0.907
19	0.38	10%	40%	30	1.000	1.006
20	0.38	10%	40%	60	1.006	1.003
21	0.38	10%	40%	90	0.984	0.959
22	0.38	10%	40%	120	0.962	0.934
23	0.38	10%	40%	150	0.920	0.872
24	0.38	10%	40%	180	0.858	0.831
25	0.35	10%	60%	30	0.982	0.950
26	0.35	10%	60%	60	0.955	0.925
27	0.35	10%	60%	90	0.933	0.907
28	0.35	10%	60%	120	0.851	0.869
29	0.35	10%	60%	150	0.796	0.820
30	0.35	10%	60%	180	0.663	0.736
31	0.41	10%	60%	30	0.961	0.945
32	0.41	10%	60%	60	0.904	0.904
33	0.41	10%	60%	90	0.856	0.841
34	0.41	10%	60%	120	0.768	0.798
35	0.41	10%	60%	150	0.589	0.732

(2)无量纲化处理。

表4-17 各影响因素数据量纲不同,对原始数据进行无量纲化处理:

$$x_i(k) = x_i^*(k)/x_i^*(1) \quad (k = 1,2,\cdots,35; i = 1,2,\cdots,6)$$

得到无量纲化后数据:

$$Y_i = [Y_i(1), Y_i(2), \cdots, Y_i(k)] \quad (k = 1,2,\cdots,35; i = 1,2,\cdots,4)$$

处理后数据序列见表4-18。

无量纲化处理后的数据序列　　表4-18

k	$X_1(k)$	$X_2(k)$	$X_3(k)$	$X_4(k)$	$X_a(k)$
1	1.002260	0.546872	1.206896	0.291667	1.082815
2	1.002260	0.546872	1.206896	0.583334	1.065718
3	1.002260	0.546872	1.206896	0.875000	1.025825
4	1.002260	0.546872	1.206896	1.166667	0.969974
5	1.002260	0.546872	1.206896	1.458334	0.867392
6	1.002260	0.546872	1.206896	1.750001	0.771648
7	1.002260	1.093745	1.206896	0.291667	1.102192
8	1.002260	1.093745	1.206896	0.583334	1.073696
9	1.002260	1.093745	1.206896	0.875000	0.999609
10	1.002260	1.093745	1.206896	1.166667	0.942619
11	1.002260	1.093745	1.206896	1.458334	0.779627
12	1.002260	1.093745	1.206896	1.750001	0.667926
13	1.002260	1.093745	0.402299	0.291667	1.158042
14	1.002260	1.093745	0.402299	0.583334	1.138665
15	1.002260	1.093745	0.402299	0.875000	1.136386
16	1.002260	1.093745	0.402299	1.166667	1.109030
17	1.002260	1.093745	0.402299	1.458334	1.056599
18	1.002260	1.093745	0.402299	1.750001	0.968834
19	1.002260	1.093745	0.804597	0.291667	1.139805
20	1.002260	1.093745	0.804597	0.583334	1.146644
21	1.002260	1.093745	0.804597	0.875000	1.121568
22	1.002260	1.093745	0.804597	1.166667	1.096492
23	1.002260	1.093745	0.804597	1.458334	1.048621
24	1.002260	1.093745	0.804597	1.750001	0.977953

续上表

k	$X_1(k)$	$X_2(k)$	$X_3(k)$	$X_4(k)$	$X_a(k)$
25	0.923135	1.093745	1.206896	0.291667	1.119289
26	0.923135	1.093745	1.206896	0.583334	1.088514
27	0.923135	1.093745	1.206896	0.875000	1.063438
28	0.923135	1.093745	1.206896	1.166667	0.969974
29	0.923135	1.093745	1.206896	1.458334	0.907285
30	0.923135	1.093745	1.206896	1.750001	0.755691
31	1.081386	1.093745	1.206896	0.291667	1.095353
32	1.081386	1.093745	1.206896	0.583334	1.030384
33	1.081386	1.093745	1.206896	0.875000	0.975673
34	1.081386	1.093745	1.206896	1.166667	0.875370
35	1.081386	1.093745	1.206896	1.458334	0.671345

(3)灰关联系数。

交变荷载-硫酸盐腐蚀破坏作用影响因素与腐蚀疲劳因子的灰关联系数按式(4-8)计算,计算结果见表4-19。关联系数分布密度值见表4-20。

$$\xi_i[x_0(k),x_i(k)] = \left|\frac{\min\limits_{i=1,m}\min\limits_{k=1,n}\Delta_i(k) + \rho\max\limits_{i=1,m}\max\limits_{k=1,n}\Delta_i(k)}{\Delta_i(k) + \rho\max\limits_{i=1,m}\max\limits_{k=1,n}\Delta_i(k)}\right| \tag{4-8}$$

式中:$\min\limits_{i=1,m}\min\limits_{k=1,n}\Delta_i(k)$——两极最小差;

$\max\limits_{i=1,m}\max\limits_{k=1,n}\Delta_i(k)$——两极最大差;

ρ——分辨系数,可取$\rho=0.5$。

影响因素与混凝土腐蚀疲劳因子的灰关联系数　　表4-19

k	ξ_{a1}	ξ_{a2}	ξ_{a3}	ξ_{a4}
1	0.872993	0.503859	0.785821	0.407335
2	0.897684	0.511986	0.756134	0.530227
3	0.961112	0.532011	0.731938	0.784327
4	0.946491	0.562829	0.704046	0.735561
5	0.802841	0.629843	0.647135	0.479377
6	0.703228	0.708587	0.584886	0.357147
7	0.846602	0.987554	0.846773	0.401495

续上表

k	ξ_{a1}	ξ_{a2}	ξ_{a3}	ξ_{a4}
8	0.885990	0.967134	0.773173	0.526125
9	0.998081	0.854327	0.723123	0.815216
10	0.903387	0.783984	0.686929	0.709261
11	0.710575	0.634558	0.579943	0.444884
12	0.619903	0.561247	0.543831	0.334324
13	0.778747	0.896439	0.427810	0.385562
14	0.801021	0.926083	0.428956	0.494948
15	0.803725	0.929700	0.435964	0.676259
16	0.837665	0.975415	0.44036	0.906412
17	0.911433	0.938536	0.450267	0.575585
18	0.944613	0.814847	0.466444	0.410410
19	0.799675	0.924285	0.621654	0.390624
20	0.791697	0.913642	0.624077	0.491372
21	0.821760	0.953916	0.661915	0.688982
22	0.854197	0.997904	0.685532	0.887819
23	0.923813	0.925761	0.752078	0.570755
24	0.959848	0.826159	0.803668	0.413260
25	0.736098	0.957754	0.804241	0.396480
26	0.768166	0.993368	0.771930	0.518674
27	0.796437	0.949770	0.750229	0.743885
28	0.923059	0.816244	0.708198	0.735561
29	0.974426	0.745907	0.660483	0.496889
30	0.765928	0.617280	0.592095	0.353435
31	0.977733	1.000000	0.797564	0.403537
32	0.916569	0.897827	0.746730	0.549188
33	0.839034	0.823301	0.680121	0.845624
34	0.726381	0.714560	0.641090	0.651956
35	0.570558	0.563239	0.589190	0.408611

关联系数分布密度值 表4-20

k	P_{ha1}	P_{ha2}	P_{ha3}	P_{ha4}
1	0.029722	0.017779	0.034309	0.020866
2	0.030563	0.018066	0.033013	0.027162
3	0.032723	0.018773	0.031956	0.040179
4	0.032225	0.019860	0.030739	0.037680
5	0.027334	0.022225	0.028254	0.024557
6	0.023943	0.025003	0.025536	0.018296
7	0.028824	0.034847	0.036970	0.020567
8	0.030165	0.034126	0.033757	0.026952
9	0.033981	0.030146	0.031571	0.041761
10	0.030757	0.027664	0.029991	0.036333
11	0.024193	0.022391	0.025320	0.022790
12	0.021106	0.019804	0.023744	0.017126
13	0.026514	0.031632	0.018678	0.019751
14	0.027272	0.032678	0.018728	0.025355
15	0.027364	0.032805	0.019034	0.034643
16	0.028520	0.034418	0.019226	0.046433
17	0.031031	0.033117	0.019659	0.029485
18	0.032161	0.028753	0.020365	0.021024
19	0.027226	0.032614	0.027141	0.020010
20	0.026955	0.032239	0.027247	0.025171
21	0.027978	0.033660	0.028899	0.035294
22	0.029083	0.035212	0.029930	0.045480
23	0.031453	0.032666	0.032836	0.029238
24	0.032680	0.029152	0.035088	0.021170
25	0.025062	0.033795	0.035113	0.020310
26	0.026153	0.035052	0.033702	0.026570
27	0.027116	0.033514	0.032755	0.038107
28	0.031427	0.028802	0.030920	0.037680
29	0.033176	0.026320	0.028837	0.025454
30	0.026077	0.021781	0.025851	0.018105

续上表

k	P_{ha1}	P_{ha2}	P_{ha3}	P_{ha4}
31	0.033289	0.035286	0.034822	0.020672
32	0.031206	0.031681	0.032602	0.028133
33	0.028566	0.029051	0.029694	0.043319
34	0.024731	0.025214	0.027990	0.033398
35	0.019426	0.019874	0.025724	0.020932

(4)灰关联系数分布密度值。

参考列：$x_0 \in x$，比较列：$x_i \in x(i=1,2,\cdots,m)$，$R_i=\{\xi[x_0(k),x_i(k)]k=1,2,\cdots,n\}$。

灰关联系数分布密度值公式见式(4-9)，计算结果见表4-19。

$$P_h \overset{\Delta}{=} \frac{\xi[x_0(h),x_i(h)]}{\sum_{k=1}^{n}\xi[x_0(h),x_i(h)]}P_h \in P_i \quad (h=1,2,\cdots,n) \tag{4-9}$$

(5)灰关联熵

灰关联熵采用式(4-10)计算。

$$H(R_i) \triangleq -\sum_{k=1}^{n} P_h \ln P_h \tag{4-10}$$

灰关联度采用式(4-11)计算：

$$E(x_i) \triangleq H(R_i)/H_{\max} \tag{4-11}$$

其中：$H_{\max}=\ln n$，其中 $n=35$。n 为差异信息列的最大值。

2)灰关联分析计算分析

以疲劳腐蚀因子为参考序列，计算各影响因素与水泥混凝土硫酸钠腐蚀疲劳因子之间的灰熵关联度(图4-85)为：

$E_1=0.9979$(水泥混凝土腐蚀疲劳因子与水灰比的灰熵关联度)；

$E_2=0.9940$(水泥混凝土腐蚀疲劳因子与硫酸钠浓度的灰熵关联度)；

$E_3=0.9950$(水泥混凝土腐蚀疲劳因子与应力水平的灰熵关联度)；

$E_4=0.9878$(水泥混凝土腐蚀疲劳因子与腐蚀疲劳龄期的灰熵关联度)。

同理，计算各影响因素与水泥混凝土硫酸镁腐蚀疲劳因子之间的灰熵关联度(图4-86)为：

$E_1=1.0191$(水泥混凝土腐蚀疲劳因子与水灰比的灰熵关联度)；

$E_2=1.0004$(水泥混凝土腐蚀疲劳因子与硫酸镁浓度的灰熵关联度)；

$E_3=0.9950$(水泥混凝土腐蚀疲劳因子与应力水平的灰熵关联度)；

$E_4=1.0012$(水泥混凝土腐蚀疲劳因子与腐蚀疲劳龄期的灰熵关联度)。

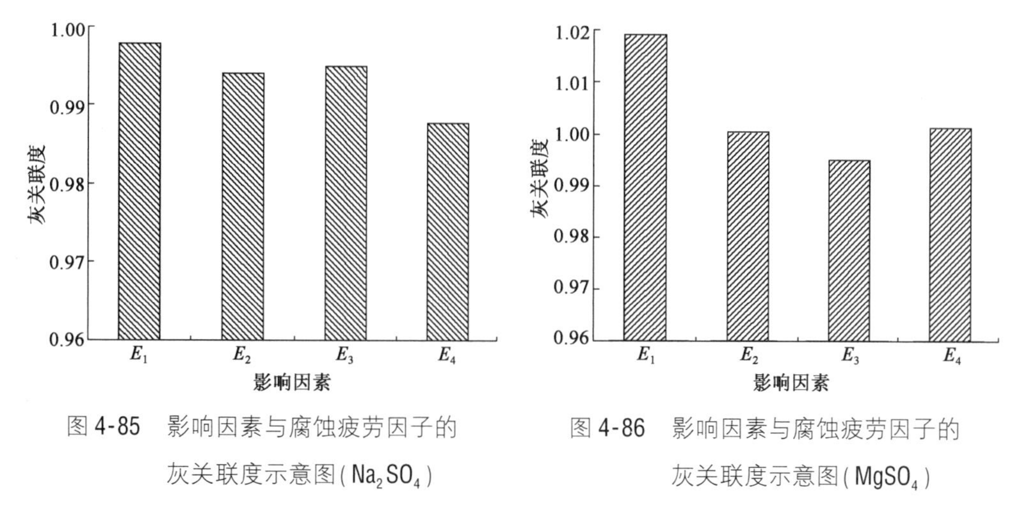

图4-85　影响因素与腐蚀疲劳因子的灰关联度示意图(Na_2SO_4)

图4-86　影响因素与腐蚀疲劳因子的灰关联度示意图($MgSO_4$)

从计算结果可以看出,影响因素与腐蚀疲劳因子的灰关联度排序,Na_2SO_4 溶液为 $E_1 > E_3 > E_2 > E_4$,$MgSO_4$ 溶液为 $E_1 > E_4 > E_2 > E_3$。可见对腐蚀疲劳因子影响最大的因素是混凝土水灰比。因此,需要在交变荷载与硫酸盐腐蚀联合作用的混凝土工况中,满足其他条件前提下尽量采用较低的水灰比,以提高混凝土的抗硫酸盐腐蚀能力,从而提高混凝土结构物的耐久性。

根据混凝土内在因素(配合比设计参数)与工程环境外界因素(硫酸盐浓度和应力水平)对水泥混凝土性能的影响规律,实际应用中有三种用于改善混凝土抗交变荷载-硫酸腐蚀能力的方法:

(1)在进行混凝土配合比设计时,在满足工作性能的基础上,尽量降低单位用水量,以获得密实度高的混凝土,减小孔隙率,增大弯拉强度,提高混凝土抗交变荷载-硫酸盐腐蚀能力;也可选用适量(20%左右)的矿物掺合料提高水泥混凝土强度和致密度,可明显改善混凝土的抗交变荷载-硫酸盐腐蚀性能,粉煤灰与硅粉复掺效果更佳。

(2)采用排盐手段降低道路工程周边盐碱地的含盐量,排盐方法一般分为两种:一是通过挖排水沟排除地面水的方法带走土壤盐分充分溶解,再从排水沟排出地面水带走土地中的盐分;二是灌水并形成一定深度的水层,使土壤中的盐分充分溶解,再从排水沟把溶解的盐分排走,降低土壤的含盐量。

(3)采用交通控制车辆载重,降低道路工程所承受荷载的应力水平。

基于各影响因素与腐蚀疲劳因子灰关联度排序,腐蚀疲劳因子影响最大的因素是水泥混凝土水灰比的结论,建议工程实践中应主要采用第一种优化水泥混凝土材料组成的方法改善水泥混凝土抗交变荷载-硫酸盐腐蚀能力。第二种方法由于工程量大,耗资高,当第一种方法不能满足需要时可给予考虑。第三种方法限制了道路工程的属性功能,不建议考虑。

4.2.4 混凝土在交变荷载-硫酸盐腐蚀作用下的力学性能预测

1)灰色系统理论模型

自1982年邓聚龙教授创立灰色系统理论以来,灰色系统理论在很多领域得到了广泛应用,基于贫信息的灰预测成功地解决了许多信息不完全的预测问题。灰色系统理论可以分析系统各因素之间的相似或者相异程度,并通过对原始参数的处理寻找系统变动规律,生成具有强规律性的数据,采用它建立微分方程模型,可以对系统的发展以及未来进行预测。

整个系统由很多互相影响的因素组成。

系统特征数据序列:$X_1^{(0)} = \{x_1^{(0)}(1), x_1^{(0)}(2), \cdots, x_1^{(0)}(n)\}$

相关因素序列:

$$X_2^{(0)} = \{x_2^{(0)}(1), x_2^{(0)}(2), \cdots, x_2^{(0)}(n)\}$$

$$\cdots\cdots$$

$$X_N^{(0)} = \{x_N^{(0)}(1), x_N^{(0)}(2), \cdots, x_N^{(0)}(n)\}$$

$X_i^{(1)}$ 是 $X_i^{(0)}$ 1-AGO序列($i=1,2,\cdots,N$),$X_1^{(1)}$ 紧邻生成序列 $Z_1^{(1)}$,则:

$$x_1^{(0)}(k) + az_1^{(1)}(k) = \sum_{i=2}^{N} b_i x_i^{(1)}(k) \tag{4-12}$$

式(4-9)为GM(1,N)灰色微分方程。

定义 $\hat{\alpha} = [a \quad b_2 \quad \cdots \quad b_N]^{\mathrm{T}}$ 为GM(1,N)灰色微分方程的参数列,根据最小二乘法可以得出:

$$\hat{\alpha} = (B^{\mathrm{T}}B)^{-1}B^{\mathrm{T}}Y$$

其中:

$$B = \begin{bmatrix} -z_1^{(1)}(2) & x_2^{(1)}(2) & \cdots x_N^{(1)}(2) \\ -z_1^{(1)}(3) & x_2^{(1)}(3) & \cdots x_N^{(1)}(3) \\ \cdots & & \cdots \\ -z_1^{(1)}(n) & x_2^{(1)}(n) & \cdots x_N^{(1)}(n) \end{bmatrix}$$

$$Y = [x_1^{(0)}(2) \quad x_1^{(0)}(3) \quad \cdots \quad x_1^{(0)}(n)]^{\mathrm{T}}$$

$$\frac{\mathrm{d}x_1^{(1)}}{\mathrm{d}t} + ax_1^{(1)} = b_2x_2^{(1)} + b_3x_3^{(1)} + \cdots + b_Nx_N^{(1)} \tag{4-13}$$

式(4-10)是 GM(1,N)灰色微分方程(4-9)的白化方程。

求解白化方程：

$$x_1^{(1)}(t) = \mathrm{e}^{-at}\left[\sum_{i=2}^{N}\int b_i x_i^{(1)}(t)\mathrm{e}^{at}\mathrm{d}t + x_1^{(1)}(0) - \sum_{i=2}^{N}\int b_i x_i^{(1)}(0)\mathrm{d}t\right]$$

$$= \mathrm{e}^{-at}\left[x_1^{(1)}(0) - t\sum_{t=2}^{N} b_i x_i^{(1)}(0) + \sum_{i=2}^{N}\int b_i x_i^{(1)}(t)\mathrm{e}^{at}\mathrm{d}t\right]$$

$X_i^{(1)}(i=1,2,\cdots,N)$变化表小时，$\sum_{i=2}^{N} b_i x_i^{(1)}(k)$是灰常量。

GM(1,N)灰色微分方程(4-9)的近似时间响应式为：

$$\hat{x}_1^{(1)}(k+1) = \left[x_1^{(1)}(0) - \frac{1}{a}\sum_{i=2}^{N} b_i x_i^{(1)}(k+1)\right]\mathrm{e}^{-ak} + \frac{1}{a}\sum_{i=2}^{N} b_i x_i^{(1)}(k+1) \quad (4\text{-}14)$$

其中 $x_1^{(1)}(0)$取为 $x_1^{(0)}(1)$。

累减还原式为：

$$\hat{x}_1^{(0)}(k+1) = \hat{x}_1^{(1)}(k+1) - \hat{x}_1^{(1)}(k)$$

2)交变荷载-硫酸盐腐蚀作用下混凝土力学性能预测模型

(1)模型的建立。

通过对交变荷载-硫酸盐腐蚀作用下混凝土影响因素分析可知：交变荷载与硫酸盐腐蚀作用下混凝土抗腐蚀疲劳性能与硫酸盐浓度、应力水平、水灰比和腐蚀龄期等影响因素存在一定的关系，但这种关系并不明确。将各影响因素取值范围作为灰色量，各影响因素与混凝土抗腐蚀疲劳性能构成一个灰色系统，因此可以采用灰色理论建立交变荷载与硫酸盐腐蚀作用下混凝土力学性能预测模型。选取腐蚀疲劳因子预测模型参数：硫酸盐浓度 C、应力水平 S、水灰比 W/C。计算过程按 4.5.1 节进行，鉴于篇幅，本节略简。

通过计算得交变荷载-硫酸钠腐蚀作用下水泥混凝土力学性能预测模型简化式：

$$\mathrm{CFF}_{\mathrm{Na_2SO_4}} = 2.8927\frac{W}{C} + 0.84483U - 0.29362S - 0.00153D$$

同理，交变荷载-硫酸镁腐蚀作用下水泥混凝土力学性能预测模型简化式：

$$\mathrm{CFF}_{\mathrm{MgSO_4}} = 2.743\frac{W}{C} + 0.8U - 0.2223S - 0.00117D$$

(2)性能预测模型及适用性验证。

表 4-21 和表 4-22 分别为 GM(1,4)交变荷载-Na_2SO_4($MgSO_4$)溶液作用下混凝土性能预测结果及相对误差。

GM(1,4)交变荷载-Na_2SO_4溶液作用下混凝土性能预测结果及相对误差　　表4-21

编号	水灰比 *W/C*	硫酸盐浓度 *U*	应力水平 *S*	腐蚀天数 *T*	试验值 CFF	计算值	相对误差
1	0.38	5%	60%	30	0.950	0.919	-3.22%
2	0.38	5%	60%	60	0.935	0.873	-6.58%
3	0.38	5%	60%	90	0.900	0.828	-8.04%
4	0.38	5%	60%	120	0.851	0.782	-8.14%
5	0.38	5%	60%	150	0.761	0.736	-3.31%
6	0.38	5%	60%	180	0.677	0.690	1.90%
7	0.38	10%	60%	30	0.967	0.962	-0.55%
8	0.38	10%	60%	60	0.942	0.916	-2.79%
9	0.38	10%	60%	90	0.877	0.870	-0.82%
10	0.38	10%	60%	120	0.827	0.824	-0.37%
11	0.38	10%	60%	150	0.684	0.778	13.75%
12	0.38	10%	60%	180	0.586	0.732	24.94%
13	0.38	10%	20%	30	1.016	1.079	6.21%
14	0.38	10%	20%	60	0.999	1.033	3.42%
15	0.38	10%	20%	90	0.997	0.987	-0.97%
16	0.38	10%	20%	120	0.973	0.941	-3.25%
17	0.38	10%	20%	150	0.927	0.895	-3.40%
18	0.38	10%	20%	180	0.850	0.850	-0.05%
19	0.38	10%	40%	30	1.000	1.020	2.04%
20	0.38	10%	40%	60	1.006	0.974	-3.14%
21	0.38	10%	40%	90	0.984	0.929	-5.63%
22	0.38	10%	40%	120	0.962	0.883	-8.25%
23	0.38	10%	40%	150	0.920	0.837	-9.05%
24	0.38	10%	40%	180	0.858	0.791	-7.83%
25	0.35	10%	60%	30	0.982	0.875	-10.91%
26	0.35	10%	60%	60	0.955	0.829	-13.20%
27	0.35	10%	60%	90	0.933	0.783	-16.07%

续上表

编号	水灰比 *W/C*	硫酸盐浓度 *U*	应力水平 *S*	腐蚀天数 *T*	试验值 CFF	计算值	相对误差
28	0.35	10%	60%	120	0.851	0.737	-13.38%
29	0.35	10%	60%	150	0.796	0.691	-13.16%
30	0.35	10%	60%	180	0.663	0.645	-2.66%
31	0.41	10%	60%	30	0.961	1.048	9.10%
32	0.41	10%	60%	60	0.904	1.003	10.90%
33	0.41	10%	60%	90	0.856	0.957	11.75%
34	0.41	10%	60%	120	0.768	0.911	18.58%
35	0.41	10%	60%	150	0.589	0.865	46.83%

GM(1,4)交变荷载-**$MgSO_4$**溶液作用下混凝土性能预测结果及相对误差　表4-22

编号	水灰比 *W/C*	硫酸盐浓度 *U*	应力水平 *S*	腐蚀天数 *T*	试验值 CFF	计算值	相对误差
1	0.38	5%	60%	30	0.936	0.914	-2.37%
2	0.38	5%	60%	60	0.912	0.879	-3.64%
3	0.38	5%	60%	90	0.891	0.844	-5.31%
4	0.38	5%	60%	120	0.865	0.809	-6.52%
5	0.38	5%	60%	150	0.805	0.773	-3.92%
6	0.38	5%	60%	180	0.726	0.738	1.70%
7	0.38	10%	60%	30	0.98	0.954	-2.67%
8	0.38	10%	60%	60	0.926	0.919	-0.78%
9	0.38	10%	60%	90	0.883	0.884	0.07%
10	0.38	10%	60%	120	0.848	0.849	0.07%
11	0.38	10%	60%	150	0.719	0.813	13.14%
12	0.38	10%	60%	180	0.664	0.778	17.22%
13	0.38	10%	20%	30	1.000	1.043	4.28%
14	0.38	10%	20%	60	0.997	1.008	1.07%

续上表

编号	水灰比 W/C	硫酸盐浓度 U	应力水平 S	腐蚀天数 T	试验值 CFF	计算值	相对误差
15	0.38	10%	20%	90	0.979	0.973	-0.66%
16	0.38	10%	20%	120	0.968	0.937	-3.15%
17	0.38	10%	20%	150	0.944	0.902	-4.41%
18	0.38	10%	20%	180	0.907	0.867	-4.38%
19	0.38	10%	40%	30	1.006	0.998	-0.76%
20	0.38	10%	40%	60	1.003	0.963	-3.97%
21	0.38	10%	40%	90	0.959	0.928	-3.22%
22	0.38	10%	40%	120	0.934	0.893	-4.39%
23	0.38	10%	40%	150	0.872	0.858	-1.61%
24	0.38	10%	40%	180	0.831	0.823	-0.98%
25	0.35	10%	60%	30	0.950	0.872	-8.26%
26	0.35	10%	60%	60	0.925	0.836	-9.57%
27	0.35	10%	60%	90	0.907	0.801	-11.65%
28	0.35	10%	60%	120	0.869	0.766	-11.82%
29	0.35	10%	60%	150	0.820	0.731	-10.83%
30	0.35	10%	60%	180	0.736	0.696	-5.43%
31	0.41	10%	60%	30	0.945	1.036	9.65%
32	0.41	10%	60%	60	0.904	1.001	10.74%
33	0.41	10%	60%	90	0.841	0.966	14.86%
34	0.41	10%	60%	120	0.798	0.931	16.65%
35	0.41	10%	60%	150	0.732	0.865	18.14%

图4-87和图4-88为GM(1,4)性能预测值和实测值的对比图,通过图4-87和图4-88,可以看到,数据的相对误差较小,表明预测值离散性相对较小,与实测值吻合较好。因此,该性能预测模型合理。

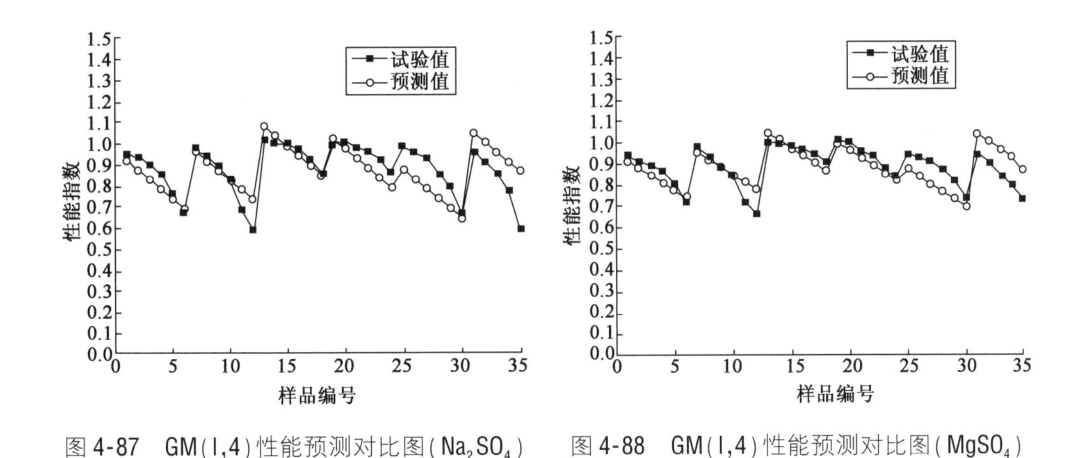

图4-87　GM(1,4)性能预测对比图(Na_2SO_4)　　图4-88　GM(1,4)性能预测对比图($MgSO_4$)

4.3　交变荷载作用下混凝土中硫酸根离子迁移

目前,混凝土受硫酸盐侵蚀的模型比较多,有基于数理统计方法的经验模型,也有基于侵蚀离子传输特性的机理模型,但大多数模型建立在单一硫酸盐腐蚀环境的基础上,并没有考虑到交变荷载对硫酸根离子传输规律的影响,得到的硫酸盐传输模型不能反映实际工况下水泥混凝土硫酸根离子传输规律,并且在荷载与硫酸盐腐蚀共同作用下硫酸根离子传输研究也仅停留在化学分析研究的基础上,然而室内试验研究受试验条件和试验人员素质的影响较大,交变荷载与硫酸盐腐蚀共同作用下混凝土性能劣化试验结果具有一定差异性。因此,深入讨论了交变荷载作用下混凝土中硫酸盐根离子的迁移规律,数值模拟硫酸盐溶液在混凝土中的扩散行为,建立交变荷载作用下混凝土硫酸盐离子迁移规律的数学模型,探讨模型参数侵蚀溶液浓度、加载条件(应力水平、加载频率)、材料参数(水灰比)等对硫酸根离子迁移规律的影响,为建立交变荷载与硫酸盐侵蚀联合作用下混凝土膨胀内应力响应模型及寿命预测打下了基础。

4.3.1　硫酸盐腐蚀化学反应与反应生成物含量

1)生成膨胀结晶产物的化学反应

钙矾石膨胀晶体是 SO_4^{2-} 离子侵蚀混凝土并导致其破坏的根本原因。现详细分析 SO_4^{2-} 离子与水泥石组分发生化学反应生成钙矾石的过程。

水泥混凝土中的氢氧化钙[$Ca(OH)_2$]和铝酸三钙(C_3A)最容易遭受硫酸钠的侵蚀。当硫酸根离子进入混凝土后,将与混凝土内部的 $Ca(OH)_2$ 和 C_3A 发生化学反应,生成单硫型硫铝酸钙($C_4A\bar{S}H_{12}$)。当 $Ca(OH)_2$ 和二水石膏($CaSO_4 \cdot 2H_2O$)共同存在的条件下,$C_4A\bar{S}H_{12}$将转变成 $C_6A\bar{S}_3H_{32}$(钙矾石)。

SO_4^{2-} 与 $Ca(OH)_2$ 发生化学反应生成 $CaSO_4 \cdot 2H_2O$,同时水泥中铝酸三钙与氢氧化钙发生反应生成的稳定相水化铝酸钙(C_3AH_6),反应方程式为:

$$2Na_2SO_4 + CH + 2H = C\bar{S}H_2 + 2Na_2(OH)_2$$

$$C_3A + CH + 12H = C_4AH_{13} \tag{4-15}$$

膨胀产物钙矾石($C_6A\bar{S}_3H_{32}$)是经过复杂的多次反应生成的,有些 $C_6A\bar{S}_3H_{32}$是$CaSO_4 \cdot 2H_2O$ 与 C_3A 直接生成的($CaSO_4 \cdot 2H_2O$ 含量充足),另外的则是二者的反应生成物与它们反应生成的,现将其称为生成钙矾石($C_6A\bar{S}_3H_{32}$)的一次反应和二次反应。

(1)一次反应。

$C\bar{S}H_2$ 与 C_3A 反应生成 $C_6A\bar{S}_3H_{32}$,其反应方程式为:

$$C_3A + 3C\bar{S}H_2 + 26H = C_6A\bar{S}_3H_{32} \tag{4-16}$$

(2)二次反应。

①钙矾石($C_6A\bar{S}_3H_{32}$)与铝酸三钙(C_3A)反应生成单硫型硫铝酸钙($C_4A\bar{S}H_{12}$),$C_4A\bar{S}H_{12}$再与$CaSO_4 \cdot 2H_2O$ 生成 $C_6A\bar{S}_3H_{32}$。

②水化铝酸钙(C_4AH_{13})与石膏反应生成钙矾石。

钙矾石生成的二次反应方程式为:

$$C_4AH_{13} + 3C\bar{S}H_2 + 14H = C_6A\bar{S}_3H_{32} + CH$$

$$C_4A\bar{S}H_{12} + 2C\bar{S}H_2 + 16H = C_6A\bar{S}_3H_{32} \tag{4-17}$$

可以看出,生成钙矾石的反应物质来源于水泥石中的未水化的铝酸三钙(C_3A)、水化铝酸钙(C_4AH_{13})和单硫型硫铝酸钙($C_4A\bar{S}H_{12}$)与石膏($C\bar{S}H_2$)反应生成的,反应方程式如下:

$$C_3A + 3C\bar{S}H_2 + 26H = C_6A\bar{S}_3H_{32}$$

$$C_4AH_{13} + 3C\bar{S}H_2 + 14H = C_6A\bar{S}_3H_{32} + CH$$

$$C_4A\bar{S}H_{12} + 2C\bar{S}H_2 + 16H = C_6A\bar{S}_3H_{32} \tag{4-18}$$

简化上述反应式,得:$P_i + \lambda\bar{S} + nH \rightarrow C_6A\bar{S}_3H_{32}$($P_i$ 为生成钙矾石的含铝相,$\bar{S}$ 代表石膏,λ 为石膏的反应系数,n 为水的反应系数。

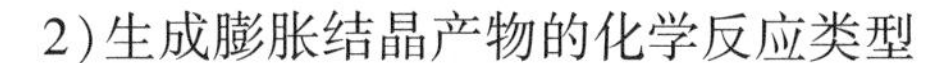

2)生成膨胀结晶产物的化学反应类型

(1)通过溶液反应。

Na_2SO_4 盐溶于水,变成 Na_2SO_4 溶液时,其侵蚀混凝土的过程是通过溶液反应进行的,即所有的反应物溶解在水中再发生化学反应。但 Na_2SO_4 溶液侵蚀混凝土时,首先发生化学反应,假设其属于通过溶液的反应:氢氧化钙(CH)先从混凝土孔隙壁溶解于孔隙溶液中,然后与通过连通孔隙传输进来的SO_4^{2-} 发生反应生成石膏($C\bar{S}H_2$)。研究认为,$C\bar{S}H_2$与 CH 的体积差异可以忽略不计,主要是因为混凝土中的毛细管及由 CH 溶解时所释放的空间形成互补,因而认为此阶段反应并不会导致混凝土发生膨胀。也有研究认为 $C\bar{S}H_2$ 晶体在混凝土孔隙中生长对混凝土孔隙壁产生膨胀内应力作用,但由于 $C\bar{S}H_2$ 的弹性模量比混凝土小得多,其对混凝土产生的膨胀作用影响不大。美国学者 Bellmann 等研究了不同硫酸盐溶液浓度对石膏生成的影响,结果表明,在野外实际条件下对试件性能影响并不显著。综合考虑上一章对侵蚀产物研究的结论,考虑到大多数野外实际硫酸根离子侵蚀浓度水平下一般以生成钙矾石为主,因此本章模型的建立将主要考虑侵蚀产物钙矾石的膨胀作用。

(2)拓扑化学反应。

拓扑化学反应,即固体与固体的化学反应,并认为在反应过程中,产物晶体直接在某一反应固体物表面生长。当混凝土受到 Na_2SO_4 盐溶液侵蚀时,首先在溶液中发生反应生成 $C\bar{S}H_2$,生成的 $C\bar{S}H_2$ 继续与水泥石中的含铝相($C_4A\bar{S}H_{12}$、C_4AH_{13}、C_3A)反应生成钙矾石,假设此阶段的反应属于拓扑化学反应,则生成的钙矾石晶体直接在含铝相表面生长,一旦孔隙被钙矾石填充到一定程度时,将对混凝土产生比较大的膨胀压应力。

3)主要反应物的含量计算

(1)侵蚀硫酸盐浓度

当SO_4^{2-} 离子侵蚀混凝土时,溶液中的硫酸根离子浓度并不等价于混凝土中硫酸根的侵蚀浓度,因为混凝土材料是多孔多相材料,SO_4^{2-} 离子只有通过与外界连通孔隙才能渗入混凝土内部,故实际的侵蚀浓度是透过连通孔隙的这一部分SO_4^{2-} 的浓度,设硫酸盐原始浓度为$[SO_4^{2-}]$,则 SO_4^{2-} 的侵蚀浓度 U_0 为:

$$U_0 = \phi_0[SO_4^{2-}] \tag{4-19}$$

式中:ϕ_0——混凝土的原始孔隙率。

(2)铝酸钙盐浓度。

由前面的分析可以知道,钙矾石($C_6A\bar{S}_3H_{32}$)是由含铝相($C_4A\bar{S}H_{12}$、C_4AH_{13}、C_3A)

与石膏($C\bar{S}H_2$)反应生成,通过这三种物质的浓度的计算就可以得到钙矾石的生成量,C_3A 对钙矾石的生成起主要作用,因为实际上水泥石中含有未水化的 C_3A 和水化产物 C_4AH_{13} 都会与石膏反应生成 $C_4A\bar{S}H_{12}$。

假设水泥中初始的 C_3A 的含量为 U_{C_3A},水泥中掺入石膏的含量为 $U_{\bar{S}}$,水泥的水化程度为 α,则未水化的 U_{C_3A} 的量为 $(1-\alpha)U_{C_3A}$,水化后的 C_3A 生成 C_4AH_{13}、$C_4A\bar{S}H_{12}$ 浓度分别为:$U_{C_4AH_{13}}$、$U_{C_4A\bar{S}H_{12}}$。

根据钙矾石的二次生成反应可知,$C_4A\bar{S}H_{12}$ 生成量是水化的 C_3A 和 $C\bar{S}H_2$ 含量的最小值,即:

$$U_{C_4A\bar{S}H_{12}} = \min(aU_{C_3A}, U_{\bar{S}}) \tag{4-20}$$

C_4AH_{13} 含量是生成 $C_4A\bar{S}H_{12}$ 后剩余的水化了的 C_3A 生成的,这样就得到了 C_4AH_{13} 的浓度是:

$$U_{C_4AH_{13}} = \max(\alpha U_{C_3A} - U_{C_4A\bar{S}H_{12}}, 0) \tag{4-21}$$

所以钙矾石 $C_6A\bar{S}_3H_{32}$ 的生成总量 U_{AFt} 是 C_3A、$C_4A\bar{S}H_{12}$、C_4AH_{13} 三种物质的含量总和,即:

$$U_{AFt} = (1-a)U_{C_3A} + U_{C_4AH_{13}} + UC_4A\bar{S}H_{12} \tag{4-22}$$

4.3.2 交变荷载作用下硫酸根离子扩散反应过程

1)硫酸盐根离子扩散反应过程

当由水泥混凝土构成的板、水泥路面等工程结构物在处于硫酸盐环境中时,环境中的 SO_4^{2-} 离子会从混凝土板构件的表面向内部扩散,扩散过程如图 4-89 所示,设其厚度方向为 X,构件厚度是 L,SO_4^{2-} 沿着板或墙的两面对称地向内部扩散,这就等效为 SO_4^{2-} 离子在混凝土结构的一维模型,基于环境中的 SO_4^{2-} 离子一般是相同的,而模型又是对称的,所以只要知道 SO_4^{2-} 离子侵蚀混凝土的模型的一维对称模型 $L/2$ 范围内 SO_4^{2-} 离子分布,也就相应地知道了整个构件内离子的侵蚀情况。

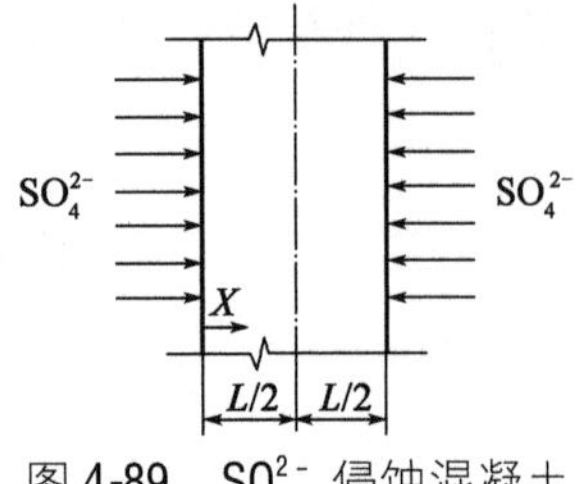

图 4-89 SO_4^{2-} 侵蚀混凝土一维模型示意图

固体物理学中的 Fick 定律能成功地解释离子扩散、热扩散等扩散现象,是经典的关于扩散宏观理论的基础。Fick 定律具体内容如下:设扩散如图 4-89 中 X 方向进行,单位时间内通过垂直于方向的单位面积扩散的量(扩散流)决定与扩散物质浓度 U 的梯度,即:

$$J = - D\frac{\mathrm{d}U}{\mathrm{d}X}$$
$$\frac{\mathrm{d}U}{\mathrm{d}T} = \frac{\partial}{\partial X}\left(D\frac{\partial U}{\partial X}\right) \tag{4-23}$$

式中：U——物质的浓度，相当于物质单位体积的摩尔数；

X——扩散方向的距离；

J——相应的扩散流；

D——扩散系数。

上式分别为 Fick 第一定律和第二定律，其中第一定律只适合于稳态扩散 $\mathrm{d}U/\mathrm{d}t = 0$，第二定律则是第一定律的扩充，描述的也是一种稳态扩散过程。在硫酸根离子侵蚀混凝土过程中应用 Fick 第二定律的前提条件是：均质材料、硫酸根离子不与材料发生化学反应，硫酸根离子的扩散系数恒定不变。实际扩散过程中，混凝土材料很难满足这些条件，其一是硫酸根离子在整个侵蚀过程中是参与到水泥石的化学反应中，其二，SO_4^{2-} 离子在混凝土结构物中的扩散系数不是恒定不变的，通过试验测试，发现扩散系数是随时间和温度而变化的，为了更准确地描述SO_4^{2-} 离子在混凝土中的扩散行为，有必要对 Fick 第二定律的扩散系数进行修正。

文献对混凝土孔隙率与硫酸根离子扩散系数的关系进行了研究，采用孔隙率 ϕ 对混凝土硫酸根离子扩散系数 D 进行了表征：

$$D = \phi \cdot D' \tag{4-24}$$

$$D' = \frac{RT}{z^2F^2}\left[1 - \frac{z^2e^2}{16\pi\varepsilon_0\varepsilon_r kT} \cdot \frac{\kappa}{(1+\kappa a)^2}\right]\Lambda_m \tag{4-25}$$

其中：
$$\kappa = zF\sqrt{\frac{2U}{\varepsilon_0\varepsilon_r RT}}$$

$$\Lambda_m = \Lambda_m^0 - \frac{z^2eF^2}{3\pi}\sqrt{\frac{1}{\varepsilon_0\varepsilon_r RT}}\left[\left(\frac{\sqrt{2}}{\eta_0} + \frac{(\sqrt{2}-1)z}{4\varepsilon_0\varepsilon_r RT} \cdot \Lambda_m{}^0\right)\sqrt{U} + \frac{(2-\sqrt{2})z^3eF^2}{12\pi\eta_0\varepsilon_0\varepsilon_r RT} \cdot \sqrt{\frac{1}{\varepsilon_0\varepsilon_r RT}} \cdot U\right]$$

式中：R——普适气体常量，8.31451J/kmol；

T——环境温度，298K；

z——硫酸根离子的化合价，取为 2；

F——Faraday 常数，9.64853×10^4C/mol；

e——单位电荷，1.60218×10^{-19}C；

ε_0——真空介电常数，8.85419×10^{-12}F/m；

ε_r——相对介电常数，为 78.54；

U——Bolzmannn 常数,1.38066×10^{-23}J/K;

a——硫酸根离子半径,2.58×10^{-10}m;

Λ_{m}^{0}——无限稀释硫酸根离子摩尔导电率,8.000×10^{-3}Sm²/mol;

η_0——水的黏滞系数,8.91×10^{-4}kg/ms。

空隙率 ϕ 计算式是:

$$\phi = \max(f_c \cdot \frac{\frac{W}{C} - 0.36\alpha}{\frac{W}{C} + 0.32}, 0) \tag{4-26}$$

式中:f_c——水泥的体积分数;

W/C——水灰比;

α——水泥水化程度。

水化程度为 α 的计算式是:

$$\alpha = 1 - 0.5[(1 + 1.67t)^{-0.6} + (1 + 0.29t)^{-0.48}]$$

式中:t——自水化开始后所消耗的时间。

当硫酸根离子的浓度 $U_0 < 20\text{mol/m}^3$,环境温度为25℃时,代入上面各参数可以简化得到任意位置点 X_i 及任意时间点 T_j 的扩散系数 $D_{i,j}$和浓度 $U_{i,j-1}$以及孔隙率 $\phi_{i,j}$之间的关系为:

$$D_{i,j} = \phi_{i,j}(5.3231 - 1.6079\sqrt{U_{i,j-1}} + 0.0918U_{i,j-1} + 0.0448U_{i,j-1}\sqrt{U_{i,j-1}}) \times 10^{-10} \tag{4-27}$$

2)交变荷载作用下硫酸盐根离子扩散反应过程

(1)交变荷载表征参数 D_t 的引入。

①扩散途径的划分。

根据非稳态扩散理论,当硫酸根离子侵蚀混凝土时,硫酸根离子将逐渐扩散到混凝土的内部,并与混凝土内部水化产物发生化学反应,混凝土内部孔壁将产生膨胀压力,当膨胀压力大于混凝土极限抗拉强度时,混凝土将发生破坏。图4-90表示当混凝土承受交变荷载作用时,交变荷载导致微裂纹的产生,带有微裂纹混凝土材料可以分为混凝土基体和裂缝两部分。硫酸根离子在混凝土中的扩散途径可以划分为在基体中的扩散和在裂纹中的扩散,见图4-91。因此,硫酸根离子在基体中的扩散系数 D_m 和在裂缝中的扩散系数 D_c 决定了交变荷载作用下混凝土的有效扩散系数 D_t。从图4-92和图4-93表示当交变荷载作用在混凝土试件上,加载时,混凝土微裂纹张开,在裂纹的尖端将产生真空,硫酸盐溶液将泵吸入混凝土裂纹中;卸载时,混凝土两端受自身拉应力的作用,微裂纹自动闭合,裂纹中的盐溶液喷射出去。在交变荷载的反复作用下,微裂纹附近形成的“紊动扩散”极大地提高了硫酸根离子的扩散速率。

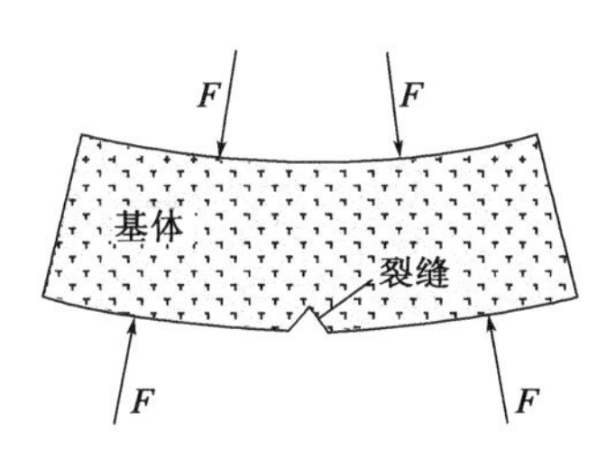

图 4-90　混凝土基体与裂缝

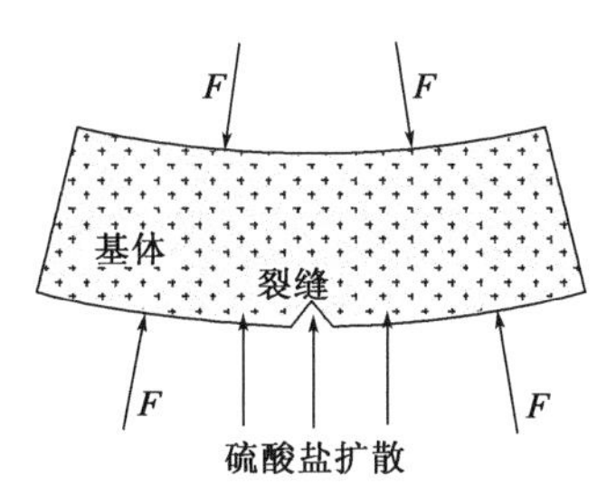

图 4-91　扩散路径

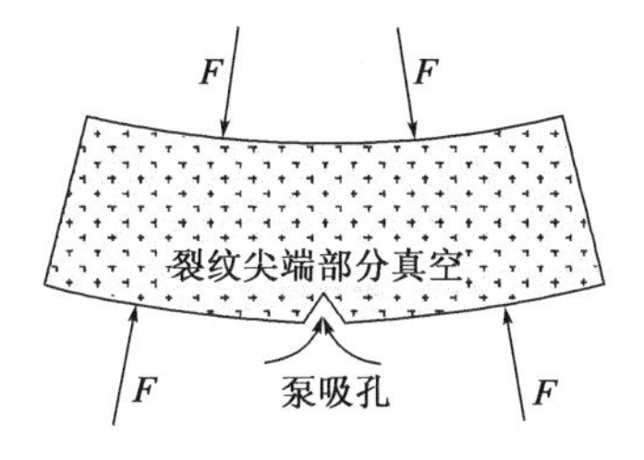

图 4-92　受力后吸入作用

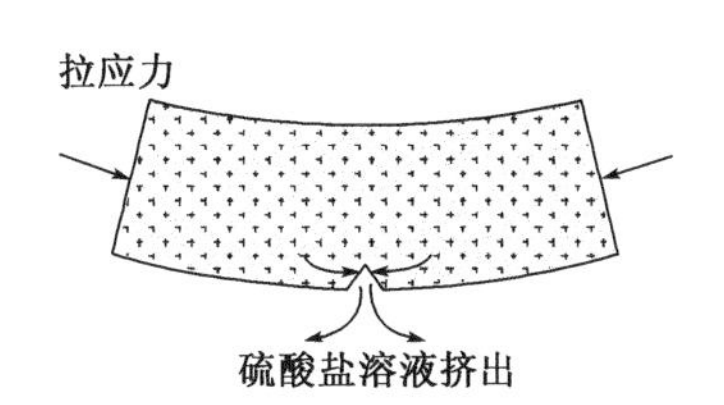

图 4-93　恢复后排出作用

②基于裂纹因子的扩散系数表征。

假设混凝土材料初始时是均质固体,无微裂纹,在初始阶段过程中可以认为硫酸盐溶液是均匀侵蚀。交变产生的裂纹被水所填充,可以认为硫酸盐在裂纹中的扩散为在水中的扩散。所以硫酸盐溶液在混凝土的扩散可以认为在均质材料中的扩散和水中扩散。在承受交变荷载时,混凝土板底部中心处为最薄弱点,即混凝土在硫酸盐侵蚀与交变荷载耦合作用下,此处最先产生开裂破坏。交变荷载作用下混凝土底部裂纹如图 4-90 所示,并且裂纹方向与硫酸盐侵蚀方向一致,如图 4-94 所示,硫酸盐侵蚀方向与混凝土开裂方向都为垂直于混凝土板方向上。其中 H_c 为棱柱体裂纹宽度,H_m 为混凝土基体间距。

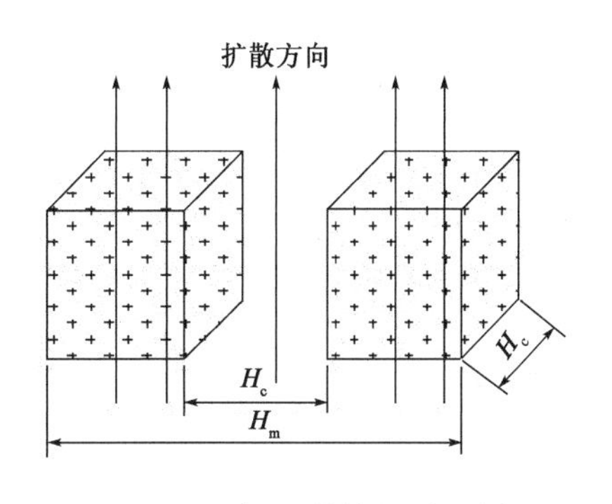

图 4-94　混凝土基体与裂缝划分

由图 4-94 可知,混凝土单位微元的体积 $\Delta V_{concrete}$ 为:

$$\Delta V_{concrete} = H_m \times H_c \tag{4-28}$$

裂纹面积 S_c 为:

$$S_c = \frac{\pi H_c^2}{4} \tag{4-29}$$

假设硫酸盐在混凝土基体材料中的扩散系数为 D_m，在裂纹中的扩散系数为（裂纹中填充满水）D_c，在整个混凝土材料中（包括基体和裂纹）的有效扩散系数为 D_t。其中 D_m 是位置、时间的函数 $D_m(x,t)$，可以通过 matlab 软件建立单一硫酸盐侵蚀模型而得到，D_m 的数量级在 $10^{-12}m^2/s$；D_c 是硫酸盐在水中的扩散系数，是硫酸盐浓度的函数，同时受外力作用的影响，由于外力作用，硫酸盐离子原有的运动规律受到破坏，呈现"杂乱无章的运动"，运动中产生大小不等的漩涡，即湍流运动，能极大地提高硫酸盐在水中的扩散系数。考虑到交变荷载的作用，使得裂纹中的扩散变为"紊态扩散"，此处 D_c 取为 $1.73 \times 10^{-10}m^2/s$（温度 25℃），因此，裂纹中扩散系数远大于基体材料中的扩散系数。

在扩散过程中，混凝土单位微元扩散通量为基体和裂缝中分量之和除以总面积：

$$J_t = \frac{J_c S_c + J_m S_m}{S_c + S_m} \tag{4-30}$$

式中：J_t——总扩散通量[mol/(m² · s)]；

J_c——裂纹扩散通量[mol/(m² · s)]；

J_m——混凝土基体扩散通量[mol/(m² · s)]；

S_c、S_m——与扩散通量 J_c、J_m 正交的裂纹面积和基体面积。

扩散通量可以表示为扩散化学势乘以扩散系数，见式(4-31)～式(4-33)：

$$J_t = -D_t \times \mu \tag{4-31}$$

$$J_c = D_c \times \mu \tag{4-32}$$

$$J_m = D_m \times \mu \tag{4-33}$$

式中：μ——扩散化学势(mol/s)。

有效扩散系数 D_t 与裂纹中扩散系数 D_c 和基体混凝土中扩散系数 D_m 的关系由式(4-30)和式(4-33)推出：

$$D_t = \frac{D_c S_c + D_m S_m}{S_c + S_m} \tag{4-34}$$

即

$$\frac{D_t}{D_m} = \frac{D_c S_c / D_m + S_m}{S_c + S_m} \tag{4-35}$$

当 $\beta = \frac{裂纹面积}{总面积}$，可得到：

$$\beta = \frac{S_c}{S_c + S_m} = \frac{\pi H_c}{4H_m} = 0.785\frac{H_c}{H_m} \tag{4-36}$$

当 $\varepsilon_1=\dfrac{H_c}{H_m}$,可得到:

$$\beta = 0.785\varepsilon_1 \tag{4-37}$$

式中:ε_1——裂纹因子。

由式(4-35)、式(4-36)、式(4-37)可以得到:

$$\frac{D_t}{D_m} = 1 + \frac{S_c}{S_c + S_m}\left(\frac{D_c}{D_m} - 1\right) = 1 + 0.785\varepsilon_1 \times \frac{D_c}{D_m} - 0.785\varepsilon_1 \tag{4-38}$$

即

$$D_t = \left(1 + 0.785\varepsilon_1 \times \frac{D_c}{D_m} - 0.785\varepsilon_1\right) \times D_m \tag{4-39}$$

③交变荷载的引入。

交变荷载作用加速了混凝土的疲劳损伤,根据混凝土疲劳损伤劣化机理,混凝土损伤过程分为三个阶段,在第二个阶段后混凝土原生微裂纹稳定扩展,并逐渐连通成为整体形成新的裂纹,产生残余变形,损伤开始。因此,可以用残余应变来表征混凝土的疲劳损伤。假设混凝土试件在 T_1 时间内因承受交变荷载产生的残余变形为 δ_1,而残余变形是塑性变形和裂纹引起的,可以将它等价为疲劳荷载作用下产生的横向微裂纹最大宽度,即 $\delta_1=L_{cone}$,将裂纹均一化为圆柱形裂纹,则 $L_{cone}=\dfrac{\delta_1}{2}$,如图4-95所示。

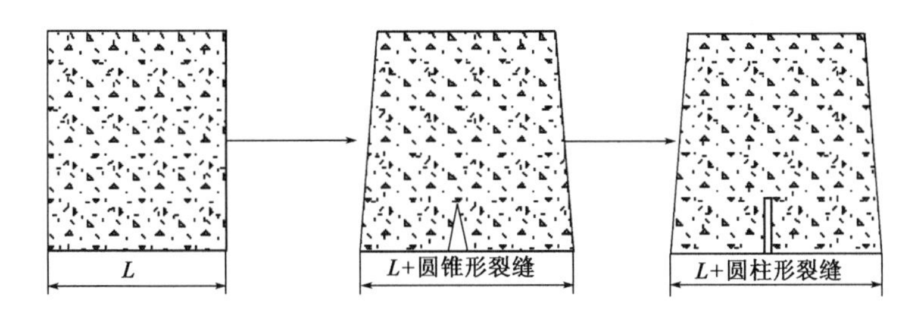

图4-95　混凝土裂纹的均一化

交变荷载作用下裂纹因子与残余变形的关系可表示为:

$$\varepsilon_1 = \frac{H_c}{H_m} = \frac{\delta_1/2}{L + \delta_1/2}$$

$$\varepsilon_2 = \frac{1}{\varepsilon_1},可得\ \varepsilon_2 = 1 + \frac{2L}{\delta_1} = 1 + \frac{2}{\varepsilon_n^p}$$

$$\varepsilon_1 = 1/\left(1 + \frac{2}{\varepsilon_n^p}\right) \tag{4-40}$$

式中:L——混凝土单元的初始长度;

ε_n^p——混凝土在疲劳荷载作用 n 次后的残余变形。

混凝土裂纹因子可以用交变荷载作用时间和作用次数表示：

$$\varepsilon_1 = 1/(1 + \frac{2}{\varepsilon_n^p})$$

式中，$\varepsilon_n^p = F(T, n)$，其中，$T$ 是荷载作用时间，n 是加载次数。

研究表明，混凝土疲劳方程可以表示如下：

$$S = a - b \cdot \lg N \tag{4-41}$$

式中：S——疲劳荷载最大应力水平；

a、b——试验常数；

N——最大应力水平为 S 时的极限疲劳寿命。

假设混凝土疲劳损伤过程的第一、二阶段残余变形均发生线性变化，并且这两个阶段的疲劳循环寿命约占整个疲劳过程的 90%。

$$\frac{n}{0.9N_f} = \frac{\varepsilon_n^p}{\varepsilon_B^p} \tag{4-42}$$

式中：ε_B^p——混凝土疲劳损伤过程中第二发展阶段结束时对应的残余应变；

N_f——混凝土在疲劳荷载作用下损伤破坏时的循环寿命，可由式(4-41)得到。

由式(4-41)、式(4-42)可得 $\frac{24n_h}{0.9 \times 10^{(a-s)/b}} = \frac{\varepsilon_n^p}{\varepsilon_B^p}$，$n_h$ 为每小时加载次数，即疲劳荷载作用 n 次后残余变形 $\varepsilon_n^p = \frac{24n_h \times \varepsilon_B^p}{0.9 \times 10^{(a-s)/b}}$

由式(4-39)代入式(4-36)就可以得到混凝土在承受动荷载作用下裂纹因子倒数与疲劳损伤历程的函数关系：

$$\varepsilon_2 = 1 + \frac{2}{\varepsilon_n^p} = 1 + \frac{2}{\frac{24n_h \times \varepsilon_B^p}{0.9 \times 10^{(a-s)/b}}} = 1 + \frac{2 \times 0.9 \times 10^{(a-s)/b}}{24n_h \times \varepsilon_B^p} \tag{4-43}$$

$\varepsilon_2(t)$ 为 t 时刻的裂纹因子的倒数。

将式(4-40)中裂纹因子的倒数 ε_2，代入到式(4-39)中就可以得到：

$$\begin{aligned} D_t &= (1 + 0.785\xi_1 \frac{D_c}{D_m} - 0.785\xi_1) \times D_m \\ &= D_m + 0.785D_c \frac{24n_h \times \varepsilon_B^p}{24n_h \times \varepsilon_B^p + 2 \times 0.9 \times 10^{(a-s)/b}} - \\ &\quad 0.785 \times \frac{24n_h \times \varepsilon_B^p}{24n_h \times \varepsilon_B^p + 2 \times 0.9 \times 10^{(a-s)/b}} \cdot D_m \end{aligned} \tag{4-44}$$

(2)交变荷载作用下混凝土硫酸盐侵蚀扩散反应方程的建立。

假设 SO_4^{2-} 在混凝土板、墙中的扩散为一维扩散行为,SO_4^{2-} 离子仅沿厚度方向变化,板上面加载交变应力,则 Fick 定律的一维扩散形式为:

$$\begin{aligned} \frac{\partial U}{\partial T} &= D_t(X,T)\frac{\partial^2 U}{\partial X^2} \\ D(X,T) &= f(X,T,s,n_h,W/C,\cdots) \end{aligned} \tag{4-45}$$

式中:U——物质的浓度;

T——反应的时间;

X——一维模型的空间位置。

任意点的浓度表示为 $U(X,T)$,任意点扩散系数表示为 $D_t(X,T)$,根据上述引入交变荷载和混凝土原始材料特征参数扩散系数是荷载应力水平、加载频率、水灰比等参数的函数。Fick 第二定律反应的是物质扩散的过程,实际上SO_4^{2-} 在扩散的过程中在不断地进行反应与转换,所以SO_4^{2-}、CA 等物质是在逐渐地消耗,根据化学平衡原理,SO_4^{2-} 和 CA 的浓度 U_{SO_4}和 U_{CA}的变化速率是:

$$\begin{aligned} \frac{dU_{SO_4}}{dT} &= -kU_{SO_4}\cdot U_{CA} \\ \frac{dU_{CA}}{dT} &= \frac{kU_{SO_4}\cdot U_{CA}}{\lambda} \end{aligned} \tag{4-46}$$

式(4-46)中 k 指反应速率常数。为了简化公式,令 $U=U_{SO_4}$,$C=U_{CA}$,将式(4-46)与 Fick 第二定律结合就得到 SO_4^{2-},CA 浓度的变化方程是:

$$\frac{\partial U}{\partial T} = D_t(X,T)\frac{\partial^2 U}{\partial X^2} - kUC \tag{4-47}$$

$$\frac{\partial C}{\partial T} = -\frac{kUC}{\lambda} \tag{4-48}$$

由于 CA 代表与SO_4^{2-} 离子反应的铝酸钙盐,它们是水泥石中的固有成分,分散在水泥石中,且只会随着反应的进行而减少,不会在空间位置上发生移动,所以关于铝酸盐的变化方程中没有扩散项。

引入变量 $Z=U-\lambda C$, 将式代入可得到:

$$\frac{\partial(U-\lambda C)}{\partial T} = D_t\frac{\partial^2 U}{\partial X^2} \tag{4-49}$$

由前面的分析知道,C 只是 T 的函数而与 X 无关,因此上式可以转化为:

$$\frac{\partial(U-\lambda C)}{\partial T} = D_t\frac{\partial^2 (U-\lambda C)}{\partial X^2} \tag{4-50}$$

即$\frac{\partial Z}{\partial T}=D\frac{\partial^2 Z}{\partial X^2}$,显然该式是 Z 的变化方程,且变化规律符合 Fick 第二定律。将 $C=\frac{U-Z}{\lambda}$代入就可以得到SO_4^{2-} 的扩散反应方程:

$$\frac{\partial U}{\partial T}=D_t\frac{\partial^2 U}{\partial X^2}-\frac{kU(U-Z)}{\lambda} \tag{4-51}$$

$$\frac{\partial U}{\partial T}=D_t\frac{\partial^2 U}{\partial X^2}-\frac{kU^2}{\lambda}+\frac{kUZ}{\lambda} \tag{4-52}$$

Z 的分布符合 Fick 第二定律,可以求得其解析解或数值解,故式中 Z 是已知量,方程中只有唯一变量 U 在一定的初始与边界条件下,通过数值求解便能得到浓度 U 的分布情况。

4.3.3 交变荷载作用下混凝土硫酸盐侵蚀扩散反应方程的数值求解

1)数值求解方法

对于离子扩散反应方程的数值求解方法主要有有限元方法和有限差分法两大类。有限元方法因为区域的边界比较灵活,因而求解的精度比较高,缺点在于:需要求解大型带状稀疏矩阵,计算量和存储量大,对计算机硬件设备的要求非常高,对隐格式的求解困难。有限差分法对模型的边界要求比较高,若不改变差分格式误差将比较大。有限差分法是以变量离散取值后对应的函数值来近似微分方程中独立变量的连续取值。其具体操作分为:首先是用差分代替微分方程中的微分,将连续变化的变量离散化,从而得到差分方程组的数学形式,其次是求解差分方程组。有限差分有一阶微分的中心差商、向前向后一阶差商、二阶微分的中心差商等,因此求解扩散方程的差分格式也是有多种的。不同的差分格式,求解的精度也不同,为了到达良好的无条件稳定性,使得精度满足要求,本书差分求解采用精度较高的 Crank-Nicolson 格式。

2)SO_4^{2-} 浓度 U 的求解

假设混凝土板两侧外界硫酸根离子浓度为 U_0,SO_4^{2-} 在混凝土板的两侧沿厚度方向对称地向混凝土内部扩散传输,因此扩散反应方程可以按一维对称问题进行求解,取板厚度一半 $L/2$ 进行求解,并将板一半沿厚度方向分成 N 等份,每个长度为 ΔX,则沿板厚度方向共有 $N+1$ 点,其坐标分别为:

$$X_0=0,X_1=\Delta X,X_2=2\Delta X,\cdots,X_i=i\Delta X,\cdots,X_N=\frac{L}{2}$$

取SO_4^{2-}在侵蚀混凝土板过程中的时间步长为ΔT,则整个侵蚀过程可用开始T_0、第一时间点T_1、第二时间点T_2、第i个时间点T_i等时间点来描述:

$$T_0 = 0, T_1 = \Delta T, T_2 = 2\Delta T, \cdots, T_i = i\Delta T, \cdots$$

根据前面章节的分析,SO_4^{2-}侵蚀混凝土模型的扩散反应方程是:

$$\frac{\partial U}{\partial T} = \frac{\partial}{\partial X}\left[D(X,T)\frac{\partial U}{\partial X}\right] - \frac{kU(U-Z)}{3} \tag{4-53}$$

设扩散系数$D(X,T)$在任意位置点X_i及任意时间点T_j的数值表示为$D_{i,j}$,则其可以通过式(4-54)计算:

$$D_{i,j} = \phi_{i,j} D'_{i,j} \tag{4-54}$$

其中,$D'_{i,j} = (5.3231 - 1.6079\sqrt{U_{i,j-1}} + 0.0928U_{i,j-1} + 0.448U_{i,j-1}) \times 10^{-10}$。

空隙率ϕ仅是水化时间的函数,D'是由前一时刻SO_4^{2-}浓度的函数,相对于当前时刻T来说D'是常数。

根据文献知道方程(4-54)的Crank-Nicolson格式对应的数值解形式如式(4-55)~式(4-57)所示:

$$\begin{aligned}&U_{i+1,j+1} - 2\left[1 + \frac{K}{D} + \frac{k(\Delta X)^2 UH_i}{6D}\right]U_{i,j+1} + U_{i+1,j+1}\\ &= -U_{i+1,j} + 2\left[1 - \frac{K}{D} + \frac{k(\Delta X)^2 UH_i}{6D}\right]U_{i,j} - U_{i-1,j} - \frac{2kZ_{i,j}(\Delta X)^2 UH_i}{3D}\end{aligned} \tag{4-55}$$

$$UH_i = \frac{D}{2K}U_{i+1,j} + \left(1 - \frac{D}{K}\right)U_{i,j} + \frac{D}{2K}U_{i-1,j} + \frac{k\Delta TU_{i,j}}{6}(Z_{i,j} - U_{i,j}) \tag{4-56}$$

$$UH_N = \left(1 - \frac{D}{K}\right)U_{N,j} + \frac{D}{2K}U_{N-1,j} + \frac{k\Delta TU_{N,j}}{6}(Z_{N,j} - U_{N,j}) \tag{4-57}$$

将变化的扩散系数$D(X,T)$带入式(4-55)~式(4-57),就得到了变系数扩散反应方程的数值解,如式(4-58)~式(4-60)所示:

$$\begin{aligned}&U_{i+1,j+1} - 2\left[1 + \frac{K}{D_{i,j}} + \frac{k(\Delta X)^2 UH_i}{6D_{i,j}}\right]U_{i,j+1} + U_{i+1,j+1}\\ &= -U_{i+1,j} + 2\left[1 - \frac{K}{D_{i,j}} + \frac{k(\Delta X)^2 UH_i}{6D_{i,j}}\right]U_{i,j} - U_{i-1,j} - \frac{2kZi_{i,j}(\Delta X)^2 UH_i}{3D_{i,j}}\end{aligned} \tag{4-58}$$

$$UH_i = \frac{D_{i,j}}{2K}U_{i+1,j} + \left(1 - \frac{D_{i,j}}{K}\right)U_{i,j} + \frac{D_{i,j}}{2K}U_{i-1,j} + \frac{k\Delta TU_{i,j}}{6}(Z_{i,j} - U_{i,j}) \tag{4-59}$$

$$UH_N = \left(1 - \frac{D_{N,j}}{K}\right)U_{N,j} + \frac{D_{N,j}}{2K}U_{N-1,j} + \frac{k\Delta TU_{N,j}}{6}(Z_{N,j} - U_{N,j}) \tag{4-60}$$

代入初始与边界条件,将式(4-59)详细列出,有($i = 1\cdots N$):

$$U_{2,j+1}-2\left[1+\frac{K}{D_{2,j}}+\frac{k(\Delta X)^{2}UH_{1}}{6D_{i,j}}\right]U_{1,j+1}$$
$$=-U_{2,j}+2\left[1-\frac{K}{D_{i,j}}+\frac{k(\Delta X)^{2}UH_{i}}{6D_{2,j}}\right]U_{1,j}-\tag{4-61}$$
$$2U_{0}-\frac{2kZ_{1,j}(\Delta X)^{2}UH_{1}}{3D_{2,1}}$$

$$U_{i+1,j+1}-2\left[1+\frac{K}{D_{i,j}}+\frac{k(\Delta X)^{2}UH_{i}}{6D_{i,j}}\right]U_{i,j+1}+U_{i-1,j+1}$$
$$=-U_{i+1,j}+2\left[1-\frac{K}{D_{i,j}}+\frac{k(\Delta X)^{2}UH_{i}}{6D_{i,j}}\right]U_{i,j}-$$
$$U_{i-1,j}-\frac{2kZ_{i,j}(\Delta X)^{2}UH_{i}}{3D_{i,j}}-$$
$$2\left[1+\frac{K}{D_{N,j}}+\frac{k(\Delta X)^{2}UH_{i}}{6D_{N,j}}\right]U_{N,j+1}+2U_{N-1,j+1}$$
$$=2\left[1-\frac{K}{D_{N,j}}+\frac{k(\Delta X)^{2}UH_{N}}{6D_{N,j}}\right]U_{i,j}-$$
$$2U_{N-1,j}-\frac{2kZN_{N,j}(\Delta X)^{2}UH_{N}}{3D_{N,j}}\tag{4-62}$$

将方程写出矩阵形式如下：

$$[A]\times\{U_{,j+1}\}=[B]\times\{U_{,j}\}+\{d\}\tag{4-63}$$

$\{U_{,j+1}\}$和$U_{,j}$分别是$N\times1$阶向量，分别表示函数U在时间点$j+1$及j所对应的值，$i=1.2\cdots N$。

d是$N\times1$阶向量：　$\{d\}=[d_{1}\cdots d_{i}\cdots d_{N}]^{\mathrm{T}}$

其中：

$$d_{i}=\frac{2kZ_{i,j}(\Delta X)^{2}UH_{i}}{3D_{i,j}}\quad(i=2,\cdots N-1)$$

$$d_{1}=\frac{2kZ_{1,j}(\Delta X)^{2}UH_{1}}{3D_{1,j}}-2U_{0},d_{N}=\frac{2kZ_{N,j}(\Delta X)^{2}UH_{N}}{3D_{N,j}}$$

A和B是$N\times N$阶斜三对角矩阵，具体如下：

$$[A]=\begin{bmatrix}a_{1}&1&0&\cdots&&0\\1&\ddots&\ddots&&\ddots&\vdots\\0&\ddots&a_{i}&1&&0\\\vdots&&1&a_{i+1}&\ddots&0\\&\ddots&&\ddots&\ddots&1\\0&\cdots&&0&2&a_{N}\end{bmatrix}\qquad[B]=\begin{bmatrix}b_{1}&-1&0&\cdots&&0\\-1&\ddots&\ddots&&\ddots&\vdots\\0&\ddots&b_{i}&-1&\ddots&0\\\vdots&&-1&b_{i+1}&\ddots&0\\&\ddots&&\ddots&\ddots&-1\\0&\cdots&&0&-2&b_{N}\end{bmatrix}$$

其中：　$\{a\} = \{a_1, \cdots a_i \cdots a_N\}$　　$a_i = -2\left[1 + \frac{K}{D_{i,j}} + \frac{k\,(\Delta X)^2 UH_i}{6D_{i,j}}\right]$

$\{b\} = \{b_1, \cdots b_i \cdots b_N\}$　　$b_i = -2\left[1 + \frac{K}{D_{i,j}} + \frac{k\,(\Delta X)^2 UH_i}{6D_{i,j}}\right]$

式(4-63)是迭代方程组，通过追赶法迭代求解，可以得到任意时刻的 U 值。

$$\{U, j+1\} = [A]^{-1}([B] \times \{U, j\} + \{d\}) \tag{4-64}$$

通过式(4-64)可计算得到交变荷载作用下混凝土中硫酸根离子浓度分布的时程变化情况。

3)变量 Z 的求解

前文引进变量 $Z = U - \lambda C$，并指出 Z 也符合 Fick 第二定律非稳态扩散过程，在求解 U 的过程中已经将 Z 作为已知量，现给出其求解过程。

Z 的 Fick 第二定律形式是：

$$\frac{\partial Z}{\partial T} = D\frac{\partial^2 Z}{\partial X^2} \tag{4-65}$$

若设函数 $Z(X, T)$ 在任意位置点 X_i 及任意时间点 T_j 分别表示为：$Z_{i,j}$，对 $\frac{\partial Z}{\partial T}$，$\frac{\partial^2 Z}{\partial X^2}$ 也采用如下微分格式：

$$\frac{\partial Z}{\partial T} = \frac{Z_{i,j} - Z_{i,j-1}}{\Delta T} \tag{4-66}$$

$$\Delta_X^2(Z_{i,j}) = \frac{\partial^2 Z}{\partial X^2} = \frac{Z_{i+1,j} - 2Z_{i-1,j}}{(\Delta X)^2} \tag{4-67}$$

式(4-66)Crank-Nicolson 格式是：

$$\frac{Z_{i,j} - Z_{i,j-1}}{\Delta T} = \frac{1}{2}D\Delta_X^2(Z_{i,j} + Z_{i,j+1}) \tag{4-68}$$

将式(4-68)展开，可得：

$$Z_{i+1,j+1} - 2(1 + \frac{K}{D})Z_{i,j+1} + Z_{i-1,j+1} = -Z_{i+1,j} + 2(1 - \frac{K}{D})Z_{i,j} - Z_{i-1,j} \tag{4-69}$$

根据模型的对称性有 $Z(X) = Z(L - X)$，将边界与初始条件代入式(4-69)，有：

$$i = 1: Z_{2,j+1} - 2(1 + \frac{K}{D})Z_{1,j+1} = -Z_{2,j} + 2(1 - \frac{K}{D})Z_{1,j} - 2U_0 \tag{4-70}$$

$$i=i: Z_{i+1,j+1}-2\left(1+\frac{K}{D}\right)Z_{i,j+1}+Z_{i-1,j+1}=-Z_{i+1,j}+2\left(1-\frac{K}{D}\right)Z_{i,j}-Z_{i-1,j} \tag{4-71}$$

$$i=N: -2\left(1+\frac{K}{D}\right)Z_{N,j+1}+2Z_{N-1,j+1}=2\left(1-\frac{K}{D}\right)Z_{N,j}-2Z_{N-1,j} \tag{4-72}$$

同 U 的求解类似，也将方程写出如下的矩阵形式：

$$\{Z_{j+1}\}=[A_1]^{-1}([B_1]\times\{Z_j\}+\{d_1\}) \tag{4-73}$$

通过对式(4-73)的迭代求解可得到 Z 分布的时程变化情况。

4) MATLAB 软件实现数值求解

MATLAB 是美国 MathWorks 公司出品的商业数学软件，用于算法开发、数据可视化、数据分析以及数值计算的高级技术计算语言和交互式环境。为了求解交变荷载作用下混凝土中的硫酸根离子分布情况及膨胀性产物结晶对混凝土结构材料产生的膨胀内应力力学响应，本文根据有限差分法的 Crank-Nicolson 格式，用 matlab 软件编写了相应的源程序来求解腐蚀疲劳作用下混凝土内侵蚀离子的扩散-反应方程，并可以实现膨胀内应力力学响应数值模拟。只要输入相关的参数，程序会求解出任意位置(X_i, T_j)处的 SO_4^{2-} 浓度、CA 浓度、膨胀应力及混凝土结构硫酸盐侵蚀寿命。

4.3.4 交变荷载作用下混凝土硫酸根离子迁移模型验证与分析

1) 试验方案与测试

采用自行研制的机械式应力-腐蚀耦合疲劳试验装置，将标准养护后的试件四面涂防腐涂层，留有对称的两个棱柱面进行水灰比为 0.45 在 5% 侵蚀浓度耦合作用下的腐蚀疲劳试验。疲劳加载为等应力控制加载，最大应力水平等级为 $S_{max}=0.50$，最小应力水平为 $S_{min}=0.1$，疲劳试验加载频率设置为 300 次/天，根据试验要求指定龄期对其取样。

采用工程钻机钻取芯样，其转速为 1900r/min，最大钻孔直径为 100mm。在指定编号试件抗弯拉试验折断后的断块中心钻孔提取芯样，钻孔直径为 20mm。对芯样进行分层切片，本试验各层切片厚度为 5mm。将破碎后的混凝土挑出大粒径石子后放入研钵中进行研磨，经研磨后的粉末过 0.75μm 筛，将过筛后的粉末干燥处理后密封到密封袋中，硫酸根离子测试用粉末制备完成。

采用 EDTA 滴定法测试交变荷载与硫酸盐腐蚀作用下混凝土硫酸盐侵蚀时的 SO_4^{2-} 离子浓度，测试结果见表 4-23。

混凝土中硫酸根离子的浓度测试结果　　表 4-23

腐蚀疲劳时间(d)	混凝土中硫酸根离子的浓度(g/L)	腐蚀疲劳时间(d)	混凝土中硫酸根离子的浓度(g/L)
80	0.45	290	28.09
110	1.74	320	40.12
140	5.28	350	39.98
170	7.53	380	45.44
200	11.28	410	41.00
230	17.76	440	42.76
260	20.79	470	56.30

从表 4-23 中可以看出,当腐蚀疲劳龄期在 80～320d 时,随着腐蚀疲劳龄期的增加,混凝土中硫酸根离子的浓度也不断增大。当腐蚀龄期大于 290d 后,随着龄期的增大,混凝土中硫酸盐溶液浓度趋于稳定,说明距表面 20mm 处混凝土硫酸盐趋于饱和。这主要是由于腐蚀疲劳前期,混凝土内部与外界环境具有较大的硫酸盐浓度梯度,促进了硫酸盐向混凝土内部的扩散,并且交变荷载产生的裂缝和泵吸作用也加速了外部硫酸盐溶液向混凝土内部的侵入,随着腐蚀疲劳龄期的增大,交变荷载加速与浓度梯度扩散作用使得外界环境与混凝土内部硫酸盐浓度保持一个平衡状态,即混凝土内部硫酸根离子浓度保持稳定。

2)硫酸根离子迁移模型计算结果与试验测试结果的对比

根据前面的理论模型,取混凝土试件表面以内 20mm 深度处为硫酸根离子浓度理论计算值,并与表 4-23 中的试验结果进行对比,可以发现:腐蚀疲劳耦合作用时间较短时,交变荷载对硫酸根离子的迁移影响较小,硫酸根离子的迁移主要由扩散决定的,加之开始时边界条件较为稳定,混凝土结构物还没有出现损伤劣化缺陷,因而实验值测定误差较小,从扩散反应发生 80d 后开始,并每隔 30d 取一个实测值,在 110～320d 之间,由于在实际试验过程中,扩散系数受影响较多,因此导致扩散反应速率变慢,因此,通过模型得到的计算结果经时间变化更加明显。但随着扩散反应过程达到动态的平衡,模型计算结果与实验值具有良好的吻合性。在 350d 后,由于交变荷载的疲劳作用,已经使得混凝土材料产生了损伤劣化,原始孔隙尖端出现应力集中现象,当达到一定程度后产生微裂纹,微裂纹的进一步扩展,形成宏观的裂缝,裂缝一旦产生将改变硫酸盐侵蚀离子的边界条件,扩散边界条件由外向里逐渐扩展,从而改变侵蚀离子的扩散,此时交变荷载的“泵吸作用”对侵蚀离子的扩散影响显著,从而使得实际测试的值较理论模型的计算值出现较大的偏差。因此,越到侵蚀后期,模型的计算值与试验测试值偏差越大。但模型总体在后期硫酸根离子浓度都表现出恒定的趋势,这主要是因为在后期化学扩散驱动力和交变荷载的作用已经使得外界硫酸盐浓度和内部浓度达到了相对稳定的状态。

为准确评价交变荷载作用下水泥混凝土硫酸盐迁移模型是否合理,采用浸泡在5%硫酸钠溶液中并施加交变荷载的混凝土试件(100mm×100mm×400mm)距表面20mm处的硫酸根离子的浓度计算值与试验值的相对误差进行评价,相对误差的计算见式(4-74),计算结果见表4-24。

$$\mathrm{Err} = \frac{C_1 - C_2}{C_2} \times 100\% \tag{4-74}$$

式中:Err——计算值与试验值之间的相对误差;

C_1——硫酸根离子计算值;

C_2——硫酸根离子试验值。

从表4-24中可以看出,交变荷载作用下混凝土中硫酸根离子浓度计算值与试验值的相对误差都小于15%,并且考虑试验操作过程中产生的误差,因此总体吻合度较好。因此该数值模拟模型是合理的,求解方法收敛性和精度满足要求。

交变荷载作用下混凝土中硫酸根离子浓度计算值与试验值对比　表4-24

浸泡时间(d)	混凝土中硫酸根离子的浓度(g/L)		相对误差(%)
	试验值	计算值	
80	0.45	0.48	6.8
110	1.74	1.57	10.6
140	5.28	4.86	8.6
170	7.53	7.78	3.2
200	11.28	11.86	4.9
230	17.76	16.82	5.6
260	20.79	23.05	9.8
290	28.09	30.01	6.4
320	40.12	40.98	2.1
350	39.98	42.90	6.8
380	45.44	44.20	2.8
410	41.00	45.91	10.7
440	42.76	47.20	9.4
470	56.30	49.60	13.5

4.3.5　交变荷载作用下混凝土侵蚀离子迁移全过程分析

交变荷载与硫酸盐腐蚀作用下 SO_4^{2-} 离子在混凝土内部迁移传输过程、铝酸盐与石膏之间的化学反应以及钙矾石生成和结晶都受到以下因素影响：疲劳荷载应力水平及加载频率、外界硫酸盐侵蚀浓度、混凝土原始空隙率、水灰比等参数。为了研究腐蚀疲劳作用下 SO_4^{2-} 离子迁移规律、铝酸盐反应及钙矾石生成规律、特定参数对侵蚀过程及迁移规律的影响，借鉴以往有关文献资料各参数取值范围，见表4-25与表4-26，本节对各参数对模型结果进行探讨。

计算模型的主要参数　　表4-25

参数名称	数值	参数名称	数值
模型厚度 L	40mm	混凝土疲劳常数 a_1	1.07
硫酸根紊态扩散系数 D_{c0}	1.73×10^{-10}	混凝土疲劳常数 b_1	0.09
混凝土原始空隙隙率	8%	最初的 C_3A（含量7%）	164.9mol/m³
最初的石膏含量	66.1mol/m³	未水化的 C_3A	44.9mol/m³
反应速率 K	3.05×10^{-8}m³/mol·s	第二阶段后残余应变	120×10^{-6}
Na_2SO_4 溶液浓度	377mol/m³	水灰比	0.43/0.45/0.47
疲劳加载应力水平 S	0.4/0.6/0.8	加载频率	100/300/50次/d

环境温度为298K时硫酸钠电解质溶液的相关常数　　表4-26

名称	符号	值	单位	名称	符号	值	单位
普适气体常量	R	8.31451	J/K·mol	离子化合价	z	2	
Faraday常数	F	9.64853×10^{4}	C/mol	离子半径	a	2.58×10^{-10}	m
基本电荷	e	1.60218×10^{-19}	C	水黏滞系数	η_0	8.91×10^{-4}	kg/m·s
真空介电常数	ε_0	8.85419×10^{-12}	F/m	相对介电常数	ε_r	78.54	
Bolzmann常数	k_0	1.38066×10^{-23}	J/K	无限稀溶液离子	Λ_m^0	8.00×10^{-3}	sm²/mol

1）硫酸根离子浓度分布

交变荷载与硫酸盐腐蚀作用下混凝土内部 SO_4^{2-} 浓度随着深度的变化规律见图4-96。

由图4-96可知，在交变荷载应力水平为0.4，加载次数为300次/d，水灰比为0.47，外界硫酸盐浓度为2%（30.2mol/m³）时，反应结束时间为 $T=612$d，图中每条曲线时间间隔100d，共有7条曲线，最后一条曲线是反应结束时间点 $T=612$d 的变化曲线。随着混凝土硫酸盐腐蚀反应的进行，混凝土各节点处 SO_4^{2-} 离子浓度不断地增加，故固定点的浓度曲线随时间的变化而提高。不同点的浓度曲线间隔是存在差异的,位置点越靠近模型边界,浓度曲线空间间隔最大时出现的时间越早,反之,位置点越靠近模型中心,浓度曲线空间间隔最大时出现的时间越晚,表明在开始时模型边界处的浓度累积量较大,由表及里浓度累积量逐渐减少;随着腐蚀疲劳的进行,模型边界处的浓度累积量逐渐减少,而由表及里逐渐增加。

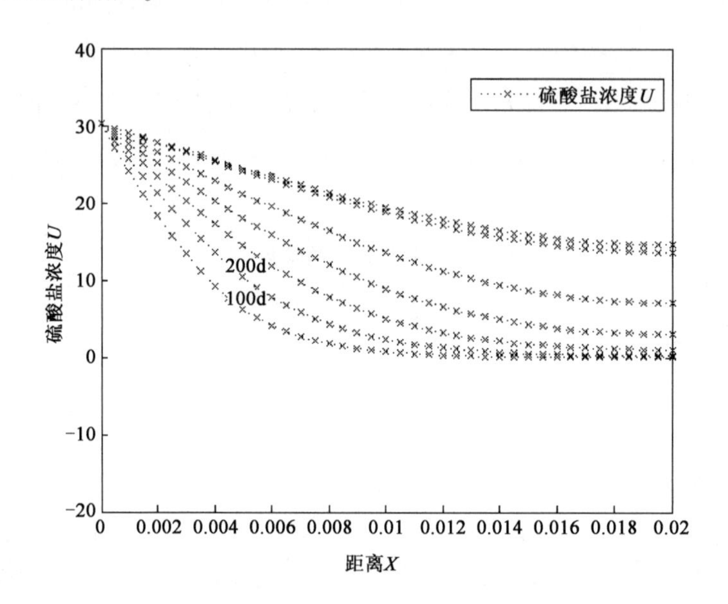

图 4-96　SO_4^{2-} 浓度随深度的变化规律

混凝土截面 $X=0.02$m 处 SO_4^{2-} 离子浓度在腐蚀疲劳耦合作用下随时间的变化趋势见图 4-97。

由图 4-97 可以发现,由于 $X=0.02$m 点是混凝土面板模型的对称中心位置,该点处离 SO_4^{2-} 离子扩散源(外界环境侵蚀溶液)最远,单从化学侵蚀上来说受硫酸根离子侵蚀最慢,但在腐蚀疲劳耦合模型中,由于同时受到交变荷载的作用,所以其浓度曲线的变化,在 $T=300$d 之前浓度的变化都比较小,增幅仅为 5.2mol/m^3,相当于外界侵蚀环境中 SO_4^{2-} 离子浓度的六分之一。在 $T=300$d 之后,该点处的硫酸根离子浓度增幅显著,在相同(即 $T=100$d)的时间间隔下,SO_4^{2-} 扩散速度越来越快,硫酸根离子累计浓度越来越大。

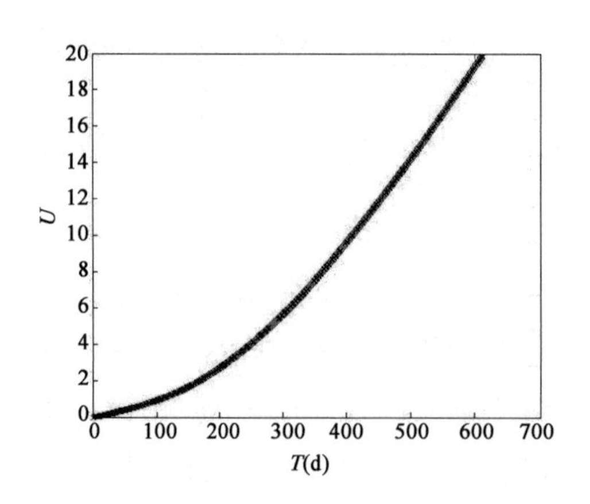

图 4-97　$X=0.02$m 处 SO_4^{2-} 浓度变化

2)铝酸钙盐(CA)浓度变化

图4-98是混凝土腐蚀疲劳耦合模型中各点与SO_4^{2-}反应的铝酸钙盐(CA)浓度的二维分布变化规律图。

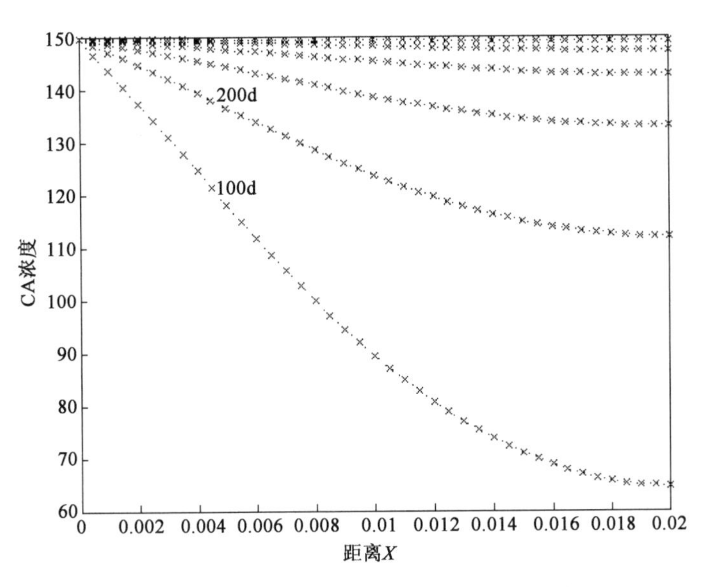

图4-98 与SO_4^{2-}反应的CA二维变化规律

从图4-98可知,反应结束时间$T=612d$,每条曲线时间间隔100d,共有7条曲线。

随着混凝土硫酸盐腐蚀反应的进行,混凝土各节点的CA消耗量随着腐蚀龄期的增加而迅速增大。当腐蚀疲劳龄期为612d时,各节点CA消耗量相同,变为1条直线。$X=0$处为混凝土与硫酸盐腐蚀溶液边界位置,假设水泥水化后形成水泥石的过程中铝酸钙盐是均匀分布在混凝土中,因此CA的消耗量恒为混凝土中初始含量,当反应结束后,CA几乎消耗完毕。从图中还可以看出,各曲线之间的间隔在不断地减小,说明CA的消耗速率在不断地降低。相对于固定位置点而言,距模型边界越近的位置点与SO_4^{2-}反应的铝酸钙盐(CA)浓度初始时越大,但反应的CA量梯度变化小;距模型边界越远的位置点SO_4^{2-}反应的铝酸钙盐(CA)浓度初始时越小,但反应的CA量梯度变化大。

图4-99是腐蚀疲劳耦合作用下混凝土截面$X=0.02m$处与SO_4^{2-}反应的铝酸钙盐(CA)变化规律曲线图。

根据图4-99可知,曲线斜率随时间的变化而逐渐减小后趋于稳定,因此可以得出铝酸钙盐(CA)的反应速率随时间的进行而不断地减少,反应结束时刻$T=612d$时该处消耗的铝酸钙盐(CA)是149.6mol/m^3,即初始时分布在该处的CA量。

图4-100反映的是腐蚀疲劳作用下混凝土内与SO_4^{2-}反应的剩余铝酸钙盐(CA)量的变化过程。

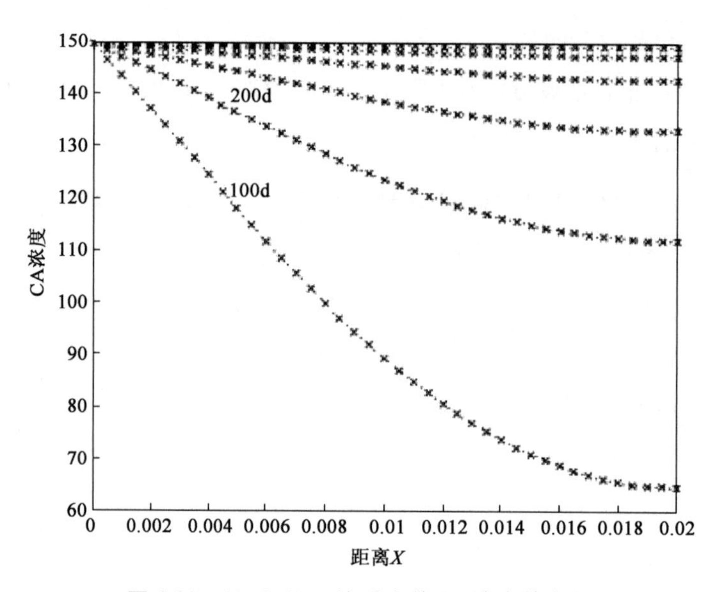

图 4-99　$X = 0.02\text{m}$ 处反应的 CA 浓度的变化

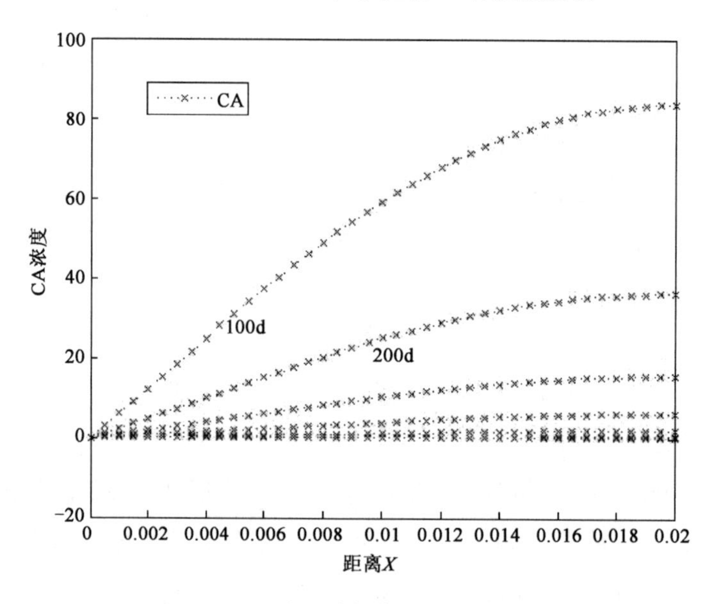

图 4-100　反应剩余的 CA 浓度的变化

由图 4-100 可知，反应结束时间 $T = 612\text{d}$，共有 7 条曲线。曲线的时间间隔与上述 SO_4^{2-} 离子浓度曲线一致，即 $\Delta T = 100\text{d}$，随反应的进行，反应的铝酸钙盐（CA）不断增加，剩余的 CA 量也就越来越少，剩余的铝酸钙盐（CA）的量是呈下降的趋势，$T = 612\text{d}$ 时，各点剩余的 CA 量几乎为零，曲线与 X 轴坐标平行。

图 4-101 表示的是截面 $X = 0.02\text{m}$ 处与 SO_4^{2-} 反应后剩余的 CA 变化规律。由图可知，在该点处剩余的铝酸钙盐（CA）呈现先急剧减少，后减少量越来越小，直到曲线趋于

平稳。在 $T=200\text{d}$ 之前,剩余的铝酸钙盐(CA)量减少达到 120mol/m^3,相当于 CA 原始量的五分之四;其后剩余的铝酸钙盐的量变化极小,直到反应结束时几乎为零。

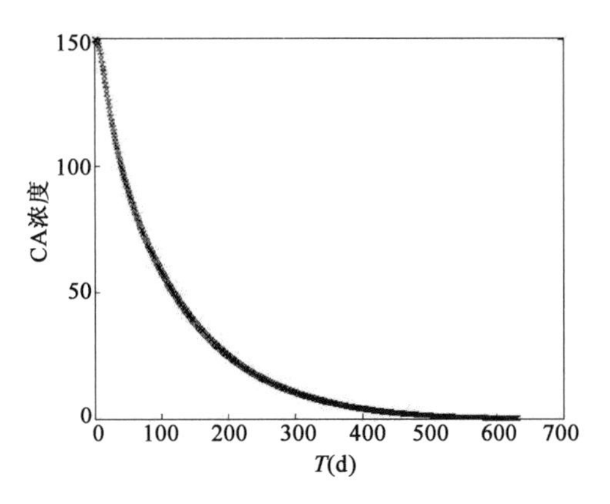

图 4-101　$X=0.02\text{m}$ 处剩余的 CA 的浓度曲线

4.3.6　交变荷载作用下混凝土中硫酸根离子迁移影响因素分析

1)不同应力水平下 SO_4^{2-} 迁移

图 4-102、图 4-103 分别是腐蚀疲劳耦合模型中不同应力水平下距模型边界 1cm、2cm 位置处SO_4^{2-} 浓度分布的经时变化规律图。

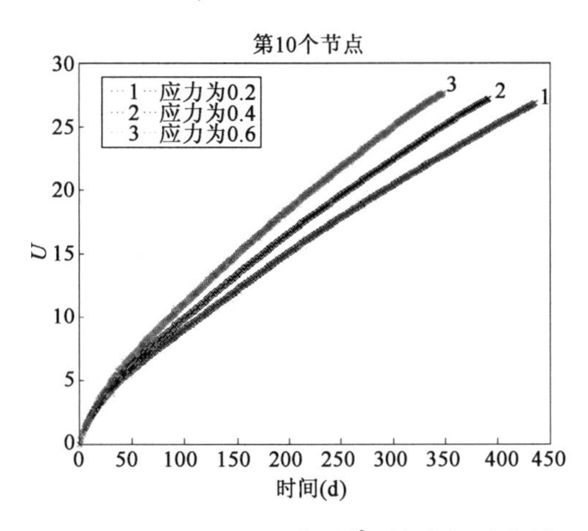

图 4-102　$X=0.01\text{m}$ 处 SO_4^{2-} 浓度经时曲线

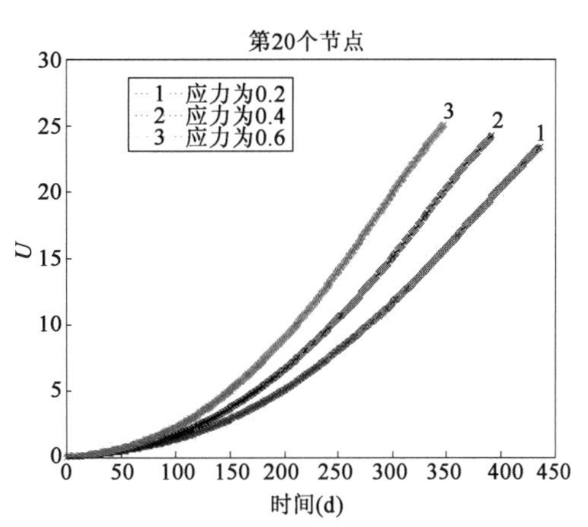

图 4-103　$X=0.02\text{m}$ 处 SO_4^{2-} 浓度经时曲线

由图 4-102 可以看出,在距模型边界 1cm 处,SO_4^{2-} 离子浓度随时间的变化而增加,且增加的幅度随应力水平的增加而增加,应力水平为 0.6 时增加最为急剧,应力水平为 0.4 次之,最后应力水平为 0.2。曲线在 X 轴方向的分量表征该点处铝酸钙盐(CA)反应完是所需要的时间,从图中可知,应力水平为 0.2 时,铝酸钙盐反应完的时

间为 $T = 436\mathrm{d}$;应力水平为 0.4 时,铝酸钙盐反应完的时间为 $T = 392\mathrm{d}$;应力水平为 0.6 时,铝酸钙盐反应完的时间为 $T = 348\mathrm{d}$。因此,随应力水平的增加,加速了 SO_4^{2-} 离子的扩散速率,从而导致铝酸钙盐反应结束时间出现不同程度的提前。图 4-102 和图 4-103 表现出相同的增长趋势,因此可以得出,随应力水平的增加,不同位置点 SO_4^{2-} 离子迁移速率也会不同程度地增加。在 $X = 1\mathrm{cm}$ 位置处,不同应力水平引起的 SO_4^{2-} 离子浓度出现差异的时间约在 $T = 50\mathrm{d}$ 时;而 $X = 2\mathrm{cm}$ 位置处,不同应力水平引起的 SO_4^{2-} 离子浓度出现显著差异的时间约 $T = 100\mathrm{d}$ 时;因而可以得出随位置点由表及里的变化,应力水平对该点处SO_4^{2-} 离子浓度的影响出现滞后现象。

2)不同加载频率下 SO_4^{2-} 迁移

图 4-104 和图 4-105 分别是腐蚀疲劳耦合作用下模型在 $X = 1\mathrm{cm}$、$X = 2\mathrm{cm}$ 节点处在不同加载频率(100 次/d,300 次/d,500 次/d)下 SO_4^{2-} 迁移规律分布图。

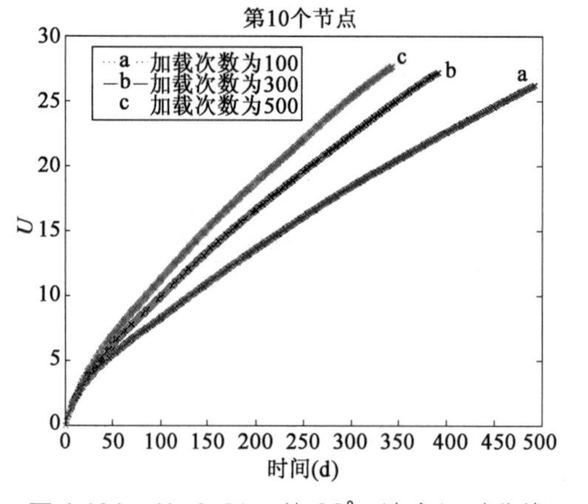

图 4-104 $X = 0.01\mathrm{m}$ 处 SO_4^{2-} 浓度经时曲线

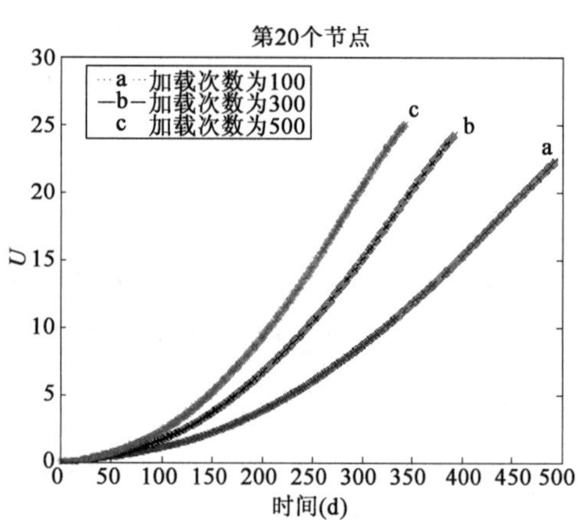

图 4-105 $X = 0.02\mathrm{m}$ 处 SO_4^{2-} 浓度经时曲线

从图 4-104 可以看出,在模型 $X = 1\mathrm{cm}$ 节点处随加载频率的增加,SO_4^{2-} 在该节点处浓度的增幅也越显著,故而曲线斜率随加载频率的增加表现出越来越大的趋势。同时从曲线在 X 轴分量可以看出,在加载频率为 100 次/d 时,X 轴分量为 493d,说明在此加载频率下,该节点处铝酸钙盐反应完的时间为 $T = 493\mathrm{d}$;当加载频率为 300 次/d 时,该节点处铝酸钙盐反应完时间为 $T = 392\mathrm{d}$;加载频率为 500 次/d 时,仅为 343d。说明随加载频率的增加,该节点处 SO_4^{2-} 离子的迁移速率呈现不同程度的增加。同时,从图 4-105 曲线的变化规律也可以得出,随加载频率的增加,该节点处 SO_4^{2-} 离子的迁移速率呈现不同程度的增加。从图 4-104 和图 4-105 不同加载频率下曲线出现显著差异的时间可看出,节点 $X = 1\mathrm{cm}$ 处出现在约 $T = 50\mathrm{d}$,$X = 2\mathrm{cm}$ 节点处出现时间约 $T = 100\mathrm{d}$,因此加载频率对不同节点处 SO_4^{2-} 浓度变化影响,随距离边界的距离增加而出现滞后现象。

3)不同水灰比下 SO_4^{2-} 迁移

图4-106和图4-107分别是不同水灰比下(0.43、0.45、0.47)SO_4^{2-} 离子在 $X=1cm$、$X=2cm$ 节点处浓度变化规律。

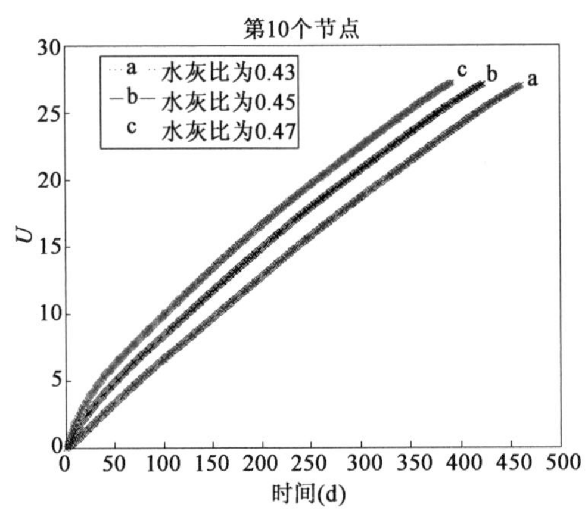

图4-106 $X=0.01m$ 处 SO_4^{2-} 浓度经时曲线

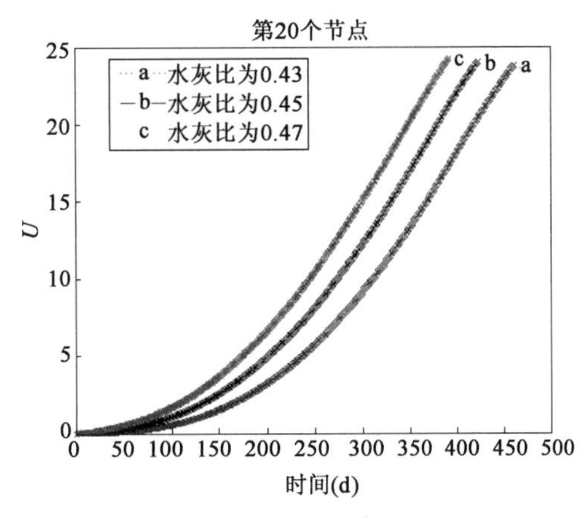

图4-107 $X=0.02m$ 处 SO_4^{2-} 浓度经时曲线

由图4-106和图4-107可以看出,随水灰比的增加,SO_4^{2-} 离子浓度在固定节点处的增加也越显著,从而说明随着水灰比的增加,混凝土中原始空隙率增加,在腐蚀疲劳耦合作用下硫酸根离子的迁移、扩散。当水灰比为0.43时,模型中点处铝酸盐反应结束时间为461d;水灰比为0.45时,$T=423d$;水灰比为0.47时,$T=392d$。说明随着水灰比的增加,SO_4^{2-} 离子的迁移扩散速率在不同位置点都出现不同程度的增加,一定程度上说明了混凝土原始空隙率大,混凝土抗硫酸盐腐蚀能力越弱。

4)不同硫酸盐浓度下 SO_4^{2-} 迁移

图4-108和图4-109分别是不同外界硫酸盐浓度下,混凝土在腐蚀疲劳耦合作用下,模型节点在 $X=1cm$、$X=2cm$ 处 SO_4^{2-} 迁移规律曲线图。

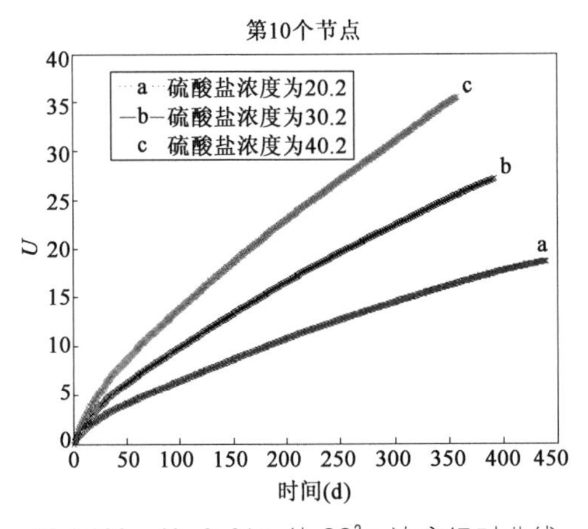

图4-108 $X=0.01m$ 处 SO_4^{2-} 浓度经时曲线

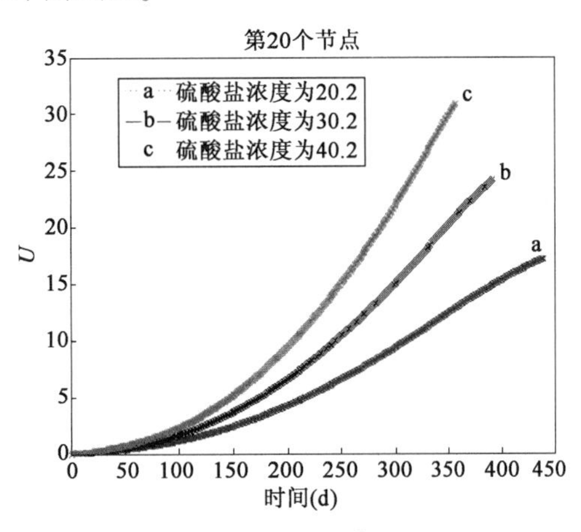

图4-109 $X=0.02m$ 处 SO_4^{2-} 浓度经时曲线

从图 4-108 和图 4-109 可以看出,随外界硫酸盐浓度的增加,不同节点处的硫酸盐浓度增加也越显著,说明外界环境的硫酸盐浓度越高,扩散驱动力越大,加速了硫酸根离子的扩散侵蚀。不同外界硫酸盐侵蚀作用下,曲线在 X 轴的分量,即中点处铝酸盐反应完的时间,在硫酸盐浓度为 $20.2 mol/m^3$ 时反应结束时间为 $T=439d$, $30.2 mol/m^3$ 时反应完结束时间为 $T=392d$,$40.2 mol/m^3$ 时反应结束时间为 $T=357d$。在一定程度上说明了在腐蚀疲劳耦合作用下,混凝土构件所处的外界环境条件硫酸盐浓度越大,对混凝土材料造成的疲劳损伤越大,从而加速了硫酸根离子在混凝土材料中的扩散、传输。

4.4 交变荷载与硫酸盐腐蚀共同作用下混凝土寿命预测

交变荷载与硫酸盐腐蚀溶液联合作用加速混凝土强度衰减,交变荷载加快了硫酸盐腐蚀溶液侵入混凝土的速度,混凝土硫酸盐腐蚀破坏促进了交变荷载造成的损伤积累,两者之间相互促进。由此产生由表及里不断演变的损伤,在宏观上表现为混凝土膨胀、强度降低,严重降低了混凝土服役寿命周期。为此,基于混凝土构件交变荷载作用下硫酸根离子迁移模型,结合提出的交变荷载作用下混凝土本构模型,建立交变荷载作用下混凝土受硫酸钠盐侵蚀的膨胀内应力计算模型。并针对各种不同参数变化下的混凝土硫酸根离子侵蚀寿命进行分析,同时利用均匀设计试验对数值模拟结果进行拟合分析,建立了交变荷载与硫酸盐腐蚀作用下混凝土的寿命拟合公式。

4.4.1 硫酸盐腐蚀混凝土体积变化

1)体积变化率

在上述章节所假设的钙矾石为引起混凝土体积膨胀损伤破坏的根本原因,因此,根据化学反应方程式及其拓扑化学反应的假设。由前面的分析知,钙矾石($C_6A\bar{S}_3H_{32}$)是由三种含铝相反应生成的,可以用方程统一表示钙矾石的生成过程:

$$CA + \lambda\bar{S} + nH \rightarrow C_6A\bar{S}_3H_{32} \tag{4-75}$$

CA 是产生钙矾石的含铝相($C_4A\bar{S}H_{12}$、C_4AH_{13}、C_3A)中的任意一种,λ 是石膏($\bar{S}$)的反应系数,设 CA 生成钙矾石导致的体积膨胀率为$\frac{\Delta V_{CA}}{V_{CA}}$,根据膨胀率的定义,$\frac{\Delta V_{CA}}{V_{CA}}$反应是反应物到生成物的体积变化率,设 V_{AFt}是钙矾石的体积,反应后的体积变化率是:

$$\frac{\Delta V_{CA}}{V_{CA}} = \frac{V_{AFt} - (V_{CA} + V_{\bar{S}})}{V_{CA} + V_{\bar{S}}} \tag{4-76}$$

反应中反应物水的体积不计入体积变化范围内，这是因为水分子在反应中只进行了转移并没有发生体积变化。

设 d、M 和 m_V 分别是物质的密度、摩尔质量和摩尔体积，如表 4-27 所示是部分物质的 d 和 m_V 的值，则$\frac{\Delta V_{CA}}{V_{CA}}$的计算式是：

$$\frac{\Delta V_{CA}}{V_{CA}} = \frac{\frac{1}{m_{vAFt}}}{\frac{1}{m_{vCA}} + \frac{\lambda}{m_{v\bar{S}}}} \tag{4-77}$$

其中，$m_v = \frac{d}{M}$。

混凝土中各物质成分的密度、摩尔质量和摩尔体积　　表 4-27

成分名称	化学简式	d(g/cm³)	m_V(mol/L)
铝酸三钙	C_3A	3.03	11.31
单硫型硫铝酸钙	$C_4A\bar{S}H_{12}$	1.95	3.15
水	H_2O	1.00	55.5
水化铝酸钙	C_4AH_{13}	2.02	3.62
石膏	$C\bar{S}H_2$	2.32	13.49
氢氧化钙	$Ca(OH)_2$	2.24	30.2
硅酸三钙	C_3S	3.21	14.1
硅酸二钙	C_2S	3.28	19.1
钙矾石	$C_6A\bar{S}_3H_{32}$	1.78	1.42

根据式(4-76)、式(4-77)及表 4-27 中的参数计算出各个化学反应导致的体积变化系数，计算结果如表 4-27 所示。

式(4-73)中各化学反应对应的体积变化系数　　表 4-28

生成钙矾石反应	$\Delta V_{CA}/V_{CA}$
$C_4A\bar{S}H_{12} + 2C\bar{S}H_2 + 16H = C_6A\bar{S}_3H_{32}$	0.52
$C_3A + 3C\bar{S}H_2 + 26H = C_6A\bar{S}_3H_{32}$	1.26
$C_4AH_{13} + 3C\bar{S}H_2 + 14H = C_6A\bar{S}_3H_{32} + CH$	0.48

由表 4-28 可见，式(4-77)中每个化学反应均会导致混凝土膨胀，但 C_3A 导致膨胀的程度最大，因此，水泥水化程度越低，未水灰的 C_3A 越多，混凝土受硫酸盐侵蚀的危害性

越严重。

2）膨胀应变

根据化学反应 $CA+\lambda\bar{S}+nH\rightarrow C_6A\bar{S}_3H_{32}$，混凝土内部的物质转化为钙钒石会导致自身体积的变化，这部分体积变化率前面定义为$\frac{\Delta V_{CA}}{V_{CA}}$，但$\frac{\Delta V_{CA}}{V_{CA}}$并不是该化学反应导致整个混凝土结构模型的体积变化率，设混凝土中所有物质的摩尔体积是 V，则$\frac{\Delta V_{CA}}{V}$才是整个混凝土单元的体积变化率，所以需要得出$\frac{\Delta V_{CA}}{V}$与$\frac{\Delta V_{CA}}{V_{CA}}$之间的关系，设$\frac{\Delta V_{CA}}{V}=\left(\frac{\Delta V}{V}\right)_{CA}$，单位混凝土材料单元模型中由于 $CA+\lambda\bar{S}+nH\rightarrow C_6A\bar{S}_3H_{32}$ 反应导致的体积变化率为：

$$\left(\frac{\Delta V}{V}\right)_{CA}=\frac{\Delta V_{CA}}{V}=\frac{\Delta V_{CA}}{V_{CA}}\cdot\frac{V_{CA}}{V} \tag{4-78}$$

以 $CA+\lambda\bar{S}+nH\rightarrow C_6A\bar{S}_3H_{32}$ 为例，则由该反应导致的混凝土结构单元体积变化率是$\frac{\Delta V_{C_3A}}{V}$，由表 4-26 知$\frac{\Delta V_{C_3A}}{V_{C_3A}}=1.26$，则：

$$\left(\frac{\Delta V}{V}\right)_{C_3A}=\frac{\Delta V_{C_3A}}{V}=\frac{\Delta V_{C_3A}}{V_{C_3A}}\cdot\frac{V_{C_3A}}{V}=1.26\frac{V_{C_3A}}{V} \tag{4-79}$$

V_{C_3A} 即反应 $C_3A+\lambda\bar{S}+nH\rightarrow C_6A\bar{S}_3H_{32}$ 所消耗单位体积内的 C_3A 摩尔浓度 $[C_3A]_{reacted}$，即

$$V_{C_3A}=[C_3A]_{reacted}=C_0-C \tag{4-80}$$

这里的 C_0 是 C_3A 的初始浓度，C 是混凝土中剩余的 C_3A，可以根据扩散反应方程求得，所以 C_3A 生成钙钒石导致的混凝土体积变化率是：

$$\left(\frac{\Delta V}{V}\right)_{C_3A}=\frac{V_{C_3A}}{V}=\frac{\Delta V_{C_3A}}{V_{C_3A}}\cdot[C_3A]_{reacted} \tag{4-81}$$

所以总的体积变化率为：

$$\varepsilon'_V=\frac{\Delta V_{CA}}{V}=\sum_{m=1}^{3}\left(\frac{\Delta V}{V}\right)_{CA_m} \tag{4-82}$$

式中：CA_1、CA_2、CA_3——C_3A、C_4AH_{13}、$C_4A\bar{S}H_{12}$的反应量$CA_{reacted}$。

根据上式可以得出任意时刻 T_i 时，混凝土板模型中各节点 X_1、$X_2\cdots X_i\cdots X_N$ 的体积应变，但是各点的体积应变由于钙钒石的生成量的不同而有所差异，很难根据各点的体积应变来衡量整个混凝土构件是否破坏，而应根据整个混凝土构件的所有点的平均体积应变来判断其破坏情况，设所有点的平均体积应变是$\overline{\varepsilon'_V}$，$\overline{\varepsilon'_V}$的计算如下式：

$$\overline{\varepsilon'_{\mathrm{V}}} = \frac{1}{L/2}\int_{0}^{L/2} \varepsilon_{\mathrm{V}} \mathrm{d}X \tag{4-83}$$

由于混凝土内部存在大量的原始孔隙,在硫酸盐腐蚀过程中生成的钙矾石将不断地填充孔隙,当孔隙被填充满以后,膨胀产物将对混凝土孔壁产生膨胀作用导致混凝土发生体积变化,发生膨胀应变,因此需采用孔隙变化修正体积应变的计算:

$$\varepsilon_{\mathrm{V}} = \varepsilon'_{\mathrm{V}} - \overline{\varphi} \tag{4-84}$$

$$\overline{\varphi} = f\varphi \tag{4-85}$$

式中:$\overline{\varphi}$——侵蚀结晶体所填充的孔隙体积率;

φ——混凝土的空隙率;

f——侵蚀晶体填充的孔隙的体积分数。

通过微观测试得到硫酸盐侵蚀产物填充孔隙体积分数f,不同的成分组成的混凝土材料的f值是不一样的,文献给出的大概的取值范围为0.2~0.8,f的取值范围表明孔隙没有被晶体完全填充满时混凝土内部就产生了膨胀应变。

由混凝土材料的体积应变ε_{v}的计算理论可知,体积应变ε_{v}是三个主应变ε_1、ε_2、ε_3之和,即

$$\varepsilon_{\mathrm{v}} = \varepsilon_1 + \varepsilon_2 + \varepsilon_3 \tag{4-86}$$

混凝土材料的平均应变ε是三个主应变的平均值,这样就由混凝土的体积应变就得到了其平均应变ε:

$$\varepsilon = \frac{\varepsilon_1 + \varepsilon_2 + \varepsilon_3}{3} = \frac{\varepsilon_{\mathrm{v}}}{3} \tag{4-87}$$

3)混凝土空隙率

通过前面的分析可知,在混凝土的腐蚀疲劳耦合作用下,空隙率φ对混凝土耐久性的影响显著,是一个非常重要的参数。φ不仅影响硫酸盐等腐蚀介质的侵入速率,同时还影响膨胀应变的计算,故φ的计算合理性是关系整个模拟精度的准确性,否则整个理论模拟腐蚀疲劳耦合作用下对混凝土的侵蚀及损伤的影响将会与工程实际产生较大的误差,达不到精度要求。研究表明,混凝土的空隙率是与混凝土的组分有关,也与混凝土的水化程度密切相关,所以空隙率还是时间的函数,文献给出了如下混凝土空隙率的计算公式:

$$\varphi = \max\left\{f_{\mathrm{c}}\frac{\frac{w}{c} - 0.39\alpha}{\frac{w}{c} + 0.32}, 0\right\} \tag{4-88}$$

式中：f_c——混凝土中水泥所占的体积分数；

α——水泥水化程度，由下式计算，$\alpha = 1 - 0.5[(1+1.67t)^{-0.6} + (1+0.29t)^{-0.48}]$；

$\frac{w}{c}$——水灰比；

t——自水化开始后所消耗的时间(s)。

4.4.2 交变荷载与硫酸盐腐蚀作用下混凝土本构关系

1)损伤力学基本理论

损伤力学主要研究的是由于材料内部缺陷生成和发展导致宏观力学性能变化，从而材料发生破坏的过程和规律，其采用连续介质热力学和连续介质力学来研究损伤。交变应力将导致混凝土中发生分布损伤，不同频率的交变应力或者等幅交变应力的作用导致损伤的积累，最终造成混凝土累计损伤的疲劳断裂，因此需要在研究交变荷载作用下混凝土硫酸盐腐蚀发生体积变化导致混凝土内部产生膨胀应力，就要引入连续变化的损伤变量 D 来描述混凝土承受交变应力作用下的损伤状态，在满足力学和热力学基本公式和定理的条件下抽象地确定交变荷载作用下混凝土的损伤本构方程。混凝土是脆性材料，因此损伤用变形来衡量；而对于疲劳加载损伤，也可用剩余循环寿命比度量。对于损伤材料的本构方程，可以借用无损伤材料的方法导出，不过其中应力应该用有效应力 $\tilde{\sigma}$ 替代，因此，一维损伤材料的本构方程变为：

$$\varepsilon = \frac{\sigma}{(1-D)E} = \frac{\tilde{\sigma}}{E} \tag{4-89}$$

根据热力学能量守恒定律和耗散定律，可以得到式(4-90)和式(4-91)：

$$\sigma_{ij}\dot{\varepsilon}_{ij} - \rho\dot{u} + \rho\dot{r} - \mathrm{div}Q = 0 \tag{4-90}$$

$$\sigma_{ij}\dot{\varepsilon}_{ij} - \rho(\dot{u} - \theta\dot{s}) - \frac{Q}{\theta}\cdot \mathrm{grad}\theta \geqslant 0 \tag{4-91}$$

式中：σ_{ij}——Cauchy 应力张量；

$\dot{\varepsilon}_{ij}$——Cauchy 应变张量，$\varepsilon_{ij} = \varepsilon_{ij}^{e} + \varepsilon_{ij}^{p}$；

ρ——物质密度；

$\dot{u}$——内能密度；

$\dot{r}$——热源强度；

Q——热通向量；

θ——绝对温度；

$\mathrm{grad}\theta$——温度梯度。

式(4-88)是耗散势函数对时间的导数,根据热力学内变量理论可得到式(4-92)：

$$\dot{\varphi} = \sigma_{ij}\varepsilon_{ij}^{p} + Y\dot{D} + Q \cdot G \geqslant 0 \tag{4-92}$$

式中:Y——损伤应变能释放率。

$G = -\mathrm{grad}\theta/\theta$。

其中两个相乘的量是广义应力何广义应变率。两者相乘即构成耗散率。在材料状态稳定发展阶段,材料服从正交法则,故:

$$\dot{D} = -\frac{\partial\varphi}{\partial Y} \tag{4-93}$$

2)混凝土疲劳损伤模型

混凝土在高周期的疲劳加载过程中,因荷载作用较小和材料本身呈脆性,故混凝土塑性应变非常小,可用微塑性应变 π 表示。

(1)耗散势函数。

依据已经提出的大量损伤本构模型,混凝土材料的疲劳损伤耗散势函数 φ 解析表达式可表示为:

$$\varphi(Y,\dot{p},\dot{\pi},T,\varepsilon^{p},D) = \frac{Y^2}{2s_0}\frac{\dot{\pi}}{(1-D)^{a_0}} \tag{4-94}$$

把式(4-94)代入式(4-95),得:

$$\dot{D} = -\frac{Y}{s_0}\frac{\dot{\pi}}{(1-D)^{a_0}} \tag{4-95}$$

式中:s_0、a_0——材料参数。

(2)损伤变量。

通常损伤发展率与累积塑性应变率成线性关系,即有 $a_0=0$;在一维情况下,累积塑性应变可等效为残余应变 ε_r,所以混凝土疲劳损伤发展率为:

$$\dot{D} = -\frac{\partial\varphi}{\partial Y} = -\frac{Y}{s_0}\dot{\varepsilon}_r \tag{4-96}$$

为了简化推导,假设式(4-96)中 Y 与 $\dot{\varepsilon}_r$ 相对独立,则:

$$\int_0^D \mathrm{d}D = \int_{\varepsilon_{r0}}^{\varepsilon}\left(-\frac{Y}{s_0}\right)\mathrm{d}\varepsilon_t = \left(-\frac{Y}{s_0}\right)\int_{\varepsilon_{r0}}^{\varepsilon}\mathrm{d}\varepsilon_t$$

即

$$D = \left(-\frac{Y}{s_0}\right)(\varepsilon_r - \varepsilon_{r0}) + C \tag{4-97}$$

当 $\varepsilon_r = \varepsilon_{r0}$ 时，$D = 0$，有 $C = 0$；当 $\varepsilon_r = \varepsilon_{rc}$ 时，$D = 1$，有：

$$-\frac{Y}{s_0} = \frac{1}{\varepsilon_{rc} - \varepsilon_{r0}}$$

将上式代入式(4-97)中可得：

$$D = \frac{\varepsilon_r - \varepsilon_{r0}}{\varepsilon_{rc} - \varepsilon_{r0}} \tag{4-98}$$

式中：ε_{r0}、ε_{rc}——混凝土受疲劳损伤时起始和破坏时的累积残余塑性应变。

式(4-98)为混凝土损伤变量与累积残余应变关系，可通过疲劳试验测得残余应变数值计算出混凝土损伤量。

(3)疲劳损伤演化方程。

混凝土在承受交变荷载反复作用时，损伤变量与荷载循环作用次数是呈现正比例增加，可以从式(4-95)中推导出 D 与循环比 n/N 的相互关系。研究表明，混凝土的微塑性应变率随应力变化率增加而增加，且在一个外加荷载循环过程中，微塑性仅在应力增长阶段增加，但在应力下降阶段保持恒定不变，基于此，混凝土塑性材料的微塑性应变采用下式表达：

$$\dot{\pi} = \left[\frac{|\sigma - \bar{\sigma}|}{K(1-D)}\right]^{\beta} \frac{\langle \dot{\sigma} \rangle}{1-D} \tag{4-99}$$

式中：K、β——混凝土材料参数；符号 $\langle\ \rangle$ 的定义为 $\langle x \rangle = \frac{|x| + x}{2}$。

将式(4-99)和 $Y = \frac{\sigma^2}{2E}$ 代入式(4-95)可得：

$$\dot{D} = \frac{\sigma^2 |\sigma - \bar{\sigma}|^{\beta}}{B(1-D)^{\alpha}} \langle \dot{\sigma} \rangle \tag{4-100}$$

式中：$B = 2ES_0K$，$a = a_0 + \beta + 3$；$\bar{\sigma}$ 为平均应力，$\bar{\sigma} = \frac{\sigma_{max} + \sigma_{min}}{2}$。

把式(4-100)的倒数转化为微分，则在下一个应力循环中积分中，有：

$$\int_D^{D+\frac{\delta D}{\delta n}} dD = \int_0^{\sigma_{max}} \frac{\sigma^2 |\sigma - \bar{\sigma}|^{\beta}}{B(1-D)^{a}} d\sigma$$

D 在一个应力循环比中随 σ 变化非常小，因此，可以近似地认为在一个应力循环内 D 恒定不变；当 $\bar{\sigma} = 0$ 时，可得：

$$\frac{\delta D}{\delta n} = \frac{\sigma_{ar}^{\beta+3}}{(\beta+3)B(1-D)^{a}}$$

式中，当 $\overline{\sigma}=0$，有 $\sigma_{ar}=\sigma_{max}$；当 $\overline{\sigma}\neq 0$ 时再考虑平均应力的影响，$\sigma_{ar}=(\sigma_{max}\sigma_{a})^{\frac{1}{2}}$，则上式变为：

$$\frac{\delta D}{\delta n}=\frac{[(\overline{\sigma}+\sigma_a)\sigma_a]^{\frac{\beta+3}{2}}}{(\beta+3)B(1-D)^{a}} \tag{4-101}$$

式中，$\sigma_a=\frac{1}{2}\Delta\sigma$；$\Delta\sigma=\sigma_{max}-\sigma_{min}$。对式(4-101)中 D、n 分别置于等式两边，然后进行积分，可得：

$$\int_0^D\frac{\mathrm{d}D}{(1-D)^{\alpha}}=\int_0^n\frac{[(\overline{\sigma}+\sigma_a)\sigma_a]^{\frac{\beta+3}{2}}}{(\beta+3)B}\mathrm{d}n$$

积分得：

$$\frac{1-(1-D)^{1+a}}{1+a}=\frac{[(\overline{\sigma}+\sigma_a)\sigma_a]^{\frac{\beta+3}{2}}}{B(\beta+3)}n+C \tag{4-102}$$

对周期性的循环荷载，边界条件当 $n=0$ 时，$D=0$，得 $C=0$；当 $n=N$ 时，$D=1$，有：

$$N=\frac{B(\beta+3)}{(1+a)}[(\overline{\sigma}+\sigma_a)\sigma_a]^{\frac{\beta+3}{2}}$$

把上式和 $C=0$ 代入式(4-102)，得：

$$1-(1-D)^{a+1}=\frac{n}{N}$$

作简单变换，可得：

$$D=1-(1-\frac{n}{N})^{\frac{1}{a+1}} \tag{4-103}$$

结合式(4-89)与式(4-103)、式(4-88)与交变荷载与硫酸盐腐蚀联合作用下损伤的本构关系，可用于化学腐蚀与交变荷载耦合作用的水泥混凝土数值分析中。

即 $\sigma=\varepsilon(1-D)E$，其中 $D=1-(1-\frac{n}{N})^{\frac{1}{a+1}}$，$\varepsilon=\frac{\varepsilon_1+\varepsilon_2+\varepsilon_3}{3}=\frac{\varepsilon_v}{3}$。

即

$$\sigma=\frac{\varepsilon_v}{3}\times(1-\frac{n}{N})^{\frac{1}{\alpha+1}}\times E \tag{4-104}$$

4.4.3　交变荷载作用下水泥混凝土硫酸盐腐蚀膨胀内应力

1）计算步骤

据 Fick 第二定律的基本理论，通过混凝土单元化、裂纹均一化，将微裂缝对硫酸盐在混凝土中硫酸盐扩散系数 D 的影响进行表征，并通过有限差分方法，给出混凝土中硫酸盐分布数值解。根据硫酸盐的浓度分布及扩散反应方程，得到混凝土模型中反应生成物的分布情况，得到钙矾石结晶膨胀及其产生的膨胀应变的计算公式。采用推导出的交变荷载作用下混凝土的应力-应变本构关系，可计算得到交变荷载与硫酸盐作用下混凝土内应力，具体步骤如下：

(1)根据外界硫酸盐溶液的初始浓度以及交变荷载的频率和应力水平，计算硫酸根离子在混凝土中的浓度分布。

(2)由计算得到的硫酸根离子分布浓度得到混凝土内部化学反应消耗硫酸盐浓度。

(3)根据化学反应消耗的硫酸根离子浓度计算钙矾石的生成量以及 C_4AH_{13}，$C_4A\bar{S}H_{12}$，C_3A 消耗后产生的体积变化。

(4)计算由于硫酸根离子与混凝土成分反应生成钙矾石而导致的平均线膨胀应变。

(5)采用推导出的交变荷载作用下混凝土的应力-应变本构关系，计算交变荷载作用下混凝土硫酸盐腐蚀内部平均膨胀拉应力。

2)数值算例

在一维模型中将试样均分为 40 个节点，利用 Fick 第二定律建立偏微分方程，运用有限差分的方法，通过 matlab 软件进行求解，计算其交变荷载与硫酸盐腐蚀混凝土损伤内应力模型的主要参数，见表 4-29。

计算模型的主要参数　　表 4-29

参数名称	数　值	参数名称	数　值
模型厚度 L	40mm	模型长度	160mm
应力水平	40%	混凝土疲劳常数 a_1	1.07
硫酸根紊态扩散系数 D_c	1.73×10^{-10}	水灰比 W/C	0.47
最初的 C_3A(含量 7%)	164.9mol/m^3	混凝土疲劳常数 b_1	0.09
第二阶段后残余应变	120×10^{-6}	反应速率 K	3.05×10^{-8}m^3/mol·s
Na_2SO_4 溶液浓度	377mol/m^3	加载频率	300 次/d
混凝土原始空隙率 φ_0	8%	SO_4^{2-} 侵蚀浓度	30.2mol/m^3

计算结果分析结果如下：

图 4-110 为混凝土试件中线各节点处硫酸根离子浓度分布随深度的变化曲线。

由图 4-110 可以看出，混凝土试件各节点硫酸盐浓度随着腐蚀龄期的增加而增大，并且随着深度的增大呈现浓度越来越小的规律。当时间增量同为 100d 时，硫酸根离子在混凝土试件中的积累量随着侵蚀时间的增加而增大,随着侵蚀时间的推移,混凝土中硫酸根离子浓度逐渐增大,直至与外界硫酸盐浓度相同。

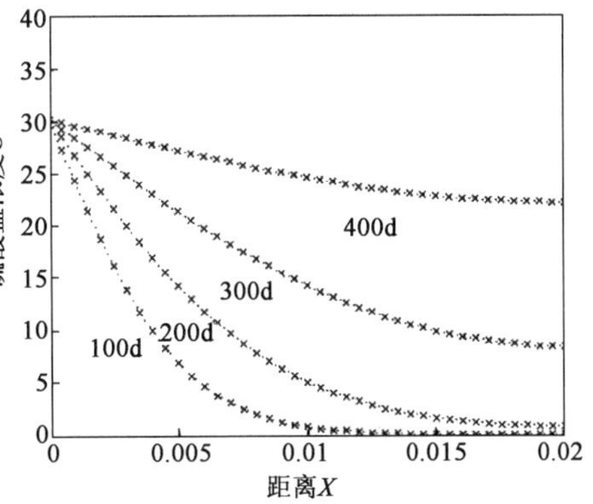

图4-110 试件中线节点处硫酸根钠离子的浓度分布

由图4-111和图4-112可知,随反应的进行,各位置点的CA反应量在不断地增加,混凝土中剩余CA含量不断减小,反应结束时,CA的浓度曲线变为一条直线,各处的CA反应量几乎相等。从图4-112可以发现,随着腐蚀疲劳龄期的增加,混凝土中腐蚀反应消耗的铝酸钙越来越多,剩余的铝酸钙越来越少。故图4-111与图4-112曲线的走势刚好相反,剩余的铝酸钙盐(CA)的量是呈下降的趋势。

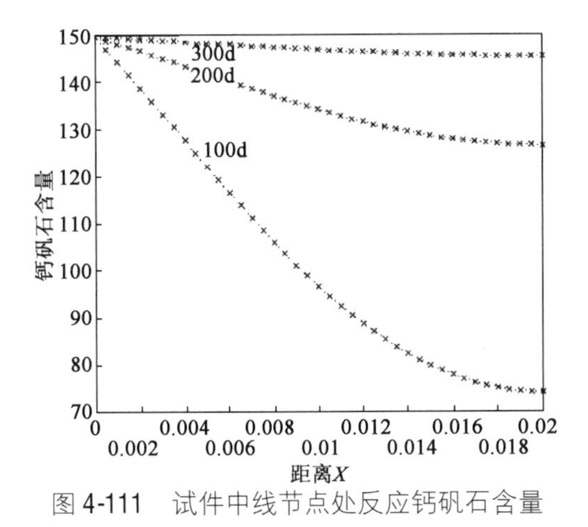

图4-111 试件中线节点处反应钙矾石含量

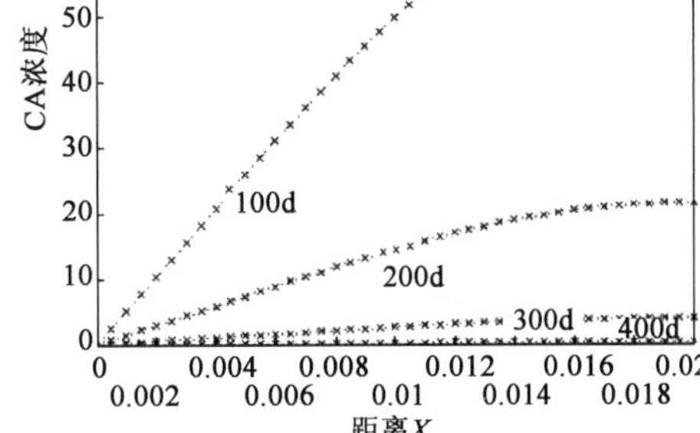

图4-112 试件中线节点处剩余钙矾石含量

图4-113是试件中心位置由于钙矾石而引起内部膨胀应力的变化过程示意图。

由图4-113可以发现,试件中心位置各点的膨胀应力随节点离外部腐蚀环境距离的增加而减小,离试件表面越近,混凝土因硫酸盐腐蚀产生的膨胀内应力越大。随着作用时间的增长,混凝土膨胀应力逐渐增大,直到410d时,由于中心节点水化产物完成,混凝土膨胀内应力曲线变为一条直线,产生的膨胀内应力相等。

混凝土中心节点 $X=0.02\mathrm{m}$ 处的应力变化过程如图4-114所示。

由图4-114可以看出,由于硫酸根离子扩散至中心节点并发生反应需要一定的试件,因此腐蚀龄期小于100d时,中心节点处无膨胀应力产生;当腐蚀疲劳龄期大于100d时,膨胀应力逐渐增加,且曲线斜率随时间的变化而逐渐减小后趋于稳定,因此可以得出混凝土内应力增加的速率随时间的进行而不断地减少,直到反应完成后达到最大值。

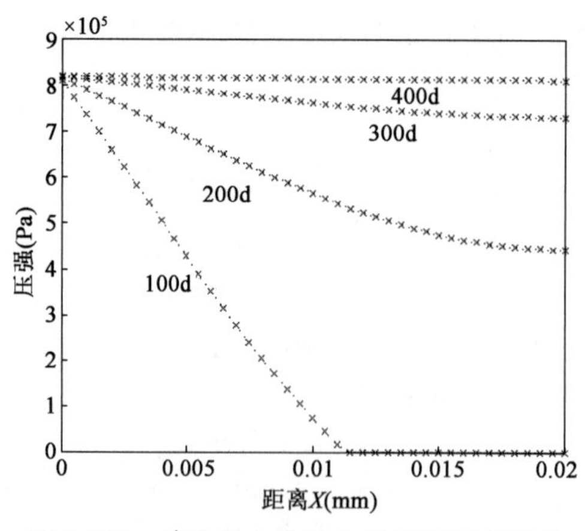

图 4-113　试件中心位置由于钙矾石而引起内部膨胀应力的变化

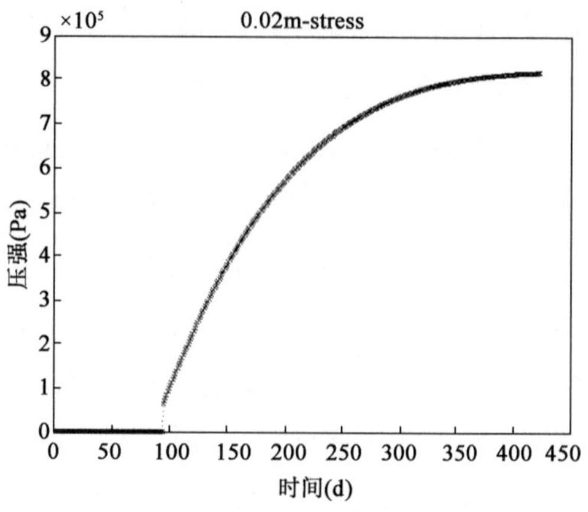

图 4-114　X = 0.02m 处膨胀应力的变化

3)交变荷载与硫酸盐腐蚀作用下混凝土内应力影响因素分析

交变荷载与硫酸盐联合作用下条件下影响水泥混凝土内部应力状态的外界物理与化学环境因素主要有三个,分别为交变荷载应力水平、加载频率,SO_4^{2-} 浓度。选取硫酸盐浓度为 10mol/m^3、交变荷载应力水平为 30%、频率为 100 次/d 的标准环境,与在此基础上分别将应力水平提高至 50%、频率加快至 300 次/d、硫酸盐浓度增大至 30mol/m^3 环境下的混凝土内部应力计算结果进行对比分析,计算结果见图 4-115。

图 4-115a)为水泥混凝土在硫酸盐浓度为 10mol/m^3,交变荷载应力水平与频率分别为 30% 和 100 次/天中各节点应力随深度和疲劳腐蚀天数变化过程。从图 4-115a)可知,由于环境中的硫酸根离子从混凝土表面向内部扩散为时间与位置的函数,相同腐蚀时间混凝土中的硫酸盐浓度积累随着混凝土深度的增大而减小,硫酸盐与水化产物反应导致的内部膨胀应力表现出随深度增大而减小的趋势。同时,随着耦合作用时间的增加,混凝土各节点内部应力以加速度递减的方式逐渐增大,最大应力点从混凝土试件的表面逐渐向内部移动,膨胀内应力增大,直到 776d 时中心节点水化产物反应完毕,各节点应力达到平衡。

图 4-115b)为交变荷载应力水平为 50% 时,混凝土内部应力随深度和疲劳腐蚀天数变化过程。从图 4-115a)、图 4-115b)可知,当应力水平从 30% 增加至 50%,中心节点水化产物反应完毕时间即达到最大应力时间提前 10%。因此,在应力总体水平较低情况下,增大应力水平对混凝土疲劳腐蚀损伤影响程度较小。这是由于在受到低荷载水平作用时,混凝土大体处于弹性状态,当受到低应力水平交变荷载时,混凝土产生微小变形,卸载后会逐渐恢复,因此低应力水平的交变荷载损伤仅产生少量微裂纹。

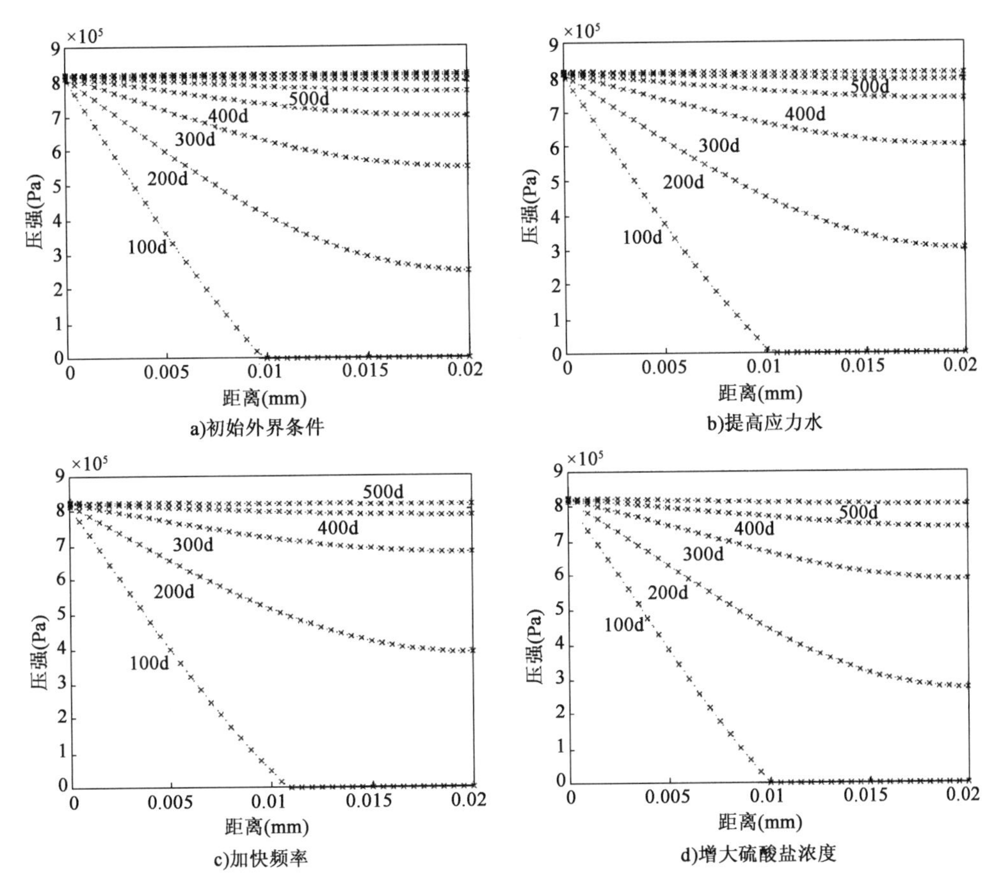

图 4-115　应力水平、加载频率和硫酸盐浓度对内部应力的影响

图 4-115c）为交变荷载频率 300 次/d，混凝土内部应力随深度和疲劳腐蚀天数变化过程。由图 4-115a）、图 4-115c）对比可知，当加载频率从 100 次/d 提高至 300 次/d，中心节点水化产物反应完毕时间提前 34%。值得注意的是，初始外界条件交变荷载作用总体次数 77600 次，而提高交变荷载频率 3 倍总体荷载作用次数仅为初始外界条件的 2 倍。因此，交变荷载频率对混凝土内部应力影响较大，随加载频率的增加，混凝土内部应力增加幅度也不断增大。分析原因为，交变荷载施加频率的增大阻止了混凝土自愈合能力即弹性恢复，使混凝土内部裂纹不断地产生并发展。大量裂缝为硫酸根离子的扩散提供了通道，使得更多的硫酸根离子侵入混凝土中并发生腐蚀反应，生成大量的膨胀产物，导致膨胀内应力增大。图 4-115d）为硫酸盐浓度 30mol/m^3 时，混凝土内部应力随深度和疲劳腐蚀天数变化过程。从图 4-115a）、图 4-115d）可知，当硫酸盐浓度从 10mol/m^3 增大至 30mol/m^3 时，中心节点水化产物反应完毕时间较初始外界条件提前 20%。分析原因为：根据扩散基本理论，硫酸根离子浓度越大，起始的扩散系数越大，其扩散速度越快，

导致相同位置节点硫酸盐浓度增大，与水泥水化反应生成物增多，表现为混凝土内部应力也不断增大。

从图4-115a)、图4-115b)、图4-115c)、图4-115d)综合对比分析，应力水平、交变荷载频率与硫酸盐浓度均加速水泥混凝土腐蚀疲劳损伤，降低混凝土耐久性。随着应力水平、交变荷载频率和硫酸盐浓度的增大，各节点的应力也随之增大，即受到外界荷载作用时，施加较小的应力扰动，就能使得该节点达到极限应力状态从而产生破坏，从而降低混凝土结构物的服役寿命。

4）交变荷载与硫酸盐腐蚀作用下混凝土开裂判定

道路路面、桥面、铁路路枕、机场道面等一维构件在受四点弯曲荷载时，其中线底部受力最大，中性线以下为受外界拉应力，中性线以上为受外界压应力，混凝土内部膨胀产物产生的拉应力与外界交变荷载产生的拉应力 σ_j（压应力）之和（差）与混凝土的极限疲劳强度 f_t 对比，判断混凝土板的某一位置处是否开裂破坏。交变荷载与硫酸盐腐蚀联合作用下水泥混凝土应力状态如图4-116所示。

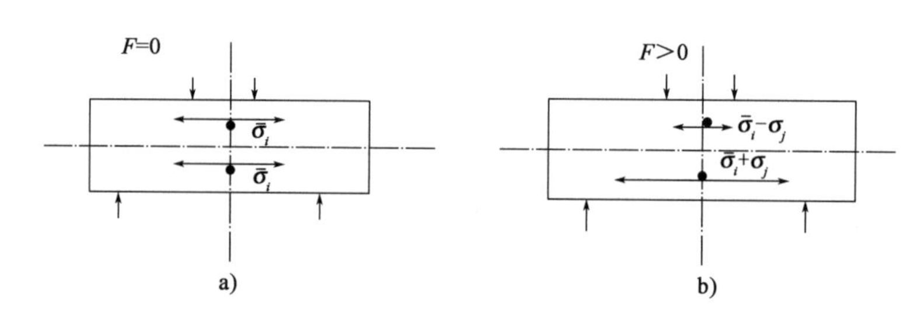

图4-116 交变荷载与硫酸盐腐蚀联合作用下水泥混凝土应力状态

4.4.4 交变荷载与硫酸盐腐蚀作用下水泥混凝土寿命预测

我国西部盐湖地区和广袤的海岸工程都存在混凝土构件，不仅承受硫酸盐侵蚀，也面临荷载疲劳损伤作用。硫酸盐侵蚀产生膨胀压加速了混凝土构件的疲劳损伤，同时疲劳损伤、裂纹不断扩展又进一步促进了硫酸盐的侵蚀，可见腐蚀与交变荷载对混凝土的损伤是相互促进和诱导的。因此，本节针对混凝土构件在实际工况中存在的腐蚀疲劳耦合损伤作用，根据前面所建立的混凝土材料在腐蚀疲劳耦合作用下的侵蚀模型，分析交变荷载应力水平、加载频率、水灰比、外界硫酸盐浓度对混凝土构件硫酸盐侵蚀寿命的影响，建立适合腐蚀疲劳耦合作用下的混凝土侵蚀寿命预估模型。

1）交变荷载作用下混凝土侵蚀寿命判定

根据上面章节的分析，可知腐蚀疲劳耦合作用下混凝土构件破坏的机理是由于硫酸根等危害离子侵入混凝土内部，与混凝土内部的铝酸盐（CA）以及未水化的水泥组分发生化学反应，产生结晶膨胀的钙矾石晶体，晶体的不断析晶膨胀进而对混凝土产生损伤破坏。这种危害主要决定于混凝土内部原始的铝酸钙盐，铝酸钙盐的含量及分布极大地决定了钙矾石的含量及分布。其中，硫酸盐与铝酸三钙 C_3A 经过一次和二次反应而形成钙矾石（$C_3A \cdot 3CaSO_4 \cdot 2H_2O$），反应化学方程式如下：

$$C_4AH_{13} + 3C\bar{S}H_2 + 14H \rightarrow C_6A\bar{S}_3H_{32} + CH$$

$$C_4AH_{12-18} + 2C\bar{S}H_2 + (10-16)H \rightarrow C_6A\bar{S}_3H_{32}$$

$$C_3A + 3C\bar{S}H_2 + 26H \rightarrow C_6A\bar{S}_3H_{32}$$

混凝土材料及构件在腐蚀环境中产生的膨胀内应力是属于微观结晶范畴，而整个混凝土构件在荷载作用下的应力分布是属于宏观力学的范畴，而且化学腐蚀对混凝土的损伤是时间和位置的函数，而荷载的损伤是相对较为简单。基于不同位置点细观力学状态难于评价混凝土整体构件的宏观力学性能的现状，本书采用中心节点铝酸盐（CA）含量小于1%时作为判定水泥混凝土受硫酸盐腐蚀的终止，以反应总共需要的时间为标准，确定交变荷载与硫酸盐腐蚀共同作用下水泥混凝土服役寿命。以模型中心节点处的膨胀内应力达到极限抗拉强度时间作为混凝土的疲劳寿命，在此时间内交变荷载作用时间越长，表明腐蚀环境条件下，混凝土材料的疲劳寿命越长。

2）交变荷载与硫酸盐腐蚀作用下混凝土寿命预估模型主要参数及范围

交变荷载与硫酸盐腐蚀作用下混凝土服役寿命主要受交变荷载的应力水平、加载频率、硫酸盐浓度、水灰比的影响。本书采用已推导的计算模型，深入分析各因素对混凝土腐蚀疲劳寿命的影响规律。计算模型的主要参数以及影响因素取值范围分别见表4-30和表4-31。

计算模型的主要参数　　表4-30

参数名称	数　值	参数名称	数　值
模型厚度 L	40mm	混凝土疲劳常数 a_1	1.07
硫酸根紊态扩散系数 D_c	1.73×10^{-10}	混凝土疲劳常数 b_1	0.09
最初的 C_3A（含量7%）	164.9mol/m^3	最初的石膏含量	66.1mol/m^3
未水化的 C_3A	44.9mol/m^3	反应速率 K	3.05×10^{-8}m^3/mol·s
第二阶段后残余应变	120×10^{-6}		

影响因素的取值范围　　表 4-31

影响因素	应力水平(%)	硫酸盐浓度(mmol/L)	加载频率(次/d)	水灰比
取值范围	20 ~ 65	10 ~ 100	100 ~ 550	0.41 ~ 0.50

3)交变荷载与硫酸盐腐蚀作用下混凝土服役寿命影响因素分析

(1)应力水平。

不同应力水平交变荷载(300 次/d)与硫酸盐腐蚀(30mmol/L)作用下水灰比为 0.47 混凝土腐蚀疲劳寿命的变化趋势如图 4-117 所示。

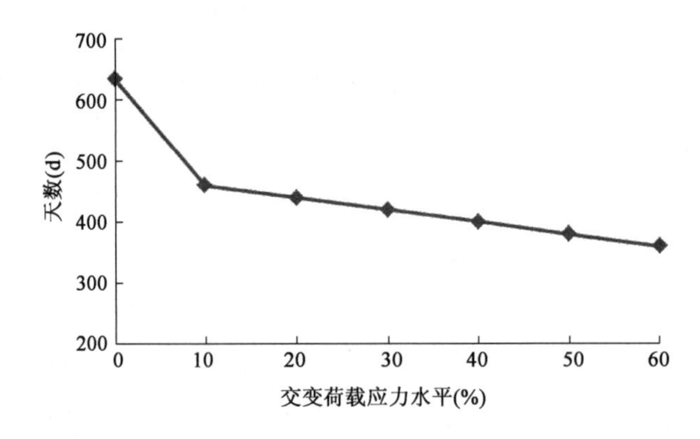

图 4-117　交变荷载应力水平对混凝土腐蚀疲劳寿命的影响

由图 4-117 可以发现,随着交变荷载应力水平的提高,中心节点铝酸钙盐反应完时间逐渐地减小。当应力水平从 0% 增加到 60%,其反应天数从 T = 635d 缩减到 T = 348d,减小了 45.2%。且从无应力状态到施加交变荷载应力水平为 10% 时,反应时间减少较为显著,之后反应时间随应力水平的变化率基本保持不变。与无荷载试件相比,交变荷载的作用明显地加速了混凝土硫酸盐腐蚀破坏作用,混凝土腐蚀疲劳寿命大幅度降低。但随着应力水平的增加,侵蚀速率增幅较为稳定。分析其原因,主要是由于随交变荷载应力水平的增加,在相同疲劳次数下应力水平越高,对混凝土的损伤越大,加速了混凝土微裂纹的产生及发展,进而加速硫酸根侵蚀离子的扩散。

(2)加载频率。

不同加载频率交变荷载(60%)与硫酸盐腐蚀(30mmol/L)作用下,水灰比为 0.47,混凝土腐蚀疲劳寿命的变化趋势如图 4-118 所示。

由图 4-118 可以看出,随交变荷载加载频率的增加,混凝土受硫酸盐侵蚀寿命在不断缩短,从曲线斜率变化可以看出,随疲劳荷载加载频率的变化,混凝土受硫酸盐侵蚀的剩余寿命缩减程度在不断减少，后趋于稳定。当无疲劳荷载作用时，混凝土抗硫酸盐侵蚀寿命为 $T=635\text{d}$；当承受加载频率为100次/d的疲劳荷载时，混凝土抗硫酸盐侵蚀寿命缩减为 $T=493\text{d}$，缩减率高达22.4%；当疲劳荷载加载频率为600次/d时，侵蚀寿命仅为 $T=326\text{d}$，寿命损伤高达48.7%。这主要是由于随加载频率的增加，混凝土所承受的疲劳损伤增加，由于损伤的增多，在混凝土内部孔隙中产生应力集中，当应力集中到达一定程度，则将产生微裂纹，因侵蚀离子在裂纹中的有效扩散系数大，从而加速混凝土结构材料的侵蚀速率。

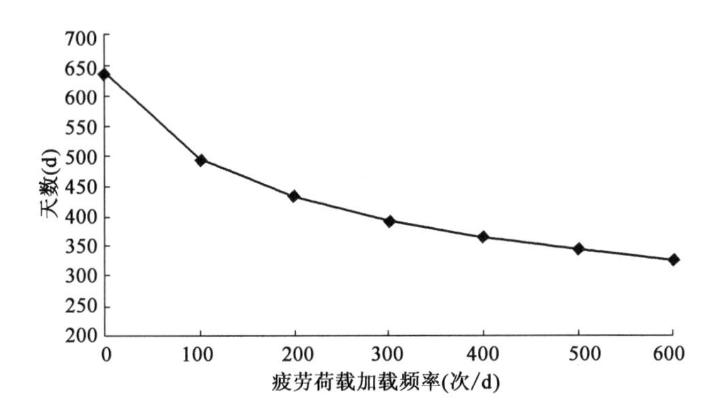

图4-118 交变荷载加载频率对混凝土腐蚀疲劳寿命的影响

(3)硫酸盐浓度。

不同浓度硫酸盐溶液与交变荷载(60%，300次/d)共同作用下水灰比为0.47混凝土腐蚀疲劳寿命的变化趋势见图4-119。

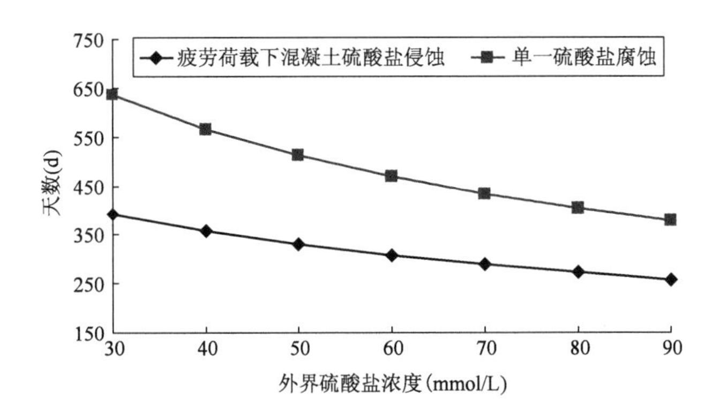

图4-119 外界硫酸盐浓度对混凝土腐蚀疲劳寿命的影响

由图4-119可知，硫酸盐浓度对水泥混凝土硫酸盐腐蚀寿命的影响较大，随着硫酸盐浓度的增加，中心节点铝酸钙盐消耗完时间在逐渐地减小。当硫酸盐浓度从30mmol/L增加到60mmol/L，对于交变荷载下硫酸盐腐蚀，其反应天数从 $T=392\text{d}$ 缩减到308d，减小了21.4%;对于单一硫酸盐腐蚀,其反应天数从 $T=635\text{d}$ 缩减到470d,减小了26.1%。从图6.10可以看出,单一硫酸盐腐蚀随着硫酸盐浓度的升高,反应时间下降幅度要略高于交变荷载作用下的硫酸盐腐蚀,且随着硫酸盐浓度的增大,这种幅度越来越小并逐渐趋于一致。

(4)水灰比。

交变荷载(60%,300次/d)与硫酸盐溶液(30mmol/L)共同作用下不同水灰比混凝土腐蚀疲劳寿命的变化趋势如图4-120所示。

从图4-120可以发现,随着混凝土水灰比的提高,中心节点铝酸钙盐反应结束时间逐渐的减小。当水灰比由0.41升至0.47时,对于交变荷载下硫酸盐腐蚀,其反应天数从510d减少到392d,减小率为23.1%;而对于单一硫酸盐腐蚀,其反应天数从1526d减少到650d,减小率高达58.4%。硫酸盐腐蚀作用下混凝土服役寿命随水灰比变化曲线的斜率小于交变荷载与硫酸盐腐蚀共同的作用,水灰比对混凝土腐蚀疲劳寿命的影响更为显著。随着水灰比的提高,两者差距越来越小。

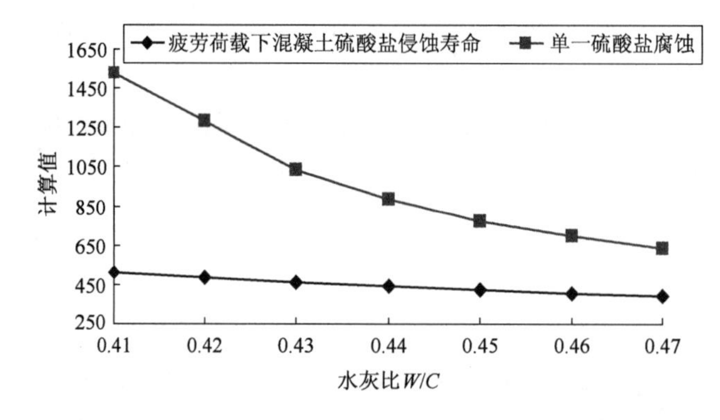

图4-120 水灰比对混凝土腐蚀疲劳寿命的影响

4)混凝土腐蚀疲劳寿命预估方程建立

交变荷载与硫酸盐腐蚀的共同作用将导致混凝土发生过早破坏,对国民经济造成巨大的损失,因此准确预估水泥混凝土腐蚀疲劳寿命具有重要的意义。本书采用合适多水平多因子的均匀设计法,进行变参量数值模拟计算。按照均匀试验设计方法,参考前面所确定的取值范围,每个因素均取10个水平,以 $U_{10}^*(10^8)$ 均匀设计表进行因素水平组合安排。$U_{10}^*(10^8)$ 共10个试验点,均匀设计计算方案及结果见表4-32。统计实践证明,在进行多因素回归分析时,用二次多项式回归往往能得到很好的结果。因此,本书对反应时间公式按二次多项式进行回归,得出基于交变荷载作用下水泥混凝土硫酸盐腐蚀寿命计算公式,见式(4-102)、式(4-103)。

$U_{10}^{*}(10^{8})$水平试验方案及试验结果　　表4-32

试验号	因素				
	A(加载频率f，次/d)	B(应力水平s，%)	C(硫酸盐含量U，mol/L)	D(水灰比W/C)	模型计算结果
	1	2	3	4	天数T，d
1	1(100)	3(30)	4(40)	5(0.45)	526
2	2(150)	6(45)	8(80)	10(0.50)	261
3	3(200)	9(60)	1(10)	4(0.44)	556
4	4(250)	1(20)	5(50)	9(0.49)	344
5	5(300)	4(35)	9(90)	3(0.43)	337
6	6(350)	7(50)	2(20)	8(0.48)	385
7	7(400)	10(65)	6(60)	2(0.42)	297
8	8(450)	2(25)	10(100)	7(0.47)	242
9	9(500)	5(40)	3(30)	1(0.41)	423
10	10(550)	8(55)	7(70)	6(0.46)	236

交变荷载作用下水泥混凝土硫酸盐腐蚀寿命预估方程如下：

一次线性拟合结果为：

$$T = 1440.7 - 0.35295f - 1.7341S - 2.5693U - 1648.9\frac{W}{C} \qquad R = 0.86 \tag{4-105}$$

二次线性拟合结果为：

$$T = 2.2459f + 31.563S - 0.0014161f^2 - 0.01564f \cdot S + 0.02354f \cdot U - 5.0734f \cdot \frac{W}{C} - 0.31066S^2 - 0.032872S \cdot U - 0.080207U^2 \qquad R = 0.92 \tag{4-106}$$

式中：T——模型中心节点处铝酸钙盐反应完时间，即交变荷载作用下混凝土的抗硫酸盐腐蚀寿命(d)；

f——交变荷载加载频率(次/d)；

S——交变荷载应力水平(%)；

U——外界硫酸盐浓度(mmol/L)；

$\frac{W}{C}$——水灰比。

由一、二次线性拟合结果分析表可知，交变荷载作用下混凝土的抗硫酸盐腐蚀寿命与交变荷载加载频率、交变荷载应力水平、水灰比和外界硫酸盐浓度具有较好的二次线性关系，拟合结果理论计算值与实际测试值相对误差小于5%，由此选用二次线性拟合结果作为交变荷载作用下混凝土的抗硫酸盐腐蚀寿命的回归方程，如图4-121所示。

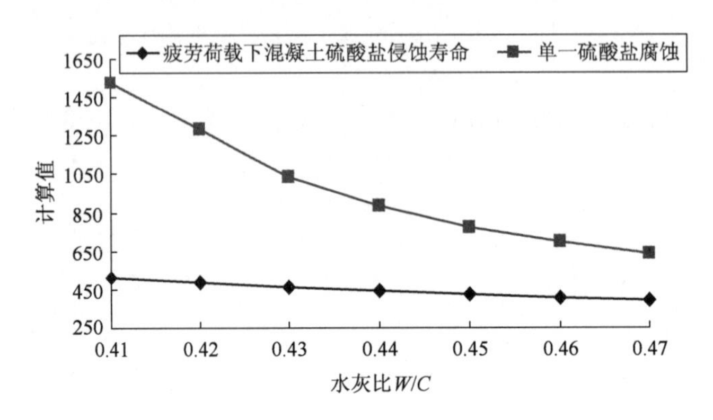

图4-121　一次和二次线性拟合结果图

5)侵蚀寿命预估方程检验

用混凝土腐蚀疲劳性能的灰色预测模型计算实例，来检验交变荷载作用与硫酸盐腐蚀联合作用下混凝土寿命预估方程。表4-33为寿命预测计算参数取值及计算结果。

寿命预测计算参数及计算结果　　表4-33

模型	水灰比	硫酸盐浓度	应力水平	加载频率	计算结果
寿命预测	0.42	121mol/L*	60%	360次/d	327

注：*10%硫酸盐侵蚀浓度为121mol/L。

将计算结果带入力学性能预测模型中，计算结果见表4-34。

力学性能预测参数及计算结果　　表4-34

模型	水灰比	硫酸盐浓度	应力水平	腐蚀疲劳天数	计算结果
力学性能预测	0.42	10%	60%	327	0.596

从表4-32中可以看出，混凝土腐蚀疲劳因子为0.596，小于0.6(剩余抗弯拉强度不足60%)，即当腐蚀疲劳天数达到327d时，混凝土承受60%的交变荷载将发生破坏，寿命终止。因此，力学性能预测模型结果印证了寿命预测模型的合理性。

本章参考文献

[1] 刘国强，刘来宝. 掺氧化镁膨胀剂混凝土的抗硫酸盐侵蚀性能研究[J]. 硅酸盐通报，2022，41(04)：1293-1300.

[2] 王鹏刚,莫芮,隋晓萌,等.混凝土中氯盐-硫酸盐耦合侵蚀的化学-损伤-传输模型研究进展[J].硅酸盐学报,2022,50(02):512-521.

[3] 杜康武,魏伟,蔡晨晖,等.再生混凝土抗硫酸盐侵蚀机理及可靠性分析[J].硅酸盐通报,2021,40(12):4070-4076.

[4] 郎宇杰,殷光吉,温小栋,等.硫酸盐侵蚀下混凝土劣化过程数值模拟[J].武汉理工大学学报,2021,43(08):62-69.

[5] Liu Z, Hu W, Hou L, et al. Effect of carbonation on physical sulfate attack on concrete by Na2SO4[J]. Construction and Building Materials, 2018, 193: 211-220.

[6] Liu F, You Z, Diab A, et al. External sulfate attack on concrete under combined effects of flexural fatigue loading and drying-wetting cycles[J]. Construction and Building Materials, 2020, 249: 118-224.

[7] Martins M C, Langaro E A, Macioski G, et al. External ammonium sulfate attack in concrete: Analysis of the current methodology[J]. Construction and Building Materials, 2021, 277: 122-252.

[8] 李睿鑫,邹贻权,胡大伟,等.高渗透压-硫酸盐侵蚀下混凝土时空劣化[J].浙江大学学报(工学版),2021,55(03):539-547.

[9] 董瑞鑫,申向东,薛慧君,等.干湿循环作用下风积沙混凝土的抗硫酸盐侵蚀机理[J].材料导报,2020,34(24):24040-24044.

[10] 关博文,刘佳楠,吴佳育,等.基于侵蚀损伤的混凝土硫酸根离子传输行为[J].硅酸盐通报,2020,39(10):3169-3174+3183.

[11] 张中亚,周建庭,邹杨,等.硫酸盐侵蚀对混凝土抗剪性能的影响[J].土木工程学报,2020,53(07):64-72.

[12] Alyami M H, Alrashidi R S, Mosavi H, et al. Potential accelerated test methods for physical sulfate attack on concrete[J]. Construction and Building Materials, 2019, 229: 116-127.

[13] Zou D, Qin S, Liu T, et al. Experimental and numerical study of the effects of solution concentration and temperature on concrete under external sulfate attack[J]. Cement and Concrete Research, 2021, 139: 106-284.

[14] Alyami M H, Mosavi H, Alrashidi R S, et al. Lab and field study of physical sulfate attack on concrete mixtures with supplementary cementitious materials[J]. Journal of Materials in Civil Engineering, 2021, 33(1): 04020397.

[15] 李涛,朱鹏涛,张彬,等. 硫酸盐侵蚀下混凝土内腐蚀反应-扩散过程的实验研究[J]. 硅酸盐通报,2020,39(01):50-55.

[16] 刘子铭,熊锐,关博文,等. 不同 pH 值条件下水泥砂浆硫酸盐侵蚀损伤评价[J]. 硅酸盐通报,2016,35(07):2247-2253.

[17] Ikumi T, Segura I. Numerical assessment of external sulfate attack in concrete structures. A review[J]. Cement and Concrete Research, 2019, 121: 91-105.

[18] 熊锐,关博文,盛燕萍. 硫酸盐-干湿循环侵蚀环境下水镁石纤维沥青混合料抗疲劳性能[J]. 武汉理工大学学报,2014,36(10):45-51.

[19] 於德美,陈拴发,关博文,等. 荷载作用下道路混凝土硫酸盐腐蚀特性研究[J]. 武汉理工大学学报.

第5章

CHAPTER 5

干湿循环作用下混凝土界面硫酸盐侵蚀损伤与演化机理

硫酸盐侵蚀是造成沿海和盐渍土等地区混凝土结构破坏损伤和服役寿命衰减的主要因素之一，而实际工程中混凝土硫酸盐侵蚀的同时还受到干湿循环的作用，从而加速侵蚀损伤进程。混凝土中集料-水泥基体界面过渡区（interfacial transition zone，ITZ）作为水泥基材料中最为薄弱的一相，其"短板效应"限制了水泥基材料的力学性能和耐久性。混凝土的劣化损伤与其界面过渡区的微结构变化有着紧密的联系，界面过渡区容易形成初始微裂缝，且结构相对疏松，受荷之后裂缝尺寸易增大和延伸，是混凝土劣化的薄弱环节。从微观层面上研究硫酸盐对混凝土的侵蚀作用，混凝土的界面特征研究是必不可少的一部分。深入探讨基于界面特征的干湿循环与硫酸盐侵蚀耦合作用下混凝土损伤劣化具有重要意义，有利于揭示硫酸盐对混凝土界面过渡区的损伤规律，为混凝土的抗硫酸盐侵蚀与耐久性研究提供理论基础，促进混凝土结构物防腐与寿命提升。

5.1 水泥基体和界面过渡区三维重构及结构分析

混凝土中界面过渡区形成的主要原因为"边壁效应"。计算机模拟界面过渡区微结构生成可以较好地反映边壁效应，因而通过水泥水化软件重构界面过渡区和水泥基体三维微结构，本节介绍了三维建模软件的安装过程，介绍了水泥水化软件的基本信息，对建模步骤进行了详细的分析和一定的简化，按照建模步骤完成界面过渡区和水泥基体的三维重构，对不同水灰比下界面过渡区和水泥基体未分相结构进行了分析，提取了水化过程中各物相随水化时间的变化，分析界面过渡区和水泥基体水化过程中水化产物的变化。

5.1.1 混凝土中集料-水泥浆体界面过渡区形成原因

混凝土在细观尺度上可以被认为是由集料、水泥基体和界面过渡区组成的三相复合材料，其中界面过渡区作为连接水泥基体和集料的桥梁，其物理化学性能势必影响整个混凝土的宏观物理化学性能。国内外学者对其进行了大量的研究。ScrivenerK. L. 等研究发现界面过渡区的形成主要是由于边壁效应扰乱了集料表面原本的水泥颗粒排布，使其表面附近堆积更多的水泥小颗粒以及出现更多的孔隙。如图 5-1 所示，原本水泥颗粒所占的地方由于集料的存在而产生空缺，致使集料表面产生大量的孔隙，而这些孔隙为水泥小颗粒和水提供了空间，这就形成了区别于水泥基体和集料的中间相——界面过渡区。

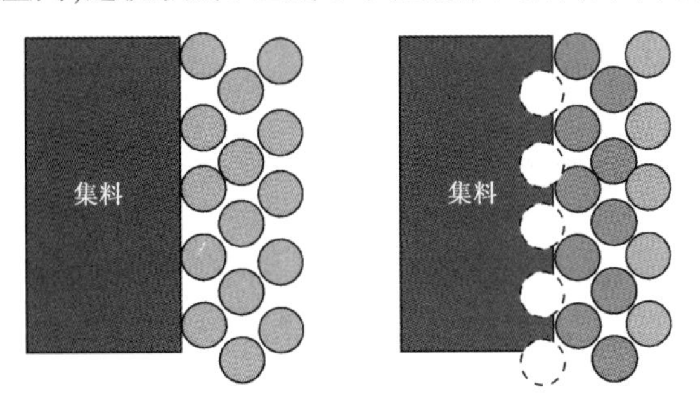

图 5-1　边界效应示意图

除了主要的边界效应之外，还有许多其他的效应也促成了界面过渡区的形成。微区泌水效应导致水分容易富集在集料的表面，形成水囊，尤其会出现在集料的底端，且混凝土级配设计以及集料的粒形都会影响微区泌水效应，导致水胶比增大。另外，由于集料和水泥基体的收缩系数不同，在混凝土硬化过程中水泥基体的收缩比集料大，使水泥基体内部产生向内的拉应力，越靠近集料表面，拉应力就越大，促使了水泥基体与集料接触区界面过渡区的形成。

在上述各种效应因素的作用下，导致界面过渡区的物理化学性能与水泥基体的区别较大。从组成上来说，界面过渡区的水胶比较大，致使水泥浆体中的各种离子沿浓度梯度出现大量迁移现象，Ca^{2+}、Al^{3+}、SO_4^{2-} 等离子大量聚集生成了过量的氢氧化钙等晶体，并且氢氧化钙和硅酸钙凝胶的生成都需要 Ca^{2+} 的参与，氢氧化钙消耗了大量的 Ca^{2+} 离子，而 Ca^{2+} 离子的浓度是一定的，因此硅酸钙凝胶的数量由于 Ca^{2+} 离子浓度的降低而降低，界面过渡区整体上呈现多孔隙、大晶体、少凝胶的特征。David 研究表明早期的混凝土界面过渡区的集料表面会形成一个不连续、不统一的氢氧化钙晶体层。同时，硅酸钙凝胶的弹性模量要大于氢氧化钙晶体，大量的氢氧化钙晶体聚集弱化了界面过渡区的物理性能，使其成为水泥基材料三相中最为薄弱的一相，导致水泥基材料在服役期容易发生界面过渡区破坏，从而使整体结构分崩离析。除去硅酸钙含量较少导致模量较低的原因以外，水泥浆体和集料的膨胀收缩系数不同也是导致其破坏的原因之一。水泥基材料在后期硬化的过程中会产生大量的微裂缝，这些微裂缝会在荷载和收缩作用下延伸扩大，直至断裂。

界面过渡区作为混凝土中最为薄弱的一相，由于存在较大的孔隙率和较多的氢氧化钙而容易成为各种离子侵蚀的入口通道，并且硫酸盐侵蚀的复杂性导致国内外对硫酸盐侵蚀界面过渡区所做的研究相对较少，界面过渡区由于其厚度小、不均质等特殊性试验较难开展，但是却可以通过计算机模拟的方式对其微结构进行模拟，从而探究其对混凝土硫酸根离子传输等性能的影响,因此本书首先采用水泥水化模型进行水泥基材料界面过渡区的三维重构。

5.1.2 水泥水化模拟软件介绍

由于国外较早就开展了水泥水化计算机模拟相关方向的课题,而国内起步较晚,关于 CEMHYD3D 水化软件的研究仍处于起步阶段,因此可使用资料极为匮乏。关于 CEMHYD3D 软件的介绍和源码均可在 NIST 美国国家标准与技术研究院上 Bentz 博士的 ftp 站点上下载,尚无中文版本阅读,且输入参数较为复杂,使用环境与常用的 Windows 系统冲突,限制了其在国内的使用,因此本书重点研究了 CEMHYD3D 的机理和使用方法,并依此建立界面过渡区三维微结构。

1)CEMHYD3D 编译环境

CEMHYD3D 水泥水化软件由 C 语言编写而成,官方运行环境为 UNIX 系统,普通的 Windows 系统无法运行,需要安装虚拟 UNIX 环境来编译 C 语言程序。模拟虚拟 UNIX 环境需要安装特定的软件和编译器,经过比较选择类 UNIX 类环境模拟软件 Cygwin 搭建虚拟 UNIX 环境。

Cygwin 是一个在 Windows 平台上运行的类 UNIX 模拟环境,是 Cygnus Solutions 公司开发的自由软件,可以实现从 UNIX 到 Windows 的应用程序移植,学习 UNIX/Linux 操作环境以及使用 GNU 工具集在 Windows 上进行嵌入式系统开发等。Cygwin 主要包括一套库,可以在 Win32 系统下实现 POSIX 系统调用的 API;一套 GNU 开发工具集(比如 GCC、GDB),可以进行简单的软件开发;还有一个 MinGW 的库,可以跟 Windows 本地的 MSVCRT库(Windows API)一起工作。为了实现在 Windows 系统上模拟 UNIX 环境,Cygwin通过编写共享库(Cygwin dll),将 Win32 API 中没有的 UNIX 风格的调用封装在里面,这样便基于 Win32 API 编写了 UNIX 系统库的模拟层,然后将这些工具的源代码和共享库连接到一起,便可以使用 UNIX 主机上的交叉编译器来生成可以在 Windows 平台上运行的工具集,再以这些移植到 Windows 平台上的开发工具为基础,逐步将其他工具软件移植到 Windows 上,便可使用户在 Windows 平台上使用类 UNIX 的开发工具和软件,实现 UNIX 环境模拟。

2)CEMHYD3D 编译软件

Cygwin 中的 vim 编辑器是一个功能强大、高度可定制的文本编辑器,具有三种模式,所有输入被视为命令的命令模式;进行文本编写的输入模式;以及进行多个字符命令保存关闭文件的底线命令模式。但是,vim 编辑器整个编辑过程都需要使用键盘完成,且具有上百条的命令,虽然可以完成复杂的编辑和格式化功能,但也增加了修改编写程序的困难性,缺少友好的用户界面设计以及调试过程等,不论是从编写修改还是从调试解决上来看,都对初学者相当不友好,因此 vim 编辑器过于基础而不适合本书课题,使用 Microsoft Visual Studio 进行 C 语言源代码的编写和调试。

Microsoft Visual Studio 由美国微软公司开发出品,是一个基本完整的 Windows 平台开发工具集,是目前使用最为广泛的 Windows 平台应用程序开发环境。针对 C 语言编译,Microsoft Visual Studio 具有以下优点:

(1)开发:可以准确、高效地编写代码,并且不会丢失当前的文件上下文,并利用其他功能来重构、识别和修复代码。

(2)调试:使用 Visual Studio 调试程序,通过代码的历史数据可跨语言快速查找并修复 bug。利用分析工具发现并诊断性能问题,无须离开调试工作流。

(3)测试:Visual Studio 测试工具可以规划、执行和监视全部测试工作。通过质量质量指标、指标和全面测试状态报告来掌握测试规划。

(4)协作:Git 存储库可以管理来自任意第三方(例如 GitHub)托管的源代码。

(5)扩展:可以通过利用 Microsoft、合作伙伴和社区提供的工作、控件和模板,扩展 Visual Studio 功能。

Microsoft Visual Studio 可在微软官网上下载和安装,过程不再赘述,类似于 Cygwin,需要选择所需的编译器和编译环境,否则无法编译。由于该软件的主要编程语言为 C#,各类编程文件项目错综复杂,为了编译 CEMHYD3D 水泥水化软件源代码的 C 语言程序,首先需要建立 Win32 项目,如图 5-2 所示。

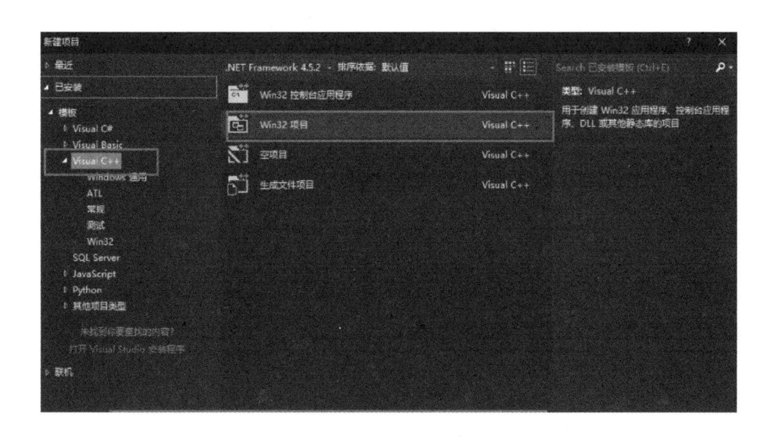

图 5-2 Win32 项目建立示意图

确定文件名称和保存路径以及解决方案的名称后，点击确定出现 Win32 设置口，选择控制台应用以及空项目后完成即可得到 C 语言编程解决方案，如图 5-3 所示。

图 5-3　Win32 项目关键选择示意图

C 语言解决方案建立完成后，将所需编程的 CEMHYD3D 水化软件的 C 语言程序拖入解决方案管理器中的源文件、头文件以及外部依赖项，完成 CEMHYD3D 水泥水化软件的建立后便可以修改编辑源代码，在编写的过程中可以随时根据 Microsoft Visual Studio 高亮地提醒文本进行代码的调试，编写完成后可以通过调试(不执行)来验证代码正确性。

3) CEMHYD3D 主要部分

CEMHYD3D 水化软件分别由 genpartnew. c、distrib3d. c、disrealnew. c 以及 oneimage. c 四部分组成。genpartnew. c 负责根据实际的水泥粒径数据进行水泥颗粒的放置。distrib3d. c根据水泥主要矿物相的组成比例对 genpartnew. c 生成的水泥颗粒三维结构图进行物相的分配。disrealnew. c 采用元胞自动机对初始的三维微结构进行水化模拟，本质是水化算法，通过操纵三维空间中的像素点，模拟水泥的溶解、扩散、反应三个过程，依据像素周围的物相不断更新每个点的像素，最后得到水泥水化后的三维微结构图像。oneimage. c则是图像输出 c 程序，CEMEHYD3D 由于没有友好的客户端交互界面，因此并没有直接的图像输出画面，而是采用 oneimage. c 将每一步生成的三维结构数据导入进去，通过算法导出所需截面的二维像素图像，为了得到完整的三维图像则需要连续输入 100 次数据，导出 100 张二维平面图，再将 100 张二维平面图导入 ImageJ 软件中进行 stack 堆叠，然而由于 ImageJ 软件由 Java 语言写成，存在系统不兼容的问题，难以生成直观的三维立体图像，仍需将堆叠后的 tiff 图像导入 IPP 软件中进行三维显示，过程极其复杂，因此本书对其进行了优化。

5.1.3　CEMHYD 主要建模步骤

自美国国家标准与技术研究院 NIST 开发 CEMEHYD3D 水泥水化软件以来，经历了三次版本更迭，最早的 1.0 版本包含更多了 c 语言程序(比如 statsimp. c，corrcalc. c 和

corrxy2r. c 等)，主要用于分析水泥二维微观图像(SEM)。statsimp. c 读取水泥二维微观图像；corrcalc. c 以及 corrxy2r. c 计算硅酸二钙、硅酸三钙、铝酸三钙和铁铝酸四钙等物相之间的自相关系数；rand3d. f、stat3d. c 和 sinter3d. c 将四种水泥矿物相进行分相；disreal3d. c导出最终的水泥水化模型，可以看出 1.0 版本的 CEMHYD3D 水泥水化软件建模步骤十分复杂，除了 c 语言程序以外，还包括复杂的 f 语言，这对于计算机专业外的研究人员非常不友好，因此 Bentz 博士对 CEMEHYD3D 软件源代码不断进行升级，并在版本 2.0 创建了一个在线的水泥图像数据库，将各种水泥的二维微观图像数据上传至数据库，包含了用于创建三维图像必要的粒度分布数据和相位数据，避免学者在建模时重复进行上述一系列复杂的图像分析步骤，大大简化了水泥三维建构的步骤。然而，随着水泥材料的不断发展，粉煤灰等复掺普通硅酸盐水泥已经成为常态，对 CEMHYD3D 水泥水化软件提出了新要求，之前的 c 语言程序只能模拟普通硅酸盐水泥的水化过程，因此 CEMHYD3D 水泥水化软件于 2005 年进行了更新，可以模拟粉煤灰、矿渣、石灰石等填料对水泥水化过程的影响，并将三个分析程序进行了整合，降低了研究者的工作量，虽然版本更迭 3 次，但是软件的整体思路并没有改变，如图 5-4 所示，本书主要基于版本 3.0 对建模步骤进行阐述。

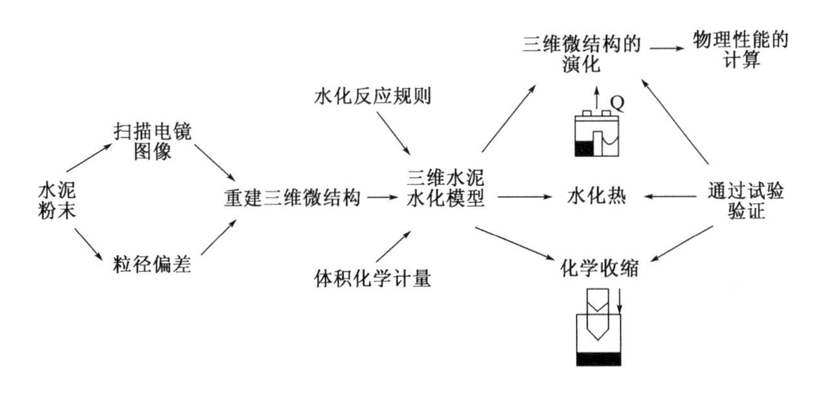

图 5-4　CEMEHYD3D 建模步骤示意图

1)获取原始数据

CEMHYD3D 水泥水化软件将水化空间设定为 100 × 100 × 100 像素空间，1 个像素对应 1μm，模拟 100μm × 100μm × 100μm 空间内的水化过程，因此水化过程的第一步便是向水化空间随机投放水泥颗粒，为了使模拟结果更接近实际情况，需要得到实际的水泥颗粒的粒度分布(Particle Size Distribution，PSD)，有两种方法。方法一是将水泥颗粒与环氧树脂按比例进行混合，待环氧树脂固化之后对试样进行切割和抛光，得到非常薄的水泥环氧树脂样品片，对其进行 BSE 和 X-ray 微观试验，得到 BSE 图像和 X-ray 图像。

BSE 图像是一种灰度图像,不同的物相会呈现出不同的灰度,对样品的 BSE 图像进行灰度分析,设定灰度阈值,并结合 X-ray 图像,得到水泥颗粒的粒径分布和物相组成,但是过程需要非常精细的操作,由于灰度分析的关系,环氧树脂样品的制备过程中不能存在一点杂质,否则便会产生灰度,将杂质混淆为水泥颗粒,影响模拟的结果,对于试验人员的操作精度要求非常之高,之后需要运行 statsimp. c,correal. c 和 corrxy2r. c 等 c 语言程序对样品二维微观图像进行计算,得到水泥矿物相之间的自相关函数,作为分相的依据。

复杂的操作步骤会显著增加模拟的误差性,上述方法无论是从实际操作上还是电脑模拟上,过程都相当烦琐,大大增加了试验模拟的误差。了解软件的原理之后,本书采用另一种方法,即水泥粒径分析仪来获取水泥颗粒的粒度分布 PSD 数据。BT-9300ST 型激光粒度分布仪是基于激光散射原理测量粒度分布的一种新型粒度仪,如图 5-5 所示。样品通过传送装置被输送到主机的测量区域,被激光照射后产生光散射信号,光电探测器阵列将接收到的光散射信号转换成电信号,这些电信号通过 USB 方式传输到电脑中,结合专用的粒度测试软件,依据 Mie 散射理论对光散射信号进行处理,得到样品的粒度分析结果。

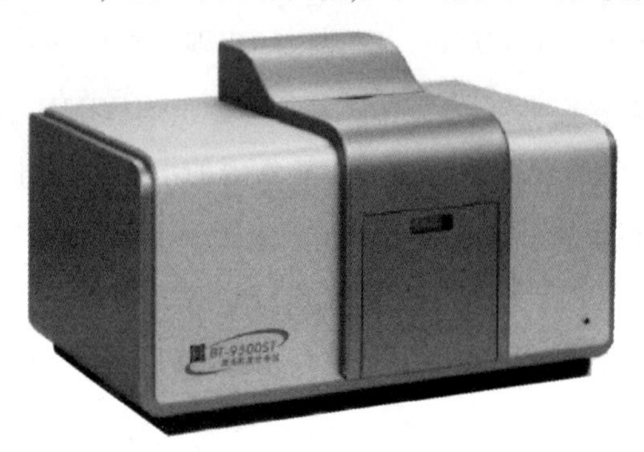

图 5-5　BT-9300ST 型激光粒度分布仪

采用激光粒度分析仪测定水泥粒径具有动态范围大、粒径分级详细、测试速度快、重复性好、操作方便等优点。本书采用 BT-9300ST 型激光粒度分布仪对试验用水泥进行激光粒度分析,试验结果数据如图 5-6 所示。

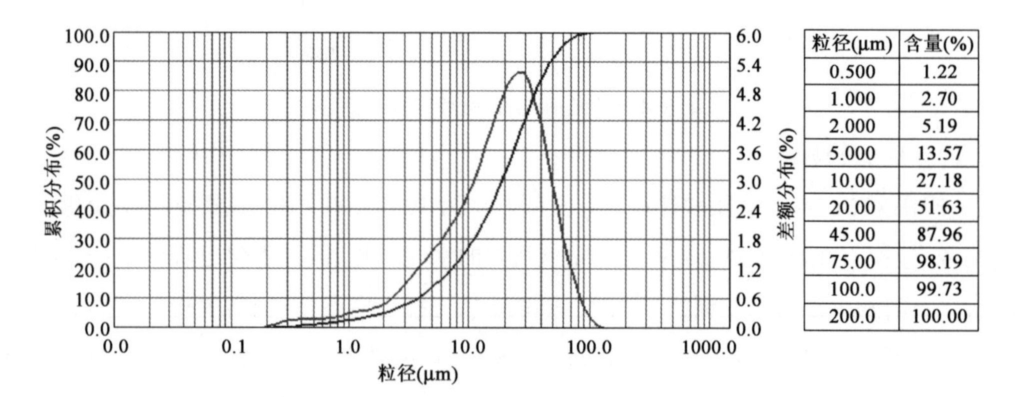

粒径(μm)	含量(%)
0.500	1.22
1.000	2.70
2.000	5.19
5.000	13.57
10.00	27.18
20.00	51.63
45.00	87.96
75.00	98.19
100.0	99.73
200.0	100.00

图 5-6　粒径分析结果示意图

由于 genpartnew. c 程序需要录入各个粒径水泥颗粒的数目随机放入三维空间中，而采用激光粒度分析仪进行水泥粒径分析最大的优点在于粒径分级详细，通过激光粒度分析可以得到精确到小数点后两位 1μm 间隔内粒径区间的水泥质量分数，但是仍需要对激光粒度分析仪的数据进行处理和转换，CEMHYD3D 将水泥颗粒视为球形颗粒，根据粒径数据计算各个半径球形颗粒的质量分数和体积分数，依据球形体积公式转化为像素个数，最终得到 genpartnew. c 粒径输入数据等。

2）原始 Bentz 分相

背散射电子成像技术（BSE）是依托于扫描电镜的一种电子成像技术，收集样品反射出来的初次电子，具有能量高、反应原子序数的特点，因而背散射电子图像可以反映样品表面的成分特征，样品平均原子序数大的部位产生较强的背散射电子信号，在荧光屏上形成较亮的区域；而平均原子序数较低的部位则产生较少的背散射电子，在荧光屏上形成较暈的区域，这样就形成原子序数衬度（成分衬度），主要应用于样品表面不同成分分布情况的观察。因此对水泥环氧树脂试样进行背散射电子成像，不同的水泥矿物具有不同的亮度（灰度），得到水泥矿物的灰度直方图，但是背散射电子只能区分不同的矿物相，无法确定矿物相的成分。

为了进一步确定物相的成分，需要对所选区域进行 X 射线能谱分析。能谱仪（EDS）配合扫描电子显微镜使用，各种元素均具有相应的 X 射线特征波长，特征波长的大小则取决于能级跃迁过程中释放的特征能量，能谱仪利用不用元素 X 射线光子特征能量不同这一特点来对材料微区成分元素种类和含量进行分析，适用于高分子、陶瓷、混凝土等无机或有机固体材料。

原始 Bentz 分相原则主要基于上述的背散射电子图像区分不同的矿物相，配合 X 射线能谱确定矿物相的成分，针对水泥矿物相的复杂性，NIST 设计了一套算法：对不同元素的灰度直方图选取合适的阈值（灰度值大于阈值说明此像素点存在该元素，灰度值小于阈值说明此像素点不存在该元素）；然后对背散射图像进行处理，不断对像素点的元素阈值进行判断，直到确定其物相成分，划分出图像中的固相、孔隙，流程如图 5-7a）所示；最后模拟体系划分矿物相需要用到各种矿物相的自相关函数，自相关函数表示像素点代表物相与周围像素点代表物相的关系，对于单体物相和连接物相具有重要意义，通过运行 corrcalc. c 和 corrxy2r. c 程序计算硅酸二钙和硅酸三钙、硅酸三钙以及铝酸三钙或者铁铝酸四钙之间的自相关函数，具体流程如图 5-7b）所示。然后对划分后的图像进行像素统计，获取不同矿物相的面积分数和周长分数。自相关函数根据体视学原理，各向同性的材料二维图像中的面积分数和周长分数与三维结构中的体积分数和表面积分数相等,得到三维图像的体积分数和表面积分数,运行 distrib3d. c 程序进行三维物相的分配。

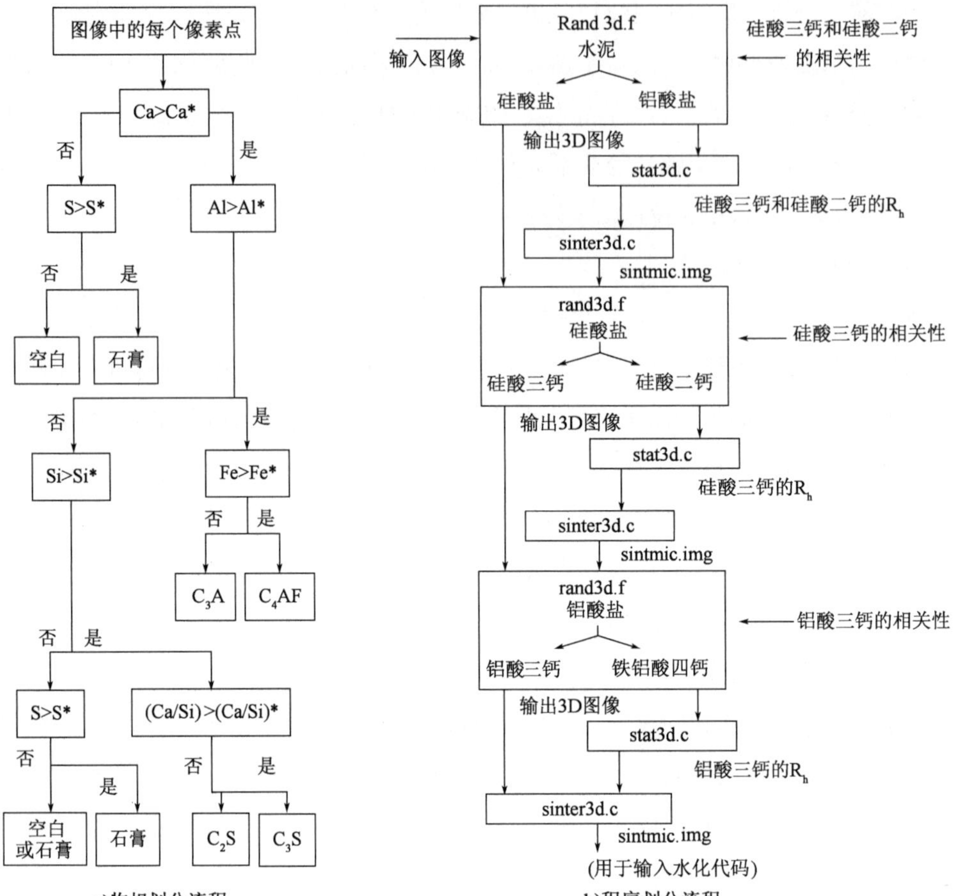

a)物相划分流程　　b)程序划分流程

图 5-7　分相步骤示意图

3) Bogue 分相原则

如上文所述,原始 Bentz 分相原则需要制备高精度的背散射电子图像,熟练使用 rand3d. f、stat3d. c 和 sinter3d. c 等 c 语言程序对图像进行操作,对试验条件和试验人员提出了较高的要求,然而现实条件往往达不到精度要求,且试验人员对 c 语言专业并不精通,导致试验无法开展或者模拟无法进行,因此本书借鉴文献,采用 Bogue 计算公式代替 Bentz 分相原则进行物相的划分。Bogue 其实是一种代数方法,根据熟料中氧化物的组成与矿物组成之间的质量平衡关系,经过代数变换等式得到矿物的组成分数。如式(5-1) ~式(5-5)所示。

$$C_3S = 4.07CaO - 7.60\,SiO_2 - 6.72\,Al_2O_3 - 1.43\,Fe_2O_3 - 2.86\,SO_3 \tag{5-1}$$

$$C_2S = -3.07CaO - 8.60\,SiO_2 - 5.07\,Al_2O_3 - 1.07\,Fe_2O_3 + 2.15\,SO_3 \tag{5-2}$$

$$C_3A = 2.65\ Al_2O_3 - 1.69\ Fe_2O_3 \tag{5-3}$$

$$C_4AF = 3.04\ Fe_2O_3 \tag{5-4}$$

$$CaSO_4 = 1.70\ SO_3 \tag{5-5}$$

输入的水泥成分如表5-1所示，根据式(5-1)～式(5-5)对矿物组分进行换算后输入程序中。

普通42.5硅酸盐水泥化学成分表 表5-1

氧化物	SiO_2	CaO	Al_2O_3	Fe_2O_3	MgO	SO_3
含量(%)	21.52	63.85	4.94	5.01	3.91	1.81

4)元胞自动机模拟水化

元胞自动机(Cellular Automata,CA)最早是由冯·诺伊曼(Yon Neumann)提出的想法。该方法将时间和空间均视为离散状态，在离散的时间和空间下标准单元网格中的每一个单元具有各自的状态。然后各个单元格均具有各自的运动规则，系统不断刷新各个单元格的状态。随着时间的推移，逐步形成动态的演化系统。与其他的动力学模型不同，元胞自动机模型没有明确的时间物理方程，只由各个单元格的一系列规则构成，只要是这一类的反应模型，或者说时间、状态和空间都离散的模型均可以称之为元胞自动机模型。由于元胞自动机内容过于复杂，在这里只进行简单介绍，不再赘述。

5)水化三维图像输出

CEMHYD3D水泥水化软件中将各步骤c程序输出的三维结构数据导入图像输出c语言程序oneimage.c中，可以将某一截面的像素提取出来，生成包含三维点数据和各个像素颜色数据的IMG文件，如果要生成三维立体结构，则还需不断运行oneimage.c程序100次，并且每次都需录入基本相同的条件信息，重复工作量使结构三维显示步骤异常复杂，因此利用Microsoft Visual Studio对oneimage.c进行修改，使其一次性生成100个切片IMG文件以供堆叠。ImageJ是一个运行于Windows平台的基于java的公共图像处理软件，由National Institutes of Health开发，具有显示、编辑、分析、处理、保存等功能，支持TIFF、PNG、GIF、JPEG等多种格式文件，最重要的是ImageJ支持图像栈功能，即在一个窗口里以多线程的形式层叠多个图像，并行处理。只要内存允许，ImageJ可以打开任意多的图像进行处理。另外，ImageJ可以直接读取IMG文件进行图像输出，如图5-8a)所示。将100张切片IMG文件使用ImageJ软件打开，通过窗口工具中的stack工具将100张切片进行堆叠后，但是由于Java语言不兼容等问题无法显示三维微结构，最后将堆叠后tiff图像导入Image Pro Plus软件中进行三维显示，如图5-8b)所示。

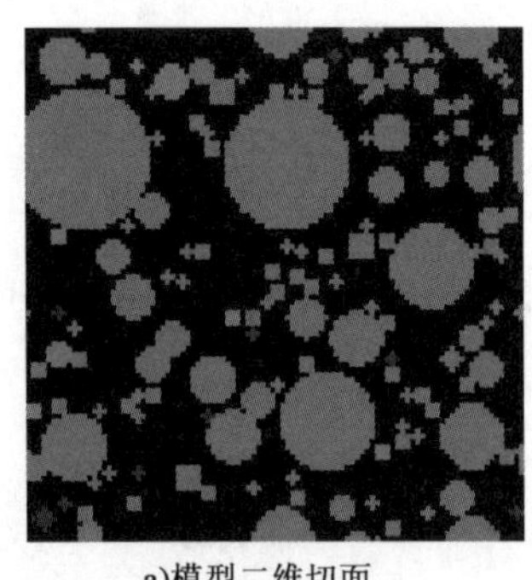

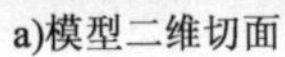

b)模型三维视图

图 5-8　水化模型输出示意图

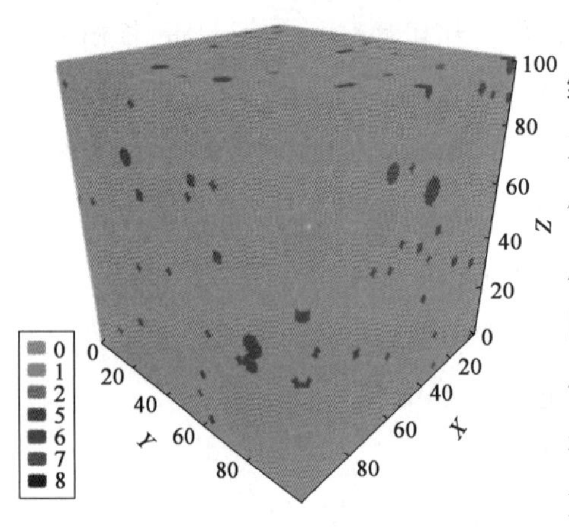

图 5-9　Echarts 水化模型输出示意图

由于生成三维图像的步骤烦琐,不利于后续的分析和观察,因此采用 Echarts 进行微结构三维显示。Echarts 基于 JavaScript 库实现可视化开源,可以在不同的用户平台上运行,提供高度自由化的可视化图标设计,包括常见的折线图、柱状图、散点图等,还可以将多维数据可视化,因此本书尝试将水泥水化模型与 Echarts 可视化软件进行数据关联,将微结构数据导入 Echarts 中进行三维输出,采用 Echarts 三维显示水化模型如图 5-9 所示。

5.1.4　水泥基体与界面过渡区分析

1)不同水灰比下水泥基体与界面过渡区未分相结构分析

通过 Cygwin 进行 genpartnew. c 程序编译,依次输入相应的粒径参数等,生成未分相的各水灰比水泥基体以及界面过渡区微结构数据,通过 Echarts 导出微结构,如图 5-10 所示。

在图 5-10 中,色号 0 代表微结构中的孔隙,色号 2 代表水泥颗粒,色号 5 代表石膏等,每个物相均具有各自的 ID 号,可通过查阅手册得到。可以直观地看出,随着水灰比的增大,水泥基体的色号 0 部分也越来越大,色号 2 颗粒越来越小,说明结构的空隙越来越大,而水泥颗粒越来越少。0.4 水灰比与 0.5 水灰比结构相比,大粒径水泥颗粒个数基本相同,而 0.5 水灰比小粒径水泥颗粒明显小于 0.4 水灰比,导致整个结构空隙明显增大。0.5 水灰比与 0.6 水灰比水泥基体结构相比，不仅小粒径水泥颗粒变少，中粒径水泥颗粒数量也变少了，使得 0.6 水灰比的水泥基体空隙相当明显。水泥结构中的空隙在水化过程中将作为水的存储空间与水泥颗粒反应，因此可以预测水灰比较大的水泥结构将有较多的水与较少的水泥颗粒发生反应，导致水化程度较高，但整体的强度较低。

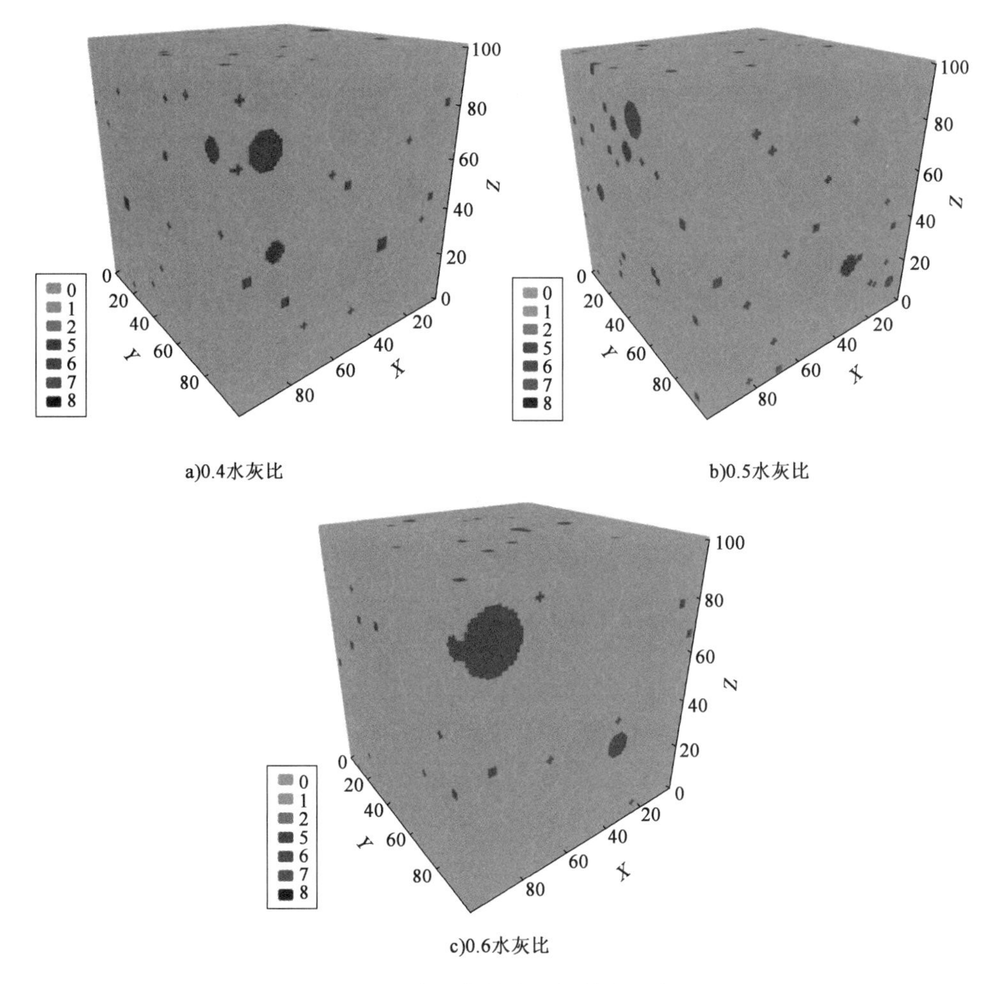

a)0.4水灰比　　b)0.5水灰比

c)0.6水灰比

图 5-10　水泥基体未分相结构示意图

为了三维重构界面过渡区，需要考虑到整个模型的边界条件以及界面过渡区的厚度大小，由于前人研究表明界面过渡区的厚度大小一般为 10 ~ 50μm，而为了使整个模型放下较大的水泥颗粒，整个模型的边长为 100μm，为了更好地模拟界面过渡区结构，因此在模型的中心放置 10μm 厚的集料平板，两侧均留有 45μm 的界面过渡区。在 CEMHYD3D 中插入集料平板后，再放置水泥颗粒并将各水灰比图像通过 Echarts 导出，如图 5-11 所示。

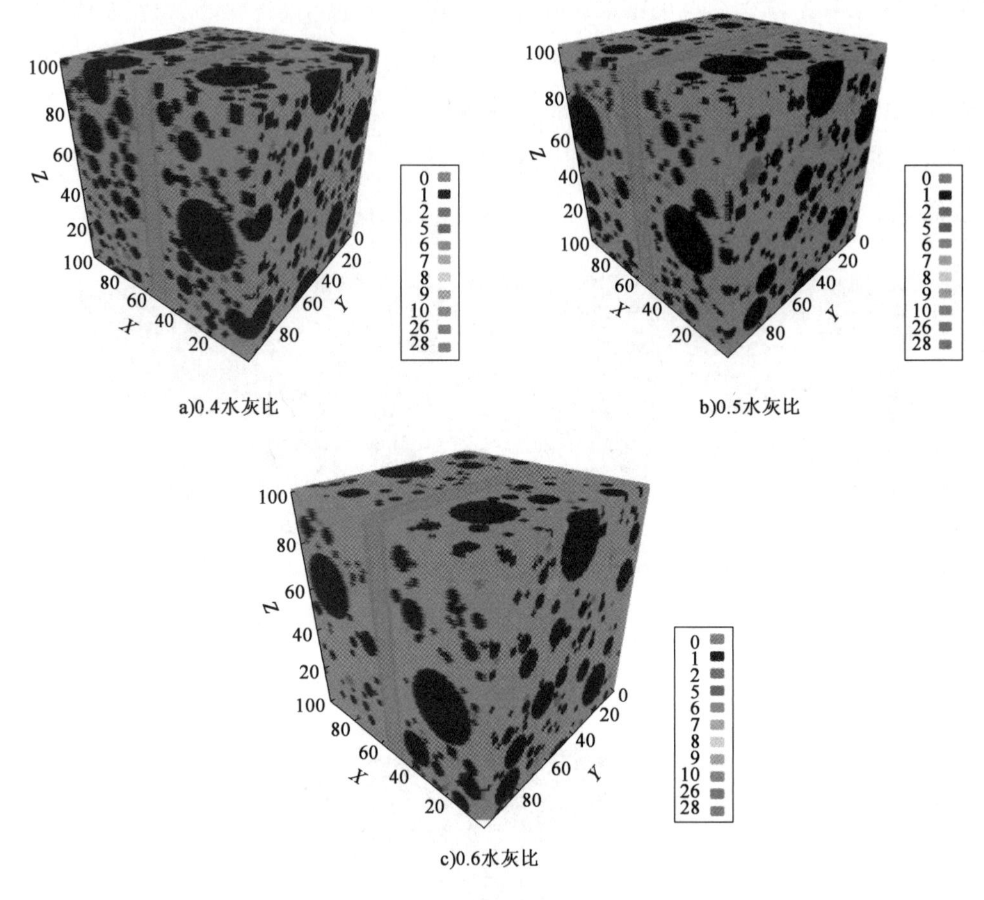

a)0.4水灰比

b)0.5水灰比

c)0.6水灰比

图5-11　界面过渡区未分相结构示意图

在图5-11中，虽然加入了集料平板，物相与ID号的对应关系并没有改变，同样可以通过ID号查询物相类型。图5-11分别是三种水灰比界面过渡区的微结构示意图。可以直观地看出，随着水灰比的不断增大，整个界面过渡区的空隙也在不断变大，与水泥基体具有相同的规律。将水泥基体与界面过渡区对比时，可以看出，当水灰比较小时，界面过渡区与水泥基体的结构相差不大，空隙与水泥颗粒的数量从表面上看相差不大。当水灰比较大时，比如水灰比为0.6时，对比两者可以发现界面过渡区结构与水泥基体结构相差明显，集料两侧出现了相当大的空隙，较易出现水泥颗粒分布不均的情况，易使水化时水化产物分布不均，导致整体结构强度下降。

2）水泥基体与界面过渡区水化产物分析

根据Gutteridge和Dalziel的试验结果，水泥循环次数与实际水化时间之间的关系如式(5-6)所示：

$$t = B\,(\text{cycles})^2 \tag{5-6}$$

式中：t——水化的实际时间；

cycles——水泥水化的循环次数；

B——固定系数，即 0.00035hour/cycles^2。

根据上式可得，水泥水化 28d 需要循环次数为 1386 次。

因此采用 1386 次作为水化 28d 指标，分别通过 CEMHYD3D 中的元胞自动机技术进行水化模拟，模拟水化三维结构如图 5-12 所示。由于水化后微观结构过于复杂，不利于分析，因此提取各主要水化产物像素个数进行研究。

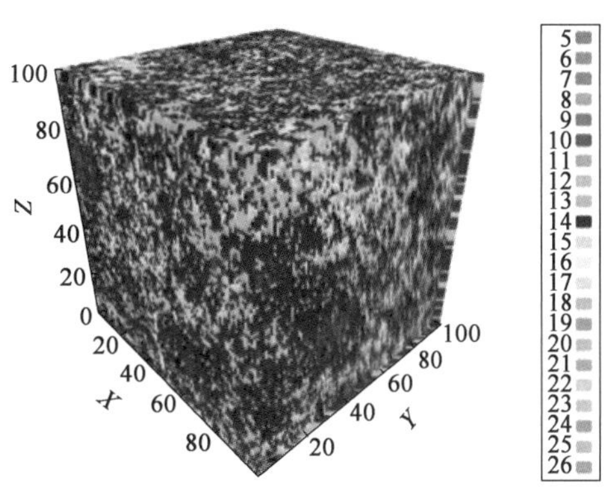

图 5-12　28d 水泥基体结构示意图

水泥主要水化产物为硅酸钙凝胶、氢氧化钙晶体以及钙矾石，因此以这三种物相为指标进行像素提取和分析，各水化产物随时间变化关系如图 5-13 所示。

图 5-13a) ~ c) 分别为硅酸钙凝胶、氢氧化钙和钙矾石主要水化产物像素个数随循环次数的关系图。从图 5-13a) 中可以看出前期各水灰比硅酸钙凝胶的生成速率相差不大，从中期开始出现差异，水灰比较小的仍能保持较高的水化速率，而水灰比大的则出现平稳现象。水灰比 0.4 与 0.5 的水泥基体在水化模拟 28d 后硅酸钙凝胶像素几乎相等，而水灰比为 0.6 的水泥基体则下降了 12.5%，说明水灰比越大，对水泥基体的结构影响也就越大。各水灰比界面过渡区也出现同样的趋势，甚至出现略微的反超，这可能是由于水灰比为 0.4 的水泥基体由于水分过少，导致后期水化反应不能充分进行，导致硅酸钙凝胶的含量减少。将界面过渡区与水泥基体的结构相比较，可以看出界面过渡区的硅酸钙凝胶含量远小于相同水灰比的水泥基体硅酸钙凝胶含量，这也是界面过渡区性能弱于水泥基体的原因。

图 5-13b) 和图 5-13c) 分别为氢氧化钙和钙矾石随循环次数的变化。氢氧化钙作为水化产物之一，与硅酸钙凝胶的生成具有相同的趋势，区别在于氢氧化钙生成量没有出现反超，水灰比越大，氢氧化钙的生成量也就越小。图 5-13c) 反映了钙矾石与循环次数的关系，可以看出钙矾石循环 700 次即 170h 之后便基本不再发生变化，达到稳定状态。并且随着水灰比的增大，钙矾石的生成量也就越小。水灰比对界面过渡区和水泥基体钙矾石含量的差距并没有影响。

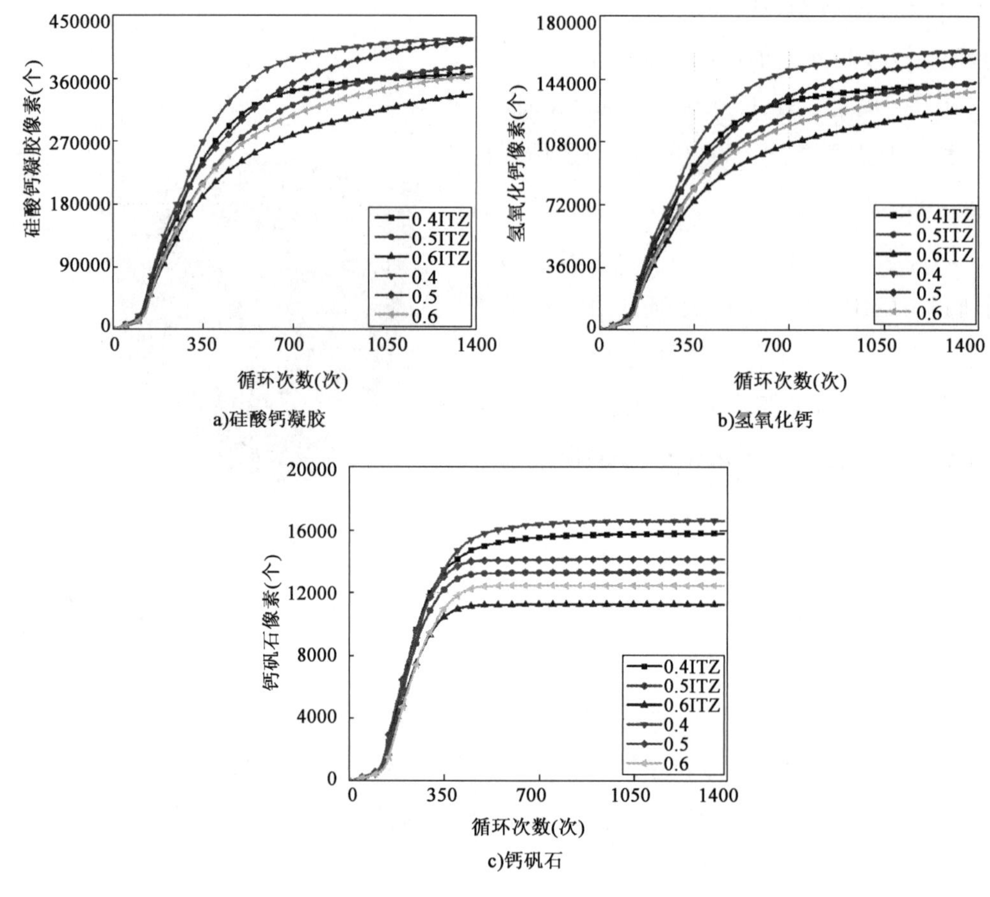

图 5-13　28d 水化产物示意图

3)孔隙与未水化水泥颗粒分析

图 5-14a)反映了孔隙与循环次数之间的关系。在水化中期由于水化产物的生成,孔隙像素出现迅速下降,界面过渡区整体的孔隙要低于水泥基体,这是由于集料平板占据了一定的空间,因此界面过渡区的孔隙数量均小一些。将各水灰比水泥基体与界面过渡区孔隙数量进行对比可以发现,随着水灰比的减小,基体和界面过渡区的孔隙数量差距越来越小,0.4 水灰比的孔隙含量在水化 28d 时基本相等,而基体的水化产物远大于界面过渡区,因此基体的性能大于界面过渡区,且水灰比对界面过渡区和基体的孔隙影响较大。图 5-14b)反映了未水化水泥颗粒随循环次数的变化图,可以明显地看出水灰比为 0.5 和 0.6 的微结构,28d 水化基本完成,未水化水泥颗粒远小于 0.4 水灰比的未水化水泥颗粒,而 0.4 水灰比水泥基体和界面过渡区仍有部分未水化水泥颗粒未与水发生反应,在后期仍能为结构提供一定的强度。

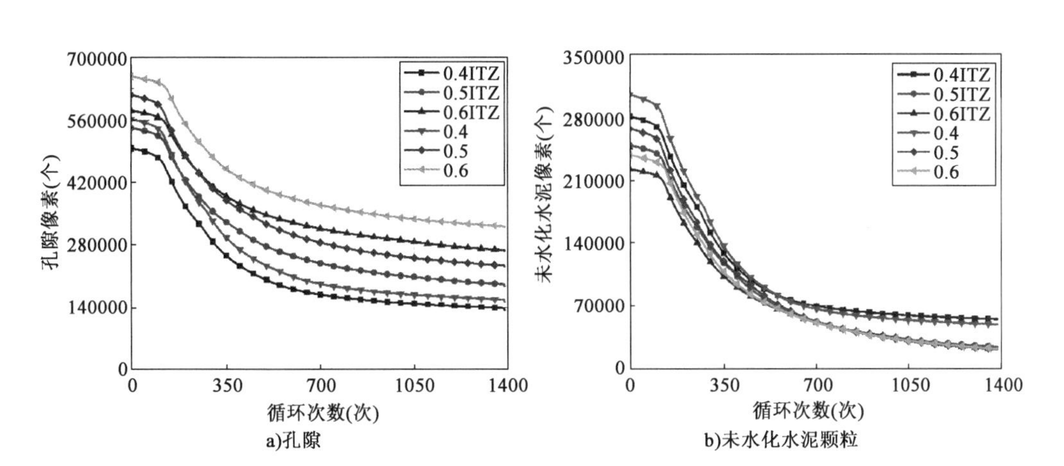

图 5-14　28d 孔隙与未水化水泥颗粒示意图

5.2　水泥基体和界面过渡区硫酸根离子扩散数值模拟

本节简单介绍了基于水化模拟结构三种常用分析离子扩散的算法,确定采用格构网络传输模拟进行硫酸根离子传输模拟,通过 MATLAB 将水泥水化软件生成的界面过渡区和水泥基体结构二维切面导出,基于二维微结构建立格构传输网络模型,构建硫酸根离子扩散方程,结合高斯赛德尔迭代方程对扩散方程进行了求解,得出水泥基体和界面过渡区的稳态硫酸根离子扩散系数,并对其进行了分析。为了与实际结合,基于 Fick 第二定律建立硫酸根离子非稳态扩散方程,以模拟水泥结构作为扩散介质单元格整体分析,并制备试样进行硫酸盐干湿循环侵蚀试验,将试验数据与模拟结果进行对比,分析干湿循环对硫酸根离子扩散速率的影响。

5.2.1　扩散算法介绍

1)电模拟法

Garboczi 在 1998 年提出了电模拟法,将水泥基材料的数字化单元图像进行转化,根据爱因斯坦方程对转化后的导体网格进行相对电导率的计算,由于转化过程中相应的单元格材料对应相应的单元导体,因此导体网络整体的电导率对应水泥基材料的相对扩散系数。如图 5-15 所示为硬化水泥基材料的数字化单元图像示例,其中黑色部分代表未水化的水泥颗粒,灰色部分代表硅酸钙凝胶,白色部分代表孔隙。将每一个单元格图像的中心视为导体节点,周围相邻的节点之间分别对应导体网络中的导线,在导体网络的一侧设定电压,通过计算即可得到相应的电导率。导线两端的导体节点结点 i、j,对应的电导率分别为 σ_i、σ_j,由串联组合可知该导线的电导率为 σ_{ij}。

$$\sigma_{ij} = \frac{2}{1/\sigma_i + 1/\sigma_j} \tag{5-7}$$

导体网格的建立之后结合共轭梯度松弛算法计算整体的有效电导率,通过对两端施加不同的电压,求得整体体系中各个导线节点的电流,然后根据公式求得整体的相对电导率及水泥基材料的相对扩散系数。导体两侧的初始电压通常设置为 1 和 0,导体节点之间的电压按照线性插值的方法赋值,不断周期性更新,直到每个节点都满足基尔霍夫定律和一定的精读范围。在任意瞬时间,流入某一节点的电流之和等于该节点流出的电流之和。根据上述的能斯特-爱因斯坦公式计算相对电导率,即相对扩散系数。

2)随机行走法

水泥砂浆和混凝土的微结构模型等尺度较大的结构模型可以使用"蚂蚁随机行走法"预测离子在混凝土的扩散系数,如图 5-16 所示。一定数量的"蚂蚁"被随机放置在微结构模型中,确定结构中每一只"蚂蚁"的起始位置为(x,y,z),每次随机行走的步长为 Δx;并且每只"蚂蚁"记录初始的位置、现在的位置、行走的时间;由于不同区域材料物相的不同,"蚂蚁"行走的速度也不同,也就是在不同的区域设置"蚂蚁"行走的步长就不同,通过这样区分"蚂蚁"在集料、界面过渡区和水泥基体中的移动速度,以"蚂蚁"的移动速度反映离子在水泥基材料中的扩散速率,通过模拟"蚂蚁"几十万次的行走,计算出对应微结构的离子相对扩散系数。

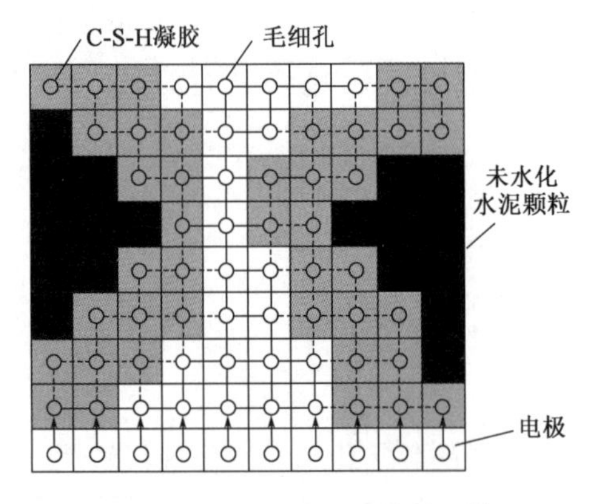

图 5-15　硬化水泥浆体的二维数字化图像示意图

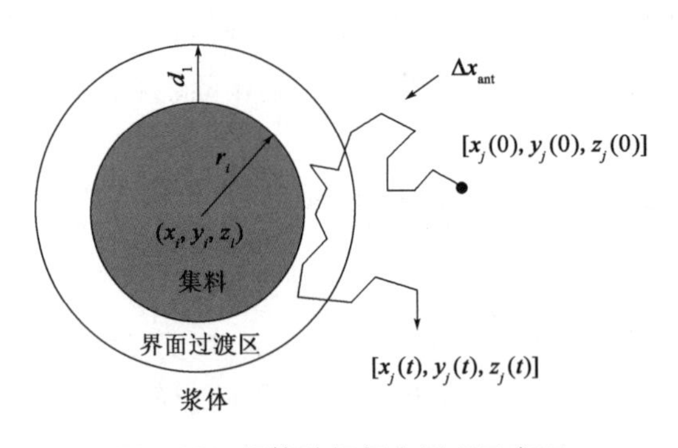

图 5-16　蚂蚁随机行走原理示意图

3)格构网络传输法

由各种水化软件生成的水泥微观结构模型都是由一系列的体素点构成的,通过不同的编号来代表不同的物相，并且微结构中物相通常可以分为传输相和非传输相，例如孔隙为传输相，固相则为非传输相。定义各个像素点之间的传输属性，即格构单元的扩散系数，便可以通过计算预测整体的传输性能。每个格构单元的离子扩散系数取决于构成该格构单元的两个相节点的扩散系数，假定符合等体积且并联模型，则计算公式为：

$$D_{ij} = \frac{2}{1/D_i + 1/D_j} \tag{5-8}$$

式中：D_{ij} ——格构单元的扩散系数；

D_i、D_j ——构成格构单元的两个相节点的扩散系数。

格构网络模型结构如图 5-17 所示。与电模拟法的区别在于建立模型之后的算法不同，电模拟法偏向于电学计算，通过电压、电流和电阻之间的关系进行计算，不利于离子扩散的直观理解，因此采用格构网络法计算硫酸根离子的扩散速率，具体计算步骤如下文所述。

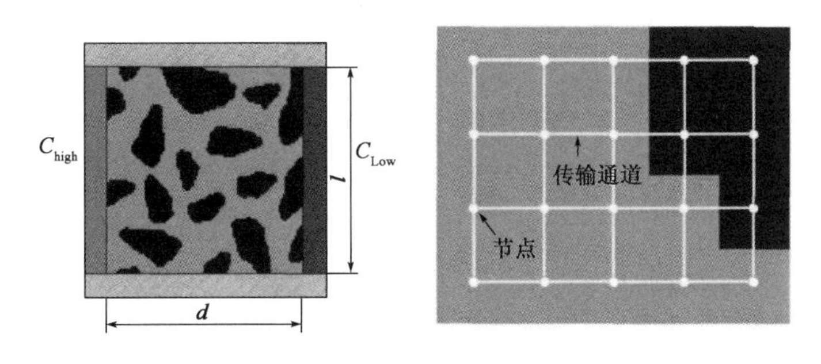

图 5-17　格构网络模型示意图

5.2.2　基于 Fick 第一定律的稳态硫酸根离子扩散模拟

1）三维微结构数据导入

由 CEMHYD3D 水泥水化软件生成的三维结构原始数据为 IMG 文件，内部其实为 100 个立方体像素编号，每个编号均对应各自的物相，为了将水化结构导入 MATLAB 中，需要了解 MATLAB 导入数据的方式。另外，由于需要使用高斯赛德尔方法对扩散方法迭代，而对整个三维尺度进行计算需要耗费大量的时间，因此本书只提取出微结构的二维切面进行扩散浓度的计算。

由于导入数据需要较多的指令来完成，因此在 MATLAB 界面中的 command 命令窗口中输入命令来导入是不现实的，需要通过 MATLAB 提供的 m 文本文件来写入这些指令。m 文件的扩展名为.m,一个 m 文件可以包含许多连续的 MATLAB 指令,所以首先新建结构数据导入 m 文件,编写导入数据指令。

打开 IMG 文件之后,需要将 IMG 文件中的数据读取到 MATLAB 中,由于 IMG 文件中的三维数据是通过三个循环依次输出 x、y、z 坐标的像素物相编号,因此在 m 文件中,打开 IMG 数据文件后通过两个 for 循环读取微结构的一个切面,读取之后需要将数据保存,需要用到 fprintf 函数,将数据转换成指定格式字符串,写入本文件中,最后使用 fclose 函数关闭文本文件,得到水泥水化微结构的二维切面数据。

2)建立扩散系数方程

由于硫酸根离子与水泥水化产物之间的相互作用比较复杂,涉及化学物理等反应,计算机计算能力不足,因此在计算微观结构中的扩散时,忽略之间的化学反应。硫酸根离子在格构单元中的传输满足 Fick 第一定律:

$$q_{ij1} = -D_{ij1}\frac{\mathrm{d}_{Cij}}{\mathrm{d}x} = -D_{ij1}\frac{C(i-1,j)-C(i,j)}{\mathrm{d}x} = -D_{ij1}\frac{C(i,j)^1-C(i,j)}{\mathrm{d}x} \tag{5-9}$$

式中: q_{ij1} ——通过格构单元的硫酸根离子流量;

D_{ij1} ——格构单元的扩散系数;

$C(i-1,j)$ 、$C(i,j)$ ——构成格构单元的两个节点相处的硫酸根离子浓度。

为了表述方便, $C(i-1,j)$ 简化成 $C(i,j)^1$, $C(i,j+1)$ 简化成 $C(i,j)^2$, $C(i+1,j)$ 简化成 $C(i,j)^3$, $C(i,j-1)$ 简化成 $C(i,j)^4$ 。

以二维模型为例,如图 5-18 所示。当体系中的硫酸根离子处于稳态传输时,每一个节点的硫酸根离子的浓度不再变化,流入该节点的硫酸根离子流量等于从中心节点流出的硫酸根离子流量,相应的数学公式如式(5-10)所示。

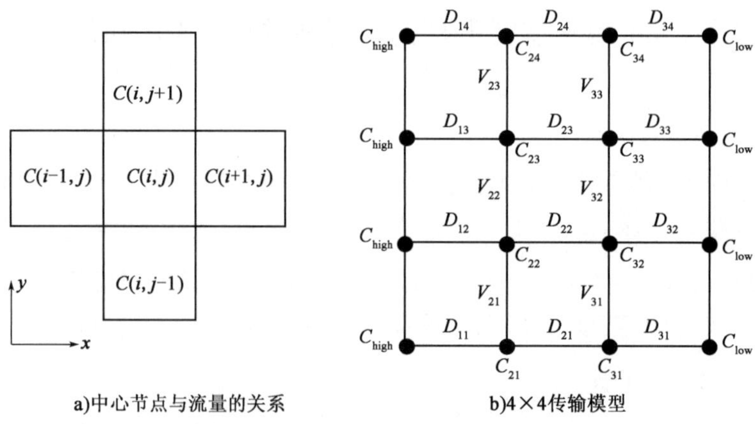

图 5-18　格构网络二维模型示意图

$$\sum_{k=1}^{k=4} q_{ijk} = -\sum_{k=1}^{k=4} D_{ijk} \frac{d_{Cij}}{dx} = -\sum_{k=1}^{k=4} D_{ijk} \frac{C(i,j)^k - C(i,j)}{\Delta l} = 0 \tag{5-10}$$

式中：k——与中心节点相邻的节点数目，图5-18a)代表了二维模型中心节点与周围节点的流量关系，其中 $k=4$ 分别代表上、下、左、右四个节点；

$C(i,j)^k$——对应相邻节点的硫酸根离子浓度；

Δl——每个像素代表的真实尺寸。

式(5-11)中未知数只有5个节点处的硫酸根离子浓度值，整个水泥二维结构一共有 N^2 个节点对应 N^2 个方程，因此通过求解线性方程组来求解每个节点的硫酸根离子浓度。对应的 N^2 个方程如式(5-11)所示：

$$\begin{cases} C(0,j) = C_{\text{low}} \quad (j = \{1,2,\cdots,N\}) \\ \sum_{k=1}^{k=4} D_{ijk} \dfrac{C(i,j)^k - C(i,j)}{\Delta l} = 0 \quad (i,j = \{2,3,\cdots,N-1\}) \\ C(N,j) = C_{\text{high}} \quad (j = \{1,2,\cdots,N\}) \end{cases} \tag{5-11}$$

式中：C_{low}、C_{high}——模型两侧的硫酸根离子浓度边界条件。

如图5-18b)所示为一个4×4的二维介质传输模型，按照公式(5-11)可以生成线性方程组(5-12)，系数矩阵为五对角对称稀疏矩阵，次对角线上的值表示对应格构单元的传输扩散系数，正对角线的值表示与中心节点相邻的各格构单元传输扩散系数之和。

$$\begin{bmatrix} -S_{21} & V_{21} & 0 & 0 & D_{21} & 0 & 0 & 0 \\ V_{21} & -S_{22} & V_{22} & 0 & 0 & D_{22} & 0 & 0 \\ 0 & V_{22} & -S_{23} & V_{23} & 0 & 0 & D_{23} & 0 \\ 0 & 0 & V_{23} & -S_{24} & 0 & 0 & 0 & D_{24} \\ D_{21} & 0 & 0 & 0 & -S_{31} & V_{31} & 0 & 0 \\ 0 & D_{22} & 0 & 0 & V_{31} & -S_{32} & V_{32} & 0 \\ 0 & 0 & D_{23} & 0 & 0 & V_{32} & -S_{33} & V_{33} \\ 0 & 0 & 0 & D_{24} & 0 & 0 & V_{33} & -S_{34} \end{bmatrix} \begin{bmatrix} C_{21} \\ C_{22} \\ C_{23} \\ C_{24} \\ C_{31} \\ C_{32} \\ C_{33} \\ C_{34} \end{bmatrix} =$$

$$
C_{\text{high}}\begin{bmatrix}-D_{11}\\-D_{12}\\-D_{13}\\-D_{14}\\0\\0\\0\\0\end{bmatrix}+C_{\text{low}}\begin{bmatrix}0\\0\\0\\0\\-D_{31}\\-D_{32}\\-D_{33}\\-D_{34}\end{bmatrix}\begin{pmatrix}S_{21}=D_{11}+V_{21}+D_{21}\\S_{22}=D_{12}+V_{22}+D_{22}+V_{21}\\S_{23}=D_{13}+V_{23}+D_{23}+V_{22}\\S_{24}=D_{14}+D_{24}+V_{23}\\S_{31}=D_{21}+V_{31}+D_{31}\\S_{32}=D_{22}+V_{32}+D_{32}+V_{31}\\S_{33}=D_{23}+V_{33}+D_{33}+V_{32}\\S_{34}=D_{24}+D_{34}+V_{33}\end{pmatrix} \tag{5-12}
$$

通过求解方程(5-12)便可以获取每个节点的硫酸根离子的浓度值,然后结合公式(5-13)计算模型中硫酸根离子的扩散通量,根据式(5-14)求得整个模型的硫酸根扩散系数。

$$
J_{\text{cl}}=\frac{\sum_{i=1}^{i=N}\sum_{j=1}^{j=N}q_{ij1}}{l}=\frac{\sum_{i=1}^{i=N}\sum_{j=1}^{j=N}D_{ij1}\dfrac{C(ij)^{1}-C(i,j)}{\Delta l}}{l} \tag{5-13}
$$

$$
D_{\text{cl}}=\frac{J_{\text{cl}}\cdot l}{h\cdot(C_{\text{high}}-C_{\text{low}})} \tag{5-14}
$$

式中: J_{cl}——硫酸根离子扩散通量,表示单位时间内通过单位面积的硫酸根离子流量;

h、l——模型的高度与宽度;

C_{high}、C_{low}——模型两侧的硫酸根离子浓度。

由于该模型为 4×4 二维传输介质模型,为了计算硫酸根将其扩展为 100×100 的二维传输格构网络模型。在 MATLAB 中的主要操作步骤如下:

①提取界面数据到矩阵中;②建立横向和纵向扩散速率;③由于上、下边不存在扩散,首先设定上、下边的扩散速率;④根据中心节点判断物相,计算格构单元的扩散传输系数;⑤建立扩散系数和矩阵;⑥对边界和中心部分的扩散系数和进行计算;⑦按照式(5-12)建立扩散线性方程组;⑧设置边界条件系数矩阵;⑨利用高斯赛德尔方法迭代计算,具体迭代方法如下文所述。

3)高斯赛德尔方程迭代

为了求解上述扩散线性方程组,需要在 MATLAB 中使用高斯-赛德尔迭代法迭代计算。迭代求解法(Iterative Method)是数值分析中解决方程求解问题的常用方法,通过给定初始方式的解,不断重复求解过程,使线性方程组的解不断逼近真实解。与迭代法相对应的是直接求解法,直接求解法通过对线性方程组进行高斯变化等方式迅速求得少数未知量的解,再代入原方程组中求得其他未知量的解。直接求解法适用于未知量个数少、次数低的方程组,迭代法适用于未知量较多,非线性的方程组。本书建立的扩散方程组由于未知量个数较多且复杂,因此使用迭代方法进行求解,在求解前需要注意以下几个问题:

(1)迭代变量的确定

为了使迭代法求得解不断趋近于真实情况的解,也就是收敛,需要一个可以由旧值推出新值的初始变量,即迭代变量。

(2)迭代关系式的建立

迭代关系式是指前一个解与下一个解之间的关系,方程的解通过迭代关系式不断推出下一个解,直到小于预设的误差值,因此迭代关系式是解线性方程组的关键。

(3)迭代指标

迭代指标是指控制迭代次数的指标,如果不设置迭代指标,迭代过程则会无休止重复求解,因此迭代的次数指标是必不可少的。控制指标通常分为两种:一种是迭代次数的确定值,通过计算循环的次数,达到则停止迭代;另一种是未知迭代次数,通过设置控制条件,当求解精度达到控制条件后便可以结束迭代,对于第二种情况,需要进一步分析解的条件来控制迭代次数。

高斯赛德尔迭代法公式如式(5-15)所示:

$$x_i^{(k+1)} = \frac{1}{a_{ii}}\left[b_i - \sum_{1}^{i-1} a_{ij} x_j^{(k+1)} - \sum_{j=i+1}^{n} a_{ij} x_j^{(k)}\right] \quad (i = 1,2,\cdots,n;k = 1,2,\cdots) \tag{5-15}$$

将矩阵分解为三个矩阵 D、L、U,使得:

$$A = D - L - U \tag{5-16}$$

转换为矩阵形式,即式(5-17)~式(5-22):

$$X^{(k+1)} = D^{-1}[LX^{(k+1)} + UX^{(k)} + b] \tag{5-17}$$

$$(D - L)X^{(k+1)} = UX^{(k)} + b \tag{5-18}$$

$$X^{(k+1)} = (D - L)^{-1} UX^{(k)} + (D - L)^{-1}b \tag{5-19}$$

$$B = (D - L)^{-1}U \tag{5-20}$$

$$f = (D - L)^{-1}b \tag{5-21}$$

$$X^{(k+1)} = BX^{(k)} + f \tag{5-22}$$

根据上述步骤在 MATLAB 中进行编写高斯赛德尔迭代步骤。如上所述,迭代次数对迭代方法极为重要,因此设定迭代指标如式(5-23)所示。其中 i 代表所有节点的编号，上标 n 代表迭代次数，等式右边的 β 为预先设定的较小值(取 $\beta = 10^{-3}$)：

$$\sum_i \frac{|C^{(n+1)} - C^{(n)}|}{C^{(n+1)}} < \beta \tag{5-23}$$

4)水泥基体硫酸根离子扩散系数分析

依据高润东等人研究，硫酸根离子在孔隙中的扩散速率 $D_{\text{eff}} = 1.2 \times 10^{-12}\text{m}^2/\text{s}$ 设定模型两侧的硫酸根离子浓度分别为 1500ppm 和 0ppm，各水灰比的硫酸根离子稳态传输计算结果如图 5-19 所示。

从图 5-19 可以看出，随着水化龄期的增长，硫酸根离子的扩散系数不断减小，由于硫酸根离子主要于硫酸根离子主要是在水化结构中的孔隙中扩散的，与水化结构中的孔隙率和连通孔隙个数有关，而随着水化反应的进行，水化结构中的孔隙由水化产物填充，因此硫酸根离子扩散系数不断下降。当水化龄期超过 28d 之后，硫酸根离子的扩散系数基本趋于平稳，说明结构中的孔隙基本不变。0.6 水灰比的扩散系数与其他水灰比相比较高，且 0.4 和 0.5 水灰比的扩散系数在后期有接近的趋势。

为了说明 0.6 水灰比的扩散系数明显高于其他两者的现象，计算提取出 0.6 和 0.5 水灰比的连通孔隙个数随循环次数的变化，如图 5-20 所示。可以看出两者的连通孔隙在早期相差不大，而硫酸根离子扩散系数相差较大，说明 0.6 水灰比的早期微结构的连通孔隙比例较大，导致扩散系数较大；随着水化循环次数的增加，两者的连通孔隙个数也在下降，但在后期出现较大的差距，可以解释后期扩散系数相差较大的原因。

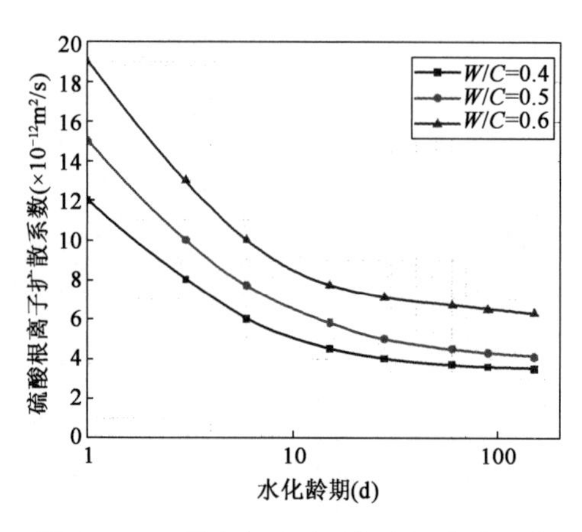

图 5-19　不同水灰比硫酸根离子扩散速率随龄期的变化关系图

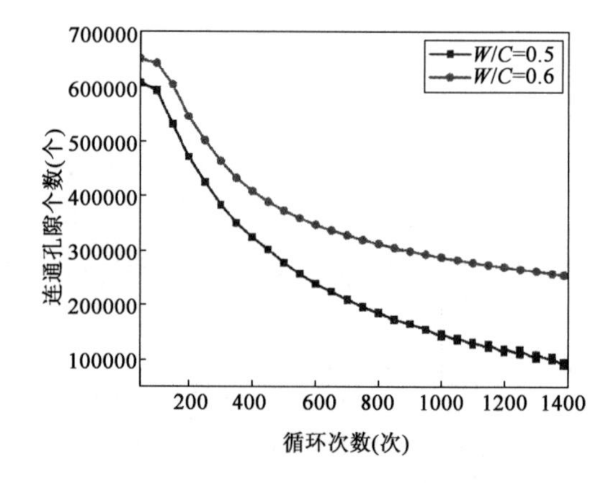

图 5-20　不同水灰比连通孔隙随循环次数的变化关系图

5)界面过渡区硫酸根离子扩散系数分析

由于界面过渡区模型中心集料平板的存在，导致界面过渡区的扩散系数方程稍有变化，需将模型转化为 50 × 100 的二维传输介质模型，然后按照上述方法进行计算得各水灰比扩散系数结果如图 5-21 所示。

从图 5-21 可以看出，界面过渡区硫酸根离子扩散系数随水化龄期的变化与水泥基体的变化趋势相同，但在水化前期界面过渡区硫酸根离子扩散系数下降较快，说明界面过渡区在前期的水化速率要大于水泥基体，可以较早形成水化产物，阻碍了硫酸根离子的扩散。从 10d 后开始，界面过渡区的硫酸根离子扩散系数逐渐平稳，而水泥基体的硫酸根离子扩散速率仍有下降趋势，且水泥基体整体小于界面过渡区。说明界面过渡区有助于硫酸根离子的传输。

结合图 5-22 连通孔隙随循环次数的关系图可知，其连通孔隙数量的变化率与水泥基体基本相同，0.5 水灰比由于水泥颗粒与水分充分反应，使连通孔隙的数量下降较多，而 0.6 水灰比由于水泥颗粒较少以及水分较多，虽然充分反应，但水泥颗粒较少导致没有足够的水化产物填充孔隙，导致硫酸根离子扩散系数较大。

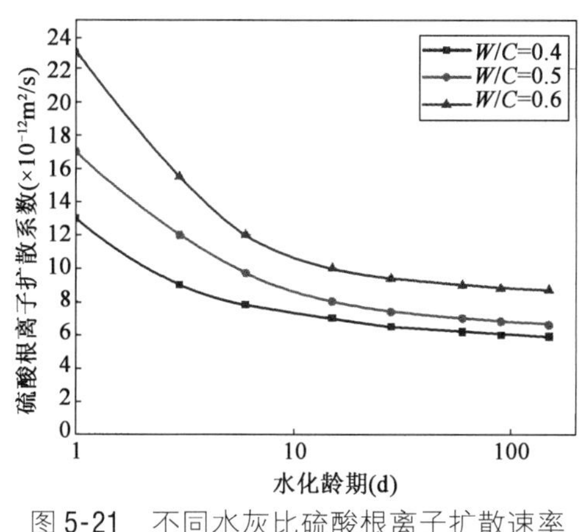

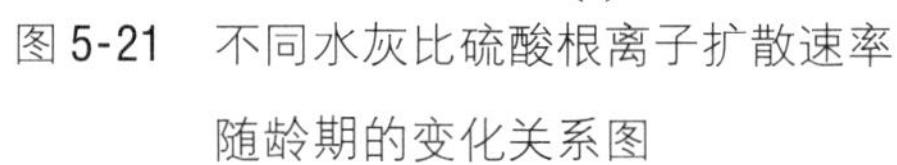
图 5-21 不同水灰比硫酸根离子扩散速率随龄期的变化关系图

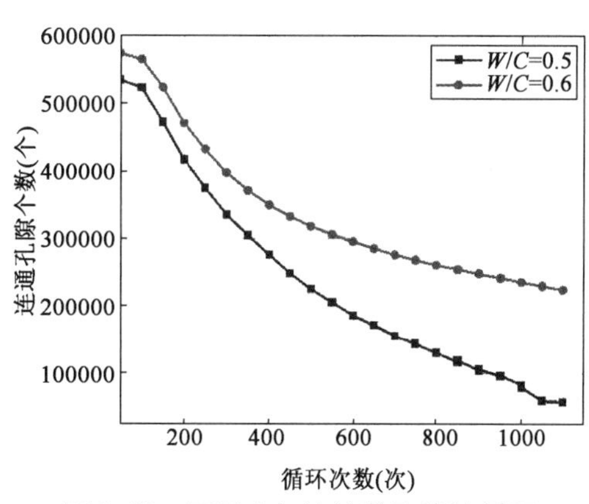

图 5-22 不同水灰比连通孔隙随循环次数的变化关系图

5.2.3 基于 Fick 第二定律的非稳态硫酸根离子扩散模拟

Fick 定律中假定流入各节点的离子通量等于流出的离子通量，并且不随时间变化，所以任意一个节点的浓度恒定不变，只与距离有关，而与时间无关。但是实际上扩散过程中离子扩散通量是与时间有关的，是非稳态的，各节点的离子浓度会随侵蚀时间的变化而变化，所以需要应用 Fick 第二定律对扩散现象进行更深层次的分析。

1) 离子扩散机理

在非稳态扩散过程中，硫酸离子的浓度会随时间变化，并且不同节点不同时间下的浓度也不相同，所以浓度与时间d_t和距离 d_x 两个变量有关。在时间增量 d_t 内，离子的扩

散通量同样与时间和距离有关,对 Fick 第一定律进行推导得 Fick 第二定律,见式(5-24):

$$\frac{\partial C}{\partial t} = -\frac{\partial J}{\partial x} = \frac{\partial}{\partial x}\left(D\frac{\partial C}{\partial x}\right) \tag{5-24}$$

式中:C ——离子扩散浓度(mol/m^3);

t ——扩散时间(s);

x ——扩散距离(m)。

Fick 第二定律表示离子扩散过程中浓度变化率与浓度梯度随扩散距离的变化率成正比。将扩散介质视为半无限大的均匀介质,离子扩散方向为一维方向,结合边界条件以及扩散系数推导得出离子一维传输公式(5-25):

$$\begin{cases} \dfrac{\partial C}{\partial t} = D\dfrac{\partial^2 C}{\partial x^2} \\ C(x,0) = C_0 \quad (x > 0) \\ C(0,t) = C_x \quad (t > 0) \\ C(\infty,t) \quad 有界 \end{cases} \tag{5-25}$$

上式中的物理量与式(5-24)中物理量代表含义相同,第二个公式和第三个公式代表初始时间和初始距离的离子浓度,即边界条件。第四个公式为了求解设定的浓度界限。

通过其逆变换和拉普拉斯变化,对传输公式进行变换可得式(5-26):

$$\mathrm{C} = C_0 + (C_x - C_0)\left[1 - \mathrm{erf}\left(\frac{x}{2\sqrt{Dt}}\right)\right] \tag{5-26}$$

式中:$\mathrm{erf}\left(\frac{x}{2\sqrt{Dt}}\right)$ ——误差函数,$\mathrm{erf}(u) = \frac{2}{\sqrt{\pi}}\int_0^u \mathrm{e}^{-t^2}\mathrm{d}t$。

上述公式简单解释了离子在扩散介质中的一维扩散浓度随时间和扩散深度变化关系,而硫酸根离子在混凝土中除了简单的扩散,还有比较复杂的对流现象,包括外界压力、毛细孔和电迁移等对硫酸根离子传输过程的影响,因此在建立硫酸根离子非稳态扩散方程时,需要加入更多的影响因子。

对流是指溶液在孔隙中移动时带动离子整体迁移的现象。垂直于渗流方向单位时间单位面积内通过的离子通量可以表示为式(5-27):

$$J = C \cdot v \tag{5-27}$$

式中:C——孔隙溶液中的离子浓度(mol/m^3);

v——离子在孔隙中的渗流速度(m/s)。

孔隙溶液中离子浓度不会变化,但渗流速度 v 受多因素的影响。在外界压力差作用下,孔隙中溶液的渗流速度会根据达西定律发生变化见式(5-28):

$$v = -\frac{k}{\eta}\frac{\mathrm{d}p}{\mathrm{d}x} \tag{5-28}$$

式中：v ——渗流速度(m/s)；

k ——渗透系数(m/s)；

η ——黏滞性系数(Pa·s)；

p ——压力水头(m)。

在多孔结构中，渗透系数与孔隙分布和含量有关，但在均匀多孔材料中，渗透系数是一个常数。毛细现象对渗流速度也有一定的影响，毛细现象是指毛细管内两端表面张力的平衡所产生的溶液流动现象。溶液两侧毛细孔产生的压力会随着孔半径的减小而增加，但毛细现象产生的压力仍属于压力差的范畴，所以在计算毛细作用对渗流速度的影响，可以套用达西定律的公式2见式(5-29)：

$$v = -\frac{k(s)}{\eta}\frac{\mathrm{d}p}{\mathrm{d}x} \tag{5-29}$$

毛细现象一般发生在非饱和状态下离子传输过程中，而采用干湿循环侵蚀制度的试验，离子的传输过程中一定会出现毛细现象，所以必须考虑渗透系数中的液体饱和度。

在电解质溶液中，硫酸根离子作为带电体，会在电场和阻力的作用下沿浓度梯度发生加速迁移，称为电迁移。离子的运动速度可以结合牛顿第二定律进行求解，得式(5-30)：

$$v_i = \frac{z_i e E}{K_i} \tag{5-30}$$

式中：v_i ——离子在孔隙中的渗流速度(m/s)；

z_i ——离子的化合价；

e ——单位电子所带电量；

E ——电场；

K_i ——摩擦系数。

根据式(5-30)离子在电场中的运动速度可以得到离子 i 在浓度为 C_i 时的电迁移的离子流量：

$$J_i = C_i \cdot v_i = C_i \cdot \frac{z_i e E}{K_i} \tag{5-31}$$

考虑到硫酸根离子在侵蚀过程中会与水化产物发生反应生成石膏以及钙矾石等产物，是一个动态的消耗过程，因此化学反应消耗的硫酸根离子对扩散过程影响同样需要考虑，硫酸根发生化学反应生成钙矾石的总化学式如式(5-32)所示：

$$CA + q\overline{S} \rightarrow C_6A\overline{S}_3H_{32} \tag{5-32}$$

式中：CA——铝酸钙；

$\overline{S}$——三氧化硫；

q——整体反应的化学计量加权平均数；

$C_6A\overline{S}_3H_{32}$——钙矾石。

假设该反应的反应速率与反应物浓度的平方成正比,即二级反应级数。根据化学反应动力学得出反应速率微分方程如式(5-33)所示：

$$\frac{dC_{SO_4^{2-}}}{dt} = -k \cdot C \cdot C_{CA} \tag{5-33}$$

式中：C——参加反应的硫酸根离子浓度；

C_{CA}——参加反应的铝酸钙的浓度；

k——二级反应速率常数。

基于上述方程建立一维硫酸根离子传输扩散方程,首先根据 Fick 第二定律加入硫酸根离子消耗对通量的影响,如式(5-34)所示：

$$\frac{\partial C}{\partial t} = -\frac{\partial J}{\partial x} = \frac{\partial}{\partial x}\left(D_{eff}\frac{\partial C}{\partial x}\right) - \frac{dC_{SO_4^{2-}}}{dt} \tag{5-34}$$

式中：C——硫酸根离子浓度 $C(x,t)$,与时间和扩散深度有关；

D_{eff}——硫酸根离子的有效扩散系数；

$\frac{dC_{SO_4^{2-}}}{dt}$——化学反应硫酸根离子的消耗速率。

公式(5-32)中参加反应的铝酸钙浓度函数通过参考文献可得：

$$C_{CA} = C_{C_3A}^0 \cdot \left(1 - h_\alpha + \frac{1}{2}\beta_0 h_\alpha + \beta_0 h_\alpha \cdot e^{-\frac{1}{6}kCt}\right)e^{-\frac{1}{3}kCt} \tag{5-35}$$

式中：C_{C3A}^0——铝酸三钙的初始浓度；

β_0——石膏的初始含量；

h_α——水泥的水化程度。

水泥的水化程度可以按照式(5-36)进行计算：

$$h_\alpha = 1 - 0.5\left[(1 + 1.67\tau)^{-0.6} + (1 + 0.29\tau)^{-0.48}\right] \tag{5-36}$$

式中：τ——水化时间(d)。

硫酸根离子扩散过程中的速率与结构中的孔隙率有关,而且孔隙率会随着水化时间的增加而降低,导致扩散系数不是常数,而是与孔隙有关的函数,所以硫酸根离子扩散系数 D_{eff}可以表示为式(5-37)：

$$D_{eff} = \varphi \cdot D_s \tag{5-37}$$

式中：D_s——硫酸根离子在孔隙溶液中的扩散系数；

φ——结构的孔隙率；

孔隙率随水化时间变化的关系如式(5-38)所示：

$$\varphi = f_c \cdot \frac{\frac{W}{C} - 0.39\, h_\alpha}{\frac{W}{C} + 0.32} \tag{5-38}$$

式中：f_c——水泥体积分数；

W/C——水灰比。

由于只考虑硫酸根离子的一维扩散情况，所以试样的初始条件设置为式(5-39)：

$$C(x,0) = 0 \quad [x \in (0,L)] \tag{5-39}$$

式中：L——侵蚀方向的长度；

试样的一面受到浓度为C_0的硫酸根离子单向侵蚀，所以试样的边界条件设置为式(5-40)：

$$C(0,t) = \varphi_0 C_0 \tag{5-40}$$

式中：φ_0——未开始侵蚀时试样的孔隙率。

2）硫酸根离子扩散数值模拟结果分析

将上节所述的方程进行整合，组成偏微分扩散方程如式(5-41)～式(5-44)所示：

$$\frac{\partial C}{\partial t} = \frac{\partial}{\partial x}\left[(\varphi \cdot D_s)\frac{\partial C}{\partial x}\right] - k \cdot C \cdot C_{CA} \tag{5-41}$$

$$\varphi = f_c \cdot \frac{\frac{W}{C} - 0.39h_\alpha}{\frac{W}{C} + 0.32} \tag{5-42}$$

$$C_{CA} = C^0_{C_3A} \cdot \left(1 - h_\alpha + \frac{1}{2}\beta_0 h_\alpha + \beta_0 h_\alpha \cdot e^{-\frac{1}{6}kCt}\right) e^{-\frac{1}{3}kCt} \tag{5-43}$$

$$h_\alpha = 1 - 0.5[(1 + 1.67\tau)^{-0.6} + (1 + 0.29\tau)^{-0.48}] \tag{5-44}$$

上述偏微分方程可以通过 MATLAB 中的 PDEPE 函数解法求解，由于 MATLAB 中自带相应的函数程序，因此在求解时只需要调用函数即可，调用过程不再赘述。

结合 CEMHYD3D 生成的水化模型，设定硫酸根离子的传输方向为单向传输，由于水化模型生成的水泥基体与界面过渡区的尺寸过小，而硫酸根离子侵蚀速率较慢，在单个结构内无法体现出硫酸根离子浓度的变化，因此将扩散介质视为单元模型的整合，考虑宏观均质状态下硫酸根离子在水泥基体与界面过渡区的浓度变化区别。

以0.4水灰比为例,根据CEMHYD3D模拟的水化结构提取出的像素个数可计算出水泥体积分数为0.44,C_3A 含量为101.8 mol/m^3,石膏初始含量为35.3 mol/m^3;设定边界条件为5%的 Na_2SO_4 溶液,SO_4^{2-} 的化学反应速率常数为 3.05×10^{-8} $m^3/mol/s$;溶液中 SO_4^{2-} 的扩散系数为 3.5×10^{-10} m^2/s。同理,对界面过渡区的物理参数计算并代入偏微分方程中。

经过计算可得0.4水灰比下水泥基体与界面过渡区的硫酸根浓度变化结果,如图5-23所示。

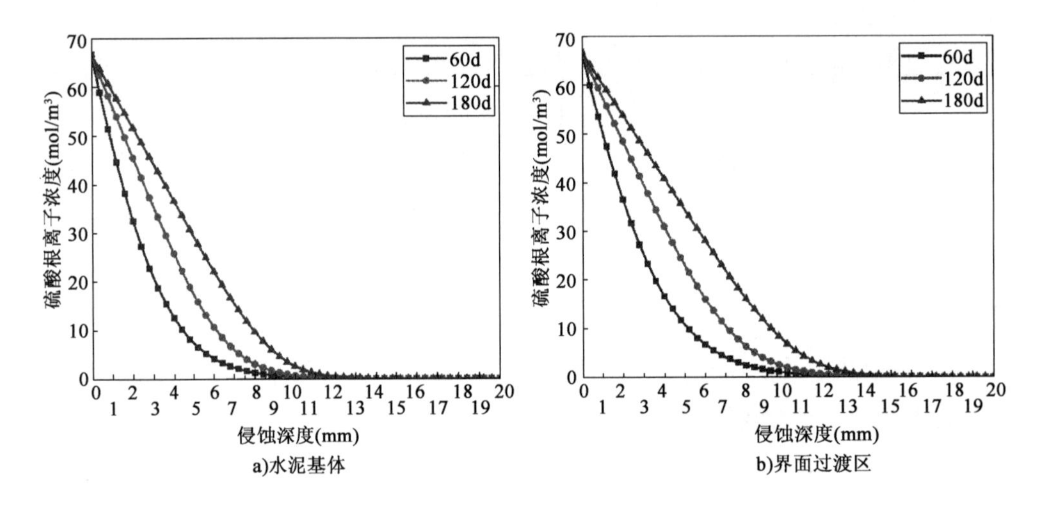

图5-23　硫酸根离子含量模拟结果

图5-23a)和图5-23b)分别为水泥基体和界面过渡区在硫酸根离子侵蚀下60d、120d和180d浓度随侵蚀深度的变化图。从图中可以看出,硫酸盐侵蚀60d时,水泥基体最大侵蚀深度为9mm左右,而界面过渡区的最大侵蚀深度为11mm左右,说明硫酸根离子在界面过渡区中扩散更快;硫酸盐侵蚀120d时,水泥基体的最大侵蚀深度为11mm左右,界面过渡区的最大侵蚀深度为12mm左右;当侵蚀180d时,水泥基体的最大侵蚀深度为12mm左右,而界面过渡区的最大侵蚀深度为14mm左右,不论侵蚀时间长短的变化,界面过渡区的侵蚀深度均大于水泥基体的侵蚀深度2mm左右;从侵蚀深度来看,当侵蚀深度一定时,水泥基体在60d、120d、180d时的硫酸根离子浓度均小于界面过渡区。从侵蚀时间来看,60d时水泥基体与界面过渡区的离子浓度在侵蚀深度较小处,区别较大;随着侵蚀时间的增加,两者在最大侵蚀深度处硫酸根离子浓度区别较大。

按照同样的步骤,对0.5水灰比下水泥基体与界面过渡区的硫酸根浓度变化进行模拟,结果如图5-24所示。

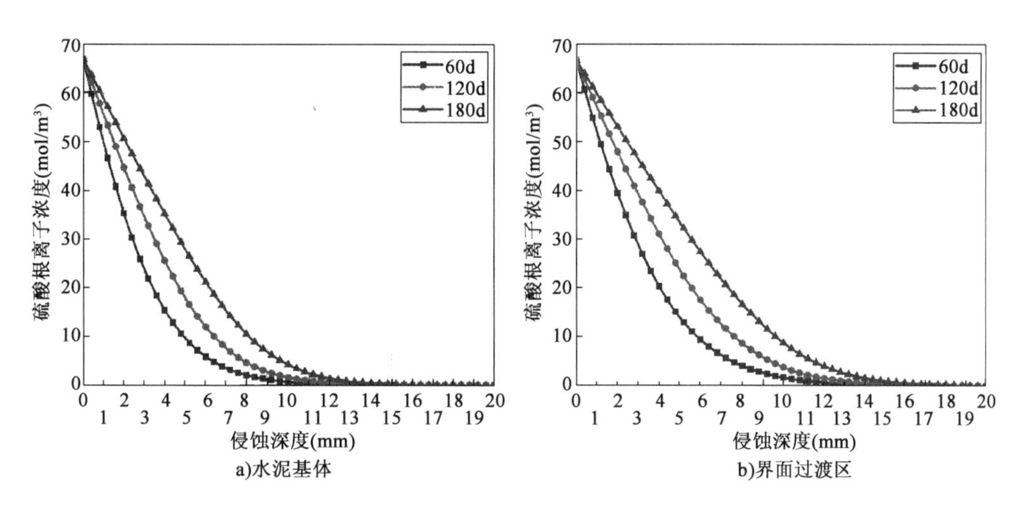

图 5-24 硫酸根离子含量模拟结果

图 5-24a)和图 5-24b)分别为水泥基体和界面过渡区在硫酸根离子侵蚀下 60d、120d 和 180d 浓度随侵蚀深度的变化图。从图中可以看出,硫酸盐侵蚀 60d 时,水泥基体最大侵蚀深度为 10mm 左右,而界面过渡区的最大侵蚀深度为 12mm 左右,说明硫酸根离子在界面过渡区中扩散更快;硫酸盐侵蚀 120d 时,水泥基体的最大侵蚀深度为 12mm 左右,界面过渡区的最大侵蚀深度为 14mm 左右;当侵蚀 180d 时,水泥基体的最大侵蚀深度为 13mm 左右,而界面过渡区的最大侵蚀深度为 16mm 左右;两者硫酸根离子随侵蚀时间和侵蚀浓度的变化趋势与 0.4 水灰比的变化趋势相同。对比 0.4 和 0.5 水灰比离子浓度变化可以看出,0.5 水灰比下硫酸根离子侵蚀普遍加快。

3)干湿循环硫酸盐侵蚀试验结果分析

由于界面过渡区的厚度大小仅为 50μm 左右,在实际测定硫酸根离子浓度时无法精确到微米级别,无法将界面过渡区与水泥基体区分开来,且普通浸泡条件下硫酸根离子的侵蚀时间过长,所以采用干湿循环侵蚀制度对制备的水泥基体试样进行硫酸盐侵蚀。

采用“三氧化硫测定-硫酸钡重量法”测定试样的硫酸根离子含量,试验流程如图 5-25所示。操作过程如下:

(1)取 1 ~2g 混凝土试样在玛瑙研钵内研磨至粉末,选用精度为 0.0001g 的分析天平称量粉末并记录,将称量好的混凝土粉末放入 500mL 烧杯中。

(2)加入 30 ~40mL 蒸馏水,再边用玻璃棒搅拌边缓慢加入 10mL1 ∶1 盐酸;为使混凝土粉末中硫酸根离子充分溶于溶液,将烧杯放置在电炉上加热至微沸并保持 5 ~10min,溶液冷却后缓慢倒入放有慢速定量滤纸的真空抽滤仪中进行抽滤。

(3)用蒸馏水洗涤烧杯和滤纸上沉淀10～12次,确保硫酸根离子完全进入滤液中,将滤液体积调节至200mL,放在电炉上加热,微沸后逐滴滴加10mL质量分数为10%的氯化钡溶液,并保持沸腾5～10min,为使得硫酸根离子与钡离子充分反应,冷却并静置4h。

(4)烧杯底部析出白色沉淀,将慢速定量滤纸放入真空抽滤仪进行沉淀抽滤,并用蒸馏水洗涤烧杯数次,1%硝酸银溶液滴在烧杯洗涤液中无现象表明洗涤充分。

(5)然后取出附有白色沉淀的定量滤纸折叠使其完全包裹沉淀,放入事先灼烧至恒重的瓷坩埚中,将瓷坩埚半盖着放入马弗炉中,并加热至800℃;30min后轻轻打开炉门,让炉腔内的滤纸与空气接触使其完全灰化,闭合炉门后再灼烧30min。

(6)用坩埚钳取出坩埚放入干燥器中冷却,用精度为0.0001的分析天平称量焙烧过的坩埚钳。

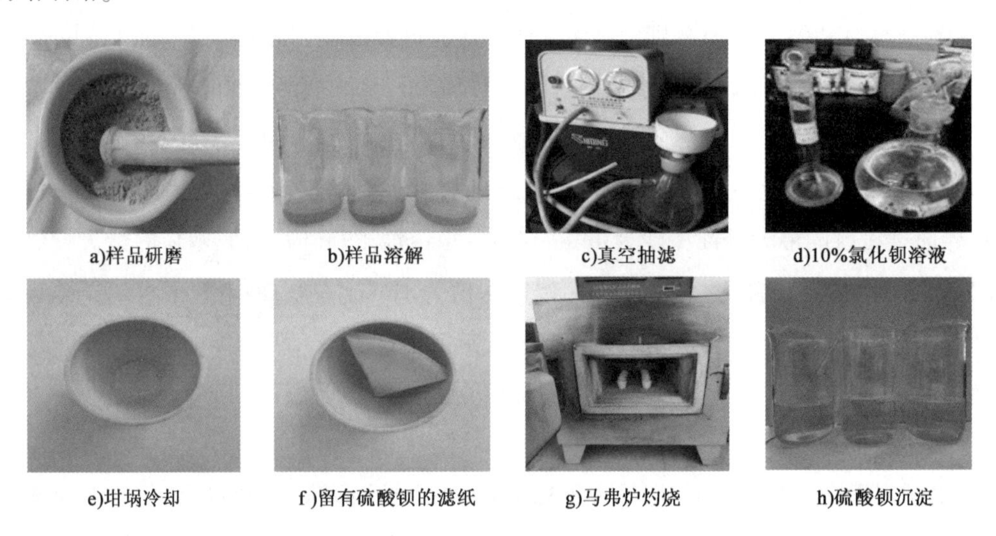
a)样品研磨 b)样品溶解 c)真空抽滤 d)10%氯化钡溶液
e)坩埚冷却 f)留有硫酸钡的滤纸 g)马弗炉灼烧 h)硫酸钡沉淀

图5-25 硫酸根离子含量测试流程图

硫酸钡质量为瓷坩埚焙烧前后质量差,即 m_2-m_1,用 SO_3 的质量分数(精确至0.01%)代表混凝土样品中硫酸根离子含量,计算可表示为:

$$W_{SO_3}=\frac{0.343(m_2-m_1)}{m}\times 100\% \tag{5-45}$$

式中:m——混凝土研磨粉末质量(g);

m_1——瓷坩埚质量(g);

m_2——焙烧后瓷坩埚质量(g)。

每组混凝土粉末取样两份进行测试,两次试验结果的平均值作为试验结果,若两次试验结果之差大于0.15%,则重新取样试验。

干湿循环制度会加速硫酸盐对水泥试样的侵蚀,减少试验时间,降低成本,所以本书研究采用浸泡24h,烘干21h,室温冷却3h的腐蚀制度,其中烘干的温度如果过高,会使水化产物发生分解,因此烘干温度设置为60℃。

水泥试样的制备采用自制试模,为了突出界面过渡区制备圆柱体复合试件。采用山东腾宇工程机械公司的钻孔取芯机对岩石进行取芯,得到ϕ15mm×160mm的圆柱体集料,切割,放入ϕ50mm×120mm塑料试模(开洞、填补,保证集料位于中间)中进行水泥静浆复合试件的制备,水泥采用P.O42.5普通硅酸盐水泥,具体的化学成分与模拟所用相同,如表5-1所示。按照规范进行拌和、浇筑和养护,待脱模之后用切割机对试样进行切割,得到规整ϕ50mm×100mm的试样。上述试件切割好以后,利用环氧树脂对柱体上下面进行封面,防止硫酸盐侵入。按照上述的侵蚀制度进行硫酸钠侵蚀试验,为了使硫酸盐含量测定更为精确,在测定含量时首先对试样进行切片,然后进行硫酸根离子含量测定,试样切片和硫酸根离子传输方向如图5-26所示。

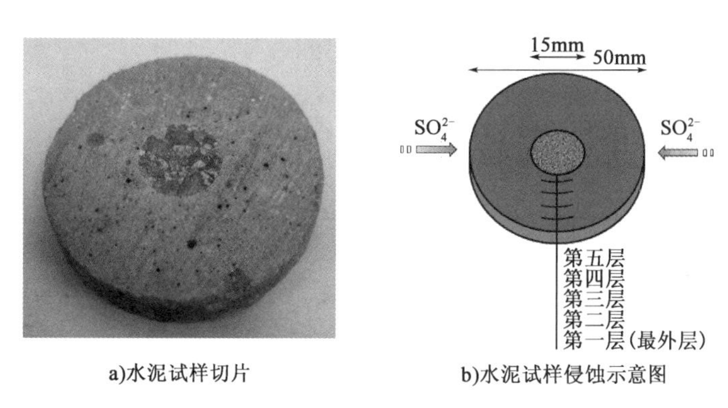

图5-26 水泥试样制备与侵蚀示意图

图5-27为干湿循环作用下5%和10%硫酸钠浓度溶液下水灰比为0.4水泥试样硫酸根离子迁移变化图。可以看出,随着硫酸盐浓度的提高,早期的侵蚀程度并不明显,但当腐蚀时间超过30d后,各个侵蚀深度的硫酸根离子浓度快速增加,这可能是由于侵蚀早期水泥结构较为密实,但侵蚀过程中硫酸根生成的有害产物破坏了原有的致密孔结构,加速了硫酸根离子的侵蚀,硫酸盐浓度为10%的侵蚀程度更为明显。

为了模拟干湿循环条件下硫酸盐在水泥基体中的侵蚀规律,硫酸根离子扩散方程,将干湿循环对硫酸根离子有效扩散速率的影响因子v考虑进去,通过模拟发现,侵蚀不同时间对应的影响因子v不同,模拟结果如图5-28所示。

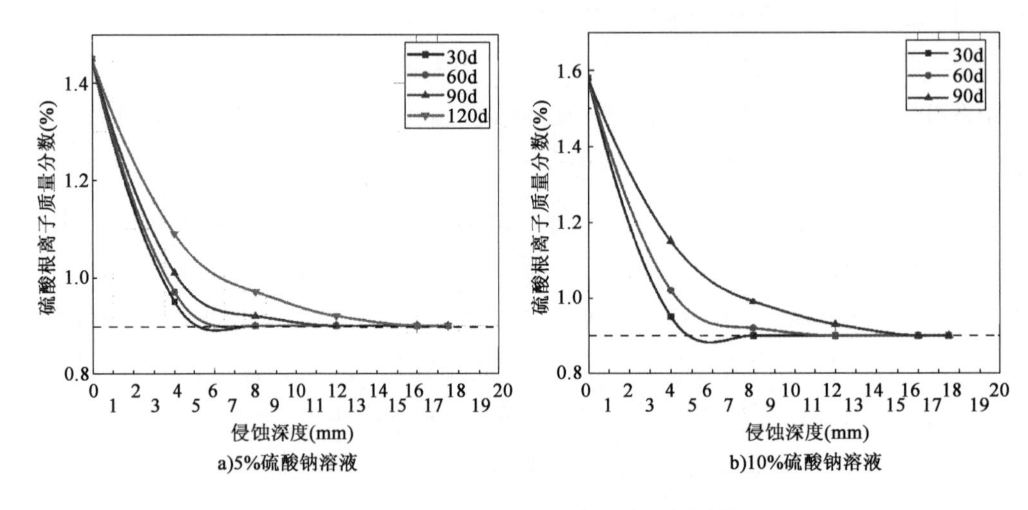

图 5-27　0.4 水灰比硫酸根离子含量测试结果

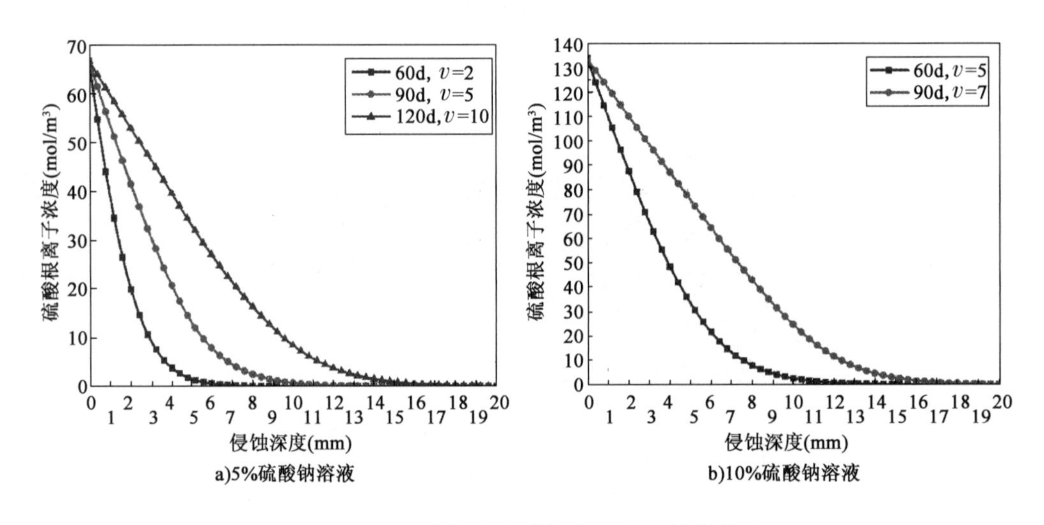

图 5-28　0.4 水灰比硫酸根离子含量模拟结果

图 5-28a)为 5% 硫酸钠溶液干湿循环侵蚀下离子浓度变化图。影响因子 v 物理意义为硫酸根离子有效扩散系数的倍数,可以看出,干湿循环对硫酸根离子在水泥基体中的扩散影响较大,当侵蚀时间为 60d 时,干湿循环导致硫酸根离子的有效扩散系数变为原来的 2 倍;当侵蚀时间为 90d 时,硫酸根离子有效扩散系数变为原来的 5 倍;当侵蚀时间为 120d 时,硫酸根离子有效扩散系数变为原来的 10 倍。从影响因子 v 的变化,可以看出干湿循环侵蚀下硫酸盐在水泥基体中的早期传输速率仅增大了 1 倍,但随着侵蚀时间的增长,相同的 30d 间隔,传输速率却分别增大了 3 倍和 5 倍,侵蚀时间越长,硫酸根离子扩散速率倍数不断增大。图 5-28b)为 10% 硫酸钠溶液干湿循环侵蚀下硫酸根离子

浓度模拟图。可以看出,10% 硫酸钠侵蚀下 60d 的有效扩散系数便为原来的 5 倍,与之对应的 5% 硫酸钠下仅为 2 倍。说明边界条件硫酸根离子浓度的增加,大大加速了前期硫酸根离子的侵蚀。90d 时有效扩散系数变为原来的 7 倍,相比 30d 增大了 2 倍,增大倍数与 5% 硫酸钠侵蚀下的增大倍数相差不大。

图 5-29 为干湿循环作用下 5% 和 10% 硫酸盐浓度溶液下水灰比为 0.5 水泥试样硫酸根离子迁移变化图。可以看出,随着硫酸盐浓度的提高,早期的侵蚀程度同样并不明显,但当腐蚀时间超过 30d 后,各个侵蚀深度的硫酸根离子浓度快速增加。与 0.4 水灰比的硫酸根离子浓度变化对比可以发现,不论是侵蚀深度还是侵蚀浓度,0.5 水灰比的均大于 0.4 水灰比,说明水灰比增大,加速了硫酸根离子的侵蚀速率。

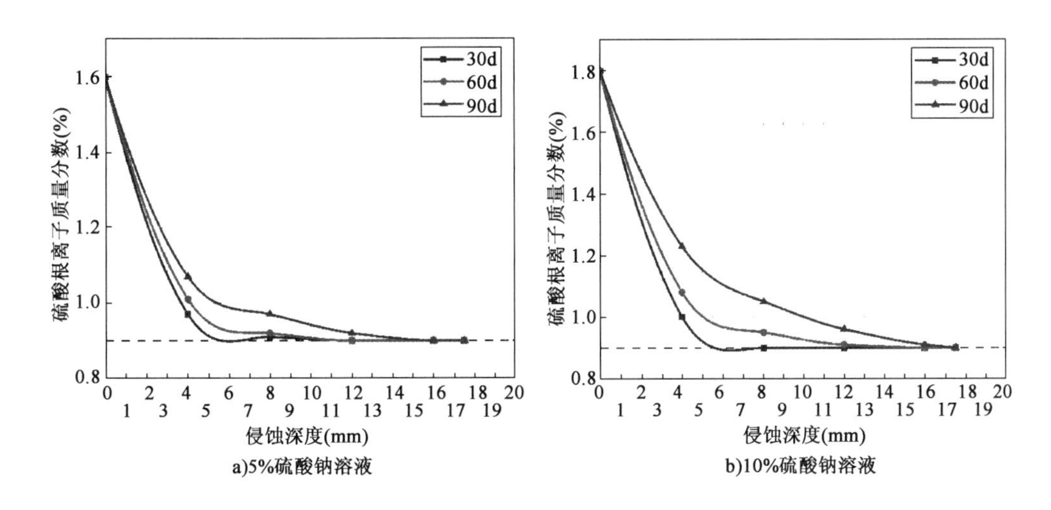

图 5-29　0.5 水灰比硫酸根离子含量测试结果

图 5-30a) 为 5% 硫酸钠溶液干湿循环侵蚀下离子浓度变化图。通过图可以看出,当侵蚀时间为 60d 时,干湿循环导致硫酸根离子的有效扩散系数变为原来的 1.8 倍;当侵蚀时间为 90d 时,硫酸根离子有效扩散系数变为原来的 3 倍。从影响因子 v 的变化可以看出,干湿循环侵蚀下硫酸盐在水泥基体中的传输速率仅增大了 2 倍左右,虽然侵蚀时间越长,硫酸根离子扩散速率倍数不断增大,但与 0.4 水灰比相比扩散速率的增大明显减少。图 5-30b) 为 10% 硫酸钠溶液干湿循环侵蚀下硫酸根离子浓度模拟图。可以看出,10% 硫酸钠侵蚀下 60d 的有效扩散系数扩大为原来的 1.6 倍,而与之对应的 5% 硫酸钠下为 2 倍。这说明随着水灰比的增大,虽然干湿循环加速了硫酸根离子的侵蚀速率,但是边界条件即硫酸钠浓度的增大对硫酸根离子侵蚀速率的影响在逐渐变小。

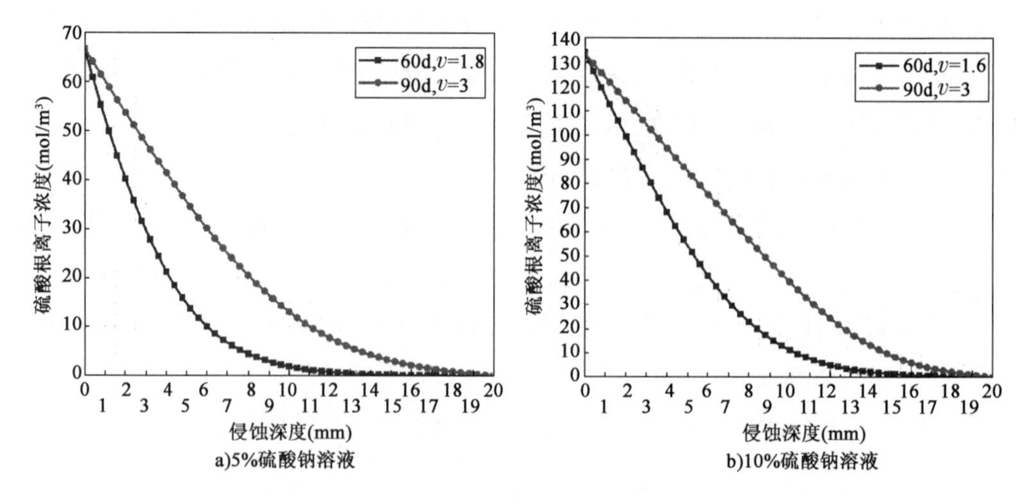

图 5-30　0.5 水灰比硫酸根离子含量模拟结果

5.3　水泥基体和界面过渡区有限元力学模拟分析

本节简单介绍了有限元分析水泥基材料的方法，阐述了 ABAQUS 有限元分析水泥基体和界面过渡区力学性能的步骤，首先选择合适的求解器，采用材料脆性开裂作为材料的失效准则，并通过一个单元格对其可靠性进行验证，然后利用 inp 文件导入水泥水化微结构，并按照材料物理参数对单元格进行属性赋予，最后对有限元模型施加荷载，模拟水泥基体和界面过渡区的应力变化。

5.3.1　水泥材料有限元分析介绍

采用 CEMHYD3D 模拟水泥水化过程，可以得到水化过程中各个物相的变化以及微结构的演化，无法对结构的力学性能进行预测，只能通过硅酸钙凝胶等水化产物的含量进行定性分析，因此需要借助其他方法进行模拟预测。

CEMHYD3D 生成的水化结构为 100 × 100 × 100 的像素立方体，像素网格符合有限元的网格划分，因此采用有限元方法分析模型的力学性能。ABAQUS 是有限元分析的代表软件，将 ABAQUS 与 CEMHYD3D 结合可以达到模拟水泥微结构的力学性能的目的。

将 CEMHYD3D 中生成的水化模型导入到 ABAQUS 中，由于计算机性能的限制，无

法对 $100 \times 100 \times 100$ 个像素体同时计算分析，且经过 Kanit 等人的研究，$50 \times 50 \times 50$ 个像素的水泥立方体结构可以作为水泥结构的体积代表单元，采用体积代表单元进行力学计算既可以节省计算时间，又可以代表水泥结构的整体力学性能。

将 CEMHYD3D 水泥水化软件生成的结构数据转化为 ABAQUS 中的有限元模型，需要将物相结构数据连接到 ABAQUS 中，并在 ABAQUS 中生成合适的单元格。ABAQUS 中单元格的种类非常多，本书采用 C3D8R 单元(8 节点线性六面体缩减积分沙漏控制的尸体单元)，单位大小为 $1\mu m^3$，与 CEMHYD3D 中的一个像素格相对应。模型生成完成后还需要进行边界条件的设定，在水泥材料代表体积单元的一个表面约束竖向位移，在另一面施加位移，直到单元格失效。

ABAQUS 有限元分析水泥材料的力学性能，需要输入各物相的弹性模量 E、泊松比 v 以及材料的抗压强度。另外，最主要的就是 ABAQUS 中对破坏准则的选择，具体破坏准则如下文所述。

5.3.2 数据文件导入三维模型

inp 文件是一种文本文件，包含了对整个模型的完整描述，连接前处理器和求解器，将数据传递给求解器。一般情况下，建立有限元模型不需要使用 inp 文件，可以直接在 ABAQUS 界面完成建模，但是由于 CEMHYD3D 生成的水泥微结构数据复杂而离散，很难通过界面操作建模，因此必须将结构数据等导入进 inp 文件中，使用 inp 文件进行建模。

inp 文件中 part 部分决定了模型的具体结构，节点与单元分别定义了像素网格的坐标与单元标号，与 CEMHYD3D 生成的水化模型像素格一一对应，由于水化结构中的物相复杂，且种类较多，需要将同一种物相的单元格创建集合，方便对其进行材料属性的赋予，因此在单元集中对各物相单元创建各自集合。由于 ABAQUS 不能直接将材料属性赋予模型，必须创建包含材料属性的截面属性，然后将截面属性赋值给模型的各个单元，这也是需要创建单元集的原因，否则无法统一对单元格赋予材料属性。另外，由于水化结构中物相众多，同样需要在 inp 文件中对各材料属性定义，包括各相的弹性模量、泊松比以及失效准则。

为了完成上述操作，需要在 MATLAB 中提取水泥微结构数据，并编写节点集以及单元集，使得水化结构中物相与单元格一一对应，界面过渡区由于集料平板的存在，在读取时不读取集料部分即可。

5.3.3 失效准则验证

在对整个模型进行力学性能模拟之前，首先需要对单个单元格进行失效准则的验证，并且由于模型尺度过小的原因，加载速度必须尽可能接近静力加载，因此通过一个C3D8R单元模拟受拉行为，考察失效准则的有效性和加载速率的可靠性。建立的C3D8R单元的大小为1μm×1μm×μm，由于ABAQUS中没有对量纲的定义，因此所有参数均需换算至统一量纲才可以进行赋值。材料属性按照表5-2进行设置，失效准则按照表5-3进行设置。

材料属性的设置　　表5-2

弹性模量(MPa)	抗拉强度(MPa)	泊松比 v	密度(kg/μm³)
20000	2	0.25	0.025

失效准则的设置　　表5-3

脆性开裂设置		开裂剪切设置		开裂失效设置
开裂后的直接应力(MPa)	直接开裂应变	剪切保留因子(MPa)	裂纹张开应变	直接开裂破坏应变
2	0	1	0	0.0001
0	0.0001	0	0.0001	—

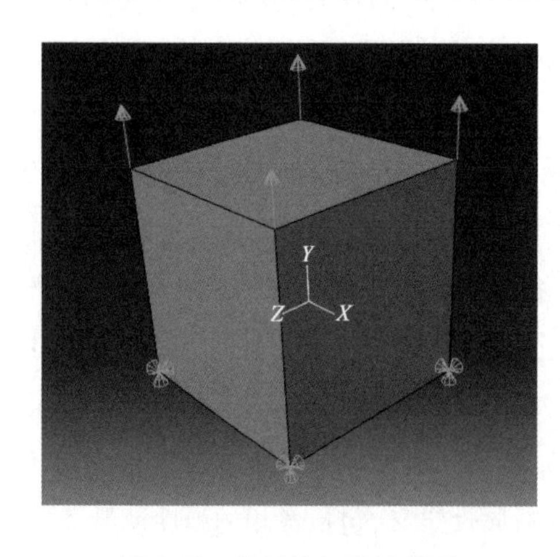

图5-31　单元格加载示意图

为了模拟单元的受拉情况，对单元格底面添加约束条件，约束底面的三个方向的自由度和转动自由度，对单元格上表面在2s匀速施加0.0002μm的位移，以判断加载速率的合适与否。单元格加载如图5-31所示。

判断模型加载速率有两个重要的指标：动能ALLKE和内能ALLIE。动能ALLKE反映了模型内各个点的运动速度，内能ALLIE则反映了模型内各个点的变形程度，如果动能等于或略大于内能，说明各个点的变形速度跟得上加载速度，此时的加载方式接近与静力加载。对单元格进行计算分析得到其动能和内能随加载时间的变化关系如图5-32所示。

从图5-32可以看出，动能ALLKE与内能ALLIE相比几乎很小，说明内能的变化完全跟得上动能的变化,加载速率接近于静力加载。由于图5-32动能变化过小,因此单独作动能随时间的变化关系如图5-33所示。可以发现动能在1s处快速增大后又降为0,说明单元格在1s处已达到开裂应变0.0001μm,导致其无法再承受拉力,同时内能在1s处不再发生变化,说明单元格不再发生应变。经过验证,加载速率接近静力加载,因此可以应用于整体模型。

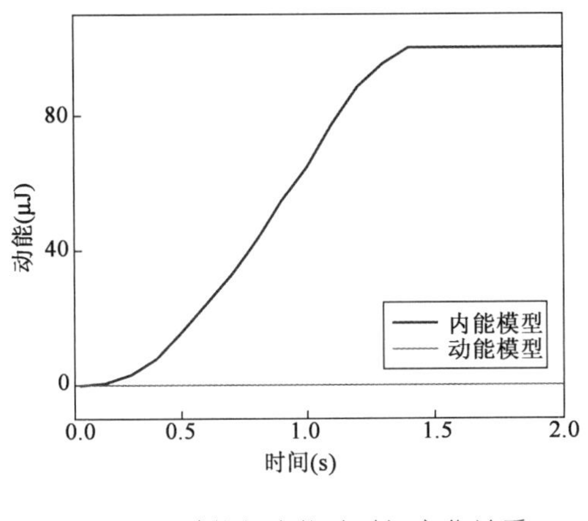

图5-32　动能与内能随时间变化关系

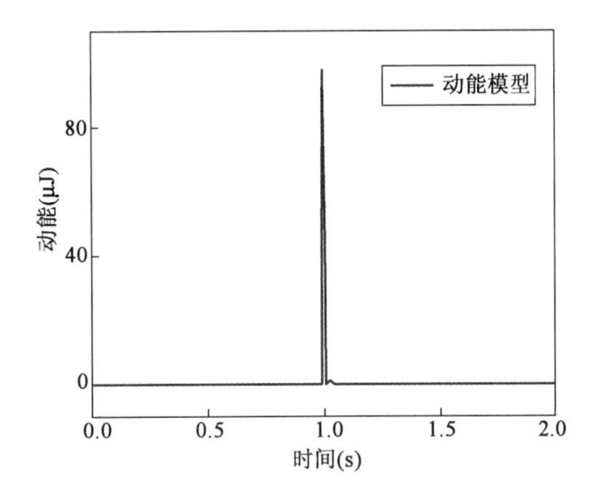

图5-33　动能随时间变化关系

为了验证破坏准则的有效性,作单元格在加载作用下应力应变随时间变化的关系,如图5-35所示。

从图5-34和图5-35看出,应变在加载时间1s时达到0.0001,材料的应力达到1.8MPa左右,首先达到了断裂极限,然后应力随时间迅速下降,基本达到抗压强度2MPa,此时单元格失效,不再受力,说明失效准则对于单个单元格已经适用,然后将其推广到整个水泥结构上计算模型的力学性能。

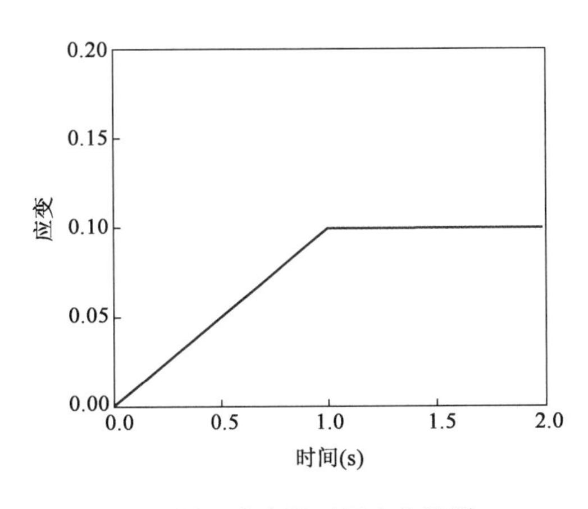

图5-34　应变随时间变化关系

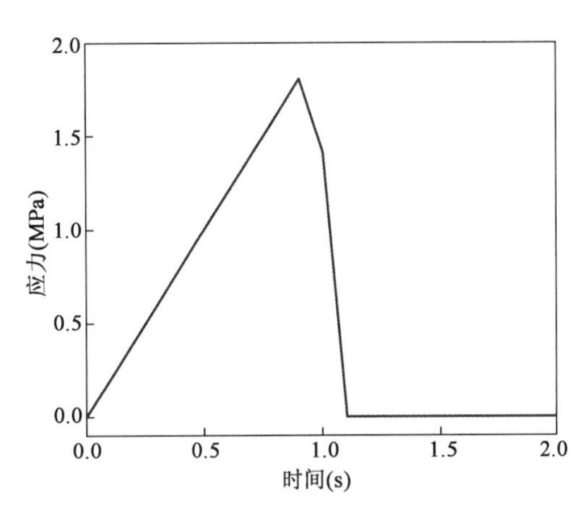

图5-35　应力随时间变化关系

5.3.4 材料属性

由于计算各个单元格力学性能需要材料属性以及失效准则的定义,而不同物相有各自的材料属性,导致失效准则中参数也随之变化,且各个物相的性能尺度均为微观尺度,无法从宏观试验等得出抗拉强度等,因此假设各物相的抗拉强度与弹性模量成正比,即 $f_t = E/10000$,当材料达到其抗拉强度后被拉裂,使得强度迅速降低,不再承担受载作用,在模型中失效后删除。各物相的材料属性如表 5-4 所示。由于孔隙的弹性模量和泊松比为 0,无法参与计算,因此赋予孔隙极小的弹性模量和泊松比,为 1×10^{-5}。然后根据各物相的材料属性设置相应的失效准则,赋值给各单元格后进行力学性能的计算。

各物相属性的设置　　表 5-4

物　　相	弹性模量(MPa)	泊 松 比 υ
C-S-H	30000	0.25
POROSITY	0	0
CH	36300	0.324
AFM	42300	0.324
ETTRC4F	22400	0.25
C_3S	117600	0.314
ETTR	22400	0.25
C_2S	117600	0.314
C_3A	117600	0.314
C_4AF	117600	0.314
GYPSUM	45700	0.33

5.3.5 力学模拟结果与分析

1)水泥基体与界面过渡区应力分析

通过 MATLAB 提取水泥各相的编号 ID,将编号 ID 统一划分为一个单元集并赋予相应的材料属性,如图 5-36 所示,然后对整体水泥基体进行加载,约束结构下底面 6 个方向的自由度,将结构上表面耦合到为一点 RP-2,施加位移荷载,如图 5-37 所示。

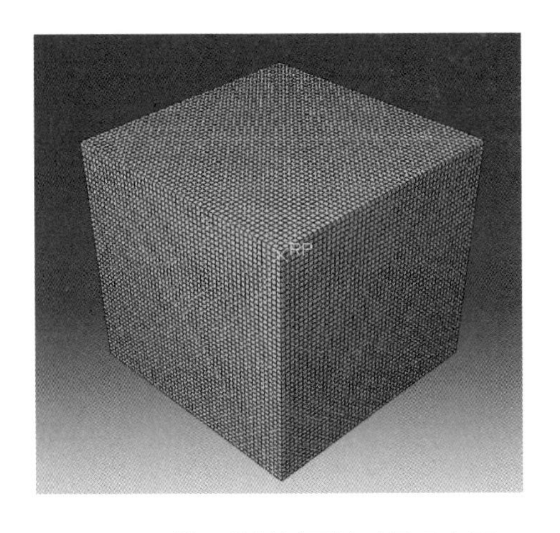

图 5-36　单元格材料属性赋予示意图

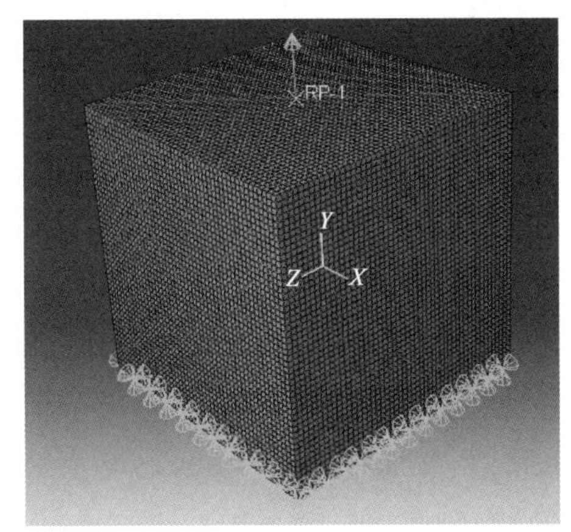

图 5-37　结构加载示意图

对 0.4 水灰比的 28d 水化结构进行力学性能模拟，首先得到动能与内能的变化关系如图 5-38 所示。整个结构的内动和动能的变化关系与单元格的变化基本相同，说明整个结构加载速率接近与静力加载。RP 点为上表面的耦合点，因此提取出 RP 点处的位移随时间的变化，如图 5-39 所示，可以看出，时间为 1s 时，耦合点 RP 的位移已经不发生变化，达到了整体的极限应变，此时结构已经发生破坏，提取出 1s 处结构的有限元应力分布模型如图 5-40 所示。

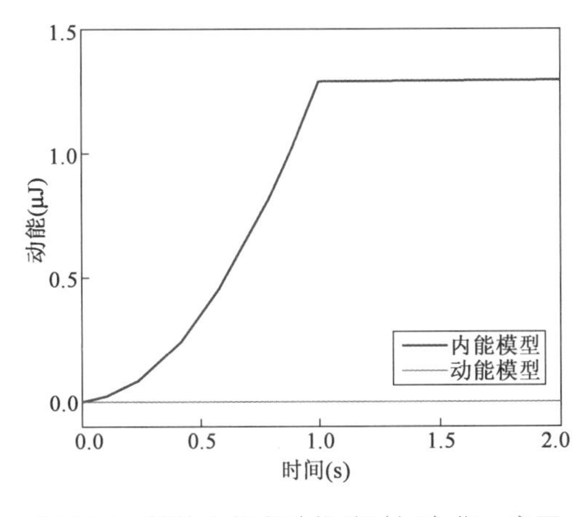

图 5-38　结构内能和动能随时间变化示意图

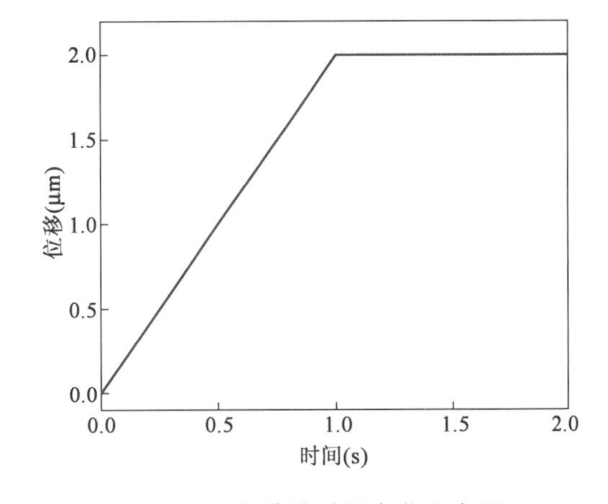

图 5-39　位移随时间变化示意图

从图 5-41 中可以看出，时间经过 1s 后，模型大部分的单元格基本失效，基本不受力，为了分析模型的极限抗拉强度，提取出耦合点 RP 的应力随时间变化关系，如图 5-41 所示。应力达到 1.2×10^{-3}N 后便不再增加，根据应力计算公式可得整体的最大受拉应力为 0.5MPa。Bernard 和黄宝华等人对水泥基体也进行了模拟，模拟水泥基体的强度分别为 0.8MPa 和 1.1MPa，本模拟与其相比相差较大，由于力学模拟建立在水化模型的基

图 5-40　1s 处有限元模型应力分布图

础上，水化结构对力学性能具有极大的影响，而本书水化结构与两者之间的差别可能是结构抗拉强度出现差异的主要原因，另外一些原因可能是由于材料的定义导致的，水化产物各相的性能无法通过宏观试验得到，因此各学者进行模拟时的参数存在一定的差异性，导致结果差别较大。对其他水灰比以及界面过渡区按照同样的步骤进行抗拉强度的模拟，过程不再赘述，模拟结果如图 5-42 所示。

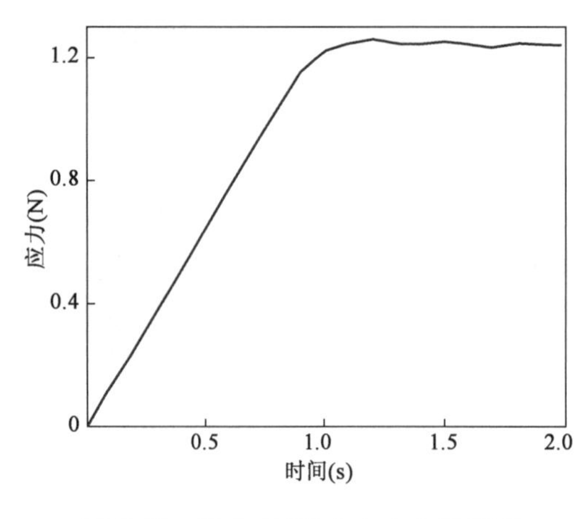

图 5-41　耦合点 RP 应力变化示意图

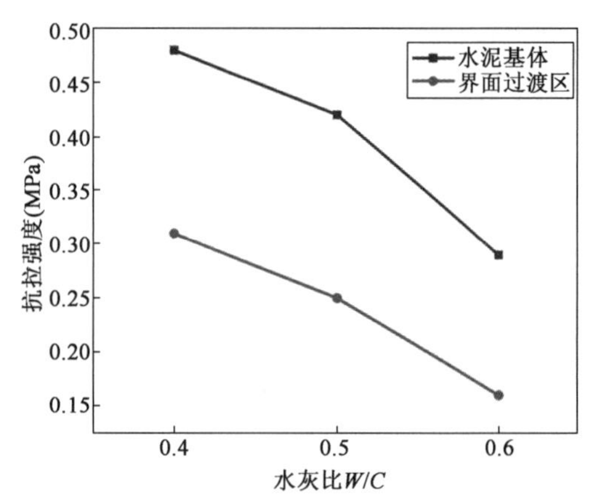

图 5-42　各水灰比水泥基体与界面过渡区强度变化图

从图 5-42 中可以看出，水泥基体与界面过渡区的抗拉强度随水灰比的变化关系基本相同。由于水化的算法相同，因此导致两者的变化趋势相同。界面过渡区由于整体的水化产物较少，孔隙与水泥基体相差不大，因而强度低于水泥基体。从两者的下降程度可以看出，水灰比对水泥基体的抗拉强度影响更大，在水灰比超过 0.5 之后抗拉强度迅速下降。这是由于水灰比过大，导致水泥颗粒数量较少，直接导致水化产物数量的下降，强度大大降低。界面过渡区由于厚度较小，因而水灰比对其影响较小。从模拟结果来看，0.4 水灰比界面过渡区与水泥基体的抗拉强度值相差较大，而 0.6 水灰比界面过渡区与水泥基体的抗拉强度值相差逐渐减小。说明水灰比越小，水泥基体与界面过渡区之间的距离就越小。这可能是由于多余的水泥颗粒填充了界面过渡区，使得界面过渡区密实。

2）硫酸根离子侵蚀下应力分析

受到理论和模型的限制，基于 CEMHYD3D 水化模型结合格构网络传输方法无法准确模拟硫酸根离子与水泥基体与界面过渡区之间的物理化学反应，只能通过扩散系数进行硫酸根离子侵蚀力学性能预测，根据硫酸根离子扩散系数进行损伤程度定义。随着水化龄期的不断增大，硫酸根离子扩散系数不断变小并逐渐趋于平稳。未水化时的硫酸根离子扩散系数最大，因此设定 1d 时的硫酸根离子扩散速率为最大损伤程度，则 28d 时整个结构的损伤程度为 $D = D_{28} / D_1$。由于硫酸根离子导致结构硅酸钙凝胶的溶解和钙矾石的产生，受到计算机能力和算法的限制，因此在模拟力学性能时设置其他物相的性能参数不变。根据损伤程度的百分比，随机将硅酸钙凝胶单元转化为钙矾石单元。由于钙矾石的弹性模量低于硅酸钙凝胶的弹性模量，所以将导致整个结构力学性能的衰减。各水灰比下的损伤程度如图 5-43 所示。

在 MATLAB 识别物相并输出 INP 文件时，将按照百分比将硅酸钙凝胶单元定义为钙矾石单元，然后对生成的有限元模型进行力学性能的模拟，如图 5-44 所示。

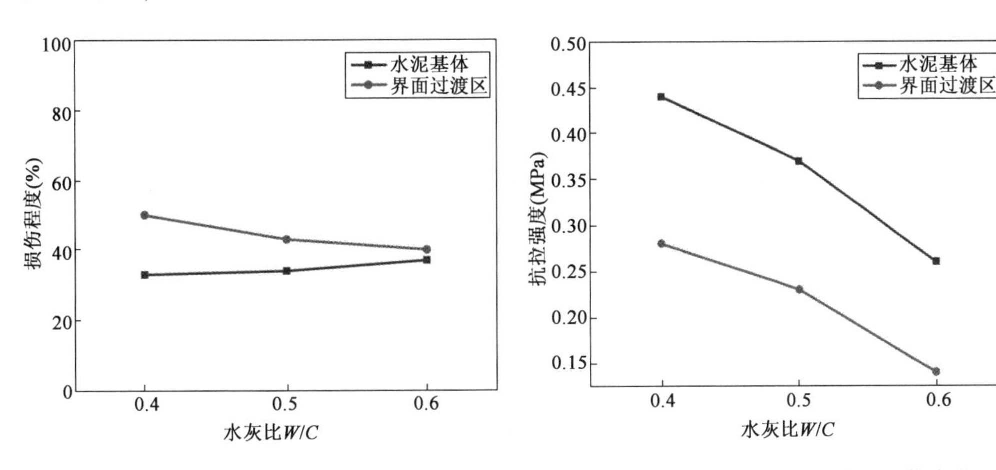

图 5-43　不同水灰比下水化结构损伤图　　　图 5-44　不同水灰比下水化结构损伤变化图

从图 5-43 中可以看出，随着水灰比的增大，水泥基体的损伤程度逐渐增大，而界面过渡区的损伤程度逐渐变小，说明硫酸盐侵蚀对水泥基体的影响较大，而对界面过渡区的影响较小。这是由于初期水泥基体中的水化产物较多，孔隙较小，而随着水灰比的增大，孔隙急剧增加，导致损伤加剧。

由于单元替换规则的设置，可以预测界面过渡区和水泥基体的力学性能均出现不同程度的下降，如图 5-44 所示。通过图 5-44 与图 5-42 的对比分析可以得出，原始结构强度较高，则损伤程度较大，原始结构强度较低，则损伤程度也较小。这主要是由于原始结构强度大的模型中硅酸钙凝胶的含量较多，而通过单元替换规则，硅酸钙含量越多，则被替换成钙矾石的数量就越大,因此损伤程度也就越大。基于单元替换规则,硫酸盐侵蚀对结构力学性能的影响并不是很大,将硅酸钙凝胶替换成钙矾石,钙矾石仍能发挥一定的承载能力,因此各水灰比下结构的力学性能下降并不大。

5.4 基于界面效应的干湿循环作用下混凝土硫酸盐侵蚀损伤计算模型

由于浓度梯度的存在,侵蚀性溶液中硫酸根离子通过扩散迁移作用从孔隙体系向混凝土内部进行传输,干湿循环作用下加速了侵蚀性离子的扩散及混凝土内部的损伤程度。此时硫酸根离子易与混凝土内部水化产物与 Al 相发生化学反应生成膨胀性晶体,并在混凝土孔隙中产生膨胀内应力,而界面区域内的纳米级孔隙中最早出现应力应变行为。本节基于建立的界面区域硫酸盐侵蚀膨胀模型,计算出界面区域内硫酸盐侵蚀所导致的最终膨胀内应力、塑性区域半径、塑性区域径向应力和膨胀应变等;对受到膨胀内应力的混凝土圆形筒结构在逐渐膨胀过程中进行数值计算与理论分析。

5.4.1 混凝土干湿循环-硫酸盐侵蚀耦合作用下膨胀性能测试

1)膨胀率测试方法

为了计算不同侵蚀龄期混凝土硫酸盐侵蚀的膨胀率,本试验采用千分尺对侵蚀后混凝土的膨胀度进行测量,具体操作过程为“选”“涂”“定”“分”“测”。一“选”,圆柱体净浆与混凝土试样经过 28d 养护,再进行硫酸盐侵蚀前选用 3 组 W/C,分别是 $W/C=0.3$、$W/C=0.4$和 $W/C=0.5$ 的混凝土,并且每组各选取 3 个试样待测量,混凝土膨胀率的选定方法如同净浆;因此共计 18 个试样,将每个用于测量膨胀的混凝土进行标记,以便后续不同侵蚀龄期的测试。二“涂”,用环氧树脂密封所有圆柱体混凝土的上下底面,以确保硫酸根离子从试样侧面环向扩散至试样内部;因此在混凝土横切面的环向区域内拥有相近的硫酸根离子侵蚀浓度以及径向膨胀速率,采用密封试样上下底面的方法,让硫酸根离子从试样侧面单方向进行扩散,不受垂直于底面方向扩散的影响,使得膨胀率的测量值更为准确。三“定”,在圆柱形混凝土的上下底面做圆直径且直径相对位置保持一致,并将做好的直径从侧面相连接使得所定的线段位置准确且连接闭合,其主要目的是膨胀率的测量确保在同一位置进行,保持测量准确性。四“分”,在圆柱体混凝土侧面定好的两条连接线上均匀等分5个点并进行标记,侧面两条线上的对应点距离为试样圆面直径;该取点方法在圆柱体混凝土整体上划分了5条直径,直径距离分别以5个点位置的相对直径测量值为准,使得侵蚀膨胀率的测量均为同一试样的同一位置。五"测",首先测量硫酸盐溶液侵蚀前选定混凝土的直径并进行平均化处理,再采用千分尺将经硫酸盐侵蚀后的试样径向半径膨胀值进行测量并进行平均化处理;在不同浓度硫酸盐溶液侵蚀龄期时将所有待测量试样表面擦拭干净并烘干处理后再进行直径测量,其大致尺寸为ϕ50cm×60cm,其精确值以千分尺测量为准。

膨胀度为某侵蚀龄期时净浆/混凝土直径测量平均值与硫酸盐溶液侵蚀前其直径测量平均值之差,即$x_1 - x_0$,而净浆/混凝土的膨胀率为膨胀度与初始直径平均值的比值,计算可表示为:

$$P = \frac{x_1 - x_0}{x_0} \times 100\% \tag{5-46}$$

式中:x_1——净浆/混凝土试样经硫酸盐侵蚀后已划分5条直径的平均值;

x_0——净浆/混凝土试样直径的初始平均值;

P——测量试样各硫酸盐侵蚀龄期的膨胀率。

2)硫酸盐侵蚀下水泥净浆膨胀率分析

由于环氧树脂密封了圆柱体净浆上下底面,硫酸盐溶液侵蚀路径为由表及里,因此圆平面相同环向区域内具有相似的膨胀内应力,扩散方向使得净浆膨胀内应力从外至内趋于减小。图5-45~图5-47为干湿循环作用下不同溶度硫酸盐对水泥净浆膨胀率的影响,其中每一种浓度溶液中分别含有不同水灰比的水泥净浆,曲线的增长表示侵蚀溶液中净浆线性膨胀率测量和计算的发展趋势。

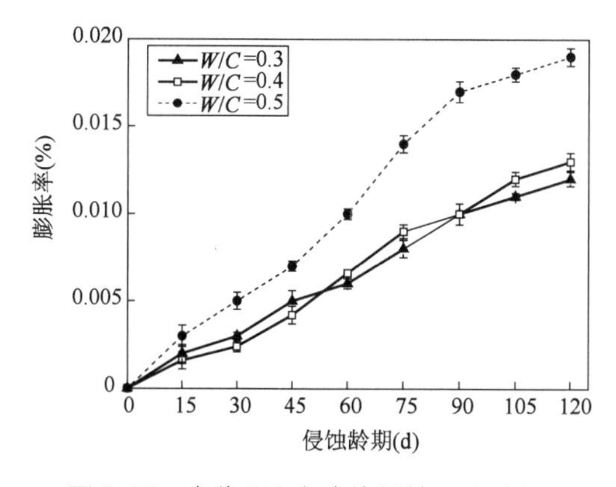

图5-45　净浆0%硫酸盐侵蚀-干湿循环耦合作用下膨胀演变规律

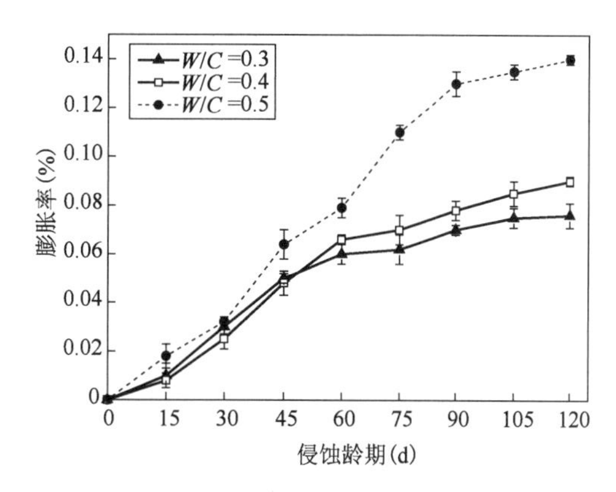

图5-46　净浆5%硫酸盐侵蚀-干湿循环耦合作用下膨胀演变规律

不同水灰比的净浆置于清水中并进行干湿循环,由图 5-45 可以看出清水中水泥净浆的膨胀率最大值区间在 0.01% ~0.019%,其膨胀率的变化较为平缓且几乎可以忽略。清水中产生膨胀的原因可能为:由于净浆试样很密实,小孔隙率对应有较小的溶液扩散系数,外部水溶液很难扩散进入净浆内部,仅侵入了净浆表层区域;因此试样表层水泥固体吸水后有略微的湿膨胀。进行干湿循环过程中烘箱对净浆烘干处理时其受热膨胀。从图中可以明显看出清水中不同水灰比的净浆膨胀量较小。

不同水灰比的净浆放置在 5% 浓度硫酸盐溶液中,$W/C=0.3$ 和 $W/C=0.4$ 的水泥净浆在 60d 内膨胀率增长较快,且能达到最终总膨胀率的 75%;侵蚀龄期在 60 ~120d 之间,膨胀率增长幅度逐渐减小;$W/C=0.5$ 的净浆膨胀率的增长幅度较大,最终达到 0.14%,而相比于清水中 $W/C=0.5$ 的净浆试样膨胀率增加了 7.4 ~14 倍。5% 硫酸盐溶液侵蚀-干湿循环作用下,不同水灰比净浆的膨胀率分为两个阶段:侵蚀初期净浆膨胀率急剧增加,直至某一侵蚀龄期时其膨胀率的增长速率减弱。主要是因为低水灰比净浆的孔隙率较小,当硫酸盐溶液进入净浆表层区域内。一方面,硫酸根离子与水泥中水化产物 $Ca(OH)_2$ 和 Al 相反应生产钙矾石晶体,使得净浆表层区域孔隙率减小的同时少量钙矾石就能对孔隙内壁产生膨胀内应力。另一方面,净浆内表层区域已被钙矾石晶体占据了大部分孔隙空间,从而填充了孔隙系统通道。因此相比于孔隙率对膨胀率的影响,净浆内部化学反应速率更是决定性因素,此时硫酸根离子的扩散系数很小,导致侵蚀后期出现了膨胀率速率减慢期的现象。

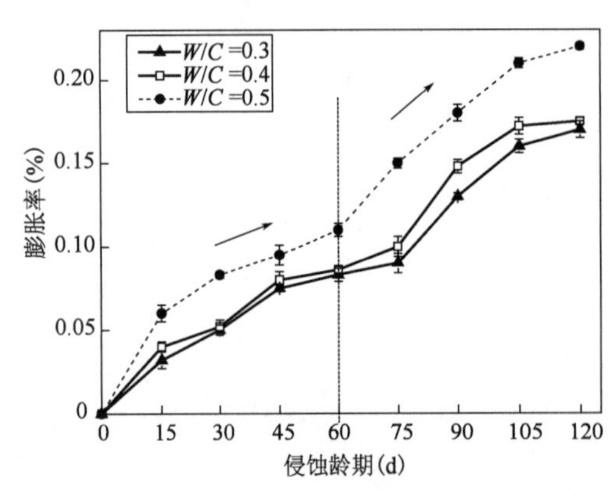

图 5-47　净浆 10% 硫酸盐侵蚀-干湿循环耦合作用下膨胀演变规律

图 5-47 为不同水灰比净浆的膨胀演变规律,由于硫酸盐浓度较大,在侵蚀 15d 时,不同水灰比净浆膨胀率分别达到了 0.032%、0.04% 和 0.06%;$W/C=0.3$ 和 $W/C=0.4$ 的净浆在 15 ~75d 内出现了膨胀率增长速率减弱期,在 75d 之后再次增加。同一硫酸盐溶液浓度,大水灰比净浆的膨胀率更大,对于水泥基体的损伤更加严重,并且出现得更早;$W/C=0.5$ 的净浆膨胀率增长速率减弱期出现在 15 ~60d,较于低水灰比膨胀率增长速率减弱期有所减短,孔隙率与净浆水灰比成正比。因此 $W/C=0.5$的净浆离子扩散速率偏大,导致其膨胀率的平缓期比低水灰比的相对延迟,从此也可以认为净浆内部的化学反应速率起了主导作用。后续再次出现膨胀率大幅提升的主要

原因为：净浆孔隙内部钙矾石晶体达到一定数量，对孔隙内壁造成膨胀内应力超出了净浆基体的极限抗拉强度，导致净浆内部出现微裂缝等损伤现象。而内部损伤的同时使得硫酸根离子扩散系数增加，由于净浆内部孔隙含量再次增加以及较大的浓度梯度使得硫酸盐溶液侵入速率增大。

图5-48是$W/C=0.4$的净浆在不同浓度硫酸盐溶液中侵蚀膨胀演变规律，从图中可以明显看出净浆的经时膨胀率随硫酸盐浓度变大而显著增加；其中主要原因为硫酸根离子与水化产物和Al相发生的化学反应生成膨胀性晶体，该晶体较于其反应物具有更高的空间占有率，而高离子浓度导致该化学反应过程愈加激烈迅速，因此更多的膨胀性产晶体加速净浆膨胀损伤。

3）硫酸盐侵蚀下混凝土膨胀率分析

图5-49～图5-51为干湿循环作用下不同浓度硫酸盐溶度对混凝土膨胀率的影响，图5-52为水灰比对于混凝土硫酸盐侵蚀的影响，其中每一种浓度溶液中分别含有$W/C=0.3$、$W/C=0.4$和$W/C=0.5$的混凝土，曲线增长表示了混凝土在侵蚀溶液中的线性膨胀规律。

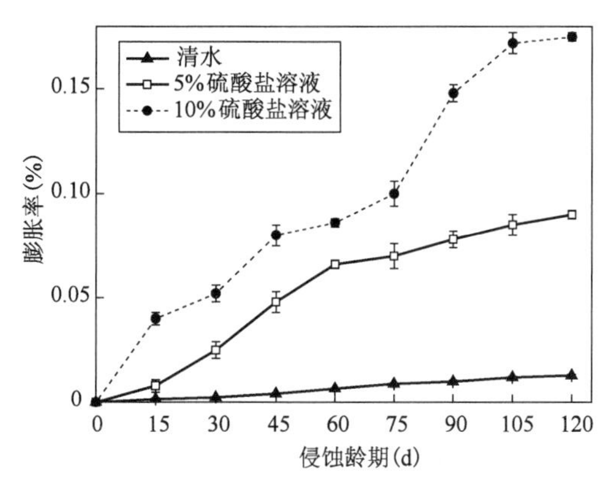

图5-48　$W/C=0.4$的净浆侵蚀膨胀演变规律

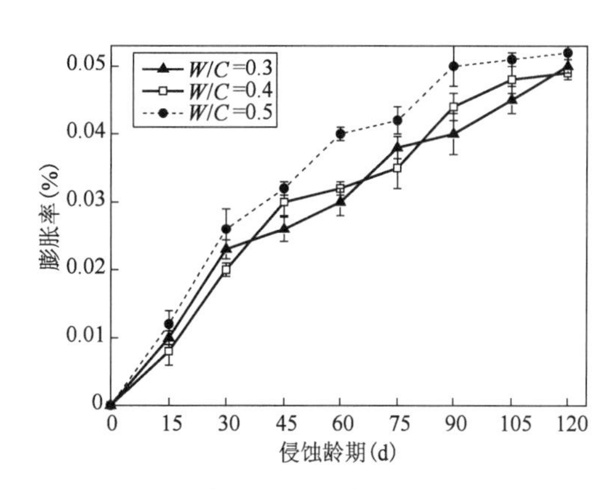

图5-49　混凝土0%硫酸盐侵蚀-干湿循环耦合作用下膨胀演变规律

不同水灰比混凝土放置在清水中并进行干湿循环试验，如图5-49所示。不同水灰比的混凝土在120d时最终膨胀率仅有0.04%～0.05%；在整个清水浸泡和干湿循环作用下，混凝土试样的膨胀率增长缓慢且增长率逐渐减小。其产生微量膨胀的原因可能为：①混凝土存在界面过渡区的原因导致其孔隙率较大，大扩散系数使得外部水溶液易通过孔隙系统，特别是连通孔扩散至其内部深层区域。②将表面擦拭干净的混凝土试样再进行烘箱加热处理，由于界面过渡区密度较于水泥基体和集料要低很多，相同温度传导情况下，密度与膨胀负相关，受热膨胀系数：界面区域>水泥基体>集料；高密度区域导热系数较高其受热后温度均衡能力较弱，混凝土整体受热除了水泥基体和集料的轻微膨胀之外,主要还包括了界面区域的受热膨胀。

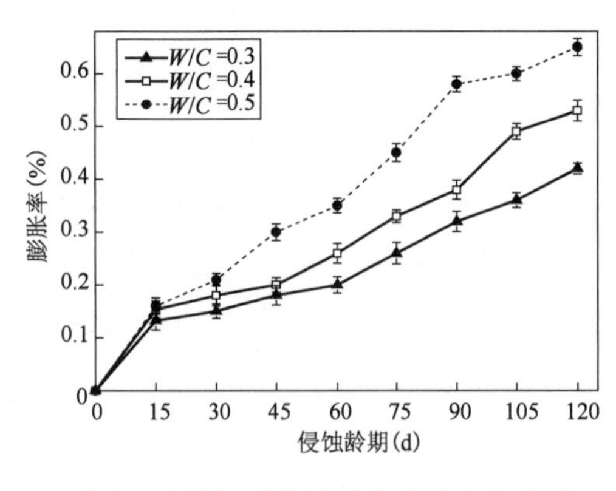

图 5-50　混凝土 5% 硫酸盐侵蚀-干湿循环耦合作用下膨胀演变规律

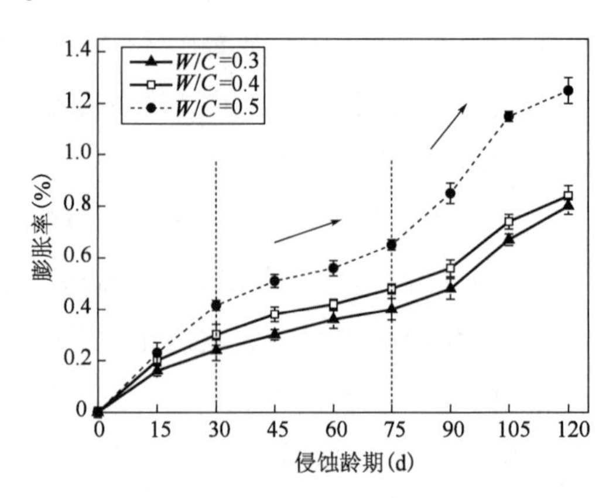

图 5-51　混凝土 10% 硫酸盐侵蚀-干湿循环耦合作用下膨胀演变规律

干湿循环作用下,$W/C=0.3$、$W/C=0.4$ 和 $W/C=0.5$ 的混凝土硫酸盐侵蚀膨胀演变规律如图 5-50 所示。15d 前不同水灰比混凝土试样膨胀率增长幅度较大,其具体原因可以解释为:混凝土的“边壁效应”导致其表层固态水化产物的分布和含量与内部存在较大差异。侵蚀初期,混凝土内外硫酸根离子浓度梯度较大,结合“边壁效应”等负面影响,导致侵蚀溶液的扩散速率较快;当硫酸根离子渗入混凝土表层并向内部进一步扩散时,其扩散过程很大程度上受混凝土内部微结构影响。侵蚀初期,由于较快的化学反应速率,生成的膨胀性晶体占据了混凝土部分孔隙空间,使得其内部结构紧密的同时降低了孔隙含量。从图中可以明显看出,侵蚀龄期在 15d 后膨胀率降低幅度较大,主要是因为界面过渡区含有大量的纳米级孔隙,钙矾石最先部分填充该孔隙空间,此时混凝土低孔隙率结构影响了硫酸盐溶液向其内部的扩散效率,导致出现了膨胀率速率减慢期的现象。

干湿循环作用下,$W/C=0.3$、$W/C=0.4$ 和 $W/C=0.5$ 的混凝土硫酸盐侵蚀膨胀演变规律如图 5-50 所示。在该试验条件下混凝土膨胀率变化分为三个阶段。第一阶段,侵蚀前期(30d 内)混凝土膨胀率增长幅度较大;第二阶段,试验进展在 30 ~ 75d 时三种混凝土膨胀率均增长平缓,75d 时膨胀率分别达到了 0.40%、0.48% 和 0.65%;第三阶段,侵蚀龄期大于 75d 之后,不同水灰比的混凝土膨胀率再次出现了大幅度增加,特别是 $W/C=0.5$ 的混凝土,侵蚀龄期达到 120d 时最终膨胀率分别为 0.80%、0.84% 和 1.25%。其主要原因为:净浆与混凝土在相同的试验条件下其最终膨胀率差异较大,主要是由于混凝土中界面过渡区的存在,而界面中含有大量的纳米级孔隙;小孔中形成钙矾石后,则产生瞬间压力,由于孔隙空间不足,而毛隙孔壁对膨胀的晶体有反向压力,补偿了部分化学驱动力。当侵蚀龄期在 75d 之后,局部膨胀拉应力已超出局部固相的抗拉强度,局部损伤使得硫酸盐扩散系数增大的同时混凝土的线性膨胀率提高；因此界面孔隙和较高的硫酸盐浓度梯度双重效应导致了侵蚀后期膨胀率再次显著增加。

图 5-52 是 $W/C=0.4$ 的混凝土在不同浓度硫酸盐溶液中侵蚀膨胀演变规律，从图中可以明显看出混凝土的经时膨胀率随硫酸盐浓度变大而显著增加，高含量硫酸根离子与水泥水化产物和 Al 相反应生成更多的钙矾石晶体，从而导致混凝土膨胀率较高。

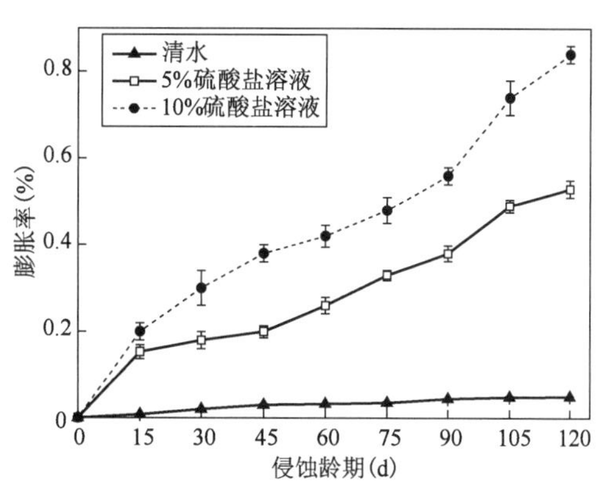

图 5-52　$W/C=0.4$ 的混凝土侵蚀膨胀演变规律

5.4.2　硫酸盐侵蚀-干湿循环耦合作用下混凝土的应力应变行为

1）Mohr-Coulomb 模型简介

圆筒形孔扩张理论与许多工程实际问题具有类似性，如沉桩挤土效应、钢筋结构腐蚀及混凝土侵蚀膨胀，因而得到了广泛的关注和应用。但由于混凝土结构复杂且具有其他材料所没有的特点，因此圆筒形孔扩张问题应用于混凝土更具多样性，而岩土、硬黏土、砂土和混凝土等材料不仅具有剪应力，在某些特殊环境下表现出逐渐软化的特征，因此该理论用于研究具有应变损伤和正应力及剪应力的混凝土能较好地解释其各性能的经时演变特性。

在大量试验结果的基础上，国内外学者对材料的屈服条件进行了大量的研究，目前工程界常用的屈服准则有：Tresca 屈服准则、Drukle-Plager 屈服准则、双剪应力屈服准则和 Mohr-Coulomb 屈服准则等，通常这些模型的三维化是通过假设其屈服面在 π 平面上为圆形实现的。在各种屈服准则中，Mohr-Coulomb 屈服准则模型能较为准确地描述混凝土力学性能并对其有较好的敏感性及简单实用性。莫尔强度准则以脆性材料试验数据统计分析为基础，在不考虑中间主应力对材料强度的影响下，主要结合正应力和剪应力使材料产生破坏的过程。当材料达到极限状态时，材料某一平面的剪应力会超过该平面上的抗剪强度而破坏，而此抗剪强度 τ_f 为该平面法线方向正应力 σ 的函数，如式(5-47)所示：

$$\tau_f = f(\sigma) \tag{5-47}$$

此函数在 σ-τ 坐标轴中为一曲线，为脆性材料试样在单拉、单压和不同围压的三轴试验所求得的各极限应力状态下的 Mohr 圆的包络线(破坏包络线),如图 5-53 所示。由于混凝土的力学性能所致,莫尔包线趋于应力增大的方向,此时单向抗拉强度小于单向抗压强度;而单向抗拉区小于单向抗压区。受拉区闭合时受三向等拉应力的混凝土破坏;受压区开放,三向等压应力不破坏;受力状态下忽略了中间主应力的影响(中间主应力对强度影响为 15% 左右)。在强度曲线上每一点的坐标值均代表材料沿着某一面破坏时所需要的正应力及剪应力。

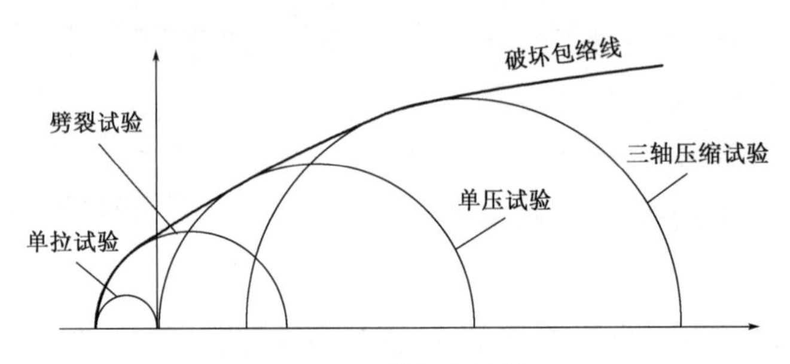

图 5-53　莫尔包络线

塑性形变理论实质上是把弹塑性变形过程看成非线性弹性变形过程,在弹塑性变形阶段应力状态与应变状态不存在一一对应关系,因此,塑性变形理论的应用是有条件的。只有在等比例加载条件下,应用塑性变形理论可以得到较为准确的解;若应力变化范围不大时(<10MPa),脆性材料可采用直线的破坏包络线,以方便应用,此直线型破坏包络线采用 Coulomb 抗剪强度公式,称为Mohr-Coulomb强度准则,见式(5-48):

$$\tau_n = C + \sigma_n \tan\varphi \tag{5-48}$$

式中:φ——内摩擦角;

σ_n——受力面上的正应力;

C——黏聚力,数值上等于破坏线在数轴上的截距。

在图中,还可以用一曲线(如双曲线、抛物线、摆线等)表示 φ 值随 σ_n 值的增加而变化,这是更一般的情况。在混凝土内具有各向同性初始应力较小的情况下,可用 φ = 常数代替变量,称为 Mohr-Coulomb 屈服条件。

材料屈服过程有以下三个要点:

(1)剪切破裂面上,材料的抗剪强度是法向应力函数;

(2)当法向应力较小时,抗剪强度可以简化为法向应力的线性函数,即表示为Coulomb公式;

(3)在所划分的微单元中,任何一个面上的剪应力大于该面上抗剪强度,则该单元体即发生剪切破坏,即 Mohr-Coulomb 屈服理论的破坏准则。

根据图5-54,可得到下式:

$$\tau_n = R\cos\varphi \tag{5-49}$$

$$\sigma_n = \frac{1}{2}(\sigma_x + \sigma_y) - R\sin\varphi \tag{5-50}$$

将式(5-48)带入式(5-49)和式(5-50)可得式(5-51):

$$R = C\cos\varphi + \frac{1}{2}(\sigma_x + \sigma_y)\sin\varphi \tag{5-51}$$

式中:R——应力 Mohr 圆的半径。

$$R = \left[\frac{1}{4}(\sigma_x - \sigma_y)^2 + \tau_{xy}^2\right]^{\frac{1}{2}} \tag{5-52}$$

Mohr-Coulomb 屈服条件还可以用平面内的主应力 σ_1、σ_3表示:

$$\sigma_1(1 - \sin\varphi) - \sigma_3(1 + \sin\varphi) - 2C\cos\varphi = 0 \tag{5-53}$$

在 π 平面上,Mohr-Coulomb 屈服条件是一个不等角的等边六边形,如图 5-55 所示。在主应力空间,Mohr-Coulomb 屈服条件的屈服面是一个棱锥面,中心轴线与等倾线重合。

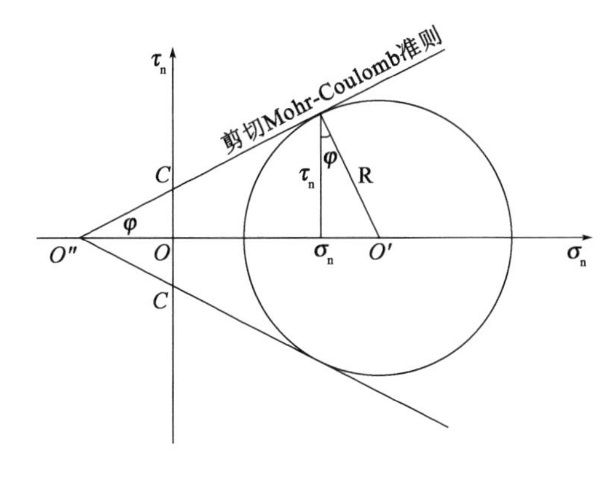

图 5-54 Coulomb 定律

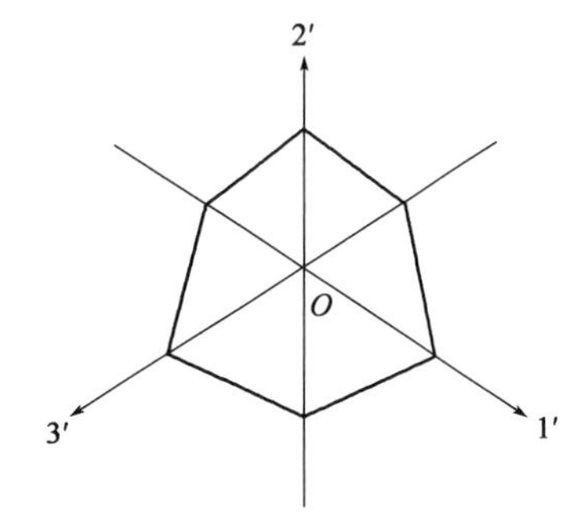

图 5-55 Mohr-Coulomb 屈服面

Mohr-Coulomb 屈服条件在三维应力空间的表达式如式(5-54)所示:

$$\frac{1}{3}I_1\sin\varphi + \sqrt{J_2}\sin\left(\theta + \frac{\pi}{3}\right) + \frac{\sqrt{J_2}}{\sqrt{3}}\cos\left(\theta + \frac{\pi}{3}\right)\sin\varphi - C\cos\varphi = 0 \tag{5-54}$$

式中:θ——由 $\cos3\theta = \sqrt{2}J_3/\tau_8^3$ 定义;

I_1——应力张量第一不变量;

J_2、J_3——应力张量第二、第三不变量;

τ_8——八面体剪应力。

Mohr-Coulomb 模型应用于混凝土膨胀损伤的优点有,同时考虑了拉剪和压剪应力状态,可判断破坏面的方向;强度曲线向压区开发,说明 $\sigma_c > \sigma_t$ 与混凝土力学性质符合;强度曲线倾斜向上说明抗剪强度与压应力成正比;受拉区闭合,说明受三向等拉应力时岩石破坏;受压区开放,说明三向等压应力不破坏;公式简单,不同参数一般都可以利用常规试验器材和方法来确定,但是忽略了中间主应力的影响(中间主应力对强度影响在15%左右)。

2)混凝土硫酸盐侵蚀经时损伤演变模型

混凝土硫酸盐侵蚀过程中主要涉及了化学、动力学和力学现象等相互作用,反应生成的钙矾石晶体逐步填充孔隙空间,其中孔隙包括毛隙孔与 C-S-H 相关的凝胶孔;而 ITZ 是小孔径孔隙的富集区,又是混凝土中最薄弱环节,其损伤度决定了混凝土整体力学性能,因此这些纳米级孔隙的损伤是造成混凝土破坏的重要原因。随着侵蚀龄期增加,局部结晶压为混凝土局部膨胀及水泥基体降解的驱动力,钙矾石沉淀于孔隙中长大,导致试样从外表层至内层划分为降解区与非降解区;非降解区内硫酸根离子浓度较低且未出现膨胀损伤,而降解区行为与之相反,逐渐膨胀的钙矾石晶体对周围的水泥基体施加结晶压,当应力超过材料的拉伸强度时,结构开始出现损伤。

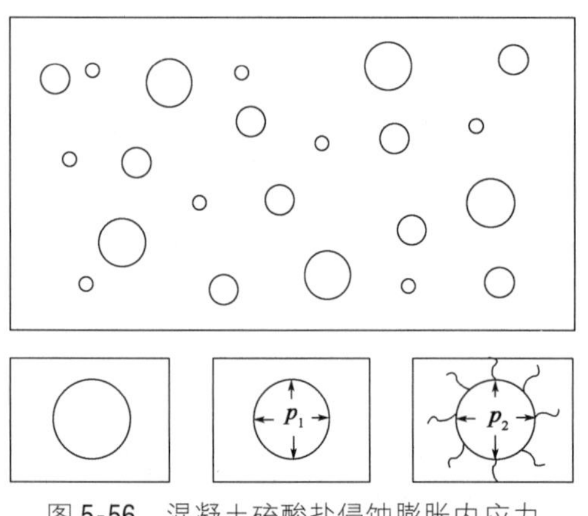

图 5-56　混凝土硫酸盐侵蚀膨胀内应力经时演变示意图

混凝土硫酸盐侵蚀过程中,膨胀内应力主要作用于小孔内壁,膨胀内应力与孔径呈负相关,如图 5-56 所示。硫酸根离子从表层向其内部扩散,与水泥水化产物反应生成钙矾石晶体并均匀分布于混凝土侵蚀区域;随侵蚀时效增加,孔隙空间中固相沉积并产生初始膨胀内应力,使得孔隙内壁进入弹性状态,由于限制了离子扩散的传输路径,硫酸根离子在混凝土中的有效扩散率因孔隙内钙矾石沉淀而降低,扩散系数取决于孔隙填充效应以及由于钙矾石膨胀性质而导致的混凝土基体的损坏状态。局部内拉应力超过混凝土该区域抗拉强度,则开始形成裂缝;由于沉积的固体和孔的形状不同,固体产物不需要填充总孔体积以开始施加压力。当膨胀产生的应力达到材料的抗拉强度时,由钙矾石形成引起的体积膨胀导致水泥基质的开裂和剥落,增加了硫酸根离子在混凝土内的扩散性。钙矾石的膨胀解释了内部膨胀应力的演变规律以及混凝土耐久性的降低。

圆筒形孔扩张的弹塑性分析采用离散化方法,将塑性区域划分为多个等厚薄层,其中塑性区域主要为环绕石柱的界面区与界面邻近的水泥基体,钙矾石晶体对 ITZ 内孔壁造成的损伤,其引起微观内应力应变行为如图5-57所示。R_0为试件中心石柱半径,r_p表示塑性区域半径,距中心点相同半径区域曲面内具有一致的应力应变行为,同时某一平面j区域的应力、应变及产生损伤方向与i区域下一时长状态值相同。越邻近钙矾石沉淀的内孔壁所承受的膨胀内应力越大,最先发生塑性变形。因此i区域发生塑性变形的时间早于j区域,同时膨胀内应力$P_P > P_Q > P_R$。

3)基于界面效应混凝土微单元应力应变计算模型

混凝土硫酸盐侵蚀过程中,其内部大孔隙由于具有较大的空间体积,钙矾石晶体膨胀对较大孔隙(>50nm)内部难以产生膨胀内应力,因此主要的膨胀性晶体(例如钙矾石和石膏晶体等)生成于混凝土小孔隙(10~50nm)中并对孔内壁逐渐施加结晶压,直至混凝土损伤破坏。混凝土硫酸盐侵蚀经时膨胀过程中,基于弹塑性力学采用圆筒形模型扩张理论进行弹塑性区域半径、极限抗拉强度和塑性区域内各径向应力等计算求解,建立混凝土膨胀开裂扩孔模型,揭示混凝土硫酸盐剥蚀机理。

基于应力应变对混凝土硫酸盐侵蚀膨胀的弹塑性力学及应变行为进行计算求解,以便更符合其经时膨胀演变规律,圆筒形孔扩张模型如图5-58所示。R_0为混凝土内部圆柱形石柱半径。混凝土硫酸盐侵蚀初期,膨胀性晶体的影响较小,随侵蚀时效增加,晶体的长大导致ITZ内孔隙造成的内应力p逐渐变大,直至达到混凝土基体内极限抗拉强度值p_u,且最终损伤时由膨胀造成的塑性区域半径扩展到R_p。在该过程中,ITZ内由于其存在较多的纳米级孔隙,因此首先引起其内部结构的损伤,随后膨胀性晶体邻近孔壁区域的水泥基体也进行塑性变形,其塑性区域内环向应力与径向应力分别表示为σ_ε和σ_r,而环向应力σ_ε不参与混凝土表观膨胀演变过程,因此环向应力σ_ε对混凝土毛隙孔内壁引起的膨胀内应力在计算过程中可忽略不计。

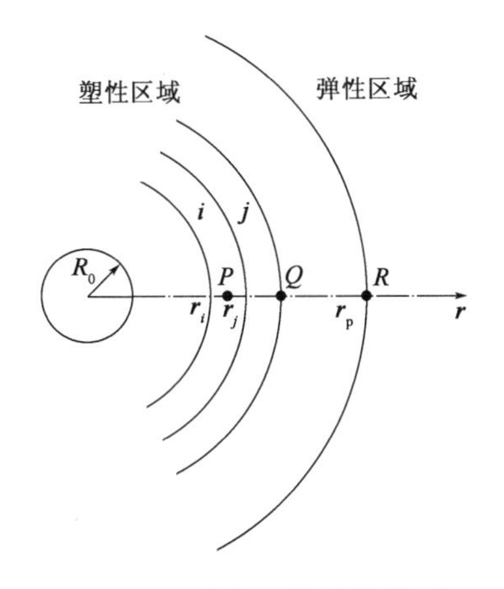

图5-57　塑性区域离散模型

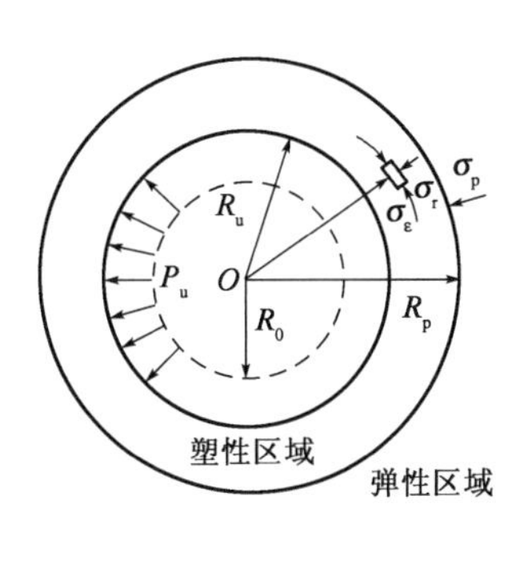

5-58　圆筒形孔扩张示意图

4)圆筒形孔扩张理论基本方程

圆孔在均匀分布的内压力 p 作用下进行扩张的具体过程如图5-58所示,当 p 值增加时,围绕着圆形石柱的圆筒形区域将由弹性状态进入塑性状态的过程,最先出现损伤的区域为ITZ,且随塑性区域不断扩大,最终将逐渐膨胀至ITZ邻近的水泥基体区域。混凝土硫酸盐侵蚀其内部不同位置生成钙矾石晶体并引起内膨胀应力,圆筒形孔扩张问题平衡微分方程见式(5-55):

$$\frac{\mathrm{d}\sigma_r}{\mathrm{d}r} + \frac{\sigma_r - \sigma_\theta}{r} = 0 \tag{5-55}$$

几何方程见式(5-56):

$$\left.\begin{aligned} \varepsilon_r &= \frac{\mathrm{d}u_r}{\mathrm{d}r} \\ \varepsilon_\theta &= \frac{u_r}{r} \end{aligned}\right\} \tag{5-56}$$

式中:u_r——径向位移;

σ_r——径向应力;

σ_θ——环向应力。

弹性阶段本构方程(胡克定律),见式(5-57):

$$\left.\begin{aligned} \varepsilon_r &= \frac{1-\gamma^2}{E}\left(\sigma_r - \frac{\gamma}{1-\gamma}\sigma_\theta\right) \\ \varepsilon_\theta &= \frac{1-\gamma^2}{E}\left(\sigma_\theta - \frac{\gamma}{1-\gamma}\sigma_r\right) \end{aligned}\right\} \tag{5-57}$$

对Mohr-Coulomb材料,其屈服条件如式(5-58)所示:

$$(\sigma_r - \sigma_\theta) = (\sigma_r + \sigma_\theta)\sin\varphi + 2C\cos\varphi \tag{5-58}$$

式(5-55)~式(5-58)为圆筒形孔扩张问题的基本方程。

5)圆筒形孔扩张问题弹性变形阶段解

基于弹性理论平衡微分方程、膨胀内应变几何方程等推导扩张径向位移解,假设混凝土膨胀内应力 ψ ,其函数表达式如下:

$$\psi = C\ln r \tag{5-59}$$

可得:

$$\sigma_r = \frac{1}{r}\frac{\mathrm{d}\psi}{\mathrm{d}r} = \frac{C}{r^2} \tag{5-60}$$

$$\sigma_\theta = \frac{\mathrm{d}^2\psi}{\mathrm{d}r^2} = -\frac{C}{r^2} \tag{5-61}$$

常数 C 值可依据圆筒形孔扩张的边界条件而确定。当 $r = R_i$ 时,$\sigma_r = p$,可得常数 C 值:

$$C = R_i^2 p \tag{5-62}$$

此时应力函数可表示为：

$$\psi = R_i^2 p \ln r \tag{5-63}$$

故可得：

$$\sigma_r = \frac{R_i^2 p}{r^2} \tag{5-64}$$

$$\sigma_\theta = \frac{-R_i^2 p}{r^2} = -\sigma_r \tag{5-65}$$

径向位移表达式：

$$u = \frac{(1+\gamma)}{E}\frac{\mathrm{d}\psi}{\mathrm{d}r} = \frac{(1+\gamma)R_i^2}{E}\frac{p}{r} \tag{5-66}$$

将式(5-64)代入式(5-66)，可得圆筒形孔扩张问题弹性阶段的径向位移解：

$$u = \frac{1+\gamma}{E} r\sigma_r \tag{5-67}$$

6) Coulomb 材料圆筒形孔扩张问题弹塑性解

Coulomb 材料的圆筒形孔扩张问题平衡微分方程（Mohr-Coulomb 材料屈服条件移项）表达式为：

$$\frac{\mathrm{d}\sigma_r}{\mathrm{d}r} + \frac{\sigma_r - \sigma_\theta}{r} = 0 \tag{5-68}$$

Mohr-Coulomb 屈服条件：

$$\sigma_r - \sigma_\theta = (\sigma_r + \sigma_\theta)\sin\varphi + 2C\cos\varphi$$

$$\frac{\mathrm{d}\sigma_r}{\mathrm{d}r} + \frac{\sigma_r}{r}\frac{2\sin\varphi}{(1+\sin\varphi)} + \frac{2C\cos\varphi}{r(1+\sin\varphi)} = 0 \tag{5-69}$$

式(5-69)为一阶线性微分方程，另：

$$\frac{2\sin\varphi}{1+\sin\varphi} = A \tag{5-70}$$

$$\frac{2C\cos\varphi}{1+\sin\varphi} = B \tag{5-71}$$

故一阶线性微分方程可表达为：

$$\frac{\mathrm{d}\sigma_r}{\mathrm{d}r} + A\frac{\mathrm{d}\sigma}{r} + \frac{B}{r} = 0 \tag{5-72}$$

由式(5-72)可得塑性区域内任意位置的膨胀内应力解：

$$\sigma_r = (p_{\mathrm{u}} + C\cot\varphi)\left(\frac{R_{\mathrm{u}}}{r}\right)^{\frac{2\sin\varphi}{1+\sin\varphi}} - C\cot\varphi \tag{5-73}$$

由式(5-73)表明，若可知混凝土内水泥基体的极限抗拉强度即圆筒孔极限膨胀内压

力 p_u 及圆筒孔微单元此时相应的孔径 R_u，可得塑性区内不同位置的径向应力值。从式(5-73)中可以看出，塑性区域中应力值 σ_r 随半径 r 的增大而减小。

为了确定混凝土基体的极限抗拉强度(或钙矾石最终膨胀应力) p_u 值以及达到极限抗拉强度时钙矾石最终膨胀半径 R_u，因此需要考虑膨胀体积变形量。圆筒形孔微单元扩张前后体积变化等于弹性区域与塑性区域的体积变化之和。

于是：

$$R_u^2 - R_i^2 = R_p^2 - (R_p - u_p)^2 + (R_p^2 - R_u^2)\Delta \tag{5-74}$$

式中：Δ——塑性区域平均体积应变。

展开式(5-74)，略去 u_p^2 的高阶乘积项及 R_i^2 项，于是有：

$$1 + \Delta = 2u_p \frac{R_p}{R_u^2} + \frac{R_p^2}{R_u^2}\Delta \tag{5-75}$$

当 $R = R_p$ 时，由弹性区径向位移解式(5-67)得：

$$u_p = -\frac{1 + \gamma}{E}R_p\sigma_p \tag{5-76}$$

由式(5-73)得：

$$\sigma_p = (p_u + C\cot\varphi)\left(\frac{R_u}{R_p}\right)^{\frac{2\sin\varphi}{1+\sin\varphi}} - C\cot\varphi \tag{5-77}$$

故依次计算可得方程式(5-78)～式(5-83)：

$$u_p = \frac{1 + \gamma}{E}R_p\left[(p_u + C\cot\varphi)\left(\frac{R_u}{R_p}\right)^{\frac{2\sin\varphi}{1+\sin\varphi}} - C\cot\varphi\right] \tag{5-78}$$

$$1 + \Delta = -\frac{2(1 + \gamma)}{E}\frac{R_p^2}{R_u^2}\left[(p_u + C\cot\varphi)\left(\frac{R_u}{R_p}\right)^{\frac{2\sin\varphi}{1+\sin\varphi}} - C\cot\varphi\right] + \frac{R_p^2}{R_u^2}\Delta \tag{5-79}$$

$$\sigma_p = C\cos\varphi \tag{5-80}$$

$$\frac{R_p}{R_u} = \left\{\frac{(1 + \Delta)E}{2[(1 + \gamma)C\cos\varphi + \Delta E]}\right\}^{\frac{1}{2}} \tag{5-81}$$

$$(p_u + C\cot\varphi)\left(\frac{R_u}{R_p}\right)^{\frac{2\sin\varphi}{1+\sin\varphi}} = C\cot\varphi(1 + \sin\varphi) \tag{5-82}$$

$$p_u = C\cot\varphi(1 + \sin\varphi)\left(\frac{R_u}{R_p}\right)^{-\frac{2\sin\varphi}{1+\sin\varphi}} - C\cot\varphi \tag{5-83}$$

7)计算模型参数的确定

在膨胀内应力计算过程中，混凝土硫酸盐侵蚀的最终表现形式主要体现为其膨胀损伤，因此无论水灰比、硫酸盐浓度、扩散系数还是温度等影响因素，在相同侵蚀龄期下只影响了混凝土膨胀率的差异。用膨胀率体现外界影响因素对于混凝土硫酸盐溶液侵蚀的影响，因此在不同侵蚀龄期和侵蚀条件下，忽略外界因素对混凝土膨胀内应力应变行为的影响，其计算模型的主要参数见表5-5。

计算参数的确定　　表5-5

参数名称	数　值
内黏聚力 C(MPa)	5/10/15
内摩擦角 φ	30°/40°/50°
塑性区平均体积应变 Δ	0.001
泊松比 γ	0.1/0.2/0.3

5.4.3　混凝土硫酸盐侵蚀膨胀问题描述与条件假设

混凝土硫酸盐侵蚀是一个较为漫长的过程，圆筒形孔扩张过程的弹塑性阶段进展规律如图5-59所示。侵蚀初期少量钙矾石等晶体对孔壁无内压或存在较小的内应力，界面过渡区内纳米级孔隙中的膨胀性晶体对其内壁造成膨胀内应力使得孔隙内部或其周围出现弹性变形。由于孔隙及混凝土材料特性，外部硫酸盐溶液侵入试样深层处至圆筒形石柱与水泥基体的界面区域；由于硫酸盐溶液的扩散驱动力随试样厚度逐渐减小，导致其进入混凝土更深层处的侵蚀速率与时间延长，此时 $R_1>R_0$，膨胀内应力 $p_1>p_0$。而膨胀内应力的增加超过其内部临界内应力时，孔壁周围由弹性阶段逐层进入塑性状态；界面内部及其周围处出现微裂纹之前，实际上ITZ内局部损伤已经开始，其中局部拉应力超出混凝土的极限抗拉强度，此时 $R_2>R_1>R_0$，膨胀内应力 $p_2>p_1>p_0$。

混凝土硫酸盐侵蚀问题，假设钙矾石晶体随侵蚀周期逐步扩张，并认为膨胀性晶体在混凝土底面相同的环向区域内等量且分布均匀，混凝土均质各向同性。考虑混凝土内中心圆筒形石柱与水泥的界面区域，内应力 p 值作用于ITZ内部孔隙并发生膨胀的过程，当混凝土内压 p 达到其极限抗拉强度后，其界面损伤的最终半径为 R_2。

圆筒形孔扩张的弹塑性阶段及其对应的应力路径如图5-59所示，混凝土为理想的弹塑性体，当 p 值较小时，膨胀性晶体对纳米级孔隙内壁所产生的内压力不足以发生塑性形变，膨胀性晶体周围孔壁处于弹性阶段，而此时处于弹性状态的孔壁满足Hooke定律。因此混凝土硫酸盐侵蚀前期，其内部生成的膨胀性晶体占据部分孔隙空间，一定程度上减小孔隙率的同时，对其力学性能、微观特性以及渗透特性 D 等有所改善；随侵蚀进展，膨胀内应力 p 增大到某一临界值 p_1 时，纳米级孔隙内壁达到屈服条件，孔壁周围出现微损伤,此时 ITZ 内部结构存在膨胀性晶体所施加的内应力,使得邻近钙矾石晶体的孔隙内壁从原始的弹性区域由近至远预准备逐层进入塑性状态。化学反应生成的膨胀性晶体体积大于反应物体积,多余的生成物沉淀在孔隙中,由于生成晶体形状与孔形状的差异,因此不需要填充全部孔隙体积就能产生膨胀内应力,膨胀内应力增加,$p_2 > p_1$。

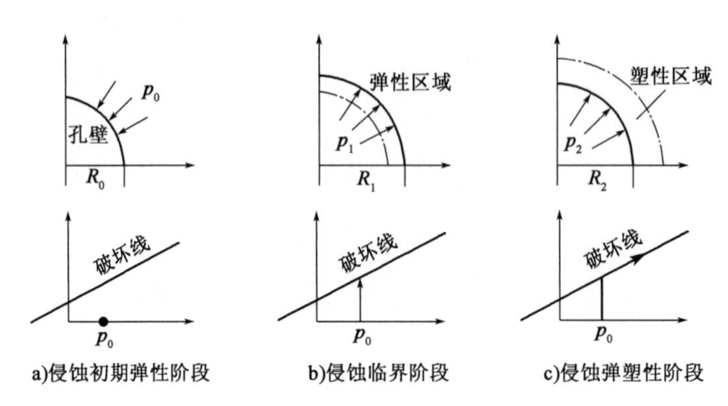

图 5-59 圆筒形孔扩张演变规律

由图 5-59c)可以得出,对应的塑性区域开始逐层向外进行扩展,毛隙孔结构承受内压能力有限,且存在持续生长的化学驱动力,因此毛隙孔壁对于承受弹性应力之外的部分晶体存在反向压应力,从而补偿了部分化学驱动力。在 C-S-H 凝胶孔中,相同的膨胀应力水平下能获得最大内压力,损伤演变过程服从 Mohr-Coulomb 屈服准则为基础的非线性弹塑性模型。因此由上述模型描述了混凝土孔隙率、渗透性、形变与力学性能的经时演变特征,硫酸盐侵蚀影响了混凝土不同深度的局部有效传输特性和线弹特性,而膨胀损伤造成混凝土内部的侵蚀速率和膨胀率不断演变。

5.4.4 数值结果分析及讨论

1)黏聚力、内摩擦角和泊松比的影响

根据上述膨胀内应力、塑性区域半径、塑性区域径向应力和弹塑区域界面处的膨胀内应力等数值计算并结合圆筒形孔扩张理论,对即将受到膨胀内应力的混凝土圆形筒结构在逐渐膨胀过程进行数值理论分析;其中以一种试验条件为例:$W/C=0.4$ 的混凝土,5%硫酸盐浓度溶液。其中 15mm 的圆筒形石柱与水泥相接触的界面经硫酸盐侵蚀的膨胀过程,以此为计算基础进行理论分析。在设定的试验条件下分析黏聚力 C、内摩擦角 φ 和泊松比 γ 等影响因素对混凝土的经时应力应变的影响,R_p/R_u 为膨胀内应力、塑性区域半径等计算公式中的重要计算因子。对上述三种影响因素进行分析对比，得出黏聚力 C、内摩擦角 φ 和泊松比 γ 对一系列应力应变计算结果的影响程度。三种影响因素的影响力大小如图 5-60 ~ 图 5-62 所示。

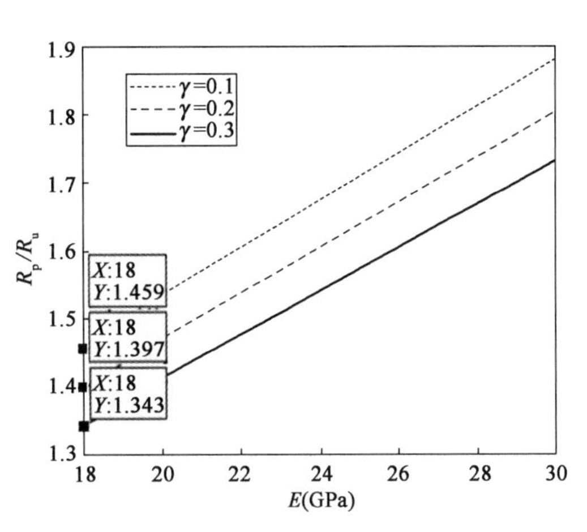

图 5-60　泊松比 γ 对 W/C 为 0.4 的混凝土应力应变影响度

图 5-60 为泊松比 γ 对混凝土应力应变的影响，R_p/R_u 为混凝土界面膨胀形成的塑性区域与界面区域膨胀值半径之比；其中内摩擦角 φ 取值 40°，黏聚力 C 取值 5MPa。侵蚀初期应力足以损伤孔内壁形成塑性区域，承受应力后的界面过渡区其塑性区域相对膨胀增长速率更快，尤其是孔壁内部边沿对于所承受的应力能较快作出“反应”；随着侵蚀龄期的增长，相比于实际膨胀值，塑性区域的相对增长率出现了降低。钙矾石晶体继续长大，占据已经损伤的区域时，其产生的膨胀内应力施加在塑性区域有应力松弛现象，应变发生软化，因此侵蚀后期实际膨胀值的增长率相对于塑性区域半径的增长率有所增加。如图 5-60 所示，当其达到最终损伤时，R_p/R_u 的比值分别为 1.343、1.397 和 1.459，其比值依次增长了 4.0% 和 4.4%。对比混凝土达到最终损伤时不同泊松比 γ 的取值情况；最终 R_p/R_u 从数值和增长率上表现出泊松比 γ 对设定试验条件下混凝土的应力应变影响程度较小，几乎可以忽略泊松比 γ 取值的影响。泊松比 γ 对混凝土应力应变的影响度见表 5-6。

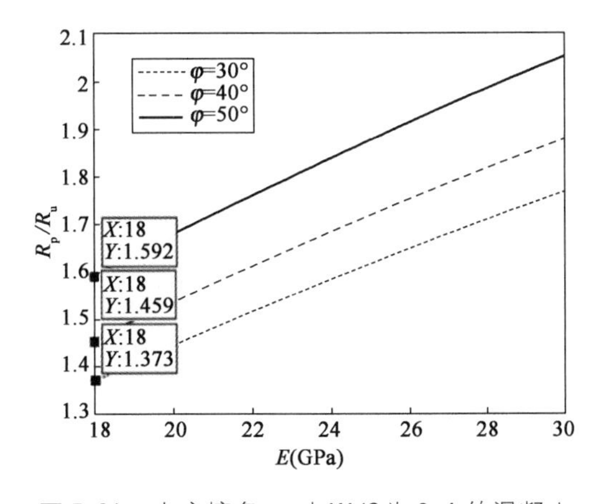

图 5-61　内摩擦角 φ 对 W/C 为 0.4 的混凝土应力应变影响度

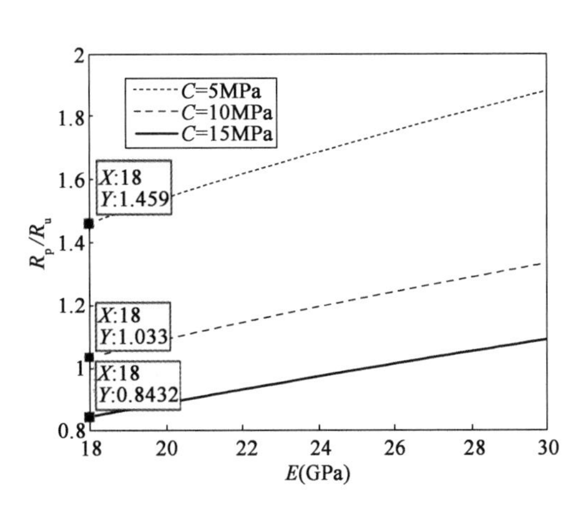

图 5-62　黏聚力 C 对 W/C 为 0.4 的混凝土应力应变影响度

泊松比 γ 对混凝土应力应变的影响度　　表 5-6

泊松比	水灰比		
	0.3	**0.4**	**0.5**
0.1	1.576	1.459	1.41
0.2	1.509	1.397	1.35
0.3	1.45	1.343	1.297

对于泊松比 γ 取 0.1、黏聚力 C 取值 5MPa 的情况，变化内摩擦角 φ 值探究其对 R_p/R_u 比值的影响，其中变量内摩擦角 φ 分别取 20°、30°和 40°进行计算，如图 5-61 所示。由图可知，相同侵蚀龄期时，随内摩擦角 φ 的增加，R_p/R_u 比值增大，经试验至 120d 时其弹性模量下降至初始弹性模量 30GPa 的 60% 时，已达到混凝土的最终损伤，R_p/R_u 比值随内摩擦角 φ 系数的增加分别为 1.373、1.459 和 1.592，依次仅提升了 6.3% 与 9.1%。如表 5-7 所示为 $W/C=0.3$、$W/C=0.4$ 和 $W/C=0.5$ 的混凝土最终损伤时 R_p/R_u 的比值数据，$W/C=0.3$ 和 $W/C=0.5$ 时，其比值增长均约等于 4% 和 9%。可以得出，内摩擦角 φ 对最终膨胀应力应变等影响程度较小，因此可以忽略其取值对最后计算结果的误差。

内摩擦角 φ 对混凝土应力应变的影响度　　表 5-7

内摩擦角(°)	水灰比		
	0.3	**0.4**	**0.5**
30	1.482	1.373	1.326
40	1.576	1.459	1.410
50	1.719	1.592	1.539

图 5-62 为黏聚力 C 对混凝土侵蚀应力应变的影响，分别取值 5MPa、10MPa 和 15MPa，其中取内摩擦角 φ 为 40°，泊松比 γ 取值 0.1。随黏聚力 C 减小，当其达到最终损伤时（$E=18$GPa），R_p/R_u 比值分别为 0.8432、1.033 和 1.459，其比值依次增长了 22.5% 和 41.2%，影响程度较大；如表 5-8 所示是 $W/C=0.3$、$W/C=0.4$ 和 $W/C=0.5$ 的混凝土最终损伤时的 R_p/R_u 比值，$W/C=0.3$ 和 $W/C=0.5$ 时，其比值增长均约等于 22% 和 41%，与 $W/C=0.4$ 时计算比值相近。基于图 5-59，表 5-8 中只能取 $R_p/R_u>1$ 的数值，分析表中不同水灰比混凝土的黏聚力取值：不同水灰比混凝土由于其本质性能的差异，影响了其黏聚力 C 参数取值，当 $W/C=0.3$ 和 $W/C=0.4$ 时，观察表中数据其黏聚力取值可达 10MPa；而 $W/C=0.5$ 时，受混凝土本质特性的影响其黏聚力参数仅能取到 5MPa，因此在后续计算过程中，黏聚力 C 取值依据混凝土水灰比而定。

计算与分析 R_p/R_u 比值，得到内摩擦角 φ、泊松比 γ 和内黏聚力 C 等参数对后续膨胀内应力应变的影响。参数间影响度对比得知,内黏聚力 C 的取值对于计算应力应变的影响程度较大,因此在后续计算过程中不需要考虑内摩擦角 φ 和泊松比 γ 的影响,只考虑黏聚力 C 取值对不同水灰比混凝土应力应变计算结果的影响。根据现有研究成果可知,内摩擦角 φ 和泊松比 γ 依次取定值 40°和 0.1,而黏聚力 C 参数取值如上所述,依据水灰比而确定。黏聚力 C 对混凝土应力应变的影响度见表 5-8。

黏聚力 C 对混凝土应力应变的影响度 表 5-8

内黏聚力(MPa)	水灰比		
	0.3	**0.4**	**0.5**
5	1.684	1.459	1.410
10	1.192	1.033	0.998
15	0.974	0.843	0.815

2)混凝土圆筒形孔的膨胀内应力演变规律

钙矾石对混凝土界面过渡区中孔隙内壁以及邻近区域造成的膨胀内应力属于矢量,由式(5-83)可得,其值在表示膨胀内应力大小的同时具有各向性,具体计算过程如下。

将计算参数代入式(5-83)进行数值计算,其中将影响程度较小的泊松比 γ 和内摩擦角 φ 分别取值 0.1 和 40°,考虑内黏聚力 C 对计算结果的影响。式(5-83)中 R_p/R_u 的取值为表 5-6 ~ 表 5-9 内 $W/C=0.3$、$W/C=0.4$ 和 $W/C=0.5$ 时对应内黏聚力 C 的 R_p/R_u 比值的倒数,依次为 1/1.192、1/1.469 和 1/1.592,将已经定值的参数和变量参数同时代入上式进行计算。随水灰比的增大,膨胀内应力最终值分别为 10.54MPa、8.16MPa 和 6.88MPa;依据 Xu Ma、Erik Schlangen 等人对内膨胀应力的实际试验测量值,与上述计算值进行对比,其结果较为一致。混凝土内部孔隙的大小和位置是影响最终膨胀内应力的主要因素之一,在界面过渡区中,孔隙量级较小且多属于纳米级孔隙,而纳米级孔隙经硫酸盐侵蚀后能迅速生成钙矾石沉淀,并产生瞬间压力施加于孔隙内壁,大孔隙很难出现这种情况。再者,界面过渡区属于混凝土中最薄弱的区域,其拥有较小的密度并在受应力后能较快地出现塑性形变,相反,混凝土水泥基体中,孔隙空间较大,很难达到纳米级别,强度也较高,水泥基体中孔隙内壁进入塑性状态,则需要更大的膨胀内应力。

混凝土损伤的最终膨胀内应力计算值(MPa) 表 5-9

内黏聚力(MPa)	水灰比		
	0.3	**0.4**	**0.5**
5	8.76	7.20	6.88
10	10.55	8.16	—
15	—	—	—

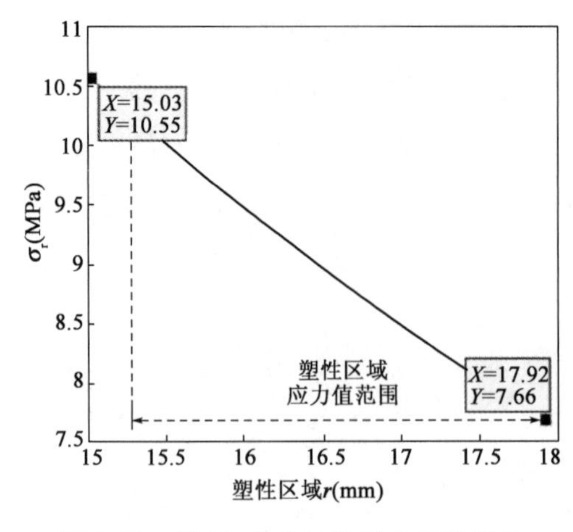

图 5-63　W/C = 0.3 的混凝土侵蚀损伤塑性区域区间

式(5-73)为钙矾石膨胀引起界面内部结构及其邻近区域损伤形成的塑性范围内径向应力 σ_r 的计算表达式。由图 5-63 ~ 图 5-65 可知,随塑性区域半径范围扩增,膨胀内应力值趋于减小;以 $W/C = 0.3$ 的混凝土经硫酸盐溶液侵蚀膨胀过程为例进行分析,取内黏聚力 $C = 10\text{MPa}$,孔隙内壁逐渐进入塑性状态至最终完全损伤过程中,同一半径直线上由内至外其膨胀内应力值依次从 10.55MPa 单调递减至 7.66MPa,降低了 27.40%。该曲线为塑性区域半径上随其半径增加对应于各点的膨胀内应力,当应力梯度较大时,本征应力超出了局部极限抗拉强度,此时损伤形成并出现微裂缝。

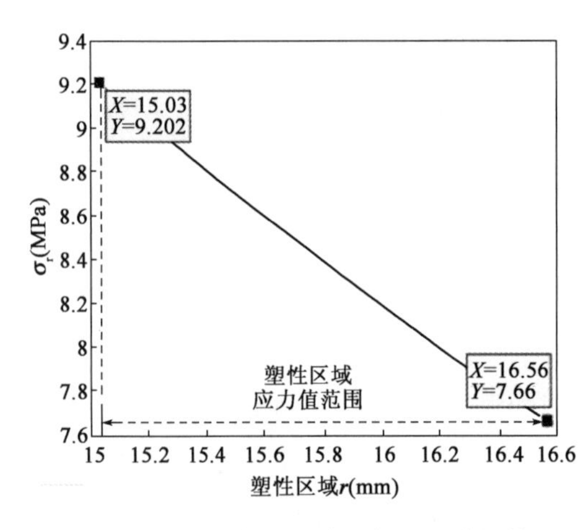

图 5-64　W/C = 0.4 的混凝土侵蚀损伤塑性区域区间

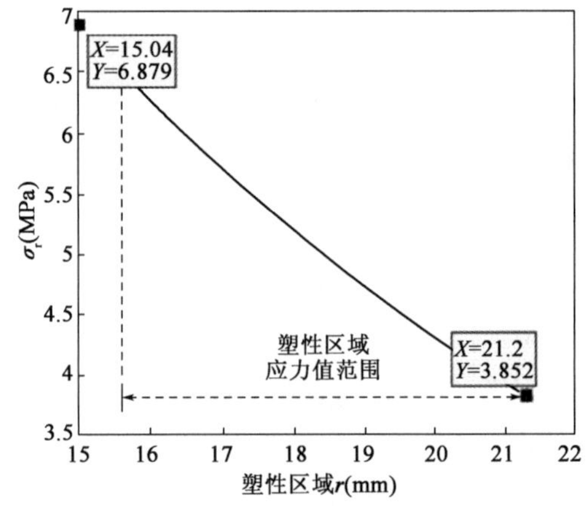

图 5-65　W/C = 0.5 的混凝土侵蚀损伤塑性区域区间

分别对比分析不同水灰比混凝土中心圆筒形界面过渡区经硫酸盐溶液侵蚀后其塑性区域范围及其内部应力分布情况,如表 5-10 所示。随水灰比增加,混凝土中心圆筒形界面过渡区经硫酸盐侵蚀膨胀所造成的塑性区域范围分别为 2.89mm、1.53mm 和 6.17mm。$W/C = 0.3$ 的混凝土其密实的内部结构使得力学性能、微观特性等性能更加优异,因此混凝土最终损伤时膨胀内应力能达到 10.55MPa。但是其存在脆性大、抗动荷载能力差和水化程度低等缺点,当界面过渡区内的膨胀内应力超出混凝土极限抗拉强度时,较小的损伤变形即会造成更大的塑性区域或破坏的现象。

而 $W/C=0.5$ 时，混凝土其力学性能、微观特性等本质特征劣于另外两种水灰比混凝土，虽然 $W/C=0.5$ 的混凝土水化程度较高，但是存在较大孔隙率，并且其密度较低。在受到硫酸盐溶液侵蚀后位于中心的圆筒形界面产生膨胀内应力，受其界面特性的影响，钙矾石晶体能快速膨胀损伤界面过渡区并对其邻近区域产生应力，最终损伤时膨胀内应力仅达到6.88MPa，相比于 $W/C=0.3$ 的混凝土降低了34.8%。虽然 $W/C=0.5$ 的混凝土损伤需要更小的应力，但是在该应力条件下其塑性区域范围更大，损伤软化等特征使得塑性区域再次受到膨胀内应力时能释放部分应力。

混凝土侵蚀损伤塑性区域区间　　表5-10

水　灰　比	塑性区域范围（mm）	塑性区域应力值范围（MPa）	应力降低率（%）
0.3	0～2.89	7.66～10.55	27.39
0.4	0～1.53	7.60～8.16	6.17
0.5	0～6.17	3.85～6.88	44.04

根据水泥相位分布理论——Powers模型，当 $W/C<0.42$ 时，水泥浆发生水化过程中将从周围环境吸收水分，周围水量下降；从微观上导致化学收缩，体积结构减少。当 $W/C=0.4$ 时，塑性区域反而出现降低的趋势，其主要原因可能为：$W/C=0.4$ 的混凝土较于 $W/C=0.3$ 时具有更小的脆性，而较于 $W/C=0.5$ 时其本性特性更加良好，因此其中心圆筒形界面区承受膨胀内应力时导致更小的塑性变形；$W/C=0.4$ 的混凝土，水化更完全的同时其密度也较高，因此在出现膨胀内应力时对其内部的破坏损伤减小。其次，在计算过程中，R_p/R_u 比值的取值对于计算结果较为重要，需要更近一步细化才能得到精确的塑性区域范围解，而更精确的参数取值很难确定，最后的计算结果具有一定的参考价值。

综上所述，局部膨胀内应力小幅降低梯度可能仅导致界面区域及其附近的变形或裂缝分布，当应力梯度达到临界水平时，可能产生局部裂缝，局部膨胀应力分布梯度的大小直接影响混凝土的膨胀及损伤；即使存在一些大的自由膨胀现象，虽然没有任何视觉上明显的裂缝，但是实际上其内部已经存在膨胀损伤。

当 $r=R_p$ 时，式(5-77)为弹塑性区域界面处膨胀径向内应力的计算表达式，其计算结果如表5-11所示。其内部达到了最终膨胀内压，弹性模量已降低至未受侵蚀时的60%，此时已最终损伤；随水灰比增大，弹塑性区域界面处的膨胀内应力值区间分别为7.660MPa、7.660MPa和3.852MPa，相比依次降低了约0和49.7%，较于塑性区域内同一半径不同点处其界面区域的膨胀内应力值逐渐减小至不再出现塑性形变。

混凝土最终损伤时弹塑性界面处膨胀内应力　　表 5-11

水　灰　比	黏聚力 C(MPa)	弹塑性区域界面膨胀内应力(MPa)
0.3	10	7.66
0.4	10	7.66
0.5	5	3.85

分析其中原因为:首先,混凝土中心圆筒形界面经硫酸盐侵蚀产生较大的膨胀内应力,对其内部结构和邻近区域的损伤较大,而水泥基体中存在较多的大孔隙,反应生成的钙矾石晶体对其造成的损伤较小。而当膨胀内应力超出了其内部极限抗拉强度时,由于低密度和纳米级孔隙导致了界面过渡区是产生损伤的主要区域,钙矾石晶体占据塑性区域层过程中,存在损伤软化等特征使得界面区域再次承受膨胀内应力时能释放部分应力。其次,随水灰比减小,其力学性能、微观特性等性能降低,$W/C=0.3$ 和 $W/C=0.4$ 的混凝土性能相似,在计算过程中得知其弹塑性区域界面处的膨胀内应力值相近;而相比于$W/C=0.5$ 的混凝土,依据其本质特性,在弹塑性区域界面处膨胀径向内应力降低明显。

3)混凝土圆筒形孔的应变演变规律

式(5-81)为圆筒形模型扩张过程中钙矾石晶体对界面过渡区内及其邻近区域造成的塑性区域半径计算表达式,其中 R_u 为不同水灰比混凝土硫酸盐溶液侵蚀-干湿循环作用下最终膨胀结果。根据上述讨论分析,因此取 C 为 5MPa 或 10MPa 进行塑性区域半径范围的预测,最终计算结果如表 5-12 所示。其塑性区域范围随水灰比增长呈现出先降低后增加的趋势。$W/C=0.4$ 的混凝土其塑性区域范围下降的主要原因为:$W/C=0.4$ 的混凝土较于 $W/C=0.3$ 时具有更小的脆性,而较于 0.5 时其本性特性更加良好,因此其中心圆筒形界面区承受膨胀内应力时导致更小的塑性形变。

混凝土侵蚀损伤塑性区域膨胀演变规律　　表 5-12

水　灰　比	黏聚力 C(MPa)	塑性区域半径(mm)
0.3	10	17.92
0.4	10	16.56
0.5	5	21.20

侵蚀初期,由于较大的混凝土孔隙率以及硫酸根离子浓度梯度,硫酸盐溶液能快速侵入其内部,同时化学反应速率占主导作用,迅速生产钙矾石晶体并作出相应反馈;界面过渡区内的纳米级孔隙中能迅速生产钙矾石并产生膨胀内应力,连续膨胀过程中积累产生局部膨胀内应力,对于密度较小的界面过渡区易形成损伤。随后,钙矾石晶体能较好

地填充于孔隙空间,使得连通大孔的小孔独立存在于混凝土内部,增加混凝土密实度,一定程度上限制了硫酸盐溶液侵入速率和含量。而硫酸根离子含量的减小导致钙矾石晶体生长缓慢,此时塑性区域半径的小幅增长主要是因为残留于孔隙内溶液中的硫酸根离子持续发生化学反应;因此减小了钙矾石生长的化学驱动力,限制了其再次增长的趋势。

进一步,钙矾石晶体的不断长大再次损伤孔隙内壁形成微裂缝,硫酸盐溶液扩散系数增加,导致损伤区域硫酸根离子浓度快速提升;新微裂缝中的物质能与硫酸根离子发生化学反应,此时混凝土内部的化学驱动力更强。膨胀内应力作用于孔隙内壁,达到极限抗拉强度的膨胀内应力,易产生膨胀应力集中现象,弹性形变与塑性形变同时影响混凝土内部结构,可以得出塑性形变是该阶段影响混凝土损伤的主要原因,尤其是位于低密度的界面区域,从而最终影响混凝土整体的各个性能。根据塑性区域半径的计算,能够更微观地分析混凝土结构的演变规律,更透彻地分析膨胀内应力对孔隙内壁塑性区域半径的受力、膨胀过程与其损伤等情况。

5.5　基于界面效应的干湿循环作用下混凝土硫酸盐侵蚀损伤寿命预测

基于干湿循环作用下混凝土硫酸盐侵蚀的离子传输及损伤特性和以多尺度微观模型为基础计算侵蚀损伤应力应变行为研究混凝土界面过渡区随硫酸盐侵蚀龄期增长其力学性能的衰变规律。根据前述对塑性区域内各位置处的径向应力的计算重新定义损伤变量,并结合多尺度微观膨胀模型,推导出硫酸盐溶液干-湿循环耦合作用下不同水灰比混凝土的寿命预测公式。对于硫酸盐侵蚀-干湿循环耦合作用下实际混凝土工程的寿命预测具有重要的现实意义,并为今后的研究提供了理论依据。

5.5.1　混凝土硫酸盐侵蚀-干湿循环耦合作用下损伤定义

参考腐蚀或冻融等条件下混凝土耐久性损伤具体过程,式(5-84)为混凝土损伤变量:

$$D_t = \frac{E_0 - E_t}{E_0} \tag{5-84}$$

式中：D_t ——干湿循环作用下侵蚀龄期 t 时混凝土的损伤变量；

E_0 ——混凝土初始弹性模量；

E_t ——侵蚀龄期 t 时混凝土的弹性模量；

$E_0 - E_t$ ——较未侵蚀混凝土不同侵蚀龄期 t 时弹性模量的变化量。

相对动弹模常用于混凝土耐久性试验中的耐久性指标，即 $E_r = \frac{E_t}{E_0}$，故混凝土损伤变量与相对动弹模之间的变量关系为：

$$D_t = 1 - E_r \tag{5-85}$$

由式(5-85)可以得出，混凝土侵蚀或冻融过程中其相对动弹模变化越小，混凝土损伤变量越大，即随试验损伤龄期增加，其损伤程度增加。主要是因为混凝土的相对动弹模间接地反映了其在特殊环境下的损伤失效过程，可以采用测量混凝土不同试验龄期时的弹性模量，对其损伤变量进行计算，以评估其损伤失效过程。不同试验龄期时混凝土弹性模量的测试存在人为因素影响较大和试验过程影响因素等过多缺点，导致测量过程中误差限过高，从而影响了对混凝土损伤过程的判断。因此，基于塑性区域内各位置处的径向应力计算过程，重新定义损伤变量，如式(5-86)所示，采用力学计算的方法推导出界面经时破坏损伤过程与试验龄期之间的关系，研究混凝土损伤失效过程。

$$D_t = \frac{\sigma_0 - \sigma_x}{\sigma_0} \tag{5-86}$$

式中：σ_0 ——刚进行膨胀时圆筒形孔最外层壁的膨胀内应力；

σ_x ——经硫酸盐溶液侵蚀圆筒形孔膨胀后不同龄期时每一阶段最外层壁的膨胀内应力；

$\sigma_0 - \sigma_x$ ——圆筒形孔经时扩展过程中最外层壁膨胀内应力的变化量。

混凝土硫酸盐侵蚀过程中，其耐久性指标常用相对动弹模量表示，而该处对损伤变量重新定义之后，耐久性指标采用相对膨胀内应力 $\sigma_i = \sigma_x/\sigma_0$ 表示。因此，混凝土的 D_t 与 σ_i 之间的关系如式(5-87)所示：

$$D_t = 1 - \sigma_i \tag{5-87}$$

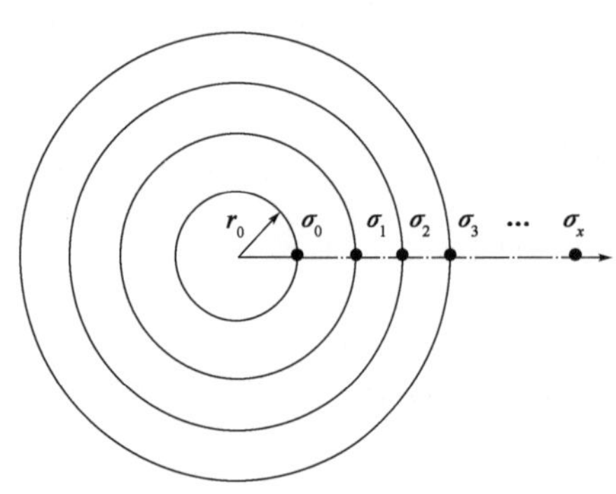

图 5-66　混凝土界面过渡区经时膨胀分层模型

图5-66为混凝土界面过渡区经时膨胀分层模型，用以新损伤变量的定义。混凝土界面经硫酸盐侵蚀初期产生膨胀内应力 σ_0，界面区域不断膨胀扩张过程中，界面最外层膨胀应力也随腐蚀龄期增加而逐渐变化，即 σ_0、σ_1、……、σ_x。

5.5.2　混凝土侵蚀-干湿循环耦合作用下损伤演化方程

1)混凝土典型损伤失效方程

学者们进行了大量试验,在侵蚀或冻融试验中通过改变混凝土配合比、养护龄期和环境、辅助胶凝材料和外部交变荷载等影响因素,得到单一和多重影响因素作用下混凝土 E_r 的变化结果。侵蚀或冻融等耐久性损伤因素 E_r 的演变规律特征曲线主要分为三种类型:直线形、抛物线形及复合型。其中复合型(前期直线形 + 中后期抛物线形)较为常见,因为混凝土损伤初期影响较小,耐久性损伤因素 E_r 呈线性增长,随损伤龄期增加混凝土内部逐渐出现裂缝等破坏导致 E_r 出现抛物线趋势。另外,有的试验条件使得损伤初期抛物线段偏短,因此将三段复合型曲线(抛物线形 + 直线形 + 抛物线)在不影响混凝土寿命预估情况下将其视为复合型(前期直线形 + 中后期抛物线形);也有学者在试验中得出了侵蚀或冻融作用下 E_r 的演变规律均保持抛物线形。

2)混凝土经时损伤演化方程

根据前人对损伤变量的研究,并结合上述基于膨胀内应力计算对损伤变量的再定义,适合采用抛物线形建立混凝土微观力学与硫酸盐溶液侵蚀龄期的关系:

$$\sigma_i = at^2 + bt + c \tag{5-88}$$

为了解释说明上式抛物线方程参数于界面损伤过程中的物理意义,联立式(5-88)和式(5-87)并进行求导得出硫酸盐侵蚀作用下混凝土的损伤速率和损伤加速度,如下:

(1)损伤速率:

$$\frac{\mathrm{d}D}{\mathrm{d}t} = -\frac{\sigma_i}{\mathrm{d}t} = -(2at + b) \tag{5-89}$$

当 $t=0$ 时,损伤初速度为:

$$\left.\frac{\mathrm{d}D}{\mathrm{d}t}\right|_{t=0} = -\left.\frac{\sigma_i}{\mathrm{d}t}\right|_{t=0} = -b \tag{5-90}$$

(2)损伤加速度:

$$\frac{\mathrm{d}^2D}{\mathrm{d}t^2} = -\frac{\mathrm{d}^2\sigma_i}{\mathrm{d}t^2} = -2a \tag{5-91}$$

由式(5-89)~式(5-91)可得,在硫酸盐侵蚀损伤过程中 a 和 b 均有明确的物理意义,参数 a 和 b 分别表示损伤初速度和损伤加速度;基于数学物理学一元二次方程相图的分析有利于深层次明确混凝土侵蚀损伤过程。计算可得在抛物线形损伤曲线趋势下,硫酸盐溶液侵蚀初期混凝土损伤初速率为 $-b$，随硫酸盐侵蚀龄期增长损伤加速度为 $-2a$，各腐蚀龄期损伤速度为 $-(2at+b)$。损伤参数 a 为0时，混凝土匀速损伤，参数 $-a>0$ 时，混凝土加速损伤。

5.5.3 混凝土硫酸盐侵蚀-干湿循环耦合作用下寿命预测方程

1）硫酸盐侵蚀下混凝土寿命预测计算与分析

我国西部盐湖和沿海潮汐等区域对混凝土工程不仅存在硫酸盐溶液侵蚀又面临干湿循环作用，而同一侵蚀龄期干湿循环侵蚀损伤程度远大于连续浸泡，硫酸盐侵蚀导致混凝土产生膨胀损伤而干湿循环又加速了这一损伤进程。随腐蚀年限增长裂纹等不断增加，使得侵蚀溶液在混凝土内部扩散速率逐渐变大，进一步促进侵蚀程度。因此，硫酸盐溶液侵蚀与干湿循环耦合作用对混凝土的损伤是相辅相成的，使得其在设计服役寿命年限内提前进行修复或出现大量破坏损伤的情况。本小节针对硫酸盐侵蚀-干湿循环耦合环境中混凝土受损进程，根据混凝土界面过渡区随硫酸盐侵蚀龄期增长，其力学性能的衰变规律，以多尺度微观膨胀模型为基础，建立分层受力损伤模型，其计算方程如式(5-92)所示；从而推导出硫酸盐溶液-干湿循环耦合作用下不同水灰比混凝土的寿命预估模型。

$$\sigma_x = (p_u + C\cot\varphi)\left(\frac{R_u}{x}\right)^{\frac{4\sin\varphi}{1+\sin\varphi}} - C\cot\varphi \quad (x = [R_0,\ R_u]) \tag{5-92}$$

如图5-67所示，a)、b)和c)分别为三种水灰比混凝土硫酸盐侵蚀界面分层膨胀内应力经时演变规律图。将经硫酸盐侵蚀膨胀过程中的界面区域进行分层处理，随水灰比增加，其界面分别膨胀了3μm、3μm和4μm，并将膨胀界面区域等量划分，随侵蚀龄期增加，如分层模型所示界面膨胀区域的膨胀内应力几乎呈线性趋势降低，但减小幅度极小。对比不同水灰比混凝土界面经硫酸盐侵蚀时产生的膨胀内应力，其主要与混凝土材料的本质特性密切相关；当水灰比小时，界面区域较于大水灰比孔隙率偏低，即密实度更大，因此发生膨胀形变需要更大的膨胀内应力，故界面形变所需的膨胀内应力与水灰比呈负相关。当混凝土 $W/C=0.3$ 时，初始界面膨胀内应力为10.550MPa，随侵蚀龄期延长降低至10.545MPa降低了0.005MPa；当混凝土 $W/C=0.4$ 时，初始界面膨胀内应力为8.193MPa，随侵蚀龄期延长其降低至8.163MPa降低了0.03MPa；当混凝土 $W/C=0.5$ 时，初始界面膨胀内应力为6.902MPa，随侵蚀龄期延长其降低至6.878MPa降低了0.024MPa。

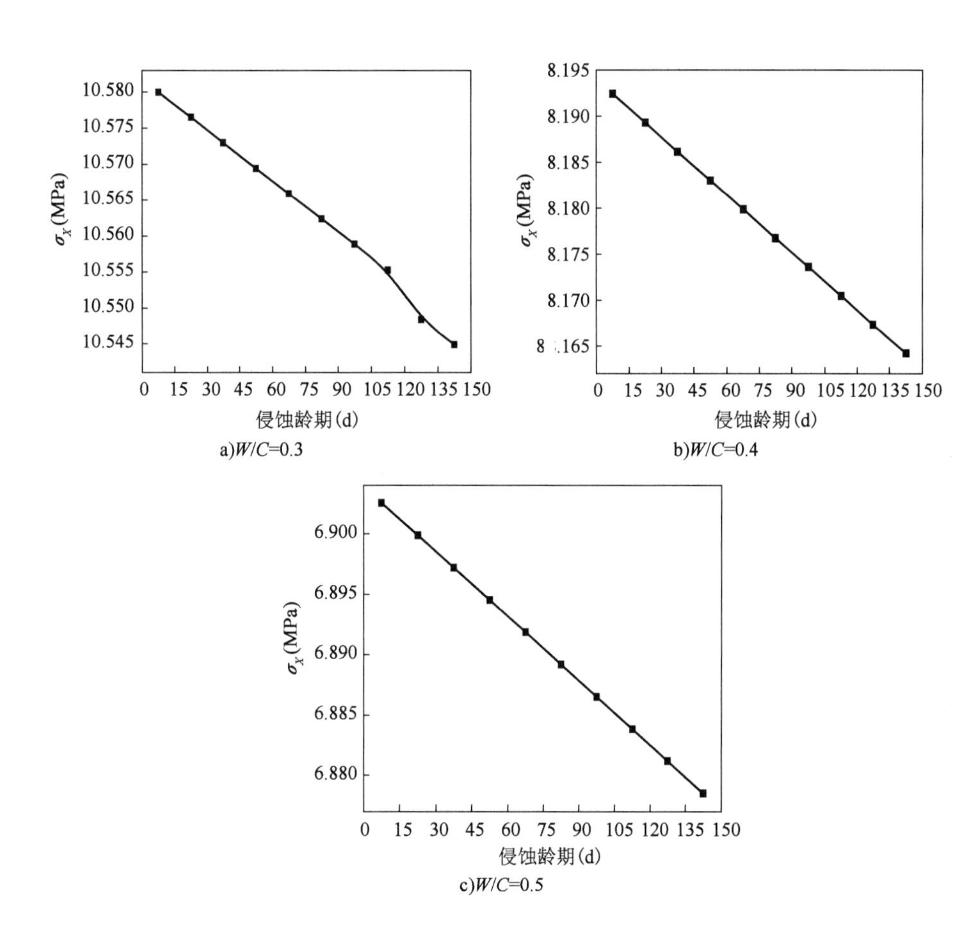

图5-67　混凝土硫酸盐侵蚀界面膨胀内应力演变规律

根据上述损伤变量的重新定义与界面膨胀力学规律,采用耐久性指标相对膨胀内应力 σ_i 对硫酸盐侵蚀-干湿循环耦合作用下混凝土的寿命进行预估;并结合一元二次方程进行计算拟合,方程如式(5-93)所示,其计算与拟合结果如图5-68所示。不同水灰比混凝土相对膨胀内应力 σ_i 均随侵蚀龄期增长呈抛物线形降低;界面过渡区属于混凝土薄弱区域,其较多的纳米级孔隙、水化产物富集和低密度等特殊的本质特征,最先出现损伤而降低了混凝土整体宏观力学性能。硫酸盐侵蚀环境中混凝土产生的膨胀内应力属于结晶范畴,其结晶产物,尤其是对界面孔隙产生的膨胀内应力会进一步影响混凝土性能,属于宏观力学范畴,而干湿循环作用加速了侵蚀损伤进程。

$$\sigma_i = \frac{\sigma_x}{\sigma_0} = \frac{1}{\sigma_0}(p_u + C\cot\varphi)\left(\frac{R_u}{x}\right)^{\frac{2\sin\varphi}{1+\sin\varphi}} - C\cot\varphi = at^2 + bt + c \tag{5-93}$$

式中:t——侵蚀龄期,a、b 和 c 均为拟合参数。

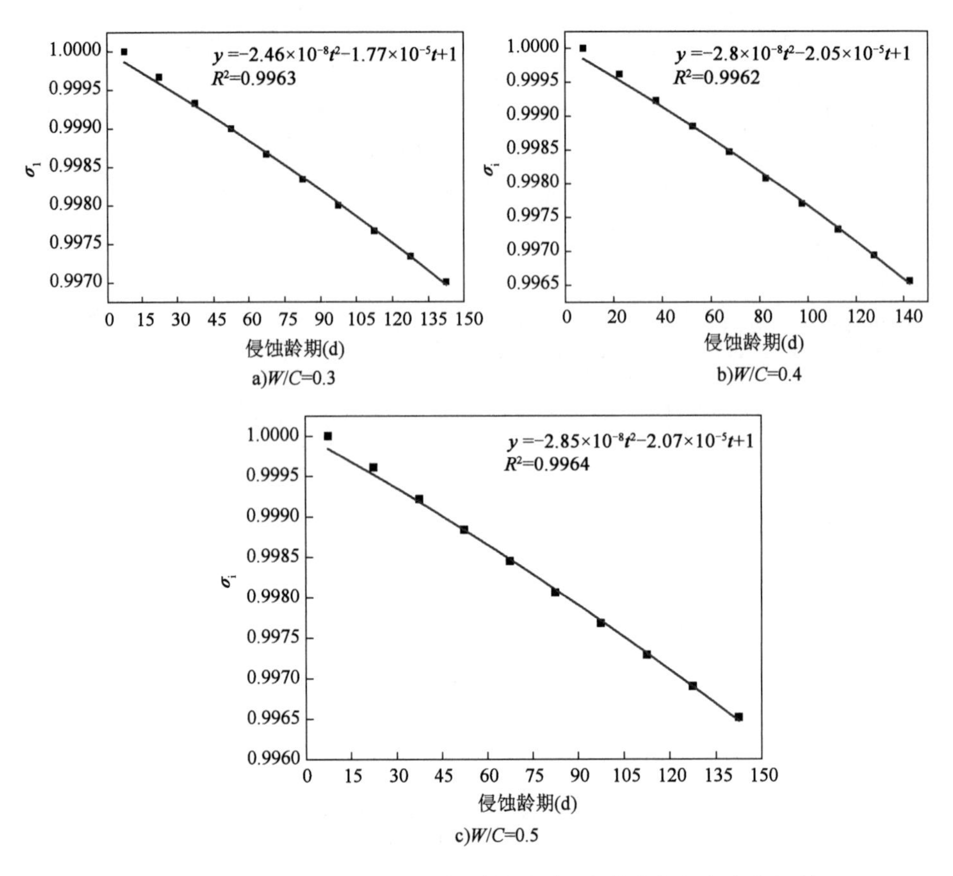

图 5-68　混凝土硫酸盐侵蚀耐久性指标相对膨胀内应力演变规律

为了将干湿循环作用于混凝土硫酸盐侵蚀力学响应和寿命预测,需要研究基于干湿循环作用下混凝土硫酸盐侵蚀寿命计算公式;式(5-94)～式(5-95)依次是 $W/C=0.3$、$W/C=0.4$ 和 $W/C=0.5$ 时的混凝土硫酸盐侵蚀寿命二次回归方程。拟合结果表明,采用二次方程进行界面经硫酸盐侵蚀产生膨胀内应力的力学计算结果进行拟合,且拟合结果与计算结果几乎相同。基于干湿循环作用下混凝土硫酸盐侵蚀的寿命预测计算方程可以根据二次方程进行回归与评价,因此,总结式(5-94)～式(5-96)得出寿命预测通式(5-97)。

$W/C=0.3$ 的混凝土硫酸盐侵蚀寿命预测方程:

$$t=\sqrt{\frac{\frac{1}{\sigma_0}\left[(p_u+C\cot\varphi)\left(\frac{R_u}{x}\right)^{0.7826}-C\cot\varphi\right]-1}{-2.46\times10^{-8}}+361^2}-361 \tag{5-94}$$

$W/C=0.4$ 的混凝土硫酸盐侵蚀寿命预测方程:

$$t=\sqrt{\frac{\frac{1}{\sigma_0}\left[(p_u+C\cot\varphi)\left(\frac{R_u}{x}\right)^{0.7826}-C\cot\varphi\right]-1}{-2.8\times10^{-8}}+366^2}-366 \tag{5-95}$$

$W/C=0.5$ 的混凝土硫酸盐侵蚀寿命预测方程：

$$t=\sqrt{\frac{\frac{1}{\sigma_0}\left[(p_u+C\cot\varphi)\left(\frac{R_u}{x}\right)^{0.7826}-C\cot\varphi\right]-1}{-2.85\times10^{-8}}+363^2}-363 \tag{5-96}$$

从而，最终推出寿命预测方程通式：

$$t=\sqrt{\frac{\frac{1}{\sigma_0}\left[(p_u+C\cot\varphi)\left(\frac{R_u}{x}\right)^{0.7826}-C\cot\varphi\right]-1}{a}+\left(\frac{b}{2a}\right)^2}-\frac{b}{2a} \tag{5-97}$$

结合混凝土硫酸盐侵蚀耐久性指标相对膨胀内应力 σ_i 演变规律与侵蚀寿命预测方程可以得知，干湿循环作用下混凝土硫酸盐侵蚀寿命预测与其本质特征和外界因素，例如干湿循环制度、温度和侵蚀龄期等，具有较好的拟合关系。

2）侵蚀试验损伤的初速度和加速度分析

基于界面硫酸盐侵蚀力学演变规律，重新定义了损伤变量，根据数学物理学参考损伤初速度和损伤加速度概念深层次探索了混凝土侵蚀损伤过程。混凝土硫酸盐长期侵蚀过程中，试验前期，形成少量的膨胀性晶体，起到密实混凝土内部结构的作用；当钙矾石晶体增加至一定体积时，形成的膨胀内应力超出混凝土内部极限抗拉强度，界面过渡区内部易出现破坏损伤，从而影响混凝土整体宏观力学性能。图5-69是 $W/C=0.3$、$W/C=0.4$ 和 $W/C=0.5$ 的混凝土硫酸盐侵蚀损伤初速度，从图中可以看出，损伤曲线 b 值为负值，损伤初速度的大小对比 $|b|$ 值，故随水灰比增加硫酸盐溶液侵蚀损伤初速度递增。说明混凝土宏观特性和内部结构呈劣化态趋势转变，而损伤初速度 $|b|$ 值随水灰比增加，干湿循环作用下混凝土硫酸盐侵蚀增长速率依次为13.8%和1.8%。

图5-70是 $W/C=0.3$、$W/C=0.4$ 和 $W/C=0.5$ 的混凝土硫酸盐侵蚀损伤加速度。从图中可以看出，损伤曲线 a 值为负值，损伤加速度的大小对比 $|a|$ 值，故随水灰比增加，硫酸盐溶液侵蚀损伤加速度依次递增，说明混凝土宏观特性和内部结构劣化速率呈加速增长，这也符合实际破坏损伤情况。而损伤初速度 $|a|$ 值随水灰比增加，其侵蚀加速度增长率依次为15.8%和1%。

由 a 值和 b 值图像可以看出，a 与 b 的绝对值均存在随水灰比增大而升高的趋势。可见，在干湿循环作用下，混凝土硫酸盐侵蚀损伤初速度和加速度均随水灰比的增长而提高。影响混凝土损伤初速度和加速度差距的主要原因为影响因素及其本质特征。

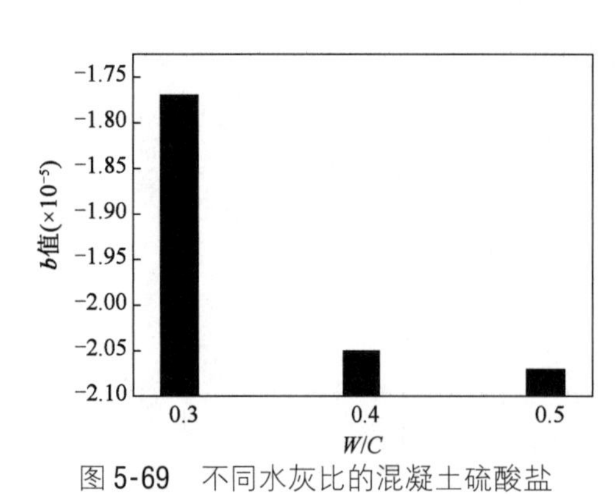

图 5-69 不同水灰比的混凝土硫酸盐侵蚀损伤初速度

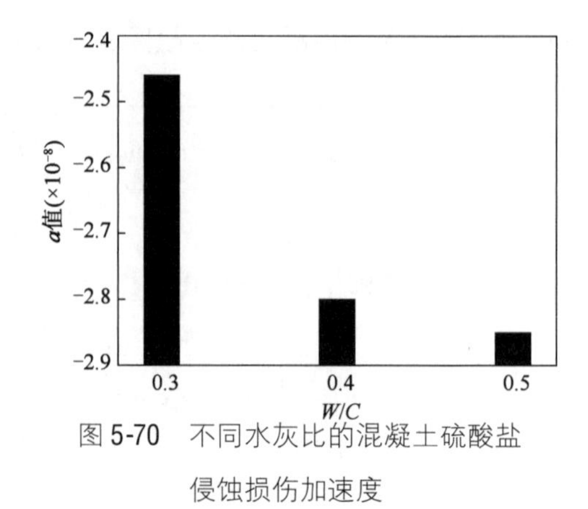

图 5-70 不同水灰比的混凝土硫酸盐侵蚀损伤加速度

本章参考文献

[1] Wu J,Wei J,Huang H,et al. Effect of multiple ions on the degradation in concrete subjected to sulfate attack[J]. Construction and Building Materials,2020,259:119-130.

[2] Liu P,Chen Y,Wang W,et al. Effect of physical and chemical sulfate attack on performance degradation of concrete under different conditions[J]. Chemical Physics Letters,2020,745:137-254.

[3] Elahi M M A,Shearer C R,Reza A N R,et al. Improving the sulfate attack resistance of concrete by using supplementary cementitious materials (SCMs):A review[J]. Construction and Building Materials,2021,281:122-141.

[4] Zhang Z,Zhou J,Yang J,et al. Understanding of the deterioration characteristic of concrete exposed to external sulfate attack:Insight into mesoscopic pore structures[J]. Construction and Building Materials,2020,260:119-128.

[5] 姚明博,李镜培. 水压作用下硫酸盐在混凝土桩中的侵蚀分布规律[J]. 同济大学学报(自然科学版),2019,47(08):1131-1136 + 1179.

[6] 李镜培,谢峰,李亮,等. 硫酸盐侵蚀下混凝土灌注桩的损伤效应[J]. 哈尔滨工业大学学报,2019,51(06):89-94.

[7] 逄锦伟. 冻融循环作用下锂渣混凝土抗硫酸盐侵蚀研究[J]. 硅酸盐通报,2019,38(01):304-309.

[8] 潘慧敏,付军,赵庆新. 硬化期受扰动混凝土的抗硫酸盐侵蚀性能[J]. 材料导报,2018,32(02):282-287.

[9] Qin S,Zou D,Liu T,et al. A chemo-transport-damage model for concrete under external

sulfate attack[J]. Cement and Concrete Research,2020,132:106-115.

[10] Tang Z,Li W,Ke G,et al. Sulfate attack resistance of sustainable concrete incorporating various industrial solid wastes[J]. Journal of Cleaner Production,2019,218:810-822.

[11] Sun J,Chen Z. Influences of limestone powder on the resistance of concretes to the chloride ion penetration and sulfate attack[J]. Powder Technology,2018,338:725-733.

[12] Haufe J,Vollpracht A. Tensile strength of concrete exposed to sulfate attack[J]. Cement and Concrete Research,2019,116:81-88.

[13] Chen W,Huang B,Yuan Y,et al. Deterioration process of concrete exposed to internal sulfate attack[J]. Materials,2020,13(6):13-36.

[14] Li Y,Yang X,Lou P,et al. Sulfate attack resistance of recycled aggregate concrete with NaOH-solution-treated crumb rubber[J]. Construction and Building Materials,2021,287:123-137.

[15] Zhou S,Ju J W. A chemo-micromechanical damage model of concrete under sulfate attack[J]. International Journal of Damage Mechanics,2021,30(8):1213-1237.

[16] Salvador R P,Rambo D A S,Bueno R M,et al. Influence of accelerator type and dosage on the durability of wet-mixed sprayed concrete against external sulfate attack[J]. Construction and Building Materials,2020,239:117-131.

第6章
CHAPTER 6

复杂气候环境下高抗裂混凝土制备与工程应用

在蒸发量大、日温差大、冻融循环次数频繁等复杂气候条件下，水泥混凝土表面极易产生大量的微裂缝，特别对交通基础设施混凝土结构物，交通荷载作用进一步加剧了混凝土微裂缝的发展。在盐富集环境下，大量微裂缝的存在会促进离子在混凝土内部的传播，从而加速混凝土的劣化进程，影响混凝土的耐久性。车辆荷载与恶劣环境因素的耦合作用，导致混凝土结构疲劳损伤加剧，加速了混凝土结构和材料的疲劳与裂化，出现坑槽、剥落和开裂等早期病害。与一般混凝土结构物相比，薄壁高墩混凝土结构比表面积更大，其内部温湿度场分布对于外界温度与湿度的变化更为敏感。我国西北地区气候干燥，气温年变化幅度很大，冬季寒潮频繁，同时昼夜温差特别大，对于薄壁高墩桥梁混凝土结构的受力影响非常大。特别对于新浇筑的薄壁桥墩，在硬化早期，由于气温的大幅度变化和表面干燥失水等原因，极易出现各种开裂现象。如何减少乃至避免桥梁混凝土薄壁高墩结构早期裂缝的产生，对于强化混凝土抗侵蚀损伤能力，提高混凝土耐久性，降低维护成本，延长使用寿命，具有重要的现实意义与工程价值。

6.1　混凝土胶凝材料组成优化研究

胶结浆体组成对混凝土收缩的影响存在图 6-1 所示的层次关系。其组成优化设计的优化应遵循如图 6-1 所示基本要点。

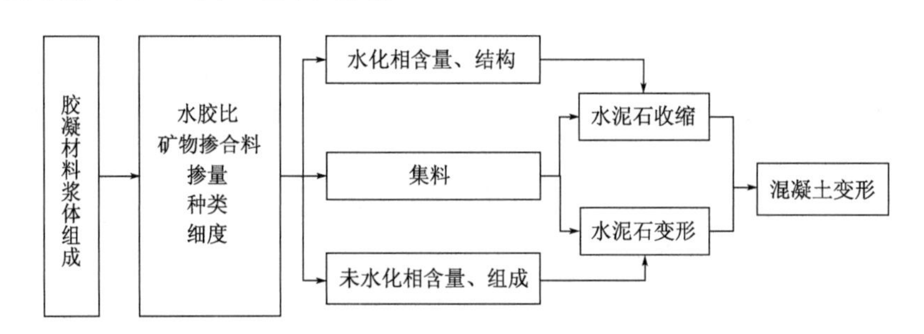

图 6-1　胶凝材料浆体组成对混凝土收缩影响的层次关系

理论上，水胶比及矿物掺合料用量恰当，集料组成合理，胶凝材料的水化相形成理想的胶体结构，具有理想的集料-水泥石界面，可有效黏结集料，形成密实结构，使混凝土孔隙率最低，能有效发挥集料的约束作用和骨架作用，可以较好地控制混凝土的收缩。

实际情况中存在着水胶比、矿物掺合料种类、用量、细度、活性，集料粒径、用量以及制备养护工艺参数等诸多影响因素,均对混凝土的收缩变形有一定的影响。

尽管如此,可通过胶凝材料浆体组成参数的优化设计及试验研究,强化组成参数对控制收缩的正影响,弱化其负影响,使组成参数的组合影响最有利于水泥石乃至混凝土收缩的控制。

6.1.1　混凝土胶凝材料组成优化的试验设计

试验以水灰比(水胶比)、矿物掺合料种类和掺量、水泥品种、外加剂种类等参数作为胶结浆体组成变化的调整变量。

为获得系统的收缩数据和研究结果,试验选取典型混凝土配比为基准,通过连续改变单一影响参数展开一系列配合比,研究其与混凝土收缩变化的关系和可能存在的优化区间。

为排除混凝土成型和环境温湿度等因素对试验结果的影响,收缩试验每组试验的混凝土试件都在同一天内成型完毕。同批混凝土试件同步成型,同步测试。每个配合比按现行混凝土收缩试验标准试件要求成型 3 联 100mm × 100mm × 515mm 的测试试件,在成型完毕后,立即带模放入标准养护室养护,养护 1d 后拆模,拆模后继续在标准养护室养护。预制 4h 后,用混凝土收缩膨胀仪测量其初始长度,此后以一定时间间隔定期测定其自由收缩值。

6.1.2　测试结果和分析

1)矿物掺合料对混凝土收缩的影响

(1)试验配比。

①粉煤灰等体积替代水泥:胶凝材料总体积不变,粉煤灰等体积替代水泥,结果见表6-1。

粉煤灰体积掺量变化的收缩试验配比　　表 6-1

编号	体积替代率	质量替代率	水泥	粉煤灰	河砂	碎石	外加剂	水	水灰比	水胶比
1A1	0%	0%	420	0	729	1093	1%	186	0.44	0.443
1A2	10%	7.4%	378	30	729	1093	1%	186	0.49	0.456
1A3	20%	15.2%	336	60	729	1093	1%	186	0.55	0.470

续上表

编号	体积替代率	质量替代率	水泥	粉煤灰	河砂	碎石	外加剂	水	水灰比	水胶比
1A4	30%	23.4%	294	90	729	1093	1%	186	0.63	0.484
1A5	40%	32.3%	252	120	729	1093	1%	186	0.74	0.500

注:材料:P·O 42.5 水泥,细度模数 2.0 河砂,5～25mm 碎石,JN-2 高效减水剂,I 级低钙灰,砂率 40%,集料体积含量 68%。

②粉煤灰等质量替代水泥:胶凝材料总质量不变,粉煤灰等质量替代水泥,见表6-2。

粉煤灰质量掺量变化的收缩试验配比　　表 6-2

编号	体积替代率	质量替代率	水泥	粉煤灰	河砂	碎石	外加剂	水	水灰比	水胶比
2A1	0%	0%	400	0	736	1060	1.3%	184	0.46	0.46
2A2	13.5%	10%	360	40	736	1060	1.3%	184	0.51	0.46
2A3	26.1%	20%	320	80	736	1060	1.3%	184	0.575	0.46
2A4	37.7%	30%	280	120	736	1060	1.3%	184	0.657	0.46
2A5	48.4%	40%	240	160	736	1060	1.3%	184	0.767	0.46

注:材料:P·O 42.5 水泥,细度模数 2.6 河砂,5～25mm 碎石,RH561 高效减水剂,Ⅱ级低钙灰,砂率 41%。

③粉煤灰等量替代水泥(双掺试验):固定矿粉掺量(等量替代 20%),高钙粉煤灰按不同掺量(等量替代),固定砂率 43%,体积差以集料体积等量替换,见表 6-3。

粉煤灰质量掺量变化的收缩试验配比　　表 6-3

编号	分类	水泥	矿粉	粉煤灰	河砂	碎石	外加剂	水	水/水泥＋矿粉
3A1	基准	340	0	0	824	1092	5.78	170	0.50
3A2	0%	272	68	—	822	1090	5.78	170	0.50
3A3	10%	238	68	34	817	1083	5.20	170	0.56
3A4	20%	204	68	68	811	1075	4.62	170	0.63
3A5	30%	170	68	102	806	1068	4.05	170	0.71
3A6	40%	136	68	136	801	1062	3.47	170	0.83

注:材料:PII 52.5 水泥,细度模数 2.3 河砂,5～25mm 碎石,KFDN-SP(A)高效减水剂,高钙粉煤灰,S95 矿粉。

④矿粉等量替代水泥(双掺试验):固定粉煤灰掺量(等量替代 15%),矿粉按不同掺量等量替代水泥,见表 6-4。

矿粉质量掺量变化的收缩试验配比　　表6-4

编号	质量替代率	水泥	矿粉	粉煤灰	河砂	碎石	外加剂	水	水胶比
4A0	基准	340	0	0	824	1092	5.78	170	0.50
4A1	0%	289	—	51	817	1083	5.36	170	0.50
4A2	10%	255	34	51	815	1080	5.22	170	0.50
4A3	20%	221	68	51	814	1079	4.91	170	0.50
4A4	30%	187	102	51	813	1078	4.77	170	0.50
4A5	40%	153	136	51	811	1075	4.62	170	0.50
4A6	50%	119	170	51	810	1074	4.48	170	0.50

注:材料:PII 52.5 水泥,细度模数 2.3 河砂,5～25mm 碎石,KFDN-SP(A)高效减水剂,高钙粉煤灰,S95 矿粉。

⑤粉煤灰等体积替代集料:砂率不变,粉煤灰掺量连续变化,等体积替代集料,表6-5。

粉煤灰等体积替代集料的收缩试验配比　　表6-5

编号	集料体积	水泥	粉煤灰	河砂	碎石	外加剂	水	水胶比	替代率
5A1	66%	336	104	708	1061	1%	186	0.42	23.6%
5A2	67%	336	82	719	1073	1%	186	0.44	19.6%
5A3	68%	336	60	729	1093	1%	186	0.47	15.2%
5A4	69%	336	38	739	1109	1%	186	0.50	10.2%
5A5	70%	336	16	750	1125	1%	186	0.53	4.5%

注:材料:P·O 32.5 水泥,细度模数 2.0 河砂,5～25mm 碎石,JN-2 高效减水剂,I 级低钙灰。

(2)结果和分析。

图6-2 和图6-3 为粉煤灰等体积及等质量替代水泥的试验结果。粉煤灰以不同比例等质量或等体积替代水泥时,多数情况下会增大混凝土的早期和后期干缩值,没有明显的减缩作用。与基准混凝土相比,28d 以前的干缩值增幅大,后期(大于 28d)干缩增幅则趋于减小。但当质量替代率在 20% 附近,或体积替代率在 30% 左右时,粉煤灰对收缩的影响最小,与基准混凝土相近,甚至略微减小,由对照表可以看到,两者的质量或体积掺量实际上极为接近,表明此时为最佳粉煤灰掺量。

混凝土中,矿物掺合料具有微集料效应、活性效应、界面效应和形态效应。粉煤灰是活性较低的矿物掺合料,且颗粒较粗,试验所用粉煤灰细度在 3900cm^2/g 左右,其界面效应和微集料都是有限的。因此,试验中,混凝土收缩变形伴随时间和粉煤灰掺量的变化,应是其活性效应对水化相孔隙结构、未水化相组成及其约束收缩作用以及水泥石变形模量产生综合影响的结果。

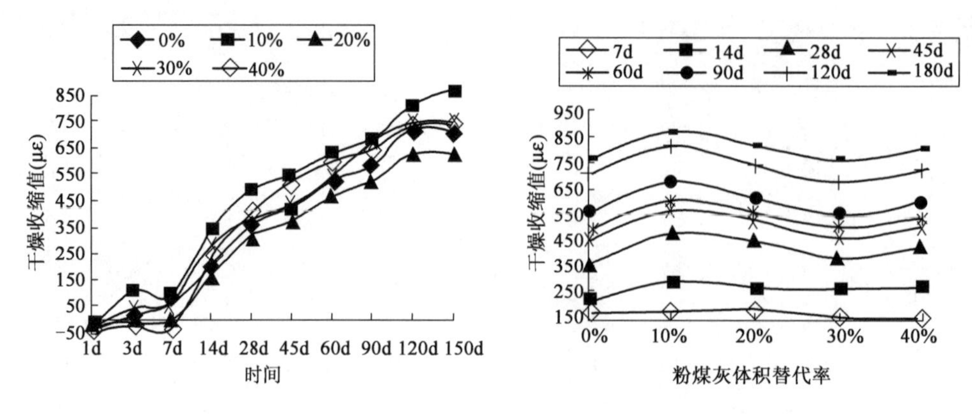

图 6-2　粉煤灰替代掺量变化与收缩变形的关系(1A)

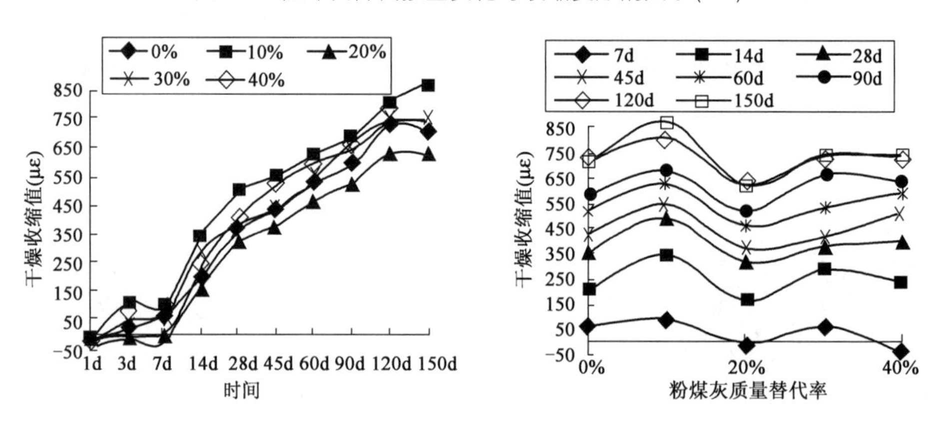

图 6-3　粉煤灰替代掺量变化与收缩变形的关系(2A)

研究表明,硅粉 1d 内即发生火山灰反应,矿粉需要 3d,而粉煤灰在 7d 之后才会产生明显的变化。因此,由于粉煤灰早期火山灰反应慢,粉煤灰颗粒与水化物之间连接很弱,粉煤灰对水化产物收缩的约束作用远小于未水化的水泥颗粒,导致混凝土收缩有较大增长。而后期,伴随火山灰反应的深入,粉煤灰颗粒与水化物之间的界面性质得到改善,而玻璃相的粉煤灰颗粒弹性模量较高,对水化产物收缩的约束作用更强,所以混凝土后期收缩增长趋于减小。

替代率过低时,粉煤灰的稀释作用导致水泥实际水胶比增大,表现为混凝土收缩值增大。替代率过高时,水泥含量显著减少,无法获得足够浓度和数量的 $Ca(OH)_2$ 进行充分的火山灰反应,粉煤灰水化率不足,无法发挥有效的约束收缩作用,也导致混凝土的收缩值增加。最佳替代率下,水泥与粉煤灰之间形成最佳匹配,水泥水化程度高,产生的 $Ca(OH)_2$ 浓度和数量满足相应数量粉煤灰一定水化率所需条件,不但使水化物获得理想的孔隙结构,而且能充分发挥水化粉煤灰对水化相收缩的约束作用,导致混凝土干燥收缩值基本不变，甚至有所降低。

图6-4为矿物掺合料双掺时，以矿粉替代20%的水泥，粉煤灰以不同量等量替代水泥的试验结果。混凝土早期收缩略有减小，后期混凝土收缩基本无变化。伴随粉煤灰的加入，低掺量时（10%），混凝土收缩增大；当粉煤灰掺量增至20%附近时，混凝土的收缩几乎不发生变化；粉煤灰掺量继续增大，则收缩重新呈现增大趋势。因此，20%～30%仍表现为粉煤灰的最佳掺量区间，与图6-4及图6-5中1A、2A的试验结果完全类似。但与前者相比，粉煤灰对混凝土收缩的影响幅度显著减小。因此，该试验结果表明，矿粉和粉煤灰双掺对控制减少混凝土的收缩有利。

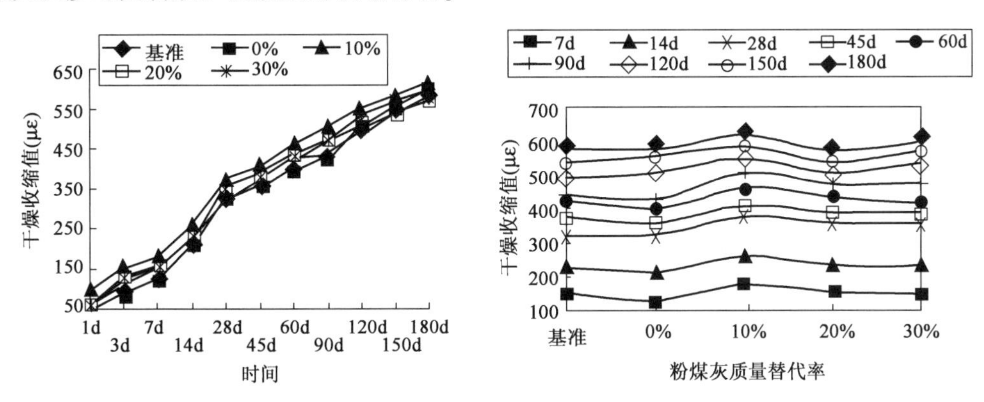

图6-4　粉煤灰替代变化与收缩变形的关系（双掺试验）

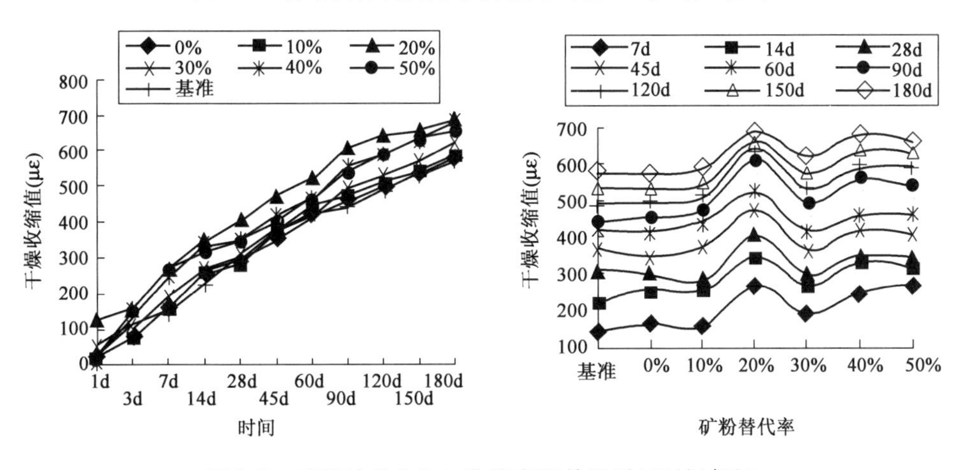

图6-5　矿粉替代变化与收缩变形的关系（双掺试验）

粉煤灰对混凝土收缩影响的作用机理已如前所述，本试验中，粉煤灰对混凝土收缩影响程度的减小应与矿粉的存在有关。矿渣微粉火山灰活性高于粉煤灰，对$Ca(OH)_2$激发剂的同等需求，使其不会具有促进粉煤灰水化，从而加强粉煤灰的约束作用，使收缩减少。因此，由于掺加矿粉对收缩所产生的影响主要应归结为水化相孔隙结构产生了变化。

图 6-5 为矿物掺合料双掺,以粉煤灰等量替代 15% 水泥,矿粉以不同量等量替代水泥的试验结果。此时,伴随矿粉的掺加量在 10% ~20% 之间时,混凝土的收缩变化不大,与试验 3A 的结果相同;当掺量继续增大时,混凝土的收缩呈现增长趋势,可解释为矿粉水化率不足,未水化矿粉约束作用产生变化以及孔隙率继续增大的共同影响。但由于矿粉的反应活性大于粉煤灰,约束作用强于粉煤灰,部分抵消了水泥石孔隙率过大可能产生的不良影响。因此,与粉煤灰类似,混凝土收缩的增长幅度并不十分显著。

如图 6-6 所示,矿粉以 10% 比例等量替代水泥时,水泥石孔隙含量和孔径分布的试验结果。可以看到,掺加矿粉导致水泥石孔隙率增大,孔径粗化,且早期明显,后期则趋于缓和。因此,可以推断,本试验中,矿粉以 20% 比例等量替代水泥时,混凝土收缩略有减小,后期收缩变化不大。在此基础上掺加粉煤灰时,对混凝土收缩影响的机理与试验 1A、2A 完全相同,影响幅度显著减小的原因则在于矿粉的掺加部分抵消了粉煤灰的微集料效应,此外,试验所用高钙粉煤灰的微集料效应小于 I 级粉煤灰,但活性高也是原因之一。

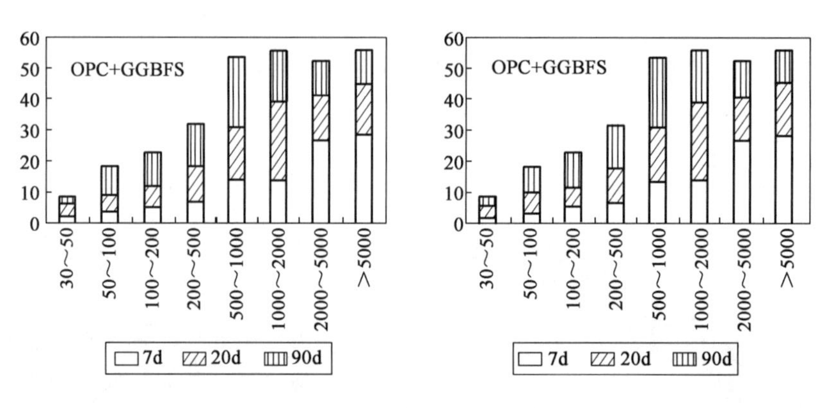

图 6-6　矿粉对水泥石孔隙的影响

综合上述四组试验结果,在 0.50 左右的水胶比条件下,I 级低钙灰等质量替代水泥控制在 20% ~30% 之间、Ⅱ级低钙灰替代率控制在 15% ~25%、矿粉替代率控制在 30% 以下,对控制减少混凝土收缩是有利的;而矿粉以较佳比例和粉煤灰双掺时,粉煤灰掺量对混凝土收缩的影响程度减小。

图 6-7 为粉煤灰等体积替代集料的试验结果。伴随粉煤灰等体积替代集料比例的增大,混凝土配比中水泥用量不变,但粉煤灰在胶凝材料中所占比例不断增大,集料的实际体积含量不断减小,此时混凝土的收缩值却并未呈现单调降低的趋势,反而在集料体

积含量为68%附近出现最小值,说明粉煤灰掺加改变了水泥石的结构,对收缩产生的有利影响大于集料的约束作用。胶凝材料中粉煤灰含量为15.2%,且混凝土收缩在集料体积含量为68%变化至66%时相对稳定。考虑到此时集料的实际体积含量降低,有增大收缩的影响。因此,试验结果表明,等体积替代集料,粉煤灰比集料能更好地产生约束收缩的作用,再次证实前述试验获得的结论,即采用I级粉煤灰时,20%～30%应为水泥的粉煤灰最佳质量替代率。

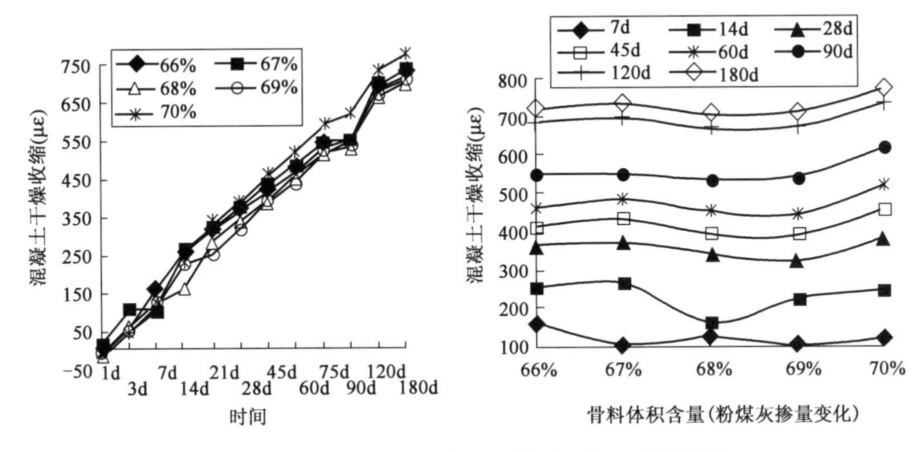

图6-7 粉煤灰等体积替代集料对混凝土收缩影响

2)水胶比对混凝土收缩的影响

(1)试验配比。

①水胶比:水泥浆体体积含量不变(集料体积含量不变),改变水胶比,试验配比见表6-6。

水胶比变化的收缩试验配比 表6-6

编号	水胶比	水泥	粉煤灰	河砂	碎石	外加剂	用水量
6A1	0.40	445	0	729	1093	0.65%	178
6A2	0.45	420	0	729	1093	0.65%	186
6A3	0.50	391	0	729	1093	0.65%	195.5
6A4	0.55	369	0	729	1093	0.65%	203
6A5	0.60	349	0	729	1093	0.65%	209

注:材料:P·O 42.5水泥,细度模数2.0河砂,5～25mm碎石,JN-2高效减水剂,I级低钙灰,砂率40%,集料体积68%。

②水胶比:固定单位用水量,胶凝材料质量组成不变(20%矿粉和15%II级粉煤灰等量替代水泥),改变水胶比,体积的变化用砂等量替代,见表6-7。

水胶比变化试验方案

表 6-7

编号	水胶比	水泥	矿粉	粉煤灰	河砂	碎石	外加剂	水	砂率
7A1	0.60	184	57	42	876	1069	3.40	170	45%
7A2	0.55	201	62	46	846	1077	4.47	170	44%
7A3	0.50	221	68	51	814	1079	4.91	170	43%
7A4	0.45	245	76	57	780	1077	5.46	170	42%
7A5	0.40	276	85	64	744	1071	6.14	170	41%
7A6	0.35	316	97	73	685	1071	7.02	170	39%

注:材料:PⅡ 52.5 水泥,细度模数 2.3 河砂,5 ~25mm 碎石,KFDN-SP(A)高效减水剂,Ⅱ级粉煤灰。

(2)试验结果和分析。

图 6-8 为胶凝材料浆体体积不变、水胶比变化的试验结果。集料体积含量固定,采用纯水泥作为胶凝材料时,水胶比的连续变化并未导致混凝土收缩的单调变化。早期,伴随水胶比增大,混凝土收缩呈现减小趋势;后期,较低、较高水胶比都导致混凝土收缩增大,试验在水胶比 0.55 附近获得了一最佳区间使混凝土收缩最小。这印证了理论分析所作出的预测:胶凝材料浆体存在着优化区间,此时水化相可形成理想的孔隙结构,使混凝土收缩最小。试验中,在低水胶比和高水胶比时,水化早期,由于水化相失水孔隙孔径减小以及自收缩的影响,混凝土收缩增大;后期,由于水泥水化和干燥的影响,混凝土收缩也呈现较高值。因此,混凝土收缩存在一最佳的水胶比区间。

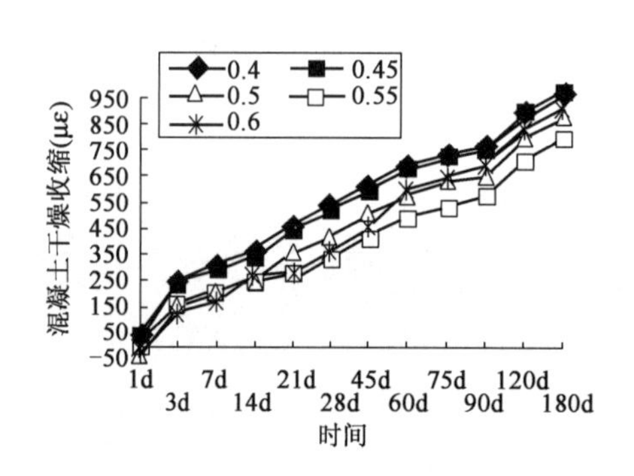

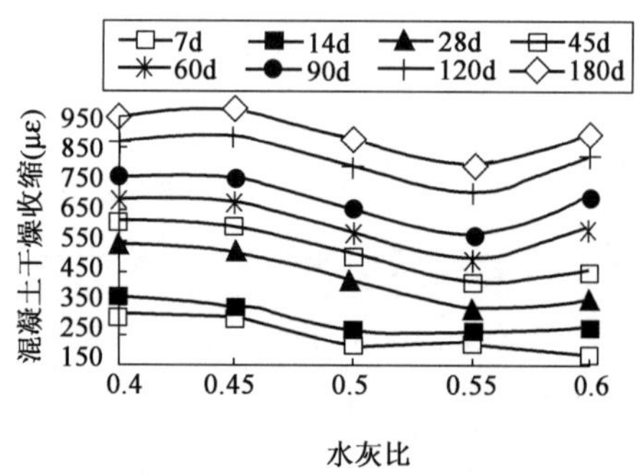

图 6-8　水灰比变化对收缩变形的影响

图 6-9 为矿粉、粉煤灰双掺,固定单位用水量、胶凝材料质量组成,水胶比变化的试验结果。早期,不同水胶比的混凝土收缩基本相同,即水胶比对混凝土早期收缩影响不大。而后期,混凝土收缩都趋于增大。其中,低水胶比下,混凝土收缩增长更为显著。试验中,矿粉和粉煤灰双掺时水胶比的最佳区间在 0.50 附近,混凝土具有较低的收缩。

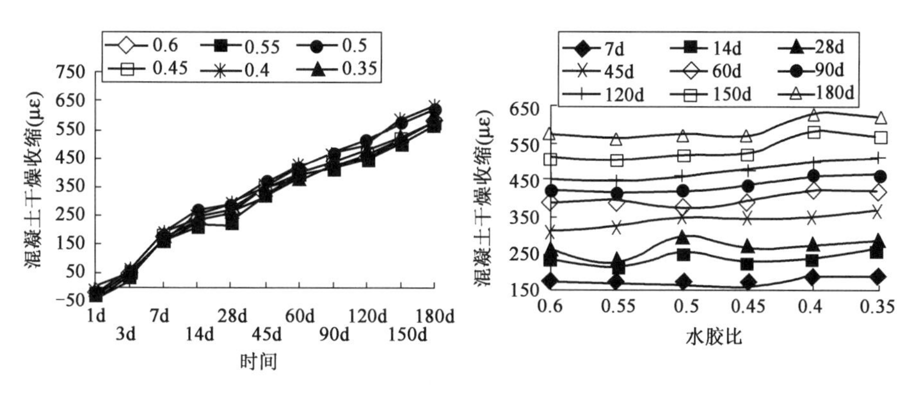

图6-9 水胶比变化对收缩变形的影响

3）水泥、减水剂品种对混凝土收缩的影响

（1）试验配比。

①水泥品种。

固定混凝土配合比组成，采用不同品种水泥，见表6-8。

水泥品种变化的收缩试验配比 表6-8

编号	水泥品种	水泥	水胶比	粉煤灰	河砂	碎石	外加剂	水	砂率
1C1	嘉新 PII52.5	340	0.50	0	824	1092	5.78%	170	43%
1C2	海螺 PII52.5	340	0.50	0	824	1092	6.46%	170	43%
1C3	小野田 PII52.5	340	0.50	0	824	1092	5.78%	169	43%
1C4	嘉新 PO42.5	340	0.50	0	824	1092	5.78%	169	43%
1C5	洋房 PII52.5	340	0.50	0	824	1092	6.46%	170	43%
1C6	联合 PO42.5	340	0.50	0	824	1092	5.78%	168	43%

注：材料：细度模数2.3河砂，5～25mm碎石，KFDN-SP（A）高效减水剂。

②减水剂品种。

相同混凝土配合比，采用不同牌号减水剂，见表6-9。

减水剂品种变化的收缩试验配比 表6-9

编号	减水剂品种	水泥	矿粉	粉煤灰	河砂	碎石	外加剂	水
2C1	P621	247	76	57	775	1027	1.2%	190
2C2	Hycol	247	76	57	775	1027	1.53%	190
2C3	S-20	221	76	57	814	1079	3.73%	170
2C4	D100	221	68	51	814	1079	5.51%	170
2C5	KFDN-SP（A）	221	68	51	814	1079	5.78%	170
2C6	HL-II	242	74	56	783	1038	2.04%	186

注：材料：PII 52.5水泥，细度模数2.3河砂，5～25mm碎石。

(2)结果和分析。

图 6-10、图 6-11 分别为水泥品种、减水剂牌号对混凝土 28d、60d 干燥收缩收缩的影响。配合比相同时,采用不同品种的水泥和不同牌号的减水剂对混凝土干燥收缩的影响十分显著。但是,水泥强度等级与混凝土的收缩之间没有必然的联系,减水剂种类与混凝土干燥收缩也无直接关联。

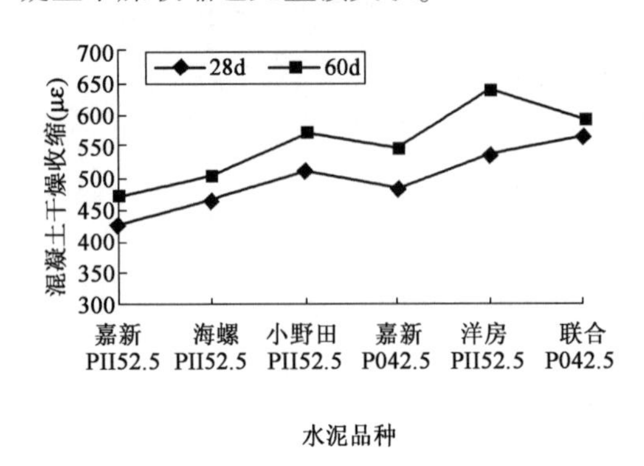

图 6-10　水泥品种对混凝土收缩影响

图 6-11　减水剂品种对混凝土收缩影响

从试验结果看,水泥品种和减水剂种类对混凝土干燥收缩的影响无法从等级和类别直接评判。但为优化设计混凝土的胶凝材料浆体组成,应当选用对收缩影响小的水泥和减水剂品种。

4)混凝土胶凝材料体系的抗裂性试验研究

(1)试验装置和方法。

试验采用图 6-12 所示的圆环抗裂试模,用以研究水泥品种、水胶比、矿物掺合料掺量以及外加剂类型对胶凝材料抗裂性能的影响。试模由底座、测模、芯模及上盖四部分组成。芯模用钢制成,其他部分用有机玻璃制成。

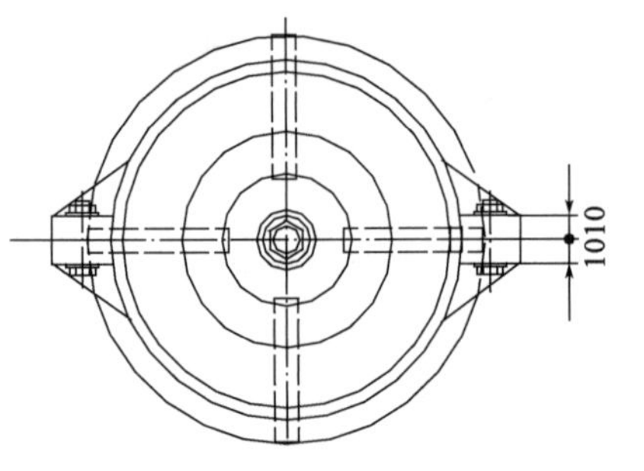

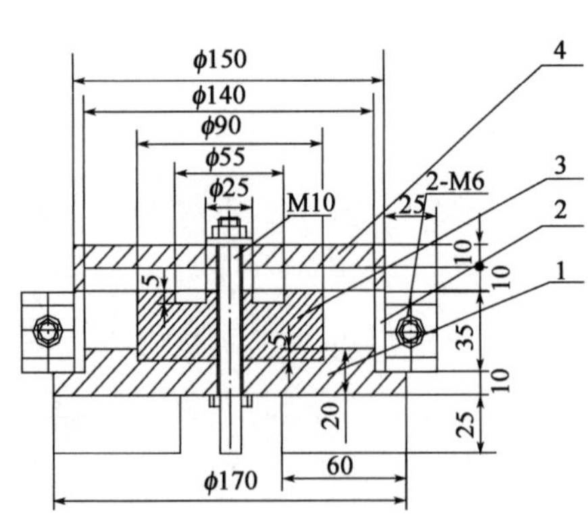

图 6-12　圆环抗裂试模

1-底座;2-测模;3-芯模;4-上盖

抗裂试验按照以下步骤进行:

①水泥抗裂性能试验。

a. 水泥用量为 500g,用水量为 150mL,按现行《水泥标准稠度用水量、凝结时间、安定性检验方法》(GB 1346)中规定的方法,制成水泥净浆。

b. 打开抗裂试模的上盖,将制成的水泥净浆用刮刀分层刮入抗裂试模内，不得带入空气，直至与上口平齐并刮平。

c. 将上盖盖上并用螺栓拧紧，固定在跳桌上跳 30 次。

d. 打开上盖，补充水泥净浆并刮平上口。用滴管在芯模的凹槽内滴满水。盖上上盖并用螺栓拧紧。

e. 将成型好的抗裂试模放入温度为 20℃ ±2℃ 的环境中养护 24h 后脱模。

f. 脱模后的抗裂试件立即放入温度为 20℃ ±3℃、相对湿度小于 60%、风速为 5m/s 的环境中，并立即计时，用放大镜观察并记录试件环立面第一条裂缝出现的间隔时间。

②矿物掺合料抗裂性能试验。

以不同比例掺合料等量替换水泥，水泥和掺合料的总量为 500g，用水量为 150mL，按上述方法得到的试件环立面第一条裂缝出现的间隔时间。

③外加剂抗裂抗裂性能试验。

水泥用量 500g，用水量为 140mL（包括液体外加剂中水分），外加剂掺量为生产厂家推荐掺量中值，可在推荐范围调整，使同批试验的外加剂水泥净浆流动度的最大值与最小值之差不大于 40mm。成型时，不再采用跳桌，同上述方法测定试件环立面第一条裂缝出现的间隔时间。

每组试验采用三个试件测值的算术平均值作为裂缝产生的间隔时间。若三个测值中最大值或最小值中有一个与中间值差值超过中间值的 20% 时，取中间值为有效值；当与中间值的差值都超过 20% 时，试验结果无效。

同组试验同时间、同环境下进行，裂缝产生的间隔时间越长，抗裂性越好。

(2) 胶凝材料体系的抗裂性试验研究及结果分析。

①水泥的抗裂性能。

依据理论分析，水泥石的收缩与其相组成及水化相的孔隙结构、水的表面张力有关。与之相关的水泥技术性质包括强度等级、细度、碱含量和矿物组成等。

试验首先选取不同厂家生产的四种 P·O 32.5 水泥，测定其密度、细度（比表面积）及碱含量后进行抗裂性试验。表 6-10 为四种水泥的物理性能以及两次重复试验的测得结果。

四种 P·O 32.5 水泥的物理性能和试验结果 表 6-10

水泥代号	密度(g/cm^3)	比表面积(m^2/kg)	碱含量(%)	开裂时间(h)	开裂时间(h)	试验条件
C1	3.08	330	0.87	32	24	$W/C=0.32$ 温度:20℃ ±2℃ 湿度:60% ±5%
C2	3.08	322	0.83	41	28	
C3	3.02	283	0.78	57.7	48	
C4	3.03	317	0.60	66	55	

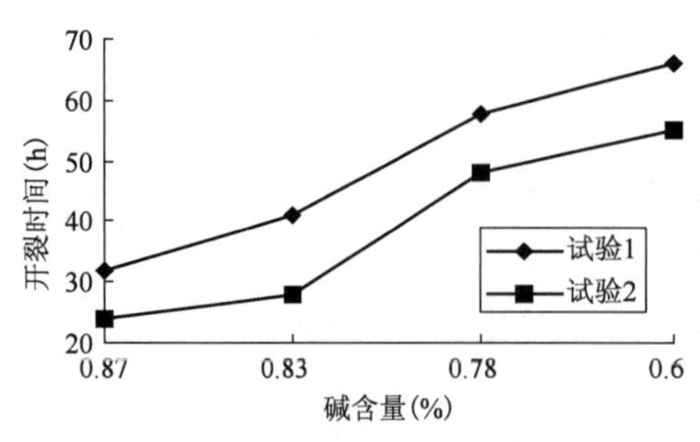

图6-13　碱含量对开裂时间的影响

两次试验试件的开裂顺序完全相同，开裂时间的差别应为试验环境波动的影响。试验结果与水泥碱含量之间呈现良好的相关性，碱含量越高，开裂时间越短（图6-13）。而水泥的比表面积由于相差不大，或者没有碱含量影响显著，未表现出直接相关性。碱含量导致开裂时间缩短的原因可能在于 K^+、Na^+ 增多，增大了液相的表面张力，导致水泥石收缩值增大。

表6-11为用其他水泥进行的验证试验结果。同强度等级水泥的开裂时间与碱含量之间仍然表现出良好的相关性，而不同强度等级水泥的开裂时间则与碱含量之间无明显的对应关系，此时，水泥细度、强度等级的差别可能产生了影响。这证实了收缩试验1C的结果：相同配比下，水泥强度等级的选取对混凝土的收缩没有必然的影响。但上述抗裂性能试验结果表明，无论采用何种强度等级的水泥，尽可能选取碱含量低的水泥应是胶凝材料体系优化设计的基本原则。

不同水泥圆环试件的开裂时间　　表6-11

序　号	生产厂家	水泥品种	碱含量(%)	开裂时间(h)	试验条件
1	A厂	P·O 32.5	0.60	27.9	W/C = 0.32 温度：20℃ ±2℃ 湿度：60% ±5%
2		P·O 42.5	0.63	13.5	
3	B厂	P·O 32.5	0.71	26.9	
4	C厂	P·O 42.5	0.58	24.0	
5		基准水泥*	0.51	14.1	
6		P·O 32.5	0.54	34.9	

注：* 基准水泥为试验研究选定的一种P·O 42.5水泥，用作对比试验的基准。

②水胶比对水泥石抗裂性的影响。

首先，采用基准水泥进行了三次重复试验，用以确定试验结果的可复演性，见表6-12。

水胶比对基准水泥开裂性能的影响　　表6-12

序　号	水泥品种	水　胶　比	开裂时间(h)	试验条件
1	基准水泥	0.30	24	温度：20℃ ±2℃ 湿度：60% ±5%
2	基准水泥	0.40	31	
3	基准水泥	0.50	42	

尽管不同水胶比下,三次重复试验的绝对开裂间隔时间不同,但每次试验试件的开裂顺序或变化趋势几乎完全相同,试验结果表现出良好的可复演性。水胶比从 0.30 增加到 0.40 时,圆环试件开裂时间成倍增长,而当水胶比继续增大至 0.50 时,开裂时间的增长幅度显著降低,甚至不再变化,表明此时水胶比可能已接近一最佳值或范围。

依据理论分析和试验(1)的结果,水泥细度、矿物组成以及碱含量等因素都会对水泥水化相的孔隙结构产生影响,因此,对于不同水泥形成的胶凝材料体系,在水胶比连续变化时,水化相孔隙结构的演化也可能具有差异。为验证基准水泥的试验结果是否具有普适性,采用不同厂家水泥进行了重复试验,结果分别见表 6-13、表 6-14。

A 厂两种水泥不同水胶比下的开裂性能 表 6-13

水胶比	开裂时间(h)			
	第一次	第二次	第一次	第二次
0.28	20	26	18	22
0.32	29	39	28	28
0.36	36	40	44	51
0.40	46	55	54	58
水泥等级	P·O 32.5 水泥		P·O 42.5 水泥	
试验条件	温度:20℃ ±2℃,湿度:60% ±5%			

几种水泥不同水胶比下的开裂性能 表 6-14

水胶比	开裂时间(h)		
	B 厂 P·O 42.5 水泥	C 厂 P·O 42.5 水泥	D 厂 P·O 42.5 水泥
0.30	16.4	37.5	38.9
0.35	31.6	44.6	34.7
0.40	271.1 *	50.8	36.4
0.50	68.5(稍泌水)	61.1(稍泌水)	51.9(稍泌水)
0.60	77.4(泌水)	无效结果	54.2(泌水)
0.65	74.6(泌水)	无效结果	55.7(泌水)
试验条件	温度:20℃ ±2℃,湿度:60% ±5%		

注:* 此值为可疑值。

A 厂两种强度等级水泥的开裂性能表现出相同的变化规律,在开裂性能上没有显著差别,水胶比从 0.28 增加到 0.40 时,开裂时间随之增长,与基准水泥的试验结果完全类似。

不同厂家的三个同强度等级水泥的圆环试验仍然呈现类似的结果,在开裂性能无显著差别,结合上一试验结果可以看到,圆环试验方法对不同厂家、不同强度等级的水泥具有一定的普适性。但当水胶比大于0.50时,水泥净浆极易出现泌水现象,导致试验数据离散性大,甚至产生无效结果。因此,高水胶比下,试验方法的有效性将受到限制。

综合上述试验结果,水胶比对水泥开裂性能的影响存在共同的规律:在一定水胶比范围内(0.30~0.50),开裂时间有较大的增长;当水胶比超过一定范围时(一般在0.50附近),开裂时间增幅明显减小,少数可能出现缩短,考虑到试验时泌水的影响,水胶比0.40附近存在最佳区间。但与混凝土收缩试验1B的结果相对比可看到,水胶比的圆环试验结果并不能完全反映混凝土的长期收缩性能,而与混凝土的早期收缩(如7d)则有很好的相关性,圆环试验获得的水胶比最佳区间也低于混凝土收缩试验的结果。一方面,可能是由于集料的影响;另一方面,圆环试件的开裂通常在几天之内出现,是水泥石早期收缩(包括低水胶比下的自收缩)受到约束的结果,还不能反映水泥水化使水化相后期孔隙结构演变乃至对收缩的影响。

尽管圆环试验只能反映水胶比对混凝土早期收缩的影响,但依据混凝土裂缝形成机理和众多研究报道,混凝土早期微裂纹的形成混凝土后期开裂的重要原因之一,因此,圆环试验结果可在一定程度上评价混凝土的抗裂性能,试验所获得的最佳水胶比(区间)可以认为是混凝土胶凝材料体系最佳水胶比的下限。

③减水剂对水泥石抗裂性的影响。

显然,依据其作用机理,减水剂对水泥石收缩的影响是两方面的。首先,减水剂可有效降低水的表面张力,有减少收缩的作用;其次,由于包裹水的释放,减水剂的掺加使水泥石孔隙分布细化,有增大水泥石收缩的趋势。因此,两方面的共同作用决定了水泥石收缩的变化。而共同作用的结果将与减水剂的种类、掺量等因素有关。由于能有效减少混凝土拌和用水量,一般认为掺加减水剂对减少混凝土收缩是有利的,减水剂对混凝土收缩影响的评定方法也以混凝土坍落度相同为基本条件,实际上,此时已导致水胶比的变化,不能客观反映减水剂对混凝土收缩的真实影响。因此,本试验采用固定水胶比的方案。表6-15为基准水泥掺加减水剂对开裂时间的影响。固定水胶比时,萘系减水剂、三聚氰胺系减水剂都导致开裂时间的缩短,说明孔隙细化对水泥石收缩的影响占据主导作用。因此,配合比不变时,掺加减水剂会增大混凝土收缩,这与已有的研究结果一致。

基准水泥中掺加减水剂对开裂性能的影响 表6-15

减水剂种类、掺量		基准水泥	萘系减水剂0.50%(粉剂)	三聚氰胺系减水剂2%(液剂)
开裂时间(h)	1	22	18	14
	2	39	23	—
	3	32	21	—
试验条件		水胶比0.32,温度:20℃±2℃,湿度:60%±5%		

表 6-16 为减水剂掺量对圆环试件开裂时间的影响，当减水剂掺量从 0.30% 增加到 0.40% 时，开裂时间缩短，说明更多的包裹水释放为自由水，水泥石细孔增多，收缩增大。当减水剂掺量继续增大到 0.60% 时，开裂时间不再产生变化，说明减水剂已达到饱和，对水泥石的孔隙不再有大的影响。当减水剂掺量再增大到 0.70% 时，开裂时间再次缩短，可能是减水剂掺量过大，使泌水增大导致。

减水剂掺量对水泥石开裂时间的影响　　表 6-16

序号	1	2	3	4	5	6
减水剂掺量(%)	0.30	0.40	0.50	0.60	0.70	0.80
开裂时间(h)	21.5	15	15	15	7	7
试验条件	水胶比 0.30，萘系减水剂，温度：20℃ ±2℃，湿度：60% ±5%					

表 6-17 为重复试验的结果，与第一次试验结果完全一致。

减水剂掺量对水泥石开裂时间的影响(重复试验)　　表 6-17

序号	1	2	3	4
减水剂掺量(%)	0.30	0.35	0.40	0.50
开裂时间(h)	47	47	39	40
净浆流动度(mm)	158	199	250	265
试验条件	水胶比 0.30，萘系减水剂，温度：20℃ ±2℃，湿度：60% ±5%			

整个试验显示出良好的复演性，说明采用圆环试验可以对减水剂的种类和合理掺量进行优选。由于减水剂会增大收缩，因此，过度追求高坍落度、过量掺加减水剂都对控制混凝土的收缩不利。此外，依据理论分析，减水剂对混凝土收缩的影响应与水胶比的大小有关，水胶比越低，减水剂对孔隙的细化作用越明显，使混凝土收缩增幅更大。因此，考虑到减水剂对水泥石孔隙的细化作用以及水泥后期水化的影响，可以推断，采用减水剂时，混凝土的最佳水胶比应偏大。

④矿物掺合料对水泥石开裂性能的影响。

矿物掺合料的种类、掺量、细度和活性对胶凝材料体系早期孔隙结构以及后期的演变都将产生影响，因此，依据先前的圆环试验结果和分析，圆环试验将反映矿物掺合料对混凝土早期收缩的影响，并与水胶比以及减水剂的掺加有关。

表 6-18 为粉煤灰及粉煤灰减水剂双掺对水泥石开裂性能的影响。无论采用何种粉煤灰，圆环试件开裂时间都随粉煤灰掺量的增加而延长，即水泥石的早期收缩减小，这与混凝土收缩试验的结果完全一致，原因在于掺加粉煤灰增大了水泥石早期的孔隙率并使孔径粗化。其中，采用Ⅰ级粉煤灰时，开裂时间的增长幅度远大于Ⅱ级粉煤灰，说明此时

水泥石孔隙率增大和孔径粗化对减少水泥石早期收缩有利；而Ⅱ级粉煤灰由于粒度较Ⅰ级粉煤灰粗，伴随掺量不断增大，水泥石孔隙率过大、孔径过粗，失水速度过快，部分抵消了其有利影响，因此，开裂时间增幅很小。由此不难推断，正如表中的试验结果，Ⅰ级粉煤灰与减水剂双掺时，由于减水剂的孔隙细化作用，抵消了粉煤灰对孔隙的粗化作用，将导致水泥石早期收缩的增大，圆环开裂时间缩短，这与试验(3)的结果完全类似；而Ⅱ级粉煤灰与减水剂双掺时，减水剂的孔隙细化作用将抵消粉煤灰对孔隙的过度粗化作用，反而减小了水泥石的早期收缩，表现为圆环开裂时间的增大。

粉煤灰及粉煤灰减水剂双掺对水泥石开裂性能的影响 表6-18

序号	水胶比	减水剂(%)	粉煤灰(%)	开裂时间(h)	备注
1-1	0.32	—	—	22	Ⅰ级粉煤灰 萘系减水剂(0.5%) 三聚氰胺系减水剂(2%)
1-2	0.32	—	20	91	
1-3	0.32	0.5	0	18	
1-4	0.32	0.5	20	91	
1-5	0.32	2	0	14	
1-6	0.32	2	20	91	
2-1	0.32	—	—	39	Ⅰ级粉煤灰
2-2	0.32	—	15	55	
2-3	0.32	0.5	—	23	
2-4	0.32	0.5	15	39	
3-1	0.32	—	15	87	
3-2	0.32	—	25	111	
3-3	0.32	—	35	>240	
3-4	0.32	—	45	>240	
3-5	0.32	0.5	—	24	
3-6	0.32	0.5	15	42	
3-7	0.32	0.5	25	>240	
3-8	0.32	0.5	35	>240	
3-9	0.32	0.5	45	>240	
4-1	0.32	—	15	27	Ⅱ级粉煤灰
4-2	0.32	—	25	62	
4-3	0.32	—	35	71	
4-4	0.32	—	45	74	
4-5	0.32	0.5	15	27	
4-6	0.32	0.5	25	74	
4-7	0.32	0.5	35	95	
4-8	0.32	0.5	45	>120	

由于火山灰活性低，在圆环试验持续的时间内，粉煤灰的水化率很低，试验结果实际上主要反映了还未反应的粉煤灰颗粒对胶凝材料体系初始结构的影响，并不能体现后期粉煤灰火山灰反映所导致水泥石孔隙结构的演变，乃至对收缩的影响。因此，不能片面认为，粉煤灰掺量越大，水泥石（混凝土）收缩越小，抗裂性越好。此外，依据试验结果可进一步推断：水胶比越大，掺加粉煤灰、减水剂，增大粉煤灰掺量对水泥石早期收缩的影响越不显著，超量掺加粉煤灰（尤其是Ⅱ级粉煤灰），实际上会导致早期抗裂性能的降低。因此，从混凝土的长期收缩变形和抗裂性能考虑，应考虑粉煤灰后期的水化作用，选取最佳的掺量。

表6-19为随机选取一种矿粉进行试验获得的结果。矿粉对开裂时间的影响远未有粉煤灰显著，不掺加减水剂时（试验系列1），各种掺量对开裂时间的影响都不明显，低掺量下，开裂时间略微缩短，高掺量时（>25%），则略微增大。有减水剂存在时（系列2），少量掺加开裂时间就有较大增长，但掺量变化对开裂时间的影响同样不明显。

矿粉及矿粉减水剂双掺对水泥石开裂性能的影响　　表6-19

序号	水胶比	减水剂(%)	矿渣粉(%)	开裂时间(h)	试验条件
1-1	0.32	—	—	32	萘系减水剂(0.5%) 温度:20℃±2℃湿度:60%±5%
1-2	0.32	—	10	24	
1-3	0.32	—	15	26	
1-4	0.32	—	25	24	
1-5	0.32	—	35	40	
1-6	0.32	—	45	40	
2-1	0.32	0.5	—	21	
2-2	0.32	0.5	10	41	
2-3	0.32	0.5	15	33	
2-4	0.32	0.5	25	33	
2-5	0.32	0.5	35	41	
2-6	0.32	0.5	45	41	

考虑到所有试件开裂试件都不足2d，可以认为此时矿粉的水化并未开始，试验结果同样也只是反映了矿粉颗粒对胶凝材料体系初始结构的影响。依据系列2的结果，矿粉的掺加显著抵消了减水剂导致的孔隙细化对早期收缩的不利影响，说明矿粉有粗化孔隙的作用，这与混凝土收缩试验的分析一致。不加减水剂时，开裂时间随掺量变化出现的反向变化，推测可能掺加矿粉不仅导致孔隙粗化，而且不同掺加量对确定孔径的含量也

具有影响,较低掺量下,导致对应试验环境下的失水孔隙增多,表现为开裂时间缩短;反之,高掺量下,导致对应的失水孔隙减少,开裂时间延长。由于矿粉活性较粉煤灰高,因此,开裂试验的结果与收缩试验结果没有直接相关性。但是,从减少混凝土早期微裂缝的角度看,由于矿粉掺量变化对开裂时间影响不大,少量掺加即可满足要求,同时还可有效抵消减水剂的不利影响,而依据混凝土收缩试验的结果,考虑到矿粉对混凝土长期收缩变形的影响,不能采用过大的掺量。

6.2 混凝土集料组成优化设计研究

集料的技术性质对混凝土干燥收缩的影响最为复杂。一方面,即使胶结浆体组成确定时,集料体积含量的变化不但导致约束相和收缩相相对数量的变化,而且也会导致约束相自身收缩的变化;另一方面,对于一定性能要求的混凝土,配合比所能够采用的集料体积含量取决于混凝土中集料可达到的堆积密实度,而集料的堆积密度本质上由集料颗粒的粒径分布、粒形特征决定。

因此,在胶结浆体组成获得优化的前提下,集料组成优化对减缩抗裂混凝土的优化设计同样具有重要意义。本章首先就集料性质和组成对混凝土收缩的影响进行理论分析,并结合试验研究确定影响混凝土干燥收缩的关键集料参数,在此基础上,通过集料堆积试验,探索运用定量体视学技术对集料组成进行优化设计的方法。粗集料在混凝土中用量最大,性质变化波动也最明显,是本章的研究重点。

6.2.1 集料组成对混凝土收缩影响的理论分析

普遍认为,集料的体积含量、变形模量、集料的最大粒径、砂的细度模数、砂率以及含泥量等都是影响混凝土干燥收缩的重要因素。其中,增大集料体积含量、采用弹性模量高的集料、降低集料的含泥量,有利于控制减少混凝土的收缩已毫无争议。但对于集料最大粒径、砂的细度模数以及砂率的影响,必须明确的问题是:究竟是粗的集料对水泥石收缩的约束作用更强,还是由于集料粒径变化导致混凝土单位用水量变化,从而对收缩产生影响。否则,将对混凝土的减缩抗裂优化设计不能提供有效的指导。

此外,从集料的约束作用看,一定时间下,混凝土的干燥收缩是由水泥石的收缩 ε_p 和集料的体积含量 a 决定的,按照 Nevile 的公式,此时,混凝土的干燥收缩可表示为：

$$\varepsilon_{c(t)} = \varepsilon_{p(t)}(1-a)^n \tag{6-1}$$

对于确定级配的集料，若 n 为常数，且 $\varepsilon_{p(t)}$ 与集料体积含量变化无关，则一定时间下，混凝土干燥收缩随集料体积含量的变化率为：

$$\frac{\mathrm{d}\varepsilon_c}{\mathrm{d}a} = -\varepsilon_{p(t)} n (1-a)^{n-1} \tag{6-2}$$

显然，$\left|\frac{\mathrm{d}\varepsilon_c}{\mathrm{d}a}\right|$ 并非常数，而是体积含量 a 的减函数，伴随 a 的增大，集料体积含量变化对混凝土收缩的影响将趋于减小。因此，从实际应用角度看，应当明确的是：是否存在某一临界集料体积含量，高于此值时，集料对混凝土收缩的影响将不再显著；此外，$\varepsilon_{p(t)}$ 是否与集料体积含量的变化无关，而当集料体积含量固定时，$\varepsilon_{p(t)}$ 是否也与集料粒径分布的变化无关。若 $\varepsilon_{p(t)}$ 伴随集料体积含量和组成而变化，$\left|\frac{\mathrm{d}\varepsilon_c}{\mathrm{d}a}\right|$ 则为多元函数。那么，了解其变化规律，对混凝土收缩控制和配合比设计将有重要意义。

1）集料粒径对混凝土收缩的影响

不考虑集料弹性模量以及混凝土单位用水量发生的变化，粗集料最大粒径、砂率以及砂的细度模数对混凝土收缩的影响，实际上都归结为集料粒径的影响。若集料粒径的变化对 $\varepsilon_{p(t)}$ 没有影响，则粒径变化产生的影响主要在于其对水泥石的约束作用是否发生了变化。

如果将混凝土看作由水泥石和集料组成的两相材料。假设集料体积含量为 a，水泥石的干燥收缩为 $\varepsilon_{p(t)}$，集料由粒径为 R 的等大球体组成，且集料分布均匀，则单位体积混凝土可看作由 $\frac{a}{4/3\pi R^3}$ 个图 6-14a）所示的微小单元体组成。依据弹性力学的连续性和变形协调假设，该单元体的收缩即混凝土的收缩。

当球体 R 为较小球体 r 所替代时，每个单元体将等同于图 6-14b）所示的数个新的单元体，新的单元体与图 6-14a）完全几何相似，它的收缩同样为混凝土的收缩。一定条件下，图中所示单元体的收缩需采用复杂的有限元方法求解，且通常难以获得明确的解析表达。但显然，单元体的收缩 $\varepsilon_{c(t)}$ 可用以下函数表示：

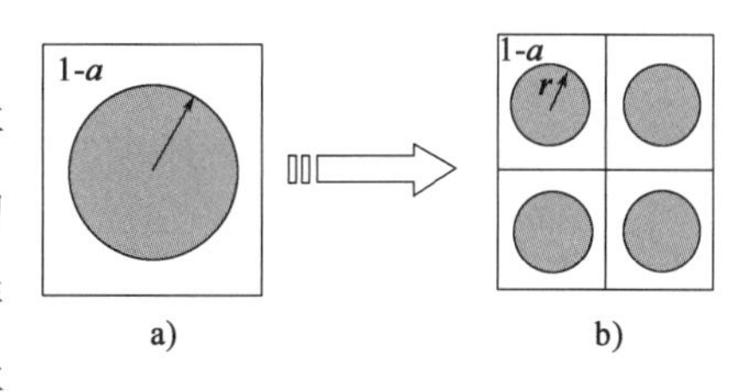

图 6-14　混凝土的单元体模型

$$\varepsilon_{c(t)} = f(L, R, E_p, E_a, \varepsilon_{p(t)}) \tag{6-3}$$

即单元体的收缩为边长 L、球半径 R、集料和水泥石变形模量 E_a、E_p 以及水泥石收

缩 $\varepsilon_{p(t)}$ 的函数。

$\varepsilon_{c(t)}$ 为无量纲量，依据量纲分析，式(6-3)必可表示为：

$$\varepsilon_{c(t)} = f\left[\left(\frac{L}{R}\right)^{b},\left(\frac{E_p}{E_a}\right)^{c},\varepsilon^{d}{}_{p(t)}\right] \tag{6-4}$$

式中：b、c、d——常数。

对于集料体积含量为 a 的任何单元体，很容易得出：

$$\frac{L}{R} = \sqrt[3]{\frac{4\pi}{3a}} \tag{6-5}$$

即 $\left(\frac{L}{R}\right)^{b}$ 只是 a 的函数。

因此，将混凝土看作两相材料，且集料体积含量一定时，仿照式(6-5)的形式，混凝土的干燥收缩可表示为：

$$\varepsilon_{c(t)} = \varepsilon_{p(t)}\,(1-a)^{K_1} \tag{6-6}$$

式中：K_1——集料对水泥石收缩的约束系数，仅取决于集料与水泥石变形模量的相对大小。

若集料和水泥石的变形模量、水泥石干燥收缩 $\varepsilon_{p(t)}$ 不发生变化时，任何单元体的收缩相等，改变集料粒径并不会对混凝土收缩产生任何影响。

此外，从上述分析可以看到，该结论成立的另一基本前提是集料粒径的变化必须保证胶结浆体仍可完全填充集料的空隙。

2)集料组成对混凝土收缩的影响分析。

依据上述分析，混凝土中，集料的存在不但影响收缩相和约束相的相对数量，而且还将导致水泥石的湿扩散系数发生变化，对水泥石本身乃至混凝土的干燥收缩同样产生影响。集料对混凝土干燥收缩的影响具有三种效应：稀释效应减少了收缩相的含量，有利于减少混凝土的收缩；界面过渡区效应增大了水泥石的湿扩散系数，有增大收缩的趋势；湿扩散行程曲折效应延长了湿扩散行程，增大了扩散阻力，降低了水泥石湿扩散系数，有利于减少收缩。因此，集料体积含量以及物性参数对混凝土收缩的影响取决于这三方面的共同作用。

(1)体积含量的影响。

增大集料体积含量，不但减少了混凝土中收缩相的体积含量，同时延长了水泥石的湿扩散行程，总有利于减低干燥收缩变形。但是，伴随集料体积含量的增加，水泥石中界面过渡区的体积含量也将不断增大，界面过渡区中水泥石具有更高的孔隙率，将增大水泥石的湿扩散系数，又表现为增大混凝土收缩的趋势。

集料的湿扩散行程曲折效应和界面过渡区效应是相互关联的,由于集料-水泥石界面过渡区具有更高的孔隙率,水泥石湿扩散行程主要沿集料颗粒表面曲折进行,因此,当界面过渡区未形成重叠和连通通道时,湿扩散行程曲折效应能有效增大水泥石的湿扩散阻力,降低混凝土收缩的作用将大于界面过渡区的负面影响。研究表明,混凝土中集料体积含量大于45%左右时,集料-水泥石界面过渡区即开始形成连通和重叠。常规混凝土,集料体积含量通常大于60%,伴随集料体积含量的增大,界面过渡区体积含量、连通和重叠程度将不断增大,此时,湿扩散行程曲折效应因过渡区的重叠而减小,而界面过渡区的负面影响不断增大。因此,可以预见,当集料体积含量增大到一定程度时,由于界面过渡区对水泥石湿扩散的显著影响,集料体积含量变化对混凝土收缩的影响程度将不再显著。

(2)最大粒径的影响。

不考虑湿扩散行程曲折效应和界面过渡区效应,体积含量一定时,集料最大粒径的变化实际上对混凝土的干燥收缩没有影响。但实际上,增大集料最大粒径时,水泥石中界面过渡区的体积含量将减少,而水泥石的湿扩散行程将缩短,两者对混凝土收缩的影响是反向的。尽管集料粒径变化对水泥石湿扩散行程的影响还难以定量,但从前述分析可以看到,界面过渡区体积含量和水泥石扩散行程实际上都与集料的总表面积直接相关,因此,一定条件下,两者对混凝土收缩的影响可以互相抵消,即集料最大粒径对混凝土的干燥收缩不会产生大的影响。

(3)砂率和细度模数的影响。

如果保持混凝土配合比不变,砂率和细度模数变化对混凝土收缩的影响实际上与粒径变化的影响相同,因此,与集料最大粒径类似,一定范围内,砂率和细度模数变化对混凝土干燥收缩实际上也不会产生大的影响。

6.2.2　集料组成对混凝土收缩影响的试验研究

试验选取集料体积含量、最大粒径、砂率、含泥量、砂的细度等参数作为集料组成变化的调整变量。为获得系统的收缩数据和研究结果,并模拟工程的实际情况,试验配合比方案的设计和混凝土收缩的测定同前所述。

1)体积含量对混凝土收缩的影响

(1)试验配比。

砂率、胶凝材料浆体组成不变,浆体等体积(质量)替代集料。见表6-20、表6-21。

胶凝材料浆体等体积替代集料的试验配比(试验1)　　表6-20

编号	集料体积	水泥	粉煤灰	河砂	碎石	外加剂	水	砂率	水胶比	粉煤灰质量替代率
1B1	64%	378	67.5	686	1029	1%	209.3	40%	0.47	16.4%
1B2	66%	357	63.75	708	1061	1%	197.7	40%	0.47	16.4%
1B3	68%	336	60	729	1093	1%	186	40%	0.47	16.4%
1B4	70%	315	56.25	750	1125	1%	174.4	40%	0.47	16.4%
1B5	72%	294	52.5	772	1157	1%	162.8	40%	0.47	16.4%

注:材料:P·O 32.5 水泥,细度模数大于2.3 河砂,5~25mm 碎石,JN-2 高效减水剂,I 级低钙灰

胶凝材料浆体等质量替代集料的试验配比(试验2)　　表6-21

编号	集料体积	水泥	粉煤灰	河砂	碎石	外加剂	水	砂率	水胶比	粉煤灰质量替代率
2B1	72%	290	70	760	1094	1.5%	166	41%	0.46	19.5%
2B2	70%	306	74	748	1077	1.5%	175	41%	0.46	19.5%
2B3	68%	322	78	736	1060	1.5%	184	41%	0.46	19.5%
2B4	66%	338	82	724	1043	1.5%	193	41%	0.46	19.5%
2B5	64%	354	86	712	1026	1.5%	202	41%	0.46	19.5%

注:材料:P·O 42.5,细度模数2.6 河砂,5~25mm 碎石,RH561 减水剂,Ⅱ级低钙粉煤灰。

(2)试验结果和分析。

图6-15、图6-16为集料体积变化对混凝土收缩影响的试验结果。虽然采用质量替代的方法实际上会导致混凝土体积组成发生微小的变化,但两组试验中,混凝土收缩值随集料体积含量的变化仍表现出完全类似的结果,采用质量替代导致混凝土实际体积组成微小的变化未对结果产生显著影响。与目前公认的结论相同,胶结浆体组成不变时,试验测得的混凝土干燥收缩伴随集料体积含量增大持续减小。从试验结果可以看到,当混凝土中集料体积含量较低时,增大集料体积含量,混凝土收缩的减少并不显著;而从66%增大到68%时,对混凝土收缩的影响最为敏感,收缩值显著降低;大于68%以后,减缩作用则又开始趋缓。因此从控制减少混凝土收缩的角度看,当集料体积含量大于68%时,最为有效。

集料对混凝土收缩的影响表现在约束作用和湿扩散两个方面。集料体积含量较低时,约束作用是主要影响,湿扩散行程曲折效应和界面过渡区效应影响较小,表现为混凝土收缩一定程度的降低;集料体积含量增大到一定程度,湿扩散行程曲折效应作用增大,降低了收缩,与约束作用共同影响,导致混凝土收缩显著降低;当集料体积含量继续增大

时,界面过渡区含量增大,抵消了湿扩散行程曲折效应的作用,减缩作用趋缓。

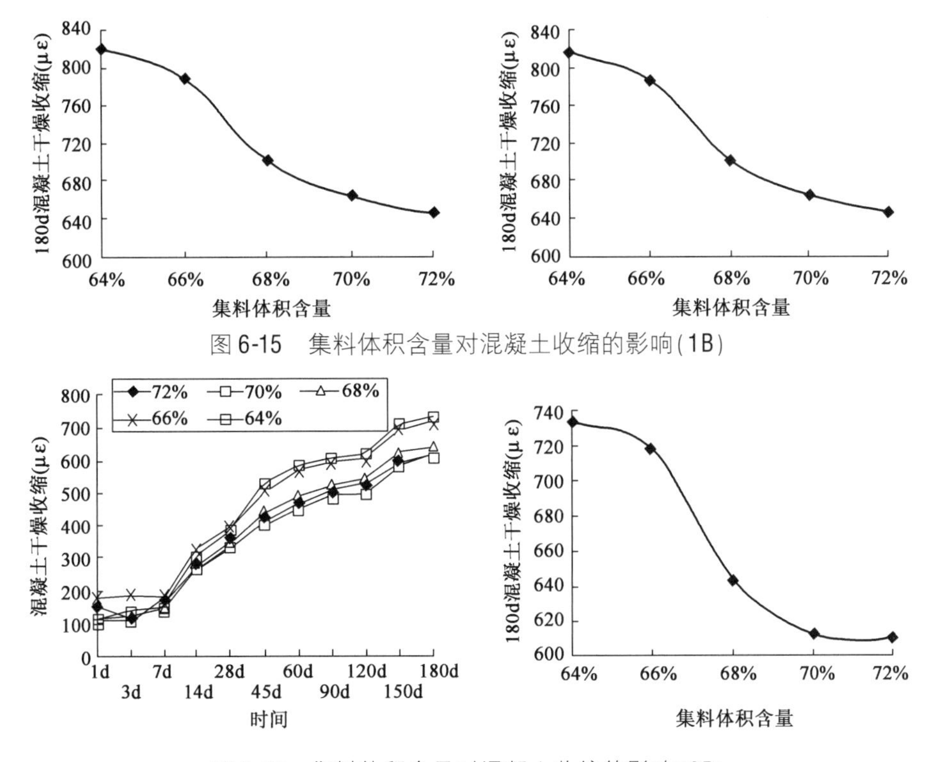

图6-15 集料体积含量对混凝土收缩的影响(1B)

图6-16 集料体积含量对混凝土收缩的影响(2B)

2)最大粒径对混凝土收缩的影响

(1)试验配比。

固定砂率、水胶比、胶凝材料组成,改变集料粒径,调整胶凝材料浆体用量,将混凝土的坍落度控制在150~170mm。见表6-22。

集料最大粒径对混凝土收缩影响的试验配比　　表6-22

编号	集料最大粒径	水泥	矿粉	粉煤灰	河砂	碎石	外加剂	水	水胶比	坍落度	集料体积含量
3B1	5~16mm	247	76	57	775	1027	4.49	190	0.50	155	68%
3B2	5~25mm	221	68	51	814	1079	4.44	170	0.50	155	71.5%
3B3	5~31.5mm	219	67	50	818	1084	2.89	168	0.50	165	71.8%
3B4	5~40mm	210	65	49	829	1099	3.56	162	0.50	160	72.8%

注:材料:PII 52.5水泥,细度模数2.3河砂,碎石,KFDN-SP(A)高效减水剂,I级粉煤灰(替代量15%),S95矿粉(替代量20%),砂率43%。

(2)试验结果和分析。

图6-17为集料最大粒径对混凝土干燥收缩影响的试验结果。当集料体积含量基本

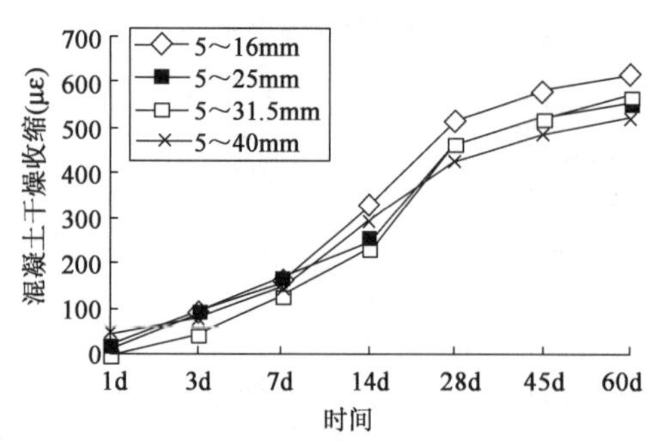

图 6-17 集料最大粒径对混凝土收缩影响

不变时(见配比 3B2 与 3B3),集料最大粒径的变化对混凝土的干燥收缩几乎未产生任何影响。说明此时湿扩散行程曲折效应和界面过渡区效应相互抵消,集料最大粒径对混凝土收缩影响并不大。而调节胶凝材料浆体含量,以保持坍落度不变时,混凝土的干燥收缩将产生变化。因此,实际当中,集料最大粒径对混凝土收缩的影响,主要体现在单位用水量(胶凝材料浆体含量)变化所引起的集料体积含量的变化;而保持混凝土配合比不变时,大颗粒集料实际上并不表现出更强的约束收缩作用。

试验中,所有配比胶结浆体组成保持不变。结合表 6-22 可以看到,各混凝土配比集料体积含量均较高(尤其是配比 3B2 ~ 3B4),此时集料体积含量的变化对混凝土收缩变化的影响幅度并不十分显著,这与试验 1B、2B 的结果相一致。再次验证了理论分析的结论:当集料体积含量增大到一定程度时,由于界面过渡区对水泥石湿扩散的显著影响,集料体积含量变化对混凝土收缩的影响程度将不再显著。

3)对混凝土收缩的影响

(1)试验配比。

集料体积含量不变,改变砂率值。见表 6-23、表 6-24。

砂率对混凝土收缩影响的试验配比(试验 1)　　表 6-23

编号	砂率	水泥	粉煤灰	河砂	碎石	外加剂	水	水胶比	粉煤灰质量替代率
4B1	38%	336	60	693	1130	1%	186	0.47	19.5%
4B2	40%	336	60	729	1093	1%	186	0.47	19.5%
4B3	42%	336	60	765	1056	1%	186	0.47	19.5%
4B4	44%	336	60	801	1020	1%	186	0.47	19.5%
4B5	46%	336	60	837	983	1%	186	0.47	19.5%
4B6	48%	336	60	873	946	1%	186	0.47	19.5%

注:材料:P·O 32.5 水泥,细度模数大于 2.3 河砂,5 ~ 25mm 碎石,JN-2 高效减水剂,I 级低钙灰。

砂率对混凝土收缩影响的试验配比(试验 2)　　表 6-24

编号	砂率	水泥	粉煤灰	矿粉	河砂	碎石	外加剂	水	水胶比
5B1	40%	221	51	68	757	1136	4.91	170	0.50
5B2	42%	221	51	68	795	1098	4.91	170	0.50
5B3	44%	221	51	68	833	1060	4.91	170	0.50

续上表

编号	砂率	水泥	粉煤灰	矿粉	河砂	碎石	外加剂	水	水胶比
5B4	46%	221	51	68	871	1022	4.91	170	0.50
5B5	48%	221	51	68	908	984	4.91	170	0.50

注:材料:PII 52.5 水泥,细度模数 2.3 河砂,5~25mm 碎石,KFDN-SP(A)高效减水剂,I 级粉煤灰(替代量 15%),S95 矿粉(替代量 20%)。

(2)试验结果和分析。

图 6-18、图 6-19 为砂率对混凝土干燥收缩影响的试验结果。两组试验结果具有相似的特征。砂率连续变化对混凝土干燥收缩的影响没有呈现出规律性,混凝土 180d 的干燥收缩值随砂率的变化在一定范围内波动,但收缩变化程度并不显著。与集料最大粒径的试验结果类似,该试验结果再次验证了理论分析的结论:胶结浆体组成和含量固定时,由于湿扩散行程曲折效应和界面过渡区效应相互抵消,砂率变化对混凝土干燥收缩并不会产生大的影响。因此,在实际工程中,砂率变化对混凝土收缩的影响,主要是由于单位用水量(胶凝材料浆体含量)变化所导致的集料体积含量变化引起的。试验中,混凝土收缩因砂率变化产生的波动可能是由于均匀性和泌水性能产生变化所导致。

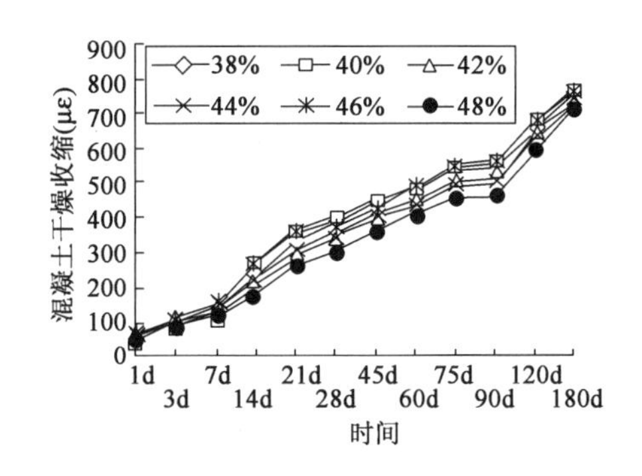

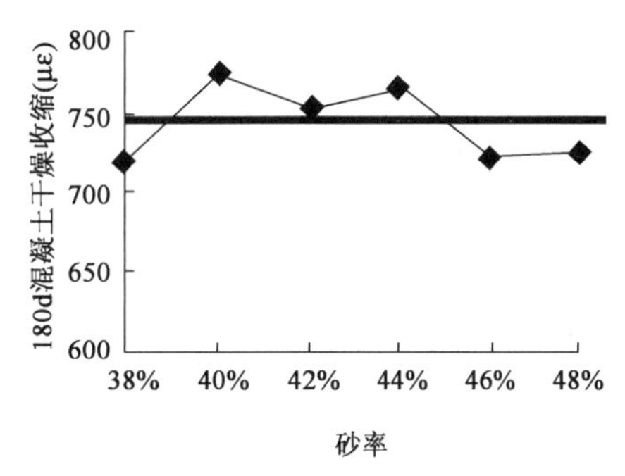

图 6-18　砂率对混凝土干燥收缩的影响(4B)

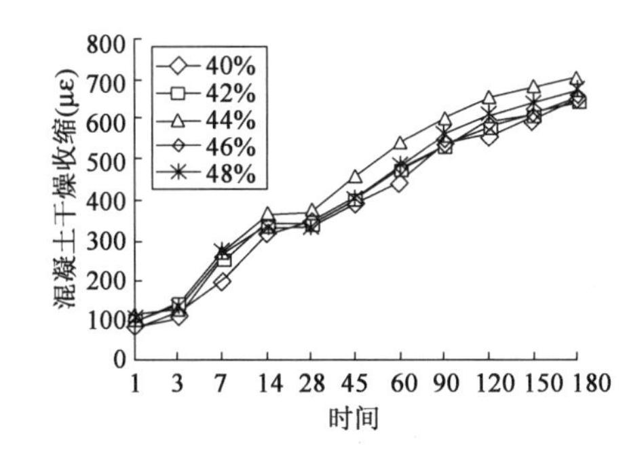

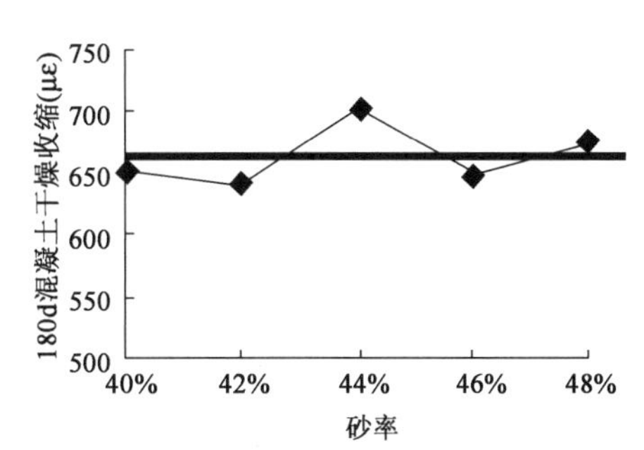

图 6-19　砂率对混凝土干燥收缩的影响(5B)

4)级配对混凝土干燥收缩的影响

(1)试验配比。

集料体积含量、砂率不变,用 5 ~ 16mm 瓜子片等量替代碎石,见表 6-25。试验所用碎石、瓜子片以及合成粗集料的级配见表 6-26。

集料级配对混凝土干燥收缩影响的试验配比　　表 6-25

编号	水泥	河砂	瓜子片	石子	水	外加剂	粉煤灰	水胶比	胶凝材料总量	瓜子片含量
7B1	322	736	0	1060	184	1.5%	78	0.46	400	0%
7B2	322	736	106	954	184	1.5%	78	0.46	400	10%
7B3	322	736	212	848	184	1.5%	78	0.46	400	20%
7B4	322	736	318	742	184	1.5%	78	0.46	400	30%
7B5	322	736	424	636	184	1.5%	78	0.46	400	40%

注:材料:P·O 42.5 水泥,细度模数 2.6 河砂,5 ~ 25mm 碎石,5 ~ 16mm 瓜子片,RH561 减水剂,低钙 II 级粉煤灰,砂率:41%。

碎石与瓜子片及合成集料的级配　　表 6-26

筛孔直径(mm)	31.5	25.0	20.0	16.0	10.0	5.00	2.50	<2.50
累计筛余(%)(碎石)	0	9.9	45.3	82.3	97.6	99.7	100.0	100.0
分计筛余(%)	0	9.9	35.4	37	15.3	2.1	0.3	0
累计筛余(%)(瓜子片)	0	0	0	0	17	78	96	100.0
分计筛余(%)	0	0	0	0	17	61	18	4
合成级配累计筛余(10%)	0	8.91	40.77	74.07	89.54	97.53	99.6	
20%	0	7.92	36.24	65.84	81.48	95.36	99.2	
30%	0	6.93	31.71	57.61	73.42	93.19	98.8	
40%	0	5.94	27.18	49.38	65.36	91.02	98.4	

(2)试验结果和分析。

图 6-20 为集料级配变化对混凝土干燥收缩的影响。集料体积含量不变时,混凝土干燥收缩随瓜子片掺量砂率的变化在一定范围内波动,但与砂率对收缩的影响类似,混凝土收缩值的变化幅度同样并不显著,这仍然可从总集料粒径对混凝土收缩影响的理论分析获得解释。因此,集料体积含量不变时,碎石级配对混凝土干燥收缩性能不会产生显著影响。

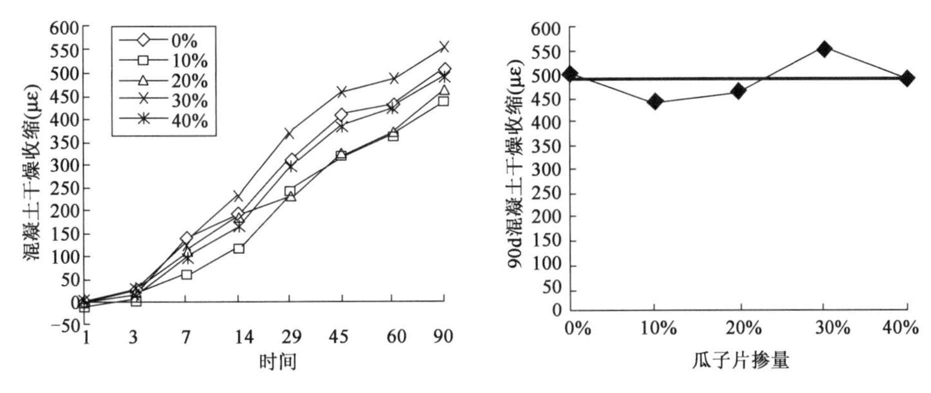

图 6-20　集料级配对混凝土干燥收缩的影响

图 6-21 为各试验配比合成碎石的级配曲线,可以看到,集料级配偏离规范规定的粗集料范围上限时,混凝土的收缩略大,通过掺加瓜子片调整集料级配,当集料级配曲线接近级配范围上限,且含有一定量的 2.5～10mm 集料时(即级配曲线小于 10mm 部分低于级配范围上限),混凝土的干燥收缩略小。因此,试验中,混凝土收缩的波动可能由于碎石级配变化引起混凝土均匀性和泌水性能产生变化导致。

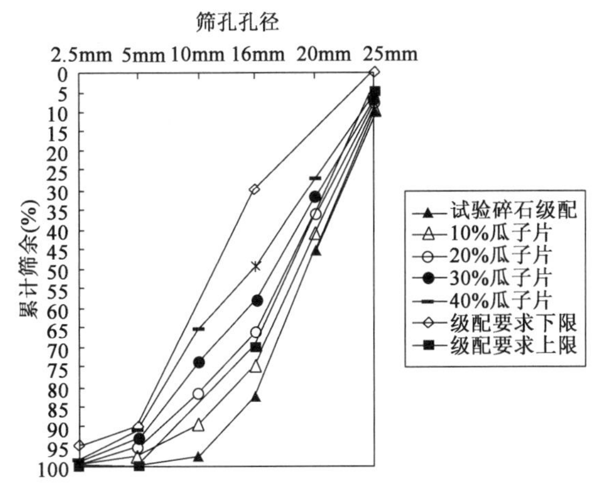

图 6-21　合成集料级配随瓜子片掺量的变化

目前,国内商品混凝土生产使用的碎石普遍存在粒度分布集中、中间粒级颗粒少的特点,在一定程度上影响了拌制混凝土的质量和性能。从试验结果可以看到,以一定瓜子片等量替代碎石,调整粗集料级配逼近规范规定的范围上限时,且含有一定量的 2.5～10mm 集料时,可避免混凝土均匀性和泌水性能不良对收缩产生的不利影响。

6.2.3　粗集料组成优化的定量体视学研究

集料的颗粒形状、粒径分布千差万别,在现有的集料组成优化设计方法中,这些因素对空隙率的影响往往需耗费大量的时间和人力，通过大量的堆积试验确定；由于不能精确描述集料几何特征参数，并确定其与堆积空隙率之间的定量关系，建立庞大的集料数据库是进行集料组成优化设计的基本前提，这显然难以满足当前国内混凝土减缩抗裂优化设计的迫切要求。本节尝试运用定量体视学方法描述集料的几何特征，通过研究集料体视学参数与堆积空隙率之间的关系，探讨便捷、可行的集料组成优化设计的定量体视学方法。

1）集料组成优化的定量体视学方法研究思路

按照 Lee 的方法，两种不同粒级的集料混合后，其堆积空隙率与各单粒级自身的空隙率，以及集料之间的"填充效应"和"干涉效应"有关，可表示为：

$$P_{\text{mix}} = \xi p_{\text{f}} + (1 - \xi) p_{\text{c}} - \xi(1 - \xi)\alpha_{\text{mix}} \tag{6-7}$$

式中：α_{mix} ——形状系数，表示细集料对堆积空隙率的影响。

Lee 的方法实际上充分考虑了集料几何特征（即体视学参数）对堆积的影响，但这种考虑是通过大量试验确定 α_{mix}、p_{c}、p_{f} 的具体数值来实现的，为此，必须建立庞大的集料数据库，通过大量试验和烦琐的计算来获得应用，这成为该方法最大的缺陷。因此，如果在 α_{mix}、p_{c}、p_{f} 与体视学参数之间存在并能建立良好的相关性，则集料的组成优化将可完全通过体视学参数计算完成，无疑简单、快捷，更具有实用性。

按照式（6-7），两种不同粒级的集料复合后，可能有以下三种情形：

（1）$P_{\text{mix}} = \xi p_{\text{f}} + (1 - \xi) p_{\text{c}}$ 集料之间没有明显的"干涉效应"和"填充效应"。

（2）$P_{\text{mix}} = \xi p_{\text{f}} + (1 - \xi) p_{\text{c}} - \xi(1 - \xi)\alpha_{\text{mix1}}$ 集料之间只存在"干涉效应"。

（3）$P_{\text{mix}} = \xi p_{\text{f}} + (1 - \xi) p_{\text{c}} - \xi(1 - \xi)\alpha_{\text{mix2}}$ 集料之间两种效应并存。

基于定量体视学的集料组成优化，要求在上述三种情形下，复合集料的体视学参数与其空隙率之间都应存在良好的相关性。其中，第一种情形下相关性的确立是后两种情形的基础，而后两种情形，由于集料粒径的差别（α_{mix}），复合集料的体视学参数与其空隙率之间的相关关系都应与第一种情形有所不同。

显然，对于第一种情形，p_{c}、p_{f} 的主要相关体视学参数应为相同的体视学参数，否则复合集料的空隙率与体视学参数之间将难以存在足够精确的相关关系。因此，基于定量体视学的集料组成优化适用于体视学参数在一定范围内变动的集料，考虑到集料几何特征的地域性特点和实际应用的要求，所建立的方法应用于局部地域更为合适。

依据上述分析，本节确立了以下研究思路：

（1）以满足地区性的应用要求为目的，选取周边地区具有代表性的粗集料为研究对象。

(2)单粒级集料堆积空隙率试验,研究单粒级集料定量体视学参数与堆积空隙率之间的关系,确定关键体视学参数,验证集料几何特征的地域性特点,建立单粒级集料堆积空隙率的定量体视学预测方法。

(3)同方式对单粒级集料进行组合,计算复合集料体视学参数,结合复合集料堆积空隙率试验,研究"干涉效应"以及"干涉效应"和"填充效应"同时存在下,复合集料堆积定量体视学参数与堆积空隙率的相关性,确定关键体视学参数,建立复合集料堆积空隙率的定量体视学预测方法。

(4)研究结果,建立基于定量体视学参数的集料组成优化设计方法。

2)集料组成优化的定量体视学研究

(1)分级。

从周遍地区混凝土搅拌站,选取三种典型粗集料,按《普通混凝土用砂、石质量及检验方法标准》(JGJ 52—2006)规定的方法测得其密度值,进行筛分析,并获得足够数量的对应于各筛孔孔径的单粒级集料,作为定量体视学分析、堆积空隙率测试的备用原料。

获得单粒级集料的基本目的是:尽可能排除集料粒径分布对堆积空隙率的影响,便于建立单粒级集料体视学参数与堆积空隙率之间的定量关系。

(2)集料堆积空隙率测定。

测定分级获得的各单粒级集料的紧密堆积空隙率,测定方法按照《普通混凝土用砂、石质量及检验方法标准》(JGJ 52—2006)的规定进行。

(3)集料的定量体视学分析。

①集料样本数量。

集料的颗粒群分布具有一定随机性,必须有足够样本数才能客观反映其几何形状特征。本试验确定的原则是:按照《普通混凝土用砂、石质量及检验方法标准》(JGJ 52—2006)规定的筛分析集料最少用量(表6-27),按照集料粒径称取对应数量作为样本数量。

筛分试验所需试样最少重量 表6-27

最大粒径(mm)	10	15	20	30	40	60	80
试样重量不少于(kg)	2.5	5	5	15	15	25	40

②图像摄取和处理。

参照前人研究采取的方法,集料预先用水润湿后,在一浅色底板上进行排列,以获得更明显的对比度,方便图像处理。排列时使每个颗粒具有最大稳定度(重心最低),且不相互接触,然后拍取照片,并设置标样作为图像处理时尺寸的量度。图6-22为集料的数码照片和二值化操作后的图像图例,图中左下角方块为设置的标样。可以看到,采用该方法可以获得十分满意的图像效果。

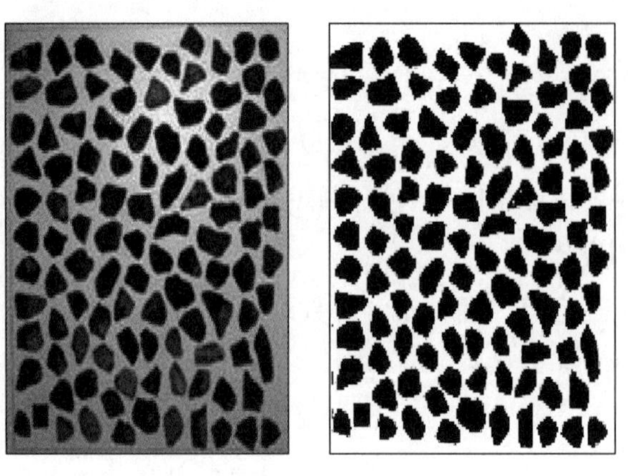

图 6-22　集料数码照片和二值图像

③定量体视学测量参数。

测量参数为:每个颗粒的面积(area)、周长(perimeter)、长度(length)、宽度(breadth)、圆度(roundness)、表面指数(aspectratio)以及填充度(fullratio)。测量参数中,面积、周长、长度、宽度是基本特征参数。其他的参数可通过它们组合成的公式求得。其中,填充度是一个表示颗粒填充其外切多边形程度的参量。

$$\text{aspectratio} = \frac{\text{length}}{\text{breadth}} \tag{6-8}$$

$$\text{fullratio} = \sqrt{\frac{\text{area}}{\text{convexity area}}} \tag{6-9}$$

$$\text{roundness} = \frac{\text{perimeter}^2}{4\pi \times \text{area}} \tag{6-10}$$

试验测得的体视学参数只反映集料的二维几何特征信息,不足以据此分析集料体视学参数与颗粒堆积空隙率之间的关系,必须通过二维信息间接获得三维信息。依据有关研究,假设相同来源的集料具有类似的颗粒形状和厚度(thickness)/宽度(breadth)比,则集料的平均厚度可如下计算:

$$\text{mean thicknenss} = \lambda \times \text{breadness} \tag{6-11}$$

$$\lambda = \frac{M}{\rho \times \sum_{i=1}^{n}(\text{area} \times \text{breadness})} \tag{6-12}$$

式中:M——集料试样的总重量;

ρ——其表观密度。

试验中发现,上述假设对于单粒级集料更为准确,而同一集料的不同粒级颗粒,颗粒形状和厚度/宽度比实际上还是具有较大的差别,这也是本试验对集料进行分级的原因之一。

在获得集料平均厚度的基础上,进一步确定以下三维体视学参数作为研究的辅助分析变量:

$$\text{球形率 } \Psi = \sqrt[3]{\frac{T \times W}{L^2}}\text{,形状指数 SF} = \frac{T}{\sqrt{L \times W}}\text{,平度 } \lambda = \frac{T}{W}$$

④体视学参数处理分析。

单粒级集料各颗粒之间实际上仍然存在几何特征的差别,因此,单粒级集料体视学参数的定量表达应是所有各单个颗粒体视学参数的平均。按照 A. k. H. Kwan 的研究,采用体积权重平均的计算方法比简单的算术平均更能体现集料单个颗粒对集料体视学参数的影响,据此,本试验采用下式进行计算:

$$\text{体视学参数平均值} = \frac{\sum_{i=1}^{n}(\text{单颗粒体积} \times \text{单颗粒参数})}{\sum_{i=1}^{n}\text{单颗粒体积}} \tag{6-13}$$

分析单粒级集料体视学参数与堆积空隙率之间的相关性,验证集料几何特征的地域性特点,确定关键体视学参数,建立单粒级集料堆积空隙率的定量体视学预测方法。

(4)级配试验。

选择不同的组合方案,对集料分级获得的各单粒级进行级配试验,按照前述的堆积空隙率测定方法测定合成集料的空隙率。依据各单粒级集料的定量体视学参数,采用体积权重方法计算复合集料的定量体视学参数,研究"干涉效应"以及"干涉效应"和"填充效应"同时存在下,复合集料堆积定量体视学参数与堆积空隙率的相关性,确定关键体视学参数,建立复合集料堆积空隙率的定量体视学预测方法。

(5)结果和分析。

①单粒级集料定量体视学参数与堆积空隙率的关系。

对试验选取的 A、B、C 三种不同来源的级配粗集料,测定其表观密度,采用标准筛将其筛分为单粒级集料,测定各单粒级集料的堆积空隙率,试验结果见表 6-28。

各单粒级集料的堆积空隙率　　表 6-28

集料种类	表观密度(g/cm^3)	单粒级堆积空隙率(%)				
		26.5~31.5	19~26.5	16~19	9.5~16	4.75~9.5
碎石 A	2.801	—	43.6(A1)	43.95(A2)	44.6(A3)	48.52(A4)
碎石 C	2.75	—	44.29(B1)	45.24(B2)	46.47(B3)	48.85(B4)

按照前述方法对所有单粒级集料进行定量体视学分析,测得和计算得到的体视学参数平均值见表 6-29。

单粒级集料的定量体视学参数　　　　表 6-29

集料	长度(mm)	宽度(mm)	面积(mm^2)	周长(mm)	厚度(mm)	圆度	表面指数	填充度	球形率	形状指数	平度
A1	35.43	24.68	613	102	11.05	1.3843	1.4418	0.9307	0.6085	0.3767	0.4477
A2	27.41	17.78	335	77.4	9.77	1.4444	1.5465	0.9265	0.6264	0.4517	0.5543
A3	21.92	14.70	218	61	6.07	1.4044	1.5069	0.9374	0.5862	0.3464	0.4128
A4	13.94	8.305	87	39.7	2.64	1.5159	1.6971	0.9417	0.4947	0.2495	0.3183
B1	37.84	27.25	680	109	8.52	1.4881	1.3986	0.9283	0.5521	0.2675	0.3126
B2	34.23	22.10	506	95.1	6.5	1.4861	1.5731	0.9204	0.5091	0.2400	0.2971
B3	23.12	14.54	224	65	4.98	1.6002	1.6126	0.9200	0.5299	0.2773	0.3422
B4	12.84	7.677	72	36.3	2.655	1.5371	1.7003	0.9390	0.5101	0.2717	0.3458
C1	33.71	22.77	553.7	95.32	10.33	1.3337	1.4882	0.9346	0.5983	0.3758	0.4539
C2	28.30	18.68	369.7	79.32	8.21	1.3758	1.5476	0.9317	0.5835	0.3601	0.4397
C3	20.41	13.12	196.3	57.35	6.268	1.3873	1.6030	0.9323	0.5932	0.3878	0.4777
C4	11.68	7.423	64.1	32.87	2.563	1.4401	1.6501	0.9414	0.5270	0.2781	0.3453

分别对各体视学参数对空隙率进行一元线性回归分析，获得了图 6-23 所示结果。

由图 6-23 可以看到，体视学参数中，球形率、形状指数与单粒级集料空隙率之间表现出最好的相关性，其次为平度、圆度等，原因在于前两者反映了集料颗粒的三维几何特征，对集料堆积的影响自然高于只包含二维信息的体视学参数。填充度和圆度都间接反映了集料表面的粗糙状态，无疑会对堆积空隙率产生影响，但试验中填充度几乎未表现出任何相关性，说明对试验所采用的单粒级集料，圆度更能有效反映集料表面粗糙度对堆积空隙率的影响。

从相关系数看，球形率、圆度的相关系数分别为 0.93 和 0.74，说明对来自同一地域的不同单粒级集料进行整体分析，球形率、圆度两个关键体视学参数能够较好地与空隙率相对应，证实了集料特征具有地域性特点的设想。A. k. H. Kwan 进行的类似研究发现，影响单粒级集料空隙率的关键体视学参数为形状指数和填充度，说明不同地区集料可能具有不同的关键体视学参数。

为提高单粒级集料堆积空隙率的定量体视学预测精度，以球形率、圆度为变量分别进行了多元线性和多元非线性回归分析，结果如下：

多元线性回归:空隙率 = 63.4789 + 3.1509 × 圆度 − 38.53 × 球形率

$$R^2 = 0.8743$$

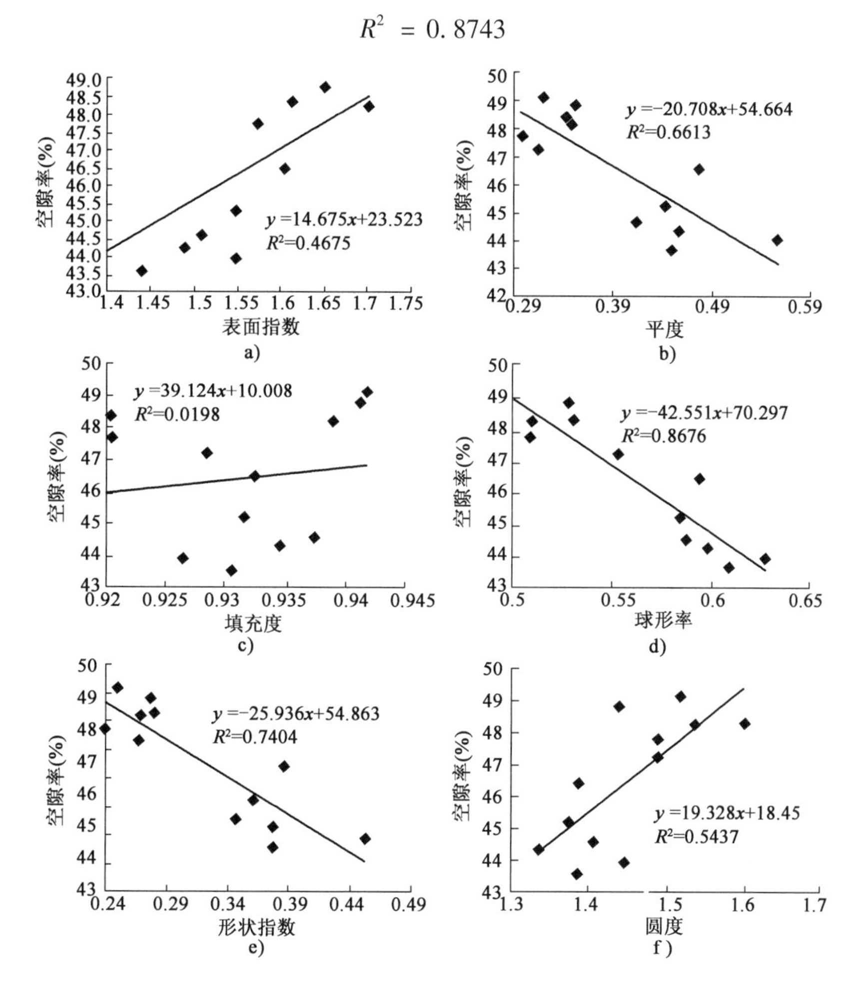

图6-23　体视学参数与单粒级集料空隙率的相关性

多元非线性回归:

空隙率 = 433.6 − 332.4 × 圆度 − 482.0 × 球形率 + 56.67 × 圆度^2 + 303 × 圆度 × 球形率

$$R^2 = 0.9023$$

可见采用多元非线性回归可获得更高的预测精度。

②体视学参数与复合集料堆积空隙率的关系。

将上述试验获得的各单粒级集料,分别以不同质量比组合得到各种复合集料,测定各复合集料的堆积空隙率,并依据单粒级集料的体视学参数计算复合集料的体视学参数。结果见表6-30～表6-32。

复合集料的空隙率和体视学参数(集料 A) 表 6-30

复合集料组成(%)	空隙率(%)	定量体视学参数					
		圆度	表面指数	填充度	球形率	形状指数	平度
90A1 +10A3	43.69	1.3863	1.4483	0.9314	0.6063	0.3737	0.4442
80A1 +20A3	42.82	1.3883	1.4518	0.9320	0.6040	0.3706	0.4407
70A1 +30A3	42.24	1.3903	1.4613	0.9327	0.6018	0.3676	0.4372
60A1 +40A3	42.44	1.3923	1.4678	0.9334	0.5996	0.3646	0.4337
90A1 +10A2	43.00	1.3903	1.4523	0.9303	0.6103	0.3842	0.4584
80A1 +20A2	42.77	1.3963	1.4627	0.9299	0.6121	0.3917	0.4690
10A1 +90A2	43.50	1.4384	1.5360	0.9269	0.6246	0.4442	0.5436
20A1 +80A2	42.80	1.4324	1.5256	0.9273	0.6228	0.4367	0.5330
90A2 +10A3	43.47	1.4404	1.5425	0.9276	0.6224	0.4412	0.5402
80A2 +20A3	43.65	1.4364	1.5386	0.9287	0.6184	0.4306	0.5260
70A2 +30A3	43.85	1.4324	1.5346	0.9298	0.6143	0.4201	0.5119
60A1 +40A3	43.65	1.4284	1.5307	0.9309	0.6103	0.4096	0.4977

复合集料的空隙率和体视学参数(集料 B) 表 6-31

复合集料组成(%)	空隙率(%)	定量体视学参数					
		圆度	表面指数	填充度	球形率	形状指数	平度
90B1 +10B2	46.37	1.4879	1.4161	0.9275	0.5478	0.2648	0.3111
80B1 +20B2	46.74	1.4877	1.4335	0.9267	0.5435	0.2620	0.3095
70B1 +30B2	47.05	1.4875	1.4510	0.9259	0.5392	0.2593	0.3080
60B1 +40B2	46.92	1.4873	1.4684	0.9251	0.5349	0.2565	0.3064
50B1 +50B2	47.03	1.4871	1.4859	0.9244	0.5306	0.2538	0.3049
40B1 +60B2	47.14	1.4869	1.5033	0.9236	0.5263	0.2510	0.3033
30B1 +70B2	47.22	1.4867	1.5208	0.9228	0.5220	0.2483	0.3018
20B1 +80B2	47.26	1.4865	1.5382	0.9220	0.5177	0.2455	0.3002
10B1 +90B2	47.86	1.4863	1.5557	0.9212	0.5134	0.2428	0.2987
90B1 +10B3	46.90	1.4993	1.4200	0.9275	0.5499	0.2685	0.3156
80B1 +20B3	46.51	1.5105	1.4414	0.9266	0.5477	0.2695	0.3185
70B1 +30B3	46.81	1.5217	1.4628	0.9258	0.5454	0.2704	0.3215
60B1 +40B3	46.16	1.5329	1.4842	0.9250	0.5432	0.2714	0.3244
50B1 +50B3	46.65	1.5442	1.5056	0.9242	0.5410	0.2724	0.3274

续上表

复合集料组成（%）	空隙率（%）	定量体视学参数					
		圆度	表面指数	填充度	球形率	形状指数	平度
40B1 +60B3	46.55	1.5554	1.5270	0.9233	0.5388	0.2734	0.3304
30B1 +70B3	46.98	1.5666	1.5484	0.9225	0.5366	0.2744	0.3333
20B1 +80B3	47.08	1.5778	1.5698	0.9217	0.5343	0.2753	0.3363
10B1 +90B3	47.46	1.5890	1.5912	0.9208	0.5321	0.2763	0.3392
90B2 +10B3	47.35	1.4975	1.5771	0.9204	0.5112	0.2437	0.3016
80B2 +20B3	47.35	1.5089	1.5810	0.9203	0.5133	0.2475	0.3061
70B2 +30B3	47.15	1.5203	1.5850	0.9203	0.5153	0.2512	0.3106
60B2 +40B3	47.30	1.5317	1.5889	0.9202	0.5174	0.2549	0.3151
50B2 +50B3	47.51	1.5432	1.5929	0.9202	0.5195	0.2587	0.3197
40B2 +60B3	47.45	1.5546	1.5968	0.9202	0.5216	0.2624	0.3242
30B2 +70B3	47.55	1.5660	1.6008	0.9201	0.5237	0.2661	0.3287
20B2 +80B3	47.72	1.5774	1.6047	0.9201	0.5257	0.2698	0.3332
10B2 +90B3	47.75	1.5888	1.6087	0.9200	0.5278	0.2736	0.3377
72B1 +18B2 +10B3	46.37	1.4990	1.4514	0.9260	0.5421	0.2635	0.3128
64B1 +16B2 +20B3	46.10	1.5102	1.4693	0.9254	0.5408	0.2651	0.3160
56B1 +14B2 +30B3	46.33	1.5215	1.4872	0.9247	0.5394	0.2666	0.3193
48B1 +12B2 +40B3	46.05	1.5327	1.5051	0.9240	0.5381	0.2681	0.3226
45B1 +45B2 +10B3	46.46	1.4984	1.4985	0.9239	0.5305	0.2561	0.3086
40B1 +40B2 +20B3	46.23	1.5097	1.5112	0.9235	0.5305	0.2585	0.3123
35B1 +35B2 +30B3	46.37	1.5210	1.5239	0.9230	0.5304	0.2608	0.3161
30B1 +30B2 +40B3	46.55	1.5323	1.5366	0.9226	0.5303	0.2632	0.3198
9B1 +81B2 +10B3	46.53	1.4977	1.5613	0.9211	0.5151	0.2462	0.3030
8B1 +72B2 +20B3	46.53	1.5091	1.5670	0.9210	0.5167	0.2497	0.3074
7B1 +63B2 +30B3	46.62	1.5205	1.5727	0.9208	0.5184	0.2531	0.3117
6B1 +54B2 +40B3	46.69	1.5319	1.5784	0.9207	0.5200	0.2566	0.3161
10B1 +60B2 +30B3	46.76	1.5205	1.5675	0.9211	0.5196	0.2539	0.3122
9B1 +54B2 +27B3 +10B4	46.01	1.5222	1.5808	0.9229	0.5187	0.2557	0.3155
8B1 +48B2 +24B3 +20B4	45.69	1.5087	1.6151	0.9292	0.5130	0.2561	0.3198
27B1 +27B2 +36B3 +10B4	45.44	1.5328	1.5529	0.9242	0.5283	0.2640	0.3224
24B1 +24B2 +32B3 +20B4	45.07	1.5333	1.5693	0.9259	0.5263	0.2649	0.3250

复合集料的空隙率和体视学参数(集料C) 表6-32

复合集料组成(%)	空隙率(%)	定量体视学参数					
		圆度	表面指数	填充度	球形率	形状指数	平度
90C1 +10C2	44.38	1.3379	1.4941	0.9343	0.5968	0.3742	0.4524
85C1 +15C2	44.38	1.3401	1.4971	0.9341	0.5960	0.3734	0.4517
80C1 +20C2	43.8	1.3421	1.5000	0.9340	0.5953	0.3726	0.4510
75C1 +25C2	44.15	1.3443	1.5030	0.9338	0.5946	0.3718	0.4503
70C1 +30C2	44.29	1.3463	1.5060	0.9337	0.5938	0.3710	0.4496
65C1 +35C2	44.16	1.3484	1.5089	0.9335	0.5931	0.3703	0.4489
60C1 +40C2	44.15	1.3505	1.5119	0.9334	0.5923	0.3695	0.4482
55C1 +45C2	43.49	1.3526	1.5149	0.9332	0.5916	0.3687	0.4475
50C1 +50C2	43.93	1.3547	1.5179	0.9331	0.5909	0.3679	0.4468
45C1 +55C2	44.07	1.3568	1.5208	0.9330	0.5901	0.3671	0.4460
40C1 +60C2	44.18	1.3589	1.5238	0.9328	0.5894	0.3663	0.4453
35C1 +65C2	44.56	1.3610	1.5268	0.9327	0.5886	0.3655	0.4446
30C1 +70C2	44.64	1.3631	1.5297	0.9325	0.5879	0.3648	0.4439
25C1 +75C2	44.38	1.3652	1.5327	0.9324	0.5872	0.3640	0.4432
20C1 +80C2	44.45	1.3673	1.5357	0.9322	0.5864	0.3632	0.4425
15C1 +85C2	44.84	1.3694	1.5386	0.9321	0.5857	0.3624	0.4418
90C1 +10C3	44.22	1.3390	1.4996	0.9343	0.5977	0.3770	0.4562
85C1 +15C3	43.38	1.3417	1.5054	0.9342	0.5975	0.3776	0.4574
80C1 +20C3	43.55	1.3444	1.5111	0.9341	0.5972	0.3782	0.4586
75C1 +25C3	43.85	1.3471	1.5169	0.9340	0.5970	0.3788	0.4598
65C1 +35C3	43.82	1.3524	1.5283	0.9337	0.5965	0.3800	0.4622
50C1 +50C3	43.82	1.3605	1.5456	0.9334	0.5957	0.3818	0.4658
35C1 +65C3	44.36	1.3685	1.5628	0.9331	0.5949	0.3836	0.4693
25C1 +75C3	44.69	1.3739	1.5743	0.9328	0.5944	0.3848	0.4717
20C1 +80C3	44.98	1.3765	1.5800	0.9327	0.5942	0.3854	0.4729
15C1 +85C3	45.89	1.3792	1.5857	0.9326	0.5939	0.3860	0.4741
10C1 +90C3	45.31	1.3819	1.5915	0.9325	0.5937	0.3866	0.4753
90C2 +10C3	44.62	1.3769	1.5531	0.9317	0.5844	0.3628	0.4435
85C2 +15C3	45.10	1.3775	1.5559	0.9317	0.5849	0.3642	0.4454
80C2 +20C3	45.29	1.3781	1.5586	0.9318	0.5854	0.3656	0.4473
75C2 +25C3	45.24	1.3786	1.5614	0.9318	0.5859	0.3670	0.4492
65C2 +35C3	45.02	1.3798	1.5669	0.9319	0.5868	0.3697	0.4530

续上表

复合集料组成(%)	空隙率(%)	定量体视学参数					
		圆度	表面指数	填充度	球形率	形状指数	平度
50C2 +50C3	45.27	1.3815	1.5753	0.9320	0.5883	0.3739	0.4587
35C2 +65C3	44.98	1.3832	1.5836	0.9320	0.5898	0.3781	0.4644
25C2 +75C3	45.69	1.3844	1.5891	0.9321	0.5907	0.3808	0.4682
20C2 +80C3	45.24	1.3850	1.5919	0.9321	0.5912	0.3822	0.4701
15C2 +85C3	45.51	1.3855	1.5946	0.9322	0.5917	0.3836	0.4720
10C1 +90C3	45.51	1.3861	1.5974	0.9322	0.5922	0.3850	0.4739
76.5C1 +13.5C2 +10C3	43.85	1.3447	1.5076	0.9339	0.5957	0.3748	0.4543
68C1 +12C2 +20C3	43.44	1.3494	1.5182	0.9337	0.5955	0.3763	0.4569
59.5C1 +10.5C2 +30C3	43.60	1.3542	1.5288	0.9336	0.5952	0.3777	0.4595
51C1 +9C2 +40C3	43.67	1.3589	1.5394	0.9334	0.5949	0.3791	0.4621
49.5C1 +40.5C2 +10C3	44.10	1.3561	1.5237	0.9331	0.5917	0.3706	0.4505
44C1 +36C2 +20C3	44.25	1.3595	1.5325	0.9330	0.5919	0.3725	0.4535
38.5C1 +31.5C2 +30C3	43.85	1.3630	1.5413	0.9329	0.5921	0.3744	0.4565
33C1 +27C2 +40C3	43.98	1.3665	1.5501	0.9328	0.5922	0.3763	0.4595
13.5C1 +76.5C2 +10C3	44.89	1.3712	1.5451	0.9321	0.5864	0.3649	0.4454
12C1 +68C2 +20C3	44.69	1.3730	1.5515	0.9321	0.5872	0.3675	0.4490
10.5C1 +59.5C2 +30C3	45.11	1.3748	1.5579	0.9321	0.5879	0.3700	0.4525
45C1 +25C2 +30C3	44.33	1.3603	1.5374	0.9331	0.5930	0.3754	0.4574
40.5C1 +22.5C2 +27C3 +10C4	43.95	1.3682	1.5487	0.9340	0.5864	0.3657	0.4462
36C1 +20C2 +24C3 +20C4	42.89	1.3762	1.5600	0.9348	0.5798	0.3560	0.4350
31.5C1 +17.5C2 +21C3 +30C4	43.16	1.3842	1.5712	0.9356	0.5732	0.3462	0.4238
60C1 +10C2 +30C3	43.45	1.3539	1.5285	0.9336	0.5952	0.3778	0.4596
54C1 +9C2 +27C3 +10C4	42.90	1.3626	1.5407	0.9343	0.5884	0.3678	0.4481
48C1 +8C2 +24C3 +20C4	42.44	1.3712	1.5528	0.9351	0.5816	0.3578	0.4367
10C1 +50C2 +40C3	44.65	1.3761	1.5638	0.9322	0.5888	0.3727	0.4563
9C1 +45C2 +36C3 +10C4	43.38	1.3825	1.5724	0.9331	0.5826	0.3632	0.4452
8C1 +40C2 +32C3 +20C4	43.24	1.3889	1.5810	0.9340	0.5764	0.3538	0.4341

对复合集料的体视学参数与空隙率之间作一元线性回归分析，获得了如图6-24所示结果。

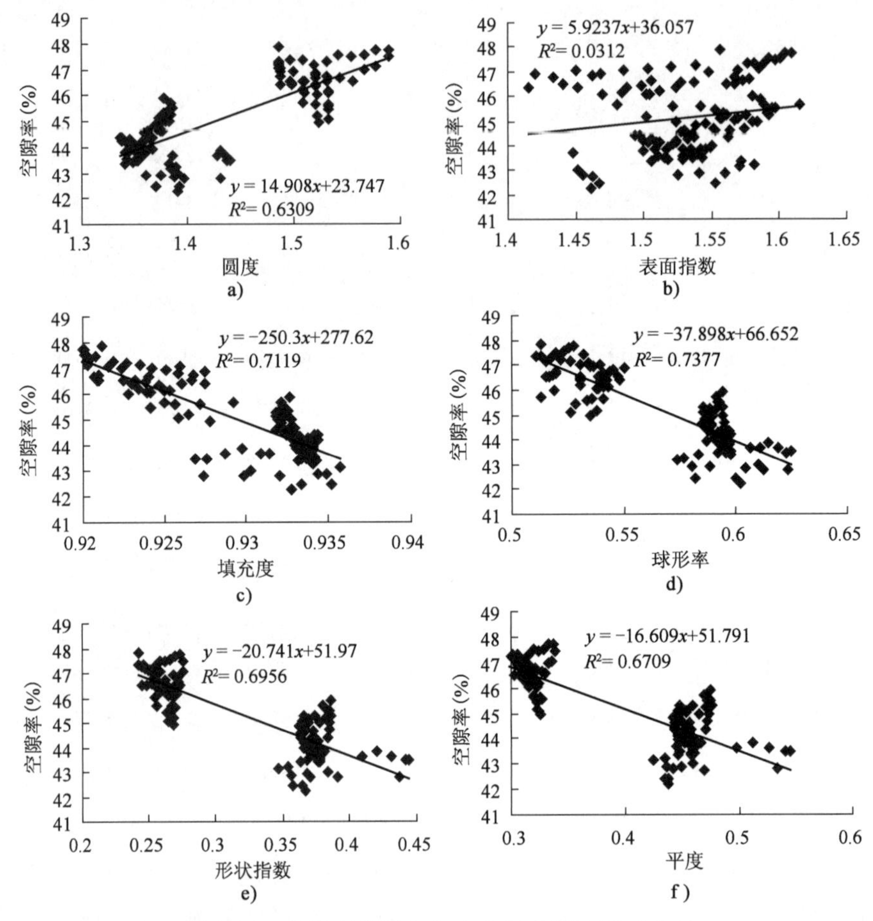

图6-24 体视学参数与复合集料空隙率的相关性

对比图6-24可以看到，与单粒级集料类似，复合集料的堆积空隙率与其体积权重平均体视学参数之间仍存在密切的相关性。球形率再次表现为最显著的影响因素，圆度、形状指数和平度也表现出类似的结果。但与单粒级集料不同的是，此时填充度表现出很高的相关性，表面指数则几乎没有影响。前者原因在于由于采用不同粒径颗粒进行组合，颗粒的表面几何特征必定对空隙率会产生影响，对空隙率的影响得以显现；而表面指数为何没有影响还无法获得解释，有待进一步研究分析。

尽管表现出类似的规律，但与单粒级集料的分析结果相比，图6-24中，最显著的影响因素——球形率的相关系数明显降低，原因在于，对于复合集料，由于采用不同粒级的颗粒，不同粒径之间的“干涉效应”，尤其是4.75mm集料的“填充效应”会对颗粒堆积产生直接影响，从而导致分析结果产生差异。因此，为明确两种效应产生的影响，依据试验所采取集料复合方案的不同,对试验结果再次进行分析。

图6-25只采用两粒级复合集料的试验数据进行分析,球形率与空隙率之间的相关性显著高于图6-24。图6-25采用大于9mm的各单粒级集料的两粒级、三粒级复合的试验数据进行分析,所得结果与图6-24完全相同。因此,图6-25中,体视学参数与空隙率之间相关性的降低主要原因在于4.75mm粒级集料的"填充效应"的影响。

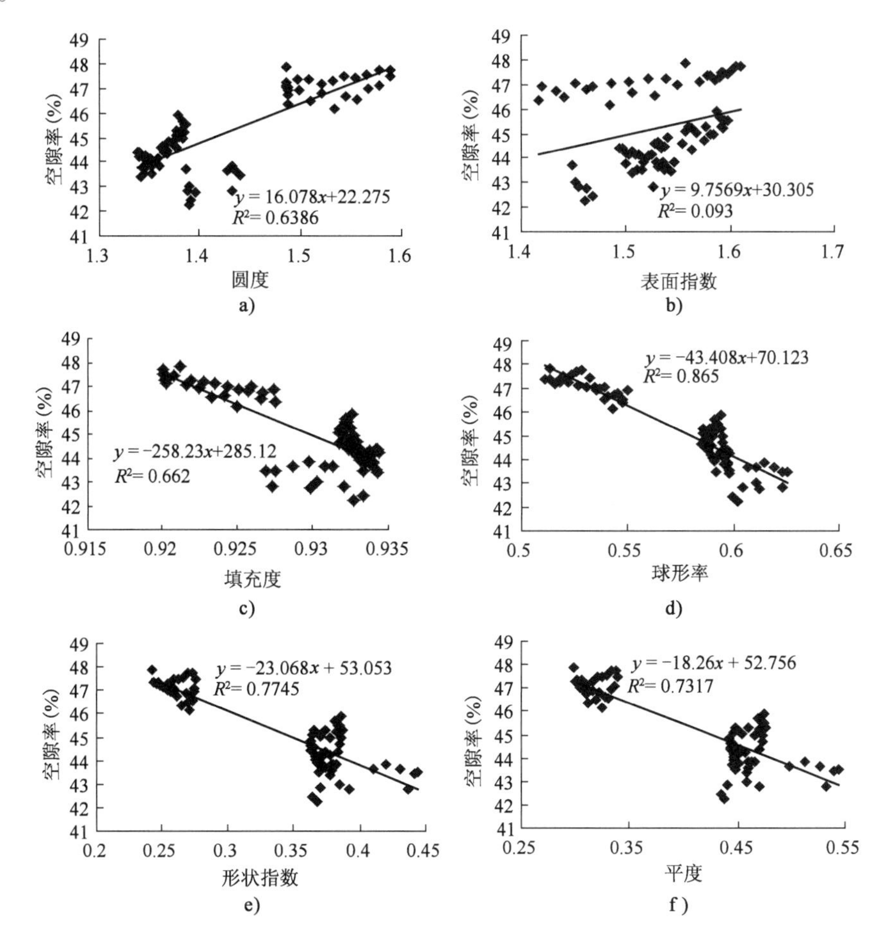

图6-25　两粒级复合集料体视学参数与空隙率的相关性

综合图6-25和图6-26的结果,可以认为,采用9mm、16mm、19mm的单粒级集料复合时,由于各颗粒粒级相差不够大,颗粒之间只存在"干涉效应",无明显的"填充效应",此时,体视学参数与空隙率之间的相关性遵循图6-26的结果。同样,为提高预测精度,以球形率、填充度为变量分别进行了多元线性和多元非线性回归分析,结果如下:

多元线性回归:

$$空隙率 = 80.3735 - 14.1549 \times 填充度 - 38.5531 \times 球形率$$

$$R^2 = 0.8503$$

多元非线性回归：

$$空隙率 = 9276 - 21634 \times 填充度 + 3065 \times 球形率 + 12484 \times 填充度^2 - 350 球形率^2 - 2908 \times 填充度 \times 球形率$$

$$R^2 = 0.8778$$

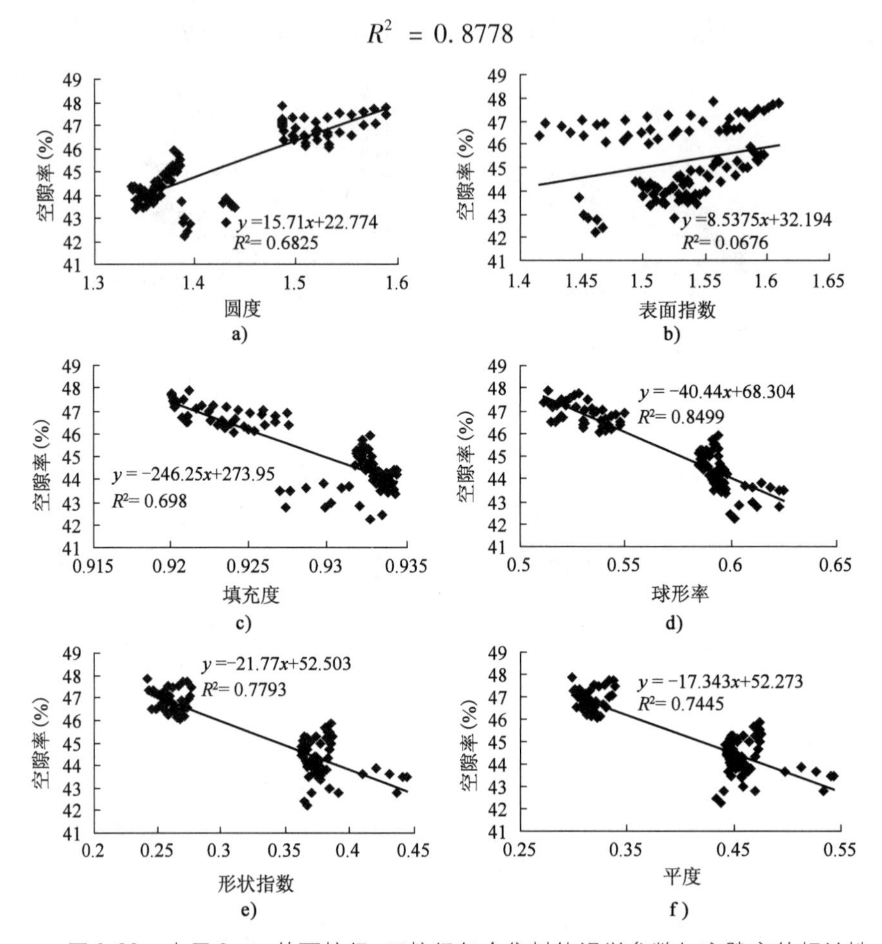

图 6-26　大于 9mm 的两粒级、三粒级复合集料体视学参数与空隙率的相关性

采用多元回归，并未大幅度提高相关系数，为简单起见，宜采一元线性回归的结果进行预测：

$$空隙率 = -40.44 + 68.304 \times 球形率$$

考虑到 4.75mm 粒级集料“干涉效应”和“填充效应”的共同影响，单独对所有四粒级复合集料试验数据进行分析，如图 6-27 所示。

可以看到，尽管试验数据较少，但单独对四粒级集料进行分析，体视学参数与复合集料空隙率之间仍存在很好的相关性，而且关键参数球形率和填充度的相关系数更高。说明考虑较细颗粒的“干涉效应”和“填充效应”时，复合集料的体积权重平均体视学参数能够较好反映集料堆积空隙率的变化。本试验条件下，为提高相关性，以球形率、填充度为变量分别进行的多元线性和多元非线性回归分析，结果如下：

多元线性回归：

$$空隙率 = 199.1039 - 154.3373 \times 填充度 - 20.2031 \times 球形率$$

$$R^2 = 0.9291$$

多元非线性回归：

$$空隙率 = 27629 - 66754 \times 填充度 + 12965 \times 球形率 + 40246 \times 填充度^2 + 1024 球形率^2 - 15155 \times 填充度 \times 球形率$$

$$R^2 = 0.9546$$

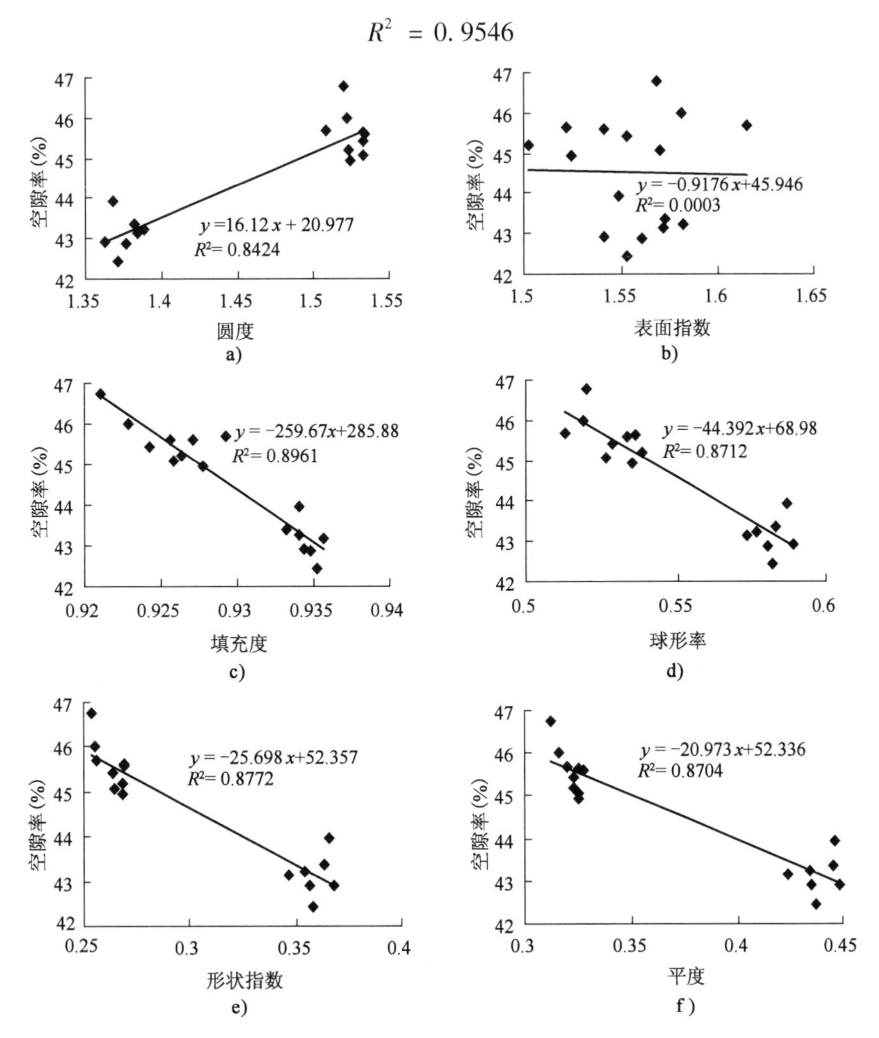

图 6-27　四粒级复合集料体视学参数与空隙率的相关性

可以看到，以球形率、填充度为变量进行的多元线性回归公式，已可达到相当高的相关系数。

本试验采用的粗集料来自周边混凝土搅拌站，基本可代表当地集料的几何特征。试验中，4.75mm 粒级集料含量在 10% ~30% 间变化，符合当前混凝土制备时，常用粗集料的实际情况。因此，按照本节的研究步骤，在进一步丰富试验数据后，采用体视学方法进行粗集料堆积的预测和优化是可行的。可针对性地建立用于局部地区的集料组成优化的定量体视学方法。

3）集料组成优化的定量体视学方法

试验证实，对于单粒级集料、颗粒之间具有“干涉效应”的复合集料，以及颗粒之间同时具有“干涉效应”和“填充效应”的复合集料，集料的堆积空隙率与其体积权重平均体视学参数之间都存在着良好的相关性，通过回归分析，两者之间可以建立较精确的定量关系，这使基于定量体视学的集料组成优化设计成为可能，可避免传统集料组成优化设计所需的繁重试验工作，并显著提高工作效率。

依据上述试验结果，本节确立的集料组成优化的定量体视学方法如下：

（1）筛分法。将所有备选混凝土粗集料分级为单粒级集料，并测定备选集料的表观密度。

（2）称取各单粒级集料样本数量，摄取二维数字图像。

（3）图像分析仪进行图像处理，测定、计算各单粒级集料的定量体视学参数。

设定备选粗集料的不同组合方案，依据单粒级集料的定量体视学参数，计算所有组合方案的体积权重平均体视学参数。计算式如下：

$$\text{体视学参数平均值} = \frac{\sum_{i=1}^{n}(\text{单颗粒体积} \times \text{单颗粒参数})}{\sum_{i=1}^{n}\text{单颗粒体积}}$$

（4）回归公式计算所有组合方案的集料空隙率预测值。集料不含 4.75mm 粒级颗粒时，不同粒径颗粒之间的相互作用以“干涉效应”为主，建议计算公式为：

$$\text{空隙率} = -40.44 + 68.304 \times \text{球形率}$$

集料含有 4.75mm 粒级颗粒时，必须同时考虑“填充效应”对堆积空隙率的影响，建议计算公式为：

$$\text{空隙率} = 199.1039 - 154.3373 \times \text{填充度} - 20.2031 \times \text{球形率}$$

（5）率预测值最小的集料组合方案为最终的集料组成优化设计方案。

上述方法中，第 4 步和第 5 步需要进行大量的计算，借助于简单的计算机程序，很容易完成。

6.3　大温差干燥环境对混凝土抗裂与力学性能的影响研究

6.3.1　试验方案

1)试验原材料

(1)水泥。

本试验所用的所有水泥均为安徽省的海螺水泥,型号为 P·O 42.5。具体的物理化学性能见表 6-33。

水泥主要物理化学性能　　表 6-33

烧失量(%)	MgO(%)	SiO_2(%)	细度(%)	安定性	初凝(min)	终凝(min)	28d 抗折强度(MPa)	28d 抗压强度(MPa)
3.38	1.18	2.26	1.4	好	139	190	8.6	54.3

(2)细集料。

本试验所用的细集料为细度模数 2.89 的中砂,具体参数指标见表 6-34。

砂的参数指标　　表 6-34

细度模数	含泥量(%)	泥块含量(%)	密度($kg \cdot m^{-3}$)	粒径(mm)	堆积密度($kg \cdot m^{-3}$)
2.89	4.0	1.5	2 630	<5	1531

(3)粗集料。

本试验所用的粗集料为粒径范围在 5～40mm 的碎石,具体颗粒级配见表 6-35。

碎石各孔径筛余百分率　　表 6-35

筛孔尺寸(mm)	31.5	25.0	20.0	16.0	10.0	5.0	<5.0
筛余百分率(%)	4.3	22.2	19.3	18.7	23.1	11.5	0.9

(4)矿渣。

本试验所采用的矿渣为宝钢钢铁厂的粒化高炉矿渣,经磨细比表面积为 4320cm^2/g,其化学成分见表 6-36。

磨细矿渣的化学成分　　表 6-36

组成	SiO_2	Fe_2O_3	Al_2O_3	CaO	MgO	SO_3	烧失量
含量(%)	30.64	3.55	14.25	35.24	6.4	1.2	6.3

(5)粉煤灰。

本试验所用的粉煤灰为石洞口发电厂Ⅱ级粉煤灰,其化学成分和性能指标分别见表6-37、表6-38。

粉煤灰的化学成分　表6-37

组成	SiO_2	Fe_2O_3	Al_2O_3	CaO	MgO	SO_3
含量(%)	52.41	5.63	24.68	4.38	0.83	1.2

粉煤灰的性能指标(%)　表6-38

细度(0.045mm)筛余	细　度	烧 失 量	需 水 比
8.9	7.2	6.63	96

(6)减水剂。

本试验所用的减水剂为聚羧酸减水剂,上海建工有限公司所生产。其固含量为25%,最大掺量为1.2%。

2)试验配合比

试验配制混凝土强度等级为C30～C60,配比参见表6-39。

混凝土的配合比　表6-39

混凝土强度等级	水胶比	用水量(kg)	粉煤灰(kg)	矿渣(kg)	水泥(kg)	细集料(kg)	粗集料(kg)	减水剂(g)	坍落度(mm)
C30	0.52	180	52	52	242	789	1045	17.29	200
C40	0.42	180	64	64	299	758	1005	21.34	200
C50	0.35	180	78	78	365	722	957	26.06	195
C60	0.31	180	87	87	405	706	936	28.91	195

3)试验方法

(1)抗压强度与抗拉强度的测定。

抗压强度与抗拉强度的测定根据《普通混凝土力学性能试验方法》(GB/T 50081—2002)进行。试验配制100mm×100mm×100mm试块。

(2)静弹性模量与动弹性模量的测定。

静弹性模量的测定根据《普通混凝土力学性能试验方法标准》(GB/T 50081—2002)进行,动弹性模量采用"敲击法"测定。试验配制100mm×100mm×300mm的试块。

(3)无损超声声速的测定。

根据《超声法检测混凝土缺陷技术规程》(CECS 21—2000),超声声速的测定采用"双面斜测法"测定,间距点25mm,共测9个点,最终结果取均值。试验配制100mm×

100mm × 300mm 试块。

4)试验养护条件

下文理论分析中会结合西部环境特点将大温差环境分为高温大温差环境和低温大温差环境两部分,分别模拟西部夏季环境及冬季环境。

考虑到高温环境与低温环境均会影响混凝土的性能,为了分析温差循环对混凝土性能的影响,排除高(低)温的影响,每个高(低)温环境温差循环试样均有两个基准,即常温基准(20℃标准养护)及高(低)温基准(一直处于高温或低温中的试块),因此上述每个批次又分为"高温循环""低温循环""高温基准""低温基准""常温基准"五大组,每组表示混凝土所处的环境状态。

高(低)温循环试块每24h循环一次,即处在高(低)温环境中12h,常温环境中12h。高(低)温基准试块24h中一直处在高(低)温环境中。

试验装模成型五个批次,循环试块及基准试块分别放置3h、7h、10h、14h、24h后将其处在各自环境状态中。

所有试块在各自所处环境状态下养护到7d,之后标准养护至28d测其性能。

6.3.2　环境因素对混凝土抗裂性影响理论分析

国内外研究资料表明,在混凝土结构受到约束且外界温度变化幅度达到15～20℃的条件时,由于混凝土粗细集料组分与水泥石组分热性能方面存在差异,致使出现内部应力,若混凝土结构整体变形受到约束则会产生外部应力,内外应力的综合作用甚至可以使混凝土发生断裂。

借鉴大体积混凝土研究理论,当混凝土内部产生的温差应力大于混凝土自身的抗拉强度时,混凝土内部结构将产生裂纹,直至破坏。

实践表明,混凝土水泥石－集料的膨胀系数存在明显差异性,当温差变化较大时,将会产生温度拉应力,破坏水泥石与集料之间的黏结,从而引发裂缝。当长期处于温差环境中,混凝土将产生疲劳损伤,将对混凝土过渡区结构及混凝土性能造成严重影响。

根据上述分析,通过试验测试混凝土抗拉强度以及推算内部拉应力可以分析混凝土的破坏区间。

1)温差应力计算

现有的应力计算公式有两种,即材料脆断理论计算公式与王铁梦的弹性理论计算公式。脆断理论公式如下:

$$\partial = \varepsilon E \tag{6-14}$$

王铁梦等建立的混凝土弹性理论公式：

$$\varepsilon = \frac{\partial}{E} - \propto T \tag{6-15}$$

即

$$\partial = (\varepsilon + \propto T)E \tag{6-16}$$

式中：∂——应力值；

ε——应变测试值；

E——弹性模量；

$\propto$——热膨胀系数；

T——温差。

从式(6-16)可以看出应力主要由两部分构成：一为混凝土水化反应、早期收缩等(内因)产生的应变，即式中的 ε；二为环境温度变化(外因)产生的应变，即式中的 $\propto T$。本节主要研究环境温差产生的温度应力对混凝土的影响，通过温差循环的试样与基准试样进行横向对比抵消内因产生的影响，因此内因产生的应力将忽略不计。式(6-16)简化为：

$$\partial = \propto TE \tag{6-17}$$

由式(6-17)可以看出，温差应力的影响因素为膨胀系数、温差、弹性模量，本节将分别计算上述因素，最终确定温差应力。

(1)温差计算。

图6-28为西部某地区一年温度变化，具有西部典型大温差环境。从图中可以看出哈密的月份温差均在15℃以上，考虑到新疆历史最高温差曾达到35.5℃，因此试验将温差定为40℃，并且夏季及冬季的温差区间差别较大，夏季通常在20~40℃之间变化，冬季则在-10~10℃之间变化。试验分别模拟夏季温差环境(-20~20℃)及冬季温差环境(20~60℃)。由此可以确保试验结果具有较高的可信度及适用性。

(2)热膨胀系数计算。

热膨胀系数是评价混凝土温差应力引起开裂趋势发展的重要参数。目前研究已表明影响混凝土热膨胀系数的因素较多，如水泥类型、水泥细度、集料品种、龄期、水胶比、集料含量等。得到的基本结论有：

①热膨胀系数虽龄期的增长会趋近于稳定。

②单位用水量不变的情况下，热膨胀系数伴随水灰质量比的增长而减小。

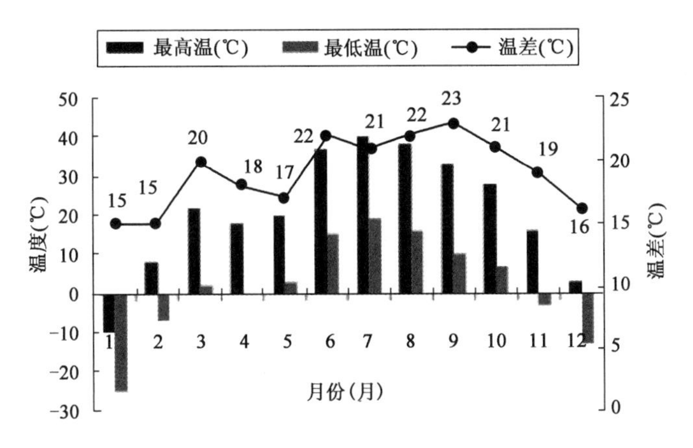

图6-28　西部某地区一年温度变化

目前,最常用的热膨胀系数的研究方法为传统热学方法,即定义固体材料在温度变化一个单位时,单位长度的变化量作为该材料的热膨胀系数,即式(6-18):

$$\propto = \frac{\Delta L}{\Delta T \times L} \tag{6-18}$$

式中:$\propto$ ——热膨胀系数;

ΔL——温度变化后试件的长度变化量;

ΔT——温度变化量;

L——试件原长。

此外,有学者研究,混凝土从初凝至硬化成熟,将热膨胀系数发展分为四个阶段,即:

a. 初凝至终凝阶段,此时间段内试件有很大的热膨胀系数,一般为 $15 \times 10^{-6} \sim 20 \times 10^{-6}$℃,且大小相对稳定。

b. 终凝后 4~6h,此阶段的热膨胀系数迅速减小,从凝结阶段的 $15 \times 10^{-6} \sim 20 \times 10^{-6}$℃降至 $6 \times 10^{-6} \sim 7 \times 10^{-6}$℃。

c. 热膨胀系数降至最小值后的 30~50h,热膨胀系数将趋于稳定,其值为 $8 \times 10^{-6} \sim 10 \times 10^{-6}$℃。

d. 稳定后的阶段,热膨胀系数基本不随龄期的增长而改变,其值基本维持在 $8 \times 10^{-6} \sim 10 \times 10^{-6}$℃。

通过上述分析,得出混凝土从初凝至稳定后的热膨胀系数经验公式,即式6-19。

$$\propto = \begin{cases} 17 & (T_1 \leqslant t \leqslant T_2) \\ -2.1 \times t + 2.1 \times T_2 + 17 & (T_2 \leqslant t \leqslant T_2 + 5) \\ \dfrac{\propto_{稳} - 6.5}{40} \times t - T_2 - 5 + 6.5 & (T_2 + 5 \leqslant t \leqslant T_2 + 45) \\ \propto_{稳} & (T_2 + 45 \leqslant t) \end{cases} \tag{6-19}$$

式中：T_1——初凝时间(h)；

T_2——终凝时间(h)；

$\propto_{稳}$——稳定后的热膨胀系数。

本试验将根据式(6-19)测定混凝土从初凝至硬化后的热膨胀系数。

由于凝结时间受水胶比、环境温度、湿度等因素影响，因此本试验凝结时间的测定根据《水泥标准稠度用水量、凝结时间、安定性检验方法》(GB/T 1346—2001)，所处温度20℃，相对湿度90%。结果见表6-40。

C30～C60混凝土贯入阻力值 表6-40

C30		C40		C50		C60	
时间(h)	贯入阻力(MPa)	时间(h)	贯入阻力(MPa)	时间(h)	贯入阻力(MPa)	时间(h)	贯入阻力(MPa)
3.10	0.08	3.00	0.08	3.07	0.25	2.90	0.57
4.37	0.25	4.27	0.16	3.92	0.41	3.75	1.14
5.57	0.49	5.47	0.57	4.98	1.23	4.82	2.45
6.73	1.06	6.63	2.29	5.67	2.04	5.50	3.51
7.57	2.86	7.47	5.23	6.63	6.66	6.47	8.49
8.08	3.35	7.98	7.43	7.35	9.98	7.18	16.41
8.53	5.62	8.43	10.13	7.88	14.53	7.72	21.80
9.17	7.74	9.07	17.64	8.43	21.32	7.93	25.33
9.83	13.70	9.37	23.49	8.77	25.88	8.32	29.87
10.43	17.05	9.57	28.73	9.01	28.05		
10.60	21.56						
10.97	28.31						

图6-29为C30～C60贯入阻力对数与时间对数线性关系，根据现行《水泥标准稠度用水量、凝结时间、安定性检验方法》(GB/T 1346)将贯入阻力值对数与时间对数线性回归，其拟合结果为C30：$y=0.204x+1.78$，$R^2=0.969$；C40：$y=0.179x+1.702$，$R^2=0.966$；C50：$y=0.207x+1.513$，$R^2=0.983$；C60：$y=0.25x+1.293$，$R^2=0.977$；当贯入阻力值达到3.5MPa时即初凝，达到28MPa时即终凝，根据拟合公式测算初凝及终凝时间，测试结果见表6-41。结合凝结时间，根据式(6-18)和式(6-19)计算C30～C60从初凝至稳定阶段热膨胀系数，计算结果见表6-42。

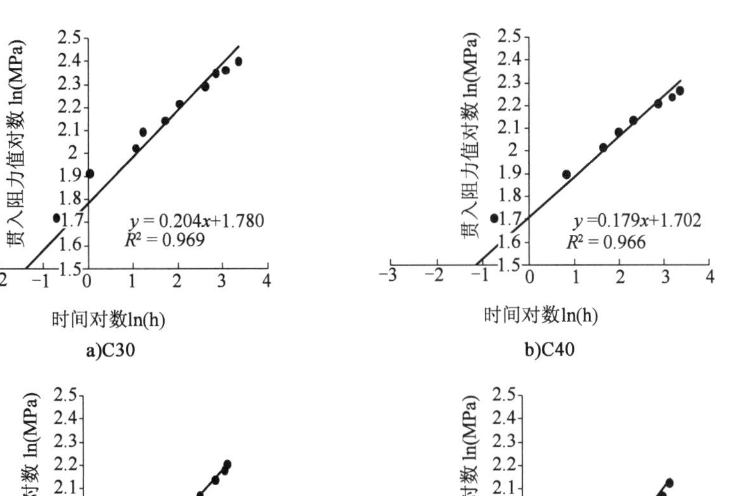

图 6-29　C30 ~ C60 混凝土贯入阻力对数与时间对数线性关系

C30 ~ C60 混凝土凝结时间　　表 6-41

C30		C40		C50		C60	
初凝(h)	终凝(h)	初凝(h)	终凝(h)	初凝(h)	终凝(h)	初凝(h)	终凝(h)
7.65	11.70	6.86	9.96	5.88	9.05	4.98	8.38

C30 ~ C60 混凝土热膨胀系数　　表 6-42

C30		C40		C50		C60	
时间(h)	膨胀系数($\times 10^{-6}$℃)	时间(h)	膨胀系数($\times 10^{-6}$℃)	时间(h)	膨胀系数($\times 10^{-6}$℃)	时间(h)	膨胀系数($\times 10^{-6}$℃)
7.65	17.00	6.86	17.00	5.88	17.00	4.98	17.00
11.70	17.00	9.96	17.00	9.05	17.00	8.38	17.00
12.70	14.90	10.96	14.90	10.05	14.90	9.38	14.90
13.70	12.80	11.96	12.80	11.05	12.80	10.38	12.80
14.70	10.70	12.96	10.70	12.05	10.70	11.38	10.70
15.70	8.60	13.96	8.60	13.05	8.60	12.38	8.60
16.70	6.50	14.96	6.50	14.05	6.50	13.38	6.50
17.70	6.51	15.96	6.54	15.05	6.56	14.38	6.59

续上表

C30		C40		C50		C60	
时间（h）	膨胀系数（$\times 10^{-6}$℃）	时间（h）	膨胀系数（$\times 10^{-6}$℃）	时间（h）	膨胀系数（$\times 10^{-6}$℃）	时间（h）	膨胀系数（$\times 10^{-6}$℃）
18.70	6.53	16.96	6.58	16.05	6.63	15.38	6.68
19.70	6.54	17.96	6.61	17.05	6.69	16.38	6.76
20.70	6.55	18.96	6.65	18.05	6.75	17.38	6.85
21.70	6.56	19.96	6.69	19.05	6.81	18.38	6.94
22.70	6.58	20.96	6.73	20.05	6.88	19.38	7.03
23.70	6.59	21.96	6.76	21.05	6.94	20.38	7.11
24.70	6.60	22.96	6.80	22.05	7.00	21.38	7.20
25.70	6.61	23.96	6.84	23.05	7.06	22.38	7.29
26.70	6.63	24.96	6.88	24.05	7.13	23.38	7.38
27.70	6.64	25.96	6.91	25.05	7.19	24.38	7.46
28.70	6.65	26.96	6.95	26.05	7.25	25.38	7.55
29.70	6.66	27.96	6.99	27.05	7.31	26.38	7.64
30.70	6.68	28.96	7.03	28.05	7.38	27.38	7.73
31.70	6.69	29.96	7.06	29.05	7.44	28.38	7.81
32.70	6.70	30.96	7.10	30.05	7.50	29.38	7.90
33.70	6.71	31.96	7.14	31.05	7.56	30.38	7.99
34.70	6.73	32.96	7.18	32.05	7.63	31.38	8.08
35.70	6.74	33.96	7.21	33.05	7.69	32.38	8.16
36.70	6.75	34.96	7.25	34.05	7.75	33.38	8.25
37.70	6.76	35.96	7.29	35.05	7.81	34.38	8.34
38.70	6.78	36.96	7.33	36.05	7.88	35.38	8.43
39.70	6.79	37.96	7.36	37.05	7.94	36.38	8.51
40.70	6.80	38.96	7.40	38.05	8.00	37.38	8.60
41.70	6.81	39.96	7.44	39.05	8.06	38.38	8.69
42.70	6.83	40.96	7.48	40.05	8.13	39.38	8.78
43.70	6.84	41.96	7.51	41.05	8.19	40.38	8.86
44.70	6.85	42.96	7.55	42.05	8.25	41.38	8.95
45.70	6.86	43.96	7.59	43.05	8.31	42.38	9.04

续上表

C30		C40		C50		C60	
时间(h)	膨胀系数(×10⁻⁶℃)	时间(h)	膨胀系数(×10⁻⁶℃)	时间(h)	膨胀系数(×10⁻⁶℃)	时间(h)	膨胀系数(×10⁻⁶℃)
46.70	6.88	44.96	7.63	44.05	8.38	43.38	9.13
47.70	6.89	45.96	7.66	45.05	8.44	44.38	9.21
48.70	6.90	46.96	7.70	46.05	8.50	45.38	9.30
49.70	6.91	47.96	7.74	47.05	8.56	46.38	9.39
50.70	6.93	48.96	7.78	48.05	8.63	47.38	9.48
51.70	6.94	49.96	7.81	49.05	8.69	48.38	9.56
52.70	6.95	50.96	7.85	50.05	8.75	49.38	9.65
53.70	6.96	51.96	7.89	51.05	8.81	50.38	9.74
54.70	6.98	52.96	7.93	52.05	8.88	51.38	9.83

图6-30为C30～C60混凝土热膨胀系数从初凝开始至稳定阶段变化趋势，从图中可以看出，初凝至终凝期间混凝土具有较大的热膨胀系数，强度等级高的混凝土在单位用水量不变的情况下，由于水泥用量大而具有更大的热膨胀系数。

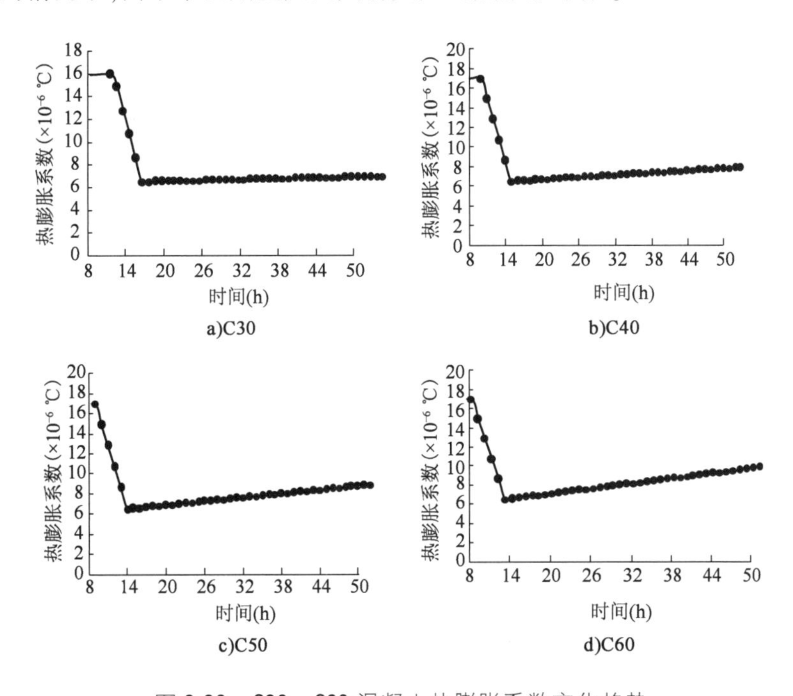

图6-30　C30～C60混凝土热膨胀系数变化趋势

2)抗拉强度计算

抗拉强度可分为轴心抗拉强度、劈裂抗拉强度、弯拉强度，评价抗裂性时通常采用轴心抗拉强度。轴心抗拉强度通常低于弯拉强度与劈裂抗拉，远小于抗压强度，是抗压强度的1/20～1/10，且拉压比随抗压强度的增高而减小。

轴心抗拉强度有直接测量法和间接劈裂法两种。本试验采用劈裂法，乘以换算系数后求得轴心抗拉强度，换算系数采用经验值 $K=0.921$。根据《普通混凝土力学性能试验方法》(GB/T 50081—2002)测量劈裂抗拉强度，配制100mm×100mm×100mm的试样，式(6-20)为劈裂抗拉强度计算公式，式(6-21)为轴心抗拉强度计算公式，测试结果见表6-43。

$$F_{ts} = \frac{2F}{\pi A} = 0.637\frac{F}{A} \tag{6-20}$$

式中：F_{ts}——劈裂抗拉强度(MPa)；

F——试件破坏荷载(kN)；

A——试件劈裂面面积(mm^2)。

$$F_{tc} = F_{ts} \times K \tag{6-21}$$

式中：F_{tc}——轴心抗拉强度(MPa)；

K——换算系数，取值0.921。

C30～C60混凝土抗拉强度 表6-43

C30		C40		C50		C60	
时间(h)	抗拉强度(MPa)	时间(h)	抗拉强度(MPa)	时间(h)	抗拉强度(MPa)	时间(h)	抗拉强度(MPa)
10.7	0	9.96	0	9.05	0	8.38	0
13	0.02	12	0.04	12	0.08	11	0.08
14	0.02	13	0.05	13	0.11	12	0.11
15	0.05	14	0.07	14	0.12	13	0.18
16	0.08	15	0.11	15	0.14	14	0.17
17	0.09	16	0.19	16	0.16	15	0.17
18	0.13	17	0.16	17	0.26	16	0.26
19	0.16	18	0.23	18	0.19	17	0.33
20	0.13	19	0.28	19	0.21	18	0.28
21	0.19	20	0.23	20	0.36	19	0.23
22	0.15	21	0.32	21	0.31	20	0.46
23	0.20	22	0.25	22	0.37	21	0.38
24	0.24	23	0.36	23	0.50	22	0.46
25	0.22	25	0.44	24	0.53	23	0.55

在正常养护下，混凝土的强度随龄期的增长而成曲线增长，即早期强度增长较快，后期强度增长较慢。本试验只测定从终凝到1d时的强度，由于龄期较短，因此将抗拉强度与时间关系近似看成线性关系，且假设终凝时点抗拉强度为0MPa。图6-31为C30～C60混凝土抗拉强度与时间关系，线性拟合结果为C30：$y = 0.017x - 0.208$，$R^2 = 0.943$；C40：$y = 0.028x - 0.306$，$R^2 = 0.932$；C50：$y = 0.033x - 0.338$，$R^2 = 0.910$；C60：$y = 0.035x - 0.32$，$R^2 = 0.921$。从拟合结果可以看出，由于测试龄期较短，抗拉强度与时间的线性相关度较高。

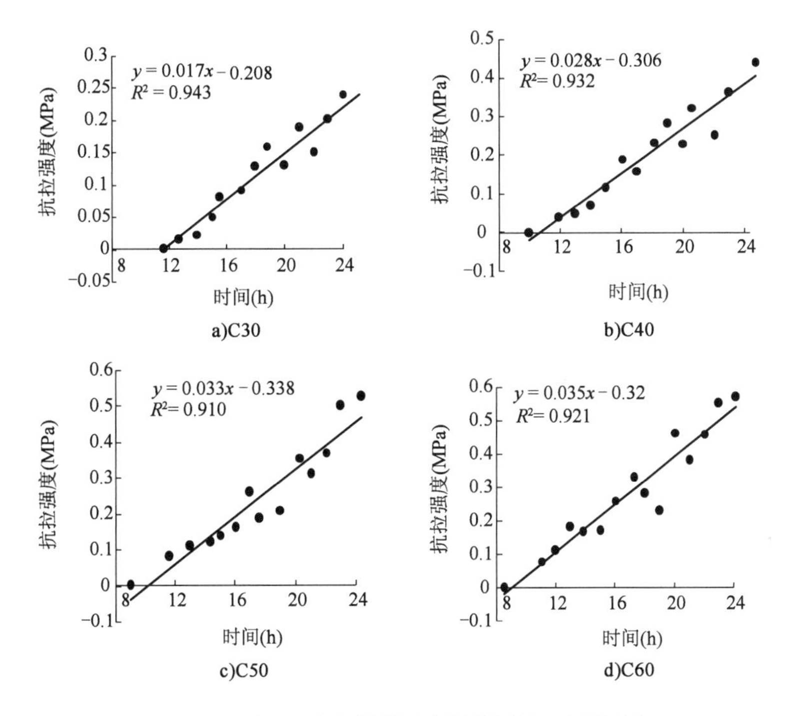

图6-31 C30～C60混凝土抗拉强度与时间关系

3）混凝土开裂敏感性分析

（1）混凝土抗裂性评价指标。

由于工程需要或研究目的不同，通常采用不同的指标来评价混凝土的抗裂性能。以下为常用的混凝土抗裂评价指标。

①极限拉伸值。

混凝土轴心拉伸时，断裂前最大拉长应变称为极限拉伸值。在其他条件相同时，混凝土极限拉伸值越大，抗裂性越强。用极限拉伸值来评价混凝土的抗裂性能有一定的片面性。只用极限拉伸值评定混凝土的抗裂性能，而不考虑混凝土的干缩变形是不全面的，干缩变形对混凝土抗裂性能影响很大。如砂浆的极限拉伸值比混凝土的多(约为混凝土的1.4倍),但干缩变形远大于混凝土,其抗裂性小于混凝土。通常混凝土的抗拉强度越高、胶凝材料用量越多,其极限拉伸值也越大。但水泥用量的增加势必带来水化热温升等问题(尤其是大体积混凝土),反而对混凝土的抗裂性不利。

②抗裂度 K。

抗裂度表达式为:

$$K_1 = \frac{(1 + C_e)R_1}{E_1 \infty} \tag{6-22}$$

$$K_2 = \frac{(1 + C_e)\varepsilon_P}{\infty} \tag{6-23}$$

式中:C_e——混凝土最终徐变变形与瞬时弹性变形的比值;

R_1——混凝土抗拉强度(MPa);

E_1——混凝土抗拉弹性模量(MPa);

ε_p——极限拉伸值($\times 10^{-6}$)。

K_1 实际为安全系数等于1.0、约束100%时,温度应力等于抗拉强度的温差;K_2 实际为安全系数等于1.0、约束100%时,温度应力等于$E_1\varepsilon_p$时的温差,抗裂度 K_1、K_2 越大,混凝土的抗裂能力越强。

用抗裂度 K 对混凝土的抗裂性的评价优于极限拉伸值,但仅考虑了温度应力的影响,只反映从极限拉伸值角度分析混凝土允许的最大温差,而为考虑其他因素,因此存在局限性。

③热强比 H/R_1。

热强比是某一龄期单位体积混凝土的发热量与对应龄期抗拉强度之比($J/m^3 \cdot MPa$)。热强比越小,混凝土的抗裂性能越好。

热强比对混凝土抗裂性能的评价仅考虑温度应力的影响,局限于某一龄期混凝土的发热量与抗拉强度之比,仍为考虑其他因素,因此存在局限性,该指标主要用于评价大体积混凝土的抗裂性能。

④抗裂性系数 CR。

抗裂性系数是取混凝土止裂作用的极限拉伸值与起裂作用的热变形之比,即

$$\mathrm{CR} = \frac{\varepsilon_P}{\alpha \Delta T} \tag{6-24}$$

式中:CR——抗裂性系数;

ε_p ——极限拉伸值($\times10^{-6}$)；

α ——热膨胀系数($\times10^{-6}$℃)；

ΔT ——温差(℃)。

用抗裂性系数 CR 对混凝土抗裂性能的影响仍只考虑温度应力的影响，存在局限性。

⑤抗裂能力指数。

抗裂能力指数是混凝土的止裂力之比，即

$$I = \frac{R_1}{(\Delta T\alpha \pm \varepsilon_d)E_1 K(n,t)} \tag{6-25}$$

式中：I——抗裂能力指标；

R_1——抗拉强度(MPa)；

α ——热膨胀系数($\times10^{-6}$℃)；

ΔT ——温差(℃)；

ε_d——n 天龄期时混凝土干缩率；

$K(n,t)$ ——n 天龄期时混凝土的松弛系数；

E_1 ——抗拉弹性模量(MPa)。

抗裂能力指数 I 越大，则混凝土的抗裂能力越强。抗裂能力指数基本上包括了影响混凝土抗裂性的各种因素。抗裂指数将混凝土开裂原因视为起裂力止裂力相互作用的结果，对于大体积混凝土，可认为所有能引起凝土收缩的潜在作用力就是其自身发热量所引起的温度收应力与水分蒸发所引起的干缩应力。这两种力叠加后乘以松弛系数为起裂力，而阻止开裂的力即抗拉强度。这两者的比值可以全面衡量混凝土抗裂能力的尺度。

⑥抗裂系数 K_1。

抗裂系数是混凝土的作为抗拉强度和极限拉伸值的乘积与干缩应力的比，即

$$K_1 = \frac{R_1\varepsilon_P}{E_1\varepsilon_d} \tag{6-26}$$

式中：K_1——抗裂系数；

R_1——抗拉强度(MPa)；

ε_d——n 天龄期时混凝土干缩率；

ε_p——极限拉伸值($\times10^{-6}$)；

E_1——抗拉弹性模量(MPa)。

K_1 越大,混凝土的抗裂能力越强。抗裂系数 K_1 仅考虑干缩应力的影响,而没有考虑徐变变形。

⑦抗裂安全系数 K_f。

抗裂安全系数是混凝土的抗拉强度与各因素引起的混凝土拉应力的比值,即

$$K_f = \frac{R_1}{\sigma_1 \pm \sigma_2 \pm \sigma_3} \tag{6-27}$$

式中:K_f——抗裂系数;

R_1——抗拉强度(MPa);

σ_1——n 天龄期时均匀与温差产生的徐变应力;

σ_2——n 天龄期时不均匀与温差产生的徐变应力;

σ_3——n 天龄期混凝土的有效自生体积变形产生的应力。

K_f 越大,混凝土的抗裂性能越好。抗裂安全系数 K_f 也基本包括了影响混凝土抗裂性的各种因素。抗裂安全系数是具体边界条件下粉煤灰混凝土抗裂性指标,该系数将混凝土的开裂视为某龄期某结构物混凝土的抗拉强度与各种外界因素作用下混凝土内部产生的拉应力(或拉伸变形)相互作用的结果,其不足之处是计算复杂。

⑧抗裂度因子 K_0 。

抗裂度因子是混凝土的极限拉伸值与约束拉伸值之比,即

$$K_0 = \frac{\varepsilon_P}{(\Delta T\alpha + \varepsilon_y + \varepsilon_z)R} \tag{6-28}$$

式中:K_0 ——抗裂度因子;

ε_p ——极限拉伸值($\times 10^{-6}$);

ε_y——裂缝控制部位混凝土的自由收缩变形;

ε_z——不均匀沉降或其他变形因素在结构相应部位引起的拉伸变形;

R ——约束系数。

K_0 越大,混凝土的抗裂性能越好。

K_0 充分地考虑了混凝土的变形性能之间的关系,主要考虑情况为混凝土的变形不应超过极限拉伸值,但对强度未能考虑。主要适用于面板等薄壁混凝土。

⑨抗拉韧性 Ω。

抗拉韧性是混凝土拉伸应力-应变曲线所包围的面积(MPa)。Ω 越大,混凝土的抗裂性能越好。相对而言,抗拉韧度 Ω 衡量混凝土的抗裂性更为合理,因为它既考虑了混凝土的变形性能,同时兼顾了混凝土的抗拉强度。

⑩弹强比。

弹强比是混凝土的弹性模量与其抗压强度之比。弹强比越小,混凝土的抗裂能力越好。

弹强比是至今为止对混凝土抗裂评价使用最为广泛的指标,该指标在工程实践中较易得到,但未能考虑混凝土的干缩等变形性能。

⑪抗裂性指数μ。

$$\mu = \frac{\varepsilon_{\mathrm{p}} R_1}{\Delta T \alpha R \pm \varepsilon_{\mathrm{d}} + \varepsilon_1} \tag{6-29}$$

式中:μ——抗裂性指数;

R——约束系数;

ε_1——n天龄期时混凝土的自生体积变形。

μ越大,混凝土的抗裂性能越好。μ既考虑了混凝土的变形性能之间的关系,又考虑了混凝土强度。但测量很复杂,主要适用于面板等薄壁混凝土。

⑫抗裂性指标K_{t}。

$$K_{\mathrm{t}} = \frac{R_1 C_3(t-3)}{E_{\mathrm{t}}\left[T_{\mathrm{r}}\alpha + G_{\mathrm{r}}(t)\right]} \tag{6-30}$$

式中:$C_3(t-3)$——加荷龄期3d,持荷时间为$t-3$d混凝土徐变;

T_{r}——不同龄期混凝土的绝热温升;

$G_{\mathrm{r}}(t)$——不同龄期混凝土的自身体积变形;

t——混凝土的龄期(d)。

K_{t}越大,混凝土的抗裂性能越好。K_{t}很好地考虑了混凝土的徐变对混凝土变形性能的缓解,同时也将强度考虑进去,然而测试复杂,一般在大体积混凝土中使用较多。

⑬抗裂参数Φ。

抗裂参数是根据碾压混凝土的结构特性和变形性能,综合影响碾压混凝土抗裂的主要因素评价混凝土抗裂能力的指标,即

$$\Phi = \frac{\varepsilon_1 R_1}{\alpha \Delta T E_1} \tag{6-31}$$

Φ值越大,混凝土的抗裂性能越好。抗裂参数没有考虑混凝土的干缩和自身体积变形等因素,但作为碾压混凝土的抗裂指标更为合理。

(2)混凝土开裂敏感性分析。

以上公式虽然各有局限性,但根据研究因素不同而选取不同公式会更具有针对性和

合理性。在实际工程中，通常研究混凝土结构抗裂能力，不仅与混凝土材料本身的抗裂能力有关，同时与混凝土结构施工时的温度控制、湿养护条件、保温防护及结构约束条件有关，通常采用抗裂安全系数、抗裂能力指数等计算具有合理性。试验研究通常分析混凝土材料本身的综合抗裂能力，依据室内混凝土试验数据计算而来，研究因素主要有混凝土干缩、自生变形、徐变、温度变形等，采用极限拉伸强度、热强比等计算更具合理性。

本试验主要研究环境温差对混凝土裂缝的影响，因此采用抗裂性系数 CR[式(6-32)]为抗裂评价指标。但由于极限拉伸值测试难度较大，不易计算，因此将公式分子分母同时乘以静弹性模量，比较止裂应力(抗拉强度)与温差应力，即式(6-32)：

$$CR = \frac{\varepsilon_{\mathrm{p}} E_1}{\alpha \Delta T E_1} = \frac{R_1}{\alpha \Delta T E_1} \tag{6-32}$$

实际上公式中抗拉强度(R_1)近似等于止裂应力($\varepsilon_{\mathrm{p}} E_1$)，因为混凝土为非连续脆性材料，静弹性模量计算中指出，只有在极限荷载30% ~40%的作用下才基本上表现为线弹性体，并且混凝土在不同应力状态下的力学性能特征与其内部裂缝演变规律有密切的联系，在荷载为极限荷载30%时界面过渡区的裂缝将开始扩展，产生不可逆的破坏。因此将式(6-32)改为：

$$\mathrm{CR} = \frac{0.3 R_1}{\alpha \Delta T E_1} \tag{6-33}$$

式中：CR——抗裂性系数；

α——热膨胀系数($\times 10^{-6}$/℃)；

ΔT——温差(℃)；

R_1——抗拉强度(MPa)；

E_1——静弹性模量(MPa)。

式(6-33)为极限抗拉强度的30%应力与温差应力的比值，其物理意义为只考虑温差应力作用，混凝土抵抗界面过渡区产生裂纹扩展并呈非线性体变形的能力。通过上述已经得出温差应力计算公式以及抗拉强度的拟合公式，根据式(6-33)计算CR，计算结果见表6-44。

C30 ~ C60 混凝土抗裂性系数 CR 表6-44

时间(h)	C30	C40	C50	C60
	抗裂性系数 CR	抗裂性系数 CR	抗裂性系数 CR	抗裂性系数 CR
9				0.73
10			—	3.74

续上表

时间（h）	C30	C40	C50	C60
	抗裂性系数 CR	抗裂性系数 CR	抗裂性系数 CR	抗裂性系数 CR
11		0.07	2.24	6.98
12		2.31	5.25	11.07
13	0.61	4.75	9.04	17.11
14	1.96	7.83	14.63	18.85
15	3.50	12.37	16.65	20.20
16	5.52	13.94	18.28	21.26
17	8.55	15.21	19.62	22.10
18	9.58	16.26	20.71	22.76
19	10.44	17.13	21.62	23.29
20	11.17	17.86	22.38	23.70
21	11.80	18.49	23.02	24.03
22	12.35	19.02	23.55	24.28
23	12.83	19.47	23.99	24.47
24	13.25	19.86	24.37	24.61

从表6-44中可以看出C30～C60混凝土从终凝开始到1d的CR值逐渐增大。为确定混凝土破坏的临界时间，即CR＝1，将温差应力计算公式与极限抗拉强度的30%应力计算公式联立方程组求解，如图6-32所示。临界值求得结果见表6-45。

C30～C60混凝土破坏临界值　　表6-45

混凝土强度等级	C30	C40	C50	C60
临界时间（h）	12.58	11.47	10.84	9.65

表6-45中的临界时间为CR＝1时对应的时间值，即温差应力等于极限抗拉强度30%应力值时的时间，当混凝土的龄期小于该临界时间时，混凝土内部的裂缝将产生扩展，形成不可逆的破坏，此时混凝土虽然尚未明显破坏，但其性能将会受到温差应力的影响。当混凝土的龄期大于该临界时间时，温差应力不会使混凝土内部破坏产生影响，即不会影响混凝土性能。

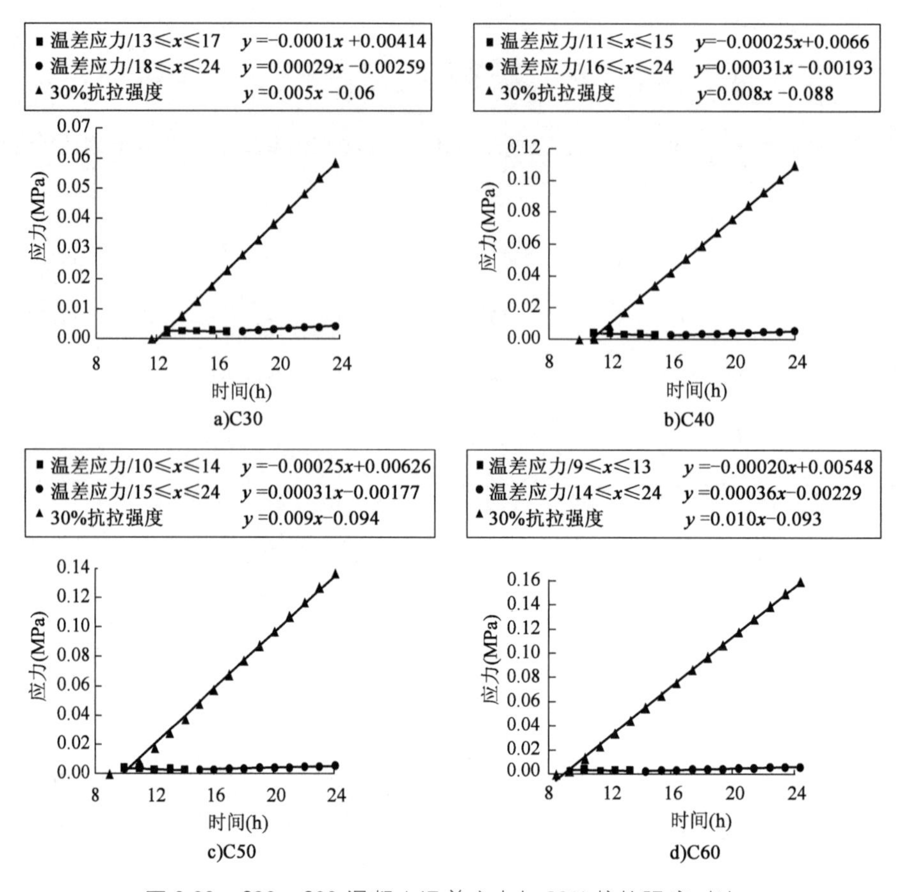

图6-32 C30～C60混凝土温差应力与30%抗拉强度对比

对比混凝土破坏的临界时间与凝结时间，可以确定混凝土的“易损期”处在龄期发展的哪一阶段。

表6-46、图6-33为C30～C60混凝土破坏的临界时间与终凝时间对比结果。可以看出，C30～C60的破坏临界时间在终凝后不久，即随着混凝土硬化开始，温差应力对混凝土将不会产生太大影响。可以认为，从成型至终凝左右，混凝土处于“易损期”，硬化开始混凝土进入“成熟期”。此外，高强度等级混凝土因具有较小的水胶比而凝结时间较短，因此在时间维度上，可以认为高强度等级混凝土具有较短的“易损期”。

C30～C60混凝土破坏临界时间与终凝时间对比值 表6-46

混凝土强度等级	C30	C40	C50	C60
临界时间	12.58	11.47	10.84	9.65
终凝时间(h)	11.70	9.96	9.05	8.38
临界-终凝时差(h)	0.88	1.51	1.79	1.27

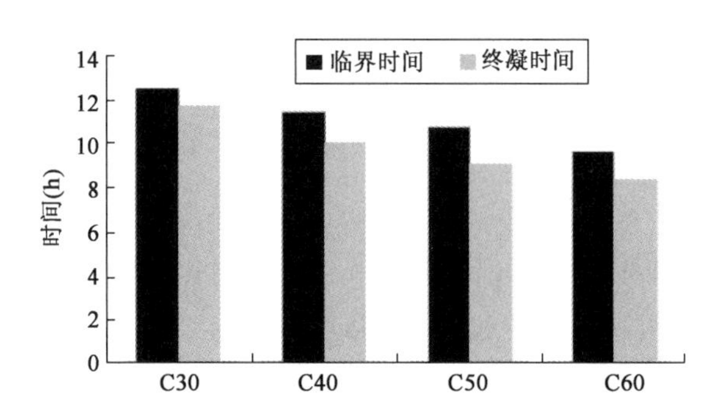

图 6-33 C30 ~ C60 混凝土破坏临界时间与终凝时间对比图

6.3.3 大温差干燥环境对混凝土强度的影响

根据上述理论分析,混凝土存在“易损期”和“成熟期”,并且“易损期”与“成熟期”的临界值在终凝左右。当混凝土处在“易损期”时,由于温度应力产生内部破坏,强度将会受到影响。本节通过研究大温差环境对混凝土强度的影响论证上述理论。理论分析中将大温差环境分为高温大温差环境和低温大温差环境两部分,分别模拟西部夏季环境及冬季环境。因此本节将分别研究低温和高温对混凝土强度的影响。

本节试验将混凝土成型后,将高(低)温循环试样和高(低)温基准分别放置 3h、7h、10h、14h、24h 后处于高(低)温循环环境和高(低)温环境中。为了分析温差循环对混凝土性能的影响,每个高(低)温环境温差循环试样均有两个基准,即常温基准(20℃标准养护)及高(低)温基准(一直处于高温或低温中的试样),因此上述每个批次又分为“高温循环”“低温循环”“高温基准”“低温基准”“常温基准”五大组。高(低)温循环试样每 24h 循环一次,即处在高(低)温环境中 12h,常温环境中 12h。高(低)温基准试块 24h 中一直处在高(低)温环境中。

1)低温温差循环对混凝土强度影响研究

低温温差环境下混凝土不但会受到温差的影响,还有可能受到冻胀破坏以及低温条件下导致水化速率减慢,这些因素都可能会导致强度的降低。因为受到以上因素的影响,温差循环试块与常温基准难以排出冻胀破坏而分析温差的影响。但与低温基准试块的对比可以说明温差是否可以导致破坏。如果低温环境对混凝土的强度产生影响,低温基准只会受到冻胀及水化速率减慢的影响,而没有温差的影响。并且由于低温基准试块一直处在低温环境中,低温环境对低温基准试块的影响会大于低温循环试块。因此当低温基准试块的强度低于常温基准试块的强度,则说明低温环境对混凝土会产生影响。如果低温温差循环试块的强度低于低温基准试块的强度,则足以说明温差对混凝土产生了明显的破坏。

图6-34为C30~C60混凝土在低温环境下强度变化趋势,可以看出,低温循环试块和低温基准试块的强度均低于常温基准试块的强度,说明低温环境下混凝土会受到冻胀破坏及水化速率减慢的影响。在3~24h之间,C30~C60低温循环试块强度最初均低于低温基准试块强度,说明此时混凝土的抗拉强度30%应力均小于温差应力,因此温差造成明显的破坏。后期抗拉强度30%应力大于温差应力时,低温循环试块强度则高于低温基准试块,此时温差已不能造成明显的破坏。

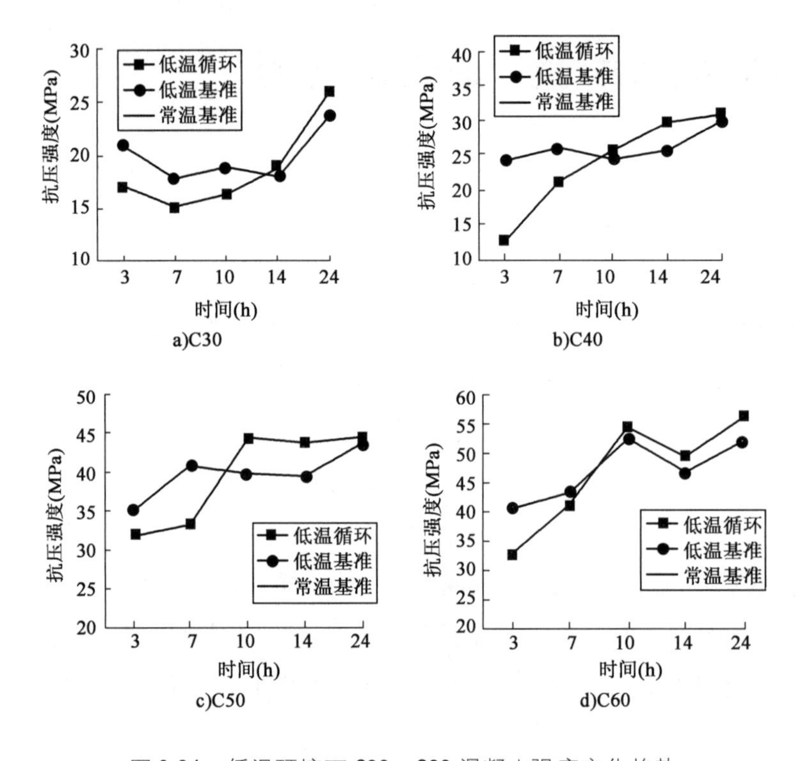

图6-34 低温环境下C30~C60混凝土强度变化趋势

由于所处同一环境状态下的试块均为不同批次成型,使其强度并不呈增长趋势而具有波动性,但同一时间点的基准与循环试块则为同批次成型,因此具有可比性。为精确混凝土的“易损期”及“成熟期”,需将低温基准试块强度与低温循环试块强度进行线性拟合得到方程组,将方程组求解,求得交点即临界时间。但由于横向对比缺乏可比性,导致其强度并不具有线性关系。从图6-34可以看出,C30混凝土的临界时间应在10~14h之间,因为在3~10h,低温循环试块的强度均低于低温基准试块强度。而在14~24h,低温循环试块的强度均大于低温基准试块的强度。同理,C40 混凝土的临界时间在7～10h之间,C50 混凝土的临界时间在 7～10h 之间,C60 混凝土的临界时间在 7～10h 之间。因此将临界时间前后的时间点强度进行线性拟合,将拟合公式组成方程组求解即临界时间。尽管该方法求得的临界时间缺乏大量数据的支持而并不一定为真实值,但由于临界时间已经锁定在较小的范围内,其真实值必定在该临界时间左右。因此该临界值可以说明混凝土温差破坏临界点的时间范围。

图 6-35 为低温环境下 C30～C60 混凝土抗压强度临界破坏时间前后的时间点强度线性拟合结果,将图中低温循环与低温基准的拟合方程组成方程组,求解即低温环境下临界破坏时间,对比理论分析中计算的临界破坏时间以及终凝时间,结果见表 6-47。

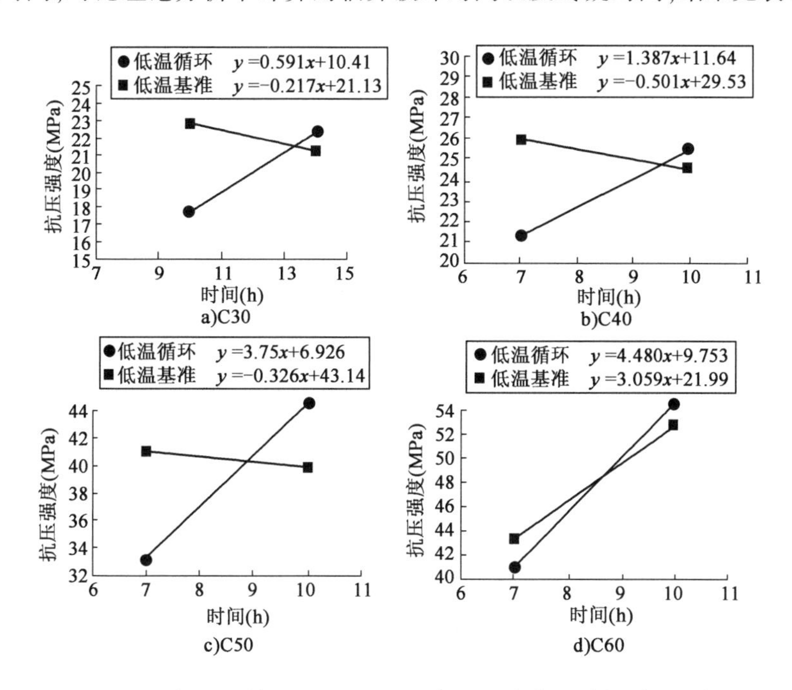

图 6-35 低温环境下 C30～C60 混凝土强度临界破坏时间分析

低温环境下 C30～C60 混凝土强度临界破坏时间 表 6-47

混凝土强度等级	C30	C40	C50	C60
低温临界时间(h)	13.26	9.48	8.88	8.61
理论临界时间(h)	12.58	11.47	10.84	9.65
终凝时间(h)	10.91	9.55	9.00	8.34

从表 6-47 可看出,理论计算时间与低温临界时间基本一致,误差相差不超过 3h,而低温临界时间与终凝时间对比可看出混凝土抗压强度实际破坏临界时间在终凝左右,与理论分析一致,即从成型至终凝为混凝土“易损期”,硬化开始混凝土进入“成熟期”。

2)高温温差循环对混凝土强度影响研究

高温温差循环下,除了温差应力的影响,虽没有冻胀破坏的影响,但由于高温环境表面水分蒸发快,内部水分上升量低于蒸发量,面层急剧干燥,外硬内软,可能产生塑性裂缝,因此高温环境同样可能对混凝土强度产生影响。与低温环境研究原理相同,本节将通过高温循环试块与高温基准试块与常温试块的对比,说明高温温差循环及高温环境对混凝土强度的影响。

图6-36为C30~C60混凝土在高温环境下强度变化趋势。可以看出,高温循环试块和高温基准试块的强度均低于常温基准试块的强度,说明高温环境下混凝土会受到水分蒸发的影响。在3~24h之间,C30~C60高温循环试块强度最初均低于高温基准试块强度,说明此时混凝土的抗拉强度30%应力均小于温差应力,因此温差造成明显的破坏。后期抗拉强度30%应力大于温差应力时,高温循环试块强度则高于高温基准试块,此时温差已不能造成明显的破坏。

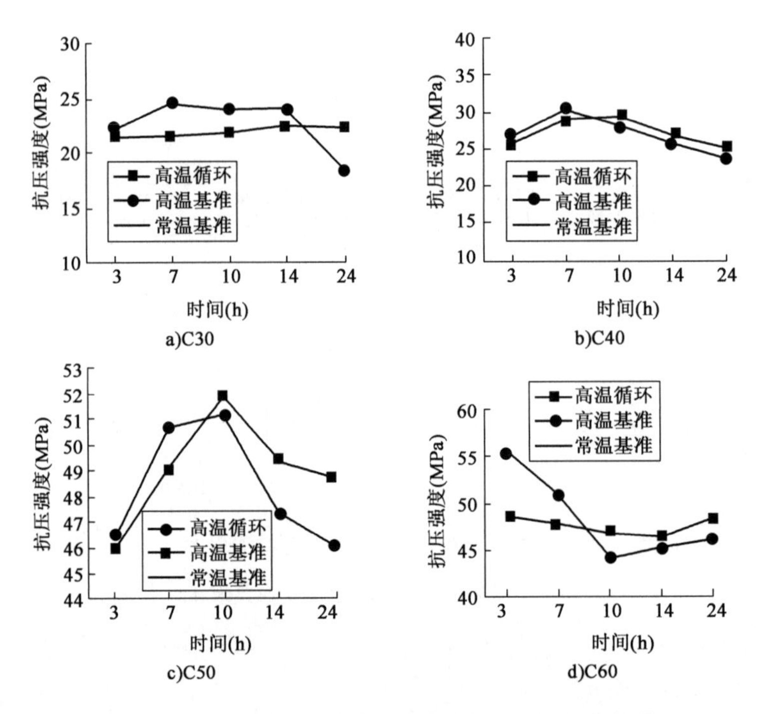

图6-36　高温环境下C30~C60混凝土强度变化趋势

与低温环境试验情况相同,由于所处同一环境状态下的试块均为不同批次成型,使其强度同样具有波动性,但同一时间点的基准与循环试块则为同批次成型,因此具有可比性。从图6-37可以看出,与低温环境研究原理相同,C30混凝土的临界时间应在14~24h之间,C40混凝土的临界时间在7~10h之间,C50混凝土的临界时间在7~10h

之间,C60 混凝土的临界时间在 7 ~ 10h 之间。将临界时间前后的时间点强度进行线性拟合,将拟合公式组成方程组求解即为临界时间。其真实值将在该临界值左右。

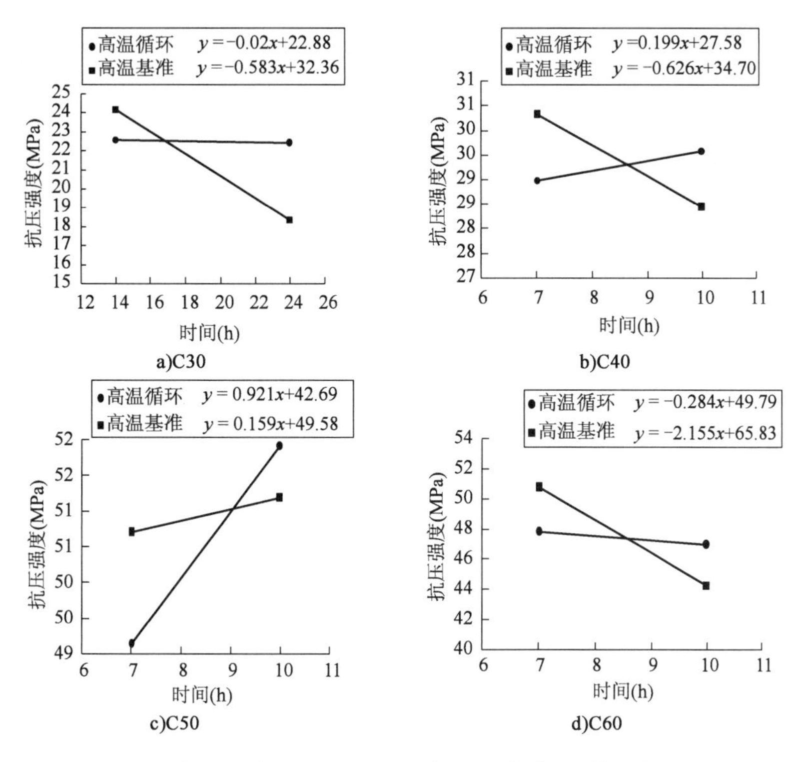

图 6-37　高温环境下 C30 ~ C60 混凝土强度临界破坏时间分析

图 6-37 为高温环境下 C30 ~ C60 混凝土强度临界破坏时间前后的时间点线性拟合结果,将图中高温循环与高温基准的拟合方程组成方程组,求解高温环境下临界破坏时间,对比理论分析中计算的临界破坏时间以及终凝时间,结果见表 6-48。

高温环境下 C30 ~ C60 混凝土强度临界破坏时间　　表 6-48

混凝土强度等级	C30	C40	C50	C60
高温临界时间(h)	16.83	8.63	9.04	8.57
理论临界时间(h)	12.58	11.47	10.84	9.65
终凝时间(h)	10.91	9.55	9.00	8.34

从表 6-48 可以看出,理论计算时间与高温临界时间基本一致,误差相差不超过 4h,而由高温临界时间与终凝时间对比可以看出混凝土抗压强度实际破坏临界时间在终凝左右,与理论分析一致,即从成型至终凝左右为混凝土"易损期",硬化开始混凝土进入"成熟期"。

通过高温环境及低温环境下对混凝土强度的影响研究可以得出以下几点结论:

(1)无论是高温环境还是低温环境,温差循环对混凝土强度的破坏临界时间均在终凝左右。在终凝前,由于温差应力大于极限抗拉强度30%应力,混凝土内部裂缝将产生不可逆扩展,产生内部破坏,此时混凝土处于"易损期";硬化开始,强度迅速增长,温差应力将小于极限抗拉强度30%应力,混凝土内部不会产生不可逆裂缝,内部不会产生明显破坏,混凝土进入"成熟期"。

(2)低温环境由于冻胀破坏及减缓水化速率使强度降低,而高温环境由于水分散失较快,容易产生塑性裂缝,使强度降低。因此,低温环境和高温环境均对混凝土产生影响。

(3)试验结果与强度研究结果及理论分析一致。

6.4 西部地区干燥大温差环境下薄壁高墩混凝土抗裂施工技术及其应用

6.4.1 工程概况

太佳高速公路临县黄河特大桥横跨晋陕两省,西接榆佳高速公路,东接太佳西高速公路,是太佳高速公路控制性工程。桥梁起点位于山西省临县克虎镇高家湾村,终点位于陕西省佳县佳芦镇,接陕西省榆佳高速公路佳县隧道,左右分离,单幅桥宽13m。

左幅桥梁起点里程为ZK209+200.390,终点里程为ZK210+812.000,全长1611.61m。左幅桥梁结构形式为4×(3×50m连续T梁)+(80+4×150+80m连续钢构箱梁)+4×30m连续T梁+4×30m连续T梁,共有墩台27座。

右幅桥梁起点里程为YK209+213.678,终点里程为YK210+765.000,全长1551.322m。右幅桥梁结构形式为4×(3×50m连续T梁)+(80+4×150+80m连续刚构箱梁)+6×30m连续T梁,共有墩台25座。

13号~17号墩为主墩,墩身高度分别为103m、105 m、109m、112m、88m,墩身底部设4m高实心段,墩高50m以下部分为双向收坡变截面,坡比25:1,50m以上部分为等截面。墩身截面形式为双肢实心墩,墩顶截面纵向总宽度10m,横向宽度为7m,其中13号、17号墩顺桥向单肢厚2.2m,14号~16号墩顺桥向单肢厚2.5。主墩两肢间设置钢筋混凝土系梁连接,14号~16号墩设置2道、13号、17号墩设置1道,系梁厚1m,宽6.6m。

12号墩、18号墩为过渡墩，墩身高度分别为72m、52m，结构形式采用变截面空心薄壁墩，坡比50:1，墩身截面顺桥向壁厚80cm，横桥向壁厚60cm，墩顶及墩底各有2m实心段。主墩混凝土强度等级为C50，引桥墩身混凝土强度等级为C40。

桥址区位于陕西省佳县县城附近，属北温带半干旱大陆性季风气候区，降水少，昼夜温差大，冬长夏短，冬季寒冷干燥，秋季凉爽宜人，夏季炎热多雨，春季风沙肆虐，春旱频繁。每年7、8月为雨季，降水量大，每年11月中旬进入冬季，来年3月中旬冬季结束，冬季长达4个月。

①气温：根据佳县气象局提供的1969—2009年连续41年的观测资料，桥位处1月平均气温最低为-12.2℃（1993年），7月份平均气温最高为26.9℃（2005年）；年极端最低气温-24.4℃（2002年），年极端最高气温42.1℃（2005年）；最大风速（10分钟平均）25m/s（1991年）。

②霜冻：早霜平均始于10月10日，最早9月22日，最晚10月27日。平均晚霜终于3月23日，最早2月15日，最晚4月24日。平均无霜期为199天，最长245天（1974年），最短172天（1994年），年际差为73天。

③地温：据1971—2004年气象资料分析，佳县年平均地温12.4℃。1月最低，平均-8.1℃；7月最高，平均28.7℃。极端最高地温68.7℃，极端最低地温-32.4℃。10月至次年2月，地温自表向下层逐渐递增；3月至9月，地温自表向下逐渐递减。

④降水：降水年内季节分配不均，主要集中在7、8、9三个月，8月降水最多，多年平均值90.6mm，占年降水量的1/4。冬季最少，多年平均值仅15.0mm，占年降水量的4%。

⑤湿度：湿度$K=0.36$，干旱指数为3.17，属半干旱地区。

⑥风速：据佳县气象局资料，春季风大，可达25m/s以上。桥址区位于黄河峡谷，峡谷为南北走向，风速比佳县县城大。

结合本项目研究和西北地区实际情况，桥梁薄壁高墩防裂混凝土配制应遵循以下原则：

①单独使用水泥，最佳水胶比区间为0.50～0.60；采用粉煤灰、矿粉时，最佳水胶比区间为0.45～0.55；单掺粉煤灰时，建议最佳水胶比区间为0.40～0.50。最佳水胶比（水胶比）应不小于0.40。当采用减水剂时则应适当减小。

②单掺矿粉时，掺量增加导致混凝土收缩增大，最佳掺量应小于30%，此时对收缩影响不大；单掺粉煤灰时，Ⅰ级粉煤灰最佳掺量区间为20%～30%，此时混凝土收缩基本不变或略有减小，Ⅱ级粉煤灰最佳掺量区间略微减小，为15%～25%。

③集料体积含量应大于68%。

结合实体工程设计要求,混凝土配比见表6-49。

混凝土的配合比　　表6-49

类型	水胶比	粉煤灰(kg)	水泥(kg)	细集料(kg)	粗集料(kg)	减水剂(g)	速凝剂(g)
C40	0.43	75	301	748	1108	30.2	42.8
C50	0.40	92	365	716	1005	37.1	51.2

对薄壁高墩混凝土进行力学性能及耐久性试验,试验结果见表6-50。结果达到设计考核指标要求。

力学性能及耐久性试验结果　　表6-50

类　型	坍落度(mm)	28d 强度(MPa)	抗渗等级	28d 收缩率($\times10^{-4}$)
C40	190	46.4	P18	1.8
C50	195	58.6	P18	1.9

6.4.2　现场防裂技术措施

1)缩短相邻节段混凝土龄期差

为防止产生收缩裂缝,尽可能缩短墩身与承台以及墩身节段之间混凝土龄期差,减小混凝土收缩带来的影响。

本桥墩身与承台混凝土龄期差为5~15d,第一节与第二节混凝土龄期差为6~12d,其余相邻节段混凝土龄期差一般为4~7d,冬休期间龄期差130d。

在施工过程中,未发现由于龄期差导致混凝土明显开裂的现象,说明混凝土配合比设计比较合理,收缩率小,同时也说明混凝土龄期差较短时对薄壁高墩的影响不是很大。

图6-38　防裂钢筋网布置示意图

2)设置防裂钢筋网

设置防裂钢筋网可大大增强结构物表面抗裂能力,如图6-38所示。防裂钢筋网常用ϕ8mm冷拉带肋钢筋,网眼大小为10cm×10cm。防裂钢筋网挂在墩身外层箍筋上,净保护层厚度为3cm。钢筋网接头采用搭接,搭接长度不小于一个网眼尺寸。

3）混凝土施工控制技术措施

（1）控制混凝土入模温度。

这一措施主要针对夏、冬季节混凝土施工，目的是尽量减小外界环境对混凝土的不利影响。

夏季：在夏季，控制混凝土入模温度不超过28℃。

砂石料应该采取遮阳措施，必要时洒水降温。储水装置宜埋于地面以下，并采取遮阳措施，以减小外界环境的影响，水温应控制在20℃以下。

供料速度与现场混凝土浇筑速度保持一致，缩短混凝土在混凝土运输车里停留的时间。如果白天温度过高，可选择晚上或阴天浇筑混凝土。

冬季：在冬季，控制混凝土入模温度不低于10℃。

砂石料应该采取保温措施，温度不宜低于10℃。水可用电热设备加热，温度不低于20℃。液态减水剂用加热设备加热，保证其适用状态。混凝土拌和站、输送泵（包括管道）、搅拌运输车要采取保温措施，措施如下：

①拌和站和输送泵用保温棚保温，保温棚内设置煤炉或电暖设施增温。

②混凝土搅拌运输车储料罐用保温篷布包裹，搭设保温停车棚，运输车停车待料时在保温棚内等候。

③输送管道包裹保温棉。

冬季施工期间，混凝土现场测温均在10℃以上。

（2）控制拆模时间。

此措施主要针对冬季施工或其他季节温度较低时施工。

适当推迟混凝土的拆模时间，避免在混凝土强度上升初期拆模。对于大体积混凝土，常温下最少要3d后拆模，气温较低时应延长至7d以上，若已采取保温措施，则保温期内模板一直不拆除。混凝土体积不大时拆模时间可稍提前。其原因如下：

①将结构物与外界环境适当隔离，减小结构物表面与内部散热条件的差别，从而缩小内外温差。当气温较低又没有采取保温措施时，这一点特别重要。

②防止混凝土在强度上升初期表面失水收缩。虽然拆模后可以立即喷洒养护剂或者洒水养护，但在采取措施之前的短暂时间内局部仍有可能产生收缩裂缝。

③利用模板对结构物表面进行有限约束，减轻结构物表面开裂程度。这一点在混凝土强度上升初期尤其重要。

（3）对结构物采取外保温、内降温措施。

这一措施主要针对大体积混凝土，对于本桥薄壁高墩，就是主墩实心段。

对于大体积结构物,混凝土浇筑初期产生大量水化热,易导致内外温差过大而开裂。所以,墩身最重要的防裂措施就是缩小内外温差,这一点对于实心段更加重要。本措施实施方法为:在结构物内部设置散热设施(冷却管),如图6-39所示。同时,在外围采取保温措施,尽量缩小内外温差。

图6-39　冷却管施工照片

冷却管降温应严格控制降温速度以及其他重要指标,要求如下:内部最高温度不大于75℃,内外温差不大于25℃;进出水温差不大于10℃;进水与混凝土温差不大于20℃;降温速度不大于2℃/d;内保外降养护时间不少于14d。

具体措施如下:

结构物内部安装冷却管和温度感应器。

冷却管平面间距为1.2m,层间距离为1.2m,上下层各距顶底面0.8m。冷却管用ϕ50mm×2.5mm钢管制作,用专用接头管连接。

①混凝土分层浇筑,每一层冷却管附近的混凝土初凝后即开始小流量通水。混凝土浇筑完成后,全部冷却管通水,适时调整流量以调节降温速度。出水部分回流至进水口水箱,并补充冷水调节水温。通水降温工作结束后,管道要压浆。

②在结构物外围(四周和顶面)采取保温措施,必要时用加热设备升温。

③混凝土顶面用温水持续养护。用冷却管流出的水养护,防止顶面温度过低。

④拆模以后立即用土工布包裹喷洒养护剂,防止水分挥发。

(4)加强养护。

顶面用麻袋覆盖,并洒水养护,养护用水与混凝土表面温差不大于15℃。侧面在拆模后用土工布包裹,喷洒养护剂养护。常温下混凝土养护时间不少于7d,冬季施工养护时间不少于14d,大体积混凝土按前文所述进行养护。

本章参考文献

[1] 邹昱瑄,周绪红,管宇,等.冷弯薄壁型钢-细石混凝土组合梁抗弯性能研究[J].湖南大学学报(自然科学版),2020,47(09):23-32.

[2] 郭寅川,陈志晖,申爱琴,等.基于抗裂性能的高寒地区桥面板混凝土配合比优化设计[J].长安大学学报(自然科学版), 2019,39(04):1-8.

[3] 邵旭东,张良,张松涛,等.新型UHPC连续箱梁桥的体外预应力锚固构造形式研究[J].湖南大学学报(自然科学版),2016,43(03):1-7.

[4] 高英力,龙杰,刘赫,等.粉煤灰高强轻集料混凝土早期自收缩及抗裂性试验研究[J].硅酸盐通报,2013,32(06):1151-1156.

[5] 吴波,赵新宇,杨勇,等.薄壁圆钢管再生混合柱-钢筋混凝土梁节点的抗震试验与数值模拟[J].土木工程学报,2013,46(03):59-69.

[6] 吴波,赵新宇,张金锁.薄壁圆钢管再生混合柱的抗震性能试验研究[J].土木工程学报,2012,45(11):1-12.

[7] Pan Z,Zhu Y,Zhang D,et al. Effect of expansive agents on the workability,crack resistance and durability of shrinkage-compensating concrete with low contents of fibers[J]. Construction and Building Materials,2020,259:119-128.

[8] Wang L,He T,Zhou Y,et al. The influence of fiber type and length on the cracking resistance,durability and pore structure of face slab concrete[J]. Construction and building materials,2021,282:122-134.

[9] 周小菲,王强,阎培渝.无砟轨道的道床板混凝土抗干缩开裂性能[J].中南大学学报(自然科学版),2012,43(08):3180-3186.

[10] 王静峰,丁伟伟.钢管混凝土柱T形件抗震性能试验及数值模拟[J].土木工程学报,2012,45(S1):85-89.

[11] 李北星,马立军,关爱军,等.箱梁C55高性能混凝土的抗裂性与耐久性研究[J].武汉理工大学学报,2010,32(14):40-44.

[12] 崔虹.薄壁混凝土剪力墙的施工质量控制[J].武汉大学学报(工学版),2009,42(S1):387-390.

[13] 冉千平,刘加平,缪昌文,等.减缩抗裂型混凝土超塑化剂的性能及其作用机理[J].硅酸盐学报,2006,(12):1537-1541+1546.

[14] 祝明桥,方志,胡秀兰,等.配筋钢纤维高强混凝土薄壁箱形截面纯扭构件全过程

分析[J].湖南大学学报(自然科学版),2006,(03):11-16.

[15] 袁群,曹雪玲,李宗坤,等. 型薄壁引黄流槽结构的原型试验研究[J].水利学报,2003,(11):116-123.

[16] 金伟良,曲晨,傅军,等.薄壁离心钢管混凝土扭转全过程简化计算研究[J].浙江大学学报(工学版),2003,(01):7-11+33.

[17] 邬喆华,楼文娟,唐锦春,等.薄壁混凝土墙体稳定性分析[J].浙江大学学报(工学版),2002,(04):17-21.

[18] 张晋勋,沈聚敏.任意形状钢筋混凝土薄壁截面双轴压弯恢复力分析[J].土木工程学报,1999,(02):34-40.

[19] Wang L,Li G,Li X,et al. Influence of reactivity and dosage of MgO expansive agent on shrinkage and crack resistance of face slab concrete[J]. Cement and Concrete Composites,2022,126:104-125.

[20] Shen D,Liu C,Li C,et al. Influence of Barchip fiber length on early-age behavior and cracking resistance of concrete internally cured with super absorbent polymers[J]. Construction and Building Materials,2019,214:219-231.

第 7 章
CHAPTER 7

高性能湿喷混凝土制备与工程应用

喷射混凝土是将胶凝材料、集料等按一定比例制备的混凝土拌合物送入喷射设备,借助压缩空气或其他动力输送,高速喷射到受喷面且瞬时压密的混凝土。喷射混凝土以其终凝时间短、水化硬化速度快、高早龄期强度及施工工艺简便,被广泛用于公路、铁路、水利和采矿工程中。现有湿喷混凝土普遍存在强度等级低、回弹率大、易堵管、后期强度增长缓慢且对耐久性无明确要求等问题,已引起广泛关注。因此,制备可喷性良好、强度高、耐久性优异的高性能湿喷混凝土,对于大幅度提高工程安全使用寿命、节约资源、降低排放、实现绿色交通及可持续发展具有重要意义。

7.1 无氯无碱液体速凝剂研究

7.1.1 液体速凝剂稳定性快速评价方法

Turbiscan Lab 稳定性分析仪是法国 Formulation 公司开发的一种能快速分析乳化液、悬浮液、泡沫等分散体系的沉淀、乳化、絮凝、凝结、分相等综合现象的设备,它能定量分析上述现象所发生的速度及颗粒的一些特性,能同时采集透射光和背散射光的信号,无论是澄清的样品,还是混浊的样品,甚至是完全不透明的样品都能检测。基于上述机理,本节探索利用 Turbiscan Lab 稳定分析测试仪测试液体速凝剂的稳定性。

如图 7-1 所示,稳定性分析测试仪是采用近红外光作为光源,有一个透射光器和一个背散射光检测器。光源与透射光检测器和背散射光检测检测器组成测量探头。样品池有效扫描高度为 40mm,固定测量探头从样品池底部到顶部每隔 40μm 测量一次,完成样品池底部到顶部的测量称为一次扫描。随时间延长,液体速凝剂样品颗粒粒径或在样品池高度上液体浓度会发生变化,导致不同高度上收集到的透射光和背散射光发生变化。

收集不同扫描次数的透射光或散射光强度数据,计算出表征液体速凝剂胶体体系稳定性的稳定性系数 d,其定义如式(7-1)和式(7-2)所示:

$$\Delta I_i = \frac{\sum_{j=1}^{n} |I_{1j} - I_{ij}|}{H} \tag{7-1}$$

式中：ΔI_i ——第 i 次扫描后每 1μm 高度上透射光或散射光强度相对初始值的变化量(cps/μm)；

I_{1j} ——第一次扫描第 j 高度上透射光或散射光强度(cps)；

I_{ij}——第 i 次扫描第 j 高度上透射光或散射光强度(cps)。

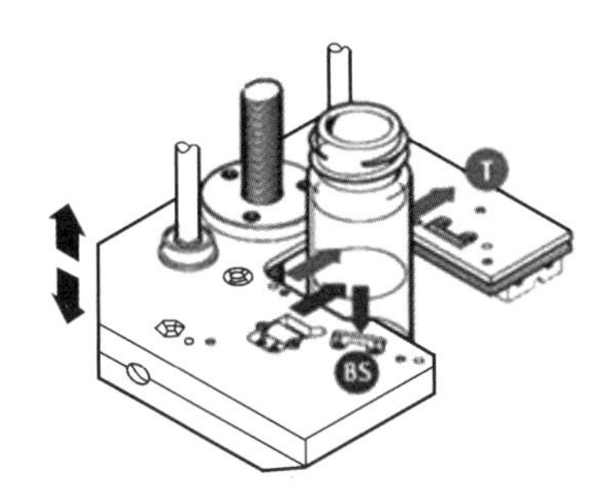

图 7-1　Turbiscan Lab 稳定分析测试仪原理(左)和实物(右)图

用 ΔI_i 定义分散体系的稳定性系数，如式(7-2)所示：

$$d = \frac{\sum_{i=1}^{n} \Delta I_i}{n} \tag{7-2}$$

式中：d——稳定性系数(cps/μm)；

n——扫描次数。

先将制备出的无碱液体速凝剂在样品瓶中静置 24h 使杂质沉淀，取杂质层以外样品加入测试样品瓶中，用仪器自带的温控系统控制测量温度为 25℃ ±1℃，采用每隔 1h 扫描一次，共扫描 24 次。按式(7-2)计算液体速凝剂的稳定性系数 d，d 越小，表明液体速凝剂稳定性越好。

7.1.2　ASA 无氯无碱液体速凝剂的制备

1)无氯无碱液体速凝剂制备工艺及配方确定

选定的聚合硫酸铝(A)、工业硫酸镁(B)、醇胺(C)、无机酸(D)和稳定剂(E)均无碱、无氯、无氟，能满足既定的目标要求。设计正交试验，研究五种原料复配后对水泥凝结时间和稳定性的影响，最终确定制备无氯无碱液体速凝剂的配方。

五种原料在水中发生的反应过程包括溶解、电离和络合反应。试验选取制备无氯无碱液体速凝剂的工艺流程如图 7-2 所示。

(1)正交试验设计。

设计 $L_{16}(4^5)$ 正交试验，分析五种原料对初凝时间、终凝时间和稳定性系数的影响主次顺序和最优方案。试验因素和水平设计见表 7-1,表中除五种原料外,另外用水补足质量之和为 100% 。试验方案见表 7-2。

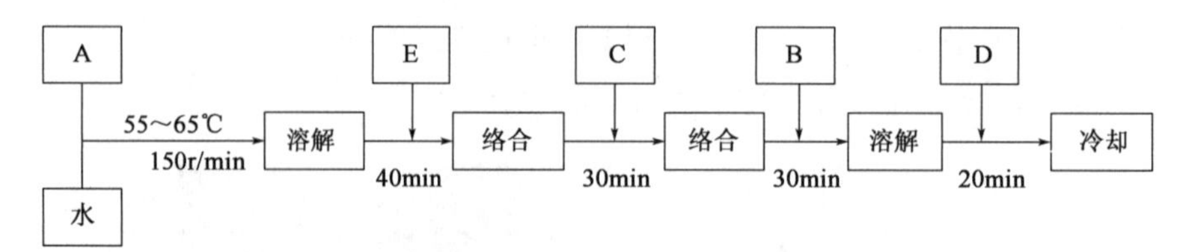

图 7-2　无氯无碱液体速凝剂制备工艺流程

正交试验因素与水平设计　　表 7-1

水平	因素				
	聚合硫酸铝(A)(%)	硫酸镁(B)(%)	醇胺(C)(%)	无机酸(D)(%)	稳定剂(E)(%)
1	40.0	12.0	6.0	0.5	0.2
2	44.0	14.0	8.0	1.5	0.6
3	48.0	16.0	10.0	2.5	1.0
4	52.0	18.0	12.0	3.5	1.4

正交试验方案　　表 7-2

试验编号	聚合硫酸铝(A)	硫酸镁(B)	醇胺(C)	无机酸(D)	稳定剂(E)
1	1	1	1	1	1
2	1	2	2	2	2
3	1	3	3	3	3
4	1	4	4	4	4
5	2	1	2	3	4
6	2	2	1	4	3
7	2	3	4	1	2
8	2	4	3	2	1
9	3	1	3	4	2
10	3	2	4	3	1
11	3	3	1	2	4
12	3	4	2	1	3
13	4	1	4	2	3
14	4	2	3	1	4
15	4	3	2	4	1
16	4	4	1	3	2

(2)正交试验结果与分析。

选择初凝时间、终凝时间和稳定性系数作为检验指标,正交试验结果见表7-3,采用极差分析法处理试验结果,结果见表7-4。各因素不同水平下对初凝时间、终凝时间和稳定性的影响效应曲线图,分别如图7-3~图7-7所示。

正交试验结果　　表7-3

试验编号	初凝时间(min)	终凝时间(min)	稳定性系数(cps·μm^{-1})
1	10.4	17.3	0.86
2	8.8	15.2	0.48
3	8.6	14.8	0.20
4	8.5	14.9	0.11
5	8.0	11.3	0.16
6	4.8	10.3	0.53
7	5.6	9.8	0.09
8	4.3	8.2	0.25
9	2.5	6.3	0.19
10	2.9	5.9	0.12
11	3.6	7.6	1.52
12	2.3	5.6	2.13
13	2.2	3.8	0.82
14	2.3	4.9	2.3
15	1.5	2.8	3.3
16	1.2	2.7	4.5

由表7-3可知,试验中6~16配料组合均能使水泥在5min内初凝,12min内终凝,满足《喷射混凝土用速凝剂》(JC 477—2005)标准中合格品的要求,编号为9~16配料组合中,除编号为11的配料组合外,其他配料组合均能使水泥在3min内初凝,8min内终凝,满足《喷射混凝土用速凝剂》(JC 477—2005)标准中一等品的要求。

正交试验极差分析结果　　表7-4

考核指标	计算项目	A	B	C	D	E	结果
初凝时间	均值1	9.075	5.775	5.000	5.150	4.775	因素主次: A>B>E>D>C 最优方案: $A_4B_4C_3D_4E_3$
	均值2	5.675	4.700	5.150	4.725	4.525	
	均值3	2.825	4.825	4.425	5.175	4.475	
	均值4	1.800	4.075	4.800	4.325	5.600	
	极差	7.275	1.700	0.725	0.850	1.125	

续上表

考核指标	计算项目	A	B	C	D	E	结 果
终凝时间	均值1	15.550	9.675	9.475	9.400	8.550	因素主次：A > B > E > C > D 最优方案：$A_4B_4C_3D_4E_2$
	均值2	9.900	9.075	8.725	8.700	8.500	
	均值3	6.350	8.750	8.550	8.675	8.625	
	均值4	3.550	7.850	8.600	8.575	9.675	
	极差	12.000	1.825	0.925	0.825	1.175	
稳定性系数	均值1	0.412	0.507	1.853	1.345	1.132	因素主次：A > C > B > D > E 最优方案：$A_2B_1C_4D_2E_3$

表7-4的分析结果显示：各原料对水泥初凝时间的影响主次关系为：A > B > E > D > C；对水泥终凝时间的影响主次关系为：A > B > E > C > D；对稳定性影响的主次关系为：A > C > B > D > E；其中原料A作为主要促凝组分，既能显著缩短水泥凝结时间，又是影响液体速凝剂稳定性的主要因素。原料C虽然对水泥凝结时间影响较小，但对液体速凝剂稳定性的影响尤为关键。

如图7-3所示，原料A掺量决定了液体速凝剂的促凝效果和稳定性。随着原料A掺量增加（从水平1增加到水平4，下同），水泥初凝时间由9.075min缩短至1.800min，水泥终凝时间由15.550min缩短至3.550min，稳定性系数先从0.412cps/μm减小至0.258cps/μm，再增长至2.730，且增长阶段曲线较陡。原料A在水溶液电离出 Al^{3+} 和 SO_4^{2-}，参与水泥水化形成大量钙矾石导致水泥凝结，但因A掺量过大，溶液呈过饱和状，极易发生析晶、水解等不稳定现象。因此，应综合考虑凝结时间和稳定性来确定原料A的最佳掺量。

如图7-4所示，原料B对水泥凝结时间影响较小，但对速凝剂的稳定性影响较大。随着原料B掺量增加，水泥初凝和终凝均缩短1～2min，稳定性系数由0.507 cps/μm增大到1.748cps/μm。随着原料B掺量增加，水解时电离出更多 SO_4^{2-}，导致溶液中 SO_4^{2-} 浓度不断增大，使本已处于过饱和状的液体速凝剂更容易析晶。

如图7-5所示，随着原料C掺量增加，水泥初凝时间呈锯齿状变化，最大初凝时间差仅为0.725min，终凝时间先缩短后延长，最大终凝时间差仅为0.925min，稳定性系数由1.853 cps/μm降低至0.285 cps/μm，极差为1.568 cps/μm。因此，原料C对水泥凝结时间几乎无影响，但原料C能提高显著提高液体速凝剂的稳定性。原料C可作为稳定剂，其分子中含有N原子，N原子上有一对孤对电子，能与 Al^{3+} 通过共价键连接形成可溶性络合离子，降低溶液中 Al^{3+} 的浓度，因而能抑制溶液析晶。

如图7-6所示,随着原料D掺量增加,水泥初凝时间呈锯齿状变化规律,极差为0.850min,终凝时间缓慢缩短,极差为0.825min,稳定性系数也呈锯齿状变化,在水平2下稳定性系数最小。高饱和状硫酸铝溶液中Al^{3+}极易水解,无机酸的作用是调节溶液pH以抑制Al^{3+}水解,但过量的无机酸会与原料B电离产生的Mg^{2+}结合生成难溶性镁盐,不利于提高溶液稳定性。

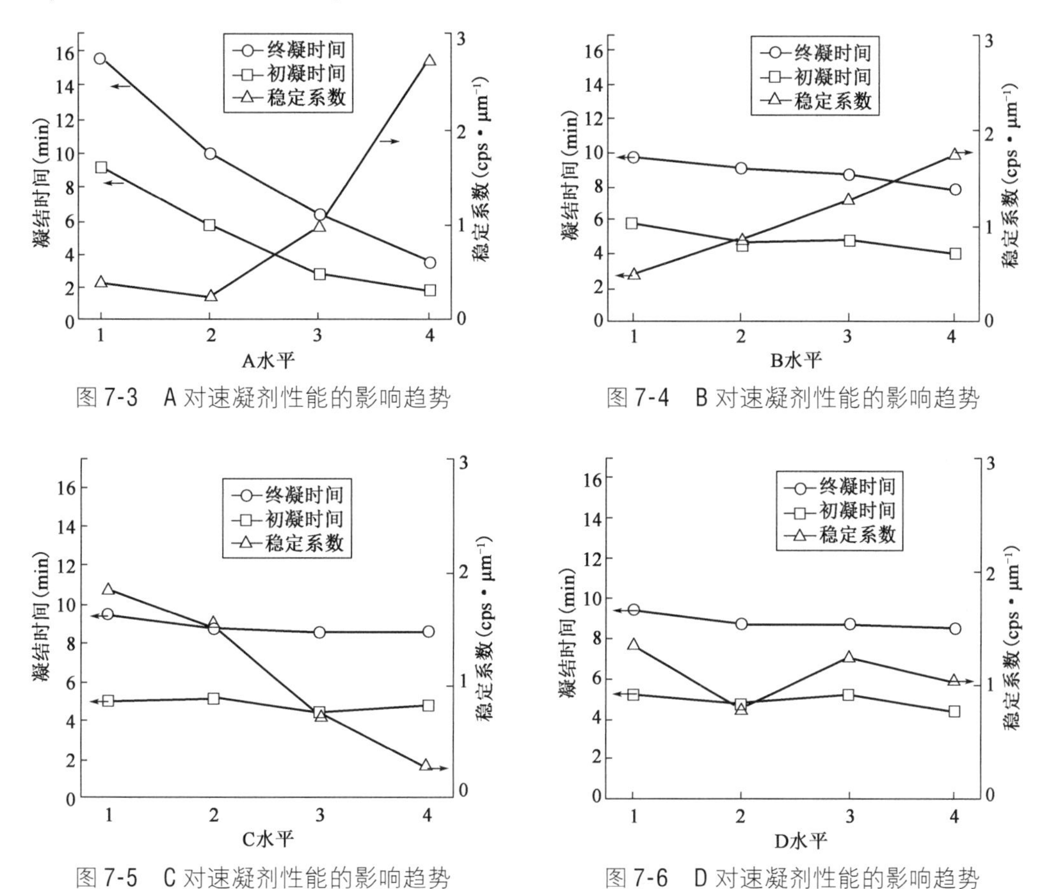

图7-3　A对速凝剂性能的影响趋势

图7-4　B对速凝剂性能的影响趋势

图7-5　C对速凝剂性能的影响趋势

图7-6　D对速凝剂性能的影响趋势

如图7-7所示,原料E掺量增加,水泥初凝时间先减小后增大,终凝时间先缓慢延长后急剧延长,表现出一定的缓凝作用。稳定性变化极差为0.395cps/μm,这一极差值相对其他原料的小,但是,原料E作为一种有机羧酸,也能起到调节溶液pH值的作用,且其分子中含有能与Al^{3+}络合的官能团,可以降低溶液中Al^{3+}的浓度,抑制Al^{3+}的水解。因此,原料E也是本书研究制备无氯无碱液体速凝剂所需的重要原料。

通过以上正交分析,综合考虑凝结时间、稳定性和生产成本,最终确定本书制备无氯无碱液体速凝剂的配方为$A_3B_2C_3D_2E_3$,再用水补足质量为100%制备出无氯无碱液体速凝剂。本节为方便起见,将该速凝剂命名为ASA(aluminum sulfate accelerator)。经检测,

ASA 匀质性指标如表 7-5 所示。

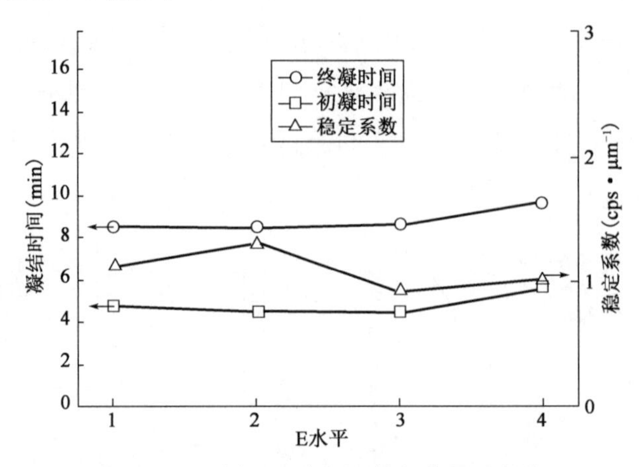

图 7-7　原料 E 对速凝剂性能的影响趋势

ASA 无氯无碱液体速凝剂匀质性　　表 7-5

外　观	碱含量(%)	氯离子含量(%)	pH	密度($g \cdot m^{-3}$)	含固量(%)
浅绿至棕黄色	0.037	0.014	3.0	1.41	51%

2) ASA 液体速凝剂与国内外同类产品性能对比

(1) ASA 液体速凝剂与国外产品性能对比。

①凝结时间与强度对比。

选择某国外具有代表性的 S-5 无碱液体速凝剂,对比不同速凝剂掺量下净浆凝结时间和砂浆强度性能,试验结果如图 7-8 和图 7-9 所示。

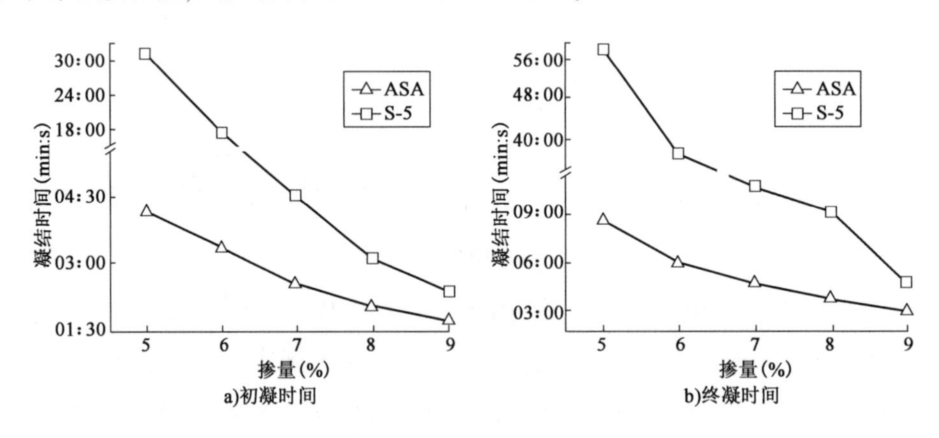

图 7-8　水泥净浆凝结时间对比图

从图 7-8 可以看出,当 S-5 掺量为 5% 时,水泥净浆初凝和终凝分别为 31min 和 58min30s;当其掺量为 7% 时,初凝时间为 4min30s,终凝时间为 10min50s,此时凝结时间满足合格品的要求;要达到一等品的要求,S-5 掺量需增加到 9%,初凝时间和终凝时间分别为 2min20s 和 4min40s。而 ASA 掺量为 5% 和 7% 时即可分别满足合格品和一等品的要求。从凝结时间上对比，ASA 能降低 2% 的掺量。

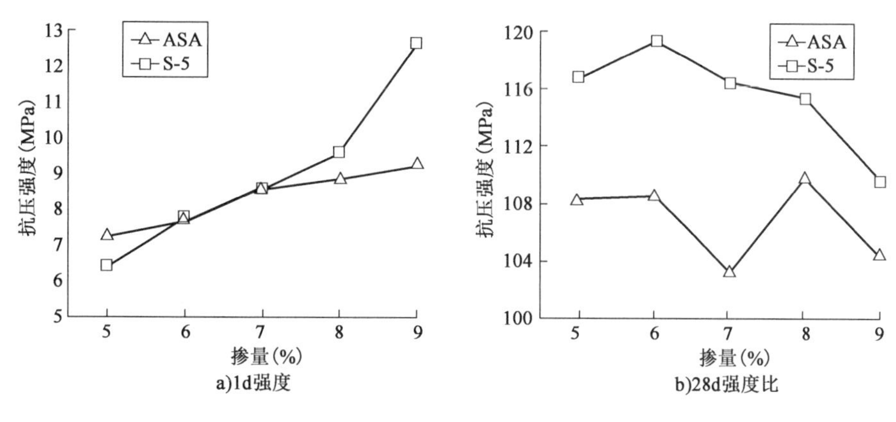

图 7-9　砂浆强度对比图

从图 7-9 中看出，S-5 掺量为 5% 时，砂浆 1d 强度为 6.45MPa，28d 强度比为 116.8%；S-5 掺量为 7% 时，砂浆 1d 强度为 8.61MPa，28d 强度比为 116.5%；当掺量提高到 9% 时，砂浆 1d 强度提高到了 12.67MPa，28d 强度比为 109.7%。当两种速凝剂掺量范围为 5% ~7% 时，砂浆强度基本相同，掺 S-5 砂浆 28d 强度比略高于掺 ASA 砂浆 28d 强度比。

综合凝结时间与强度性能，ASA 和 S-5 各有所长。在满足《喷射混凝土用速凝剂》(JC 477—2005)标准的前提下，S-5 掺量为 7% ~9%，而 ASA 掺量可降低至 5% ~7%。

②稳定性对比。

将 ASA 无氯无碱液体速凝剂和 S-5 静置于 20℃ ±2℃ 的环境中储存，定期观察其分层、析晶情况，放置不同时间后样品稳定情况如图 7-10 和图 7-11 所示。

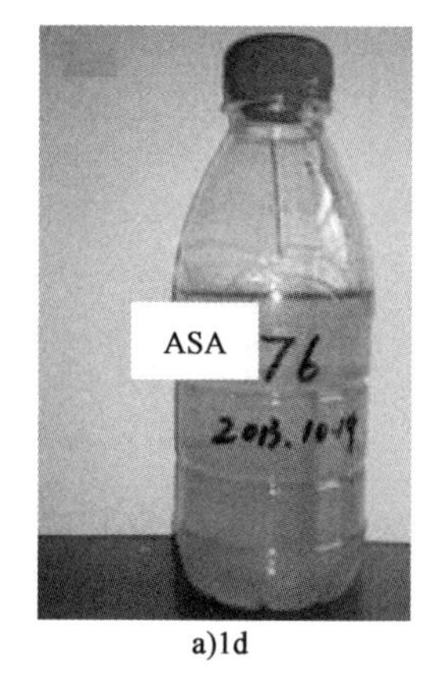

a)1d

b)90d

c)180d

图 7-10　ASA 液体速凝剂稳定性情况

如图 7-10 所示，ASA 无氯无碱液体速凝剂为均匀透明液体，放置 6 个月后依然保持均匀透明状，除颜色略微发生变化外，无任何沉淀、析晶、分层现象。颜色变化的原因是原料中带入少量 Fe^{2+}，会被空气中的 O_2 氧化成 Fe^{3+}，溶液由浅绿色变成棕黄色。如图 7-11所示，S-5 放置 30d 后出现明显分层，放置 60d 后已经发生了絮凝沉淀，失去了流动性。因此，ASA 无氯无碱液体速凝剂稳定性明显优于 S-5。

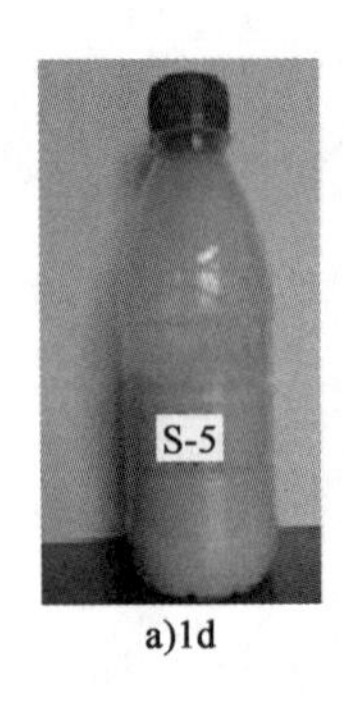

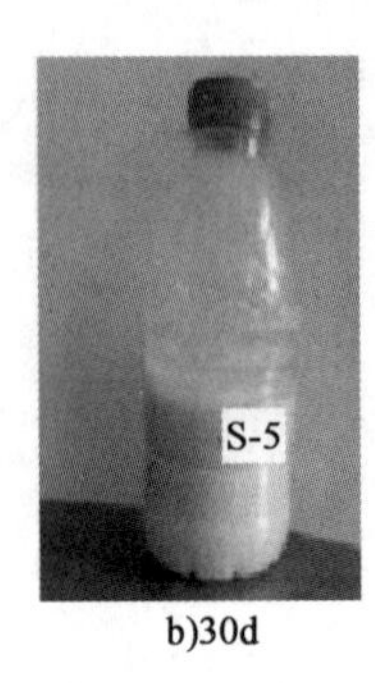

图 7-11　S-5 液体速凝剂稳定性情况

(2) ASA 液体速凝剂与国内同类产品性能对比。

①凝结时间与强度对比。

选择国内几种同类产品，对比了同一速凝剂掺量下净浆凝结时间和砂浆强度性能，试验结果如图 7-12、图 7-13 所示，速凝剂掺量均为 6%。

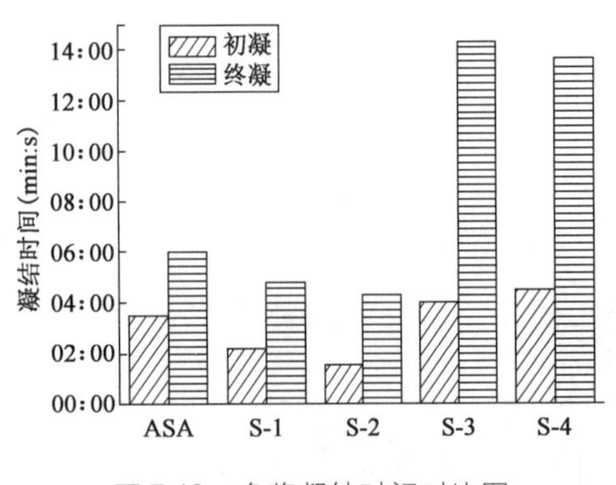

图 7-12　净浆凝结时间对比图

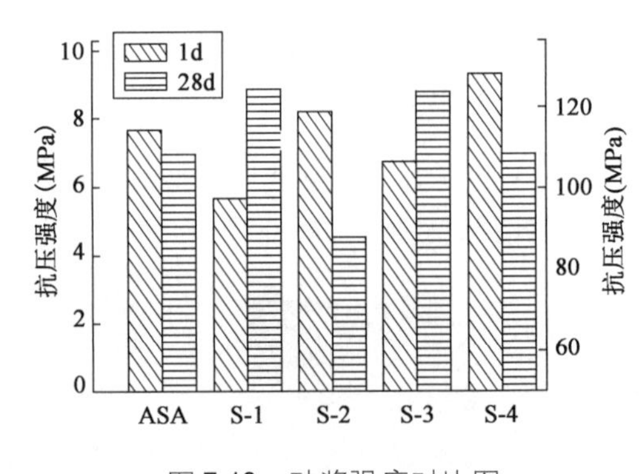

图 7-13　砂浆强度对比图

从凝结时间看(图 7-12)，S-1 和 S-2 具有很好的速凝效果，6% 掺量下能保证水泥在 3min 内初凝，8min 内终凝，满足一等品的要求，而 S-3 和 S-4 终凝时间达不到合格品的要求，使用时需提高速凝剂掺量。从强度看(图 7-13)，S-1 样品 1d 强度仅为 5.65MPa，其他样品 1d 强度均大于 6MPa；S-2 样品 28d 强度比为 87.8%，其他样品 28d 强度比均大于 100%。

衡量速凝剂的性能要同时兼顾掺量、凝结时间和强度性能。S-1 样品虽然对水泥净浆促凝效果较好，但砂浆1d强度较低；S-2对水泥净浆促凝效果也很好，且砂浆1d强度较高，但砂浆28d强度损失12.2%；S-3和S-4虽然1d强度较高，且28d强度有所增长，但是它们对净浆的促凝效果较差，需提高掺量才能使水泥凝结时间满足要求。

②稳定性对比。

将国内四个样品置于20℃ ±2℃的环境中储存，观察其析晶分层情况，各样品稳定情况如图7-14所示。

a)1d

b)30d

图7-14 国内对比样稳定性情况

如图7-14所示，样品放置30d后，S-1和S-3均出现轻微分层现象，S-2出现析晶沉于底部，只有S-4仍保持良好的稳定性。结合图7-14知，ASA无氯无碱液体速凝剂稳定性优于国内大部分产品。

3) ASA对混凝土耐久性的影响

(1)混凝土配合比及强度。

试验室确定配合比时应尽可能接近实际工程对喷射混凝土的要求。根据高速铁路隧道工程施工质量验收标准，喷射混凝土胶材用量不宜小于400kg/m^3，水胶比不大于0.5。喷射混凝土配合比设计还应保证混凝土能喷射到一定的高度和厚度，尽量降低回弹，喷射时不堵管。根据实际施工经验，砂率宜为45% ~55%，混凝土坍落度宜为80 ~120mm。

根据以上要求和经验，经过试验室试配，最终确定的配合比，见表7-6。试验用长城P·O 42.5水泥，江苏博特PCAR-I型聚羧酸高性能减水剂。测试了掺速凝剂混凝土1d、7d和28d抗压强度，测试结果如表7-7所示。

混凝土配合比 表7-6

编号	水胶比	砂率(%)	减水剂(%)	速凝剂品种	速凝剂(%)	配合比(kg/m^3)					
						水泥	砂子	石子	水	减水剂	速凝剂
C-0	0.42	49.1	0.4	—	0	450	845	875	189	1.8	0
C-L-A-5	0.42	49.1	0.4	S-6	5	450	845	875	189	1.8	22.5
C-L-AF-7	0.42	49.1	0.4	ASA	7	450	845	875	189	1.8	31.5

注：实测混凝土拌合物坍落度120mm，重度2378kg/m^3。

掺速凝剂混凝土抗压强度　表 7-7

编号	1d 抗压强度(MPa)	1d 抗压强度比(%)	7d 抗压强度(MPa)	7d 抗压强度比(%)	28d 抗压强度(MPa)	28d 抗压强度比(%)
C-0	8.5	100.0	29.2	100.0	38.1	100.0
C-L-A-5	14.5	170.6	25.7	88.0	31.7	83.2
C-L-AF-7	12.2	143.5	33.1	113.4	42.0	110.2

表 7-7 显示,液体碱性速凝剂 S-6 能显著提高混凝土的 1d 强度,1d 强度比高达 170.6%,而使用 ASA 无氯无碱液体速凝剂的混凝土 1d 强度比为 143.5%。掺 S-6 的混凝土 7d 强度损失达 12.0%,而掺 ASA 的混凝土 7d 强度提高了 13.4%。28d 时,掺 S-6 的混凝土强度损失达 16.8%,而掺 ASA 的混凝土强度不仅没有损失,反而提高了 10.2%。

①掺速凝剂混凝土抗渗性能。

地下工程常年遭受地下水包围和渗透的危害,且水溶液中有害离子的渗入也会影响混凝土的其他耐久性能。试验研究了 S-6 液体碱性速凝剂和 ASA 无氯无碱液体速凝剂对混凝土抗渗性能的影响,结果见表 7-8。

掺速凝剂混凝土抗渗性能　表 7-8

编　号	渗透压力(MPa)	渗透高度(mm)
C-0	1.2	15
C-L-A-5	1.2	33
C-L-AF-7	1.2	6

从表 7-8 中看出,与基准混凝土相比,掺 S-6 液体碱性速凝剂混凝土抗渗高度增加了 120%,而掺 ASA 无氯无碱液体速凝剂混凝土抗渗高度降低了 60%,说明液体碱性速凝剂降低了混凝土的抗渗性能,ASA 无氯无碱液体速凝剂提高了混凝土的抗渗性能。

②掺速凝剂混凝土抗冻性能。

隧道等地下工程常年渗水,喷射混凝土工程多处于恶劣的水环境中,加之寒冷地区气温正负交替变化频繁,处于短隧道、长隧道洞口和直接暴露于道路边坡上的喷射混凝土会遭受不同程度的冻融破坏,因此,有必要考虑寒冷地区喷射混凝土的抗冻耐久性。试验研究了 S-6 碱性速凝剂和 ASA 无碱速凝剂对混凝土抗冻性能的影响,结果见表 7-9 和图 7-15、图 7-16。

掺不同类型速凝剂混凝土抗冻性能　　表 7-9

编　　号	50 次循环		100 次循环		150 次循环	
	质量损失率（%）	相对动弹模（%）	质量损失率（%）	相对动弹模（%）	质量损失率（%）	相对动弹模（%）
C-0	0.1	97.5	0.1	94.2	0.3	93.4
C-L-A-5	0.5	92.3	1.3	81.5	4.9	68.6
C-L-AF-7	0.2	94.6	0.6	88.1	2.8	76.9

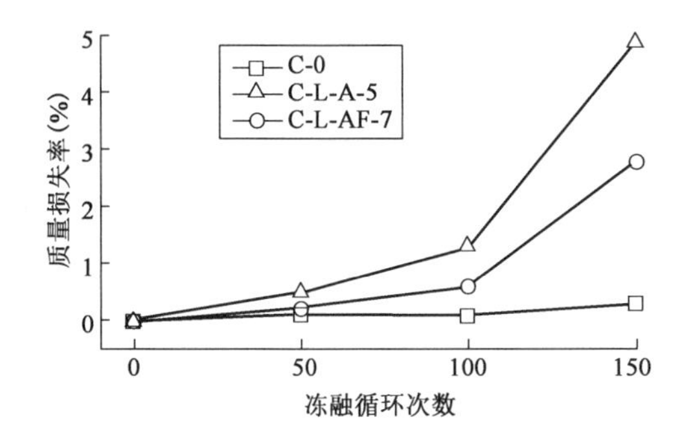

图 7-15　混凝土质量损失率与冻融循环次数关系

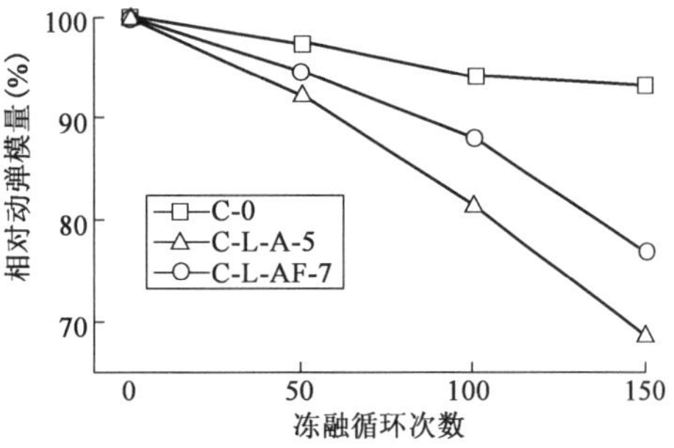

图 7-16　混凝土相对动弹模与冻融循环次数关系

从表 7-9 中可以看出，掺速凝剂混凝土抗冻性能比基准混凝土耐久性差，掺 ASA 无碱速凝剂混凝土比掺碱性速凝剂混凝土耐久性好。经过 150 次冻融循环后，基准混凝土质量损失率仅为 0.3%，动弹模损失 6.6%；掺无碱速凝剂混凝土质量损失率为 2.8%，动弹模损失 23.9%；掺碱性混凝土质量损失达 4.9%，动弹模损失 31.4%。由此可见，掺 ASA 无碱速凝剂的混凝土的抗冻性略好于掺 S-6 碱性速凝剂的混凝土的抗冻性。

③掺速凝剂混凝土收缩性能。

混凝土在养护过程中因化学反应、水分变化、温度变化等会引起收缩。喷射混凝土胶材用量大，水灰比和砂率较高，还使用了速凝剂，因而其收缩比普通混凝土收缩更严重。试验研究了 S-6 碱性液体速凝剂和 ASA 无碱液体速凝剂对混凝土干燥收缩性能的影响，结果见表 7-10 和图 7-17，表中相对收缩率为掺速凝剂混凝土收缩率与同一龄期下基准混凝土收缩率的比值。

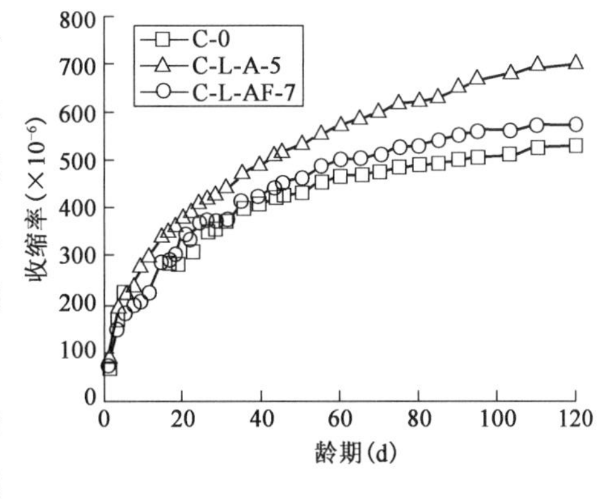

图 7-17　混凝土干燥收缩曲线

掺不同类型速凝剂混凝土收缩率　　表 7-10

龄期(d)	收缩率($\times 10^{-6}$)			相对收缩率(%)	
	C-0	C-L-AF-7	C-L-A-5	C-L-AF-7	C-L-A-5
1	65.95	77.42	91.76	117.39	139.14
3	165.59	153.41	195.70	92.64	118.18
7	196.42	200.00	237.99	101.82	121.16
14	289.61	291.04	342.65	100.49	118.31
28	356.99	376.34	428.67	105.42	120.08
45	428.67	455.91	519.71	106.35	121.24
60	468.82	503.23	574.91	107.34	122.63
90	504.66	554.84	651.61	109.94	129.12
120	534.60	579.22	701.88	108.35	131.29

从表 7-10 和图 7-17 中可以看出,掺液体碱性速凝剂混凝土收缩明显增大,与基准混凝土相比,28d 时混凝土收缩率增加了 20.08%,90d 时增加了 29.12%,120d 时增加到了 31.29%。掺 ASA 无氯无碱液体速凝剂混凝土收缩比基准混凝土略有增加,28d 时混凝土收缩率增加了 5.42%,90d 时增加了 9.94%,120d 时增加到了 8.35%。

7.2　湿喷混凝土工作性能评价方法

7.2.1　湿喷混凝土喷射后稠度测试

1)沉入度试验原理

混凝土的沉入度实质上是锥体在自重条件下、在规定时间内、贯入试样中的深度来表征新拌混凝土的塑性强度,如图 7-18 所示。

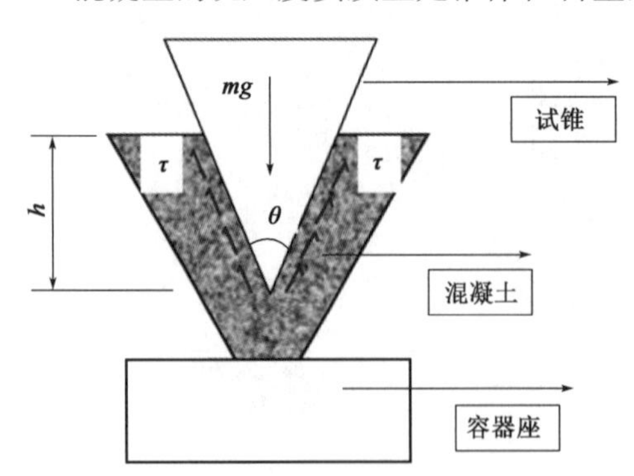

图 7-18　试锥停止下沉时试锥受力分析

根据受力平衡原理,试锥自身重力 mg 与试锥侧面所受黏滞阻力 τ 与试锥夹角 θ 之半角余弦的积相等。其中,黏滞阻力等于混凝土的剪切应力与剪切面积的乘积,如式(7-3)所示。式(7-3)中 S 为试锥贯入混凝土内深度为 h 时所对应的试锥的侧面积,试锥侧面积计算公式如式(7-4)所示，合并式(7-3)与式(7-4)，可得式(7-5)，化简式(7-5)可得式(7-6)，即混凝土的沉入深度越大，表明混凝土的剪切应力越小。

$$mg = S \cdot \tau \cdot \cos\frac{\theta}{2} \tag{7-3}$$

$$S = \frac{1}{2}\pi h^2 \frac{\tan\frac{\theta}{2}}{\cos\frac{\theta}{2}} \tag{7-4}$$

$$mg = S \cdot \tau \cdot \cos\frac{\theta}{2} = \frac{1}{2}\pi h^2 \cdot \cos\frac{\theta}{2} \cdot \frac{\tan\frac{\theta}{2}}{\cos\frac{\theta}{2}} \cdot \tau = \frac{1}{2}\pi h^2 \tan\frac{\theta}{2}\tau \tag{7-5}$$

$$\tau = \frac{2mg}{\pi\tan\frac{\theta}{2}} \cdot \frac{1}{h^2} \tag{7-6}$$

混凝土的坍落度及沉入度都与混凝土的剪切应力负相关，因此从理论上而言，沉入度与坍落度的正相关。拌制不同稠度的混凝土，测定不同时间混凝土坍落度的同时，测定混凝土的沉入度，配合比如表7-11所示。

喷射混凝土稠度试验配合比　　表7-11

序号	水泥	粉煤灰	水	水胶比	砂	石	砂率	减水剂
1	486	0	194	0.4	867	867	50%	0
2	486	0	243	0.5	867	867	50%	0
3	389	97	183	0.38	867	867	50%	2.43
4	400	100	187	0.38	1020	678	60%	3.50
5	416	104	195	0.38	1 173	515	70%	4.16

测定混凝土坍落度及沉入度的试验结果如表7-12所示。绘制混凝土坍落度与对应沉入度的关系图，如图7-19所示，可以看出沉入度与坍落度正线性相关性良好。由此可见，喷射混凝土的稠度通过沉入度试验测定是可行的。

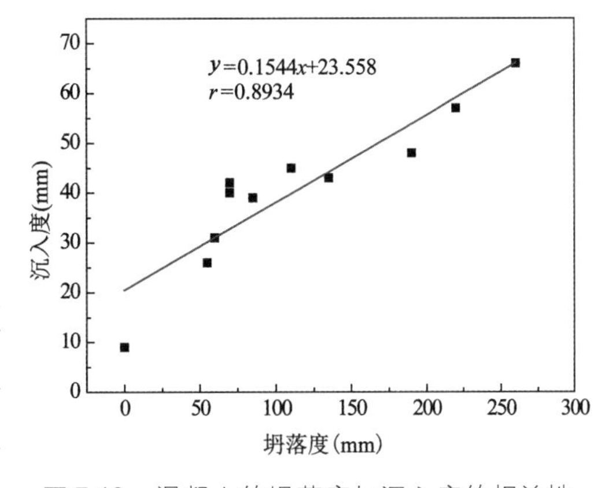

图7-19　混凝土的坍落度与沉入度的相关性

2）沉入度测试方法

调整喷射压力，确保喷头至容器的距离约为1.0m，将混凝土垂直向下喷射入容器，刮除多余的混凝土，使喷射混凝土顶面与容器口相距约1cm，然后将容器置于稠度测定仪的底座上。试锥尖端与混凝土表面接触，松开制动螺丝，10s 后，拧紧制动螺丝，读取试锥的沉入深度。稠度试验结果取两次试验结果的算术平均值，精确至 1mm。

混凝土坍落度与沉入度的关系　　表 7-12

序号	初始		45min 后		60min 后	
	坍落度(mm)	沉入深度(mm)	坍落度	沉入深度	坍落度	沉入深度
1	0	9	—	—	—	—
2	70	42	70	40	60	31
3	220	57	135	43	55	26
4	190	48	85	39	—	—
5	260	66	110	45	—	—

7.2.2 新拌混凝土黏聚力测试

1)直剪法测试原理

直剪仪的设备和原理十分简单，其试验原理如图 7-20 所示。试样被放入剪切盒中，它在同一水平面上被分为上、下盒，上半部分固定，下半部分或推或拉以产生水平位移。在直剪仪的顶部分别施加不同竖向压力，试验过程中竖向压力不变，再分别对它们施加水平剪切力进行剪切，求得破坏时的剪应力，然后根据 Mohr-Coulomb 理论确定混凝土的抗剪强度参数：内摩擦角 φ 和黏聚力 C，如式(7-7)所示。由式可知，当正应力为零时，抗剪强度依然存在，这个强度实际就是混凝土的黏聚力。

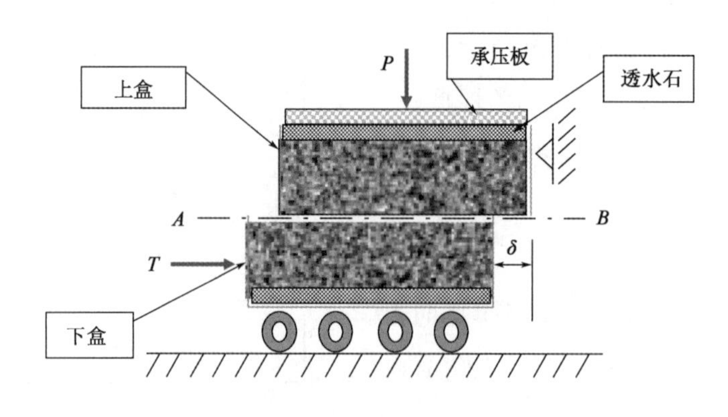

图 7-20　直接剪切试验示意图

$$S = P\tan\varphi + C \tag{7-7}$$

式中：S——抗剪强度(kPa)；

P——正应力(kPa)；

φ——内摩擦角(°)；

C——混凝土的黏聚力(kPa)。

2)直剪法测试方法

主要使用的仪器为SDJ-W型三速电动等应变直剪仪。由于喷射混凝土石子的最大粒径通常不大于10mm，借鉴国内外粗粒土大直剪仪开发与应用研究的经验，统计资料表明：大直剪仪的剪切盒直径与试料最大粒径的比值多在4～20之间，剪切盒深度与试料最大粒径的比值多在1.5～10之间。我国细粒土的剪切盒直径为61.8mm，其与石子最大粒径比值约为6，在4～20之间；细粒土剪切盒试样深度约为20mm，为避免剪切盒深度方向对石子的约束作用，对细粒土的剪切装置稍做改动，去掉两块透水石，此时剪切盒深度约为60mm，剪切盒深度与石子最大粒径比值约为6，在1.5～10之间，如图7-21所示。为避免新拌混凝土在竖向压力下泌水，在剪切盒底面上、承压板下分别垫一块与剪切盒等直径的塑料薄膜，采用快剪法测试，所谓快剪法即在施加垂直压力P时，立即施加水平剪力T。

图7-21 去除透水石后的剪切盒

测试方法概述如下：

(1)固定销固定剪切盒，底部垫塑料薄膜，对于掺速凝剂的新拌混凝土，立即装入新拌混凝土并快速捣固压实，以锯割的方式刮去多余的混凝土并抹平，然后在试样上铺一张塑料薄膜。试验步骤如图7-22所示。

(2)依次加上传压板、加压框架，不同试样分别施加50kPa、100kPa、150kPa、200kPa的垂直压力，快速剪切。

(3)当测力计百分表读数不变或后退时，继续转动三四圈后若仍然如此，则记下此值，此值即破坏值。需要特别说明的是，百分表读数不变或后退时，混凝土不一定被剪坏，这是因为，当剪切面通过粗集料时，混凝土中粗集料的强度远大于新拌混凝土的黏聚力，直剪仪无法剪断粗集料，只能绕过粗集料剪切，此时百分表读数出现不变或倒退现象，但新拌混凝土并未剪切破坏。如图7-23所示为剪切破坏后的新拌混凝土试样，其剪切破坏面为曲面,并非理想的平面。

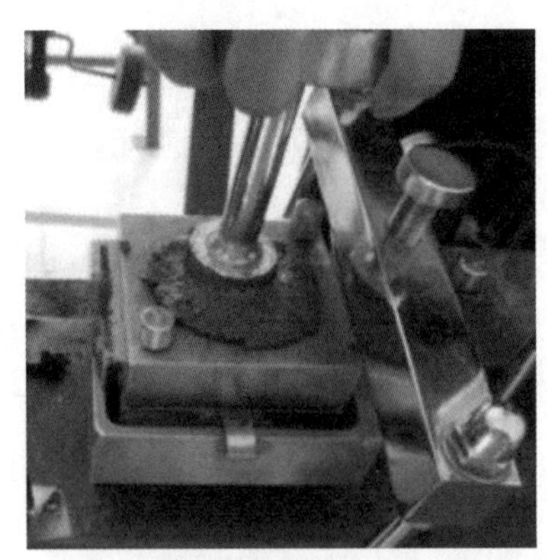
a)捣固新拌混凝土

b)锯割方式刮去多余的混凝土

c)混凝土贴一层塑料薄膜

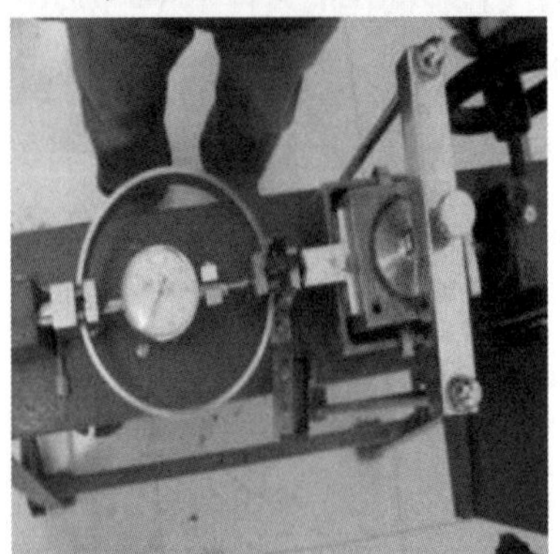
d)加传压板与加力框架

图 7-22　直剪法操作步骤

图 7-23　直接剪切破坏后的新拌混凝土试样

(4)剪应力按式(7-8)计算:

$$S = \gamma R \tag{7-8}$$

式中:S——剪应力(kPa),计算至0.1;

γ——测力计校正系数(kPa/0.01mm)；

R——百分表读数(0.01mm)。

(5)根据 Mohr-Coulomb 理论，确定混凝土的抗剪强度参数：以垂直压力 p 为横坐标，抗剪强度 S 为纵坐标，将每一试样的抗剪强度点绘并连成直线。此直线的倾角为摩擦角 φ，纵坐标上的截距为黏聚力 C。

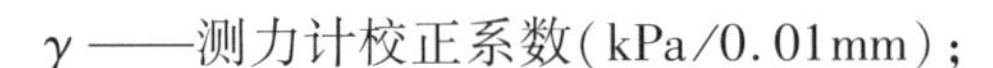

7.3　湿喷混凝土可压送性及其影响因素

7.3.1　高含气量混凝土引气剂类型确定

有些高性能减水剂与某种水泥及引气剂同时使用时，可能会导致气体体系的不稳定性，因此考察水泥、外加剂间的相容性十分必要。本书研究选用 K12、LAS、AES 三种不同组成的引气剂，分别掺入不同剂量，通过砂浆流动度及流动度的经时变化检测减水剂与引气剂的相容性及气泡稳定性，初步确定引气剂的最佳掺量，试验方法参照《水泥胶砂流动度测定方法》(GB/T 2419—2005)。

表 7-13 为试验砂浆的配合比情况与初始砂浆流动度及静置 60min 后砂浆流动度的试验结果。从表 7-13 可以看出，与基准砂浆 MAE-0-1 流动性比较，单掺 K12、LAS 引气剂的砂浆均降低了砂浆的初始流动度，MAE-K12-1 及 MAE-LAS-1 的砂浆流动度分别降低了 20mm、10mm，单掺 0.01% AES 引气剂的 MAE-AES-1 砂浆与基准砂浆比较，砂浆流动度增大了 20 mm，这初步说明了 AES 引气剂与试验用水泥的相容性较好，具有增大砂浆流动性的优势。

砂浆配合比与试验结果　　表 7-13

编　　号	水泥(g)	水(g)	砂(g)	减水剂(%)	引气剂(%)	初始流动度(mm)	60min 后流动度(mm)	流动性损失率(%)
MAE-0-1	450	202.5	1350	0	0	130	120	8
MAE-0-2	450	202.5	1350	1	0	175	140	14
MAE-K12-1	450	202.5	1350	0	0.5	110	100	9
MAE-K12-2	450	202.5	1350	1	0.5	165	135	18

续上表

编　号	水泥(g)	水(g)	砂(g)	减水剂(%)	引气剂(%)	初始流动度(mm)	60min 后流动度(mm)	流动性损失率(%)
MAE-K12-3	450	202.5	1350	1	1	150	130	13
MAE-K12-4	450	202.5	1350	1	3	195	155	21
MAE-LAS-1	450	202.5	1350	0	1	120	110	8
MAE-LAS-2	450	202.5	1350	1	0.5	150	110	27
MAE-LAS-3	450	202.5	1350	1	1	145	120	17
MAE-LAS-2	450	202.5	1350	1	2	140	120	14
MAE-AES-1	450	202.5	1350	0	0.01	150	135	10
MAE-AES-2	450	202.5	1350	1	0.01	190	176	9
MAE-AES-3	450	202.5	1350	1	0.02	220	180	18
MAE-AES-4	450	202.5	1350	1	0.025	230	187	19

图 7-24 为聚羧酸减水剂掺量在 1% 时，不同类型引气剂在不同掺量作用下对砂浆流动度的影响。从图 7-24a）可以看出，K12 引气剂在 0.5%、1% 掺量时，均较单掺减水剂时流动度有所降低，K12 引气剂掺量为 1% 时的流动度低于 0.5% 时的流动度，当引气剂掺量为 3% 时的砂浆流动性高于单掺减水剂的作用效果，但是静置 60 min 后再搅动 2 min，测得其砂浆流动性由 195 mm 下降至 155 mm，流动性损失率高达 21%，比单掺减水剂时的流动性损失率 14% 高，这说明 K12 引气剂引入气泡的稳定性不良。

图 7-24b）可以看出，随 LAS 引气剂掺量的增大，其砂浆流动度逐渐降低，且均低于单掺减水剂的砂浆，这说明 LAS 引气剂与聚羧酸相容性差。

图 7-24c）可以看出，AES 引气剂与聚羧酸减水剂复合产生了明显的正效应，且引气剂掺量较低，随 AES 引气剂掺量的增大，砂浆流动度增大，经过 1 h 后，砂浆流动度依然保持在较高水平。

通过上述对比分析，本研究确定 AES 引气剂作为高含气量湿喷混凝土的引气剂。从图 7-24c）还可以看出，当 AES 引气剂掺量从 0.02% 增加至 0.025% 时，砂浆流动度增大并不显著，因此初步确定 0.02% 掺量为引气剂的最佳掺量。由于混凝土粗集料多，颗粒的均质性低于砂浆，因此有必要验证，此掺量能否作为高含气量混凝土引气剂的最佳掺量，能否使新拌混凝土含气量介于 12% ~20% 之间。

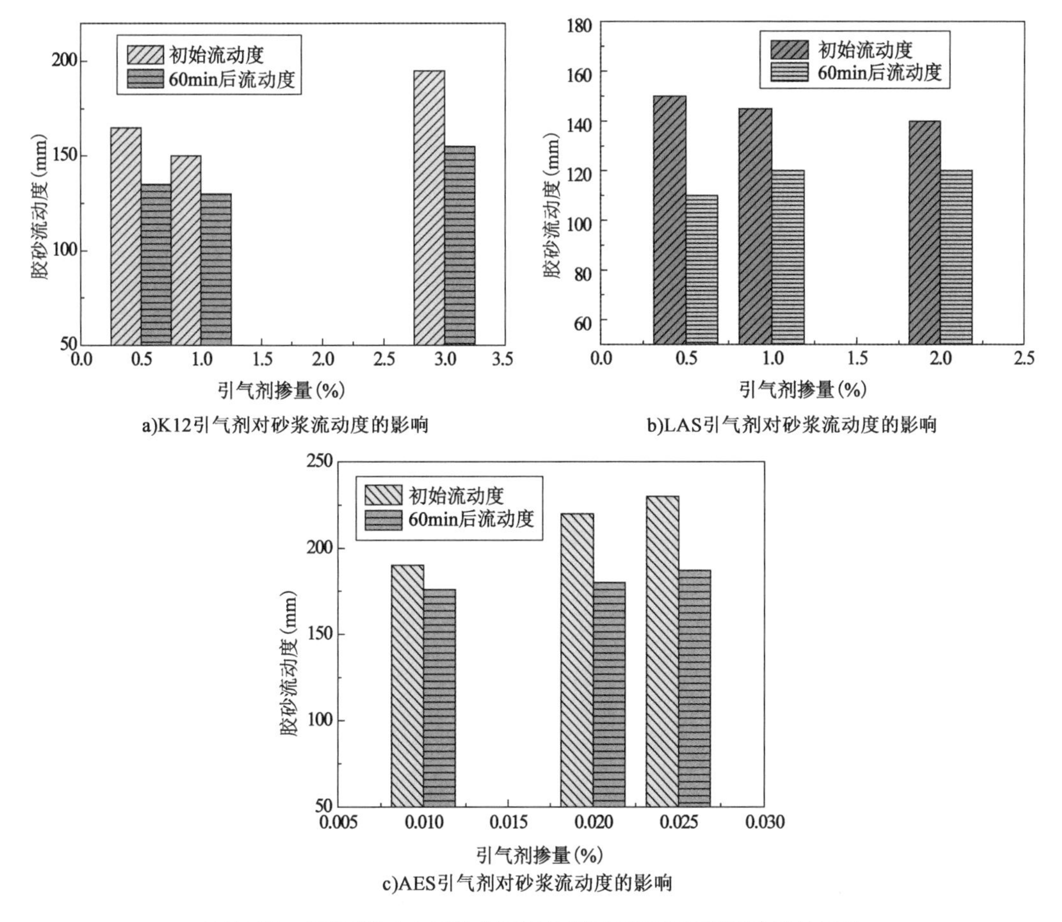

图7-24 聚羧酸减水剂作用下不同引气剂对砂浆流动度的影响

7.3.2 高含气量混凝土可压送性影响因素

高含气量提高了新拌混凝土的流动性,但是仅保证混凝土的高含气量还不够,气泡必须具备一定的稳定性。湿喷混凝土在喷射前要经历运输、泵送或风压,此过程混凝土含气量会有损失,混凝土流动性会降低,进而影响新拌混凝土可压送性。因此,对于高含气量湿喷混凝土而言,稳定性主要是指气泡的稳定性,而不是压力泌水率,因为引气剂在混凝土中引入的是封闭的、互不连通的微小气泡,阻断了泌水通道,具有降低混凝土泌水率的作用。

以表7-13中FA0、FA2的配合比为基础,适宜降低高性能减水剂的用量,通过掺用较大剂量的AES引气剂,使新拌混凝土中引入大量气泡来提高新拌混凝土坍落度,分别考察引气剂掺量、砂率、水灰比、粉煤灰掺量对高含气量混凝土流动性与稳定性的影响。高含气量混凝土的配合比见表7-14,试验结果见表7-15。

高含气量混凝土的配合比(kg/m³)　表 7-14

编　号	水泥	粉煤灰	水	砂	石	减水剂	引气剂
CAE-0	430	0	194	1037	691	0.5%	0
CAE-AES-1	430	0	194	1037	691	0.5%	0.01%
CAE-AES-2	430	0	194	1037	691	0.5%	0.02%
CAE-AES-3	430	0	194	1037	691	0.5%	0.025%
CAE-AES-4	430	0	194	1037	691	0.5%	0.03%
CAE-AES-5	430	0	194	1037	691	0.5%	0.035%
CAE-AES-F1	387	43	194	1037	691	0.5%	0.02%
CAE-AES-F2	344	86	194	1037	691	0.5%	0.02%
CAE-AES-F3	301	129	194	1037	691	0.5%	0.02%
CAE-AES-Sp1	430	0	194	864	864	0.5%	0.02%
CAE-AES-Sp2	430	0	194	1210	518	0.5%	0.02%
CAE-AES-w1	430	0	215	864	864	0.3%	0.02%
CAE-AES-w2	430	0	172	864	864	0.9%	0.02%

高含气量新拌混凝土性能测试试验结果　表 7-15

编　号	初　始			60min 后			变　化　率		
	坍落度(mm)	含气量(%)	表观密度(kg/m³)	坍落度(mm)	含气量(%)	表观密度(kg/m³)	坍落度损失率	含气量降低率	表观密度变化
CAE-0	0	2.3	2280	0	2.5	2280	0%	0%	0.00%
CAE-AES-1	50	9	2110	20	7	2160	60%	22%	2.37%
CAE-AES-2	120	19	1900	75	17	1950	38%	11%	2.63%
CAE-AES-3	135	21	1880	80	19	1900	41%	10%	1.06%
CAE-AES-4	155	23	1840	85	18	1960	45%	22%	6.52%
CES-AES-5	155	24	1830	85	19	1900	45%	20.8%	3.83%
CAE-AES-F1	100	18.5	1930	70	16.5	1950	30%	10.8%	1.04%
CAE-AES-F2	80	18	1920	50	16	1980	38%	17%	3.13%
CAE-AES-F3	85	16	1940	60	14	1990	29%	13%	2.58%
CAE-AES-Sp1	50	14	2010	30	10	2040	40%	29%	1.49%
CAE-AES-Sp2	130	21	1870	85	19	1970	35%	9.5%	5.35%
CAE-AES-W1	150	23	1850	110	19	1910	27%	17.4%	3.24%
CAE-AES-W2	160	13.5	2000	80	12	2030	50%	11.1%	1.50%

1)引气剂掺量

图7-25为引气剂掺量对新拌混凝土含气量的影响,随着AES引气剂掺量的增大,混凝土的含气量逐渐增大,超过0.02%的掺量后,也即新拌混凝土的含气量超过20%后,含气量增长趋势变缓;静置60min后,掺入引气剂混凝土的含气量均不同程度地降低,当引气剂掺量超过0.025%后,即新拌混凝土的含气量超过20%后,60min的经时损失较大。产生上述现象的原因可以解释为:首先,随着含气量的增大,气泡更易于聚合为大气泡,混凝土在静置过程中,大气泡逐渐增多,在浮力作用下,大气泡上移、消失;此外,再次搅拌也破坏了一部分气泡,因此引气剂掺量存在最大掺量,超过此值后,含气量不再增大。

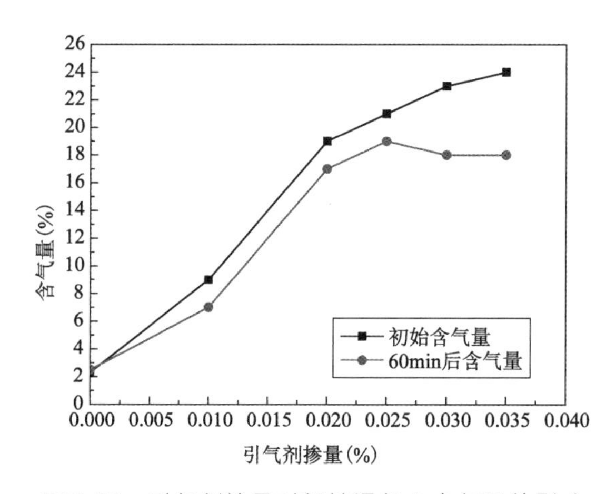

图7-25　引气剂掺量对新拌混凝土含气量的影响

由上述分析可知,AES引气剂在混凝土中最佳掺量为0.02%,这与砂浆流动度的试验结果一致。可见,用砂浆流动度可以较好地预测引气剂对新拌混凝土流动性的作用效果,与通过新拌混凝土的坍落度、含气量试验测试引气剂的作用效果相比,砂浆流动度测试能够节约材料、减少工作量,而且试验的可重复性好。

如图7-26所示,随AES引气剂掺量的增加,混凝土的含气量逐渐增大、混凝土的坍落度逐渐增大、混凝土的表观密度逐渐降低,但当引气剂掺量超过0.02%后,引气剂的引气量与坍落度增幅明显变缓,混凝土的表观密度降低趋势变缓,当引气剂掺量超过0.03%后,混凝土的坍落度不再增大,这主要是因为随着含气量的增大,气泡容易聚合为大气泡,混凝土中的大气泡逐渐增多,微珠气泡发挥的滚珠轴承作用降低,因此通过引气剂对提高混凝土的流动性是有限的。

如图7-27所示,在一定范围内,随着新拌混凝土含气量的增大,新拌混凝土初始状态及静置60min后混凝土的流动性均增大,但并不能根据含气量的多少预测流动性的大小。随着时间的推移,混凝土的流动性与含气量均有不同程度的降低,新拌混凝土 1 h 后坍落度损失率在 38% ~60% 范围内,含气量降低率范围为 9% ~29%,坍落度损失率明显高于混凝土的含气量的降低率。

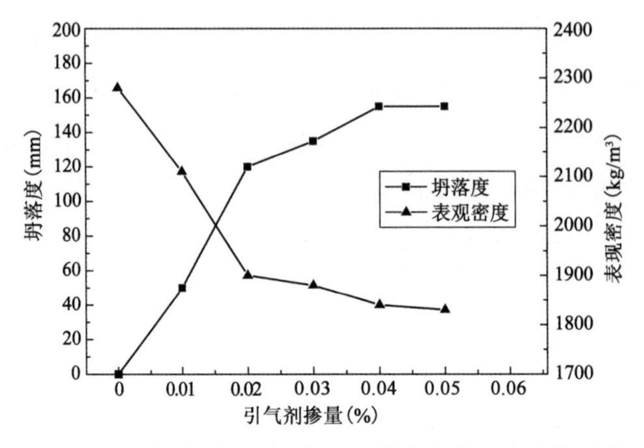

图 7-26　引气剂掺量对混凝土坍落度与表观密度的影响

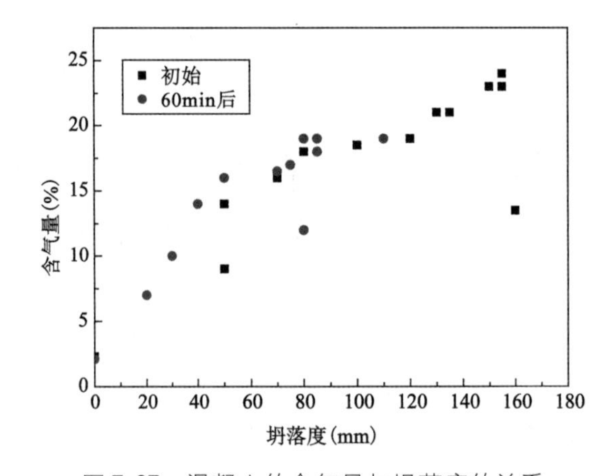

图 7-27　混凝土的含气量与坍落度的关系

2)砂率

引气剂掺量固定为 0.02% 时,研究了砂率为 50%、60%、70% 时对新拌混凝土含气量及流动性的影响。

如图 7-28 所示,在相同引气剂掺量下,随着砂率的增大,混凝土中引入的气体量逐渐增大,混凝土的流动性也随之逐渐提高。当砂率为 50% 时,初始引气量为 14%,60mins 后降至 10%,含气量降低率为 29%;当砂率为 60% 时,初始引气量为 19%,60mins 后降至 17%,含气量降低率为 11%;当砂率为 70% 时,初始引气量为 23%,60mins 后降至 19%,含气量降低率为 9.5%。可以得出如下结论:砂率越大,引气越容易,气泡的稳定性也较好。其主要原因是当集料总质量固定时,混凝土中粗集料含量越

多,则对应混凝土中砂浆的量越少,气泡主要存在砂浆中,细集料提供一些间隙用于包含水泥浆体与气泡,细集料可以作为三维筛对气体进行捕集,因此细集料增多有助于提高引气量、有助于稳定气泡。

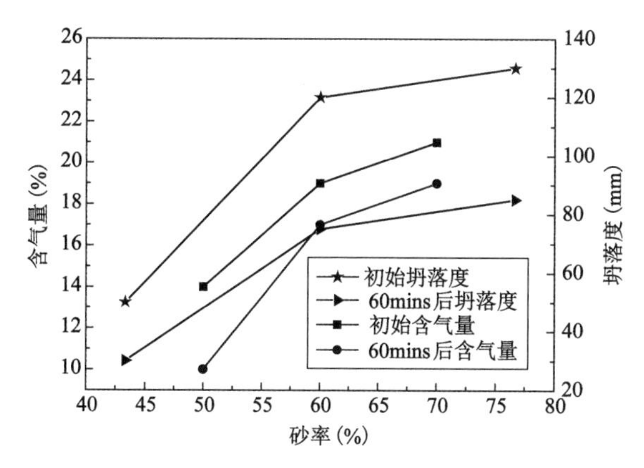

图7-28　砂率对新拌混凝土含气量与坍落度的影响(AES 掺量0.02%)

3)水灰比

关于水灰比对高含气量混凝土引气量的影响主要考察了3个变化量,即水灰比为0.4、0.45、0.5,引气剂掺量固定为0.02%,砂、石的质量相同,为降低混凝土流动性对引气量的影响,调整减水剂的掺量使混凝土的坍落度比较接近。

如图7-29所示,水灰比在0.40~0.50范围内时,随着水灰比的增大,混凝土的引气量逐渐增大。图中可以看出,水灰比越小,经时后混凝土的含气量损失率也越小。实质上水灰比直接影响着水泥浆体的黏性,当水灰比较低时,水泥浆体较黏稠,使得气泡的运动较为困难,气泡聚合的可能性降低,因此有利于气泡的稳定性。但是当混凝土过于干硬时,则气泡形成较为困难,导致混凝土的含气量降低。

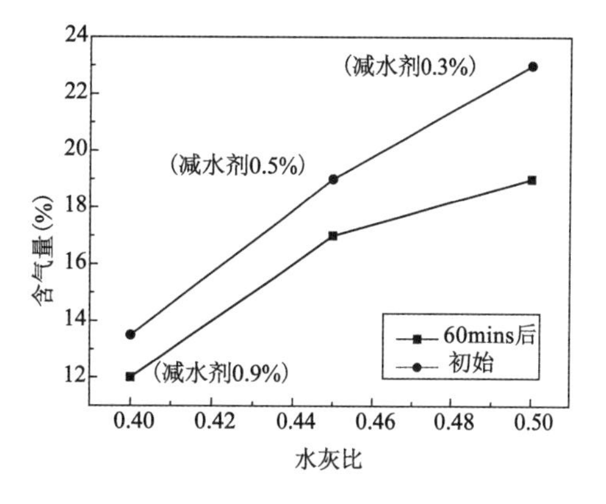

图7-29　水灰比对新拌混凝土含气量的影响(AES 掺量0.02%)

4)粉煤灰掺量

有研究表明,掺有粉煤灰的混凝土引气有一定的难度,当粉煤灰中存有碳粒时,气体含量不稳定。为此,本节展开了粉煤灰对高含气量混凝土含气量与流动性影响的研究。在引气剂掺量固定为0.02%的条件下,以10%、20%、30%的粉煤灰分别等质量替代水泥,进行了混凝土的含气量与坍落度的对比试验。

如图7-30所示，随着粉煤灰掺量的增大，混凝土的初始含气量及60mins的含气量均逐渐降低，每增加10%的粉煤灰，混凝土的含气量约降低2%。由图7-30还可以看出，引气剂在高掺量下，随着粉煤灰掺量的增大，混凝土流动性出现先降低后增大的趋势。

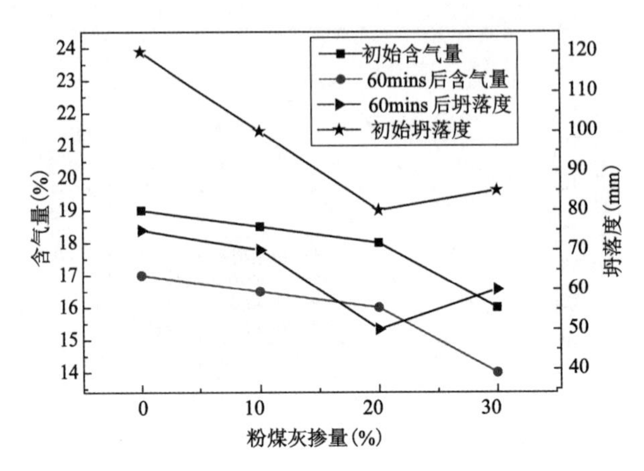

图7-30　粉煤灰掺量对新拌混凝土含气量与坍落度的影响(AES掺量0.02%)

出现上述现象的原因可能是粉煤灰中存在煅烧不完全的碳粒，对部分气泡有吸附作用，因此同不掺粉煤灰的混凝土相比，掺粉煤灰的混凝土的引气量会降低，随着混凝土的引气量降低，引入气泡发挥的滚珠轴承作用降低，因此混凝土的流动性降低；另一方面，随着粉煤灰掺量的增大，粉煤灰中的球状玻璃体发挥形态效应，在水泥浆体中起到滚珠轴承作用，使集料颗粒间的摩擦减小，因此混凝土的流动性又有增大的趋势。所以，对于掺粉煤灰混凝土，引气剂掺量应当随粉煤灰掺量的增大相应地提高。

7.4　湿喷混凝土可喷性及其影响因素

7.4.1　新拌混凝土黏聚力影响因素

1)新拌混凝土稠度

集料、砂率、外加剂固定不变，通过水泥浆量及水灰比调节新拌混凝土的流动性，试验配合比及新拌混凝土稠度、黏聚力的测试结果如表7-16所示。

如图7-31所示，当混凝土沉入度大于20mm以上时，混凝土稠度与黏聚力负线性相关，随着混凝土沉入度增大，混凝土黏聚力降低，相关系数$R=0.9464$，沉入度的变化范围25～45mm，对应坍落度的变化范围30～145mm，黏聚力从3.816kPa降至1.174kPa。

混凝土配合比与新拌混凝土的稠度及黏聚力的测试结果　　表7-16

序号	水泥 (kg/m³)	水 (kg/m³)	砂 (kg/m³)	石 (kg/m³)	减水剂 (kg/m³)	水灰比	沉入度 (mm)	黏聚力 (kPa)
1	430	194	1037	691	4.3	0.45	32	3.116
2	430	215	1037	691	4.3	0.50	39	2.568
3	430	172	1037	691	4.3	0.40	28	3.526
4	473	213	1037	691	4.3	0.45	45	1.174
5	387	175	1037	691	4.3	0.45	25	3.816
6	387	155	1037	691	4.3	0.40	9	2.3
7	344	140	1037	691	4.3	0.40	7	0.8

本书研究测得的黏聚力理论上等价于Goodier测得的十字剪切应力，Goodier采用十字板剪切试验测得了剪切力与坍落度的关系，与本书研究结论是一致的，但总体而言，本书研究所测的新拌混凝土的黏聚力高于Goodier的测试结果，其主要原因可能是由集料的最大粒径不同引起的，Goodier研究的是细集料混凝土（Fine Concrete），集料最大粒径小于8mm。

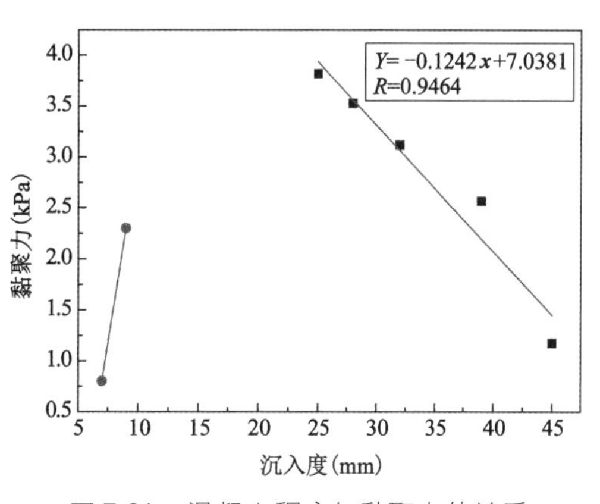

图7-31　混凝土稠度与黏聚力的关系

Marc Jolin用贯入阻力表征新喷射混凝土的稠度（贯入阻力越大，混凝土越干稠），用十字剪切法检测新喷射混凝土的剪切强度，研究了新喷射干喷混凝土稠度与剪切强度的关系。研究表明：新喷射混凝土的剪切强度随贯入阻力地增大而增大，这与本书研究剪切强度与稠度的变化规律是一致的，但Marc Jolin所测得新喷射干喷混凝土的剪切强度均大于20 kPa。

从表7-16及图7-31可以看出，试验序号为6、7的混凝土的沉入度为9 mm和7 mm，显然不满足混凝土的可压送性，仅为研究新拌混凝土黏聚力规律。这两组混凝土并不符合沉入度降低黏聚力增大的规律，相反，表现出沉入度降低、新拌混凝土的黏聚力降低的现象。这主要是因为混凝土过于干硬，难以捣压密实，新拌混凝土密实度较低，此时新拌混凝土实际上为黏性很低的砂、石单粒结构，因此新拌混凝土黏聚力反而降低。

2)组成材料

(1)正交试验方案确定。

根据混凝土可压送性研究结果,本节研究砂率、水灰比、粉煤灰掺量、速凝剂掺量四个因素对混凝土黏聚力的影响,试验过程中胶凝材料的总量不变,砂、石总质量不变,减水剂掺量不变。砂率考察50%、60%、70%三个水平,水灰比考察0.40、0.45、0.50三个水平,粉煤灰掺量考察10%、20%、30%三个水平,速凝剂掺量按照最佳掺量7%、较高掺量9%、较低掺量4%三个水平考察,因素水平表如表7-17所示。选取正交表$L_9(3^4)$安排试验,见表7-18,由此得到的新拌混凝土的黏聚力及内摩擦角试验结果一并列入表中,同时以黏聚力为考核指标,进行K值及极差R的分析。

因素水平表 表7-17

因素	水平		
	1	2	3
砂率	50%	60%	70%
水灰比	0.40	0.45	0.50
粉煤灰掺量	10%	20%	30%
速凝剂掺量	4%	7%	9%

正交试验分析表$L_9(3^4)$ 表7-18

试验号	A 砂率	B 水灰比	C 粉煤灰掺量	D 速凝剂掺量	黏聚力C(kPa)	内摩擦角($\tan\varphi$)
1	1(50%)	1(0.4)	1(10%)	1(4%)	17.630	1.162
2	1(50%)	2(0.45)	2(20%)	2(7%)	43.600	0.987
3	1(50%)	3(0.5)	3(30%)	3(9%)	39.950	0.908
4	2(60%)	1(0.4)	2(20%)	3(9%)	20.990	0.884
5	2(60%)	2(0.45)	3(30%)	1(4%)	12.120	0.794
6	2(60%)	3(0.5)	1(10%)	2(7%)	15.720	0.873
7	3(70%)	1(0.4)	3(30%)	2(7%)	8.402	0.836
8	3(70%)	2(0.45)	1(10%)	3(9%)	7.502	0.859
9	3(70%)	3(0.5)	2(20%)	1(4%)	2.310	0.804
K1	101.18	47.022	40.852	32.06		
K2	48.83	63.222	66.9	67.722	K1 + K2 + K3 = 168.224	
K3	18.214	57.98	60.472	68.442		
R	82.966	16.2	26.048	35.662		

(2)试验数据极差分析。

观察9次试验结果可以看出,2号试验结果最好,黏聚力为43.6 kPa,相应的试验条件为$A_1B_2C_2D_2$。根据极差和K值分析及因素趋势图(图7-32),影响新拌喷射混凝土黏聚力的因素顺序为:砂率 > 速凝剂掺量 > 粉煤灰掺量 > 水灰比,各因素的较好水平分别为砂率为50%、水灰比为0.45、粉煤灰掺量20%、速凝剂掺量9%,即最优组合为$A_1B_2C_2D_3$。

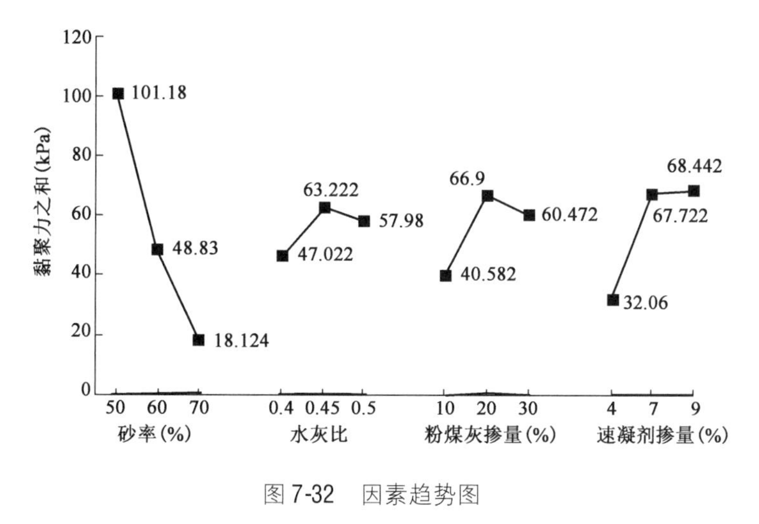

图7-32　因素趋势图

从图7-32可以看出,50%砂率 > 60%砂率 > 70%砂率对应的新拌混凝土的黏聚力,即砂率越小,新拌混凝土的黏聚力越大。砂率小,则混凝土中的粗集料比例大,粗集料之间的咬合力大于细集料间的咬合力,因此砂率为50%时新拌混凝土的黏聚力较高。有研究表明,喷射混凝土中粗集料的回弹率高于细集料的回弹率,粗集料比例越高,回弹率越大,因此综合考虑粗集料对新拌混凝土黏聚力及回弹率的影响,砂率不宜过小。

从图7-32可以看出,水灰比从0.4变化到0.45,新拌混凝土的黏聚力逐渐增大,超过0.45后又逐渐降低。理论上,水灰比为0.4的新拌混凝土大于水灰比为0.45对应的新拌混凝土黏聚力,因为胶浆越黏稠,则混凝土的黏聚力越大。但是,当混凝土太干稠时,胶浆、砂、石并未黏结在一起形成良好的团粒结构,而是黏性较低的单粒结构;当新拌混凝土黏稠且易于捣压密实时,则黏聚力较大,这一状态的用水量称作最佳用水量;当用水量超过最佳用水量后,则水泥浆的稠度降低,新拌混凝土的黏聚力降低。

当速凝剂掺量由4%增加大7%时,新拌混凝土的黏聚力显著提高,当速凝剂掺量增加到9%时,新拌混凝土的黏聚力变化微小。分别对掺加了9%速凝剂的水泥7min的水化试样(此时该水泥浆已终凝)以及不掺速凝剂的水泥240 min的水化试样(此时该水泥浆已终凝)进行了XRD试验分析,试验结果见图7-33和图7-34。从图7-33可以看出,掺加速凝剂的水泥 7min 的水化试样有明显钙矾石的衍射特征峰出现,这就说明此时水化试样中已经形成相当数量的钙矾石;从图 7-34 可知,不掺速凝剂的水泥 240 min 的水化试样仍然未检测到钙矾石。速凝剂促使水泥浆体中大量 C_3A 和 C_3S 发生反应,迅速生成大量的钙矾石晶体,钙矾石的形成结合了大量的游离水,使得水泥浆体的流动性迅速丧失,钙矾石晶体粒子快速生长,交叉形成网络结构,促使水泥浆体迅速凝结硬化,因而增大了新拌混凝土黏聚力。当速凝剂掺量(4%)不足时,不能完全消耗石膏,使得剩余的石膏与 C_3A 生成钙矾石,包裹在 C_3A 颗粒表面,阻止 C_3A 进一步与水反应,从而使速凝效果变差。从表 7-18 可以看出,速凝剂掺量为 9% 时水泥 28d 强度降幅较大,从速凝剂对硬化后混凝土性能的影响及经济性考虑,通过增大速凝剂的掺量来提高新拌混凝土的黏聚力是不可取的。速凝剂的最佳掺量应当根据水泥中石膏的含量以及水泥浆硬化后的性能综合确定。

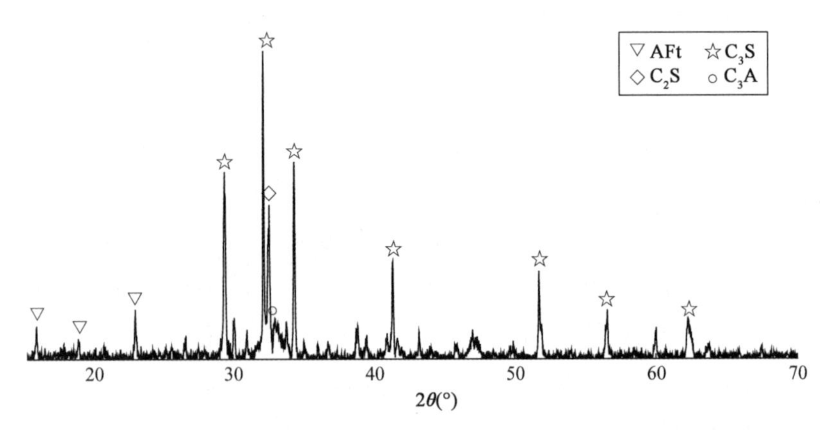

图 7-33　掺加速凝剂的水泥 7min 水化试样的 XRD 图

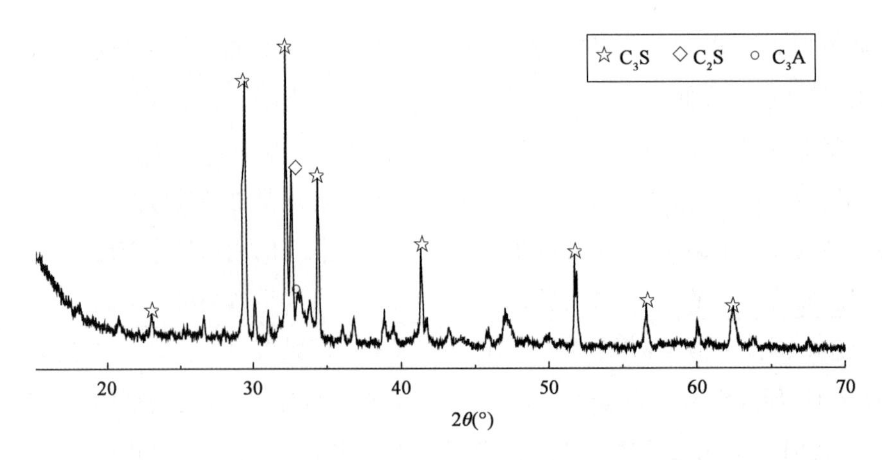

图 7-34　不掺速凝剂的水泥 240min 水化试样的 XRD 图

从粉煤灰的掺量来看，当粉煤灰掺量不超过20%时，对提高新拌混凝土黏聚力是有益的，因为粉煤灰的表观密度小于水泥的表观密度，以等质量的粉煤灰替代水泥，相当于增大了胶凝材料的体积；但是粉煤灰的活性低于水泥，在早期主要发挥其物理充填作用，且粉煤的滚珠效应增大了新拌混凝土的流动性，因此当粉煤灰掺量超过20%时，新拌混凝土的黏聚力降低。

3)湿喷混凝土一次喷射厚度

(1)一次喷射厚度力学模型建立。

假设新喷射混凝土是符合连续性、均匀性及各项同性的可变形固体结构，根据材料力学基本理论，边墙处喷射混凝土的一次喷射厚度可简化为悬臂梁，其受力情况分析如图7-35所示。根据一次喷射厚度外形特征，将悬臂梁视为一个圆台体，圆台体的几何尺寸如图7-36所示。

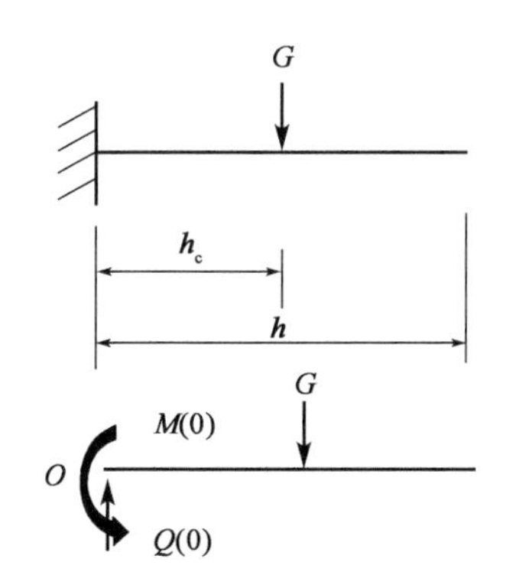

图7-35 喷射混凝土受力情况

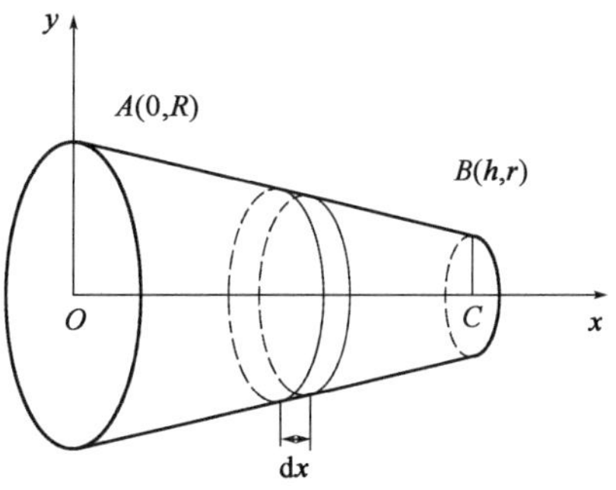

图7-36 圆台几何尺寸

基于材料力学的横力弯曲理论，得出圆截面悬臂梁最大剪切应力、最大正应力计算公式。

①最大剪切应力计算。

圆台基底的平均剪切应力 τ_{avg} 的计算公式如式(7-9)所示。

$$\tau_{avg} = \frac{m \cdot g}{\pi R^2} = \rho \cdot V \cdot \frac{g}{\pi R^2} = \rho \cdot \frac{h}{3}(R^2 + r^2 + Rr)\frac{g}{R^2} \tag{7-9}$$

式中：τ_{avg}——平均剪切应力；

m——喷射混凝土的质量；

g——重力加速度；

ρ——混凝土的表观密度；

R——圆台的下底半径；

r——圆台的上底半径；

h——次喷射厚度。

最大剪应力位于圆台基底横截面的中性轴上，最大剪应力值 τ_{max} 按式(7-10)计算，可见最大剪应力是平均剪应力的 $\frac{4}{3}$ 倍。

$$\tau_{max} = \frac{QS_z^*}{I_z b} = \frac{\frac{Qd^3}{12}}{(\frac{\pi d^4}{64})d} = \rho \cdot \frac{4h}{9}(R^2 + r^2 + Rr) \cdot \frac{g}{R^2} \tag{7-10}$$

②最大正(弯拉)应力计算。

圆台基底所受弯矩为整个悬臂梁最大弯矩值，一次喷射厚度所受的最大弯矩 M_{max} 按式(7-11)计算。

$$M_{max} = mgh_c \tag{7-11}$$

式中：h_c——圆台体下底面至重心的距离。

建立如图7-37所示的坐标系，根据对称性可知，圆台的重心 D 一定在 x 轴上，由质量连续分布的物体质心定义，h_c 的计算如式(7-12)所示，式中 $\mathrm{d}(v)$ 为体积单元，$d(v) = \pi y^2 \mathrm{d}x$，圆台母线的直线方程为 $y = -\frac{R-r}{h}x + R$，将 $\mathrm{d}(v)$ 及 y 的表达式代入式(7-12)，其化简结果如式(7-13)所示。

$$h_c = \frac{\int x \mathrm{d}m}{m} = \frac{\int x \mathrm{d}(\rho V)}{\rho V} = \frac{1}{V}\int x \mathrm{d}(v) \tag{7-12}$$

$$h_c = \frac{3}{h\left(R^2 + Rr + r^2\right)} \cdot \int_0^h \left[(\frac{R-r}{h})^2 x^3 + \frac{2R(r-R)}{h}x^2 + R^2 x\right]\mathrm{d}x = \frac{R^2 + 2Rr + 3r^2}{4(R^2 + Rr + r^2)}h \tag{7-13}$$

最大正(弯拉)应力 σ_{max} 发生在弯矩最大的横截面上，位于圆台基底上边缘处，按式(7-14)计算。

$$\sigma_{max} = \frac{M_{max}}{W} = \frac{mgh_c}{\pi R^3/4} = \rho \cdot \frac{g(R^2 + 2Rr + 3r^2)}{3R^3}h^2 \tag{7-14}$$

当喷射厚度不大，仅考虑混凝土间的剪切应力和重力，如图7-37所示，忽略悬臂弯曲应力，则根据力的平衡原理，剪力 Q = 重力 G。设混凝土的喷射面积为 $b \times a$，一次喷射厚度为 h，重力加速度为 g，混凝土的表观密度为 ρ，新喷射混凝土的剪切屈服应力为 τ。由式(7-15)可知，当只考虑剪切应力时，一次喷射厚度与混凝土的剪切应力线性正相关，与试样的面积($b \times a$)无关。

$$\tau ba = \rho bahg \Rightarrow h = \tau/(\rho g) \tag{7-15}$$

由式(7-14)、式(7-15)可知，随着喷射厚度的增大，一次喷射厚度所受最大剪切应力、最大弯拉应力增大。当一次喷射厚度所受弯拉应力或剪切应力大于新喷混凝土黏聚力时，新喷混凝土破坏。因而当湿喷混凝土与喷射面的黏附性良好时，新喷混凝土的黏聚力是决定喷射混凝土一次喷射厚度的关键因素。

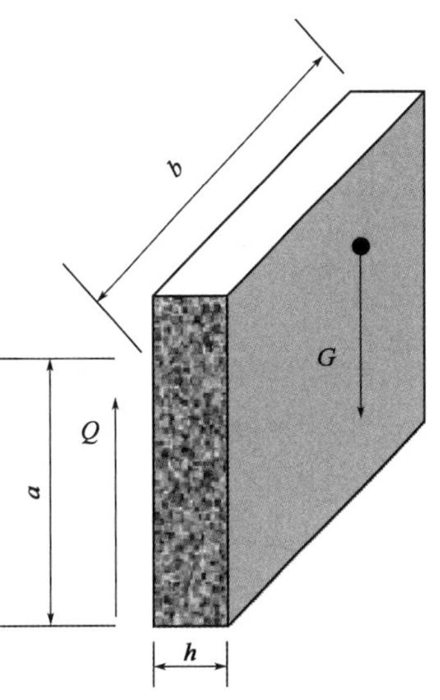

图7-37　仅考虑剪切力的一次喷射厚度理论分析

(2)一次喷射厚度力学模型验证与分析。

采用一次喷射厚度试验方法，对满足可压送性要求的混凝土进行了湿喷混凝土一次喷射厚度测试。选择了7个不同配合比，配合比如表7-19所示，其中，AE1、AEF为高含气量混凝土，不使用速凝剂，其他各组在喷嘴处添加液体速凝剂，速凝剂掺量以胶凝材料质量7%计，一次喷射厚度测试结果如表7-20所示，按照一次喷射厚度力应力计算公式，参照计算新喷射混凝土所受的最大剪切应力与最大弯拉应力。R、h 通过实际量测得到，上底半径 r 则根据喷射混凝土质量与喷射混凝土表观密度的比值得到喷射混凝土体积，然后由圆台体积计算公式导出。喷射后混凝土黏聚力根据新喷射混凝土沉入度与黏聚力间建立的关系推算得出，见表7-20。

一次喷射厚度试验配合比(kg/m³)　　表7-19

编号	水泥	粉煤灰	水	水胶比	砂	石	砂率	减水剂	引气剂	速凝剂
C1	430	0	194	0.45	1 037	691	60%	1.0%	0	7%
C2	430	0	215	0.50	1 037	691	60%	1.0%	0	7%
C3	473	0	213	0.45	1 037	691	60%	1.0%	0	7%
C4	430	0	172	0.4	1 037	691	60%	1.0%	0	7%
CF1	344	86	194	0.45	1 037	691	60%	1.0%	0	7%
AE1	430	0	194	0.45	1 037	691	60%	0.5%	0.02%	0%
AEF	344	86	194	0.45	1 037	691	60%	0.5%	0.02%	0%

一次喷射厚度试验与力学模型计算结果　　表 7-20

编号	喷射厚度(mm)	喷射混凝土质量(kg)	喷射后混凝土的表观密度(kg/m³)	最大剪切应力(kPa)	最大弯拉应力(kPa)	压送前混凝土黏聚力(kPa)	压送前沉入度(mm)	喷射后沉入度(mm)	喷射后含气量(%)	喷射后混凝土黏聚力推算值(mm)	黏聚力影响系数λ	混凝土脱落形式
C1	220	28.8	2320	2.890	3.061	3.116	32	13	—	5.4235	0.56	弯拉破坏
C2	190	24.3	2 320	2.498	2.289	2.568	39	17	—	4.9267	0.51	剪切破坏
C3	160	20.8	2 320	2.165	1.709	1.174	45	22	—	4.3057	0.50	剪切破坏
C4	270	34.6	2 320	3.550	4.621	3.526	28	8	—	6.0445	0.76	弯拉破坏
CF1	230	28.2	2 290	2.998	3.324	2.864	34	15	—	5.1751	0.64	弯拉破坏
AE1	170	22.3	2 290	2.347	2.013	1.806	42	22	6	4.1815	0.56	剪切破坏
AEF	180	22.9	2 260	2.463	2.237	2.323	36	24	5.3	4.2573	0.61	剪切破坏

如图 7-38 所示，各组混凝土压送前、喷射后的沉入度有较大的差异，可以看出，混凝土喷射后黏聚力均大于压送前黏聚力，其中编号为 C1、C2、C3、C4、CF1 的混凝土喷射后沉入度大大降低是因为喷射后速凝剂加速了水泥水化、加速具有胶凝性产物或加速混凝土中絮凝结构的生成，从而导致贯入阻力增大，即沉入度降低，因而混凝土黏聚力增大。

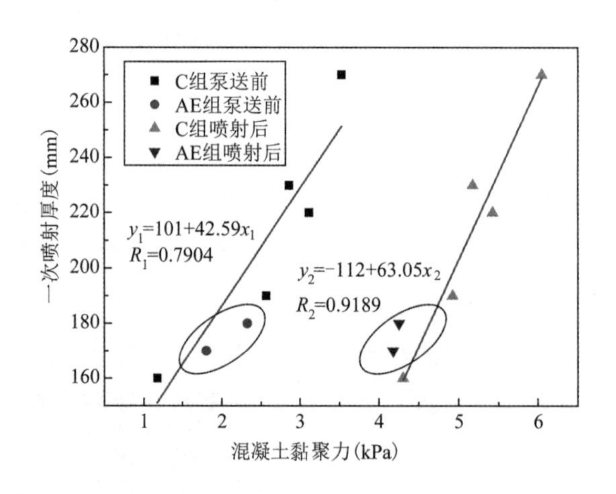

图 7-38　混凝土的黏聚力与一次喷射厚度

编号为 AE1、AEF 的高含气量混凝土，压送前含气量为 19%、18%，压送过程及喷射作用下气泡挤压逸出，如表 7-20 所示，喷射后含气量分别降至 6%、5.3%，因而混凝土 AE1、AEF 的沉入度降低，喷射后黏聚力较喷射前有大的增长，不掺速凝剂的一次喷射厚度达 170 mm、180 mm，试验表明，高含气量湿喷混凝土解决了湿喷混凝土可压送性与可喷性间难以调和的矛盾。

如图7-39所示,除编号为AE1、AEF的高含气量混凝土外,表现出随着湿喷混凝土沉入度增大,一次喷射厚度降低的趋势。编号为AE1、AEF的高含气量混凝土喷射后沉入度分别为22 mm、24 mm,对应一次喷射厚度为170 mm、180 mm,表现出沉入度增大一次喷射厚度增大的现象,这可能是由于掺粉煤灰混凝土AEF的表观密度较小,同等厚度下重量较轻,因此喷射厚度略微增大。

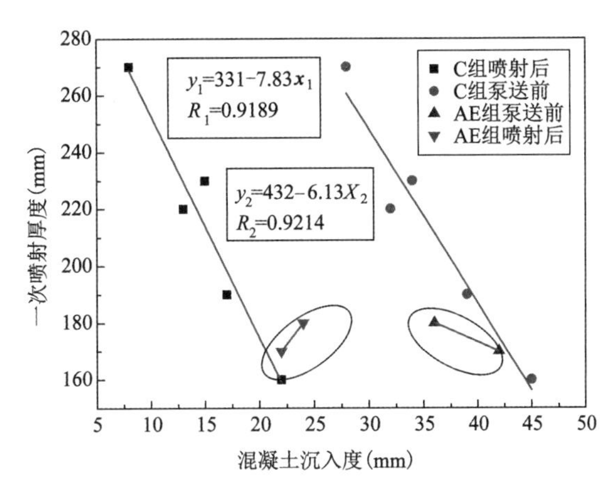

图7-39　混凝土的沉入度与一次喷射厚度

如图7-40所示,随着喷射混凝土喷射厚度的增大,混凝土的自重逐渐增大,混凝土所受弯拉应力与剪切应力也逐渐增大,因此采取降低混凝土表观密度的措施,也能提高喷射混凝土一次喷射厚度。

从图7-41可以看出,随着喷射厚度的增大,一次喷射厚度所受最大弯拉应力与最大剪切均逐渐增大,对应的混凝土黏聚力值(横坐标)均高于混凝土的弯拉应力或剪切应力值(纵坐标),然而新喷混凝土却脱落。这是因为根据新拌混凝土沉入度推算出的混凝土黏聚力对应于静力条件下的测试结果,而一次喷射厚度是在喷射混凝土不断冲击压实作用下的测试结果,该值小于静力条件下的测试结果,喷射压力、喷射角度、喷射管内径、喷射流量等因素都会对一次喷射厚度的测试结果产生影响。因而,虽然一次喷射厚度时新拌混凝土所受的弯拉应力及剪切应力小于新拌混凝土黏聚力,但是新喷混凝土仍脱落。

鉴于此,引入黏聚力影响系数对一次喷射厚度力学模型进行修正。设喷射状态下存在混凝土黏聚力影响系数λ,黏聚力影响系数λ按式(7-16)计算,黏聚力影响系数在0.50~0.76范围内波动。由式(7-15),得到式(7-17)、式(7-18)。根据直剪法测试得到的新拌混凝土的黏聚力C,依据式(7-17)、式(7-18),可以预先估算新拌混凝土的一次喷射厚度;或者可以根据一次喷射厚度的要求,调整混凝土的组成材料,使新拌混凝土的黏聚力满足一次喷射厚度的要求。

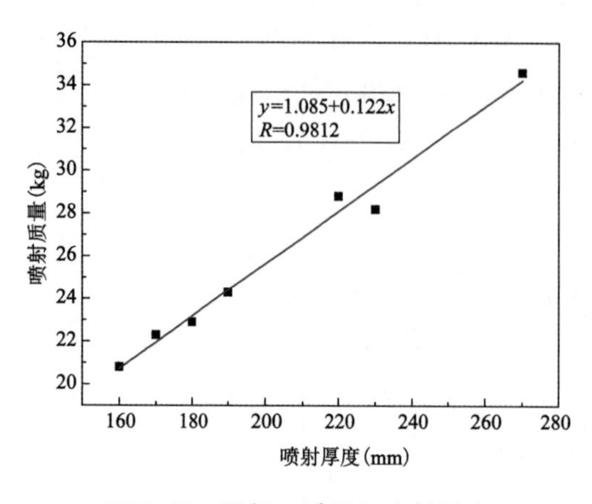

图7-40　混凝土质量与喷射厚度

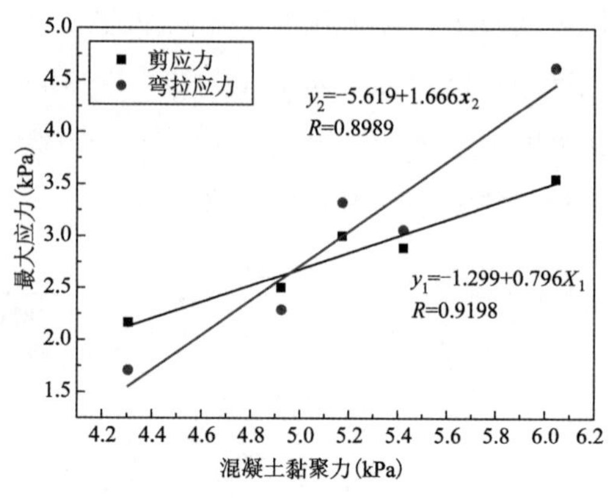

图7-41　混凝土的黏聚力与一次喷射厚度破坏应力

$$\lambda = \frac{\max(\tau_{\max}, \sigma_{\max})}{C_a} \tag{7-16}$$

式中：C_a——喷射后混凝土的黏聚力(由沉入度推算得到)；

$\sigma_{\max}$——喷射后混凝土圆台基底最大弯拉应力；

$\tau_{\max}$——喷射后混凝土圆台基底最大剪应力值。

$$h \leqslant \frac{R^2}{R^2 + r^2 + Rr} \cdot \frac{9}{4\rho g}\lambda C \tag{7-17}$$

$$h^2 \leqslant \frac{R^3}{R^2 + 2Rr + 3r^2} \cdot \frac{3}{\rho g}\lambda C \tag{7-18}$$

式中：C——直剪法测试的新拌混凝土黏聚力。

从图7-42可以看出，弯拉应力的增长速度大于剪切应力的增长速度，在喷射厚度低于200mm时，混凝土所受剪切应力高于弯拉应力，因此新喷射混凝土以剪切破坏为主，当喷射厚度高度为200mm时，混凝土所受弯拉应力高于剪切应力，新喷射混凝土以弯拉破坏为主，即破坏形式多为脱落而非滑移。由最大剪切应力计算公式及最大弯拉应力计算公式可以看出：随着喷射厚度h逐渐增大，新喷射混凝土所受弯拉应力及剪切应力均逐渐增大，弯曲应力按一次喷射厚度h的二次方增长，剪切应力按一次喷射厚度h的一次方增长，因而随着一次喷射厚度的增大，新喷射混凝土所受弯拉应力的增长速度高于剪切应力的增长速度，因此当喷射厚度较大时，弯拉破坏多于剪切破坏。由于本书研究所用喷射钢板上每5cm间距锚固高2cm的ϕ6mm光圆钢筋，因此未见混凝土与喷射面间的黏附性破坏。

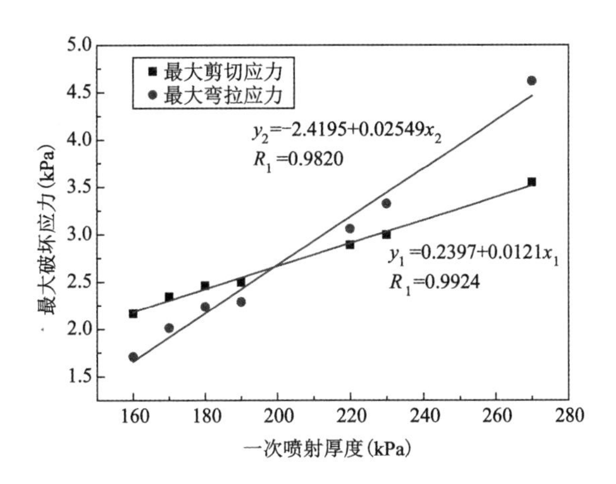

图7-42　喷射厚度与破坏应力分析

7.4.2　湿喷混凝土回弹率影响因素

对表7-21中不同配合比的混凝土以及编号为Csp1、Csp2(Csp1、Csp2两组混凝土与C1相比,仅砂率变化为50%、70%)的混凝土按高、中、低三种不同的风压喷射测试湿喷混凝土的回弹率,工作风压由度盘式压力表监控,喷射距离固定为1m,喷射厚度均为100mm,试验结果如表7-21所示。表中编号为C4的混凝土,当工作风压为0.4MPa时,出现堵管现象,因此无测试数据。

不同喷射风压下混凝土的回弹率　　表7-21

编号	风压(MPa)		喷射板黏附混凝土质量(kg)	塑料布内回弹混凝土质量(kg)	回弹率(%)
C1	低	0.4	59.034	13.466	19
	中	0.5	57.945	11.037	16
	高	0.6	57.408	14.950	21
C2	低	0.4	57.200	15.602	21
	中	0.5	58.430	12.467	18
	高	0.6	57.694	13.446	19
C3	低	0.4	57.683	8.460	12
	中	0.5	58.653	7.506	11
	高	0.6	59.089	10.755	16

续上表

编号	风压 (MPa)		喷射板黏附混凝土质量 (kg)	塑料布内回弹混凝土质量 (kg)	回弹率 (%)
C4	低	0.4	—	—	—
	中	0.5	58.240	14.883	20
	高	0.6	57.602	16.783	23
CF1	低	0.4	57.356	9.56	14
	中	0.5	58.790	7.764	12
	高	0.6	58.990	10.156	15
AE1	低	0.4	57.125	9.12	14
	中	0.5	57.985	7.756	12
	高	0.6	57.685	9.645	14
AEF	低	0.4	56.660	9.270	13
	中	0.5	57.120	6.698	10
	高	0.6	57.930	9.945	15
Csp1 (50%)	低	0.4	58.320	12.830	22
	中	0.5	58.566	11.713	20
	高	0.6	59.438	14.860	25
Csp2 (70%)	低	0.4	57.255	10.878	18
	中	0.5	57.940	8.691	15
	高	0.6	58.380	11.676	19

1)新拌湿喷混凝土稠度

由表7-21中各组混凝土喷射后稠度值(沉入度值)与喷射风压为0.5MPa时测定的回弹率值作图7-43,可以看出混凝土稠度与回弹率大致存在如下关系:混凝土越干稠,回弹率越大,这与Markus Pfeuffer等人对干喷混凝土回弹率的研究结果相符。其中编号为C3的混凝土在编号为C1的混凝土基础上,水灰比不变的情况下,增加了10%的水泥浆,混凝土的流动性提高,回弹率由16%降至11%。

2)工作风压

从图7-44可以看出,喷射风压对回弹率有显著的影响,当风压较低或风压较高时,回弹率均增大。当风压较高时,喷射速度大,回弹料增大;当风压较低时,混凝土沿着喷射面滑移、脱落造成回弹率增大。这说明喷射混凝土存在理想风压值,该风压使粗集料有足够的能量喷射后埋置于喷射层中，又不至于反弹回落。可以看出，喷射风压为0.5MPa时较理想，各组混凝土回弹率均最低。

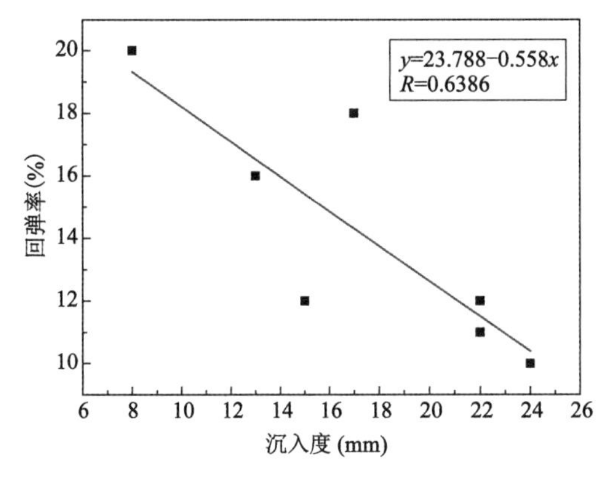

图7-43 混凝土的稠度与回弹率的关系

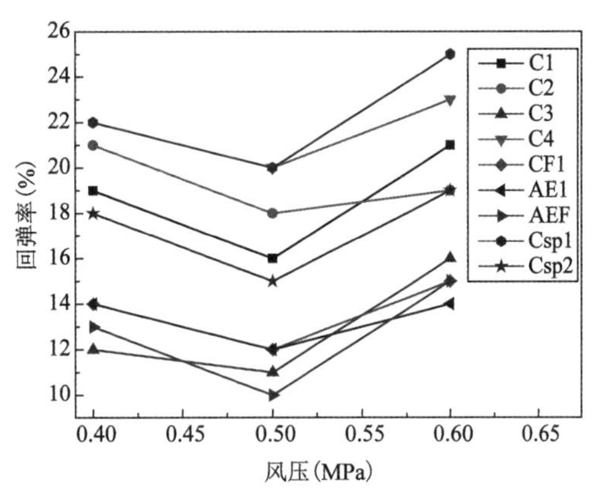

图7-44 喷射风压对回弹率的影响

3)喷射厚度

喷射距离设定为1.0m，喷射风压设置为0.5MPa，分别测试喷射厚度为10mm、25mm、50mm、100mm时的回弹率，由于喷射混凝土回弹率试验工作量较大，仅对表7-22中编号为C1的混凝土做了喷射厚度对回弹率影响的试验，其结果如表7-22所示。从图7-45可以看出，当喷层较薄时，回弹率较高，随喷射厚度的增大，回弹率逐渐降低。喷射厚度为10mm时，回弹率达58%，喷射厚度为25mm时回弹率为31%，当喷射厚度为50mm时，回弹率降至19%，此后回弹率变化平缓。这与许多干喷混凝土回弹率的研究结果是相似的，即回弹率随喷射厚度的增大而降低。喷射厚度较薄时，湿喷混凝土回弹率与干喷相比并没有体现出回弹率低的优势，特别是一些修护工程或隧道中围岩状况较好时，设计的喷层厚度不大，这就更应当考虑由于回弹率较大带来的经济损失。

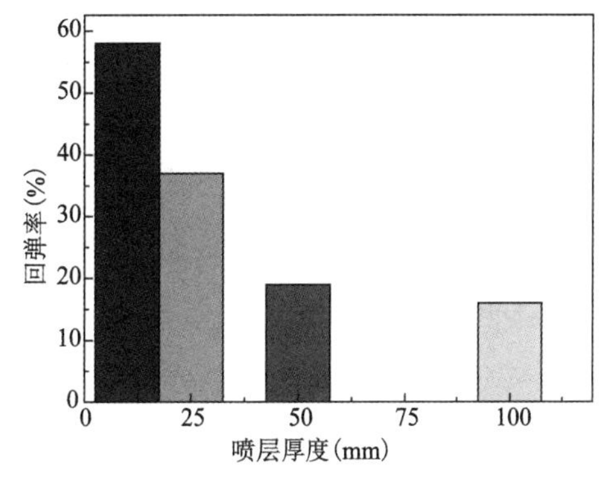

图7-45 喷射厚度对回弹率的影响

喷射厚度与回弹率　　表7-22

编号	喷射厚度(mm)	喷射板黏附混凝土质量(kg)	塑料布内回弹混凝土质量(kg)	回弹率(%)
C1-10	10	5.703	7.876	58%
C1-25	25	14.320	6.434	31%

续上表

编号	喷射厚度(mm)	喷射板黏附混凝土质量(kg)	塑料布内回弹混凝土质量(kg)	回弹率(%)
C1-50	50	28.875	6.773	19%
C1-100	100	57.945	11.037	16%

4)组成材料

(1)砂率。

图7-46为C1、Csp1、Csp2三组混凝土在不同风压下的回弹率,可以看出不同风压下混凝土的回弹率均随砂率的增大而降低,砂率为50%的混凝土回弹率在这9组混凝土中回弹率最大。对C1、Csp1、Csp2这三组喷射后混凝土进行水洗、烘干、筛分,对比压送前、喷射后混凝土的集料级配,如图所示,喷射前、后集料的级配曲线变化趋势是相似的,但50%砂率的混凝土混合集料级配变化较明显,回弹料主要为大于4.75mm粒径的粗集料,干喷混凝土回弹率也存在的此规律,即粗集料的回弹率高于细集料的回弹率。砂率为60%、70%的混凝土,喷射后混合集料级配变化小,而这两组混凝土的级配基本在ASTM推荐的2号级配曲线范围内。Jolin和Beaupre研究干喷混凝土的回弹率,发现不同级配混凝土喷射后附着混凝土的集料级配却趋于一致,粗集料过多的混凝土喷射后则回弹的粗集料增多,细集料过多则喷射的后回弹的细集料增多。Dennis研究发现,不同风压下喷射的不同级配组成的湿喷混凝土,附着混凝土的集料级配曲线趋于一致,似乎喷射混凝土的集料存在一个理想级配。喷射前后混合集料级配对比如图7-47所示。

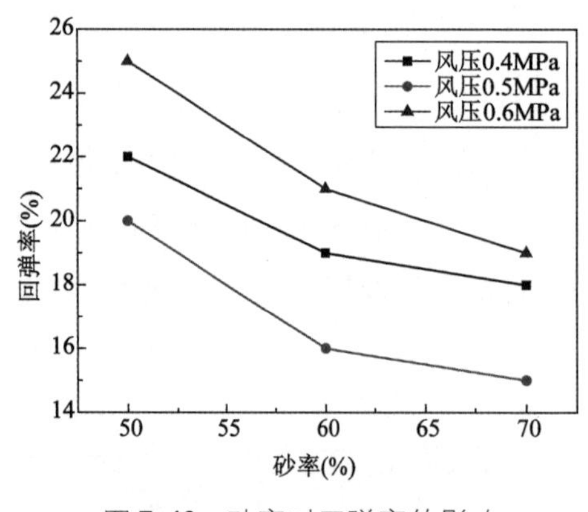

图7-46　砂率对回弹率的影响

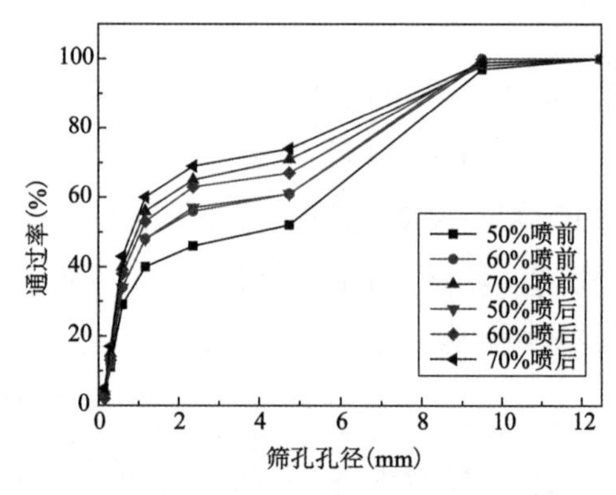

图7-47　喷射前后混合集料级配对比

(2)高含气量。

回弹率测试结果可以看出,相同工作风压下,高含气量湿喷混凝土AE1降低了湿喷

混凝土的回弹率，低于对应风压下普通湿喷混凝土 C1 回弹率的5%左右，高含气量且掺粉煤灰的混凝土 AEF 的回弹率低于掺粉煤灰的普通喷射混凝土 CF1 约2%。

对于高含气量湿喷混凝土 AE1、AEF，测试了不同工作风压下混凝土的含气量，其测试结果如表7-23所示。从表中可以看出，不同工作风压下，喷射后高含气量湿喷混凝土的含气量并无显著差异，且喷射后混凝土的含气量均低于6%。

不同风压下混凝土的含气量　　表7-23

编号	喷射风压(MPa)	压送前含气量(%)	喷射后含气量(%)
AE1	0.4MPa	19	5.7
	0.5MPa		6.0
	0.6MPa		5.4
AEF	0.4MPa	18	5.5
	0.5MPa		5.4
	0.6MPa		5.1

7.5　湿喷混凝土硬化后特性

7.5.1　湿喷混凝土抗压强度影响因素

1)高含气量

从表7-24中数据可以看出喷射作用对高含气量混凝土强度的影响。喷射前，浇筑成型的高含气量混凝土 AE1、AEF 试件1d强度过低，难以精确测试，无试验结果，28d抗压强度不到10MPa；喷射后，喷射成型的 AE1、AEF 试件1d强度分别为8.5MPa、6.6MPa，28d强度分别发展至34.4MPa、32.6MPa，高含气量混凝土喷射后28d强度完全满足 C25 喷射混凝土的强度要求。AE1 与 C0 均为不掺速凝剂的混凝土，相比之下，1d时高含气量混凝土 AE1 强度为 C0 的56.3%，28d时为 C0 的89.6%。AEF 与 CF0 均为20%粉煤灰掺量的不掺速凝剂的混凝土，1d时高含气量混凝土 AF1 的强度为 CF0 的60.6%，28d时强度为 CF0 的89.8%。由以上分析可见，高含气量混凝土1d的强度降低程度较大，28d略有降低。因而，高含气量混凝土不适于应用在对早期强度要求较高的混凝土工程中。

喷射混凝土的抗压强度 表 7-24

序号	编　　号	1d 强度(MPa)	1d 代表值	28d 强度(MPa)	28d 代表值
1	C0	15.3	15.1	40.4	38.4
		16.1		40.0	
		16.4		40.9	
2	CF0	11.6	10.9	37.6	36.3
		11.5		37.4	
		11.2		39.6	
3	C1	17.4	18.7	37.6	35.2
		19.1		38.4	
		22.6		35.2	
4	CF1	12.6	12.6	36.4	34.1
		13.6		34.2	
		13.5		37.0	
5	AE1(喷前)	—	—	10.3	9.7
		—		10.3	
		—		10.1	
6	AE1(喷后)	9.3	8.5	35.4	34.4
		8.9		37.2	
		8.6		36.1	
7	AEF(喷前)	—	—	8.3	8.3
		—		8.6	
		—		9.2	
8	AEF(喷后)	7.4	6.6	34.4	32.6
		6.6		33.3	
		6.8		35.2	
9	Csp1	18.2	18.9	37.1	37.6
		21.8		39.6	
		19.7		42.1	

续上表

序号	编　　号	1d 强度(MPa)	1d 代表值	28d 强度(MPa)	28d 代表值
10	Csp2	16.9	16.2	36.7	33.8
		18.4		35.7	
		15.9		34.4	

2)砂率

C1、Csp1、Csp2 各组混凝土的砂率分别为 60%、50%、70%,从表 7-24 可以看出,C1、Csp1、Csp2 对应的混凝土 1d 强度分别为 18.7MPa、18.9MPa、16.2MPa,大小排序:Csp1 > C1 > Csp2,混凝土 28d 强度分别为 35.2MPa、37.6MPa、33.6MPa,大小排序:Csp1 > C1 > Csp2,即湿喷混凝土 1d、28d 强度随着砂率增大而降低。通过回弹率测试可知,相同喷射条件下砂率较低时回弹率越高,对附着混凝土集料级配分析发现,砂率较低时附着混凝土中 4.75 ~9.5mm 粗集料仍然相对较多,因此其强度较高。

3)粉煤灰

C0 与 CF0 为不掺速凝剂的喷射混凝土,不同组成的喷射混凝土喷射后强度测试结果如图 7-48 所示。粉煤灰掺量 20% 的混凝土 CF0 在 1d、28d 龄期时的强度略低于不掺粉煤灰的混凝土 C0,这与粉煤灰对普通浇筑成型混凝土的强度影响规律相同。对比 C1 与 CF1、AE1 与 AEF 不同龄期的强度发现,发现 CF1 < C1、AEF < AE1,粉煤灰降低了掺速凝剂的喷射混凝土 1d、28d 的强度,降低了高含气量湿喷混凝土 1d、28d 的强度。

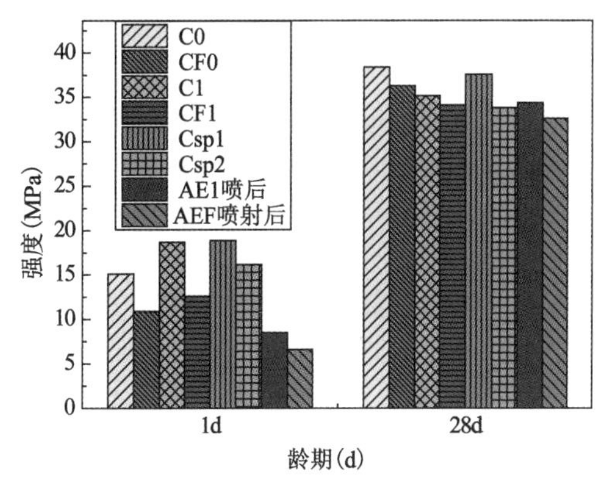

图 7-48　不同组成的喷射混凝土喷射后立方体抗压强度

7.5.2　湿喷混凝土抗冻性能及其影响因素

1)质量损失与相对动弹性模量变化规律

喷射混凝土试块在 25 次冻融循环结束后,大部分试块质量几乎没有变化,相对动弹性模量的比值几乎等于 1,甚至部分混凝土出现了质量增加的现象。混凝土抗冻融性主要取决于混凝土的饱水程度及硬化水泥浆的孔结构,当混凝土的饱水程度低于临界饱和度时,混凝土的抗冻性较好。首次冻融循环前,即使混凝土一直处于水中养护或在冻融前已经过4d的浸泡,其残留空隙也并非全部被水充满,因而25次冻融循环后混凝土损伤小。冻融循环是对混凝土的一个渐进破坏的过程,冰压力会导致混凝土自身存在的微裂纹区裂隙扩展,而融化时裂隙充满水分会继续扩展,但此时冰压力还不能致使混凝土脱落或脱落质量小于吸收水分的质量,因此25次冻融循环后,部分混凝土试块的质量增加。

随着冻融循环次数的增加,试件表面逐渐疏松,脱皮、掉渣现象十分明显,粗、细集料逐渐裸露,特别是掺速凝剂的混凝土,剥落面积大、裂隙多,损伤进程较快。随着冻融循环次数的增加,每组混凝土的相对动弹性模量均表现出逐渐衰减的趋势,每组混凝土质量损失表现出逐渐增大趋势,混凝土在经历了50次冻融循环后,质量损失与相对动弹性模量几乎是直线变化,冻融损伤明显。

2)高含气量

正如所期望的,高含气量湿喷混凝土具有良好的抗冻性能,高含气量喷射混凝土经过300次冻融循环后相对动弹性模量为0.682、质量损失为3.335%,其抗冻性能满足F300技术要求。从图7-49与图7-50各组混凝土的相对动弹性模量变化与质量损失变化可以看出,高含气量湿喷混凝土AE1喷射后具有最优的抗冻性能。虽然AE1的立方体抗压强度低于C0、CF0,但其抗冻性能却显著提高了,这与Beaupre等对喷射混凝土抗冻性能的研究结论是一致的,Beaupre研究发现,不论干喷、湿喷,引气剂对混凝土的抗冻性能都有显著的改善作用。

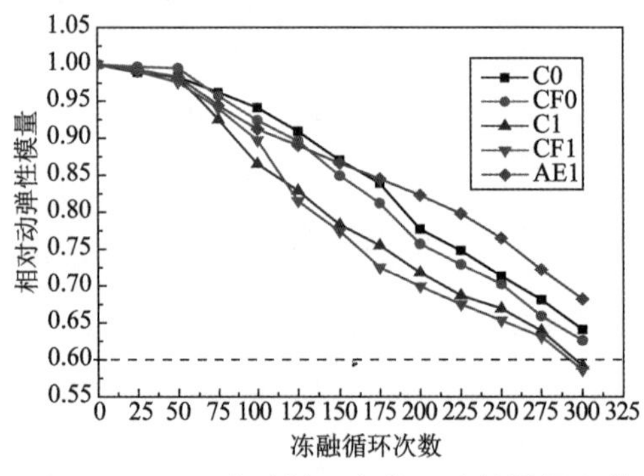

图7-49 不同冻融循环次数下喷射混凝土的相对动弹性模量

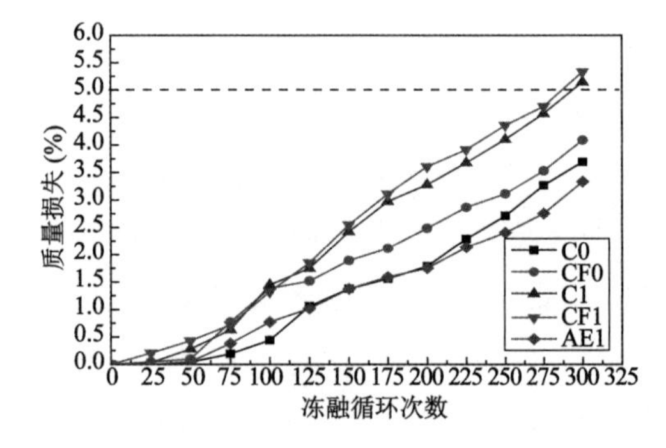

图7-50 不同冻融循环次数下喷射混凝土的质量损失

3)粉煤灰

对比C0与CF0、C1与CF1可以看出,粉煤灰掺量为20%的混凝土CF0、CF1在28d龄期时的抗冻性能均较不掺粉煤灰的C0、C1低,这与28d龄期的抗压强度测试结果一致,这是因为粉煤灰等量取代水泥后,虽然速凝剂加速了水泥的水化反应,但粉煤灰的二次水化反应相对滞后,28d 龄期时与正常水泥用量下的混凝土相比,相当于减少了水化产物,因此,掺粉煤灰的混凝土 28d 龄期时抗压强度及抗冻性能略低于未掺粉煤灰的混凝土。

7.5.3 湿喷喷射混凝土的抗渗性

1)湿喷喷射混凝土试验方法

调整喷射压力,确保喷头至容器的距离约为 1.0 m,将混凝土垂直向下喷射入容器,刮除多余的混凝土,在隧洞内潮湿环境中养护 1d 后脱模,试块继续在标准条件下养护至28d 龄期测试喷射混凝土抗渗性。喷射混凝土的抗渗性测试采用逐级加压法,试验设备为天津建仪生产的 HP-4.0 混凝土抗渗仪,试验方法参照《普通混凝土长期性能和耐久性能试验方法标准》(GB/T 50082—2009)。仅对 C0、CF0、C1、CF1、AE1 5 组混凝土测试抗水渗透性。

2)测试与分析

喷射混凝土的抗渗性能见表 7-25。

喷射混凝土的抗渗性能　　表 7-25

编号	水压 H (MPa)	试件透水情况记录						抗渗等级
		1号	2号	3号	4号	5号	6号	
C0	0.1	否	否	否	否	否	否	P7
	0.2	否	否	否	否	否	否	
	0.3	否	否	否	否	否	否	
	0.4	否	否	否	否	否	否	
	0.5	否	否	否	否	否	否	
	0.6	是	否	否	否	否	否	
	0.7	—	是	否	否	否	否	
CF0	0.1	否	否	否	否	否	否	P6
	0.2	否	否	否	否	否	否	
	0.3	否	否	否	否	否	否	
	0.4	否	否	否	否	否	否	
	0.5	是	否	否	否	否	否	
	0.6	—	否	是	否	否	否	
	0.7	—	否	—	是	是	否	

续上表

编号	水压 H (MPa)	试件透水情况记录						抗渗等级
		1号	2号	3号	4号	5号	6号	
C1	0.1	否	否	否	否	否	否	P5
	0.2	否	否	否	否	否	否	
	0.3	否	否	否	否	否	否	
	0.4	否	否	是	否	否	否	
	0.5	否	否	—	否	是	否	
	0.6	是	否	—	否	—	否	
CF1	0.1	否	否	否	否	否	否	P5
	0.2	否	否	否	否	否	否	
	0.3	否	否	否	否	否	否	
	0.4	否	否	是	否	否	否	
	0.5	否	否	—	否	是	否	
	0.6	是	否	—	否	—	否	
AE1	0.1	否	否	否	否	否	否	P8
	0.2	否	否	否	否	否	否	
	0.3	否	否	否	否	否	否	
	0.4	否	否	否	否	否	否	

掺速凝剂混凝土 C1、CF1 的抗水渗透性均低于不掺速凝剂的混凝土 C0、CF0,也就是说速凝剂降低了喷射混凝土的抗冻性能。高含气量湿喷混凝土 AE1 抗水渗透性最佳,这是由于引气剂引入封闭的气泡阻断渗水通道。

7.6 湿喷混凝土组成设计方法及工程应用

7.6.1 组成设计思路

从紧密填充及可压送性出发,以“最小胶浆体积量”平衡可压送性与可喷性的矛盾,湿喷混凝土组成设计思路如下:

(1)确定水胶比。在普通混凝土配合比设计的基础上,通过强度与 Bolomey 计算公式确定水胶比。

(2)确定“最小胶浆体积量”。“最小胶浆体积量”由两部分构成,一是填充砂、石混合集料紧装堆积空隙所需浆体量,二是新拌混凝土顺利通过管道所需润滑层浆体量。利用计算法、简易试验法综合确定砂、石混合集料紧装堆积空隙体积,采用 Dennis 及 Chapdelain 建立的压送管径与混凝土润滑层厚度关系确定润滑层体积。

(3)计算单位体积胶凝材料、水的质量。依据所求“最小胶浆体积量”、水胶比、胶凝材料密度间的关系,得出单位体积胶凝材料、水的质量。

(4)计算单位体积砂、石质量。按照体积法求解单位体积砂、石质量。

(5)确定外加剂用量。依据试验确定与调整减水剂、速凝剂等掺量。

(6)在普通湿喷混凝土配合比设计的基础上,提出高含气量湿喷混凝土配合比设计与调整方法。

7.6.2　组成设计步骤及相关参数确定

1)配置强度确定

混凝土配置强度的按式(7-19)计算。

$$f_{cu,o} \geqslant f_{cu,K} + 1.645\sigma \tag{7-19}$$

式中:$f_{cu,o}$——混凝土的配制强度;

$f_{cu,K}$——设计规定的混凝土立方体抗压强度标准值(MPa),当设计未明确规定时,取混凝土结构荷载效应抗压强度设计值和混凝土耐久性设计强度值两者中的较大值;

σ——混凝土强度标准差(MPa),应按统计资料确定。

2)水胶比、砂率的确定

水胶比由混凝土配置强度与水胶比之间的 Bolomey 关系式(7-20)确定。

$$\frac{W}{B} = \frac{\alpha_a f_b}{f_{cu,o} + \alpha_a \alpha_b f_b} \tag{7-20}$$

式中:W/B——水胶比;

α_a、α_b——集料回归系数;

f_b——胶凝材料 28 d 抗压强度。

石子选择粒径 5 ~ 10 mm,根据砂的粗细程度,砂率宜在 60% ~70% 之间选择。

3）最小胶浆体积量确定

喷射混凝土可以看成是集料与胶凝材料浆体的混合物。从可喷性与经济性角度而言，应当尽可能降低胶浆量，但胶浆量必须满足可压送性的最低需求，因此取“最小胶浆体积量”平衡湿喷混凝土可压送性与可喷性间的矛盾。“最小胶浆体积量”由砂、石混合集料紧装堆积空隙体积、管道润滑层体积确定，与集料的表面特征及颗粒级配相关，胶浆体由水泥、矿物掺合料、外加剂、水组成，计算公式如式（7-21）所示。

$$V_s = P_{s+g} + P \tag{7-21}$$

式中：V_s——最小胶凝材料浆体量；

P_{s+g}——混合集料紧装堆积空隙体积；

P——管道润滑层体积。

4）混合集料紧装堆积空隙率确定

混合集料的空隙由混合集料颗粒间的空隙与集料自身的开口孔隙组成。理论上，通过计算法，即混合集料表观密度、混合集料紧装堆积密度之间的关系，如式（7-22）所示，可以推导出混合集料紧装堆积空隙体积。在我国混凝土配合比设计中，集料为气干状态，在混凝土实际搅拌过程中，砂、石的开口孔隙会吸收部分水分，但并不能达到饱和吸水率，因而实际填充混合集料紧装堆积空隙所需胶浆量小于计算法所得结果。

$$P_{s+g} = \left(1 - \frac{\rho'_{s+g}}{\rho_{s+g}}\right) \times 100\% \tag{7-22}$$

式中：P_{s+g}——粗细混合集料的紧装堆积空隙率（%）；

ρ'_{s+g}——砂、石混合集料的紧装堆积密度（kg/m^3）；

ρ_{s+g}——砂、石混合集料的平均表观密度（kg/m^3）。

Chapdelaine 提出了简易试验法测定混合集料紧装堆积空隙体积的方法。该方法以 1 min 内快速填充混合集料紧装堆积空隙的用水量作为混合集料紧装堆积空隙的体积。由于时间短，集料开口孔隙吸水量可以忽略不计。

因此，填充集料紧装堆积状态下空隙所需胶浆的体积应当大于简易试验法测得的数据，小于计算法得到的结果。

（1）计算法确定混合集料紧装堆积空隙率。

①混合集料平均表观密度。

砂、石对混合集料表观密度的贡献与砂、石在混合集料中所占份额有关，等于混合集料质量与砂、石表观体积之和的比值，即按式（7-23）计算混合集料的平均表观密度。

$$\rho_{s+g} = \frac{\rho_s \rho_g}{\rho_g S_p + \rho_s (1 - S_p)} \tag{7-23}$$

式中：ρ_{s+g}——混合集料的平均表观密度（kg/m^3）；

ρ_s——细集料的表观密度（kg/m^3）；

ρ_g——粗集料的表观密度（kg/m^3）；

S_p——砂率（%）。

②混合集料紧装堆积密度。

参照粗集料测定紧装堆积密度的方法，混合集料紧装堆积密度按下述方法测定：根据砂率将砂、石按比例混合均匀，装入已知5 L体积的容积筒内，分两层装，每装一层在筒底垫一根ϕ10 mm的垫棒，左右各颠击25下，装满后刮去多余的砂、石料，称得筒内混合料的质量，混合集料的堆积密度按式（7-24）计算：

$$\rho'_{s+g} = \frac{m_{s+g}}{V_t} \times 1000 \tag{7-24}$$

式中：ρ'_{s+g}——砂、石混合集料的紧装堆积密度（kg/m^3）；

m_{s+g}——容积筒内砂、石混合材料的质量（kg）；

V_t——容积筒的体积（L）。

③简易试验法确定混合集料紧装堆积空隙率。

参照Chapdelaine测定集料空隙率的方法，混合集料的空隙率可以按照下面的简易方法快速测定。粗、细集料合成材料混合均匀后，装入已知5 L体积的容积筒内，分两层装，每装一层在筒底垫一根ϕ10 mm的垫棒，左右各颠击25下，装满后刮去多余的砂、石料，称取筒及混合料的质量，然后迅速向筒内加水，直至加满，称取筒、混合料、水的质量。混合集料空隙率可以按式（7-25）计算：

$$P_{s+g}^{\ *} = \frac{m_{s+g+w} - m_{s+g}}{V_t} \times 100\% \tag{7-25}$$

式中：$P_{s+g}^{\ *}$——简易试验法确定的混合集料的空隙率（%）；

m_{s+g+w}——砂、石、水在容积筒内的质量（kg/m^3）；

m_{s+g}——砂、石在容积筒内的质量（kg/m^3）。

④两种方法的结果对比。

砂率为50%、60%、70%的混合集料采用计算法与简易试验测定法分别得到混合集料的紧装堆积空隙率，其结果如表7-26所示，可以看出，采用计算法得到的混合集料堆积空隙率均较简易试验法测定值大，不同砂率时简易试验法所得空隙率的差异小。

混合集料堆积空隙率 表 7-26

编　　号	混合集料堆积密度 ρ'_{s+g} (kg/m^3)	混合集料表观密度 ρ_{s+g} (kg/m^3)	计算法混合集料的空隙率 P_{s+g} (%)	简易试验法的空隙率 P_{s+g}^* (%)
1(砂率 50%)	1750	2630	33.46	28.88
2(砂率 60%)	1710	2610	34.48	28.55
3(砂率 70%)	1690	2600	35.00	28.36

(2)管道润滑层体积量确定。

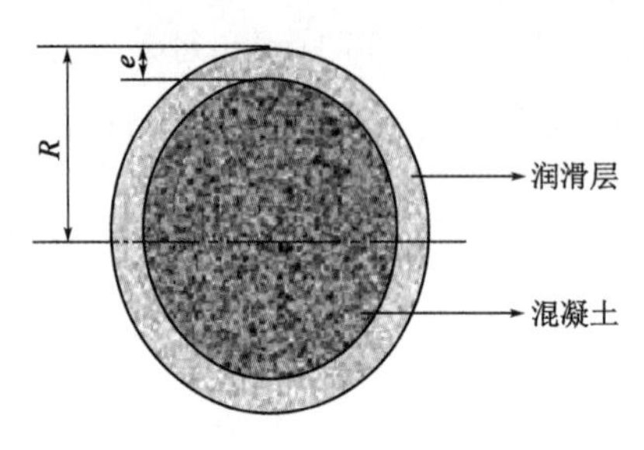

图 7-51　形成润滑层的相对胶凝材料浆体的体积

根据现有研究基础,新拌混凝土在压送管中的流动属于“塞流”,即压送管道芯部混凝土“塞栓”周围包围着一薄层“润滑层”,“塞栓”沿“润滑层”向前运动,如图 7-51 所示。

Dennis 及 Chapdelain 等研究发现,压送管径越小,形成润滑层的相对胶凝材料浆体的体积量越大,对于不同压送管径,润滑层的厚度均为 1mm。

形成润滑层的相对胶凝材料浆体的体积按式(7-26)计算:

$$P = \frac{R^2 - (R - e)^2}{R^2} \tag{7-26}$$

式中:P——形成润滑层的相对胶凝材料浆体体积;

R——压送管的半径;

e——润滑层的厚度。

由式(7-26)可知,形成润滑层的相对胶凝材料浆体量随着压送管径的减小而增大。例如管径为 150mm 的压送管,润滑层体积占整个混凝土断面层的 1.3%;管径为 50mm 的压送管,润滑层体积占整个混凝土断面层的 7.8%。表 7-27 为不同砂率下胶浆总体积的估算值。

不同级配下胶凝材料浆体体积 表 7-27

编　　号	混合集料的空隙率(%)	润滑层体积(%)	总体积(%)
1(砂率 50%)	29	8	37
2(砂率 60%)	30	8	38
3(砂率 70%)	31	8	39

(3)组成材料用量确定。

①胶凝材料、用水量计算。

按照前述步骤确定的胶浆体积 V_s，联合式(7-27)、式(7-28)、式(7-29)，计算胶凝材料中水泥、粉煤灰、水的质量。其中，用水量可以根据减水剂与引气剂的实际减水率情况予以调整。

$$\frac{m_w}{m_c + m_f} = \frac{w}{B} \tag{7-27}$$

$$\frac{m_c}{\rho_c} + \frac{m_f}{\rho_f} + \frac{m_w}{\rho_w} + V_a = V_s \tag{7-28}$$

$$m_f = k \cdot m_c \tag{7-29}$$

式中：m_w——未使用外加剂时的单位体积用水量(kg/m^3)；

m_c——单位体积水泥用量(kg/m^3)；

m_f——单位体积粉煤灰用量(kg/m^3)；

ρ_c——水泥的表观密度(kg/m^3，一般取3100)；

ρ_f——粉煤灰的表观密度(kg/m^3，一般取1900～2400)；

ρ_w——水的表观密度(kg/m^3，一般取1000)；

V_a——混凝土的含气量(%，此含气量为未掺加引气剂时的含气量)；

V_s——胶浆总体积；

k——粉煤灰占胶凝材料总量的质量百分比(%)。

当使用减水剂时，实际用水量 m_{wj} 按式(7-30)计算：

$$m_{wj} = m_w(1 - \beta) \tag{7-30}$$

式中：m_{wj}——使用减水剂时的用水量(kg/m^3)；

β——减水剂的减水率(%，经试验确定)。

②集料用量计算。

粗、细集料的用量根据体积法，由式(7-31)、式(7-32)、式(7-33)确定。

$$\frac{m_s}{m_s + m_g} = S_p \tag{7-31}$$

$$V_{s+g} = 1 - V_s \tag{7-32}$$

$$\frac{m_s}{\rho_s} + \frac{m_g}{\rho_g} = V_{s+g} \tag{7-33}$$

式中：m_s——单位体积细集料的质量(kg/m^3)；

m_g——单位体积粗集料的质量(kg/m^3)；

ρ_s——细集料的表观密度(kg/m³);

ρ_g——粗集料的表观密度(kg/m³);

V_s——胶浆总体积(m³)。

③外加剂用量确定。

对于高含气量湿喷混凝土,首先通过砂浆流动度试验检测减水剂与引气剂的相容性,确定引气剂类型。在单掺减水剂满足流动性要求的基础上,降低减水剂的掺量,增加引气剂的掺量,检测新拌混凝土坍落度、含气量及其经时变化,根据工程特点确定混凝土经时要求,确保混凝土喷射前含气量在12%~20%之间,入湿喷机的坍落度在50~80mm之间。外加剂质量按水泥质量的百分比计,按式(7-34)、式(7-35)计算。

$$m_{aw} = m_b \beta_w \tag{7-34}$$

$$m_{ae} = m_b \beta_e \tag{7-35}$$

式中:m_{aw}——单位体积减水剂质量(kg/m³);

m_{ae}——单位体积引气剂质量(kg/m³);

β_w——减水剂掺量(%);

β_e——引气剂掺量(%)。

7.6.3 工程概况

青海朵给山隧道为分离式隧道,左线全长2272m,右线全长2267m。西部严酷气候环境特征明显,高原干旱大陆性气候,海拔2288m,日照时间长蒸发量大;高低温循环变化大、低温持续时间长;日平均气温小于0℃的天数为120~180d。朵给山隧道按耐久性设计,隧道衬砌结构设计使用年限级别为一级,设计使用年限为100年。图7-52为该工程施工现场。

图7-52 朵给山隧道施工现场图

7.6.4 原材料技术性能

1)水泥

工程中所用水泥主要物理技术指标见表7-28。

水泥的基本物理指标　　表7-28

表观密度(kg/m^3)	比表面积(m^2/kg)	凝结时间(min)		安定性(沸煮法)	抗折强度(MPa)		抗压强度(MPa)	
		初凝	终凝		3d	28d	3d	28d
3150	340	156	2260	合格	4.9	7.8	27.8	50.2

2)粉煤灰

粉煤灰主要技术指标检测结果见表7-29。

粉煤灰的主要技术指标　　表7-29

细度(45μm方孔筛筛余)	需水量比(%)	烧失量(%)	密度(g/cm^3)	含水量(%)	三氧化硫(%)
5.6	92	1.8	2.22	0.0	0.6

3)集料

细集料为河砂,表观密度为2605kg/m^3,松散堆积密度为1530kg/m^3,细度模数为3.4的粗砂,级配区属于I区,两次筛分试验试验结果如表7-30所示。砂中含泥量、泥块含量、云母、轻物质含量均满足规范要求。石子的表观密度为2650kg/m^3,松散堆积密度为1560kg/m^3,压碎值为8.2%,级配如表7-31所示。

砂的筛分试验结果　　表7-30

筛孔尺寸(mm)	9.5	4.75	2.36	1.18	0.60	0.30	0.15	<0.15
累计筛余百分率A(%)	0	3.8%	28.2%	61%	80%	92.5%	99%	100%

石子的筛分试验结果　　表7-31

筛孔尺寸(mm)	9.5	4.75	2.36
累计筛余百分率A(%)	5.5	95.6	99

4)外加剂

聚羧酸减水剂的主要性能指标见表7-32。速凝剂为自主研发无碱液体速凝剂。

聚羧酸减水剂主要性能指标　　表7-32

外　观	固含量(%)	密度(g/cm^3)	含气量(%)	掺量(%)	减水率(%)
浅黄色液体	25	1.045	2.5	0.5~1.5	20~30

7.6.5 施工工艺

喷射作业分段分片依次进行，喷射顺序自上而下，一次喷射厚度严格按施工技术指南控制，分层喷射时，后一层在前一层混凝土终凝后进行，若终凝 1h 后再喷射，先用风水清洗喷层面；喷射作业紧跟开挖工作面，混凝土终凝至下一循环放炮时间不少于 3h。

喷射机作业严格执行喷射机的操作规程。喷射作业开始时，先送风后开机，再给料；结束时待料喷完后，再关风；向喷射机供料连续均匀；机器正常运转时，料斗内保持足够的存料；保持喷射机工作风压稳定，满足喷头处的压力在 0.1MPa 左右，喷射作业完毕或因故中断时，将喷射机和输料管内的积料清除干净。

喷射手经常保持喷头具有良好的工作性能；使喷头与受喷面垂直，保持 1.5 ~ 2.0m 的喷距。喷射混凝土的回弹率拱部不大于 25%，边墙不大于 15%。

喷射混凝土养护：喷射混凝土终凝 2h 后，喷水养护；养护时间不少于 14d；气温低于 +5℃时，不得喷水养护。

冬季施工：喷射作业区的气温不低于 +5℃；混合料进入喷射机的温度不低于 +5℃；混凝土强度在达到 6MPa 前，不得受冻。

湿喷混凝土施工工艺流程如图 7-53 所示。

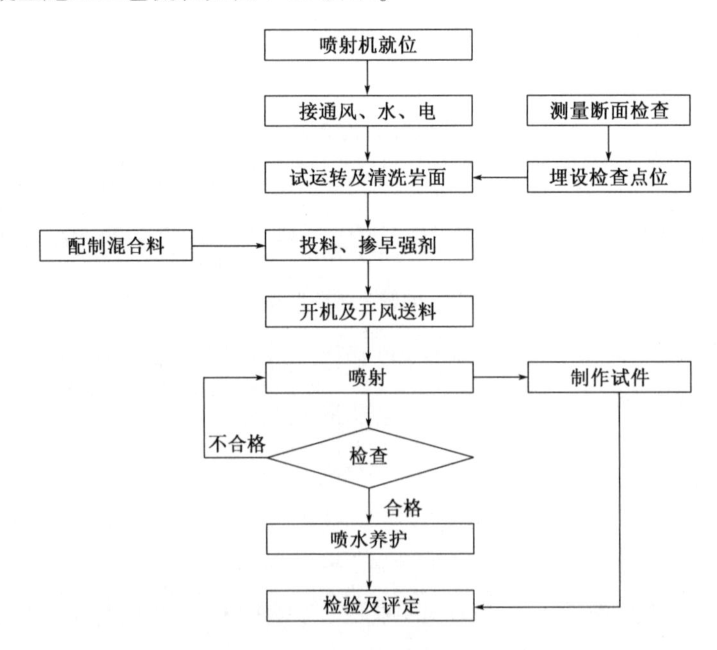

图 7-53　湿喷混凝土施工工艺框图

7.6.6　掺速凝剂湿喷混凝土使用效果

在朵给山隧道进行了湿喷喷射实体工程应用,即使在拱顶处也能满足一次喷射厚度大于设计厚度 8 cm 的要求。按 6% 剂量掺入速凝剂,喷射后测试结果为:回弹率 7.6%,降低 62%;全尘降低了 64.3%,呼尘降低了 36.2%,作业现场环境得到明显改善;混凝土黏结性能与密实度好,强度比传统喷射混凝土高 18%,抗冻性能提高 20%,降低成本 294 元/延米,减少碳排放 0.7 吨/延米。

7.6.7　经济效益分析

表 7-33 为普通掺速凝剂混凝土、高含气量的混凝土、"减水剂 + 高引气剂 + 低掺量速凝剂"三种情况下单方混凝土的工程造价分析,从表中数据可以看出,三种混凝土的价格差异主要由外加剂引起,其中高含气量的混凝土较普通掺速凝剂混凝土单方价格便宜 112.8 元,"减水剂 + 高引气剂 + 低掺量速凝剂"的混凝土较普通掺速凝剂混凝土的单方价格便宜 40.8 元。根据高含气量的喷射混凝土的特点,将其应用于边坡或旧建筑的加固,具有明显的价格优势。倘若再考虑喷射混凝土回弹率对实际混凝土用量的影响,则高含气量湿喷混凝土技术带来的经济效益十分可观。

单方混凝土价格对比　　表 7-33

项目		单价	普通掺速凝剂混凝土		高含气量混凝土		"减水剂 + 高引气剂 + 低掺量速凝剂"	
			单位用量 (kg/m³)	价格	单位用量 (kg/m³)	价格	单位用量 (kg/m³)	价格
原材料	水泥	500 元/1t	320	160	320	160	320	160
	I 级粉煤灰	150	80	12	80	12	80	12
	水	4 元/t	195	0.78	195	0.78	195	0.78
	砂	75/m³	1205	55	1205	55	1205	55
	石	65/m³	517	22	517	22	517	22
	减水剂	4000 元/t	3.6	14.4	2.4	9.6	2.4	9.6
	速凝剂	3000 元/t	36	108	0	0	24	72
	引气剂	1 万元/t	0	0	0.08	0.8	0.08	0.8
单方混凝土价格			372.2		254.9		331.4	

本章参考文献

[1] 陈丽俊,陈建勋,罗彦斌,等.深埋大跨度绿泥石片岩隧道变形规律及合理预留变形量[J].中国公路学报,2021,34(06):147-157.

[2] 王家滨,张凯峰,侯泽宇,等.西北复合盐侵蚀环境衬砌喷射混凝土离子扩散研究[J].土木工程学报,2020,53(11):21-35.

[3] 焦华喆,吴亚闯,陈峰宾,等.基于可视化分析的玄武岩纤维喷射混凝土微观结构研究[J].土木工程学报,2020,53(S1):371-377.

[4] 邹昱瑄,周绪红,管宇,等.冷弯薄壁型钢-细石混凝土组合梁抗弯性能研究[J].湖南大学学报(自然科学版),2020,47(09):23-32.

[5] 王家滨,牛荻涛,何晖,等.复合盐侵蚀衬砌喷射混凝土耐久性退化研究[J].土木工程学报,2019,52(09):79-90.

[6] 郭寅川,陈志晖,申爱琴,等.基于抗裂性能的高寒地区桥面板混凝土配合比优化设计[J].长安大学学报(自然科学版),2019,39(04):1-8.

[7] 王家滨,牛荻涛,何晖,等.盐湖侵蚀环境喷射混凝土耐久性能劣化规律及机理研究[J].土木工程学报,2019,52(06):67-80.

[8] 王明年,胡云鹏,童建军,等.高温变温环境下喷射混凝土-岩石界面剪切特性及温度损伤模型研究[J].岩石力学与工程学报,2019,38(01):63-75.

[9] 王家滨,牛荻涛.弯曲应力作用下喷射混凝土氯离子扩散研究[J].土木工程学报,2018,51(02):95-102+120.

[10] 王家滨,牛荻涛,张永利.喷射混凝土力学性能、渗透性及耐久性试验研究[J].土木工程学报,2016,49(05):96-109.

[11] 牛荻涛,王家滨,马蕊.干湿交替喷射混凝土硫酸盐侵蚀试验[J].中国公路学报,2016,29(02):82-89.

[12] 罗彦斌,陈建勋,段献良.C20喷射混凝土冻融力学试验[J].中国公路学报,2012,25(05):113-119.

[13] 项伟,刘珣.冻融循环条件下岩石-喷射混凝土组合试样的力学特性试验研究[J].岩石力学与工程学报,2010,29(12):2510-2521.

[14] 杜国平,刘新荣,祝云华,等.隧道钢纤维喷射混凝土性能试验及其工程应用[J].岩石力学与工程学报,2008,(07):1448-1454.

[15] 范新,章克凌,王明洋,等.钢纤维喷射混凝土支护抗常规爆炸震塌能力研究[J].

岩石力学与工程学报,2006,(07):1437-1442.

[16] 刘红燕,李志业,裴适龄.应用能量守恒原理设计钢纤维喷射混凝土衬砌厚度的方法[J].岩石力学与工程学报,2006,(02):423-431.

[17] 李文秀,梁旭黎,赵胜涛,等.软岩地层隧道喷射混凝土衬砌研究[J].岩石力学与工程学报,2005,(S2):5505-5508.

[18] 仇玉良,李宁军,谢永利.喷射混凝土衬砌隧道通风阻力系数测试研究[J].中国公路学报,2005,(01):85-88.

[19] 贺少辉,马万权,曹德胜,等.隧道湿喷纤维高性能混凝土单层永久衬砌研究[J].岩石力学与工程学报,2004,(20):3509-3517.

[20] 朱永全,刘勇,刘志春,等.聚丙烯纤维网喷射混凝土性能和衬砌试验[J].岩石力学与工程学报,2004,(19):3376-3380.

[21] 王朝东,徐光苗,陈建平.人工砂在隧道喷射混凝土支护中的应用[J].岩石力学与工程学报,2003,(10):1749-1752.

第8章

CHAPTER 8

复杂环境下混凝土表面防护技术与工程应用

为了防止或延缓外界因素对混凝土的侵蚀,提升混凝土的耐久性,除科学合理的混凝土原料配方设计外,在工程建设初期对混凝土建筑物表面涂覆表面防护材料也可使建筑物免受外来侵蚀或减轻危害。在多盐复杂环境下,混凝土表面防护技术需要满足更高的耐腐蚀性要求。因此,本章针对西北地区的盐冻腐蚀、沿海湿热环境下近海腐蚀这两个混凝土结构物的防腐难题,考虑新建和既有混凝土结构物的实际服役状态,开发新型环保型涂层产品,在材料设计与涂装关键技术领域实现多项突破与更新。以环保性水性底面漆组合的运用,降低涂料和涂装过程对环境带来的影响;以封闭底漆和耐候面漆的运用,有效地解决了常规水性涂料的耐久性问题,为交通基础设施混凝土结构的防护提供保证,降低材料成本,提高涂层防护性能,减少环境污染。

8.1 复杂环境下混凝土表面防腐涂层评价指标研究

混凝土结构物耐腐蚀性能的一般要求包括:防止结构构件在使用过程中受水分、冰冻、空气及其污染物等大气腐蚀作用;防止所接触的水体中含有氯盐、硫酸盐、碳酸等物质的化学与物理腐蚀。然而在复杂腐蚀环境中,环境作用分类等级往往十分恶劣。受氯盐、硫酸盐等溅射的构件竖向表面的情形(混凝土中度水饱和)为 E 级,即很严重的腐蚀。直接接触氯盐、硫酸盐的构件水平表面的情形(混凝土高度水饱和)为 F 级,级别最高,即极端严重腐蚀。

由此可以看出,相比于一般腐蚀环境,无论以何种方式接触盐分,混凝土桥梁的腐蚀环境十分严酷且复杂。为此,混凝土耐腐蚀性能要求从涂料涂层方面考虑需要确立复杂环境下的评价指标。

8.1.1 普通环境下混凝土涂料及表面涂层评价指标

针对混凝土涂料及表面涂层性能,主要从涂料自身性能和涂膜使用性能这两方面突出性能评价要求。

在涂料自身性能方面,混凝土涂料自身需要具备良好的匀质性能、合适的产品形态、储存性等。匀质性能最为基本,要求涂料外观均匀无杂质,无明显杂质、异物等。合适产品形态十分重要,针对不同的涂料,应选择合适的细度、合适的固含量。储存性能较为关键,要求涂料在低温和中高温度下不变质,在运输过程中保持稳定。

在涂膜使用性能方面,针对复杂高盐环境,涂膜使用性能要求底层耐碱、面层耐候、抗氯离子渗透、耐液体介质腐蚀。底层耐碱主要是由于混凝土是强碱性,底层涂料直接与碱性的混凝土直接接触,因而底层涂膜在碱性环境中需无明显破坏,具有较强耐碱性。面层耐候主要是由于混凝土面层涂料直接暴露在日光中,长时间接受日光中紫外线的照射,会出现变色、粉化、剥落等劣化影响,因而面层涂膜需具有良好的耐候性。在复杂高盐环境等高氯化物环境下必须具有抵抗氯离子渗透的能力,涂膜体系能够完全封闭并连续成膜,能够隔绝氯离子进入混凝土的腐蚀通道。复杂高盐环境下涂膜耐液体介质则要求涂膜在雪水、冰水、过冷水、氯盐水等条件下具有良好的耐水性和耐盐水性。

8.1.2 涂料常规性能评级指标

涂料常规性能指标及测试方法众多,但各自之间指标要求各异,检测方法也各不相同。下面将对涂料的常规性能,即涂料外观、固含量、细度、稳定性这4项进行对比,选择出最符合实际、便于操作且针对复杂高盐环境的性能指标及测试方法。

1)涂料外观

表8-1归纳了不同规范关于涂料外观的检测方法。

涂料外观的检测方法　　表8-1

具体类别	指标要求	测试方法	参考规范
容器内状态	液体色泽呈均匀状态,内部无沉淀、无结块	用调刀或搅棒搅拌,若经搅拌易于混合均匀,则评为"搅拌后无硬块",双组分应分别进行检验	《混凝土结构防护用成膜型涂料》(JG/T 335—2011)、《水性环氧树脂防腐涂料》(HG/T 4759—2014)
水性环氧封闭底漆容器内状态	乳白色等透明或半透明均一液体	用调刀或搅棒搅拌进行目视观察	《混凝土桥梁结构表面用防腐涂料　第4部分:水性涂料》(JT/T 821.4—2011)
水性氟碳面漆容器内状态	搅拌后无硬块,呈均匀状态	用调刀或搅棒搅拌进行目视观察	《混凝土桥梁结构表面用防腐涂料　第4部分:水性涂料》(JT/T 821.4—2011)

续上表

具体类别	指标要求	测试方法	参考规范
底漆、中间漆、面漆外观	表面色调均匀一致，漆膜平整	目测	《公路桥梁和隧道混凝土结构防腐涂装技术规程》(DB61/T 1036—2016)
涂料外观	颜色均匀无杂质	用玻璃棒搅拌后目测	《混凝土结构防护用渗透型涂料》(JG/T 337—2011)

由表8-1可以看出,涂料外观的检测方法大都是采用搅拌后目测的方式进行评价,在底漆、中间漆、面漆等方面外观都应色泽均匀,无结块。

2)固含量

表8-2归纳了不同规范关于涂料固含量指标的检测方法。

涂料固含量的检测方法　　表8-2

具体类别	指标要求	测试方法	参考规范
不挥发物含量	≥40%	《色漆、清漆和塑料　不挥发物含量的测定》(GB/T 1725—2007)	《水性环氧树脂防腐涂料》(HG/T 4759—2014)
不挥发物含量	≥70%	《色漆、清漆和塑料　不挥发物含量的测定》(GB/T 1725—2007)	《公路桥梁和隧道混凝土结构防腐涂装技术规程》(DB61/T 1036—2016)
氟碳面漆性能固体含量	≥55%	《色漆、清漆和塑料　不挥发物含量的测定》(GB/T 1725—2007)	《混凝土桥梁结构表面涂层防腐技术条件》(JT/T 695—2007)

由表8-2可以看出,涂料固含量的检测方法类似,固含量采用涂料在100℃下加热后剩余物的质量与原质量的百分比表示。在操作过程中须采用洁净的培养皿,同时要求取样的2g左右的涂料均匀的流满培养皿底面,烘干冷却称重等重复操作流程,直到两次称重差不大于0.01g为止。具体固含量的计算公式为:

$$\text{固含量} = \frac{W_1 - W_0}{G} \times 100\% \tag{8-1}$$

式中:W_0——培养皿质量;

W_1——烘干后试样和培养皿质量;

G——试样质量。

然而不同涂料的固含量指标值不同，在复杂高盐环境下，选用的涂料固含量应不小于40%。

3）涂料细度

表8-3归纳了不同规范关于涂料细度指标的检测方法。

涂料细度的检测方法　　表8-3

具体类别	指标要求	测试方法	参考规范
细度	≤100μm	《色漆、清漆和印刷油墨　研磨细度的测定》（GB/T 1724—2019）	《混凝土结构防护用成膜型涂料》（JG/T 335—2011）
氟碳面漆细度	≤35μm	《色漆、清漆和印刷油墨　研磨细度的测定》（GB/T 1724—2019）	《混凝土桥梁结构表面涂层防腐技术条件》（JT/T 695—2007）
水性氟碳面漆细度	≤40μm	《色漆、清漆和印刷油墨　研磨细度的测定》（GB/T 1724—2019）	《混凝土桥梁结构表面用防腐涂料》（JT/T 821.4—2011）

由表8-3可以看出，细度的测试方法主要有两种，均是采用刮板细度计或细度板进行刮涂的方式进行测试，测试过程类似。具体操作是将试样滴于细度板凹槽最深一端，垂直按压刮刀，在1～2s的时间刮完细度板，在尽可能快的几秒时间内从侧面观察细度板刻度，观察出现密集微粒处的细度数值，即细度值。

然而不同涂料的细度要求指标不同，复杂高盐环境下涂料的细度应在100μm以内。

4）涂料稳定性

表8-4归纳了不同规范关于涂料稳定性的检测方法。

涂料稳定性的检测方法　　表8-4

具体类别	指标要求	测试方法	参考规范
储存稳定性	50℃±2℃，14d	将0.5L试样置于塑料容器内，50℃±2℃环境下密封两周后观察	《水性环氧树脂防腐涂料》（HG/T 4759—2014）
储存稳定性	无分层、无漂油、无明显沉淀	《建筑表面用有机硅防水剂》（JC/T 902—2002）中5.5规定进行	《混凝土结构防护用渗透型涂料》（JG/T 337—2011）
低温稳定性	不变质	《合成树脂乳液外墙涂料》（GB/T 9755—2014）的规定	《混凝土桥梁结构表面用防腐涂料　第4部分：水性涂料》（JT/T 821.4—2011）

续上表

具体类别	指标要求	测试方法	参考规范
水性氟碳面漆低温稳定性	不变质	《合成树脂乳液外墙涂料》(GB/T 9755—2014)的规定	《混凝土桥梁结构表面用防腐涂料　第4部分:水性涂料》(JT/T 821.4—2011)

由表8-4可以看出,稳定性主要考察储存稳定性和低温稳定性。储存稳定性是将涂料在50℃ ±2℃恒温干燥环境下,放置14d后取出,并在23℃ ±2℃下放置3h,观察"在容器中状态",若搅拌后无硬块,则认为"正常"。同时,也可采用离心稳定检测,进行3000r/min时间为5min的测试,离心完成后,涂料无分层、无漂油、无明显沉淀。低温稳定性按照相应规范5.5款的规定,将1L涂料密封后放入 -5℃ ±2℃低温箱中,18h后取出,在23℃ ±2℃下放置6h。如此反复三次。如果搅拌后无硬块、凝聚、分离现象,则认为"不变质"。

8.1.3　涂膜常规性能评价指标

涂膜的常规性能指标较多,现就涂膜外观、涂膜厚度、涂膜柔韧性、涂膜耐冲击性、涂膜干燥时间、涂膜附着力这6项指标进行对比,针对复杂高盐腐蚀环境,选择出最符合实际且易于操作的测试方法及性能指标。

1)涂膜外观

表8-5归纳了现有规范有关涂膜外观的检测手段及指标。

涂膜外观的检测方法　　表8-5

具体类别	指标要求	测试方法	参考规范
涂膜外观	涂膜平整,颜色均匀	样板在散射阳光下目视观察	《混凝土结构防护用成膜型涂料》(JG/T 335—2011)、《水性环氧树脂防腐涂料》(HG/T 4759—2014)、《混凝土桥梁结构表面用防腐涂料　第4部分:水性涂料》(JT/T 821.4—2011)
底漆、中间漆、面漆外观	表面色调均匀一致,漆膜平整	目测	《公路桥梁和隧道混凝土结构防腐涂装技术规程》(DB61/T 1036—2016)

由表8-5可以看出,在涂膜外观方面,仅要求涂膜平整、颜色均匀即可。在指标方面如果在散射阳光下涂膜均匀,无流挂、发花、针孔、开裂和剥落等涂膜状态,则评为"正常"等级。

2）涂膜厚度

表8-6归纳了有关涂膜厚度的检测手段及指标。

涂膜厚度的检测方法　　表8-6

具体类别	指标要求	测试方法	参考规范
封闭漆厚度	20～30μm，最大不超过50μm	《色漆和清漆　漆膜厚度的测定》（GB/T 13452.2—2008）	《混凝土桥梁结构表面涂层防腐技术条件》（JT/T 695—2007）
涂层配套体系底漆厚度	水性环氧封闭底漆1道，无最小干膜厚度要求	《色漆和清漆　漆膜厚度的测定》（GB/T 13452.2—2008）	《混凝土桥梁结构表面用防腐涂料　第4部分：水性涂料》（JT/T 821.4—2011）
涂层配套体系水性氟碳面漆厚度	水性氟碳面漆2道，最小干膜厚度60μm	《色漆和清漆　漆膜厚度的测定》（GB/T 13452.2—2008）	
氟碳面漆	70μm	《色漆和清漆　漆膜厚度的测定》（GB/T 13452.2—2008）	《混凝土桥梁结构表面涂层防腐技术条件》（JT/T 695—2007）
腐蚀年限>15y	强腐蚀，厚度≥250μm 中腐蚀，厚度≥200μm 弱腐蚀，厚度≥150μm	《色漆和清漆　漆膜厚度的测定》（GB/T 13452.2—2008）	《防腐蚀涂层涂装技术规范》（HG/T 4077—2009）
腐蚀年限5～15y	强腐蚀，厚度≥200μm 中腐蚀，厚度≥150μm 弱腐蚀，厚度≥100μm 聚合物水泥浆两遍		
腐蚀年限2～5y	强腐蚀，厚度≥150μm 中腐蚀，厚度≥100μm 弱腐蚀，普通外墙涂料两遍		

由表8-6可以看出，涂膜厚度的确定主要是依据两种评价方式，一种是针对所选用的防腐部位及防腐体系，另一种则是根据防腐年限控制总涂膜厚度。但这两种评价方式所采用的厚度测量方法类似。

《色漆和清漆　漆膜厚度的测定》（GB/T 13452.2—2008）中规定了破坏性方法及非破坏性方法。具体包括机械法、截面法、磁吸力脱离测试仪、涡流测试仪、超声波测厚仪、质量差值法等多种方法，在实际测试过程中采用了涡流测试仪和截面法等方法。

3）涂膜柔韧性

表8-7归纳了有关涂膜柔韧性的检测手段及指标。

涂膜柔韧性的检测方法　　表 8-7

具体类别	指标要求	测试方法	参考规范
底漆、中间漆、面漆柔韧性	2mm	《漆膜、腻子膜柔韧性测定法》(GB/T 1731—2020)	《公路桥梁和隧道混凝土结构防腐涂装技术规程》(DB61/T1036—2016)
氟碳面漆柔韧性	1mm	《漆膜、腻子膜柔韧性测定法》(GB/T 1731—2020)	《混凝土桥梁结构表面涂层防腐技术条件》(JT/T 695—2007)

由表 8-7 可以看出,涂膜的柔韧性需按照规范中的漆膜柔韧性测定器检测,指标以引起漆膜破坏的最小轴棒直径表示。除另有规定外,柔韧性测试底材为马口铁板,用双手将试板漆膜朝上,紧压于轴棒,在 2 ~ 3s 内绕轴棒弯曲试板,弯曲后双手拇指应对称于轴棒中心线。弯曲后用四倍放大镜观察漆膜,观察是否出现网纹,裂纹及剥落情况。

而不同漆的柔韧性指标不同,结合实际涂膜测试过程,柔韧性指标应在 2mm 以内。

4)涂膜耐冲击性

表 8-8 归纳了有关涂膜耐冲击性的检测手段及指标。

涂膜耐冲击性的检测方法　　表 8-8

具体类别	指标要求	测试方法	参考规范
底漆、中间漆、面漆耐冲击性	40cm	《漆膜耐冲击测定法》(GB/T 1732—2020)	《公路桥梁和隧道混凝土结构防腐涂装技术规程》(DB61/T 1036—2016)
氟碳面漆耐冲击性	50cm	《漆膜耐冲击测定法》(GB/T 1732—2020)	《混凝土桥梁结构表面涂层防腐技术条件》(JT/T 695—2007)

由表 8-8 可以看出,涂膜耐冲击性需按照规范中的冲击试验器进行,将漆膜试板朝上平放,试板受冲击部分距边缘不少于 15mm,固定重锤在滑筒的一定高度,按压控制钮,重锤自由落体运动,砸压试板。记录重锤于试板的高度,同一试板进行三次冲击试验,用四倍放大镜观察漆膜。判断漆膜有无裂纹、皱纹及剥落情况。

不同漆的耐冲击性高度指标有所不同。在复杂高盐腐蚀环境下,耐冲击性应达 50cm。

5)涂膜干燥时间

表 8-9 归纳了有关涂膜干燥时间的检测手段及指标。

涂膜干燥时间的检测方法　表 8-9

具体类别	指标要求	测试方法	参考规范
干燥时间	表干≤4h 实干≤24h	《漆膜、腻子膜干燥时间测定法》(GB/T 1728—2020)	《混凝土结构防护用成膜型涂料》(JG/T 335—2011) 《水性环氧树脂防腐涂料》(HG/T 4759—2014)
水性环氧封闭底漆干燥时间	表干≤3h	采用纤维补强水泥板:150×70×(3~6),施涂一道。漆膜厚度为(30±3)μm	《混凝土桥梁结构表面用防腐涂料 第4部分:水性涂料》(JT/T 821.4—2011)
底漆、中间漆、面漆干燥时间	表干≤10h 实干≤24h	《漆膜、腻子膜干燥时间测定法》(GB/T 1728—2020)	《公路桥梁和隧道混凝土结构防腐涂装技术规程》(DB61/T 1036—2016)
氟碳面漆干燥时间	表干≤2h 实干≤24h	《漆膜、腻子膜干燥时间测定法》(GB/T 1728—2020)	《混凝土桥梁结构表面涂层防腐技术条件》(JT/T 695—2007)
水性氟碳面漆干燥时间	≤2	《漆膜、腻子膜干燥时间测定法》(GB/T 1728—2020)	《混凝土桥梁结构表面用防腐涂料 第4部分:水性涂料》(JT/T 821.4—2011)

由表 8-9 可以看出,涂膜干燥时间的检测方法基本一致,但对混凝土基材,需用纤维补强水泥板进行测试,且表干时间及实干时间等指标要求不同,结合常用涂料干燥时间要求,水性环氧底漆表干时间应≤3h、实干时间应≤24h。水性氟碳面漆干燥时间应≤2h。

6)涂膜附着力

表 8-10 归纳了有关涂膜附着力的检测手段及指标。

涂膜附着力的检测方法　表 8-10

具体类别	指标要求	测试方法	参考规范
附着力	≥1.5MPa	《色漆和清漆　拉开法附着力试验》(GB/T 5210—2006)	《混凝土结构防护用成膜型涂料》(JG/T 335—2011)
附着力	≥1.5MPa	《混凝土桥梁结构表面涂层防腐技术条件》(JT/T 695—2007)附录 B 中 B.3	《混凝土桥梁结构表面涂层防腐技术条件》(JT/T 695—2007)
氟碳面层附着力	≥6MPa	《色漆和清漆　拉开法附着力试验》(GB/T 5210—2006)	《混凝土桥梁结构表面涂层防腐技术条件》(JT/T 695—2007)

续上表

具体类别	指标要求	测试方法	参考规范
涂层配套体系附着力	≥1.0MPa	《混凝土桥梁结构表面涂层防腐技术条件》(JT/T 695—2007)附录B.1进行	《混凝土桥梁结构表面用防腐涂料 第4部分:水性涂料》(JT/T 821.4—2011)
底漆、中间漆、面漆附着力	≥5MPa	《色漆和清漆 拉开法附着力试验》(GB/T 5210—2006)	《公路桥梁和隧道混凝土结构防腐涂装技术规程》(DB61/T 1036—2016)

由表8-10可以看出,涂膜附着力的检测方法主要采用拉开式附着力试验进行测试,但附着力指标值存在差异。常见涂膜的附着力黏结强度值在1.5MPa以上。

总体而言,涂料、涂膜等的常规性能测试在我国现有的测试标准中方法和指标差异较大。确立有效的涂料涂膜指标十分必要。相同的涂料以及施工器材,由于测试方法的不同,测试效果也会有所区别。采用适宜的测试条件及测试方法对涂料防腐性能起着十分重要的影响。如表8-11所示,结合目前常用的指标和复杂高盐混凝土防腐涂料测试条件,提出了适用于桥梁混凝土耐复杂高盐涂层所采用的具体测试方法。

复杂高盐环境下的涂料及涂膜常规性能测试方法 表8-11

具体类别	指标要求	测试方法	主要参考规范
涂料外观	液体色泽呈均匀状态,内部	用调刀或搅棒搅拌,按要求观察并评级"搅拌后无硬块"	《混凝土桥梁结构表面用防腐涂料 第4部分:水性涂料》(JT/T 821.4—2011)
涂料固含量	≥40%	用2.00g涂料在100℃烘干后剩余物的质量与原质量的百分比表示	《混凝土桥梁结构表面涂层防腐技术条件》(JT/T 695—2007)
涂料细度	≤100μm	将涂料滴在细度板上,刮刀在1~2s刮涂后,微粒密集处的刻度	《混凝土结构防护用成膜型涂料》(JG/T 335—2011)
涂料稳定性	储存稳定性"正常"	0.5L涂料密封与50℃左右恒温干燥14d在23℃下放置3h后,搅拌观察	《水性环氧树脂防腐涂料》(HG/T 4759—2014)
	离心稳定性"稳定"	在3000r/min转速下离心5min,涂料无分层、无漂油、无明显沉淀。	《混凝土结构防护用渗透型涂料》(JG/T 337—2011)
	低温稳定性"不变质"	1L涂料密封于-5℃低温18h后在23℃下放置6h,三次循环后搅拌	《混凝土桥梁结构表面用防腐涂料 第4部分:水性涂料》(JT/T 821.4—2011)

续上表

具体类别	指标要求	测 试 方 法	主要参考规范
涂膜外观	涂膜平整、颜色均匀	目测	现行通用规范均要求
涂膜厚度	封闭漆厚度≤50μm	质量差值法、随炉件法、涡流测厚法等多种方法综合使用	《混凝土桥梁结构表面涂层防腐技术条件》(JT/T 695—2007)
	氟碳面漆厚度≥70μm		
	涂层体系厚度≥200μm		《防腐蚀涂层涂装技术规范》(HG/T 4077—2009)
涂膜耐冲击性	50cm	重锤从一定高度落于冲头上,取出试板,判断漆膜有无裂纹、皱纹及剥落情况	《混凝土桥梁结构表面涂层防腐技术条件》(JT/T 695—2007)附录C
涂膜柔韧性	2mm	试板漆膜紧压于轴棒上,在2～3s内绕轴棒弯曲试板,观察是否出现网纹、裂纹及剥落情况	《公路桥梁和隧道混凝土结构防腐涂装技术规程》(DB61/T 1036—2016)
涂膜干燥时间	表干≤3h 实干≤24h	以手指轻触漆膜表面,无漆粘在手指上,则表面干燥。在漆膜上放置定性滤纸后,放置干燥试验器30s后取下,翻转试板,滤纸能自由落下则认为实干	《混凝土桥梁结构表面涂层防腐技术条件》(JT/T 695—2007)
涂膜附着力	≥1.5MPa	采用拉开法附着力试验,利用拉拔测试仪进行测试	《混凝土桥梁结构表面涂层防腐技术条件》(JT/T 695—2007)

8.1.4　涂膜室内耐腐蚀性能评价指标

目前,有关涂膜耐腐蚀方面的检测手段不少,常根据涂膜在腐蚀性环境下的破坏程度进行评价,然而耐腐蚀性在测试方法和指标要求方面不甚相同。为此,对现有的耐腐蚀性测试方法及指标进行比较,选择出适宜的测试方法和指标对复杂环境下桥梁混凝土防腐蚀性能的研究十分必要。

1)耐候性的表征

表8-12归纳了目前有关耐候性指标的要求。

不同耐候性指标的表征及测试方法　　表 8-12

具体类别	指标要求	测试方法	参考规范
耐候性	人工加速老化 1000h 后、气泡、剥落、粉化等级为 0	《色漆和清漆　人工气候老化和人工辐射曝露　滤过的氙弧辐射》(GB/T 1865—2009)	《混凝土结构防护用成膜型涂料》(JG/T 335—2011) 《水运工程结构防腐蚀施工规范》(JTS/T 209—2020)
耐紫外老化氯化物环境	1000h 紫外光照射后吸水量比≤10%	《混凝土结构防护用渗透型涂料》(JG/T 337—2011)附录 A	《混凝土结构防护用渗透型涂料》(JG/T 337—2011)
耐紫外老化一般环境	1000h 紫外光照射后吸水量比≤20%		
耐候性	1000h 不起泡、不剥落、不粉化,允许 2 级变色和 2 级失光	《色漆和清漆　人工气候老化和人工辐射曝露　滤过的氙弧辐射》(GB/T 1865—2009)	《混凝土桥梁结构表面涂层防腐技术条件》(JT/T 695—2007)
氟碳面漆人工加速老化	3000h 漆膜不起泡、不剥落、不粉化,白色和浅色漆膜允许 1 级变色和 1 级失光,其他颜色漆膜允许变色 2 级,失光 2 级	同上,结果评定按照《色漆和清漆　涂层老化的评级方法》(GB/T 1766—2008)	《混凝土桥梁结构表面涂层防腐技术条件》(JT/T 695—2007)
涂层配套体系人工加速老化	优等品 5000h,一等品 3000h,漆膜无气泡、脱落粉化、明显变色等现象	同上,结果评定按照《色漆和清漆　涂层老化的评级方法》(GB/T 1766—2008)	《混凝土桥梁结构表面用防腐涂料　第 4 部分:水性涂料》(JT/T 821.4—2011)
面漆人工加速老化	1000h 不起泡、不生锈、不开裂、不脱落。粉化、变色均为 1 级	《色漆和清漆　人工气候老化和人工辐射曝露　滤过的氙弧辐射》(GB/T 1865—2009)	《公路桥梁和隧道混凝土结构防腐涂装技术规程》(DB61/T 1036—2016)

由表 8-12 可以看出,在耐紫外老化一般环境、氯化物环境、配套体系老化、面漆老化等情况下的测试方法相同,对老化后的形貌评级也类似。但不同部位的耐老化的时间要求各不相同。结合目前试验条件,针对复杂高盐环境下的涂层涂膜的耐候性测试,面漆在 200h 的照射后不起泡、不生锈、不开裂、不脱落且粉化、变色、失光均为 1 级。

2)耐碱性的表征

表 8-13 归纳了目前有关耐碱性指标的要求。

不同耐碱性指标的表征及测试方法　　表 8-13

具体类别	指标要求	测试方法	参考规范
耐碱性	30d 后无气泡、粉化、剥落	《混凝土桥梁结构表面涂层防腐技术条件》(JT/T 695—2007)附录 B 中 B.1	《混凝土结构防护用成膜型涂料》(JG/T 335—2011)
耐碱性	30d 后不起泡、不龟裂、不剥落	附录 C.1 耐碱性试验	《公路工程混凝土结构耐久性设计规范》(JTG/T 3310—2019) 《水运工程结构防腐蚀施工规范》(JTS/T 209—2020)
耐碱性	50g/L,NaOH,168h 无异常	评价按照《色漆和清漆　涂层老化的评级方法》(GB/T 1766—2008)	《水性环氧树脂防腐涂料》(HG/T 4759—2014)
耐碱性	720h 不起泡、不开裂、不剥落	附录 B 中 B.1	《混凝土桥梁结构表面涂层防腐技术条件》(JT/T 695—2007)
氟碳面层耐碱性	10%,NaOH,240h 无异常	《色漆和清漆　耐液体介质的测定》(GB/T 9274—1988)	《混凝土桥梁结构表面涂层防腐技术条件》(JT/T 695—2007)
水性环氧封闭底漆耐碱性	168h 漆膜无失光、变色、起泡现象	采用纤维补强水泥板:150×70×(3~6),施涂两道,涂膜间隔 24h。漆膜厚度为(60±5)μm。养护 14d	《混凝土桥梁结构表面用防腐涂料　第 4 部分:水性涂料》(JT/T 821.4—2011)
底漆、中间漆面漆耐碱性(5% NaOH)	72h 漆膜不起泡、不开裂、不脱落	《色漆和清漆　耐液体介质的测定》(GB/T 9274—1988)	《公路桥梁和隧道混凝土结构防腐涂装技术规程》(DB61/T 1036—2016)

由表 8-13 不同耐碱性指标的表征及测试方法中可以看出,水性环氧树脂防腐涂料的耐碱性测试要求是在 50g/L 的 NaOH 溶液中保持 7d 无异常;一般公路桥梁规范中要求在饱和氢氧化钙溶液中浸泡 30d 不起泡、不龟裂、不剥落;而混凝土桥梁结构表面涂料规范中,则要求在纤维补强水泥板上 7d 无失光、变色、气泡现象。

针对以上不同的规定,结合实际条件,在复杂高盐环境下,着重测试底漆耐碱。在基材选择方面,优先选择纤维补强水泥板,充分利用便携特性;在针对涂层体系测试的基材选择,采用混凝土试块进行耐碱测试。

3)抗氯离子渗透性的表征

表8-14归纳了有关氯离子环境下有关抗氯离子侵入性的测试方法。

不同抗氯离子侵入性指标的表征及测试方法　　表8-14

具体类别	指标要求	测试方法	参考规范
抗氯离子侵入	活动涂层片抗氯离子侵入试验30d后氯离子穿过涂层片的透过量在$5.0\times10^{3}/(cm^{2}\cdot d)$	附录C.2抗氯离子侵入试验、附录C.2	《公路工程混凝土结构耐久性设计规范》(JTG/T 3310—2019)、《水运工程结构防腐蚀施工规范》(JTS/T 209—2020)
抗氯离子渗透性	$\leqslant1.0\times10^{-3}$ mg/($cm^{3}\cdot d$)	《混凝土桥梁结构表面涂层防腐技术条件》(JT/T 695—2007)附录B中B.2	《混凝土结构防护用成膜型涂料》(JG/T 335—2011)、《混凝土桥梁结构表面涂层防腐技术条件》(JT/T 695—2007)
氯离子渗透深度	氯化物环境中≤7mm	未明示	《混凝土结构防护用渗透型涂料》(JG/T 337—2011)

从表8-14中可以看出,有关氯化物环境下的氯离子侵入性试验环境下,测试方法是按照特定的氯离子渗透装置进行的。要求制备活动涂层片,分别隔绝去离子水和含有3% NaCl的溶液,置于室内常温下进行试验,经30d渗透后,测定去离子水中的氯离子的含量,并以此含量设定上限标准进行比较。

但是根据不同的规范,允许通过的氯离子含量并不相同。结合具体的时间条件,应制备更苛刻环境下的氯化物环境,因此选择该实验方法下氯离子透过含量$\leqslant1.0\times10^{-3}$ mg/($cm^{3}\cdot d$)。

4)耐酸性的表征

表8-15归纳了耐酸性测试的条件以及测试指标。

不同耐酸性指标的表征及测试方法　　表8-15

具体类别	指标要求	测试方法	参考规范
pH值为3的硫酸溶液中	30d后无气泡、粉化、剥落	试验采用3块100mm×100mm×100mm的混凝土试件,将涂料按照使用要求涂装试件侧面,养护7d后进行试验;将试件放入pH值为3的硫酸溶液中,涂料涂层面朝上,其中试块约95mm浸泡在pH值为3的硫酸溶液中,5mm在大气中,浸泡30d;试件取出晾干后应观察有无起泡、剥落、粉化等现象;试件的气泡、剥落、粉化等级应按GB/T 1766的规定进行评定	《混凝土结构防护用成膜型涂料》(JG/T 335—2011)

续上表

具体类别	指标要求	测 试 方 法	参 考 规 范
50g/L，H_2SO_4	24h 无异常	《色漆和清漆　耐液体介质的测定》(GB/T 9274—1988)甲法	《水性环氧树脂防腐涂料》(HG/T 4759—2014)
氟碳面层耐酸 10% H_2SO_4	240h 无异常	《色漆和清漆　耐液体介质的测定》(GB/T 9274—1988)	《混凝土桥梁结构表面涂层防腐技术条件》(JT/T 695—2007)
底漆、中间漆、面漆耐酸 5% H_2SO_4	72h 漆膜不起泡、不开裂、不脱落	《色漆和清漆 耐液体介质的测定》(GB/T 9274—1988)	《公路桥梁和隧道混凝土结构防腐涂装技术规程》(DB 61/T 1036—2016)
10% H_2SO_4 水溶液	72h 耐化学品试验后不起泡、不剥落、不粉化，允许 2 级变色和 2 级失光	《色漆和清漆　耐液体介质的测定》(GB/T 9274—1988)	《混凝土桥梁结构表面涂层防腐技术条件》(JT/T 695—2007)

从表 8-15 中可以看出，涂层耐酸性的测试方法，主要采用耐液体介质的测定中操作进行，测试方法一致，主要包括浸泡法、吸收性介质法、点滴法三种。结合耐复杂高盐环境下的测试条件，采用浸泡法实际可行。浸泡法是在 23℃ ±2℃ 下进行，在使用单相液体时，以完全或部分(至少三分之二)浸没规定的试件。

而不同规范要求的耐酸性测试手段虽然一致，但是酸性条件却不同，针对耐复杂高盐环境下，酸性腐蚀环境并不凸显，因此酸性条件的选择不宜过分苛刻。结合实际试验环境，选择 10% H_2SO_4 水溶液作为耐酸性指标的测试溶液是适当的。

5)耐盐水性的表征

表 8-16 归纳了耐盐水性测试的条件以及测试指标。

不同耐盐水性指标的表征及测试方法　　表 8-16

具体类别	指 标 要 求	测 试 方 法	参 考 规 范
涂层耐盐水性	240h 不起泡、不剥落、不粉化，允许 2 级变色和 2 级失光	《色漆和清漆　耐液体介质的测定》(GB/T 9274—1988)	《混凝土桥梁结构表面涂层防腐技术条件》(JT/T 695—2007)
底漆、中间漆、面漆耐盐水性(3% NaCl 溶液)	72h 漆膜不起泡、不开裂、不脱落	《色漆和清漆　耐液体介质的测定》(GB/T 9274—1988)	《公路桥梁和隧道混凝土结构防腐涂装技术规程》(DB61/T 1036—2016)

从表 8-16 中可以看出,耐盐水性测试也是采用耐液体介质的测试方法。结合实际试验条件,采用浸泡法是十分便利的。同耐酸性指标一样,要求试样全部或者部分(至少三分之二)浸泡在液体介质中进行测试。

而本章主要是针对复杂高盐环境下的耐腐蚀测试,因此应该适当提高盐水的浓度,同时增加浸泡的时间,结合实际条件盐水采用 5% 浓度的 NaCl 溶液进行测试。耐盐水性测试至少 30d 以上。这样的测试条件能够明显高于规范的要求。

6)耐水性的表征

表 8-17 归纳了耐水性的测试条件以及测试指标。

不同耐水性指标的表征及测试方法　　表 8-17

具体类别	指标要求	测试方法	参考规范
水性环氧树脂	240h 不起泡、不剥落、不生锈、不开裂	《漆膜耐水性测定法》(GB/T 1733—1993)	《水性环氧树脂防腐涂料》(HG/T 4759—2014)
HⅢ-2 强腐蚀环境下耐水性	240h 不起泡、不剥落、不粉化,允许 2 级变色和 2 级失光	《漆膜耐水性测定法》(GB/T 1733—1993)	《混凝土桥梁结构表面涂层防腐技术条件》(JT/T 695—2007)
水性氟碳面漆	168h 漆膜不起泡、不开裂、不粉化,允许很轻微变色和失光。	《漆膜耐水性测定法》(GB/T 1733—1993)	《混凝土桥梁结构表面用防腐涂料　第 4 部分:水性涂料》(JT/T 821.4—2011)

从表 8-17 中可以看出,涂层耐水的测试条件是相同的。根据测试规范采用浸水试验法,调节水温 23℃ ±2℃,将三块试板放入水中,并使每块试板长度的三分之二浸泡于水中。根据浸泡的时间,记录是否存在失光、变色、起泡、脱落、生锈等现象及恢复时间。

根据高盐复杂环境,应该着重考虑耐水性的指标,应该设置更为长的浸泡时间,因此耐水性的浸泡时间设置在 30d 是较为合适的。

综上所述,通过对高盐复杂环境下的测试指标的分析,着重考虑酸碱盐水这四种腐蚀介质下的耐腐蚀性能测试要求,将涂膜耐腐蚀性能的耐候性指标、耐碱性指标、抗氯离子渗透指标、耐酸性指标、耐盐水性指标、耐水性指标等进行合理选用。表 8-18 归纳了桥梁混凝土复杂高盐环境下涂层的耐腐蚀性测试方法及指标。

高盐复杂环境下的涂层耐腐蚀性能测试方法　　表 8-18

具体类别	指标要求	测试方法	主要参考规范
耐候性	面漆老化后不起泡、不剥落、不粉化,允许 2 级变色和 2 级失光	在紫外光环境下进行规定时间照射	《混凝土桥梁结构表面涂层防腐技术条件》(JT/T 695—2007)

续上表

具体类别	指标要求	测试方法	主要参考规范
耐碱性	混凝土试块在饱和氢氧化钙溶液中浸泡30d不起泡、不龟裂、不剥落	采用浸泡法进行测试，溶液高度低于涂层顶面5mm	《公路工程混凝土结构耐久性设计规范》(JTG/T 3310—2019)
	7d漆膜无失光、变色、起泡现象	采用纤维补强水泥板，施涂两道。漆膜厚度为(60±5)μm。养护14d。采用浸泡法测试，浸泡试板应超过三分之二	《混凝土桥梁结构表面涂层防腐技术条件》(JT/T 695—2007)
抗氯离子渗透性	$\leqslant 1.0\times10^{-3}$mg/(cm^3·d)	采用涂层抗氯离子渗透性试验装置进行测试，活动涂层片两侧溶液为去离子水、3% NaCl溶液	《混凝土结构防护用成膜型涂料》(JG/T 335—2011)
耐酸性	72h耐化学品试验后不起泡、不剥落、不粉化，允许2级变色和2级失光	采用浸泡法测试，是在23℃±2℃下进行，在使用单相液体时，以完全或部分浸没规定的试件	《混凝土桥梁结构表面涂层防腐技术条件》(JT/T 695—2007)
耐盐水性	采用5%浓度的NaCl溶液进行测试。耐盐水性测试至少30d，不起泡、不剥落、不粉化，允许2级变色和2级失光	采用浸泡法测试，是在23℃±2℃下进行，在使用单相液体时，以完全或部分浸没规定的试件	采用高于规范《混凝土桥梁结构表面涂层防腐技术条件》(JT/T 695—2007)的要求
耐水性	耐水30d，不起泡、不剥落、不粉化，允许2级变色和2级失光	浸水试验法，调节水温23℃±2℃，将三块试板放入水中，并使每块试板长度的三分之二浸泡于水中。根据浸泡的时间，记录是否存在失光、变色、起泡、脱落、生锈等现象及恢复时间	采用高于规范《混凝土桥梁结构表面涂层防腐技术条件》(JT/T 695—2007)的要求

由此，可以看出在涂膜耐腐蚀性能的测试表征方面，测试方法和测试指标要求都是十分严格的。在实际工程的使用中，为了保证良好的防腐效果，不宜采用单层体系来实现严酷环境下的耐腐蚀防护。

8.2 复杂环境下混凝土水性环氧底层涂料研究

由于混凝土结构物的表面均显强碱性、多孔疏松，为保证良好的耐腐蚀效果，防腐蚀底层涂料应具有良好的附着力、渗透性、柔韧性。

在涂料工业应用中常采用环氧树脂作为成膜基料。利用环氧树脂中具有众多羟基基团的特性，这些基团能够与混凝土内部和表层的无机盐产生化学结合力，具有良好的附着力。相关研究表明，环氧树脂渗透深度较高，满足底层涂料渗透性的要求；环氧树脂黏度较低，在一定程度上能增加混凝土的密度和强度；当环氧树脂选用相对分子质量较高的固化剂时具有一定柔韧性，满足柔韧性要求。在使用环氧树脂的过程中，会引入有机溶剂，使可挥发有机物含量（VOC）超标，环氧树脂的水性化能够有效改善其环保性能。现有的水性化环氧树脂乳液质量参差不齐，稳定性差。固化剂、助剂种类众多，难以实现良好的混凝土底层防护效果。

基于以上分析，本节针对混凝土复杂环境防腐底层涂料的性能需求，利用相反转乳化法制备水性环氧树脂乳液，对比固化剂种类及用量对固化效果的影响，测试常规物化指标及耐腐蚀性能，分析不同颜料、助剂用量下的涂膜性能，确定水性环氧防腐底层涂料的配方。

8.2.1 水性环氧树脂乳液的制备

水性环氧树脂乳液各组分的用量见表8-19。

水性环氧树脂乳液各组分用量　　表8-19

原　料	用量(%)	原　料	用量(%)
环氧树脂E44	30~60	环氧丙烷丁基醚	0.8~1
乳化剂A	3~6	消泡剂	0.1~0.3
乳化剂B	1~3	去离子水	35~65

水性环氧树脂乳液的合成方法为相反转乳化法。按照比例称取乳化剂A及乳化剂B（比例为2∶1），随后加入环氧树脂，升温至70℃。加入环氧丙烷丁基醚高速搅拌，将70℃的去离子水，逐滴加入至反应混合物中，当体系的连续相由树脂相转变为水相后，降

低搅拌速度,继续逐滴加入剩余的去离子水,再高速搅拌一段时间。待其自然冷却后,即得到水性环氧树脂乳液密封备用。

8.2.2　水性环氧树脂乳液固化效果分析

1)固化剂种类

对比的4款市售常用环氧配套固化剂,主要技术指标如表8-20～表8-23所示。为了便于对比,将水性环氧树脂乳液比例和固化剂用量为1∶1比例进行常规涂膜测试。

固化剂A技术指标　　表8-20

项　目	指　标	测试结果
外观	淡黄色黏稠液体	合格
固含量(%)	50.0	50.1
黏度(25℃,mPa·s)	2000～10000	5700
pH值(25℃)	9.0～12.0	11
密度(25℃,g/cm^3)	1.01～1.10	1.02

固化剂B技术指标　　表8-21

项　目	指　标	测试结果
外观	淡黄色黏稠液体	合格
固含量(%)	48.0	48.1
黏度(25℃,mPa·s)	1000～5000	3600
pH值(25℃)	8.0～11.0	9
密度(25℃,g/cm^3)	1.01～1.10	1.02

固化剂C技术指标　　表8-22

项　目	指　标	测试结果
外观	淡黄色液体	合格
树脂含量(%)	63±2	—
黏度(25℃,mPa·s)	5000～15000	8600
胺值(mg KOH/g)	180～190	186
相对密度(g/cm^3)	0.95～1.0	0.98

固化剂 D 技术指标 表 8-23

项目	指标	测试结果
外观	黄色黏稠液体	合格
黏度(25℃,mPa·s)	7000±2000	7600
胺值(mg KOH/g)	190±30	210
相对密度(g/cm^3)	1.07±0.03	1.07

固化剂 A、B、C、D 都能够有效涂刷并制成涂膜,该四种固化剂种类固化涂膜常规性能的结果见表 8-24。

固化剂种类对乳液固化效果的影响 表 8-24

类别		固化剂 A	固化剂 B	固化剂 C	固化剂 D
涂膜性能	表干时间(h)	2.5	2.5	2	2
	实干时间(h)	4	4	10	10
	厚度(μm)	86.4	96.5	90.2	94.5
	硬度(级)	4H	5H	4B	4B
	附着力(级)	2	2	0	0
	冲击性(cm)	10	10	10	10
	柔韧性(mm)	0.5	0.5	0.5	0.5
水分散性能	溶解性	加 200% 水搅匀,过 200 目筛,残余量 1%	加 200% 水搅匀,过 200 目筛,残余量 0.8%	加 200% 水搅匀,过 200 目筛,残余量 0.9%	加 200% 水搅匀,过 200 目筛,残余量 1.5%
水稳定性能	离心稳定度(%)	3.23	4.28	5.26	5.35
耐腐蚀性能	耐水性 H_2O	30d 无异常	30d 无异常	30d 无异常	30d 无异常
	耐酸性 10% H_2SO_4	5d 开始起泡	7d 开始起泡	3d 开始起泡	3d 开始起泡
	耐碱性 10% NaOH	30d 无异常	30d 无异常	30d 无异常	30d 无异常
	耐盐水性 5% NaCl	30d 无异常	30d 无异常	30d 无异常	30d 无异常

由表 8-24 中结果分析可知,四种类型涂膜表干时间均小于 3h,符合规范要求。但掺加固化剂 C 和 D 的水性环氧树脂涂膜实干时间较长,涂膜硬度低,不能到达 2H 的一般硬度。四种固化后涂膜的冲击高度为 10cm,附着力均在 2 级以内,满足要求。在 5% NaCl、10% NaOH 等液体介质中浸泡 30d,涂膜无明显变化。因而四种涂膜的耐碱腐蚀及耐盐腐蚀性能较好。从固化剂本身水稳定性和分散性来看,均可溶于水。溶解性方面固化剂 B 的残余量最小。

结合耐腐蚀性进行分析,四种固化后涂膜的耐酸性腐蚀均在 7d 内出现起泡现象。

而在 H_2O、5% NaCl、10% NaOH 等液体介质中浸泡 30d 内，涂膜的耐水、耐酸、耐碱腐蚀现象均没有明显变化。因而，四种涂膜的耐酸性较差，耐碱性较好。

综合以上试验结果，固化剂 B 各项指标最优，因此后续研究采用固化剂 B。

2）固化剂用量

选择固化剂 B 调节不同固化剂与环氧树脂的比例（内掺法），测试不同固化剂用量对乳液固化效果的影响。测试结果如表 8-25 及图 8-1 ~ 图 8-3 所示。

固化剂用量对乳液固化效果的影响　　表 8-25

固化剂用量（%）	表干时间（h）	实干时间（h）	硬　　度	附着力（级）	柔韧性（mm）	冲击性（cm）	厚度（μm）
10	≥5	未实干	—	—	—	—	—
20	2.5	8	4B	0	0.5	20	51.4
30	2	6	2H	0	0.5	20	60.2
40	1.5	5	4H	0	0.5	20	66.8
50	1.5	4	5H	0	0.5	50	82.3

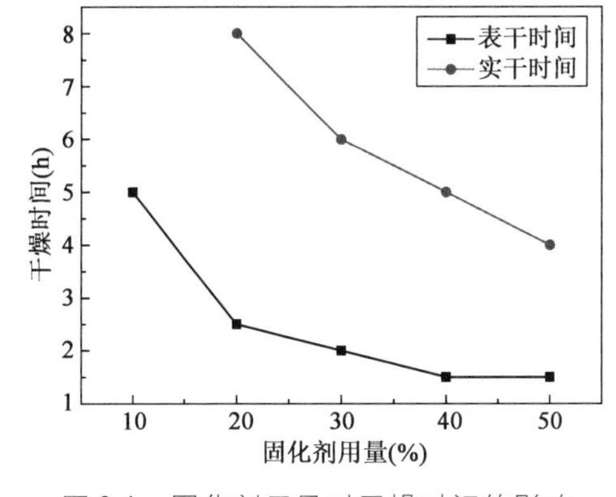

图 8-1　固化剂用量对干燥时间的影响

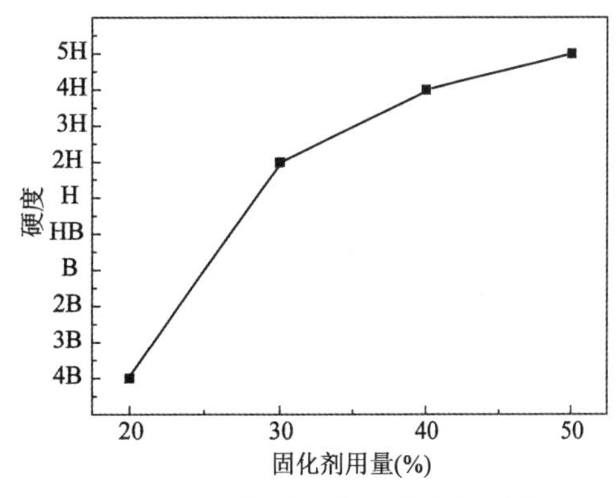

图 8-2　固化剂用量对硬度的影响

由图 8-1 干燥时间变化规律可知，随固化剂用量增加，干燥时间逐渐缩短。固化剂用量为 10% 时，涂膜表干时间大于 5h，在 24h 后表面按压有指纹痕迹，同时变形恢复时间很长，涂膜的固化效果并不理想，在 24h 内未实干。其余比例的表干时间在 1.5 ~ 2.5h 之间，满足环氧类防腐底层涂料表干时间 3h 以内的要求。

由图 8-2 硬度变化规律可知，随固化剂用量增加，涂膜的硬度逐渐增大，这主要是由于随固化剂用量的增加，涂膜内部固化剂与环氧树脂所生成的三维固化交联网状物质越多，硬度提高。随固化剂用量增加，提高幅度逐渐降低，40% 以上固化剂用量时，固化剂用量的增多对硬度值提升不明显。

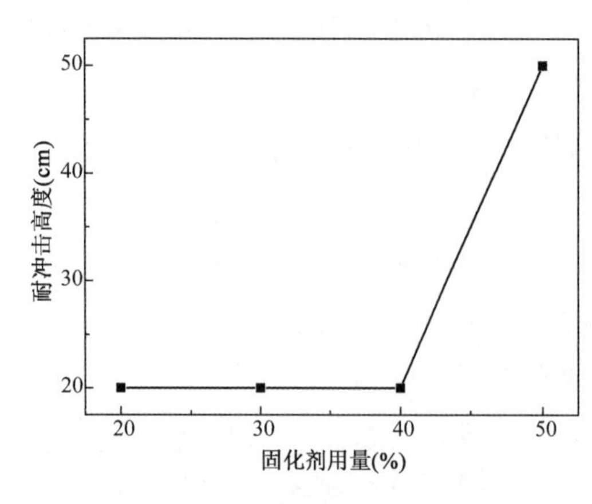

图 8-3　固化剂用量对耐冲击性的影响

由图 8-3 涂层的耐冲击性变化规律可知，涂膜在固化剂用量低时，其耐冲击较差，随着固化剂用量的增加，涂膜的硬度提高，耐冲击性得到了提升。而且在柔韧性测定器上面按压后，各比例试板均无大裂缝存在。

由表 8-25 附着力测试结果可知，固化剂与乳液配比对涂膜黏附性影响不大。这主要是由于测试试板采用加压水泥石棉板，表面具有一定的粗糙度，刷涂时，由于漆料的渗透作用，使得涂膜与基材机械咬合紧密。因此不论是否能够连续成膜，涂层的附着力均为 0 级。

结合测试过程中涂刷状态来看，10% 固化剂用量所致涂膜未能实干，20% 固化剂的涂膜固化时间较长，成膜厚度也较薄。30% 固化剂用量以上时成膜完整。

综上所述，固化剂用量在 40% 时，水性环氧乳液固化成膜效果最好。

3）固化效果微观分析

为进一步分析水性环氧乳液和固化剂固化交联效果，确定固化剂用量，采用傅立叶变换红外光谱仪（FTIR）分析不同固化剂用量下，固化剂对水性环氧树脂乳液的固化成膜效果。通过测试环氧基团特征吸收峰的变化情况，确定最佳比例。结果如图 8-4 和图8-5 所示。

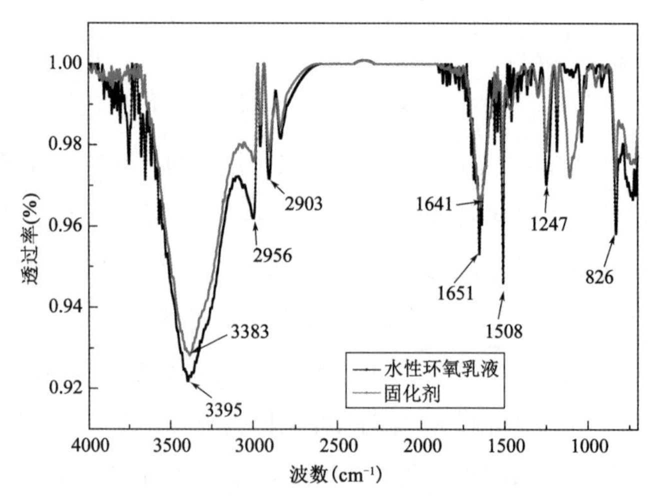

图 8-4　水性环氧乳液及固化剂红外光谱图

由图8-4结果分析可知,826cm^{-1}处是环氧基上C-H的剪式振动吸收峰,1247cm^{-1}处为环氧树脂中醚键C-O-C的特征吸收峰,1508cm^{-1}和1651cm^{-1}处则是苯环集架振动吸收峰,2903cm^{-1}和2956cm^{-1}分别是亚甲基的C-H振动和伸缩振动吸收峰,3395cm^{-1}处则是环氧树脂上的羟基O-H的伸缩振动吸收峰。3383cm^{-1}则是胺类固化剂上氨基N-H的伸缩振动吸收峰。

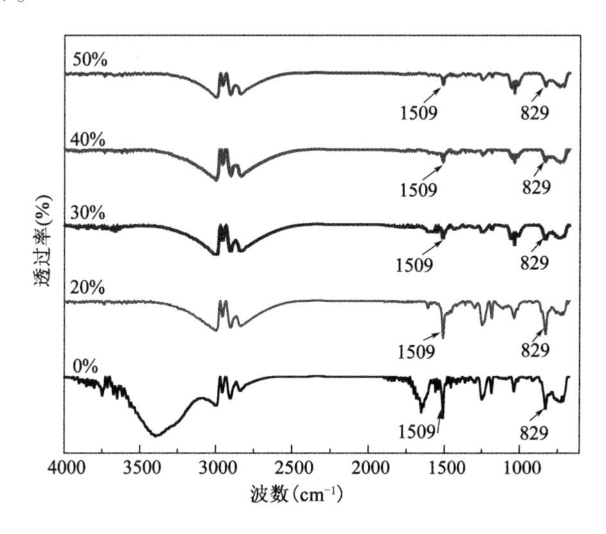

图8-5　不同固化剂用量下固化效果对比

由图8-5可以看出,固化剂用量为40%以上时,829cm^{-1}处环氧基团的特征吸收峰趋缓。这说明环氧树脂和固化剂已经完全反应,产物中已经没有环氧基团。当固化剂与水性环氧树脂的质量比为20%时,829cm^{-1}处环氧基团的特征吸收峰仍然存在,而且很强。这说明此时环氧树脂与固化剂的反应过程中,环氧树脂是过量的,未能完全参加反应,所以产物中出现了很强的环氧基团特征吸收峰。从五条谱线分析得出1508cm^{-1}处的苯环集架振动吸收峰逐渐减小,体系中的环氧基团量逐渐减少。当固化剂掺量在40%以上时,其特征吸收峰几乎消失,固化剂与环氧基团反应完全。

根据以上测试与分析,对水性环氧树脂乳液的制备、固化剂材料用量的选择等进行初步筛选,最终得到的水性环氧树脂乳液性能及其涂膜固化效果如表8-26所示。所制备的乳液外观乳白均匀,稳定性良好。根据固化剂种类及用量的对比测试,确定胺类固化剂B最佳掺量为40%时制备的涂膜固化成膜效果良好,干燥时间适中,外观色泽透亮、均匀封闭,耐盐水腐蚀率极低,能够初步满足耐腐蚀性需求,为接下来不同涂膜性能的对比提供便利。

水性环氧树脂乳液的性能及其涂膜固化效果　　表 8-26

平均粒径(nm)	乳液黏度(涂-4,s)	乳液稳定性	固含量(%)	pH	干燥时间(h)	30d 腐蚀率(%)		
						10% H_2SO_4	10% NaOH	5% NaCl
1100	17.9	合格	48.2	7	1.5/5	38.2	5.7	0.4

8.2.3　水性环氧涂膜腐蚀效果分析

将涂膜涂刷在试板后,封边浸泡在腐蚀介质溶液中,根据腐蚀宏观形貌的破损程度对涂膜耐腐蚀性性能进行评价。通过计算涂膜经过不同腐蚀性介质浸泡后的起泡、剥落、生锈、变色等腐蚀破损情况的面积占总涂膜测试面积的比例,得出经过不同腐蚀性介质浸泡后的腐蚀率。固化剂用量对水性环氧树脂乳液涂膜腐蚀率的影响结果如表 8-27 所示。耐酸性腐蚀率变化如图 8-6 所示,耐碱性腐蚀率变化如图 8-7 所示,耐盐性腐蚀率变化如图8-8 所示。

固化剂用量对水性环氧树脂乳液涂膜腐蚀率的影响　　表 8-27

固化剂用量(%)	腐 蚀 介 质	7d	14d	30d	60d
50%	10% H_2SO_4	40.3	62.5	78.8	89.9
	10% NaOH	5.3	6.8	8.2	9.8
	5% NaCl	1	1.2	1.5	1.9
40%	10% H_2SO_4	20.3	30.2	38.2	40.3
	10% NaOH	4.2	5	5.7	6.2
	5% NaCl	0.3	0.3	0.4	0.4
30%	10% H_2SO_4	10.2	18.9	25.7	28.9
	10% NaOH	2.9	3	3.3	3.5
	5% NaCl	0.2	0.3	0.3	0.3
20%	10% H_2SO_4	5.3	9.8	13.8	19.5
	10% NaOH	2.8	3.1	3.6	3.8
	5% NaCl	0.1	0.2	0.2	0.3

从耐液体介质腐蚀率变化图中可以看出,随着浸泡时间的增加,涂膜的起泡、剥落、严重变色、失光的情况逐渐严重。从耐酸性腐蚀率变化图中可以看出,随着固化剂所占

比例的下降,涂膜腐蚀的状态逐渐趋于耐腐蚀,这主要是由于固化剂含量高时,固化效果好,生成的三维网状结构致密,不易抵抗变形,抵抗酸性腐蚀液的能力相比于其他比例较低。而使用20%和30%固化剂比例的成膜状态不佳,同时在相同时间内固化效果不如前两种比例,所制涂膜具有一定韧性,因而抵抗酸性腐蚀液腐蚀的能力较强。从耐碱性腐蚀率变化图中可知,四种比例所制涂膜耐碱性良好,50%比例耐腐蚀性较其他比例为高,这主要是由于50%比例在溶液中出现起泡,生成的固化交联物耐水性不佳所致。而其余比例的耐碱性腐蚀率均比较低。从耐盐性腐蚀率变化图可知,各个比例的耐盐性良好,50%固化剂比例在盐溶液中的起泡原因是由浸水所引起。

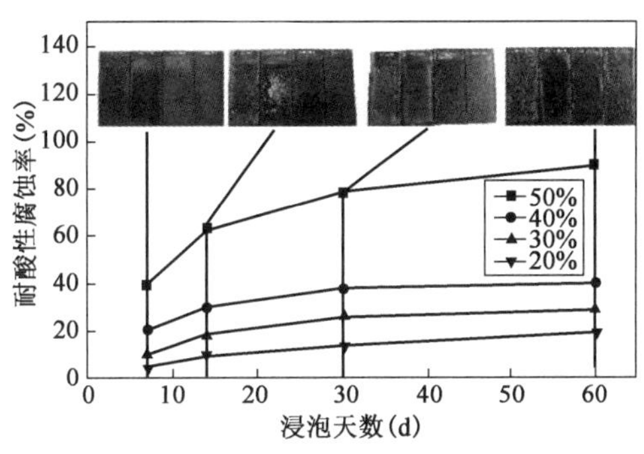

图8-6　耐酸性腐蚀率变化图

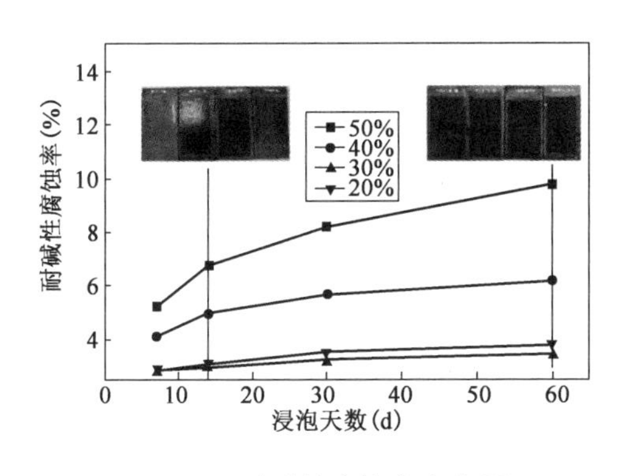

图8-7　耐碱性腐蚀率变化图

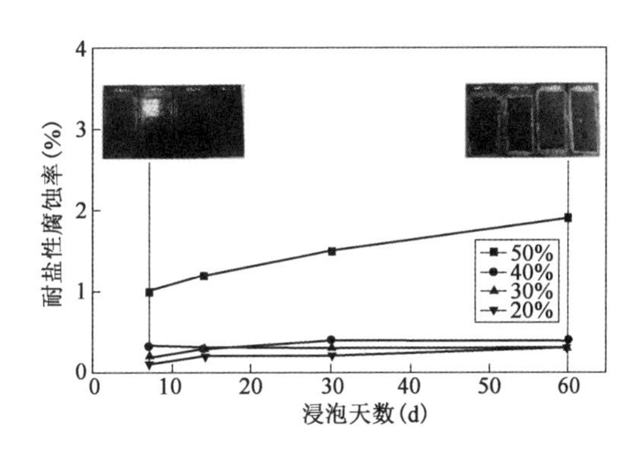

图8-8　耐盐性腐蚀率变化图

8.2.4　水性环氧混凝土防腐底层涂料的制备

混凝土防腐底层涂料主要由水性环氧树脂乳液、固化剂、颜料、分散剂、流平剂、消泡剂等构成,制备方法及涂装工艺如下:

(1)选取40%固化剂用量对水性环氧树脂乳液进行固化并进行添加助剂试验。

(2)向水性环氧树脂乳液中添加流平剂、消泡剂等助剂,之后按比例添加颜填料、分散剂均匀分散,并以此作为A组分。

(3)在固化剂中视情况加入少量的水、消泡剂,以此作为B组分。

(4)将AB组分按比例混合搅拌均匀,静置一段时间后涂刷。

8.2.5 水性环氧混凝土防腐底层涂料性能分析

1)颜料

为了便于研究颜料对混凝土防腐底层涂料的性能影响,通过前期市场调研发现,钛白粉作为一种颜填料,因其色泽白度高,遮盖力强,在颜填料中最为常见。本节所采用的钛白粉为金红石型涂料级钛白粉,细度45μm。通过调节颜填料不同比例在12%~25%,分析颜填料对混凝土防腐底层涂料性能的影响,试验结果见表8-28。

颜料用量对底层涂料性能的影响　　表8-28

颜料用量(%)	厚度(μm)	颜料细度(μm)	硬度(级)	附着力(级)	耐冲击性(cm)	柔韧性(mm)
0	86.3	30	4H	4	20	0.5
12	96.2	30	5H	3	30	0.5
15	62.1	30	5H	2	40	0.5
17	56.9	40	5H	2	40	0.5
19	101	42.5	5H	0	40	0.5
21	79.7	42.5	5H	1	40	1
25	132	42.5	5H	0	30	1

由表8-28分析可知,颜料对硬度影响不大,在之前的测试中,水性环氧树脂乳液涂膜硬度在4H左右,而加入颜料粒子后的硬度有小幅度提升,但所加入的颜料用量对硬度影响不明显;在耐冲击性方面,不加颜料的涂膜冲击高度仅为20cm,而添加颜料的涂膜耐冲击性有所提升。颜料用量在15%~21%时耐冲击高度最大;在附着力方面,随着颜料比例的增加,底层涂料附着力有所改善,黏结性提高。在柔韧性方面,颜料用量在21%以上时,柔韧性降低。这主要是由于颜料粒子大量堆积,使得底层涂料不易变形。

结合上述分析,颜料的最佳用量为21%,此时混凝土防腐底层涂料各项性能最佳。

2)流平剂

在混凝土防腐底层涂料制备的过程中,为保证底漆具有良好的涂覆性,避免出现流挂等涂覆不均现象,需要在底漆中加入少量的流平剂以改善混凝土防腐底层涂料的流平性。根据常见环氧类底漆流平剂使用相关经验,流平剂选用RM2020。在21%最佳颜料比例下,测试流平剂用量对底层涂料性能的影响,结果见表8-29。

流平剂用量对底层涂料性能的影响　　表 8-29

流平剂掺量(%)	厚度(μm)	硬度(级)	附着力(级)	耐冲击性(cm)	柔韧性(mm)
1	97.9	5H	0	20	0.5
3	101.4	5H	3	30	0.5
5	92.7	5H	2	50	0.5
7	107	5H	1	50	0.5

由表 8-29 分析可知,随着流平剂用量的增加,底漆硬度没有明显变化,附着力时先减小后增大,耐冲击性有明显的提升。这主要是由于,在混凝土防腐底层涂料中加入流平剂,改善了流平效果,使漆膜更为平整,在冲头冲击时,冲击力的承载更为均匀。

因此综合选取添加 1% 用量的流平剂改善涂膜性能。

3)分散剂

分散剂能够有效改善颜料粒子的分散程度,在常用涂料的分散剂中,经常选用阴离子型聚羧酸钠盐 5040。为研究分散剂对混凝土防腐底层涂料性能的影响,适当增加颜料用量考察分散性能,采用 25% 颜料比例。分散剂用量对底层涂料性能的影响结果见表 8-30。

分散剂用量对底层涂料性能的影响　　表 8-30

分散剂掺量(%)	厚度(μm)	硬度(级)	附着力(级)	耐冲击性(cm)	柔韧性(mm)
0.1	101.3	5H	0	20	0.5
0.3	98.7	4H	3	30	0.5
0.5	85.6	4H	3	40	0.5
0.7	96.2	4H	5	10	0.5

由表 8-30 分析可知,随着分散剂的加入,底漆硬度有所下降,这主要是由于分散剂对颜料起到了分散的作用,使得底层涂料颜料分散更为均匀。在附着力方面,随分散剂用量不断减小,说明分散剂有一部分能够作用于基材,改善底漆与基材表面活性。在耐冲击性方面,随分散剂用量增加,耐冲击高度先上升后下降。这主要是由于加入分散剂,颜料粒子分散得更加均匀,使底层涂料表面状态更加平滑,生成的三维网状结构更加稳定,在冲头冲击时,冲击力的承载更为均匀。

综上所述,选择 0.3% 用量下的分散剂较为合适。

8.2.6　基于复杂环境的混凝土防腐底层涂料配方优化

通过以上对混凝土防腐底层涂料的制备及颜料、流平剂、分散剂等对底层涂料性能的影响分析,得到了混凝土防腐底层涂料的各组分配比。然而在针对复杂高盐测试环境条件下,仍需要对混凝土防腐底层涂料的耐腐蚀性能进行测试,以便对得到的混凝土防腐底层涂料配方进行优化,为此,结合成本考量,重新选取了水性环氧树脂乳液和固化剂的比例,在原有固化剂掺量为40%的基础上,将水性环氧树脂乳液:固化剂:颜填料:水(助剂少量添加)配比重新调整为200:120:50:30至200:60:50:30(相当于原固化剂掺量42.5%~21.5%),按照水性环氧树脂防腐底层涂料的制备过程制成底漆,并进行底漆耐腐蚀性能测试。

按照优化后的底层涂料制备比例,结合一般水性环氧类双组分涂料配方设计比例,在原有最佳的固化剂用量参数的基础上,加入颜料、各类助剂,通过制备得到的基于复杂高盐环境的水性环氧防腐底层涂料的性能见表8-31。

基于复杂高盐环境的水性环氧防腐底层涂料性能　　表8-31

水性环氧树脂乳液与固化剂配比	耐酸性现象	耐碱性现象	耐盐水性现象	耐水性现象
100:30	2d起泡密集	60d未见明显起泡	60d未见明显起泡	60d未见明显起泡
100:40	3d起泡密集	60d未见明显起泡	60d未见明显起泡	60d未见明显起泡
100:50	7d起泡密集	60d未见明显起泡	60d未见明显起泡	60d未见明显起泡
100:60	7d起泡密集	60d未见明显起泡	60d未见明显起泡	60d未见明显起泡

由表8-31可以看出,参考一般环氧类涂料配方调节后的水性环氧防腐底层涂料在耐液体介质方面存在着明显改善,在实际测试过程中,相比于水性环氧树脂涂膜,不易失光变色,耐酸性从涂膜的3d开始密集,延长至约1周时间起泡,对其防腐性能有改善作用。

最终得到了基于复杂高盐腐蚀环境下水性环氧防腐底层涂料的配比为:水性环氧树脂乳液200份,固化剂100份,颜料50份,水30份,流平剂约2份,分散剂约0.2份。该复杂高盐腐蚀环境下水性环氧防腐底层涂料最终性能参数如表8-32所示。

最佳比例参数下水性环氧底层涂料性能　　表8-32

干燥时间(h)	铅笔硬度(级)	附着力(级)	冲击性(cm)	耐水性(d)	耐酸性(d)	耐碱性(d)	耐盐水性(d)
2/6	5H	0	40	60	7	60	60

由表8-32可以看出,虽然通过参考一般涂料设计比例调节的基于复杂高盐环境的水性环氧防腐底层涂料的耐酸性一般,在浸泡7d后就起泡,但耐一般液体介质,尤其是中性溶液和碱性溶液的能力较强。在2个月的时间内,底层涂料表面形貌仍良好。因而,该水性环氧防腐底层涂料具有在复杂高盐腐蚀环境下应用的可行性。

8.3 复杂环境下水性氟碳面层涂料研究

在复杂高盐环境下,大多数腐蚀介质在腐蚀破坏时直接作用于水性氟碳防腐面层,同时混凝土面层涂料也直接暴露在室外环境下。为保证良好的面层耐腐蚀效果,防腐蚀面漆涂层应具有良好的耐候、耐久、耐腐能力。

由于含氟丙烯酸树脂表面张力极低,与丙烯酸树脂间存在较大的表面张力差,在控温过程中易于形成含氟基团朝外的梯度涂层。将长链硅烷偶联剂引入有机氟树脂中,制备的核壳型氟代聚丙烯酸酯乳液所得涂层具有良好的表面微观结构和较强的疏水性。将其与丙烯酸树脂、纳米粒子一起复合制备成水性氟碳涂料,其涂层将具有良好的耐老化性。以此制备的水性氟碳面漆,能够抵抗大气腐蚀,具有较强的表面防腐蚀能力和良好的耐候效果。

基于以上分析,针对混凝土复杂高盐环境防腐面漆的性能需求,采用乳液聚合法制备水性氟碳树脂乳液,对比乳液合成条件优选出性能优异的氟碳乳液,分析不同助剂对水性氟碳面漆性能的影响,确定水性氟碳面漆的配方,测试水性氟碳面漆的耐腐蚀性能。

8.3.1 含氟丙烯酸乳液的制备

氟碳乳液即含氟丙烯酸乳液的合成采用乳液聚合法。首先按比例称取碳酸氢钠($NaHCO_3$)、聚氧乙烯辛基苯酚醚-10(OP-10)、十二烷基磺酸钠(SDS)并加入适量的水进行搅拌,20min 后形成稳定的乳液时,采用恒压滴液漏斗逐滴加入甲基丙烯酸(MAA)、甲基丙烯酸甲酯(MMA)、丙烯酸丁酯(BA)的混合单体溶液,并在 3h 内滴加完成。得到白色乳液后取出一半以上,将剩余的乳液升温至 70℃,并按照比例逐滴加入引发剂水溶液,当混合物乳液呈现淡蓝色荧光时,加入之前取出的白色乳液和甲基丙烯酸十二氟庚酯,控制乳液与过硫酸铵水溶液的滴加速度,使体系保持淡蓝色并恒温 0.5h,随后升温到 80℃,乳液聚合反应 2h,将得到的淡蓝色乳液冷却降温,经过滤得到含氟丙烯酸乳液,密封备用。

按照均匀试验设计方案制备含氟乳液,设计三因素六水平的均匀试验。

根据相关研究经验,含氟乳液的乳化剂用量在 3% 左右。含氟单体用量 12% ~14%。引发剂用量在 0.18% ~0.27% 之间。各试验用量及测试指标结果见表 8-33。

含氟乳液的制备工艺参数及结果　　表 8-33

序号	乳化剂(%)	引发剂(%)	含氟单体(%)	凝聚率(%)	固含量(%)	转化率(%)	外　观
1	0.5	0.16	10.8	11.0	48.2	96.7	乳白色乳液，微泛蓝色
2	1.3	0.28	18.0	7.3	43.9	81.7	乳白色乳液，微泛蓝色
3	2.1	0.40	8.4	2.8	48.2	97.6	淡蓝色乳液
4	2.9	0.10	15.6	—	31.1	58.1	黏稠乳胶
5	3.7	0.22	6.0	8.5	46.6	94.7	乳白色乳液
6	4.5	0.34	13.2	28.1	48.0	90.2	乳白色乳液

将1号、2号、3号试样结果进行对比可知，以上试样乳化剂用量不断增加，引发剂用量不断增加，含氟单体用量先增后减。从指标上观察可以发现，凝聚率逐渐下降，说明凝聚率主要和乳化剂用量及引发剂用量存在线性关系。而由于含氟单体用量的变化，固含量、转化率变化也和单体变化呈现同样趋势，说明含氟单体用量主要影响固含量及转化率指标。

将1号和3号试样结果进行对比可知，两者有相似的转化率和固含量，但在合成的过程中，1号试样的凝聚现象较之更为严重，这主要是由于1号试样的引发剂用量较低所致。

将4、5、6号试样结果进行对比可知，以上试样乳化剂用量不断增加，引发剂用量不断增加，含氟单体用量先减后增。由于4号样品在制备过程中，出现大面积凝聚现象，所制备乳液已不具备基本乳液性状，通过分析，主要是由于乳液制备过程中引发剂用量过小所致。

通过以上分析可知，在合成氟碳乳液的过程中，引发剂的低用量下乳液凝聚率大，过低时甚至会导致乳液性状改变。含氟单体的用量大时乳液固含量也大。3号相比于其他试样性状良好。

8.3.2　含氟丙烯酸乳液性能研究

1）粒径分布

通过以上分析，进一步测试氟碳乳液的粒径，对以上型号的氟碳乳液进行粒径测试。乳液的平均粒径表及粒径分布图如表8-34和图8-9所示。

均匀试验乳液粒径　　表 8-34

试验号	1	2	3	4	5	6
平均粒径(nm)	113	130.1	136.2	—	145.7	96.4

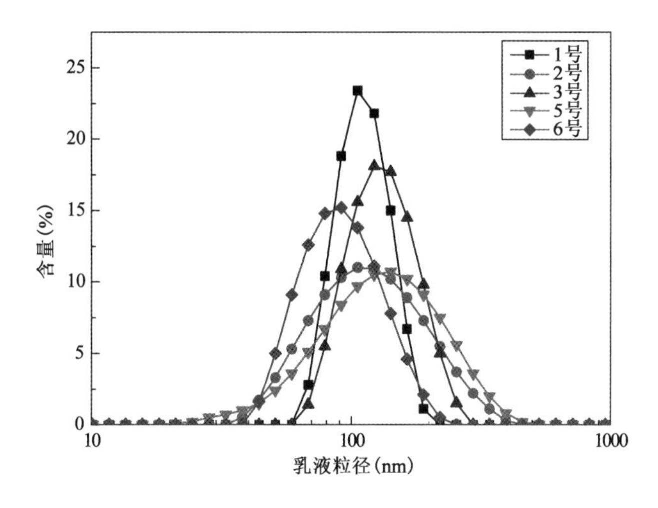

图 8-9　乳液平均粒径分布图

从乳液粒径平均分布表中可以看出，各个比例下的乳液粒径在 100 ~ 150nm 之间。这主要是由于在合成过程中，所采用原材料均为分析纯，同时单体滴加过程均为逐滴加入，合成转速及温度均保持恒定，因而乳液的粒径相差不大。

从乳液粒径分布图中可以看出，1 号、3 号、6 号的粒径分布较为集中，2 号、5 号的分布曲线相对分散。1 号乳液粒径在 113nm 处含量最高，3 号次之，结合试样宏观性状对比。3 号乳液颜色泛蓝，粒径适中。通过以上分析，决定采用 3 号试样方案合成氟碳乳液。

2）红外光谱

针对上述方案所合成的氟碳乳液，对其进行红外光谱表征。图 8-10 为均匀试验方案下不同配比情况下合成的氟碳乳液红外光谱，图 8-11 为固化前后氟碳乳液的红外光谱，图 8-12 为丙烯酸乳液和含氟丙烯酸乳液红外光谱对比图。

从图 8-10 氟碳乳液红外光谱图中可以看出，这五条谱线走向及变化趋势基本相似，均在 1730cm^{-1}处出现了强而尖的酯键中的碳基的伸缩振动峰，但在部分峰的强度上仍有所不同，例如在 1163cm^{-1}处出现的-CF_2 的特征吸收峰，可以明显看出此处-CF_2 的特征吸收峰面积明显不同，3 号试样的强度明显高于其他试样，也在侧面印证合成乳液过程中，3 号试样的氟单体合成效果最为理想。

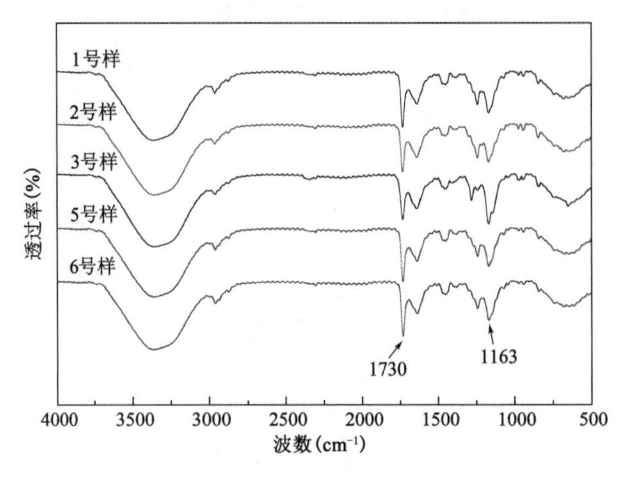

图 8-10 氟碳乳液的红外光谱

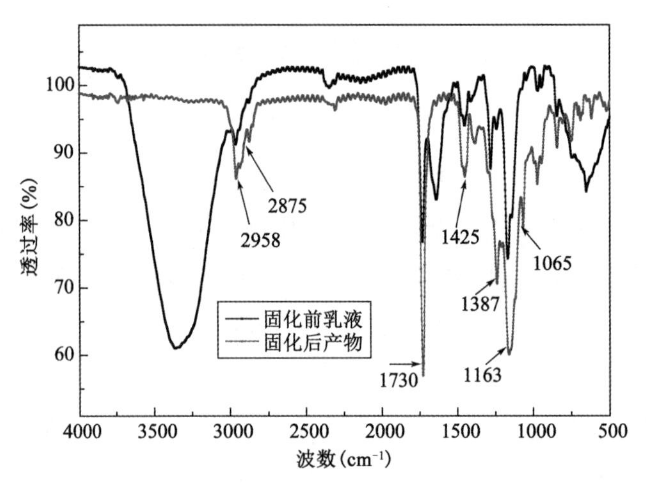

图 8-11 固化前后氟碳乳液的红外光谱

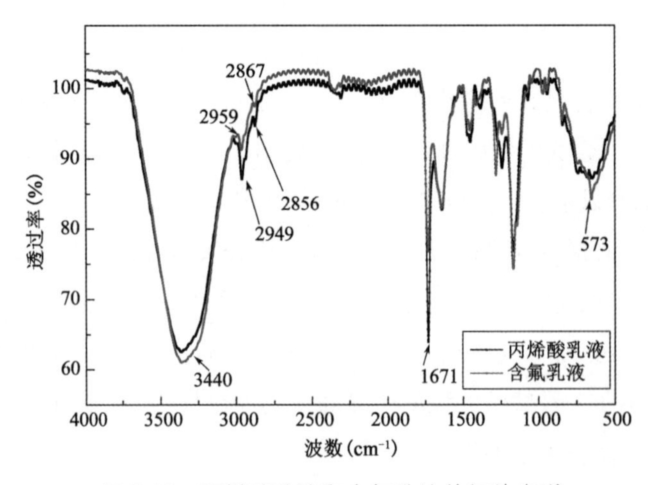

图 8-12 丙烯酸乳液和含氟乳液的红外光谱

从固化后的氟碳乳液固化物来看，在 2958cm^{-1} 和 2875cm^{-1} 处出现了尖锐的-CH_3、-CH_2的伸缩振动峰，在 1730cm^{-1} 处有强而尖的酯键中的碳基的伸缩振动峰，在1425cm^{-1} 处是-CH_2-的变形吸收峰，在 1387cm^{-1} 处是羧酸离子-COO-伸缩振动峰，在1163cm^{-1}、1065cm^{-1} 处出现了-CF_2 的特征吸收峰，在固化前的产物中，位于 1510 ~ 1480cm^{-1} 之间无伸缩振动峰，说明在该制备过程无双健的存在，表明单体已经聚合在丙烯酸乳液中了。

由图 8-12 可以看出，含氟乳液和丙烯酸乳液的红外图谱曲线走向基本一致，但在1671cm^{-1} 处出现明显不同。丙烯酸乳液红外图谱曲线在此处的特征峰消失明显，这表明制备的含氟乳液中大大减少了丙烯酸类单体中所特有的 C = C。其次，含氟乳液和丙烯酸乳液的红外图谱曲线在 3440cm^{-1} 处出现了丙烯酸丁酯和甲基丙烯酸甲酯中 C = O 的特征吸收峰。丙烯酸乳液红外图谱曲线中在 2949cm^{-1}、2856cm^{-1} 处出现了 CH_2 的特征吸收峰。含氟乳液红外图谱曲线中在 2959cm^{-1}、2867cm^{-1} 处也出现了 CH_2 的特征吸收峰，这表明从红外光谱曲线来看，丙烯酸乳液和含氟丙烯酸乳液主要官能团是相似的。

两条曲线的区别之处在于，丙烯酸乳液红外曲线在 620cm^{-1} 和 503cm^{-1} 之间没有其他的吸收峰，而含氟丙烯酸乳液曲线中在 573cm^{-1} 处出现了 CF 的特征峰，这表明甲基丙烯酸十二氟庚酯这种含氟单体中的氟已经成功聚合到氟碳乳液中。由此可知，含氟乳液合成效果理想。

8.3.3　水性氟碳混凝土防腐面层涂料的制备

混凝土防腐面漆各组分见表 8-35。

混凝土防腐面漆配方　　表 8-35

原料名称及缩写	规　格	生 产 厂 商
水性氟碳树脂乳液	自制	实验室
分散剂	聚羧酸钠盐 5040	广州市汇翔化工有限公司
润湿剂	CF-10	广州市汇翔化工有限公司
消泡剂	聚硅氧烷 – 聚醚 共聚物乳液型消泡剂	广州市中万新材料有限公司
颜填料	钛白粉	美国杜邦公司
成膜助剂	醇酯十二	广州市汇翔化工有限公司

续上表

原料名称及缩写	规　　格	生 产 厂 商
防冻剂	乙二醇	国药集团化学试剂有限公司
偶联剂	KH550	广州市中万新材料有限公司
pH 调节剂	2-氨基-2-甲基-1-丙醇	广州翁江化学试剂有限公司
水	自制	实验室

混凝土防腐面漆主要由水性氟碳树脂乳液、分散剂、颜填料、成膜助剂、偶联剂、消泡剂等构成。制备方法如下：

(1)在容器中加入一定量的水,同时添加分散润湿类助剂,按比例添加颜填料,加入适量消泡剂,利用分散机分散均匀。

(2)在分散均匀的颜填料浆料中,按比例加入制备好的水性氟碳乳液,并按比例加入其余助剂,继续分散,直至体系混合搅拌均匀。

(3)将制备好的涂料后放置一段时间后,进行不同工艺的涂覆方法进行涂覆。

8.3.4　水性氟碳混凝土防腐面层涂料性能分析

1)分散剂

在制备混凝土防腐面漆的过程中,分散均匀的颜填料能够成膜得更致密均匀,在性能上也能带来很大影响。加入分散剂能够使涂料获得高光泽,增加消色力和遮盖力。结合目前涂料工业中常用的钛白粉颜填料,对比了三种不同类型的分散剂,验证其分散能力。分散剂相容性试验如图 8-13 所示。

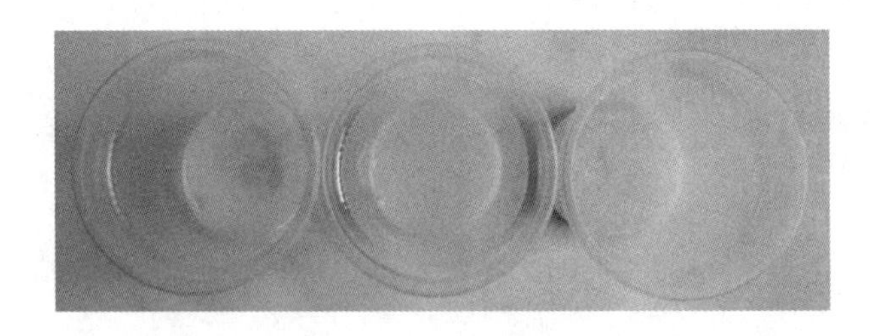

图 8-13　分散剂相容性试验

如图 8-13 所示,从左至右依次为非离子型表面活性剂 OP-10、阴离子型聚羧酸钠盐 5040、某阳离子分散剂 CX-203 分别与自制氟碳乳液的相容现象。将 3g 分散剂与 30g 氟碳乳液共混,观察分散成分与氟碳乳液的相容性。分散剂技术指标见表 8-36 ~ 表 8-39。

分散剂种类对自制氟碳乳液相容性的影响　　表 8-36

分散剂类型	相 容 现 象
非离子型表面活性剂 OP-10	能够与氟碳乳液相容,结团结絮严重
阴离子型聚羧酸钠盐 5040	能够与氟碳乳液相容
某阳离子分散剂 CX-203	与氟碳乳液较难相容,有少量乳液结团

分散剂 **OP-10** 技术指标　　表 8-37

项　　目	指　　标	测 试 结 果
外观(25℃)	浅白色透明液体	合格
HLB 值	12～13	理论计算
pH(1% 水溶液)	6～7	—
浊点(1% 水溶液)	60～64℃	—

聚羧酸钠盐 **5040** 技术指标　　表 8-38

项　　目	指　　标	测 试 结 果
外观(25℃)	无色透明液体	—
固含量	30%～32%	31.5
密度	1.310g/mol	—
pH	6～7	7
溶解性	易溶于水	合格

分散剂 **CX** 技术指标　　表 8-39

项　　目	指　　标	测 试 结 果
外观	淡黄色液体	目测
密度	0.94	—
酸值	≥150	—

结合测试结果,由分析可知,非离子型表面活性剂 OP-10 与自制氟碳乳液搅拌后会出现结团结絮现象。分散剂 5040 能够很好地分散于氟碳乳液中,并无不良变化,分散剂 CX 与氟碳乳液的相容性也良好。结合目前市场上常用的分散剂的成本及普及情况,初步选用分散剂聚羧酸钠盐 5040 作为分散剂。

由于分散剂用量会严重影响颜填料的润湿分散能力,根据相关研究经验,在 200g 水中分散 240g 颜填料,并逐步添加分散剂。分别测试不同用量下分散剂对体系黏度的影响,结果见表 8-40。

分散剂用量对氟碳乳液黏度的影响　　表 8-40

分散剂用量(基于颜填料的质量比,%)	0.0	0.1	0.2	0.3	0.4	0.5	0.6
涂-4 黏度(s)	不具有流动性	26.4	17.4	15.4	15.3	14.9	14.8

由表 8-40 分析可知,随分散剂用量的增加,颜填料粉浆黏度不断降低,当黏度下降到一定程度时,继续增加分散剂用量,体系黏度下降趋势变缓。通过测试,发现氟碳乳液涂-4 黏度为 16.8s,因此按分散剂用量为基于颜填料的质量比的 0.3% 时分散效果最佳。

2)偶联剂

硅烷偶联剂是一种有机硅化合物,在分子结构中包含两种不同基团,即水解基团和非水解基团。由于这些特殊结构,在其分子中同时具有能和无机质材料(如玻璃、硅砂等)化学结合的反应基团及与有机质材料(合成树脂等)化学结合的反应基团,常用于表面处理。

在氟碳乳液中加入偶联剂,能够改善乳液与基材表面活性。根据相关涂料经验,偶联剂选择 KH550,测试不同偶联剂用量下氟碳乳液的成膜特性,结果见表 8-41。

偶联剂用量对氟碳乳液成膜特性的影响　　表 8-41

用量(%)	附着力(级)	硬度(级)	铺展系数(%)	成膜状态
0	—	—	98	涂料严重聚集收缩,表面不黏,易脱落,未成膜
0.2	—	—	70	涂料聚集收缩,表面不黏,易脱落,无法成膜
0.4	4	6B	36	涂料收缩,能够铺展,易脱落,能够成膜
0.6	4	6B	0	涂料能够铺展
0.8	5	6B	10	涂料能够铺展,内部出现聚集
1.0	5	6B	23	涂料能够铺展,内部聚集明显

由表 8-41 分析可知,随着偶联剂的加入,改善了水性氟碳乳液与基材的成膜性能,由于氟碳乳液中 CF 键极短,约为 1.35×10^{-10}m,但键能高达 486kJ/mol。在成膜过程中,含氟丙烯酸乳液中聚合物侧链上存在全氟基团,其中的全氟烷基会在聚合物与空气界面富集,并向空气中伸展。同时,氟原子半径比氢原子半径略大,但比其他元素的原子半径小,所以能把 C-C 主链严密地包住。因此具备疏水疏油特性的 CF 键使得表面不粘。具体体现在不加入偶联剂时,极易剥落难以成膜。

加入偶联剂,观察成膜状态发现偶联剂能够有效改善涂层的铺展性能。但当过量加入,反而会使氟碳乳液出现内部聚集,不利于氟碳乳液的均匀铺展。通过成膜铺展现象的分析,确定偶联剂的加入量为 0.6% 左右时,乳液的成膜性能最佳。

3）成膜助剂

成膜助剂对乳液成膜特性影响巨大，它能降低乳液成膜的最低成膜温度，为乳胶粒子变形提供足够的自由体积。主要影响着乳液中乳胶颗粒的聚合能力，在乳胶分子链段扩散、缠绕而融合的过程中，逐渐改善成膜特性。

采用添加成膜助剂的手段，保证乳液在较低的环境温度下也能成膜尤为重要。目前常用成膜助剂为十二醇酯，掺量在乳液量的3%～10%。加大掺量成膜效果有轻微提升。但掺量过高，一般超过乳液量的12%时，乳液稳定性会降低。

按比例将成膜助剂添加到氟碳乳液中，逐渐升高基材温度，观察不同成膜助剂用量下，氟碳乳液的成膜状态，记录完整成膜的温度值，结果见表8-42。

成膜助剂用量对成膜状态的影响　　表8-42

成膜助剂用量（%）	最低成膜温度（℃）	成膜状态
0	50	缓慢成膜，有大量针状剥离
3	25	缓慢成膜，有部分针状剥离
6	20	缓慢成膜
9	15	缓慢成膜
12	5	缓慢成膜

由表8-42可知，少量的成膜助剂添加到氟碳乳液中能够提升氟碳乳液的成膜温度，对乳液的成膜状态也有所改善，减少了自交联固化后乳胶膜与基材之间的剥离现象。但由于需要节约成本，初步确定成膜助剂用量为6%。

4）消泡剂

消泡剂的消泡能力包含消泡力和抑泡力两个方面。消泡能力测试方法在实际生产应用中常采用高速分散法进行评价。通过观察泡沫密度发现，密度小，说明消泡剂的性能好；密度大，则性能较差。这种测试方法是一种动态消泡的测试方法，主要用在涂料行业。但具体量化差异大，不具有代表性。测试常用的消泡剂消泡相容性及分散性见表8-43。

消泡剂与乳液的相容性及分散性　　表8-43

消泡剂	与氟碳乳液相容性	与氟碳乳液分散性
聚硅氧烷-聚醚共聚物乳液型消泡剂	能够有效相容	能够很快分散成乳液状，无油状及颗粒漂浮
二甲硅油消泡剂	相容性一般	能够很快分散在乳液中，但静置后有油状液滴存在
有机硅类消泡剂	能够有效相容	能够很快分散成乳液状，存在少数液体漂浮

由于本章所采用体系本身对气泡具有良好的抑制性，加入三种消泡剂均可以起到明显的消泡效果。因此，着重考虑消泡剂类型对体系相容性及分散性的影响。由表 8-43 可知油类消泡剂与水性氟碳乳液体系的相容性较差。而聚硅氧烷-聚醚共聚物乳液型消泡剂本身为水性的，具有良好的相容性，因而采用该类消泡剂消泡效果更佳。

8.3.5 水性氟碳混凝土面层涂料耐腐蚀性能

将混凝土面漆按照设计的配比及用量进行耐腐蚀性测试，将面层涂料单层涂刷在加压水泥石棉板上，进行常规性能测试及耐腐蚀性能测试。结果如表 8-44 所示。

颜基比对面漆性能的影响　　表 8-44

颜基比	厚度(μm)	硬度(级)	附着力(级)	耐冲击性(cm)	柔韧性(mm)
0.3	86.3	3B	4	30	0.5
0.4	85.2	3B	4	30	0.5
0.5	86.6	2B	3	40	0.5
0.6	96.3	2B	3	40	0.5
0.7	107	B	4	50	1
0.8	112	H	4	40	1

在满足光泽度的前提下，遮盖力越大越好，同时还要考虑液体色漆的黏度，防止颜料沉降，因此颜基比对色漆的性能有很大的影响，表现在漆膜里就是成膜物质和颜料的体积比例，也就是颜料体积浓度，由表 8-44 可以看出，颜基比越大，相同体积下颜料的用量也就越多，因而整体涂膜的硬度有所提高，附着力先增大后减小。颜料粒子过多时，容易产生堆积，因而影响面漆的附着力，随着颜料粒子的加入冲击性有所改善，但较大颜基比情况下，颜料粒子过于密集，成膜后涂膜的柔韧性有所下降。

由表 8-45 可分析得出，颜基比越大，所用颜料占比越多，涂刷厚度也越大，因此颜填料在水性氟碳乳液中均匀分布得更加厚实，在强酸腐蚀环境下，所能起到的保护作用也就越强。但颜基比大过大时，自交联固化的涂膜附着力也有所下降，由于所添加颜料粒子增多，因而柔韧性也降低。综合水性氟碳面漆的机械性能及耐腐蚀性能，确定最佳颜基比为 0.6 时，涂膜的综合性能较好。

颜基比对面漆耐腐蚀性能的影响　　表 8-45

颜 基 比	耐 水 性	耐 酸 性	耐 碱 性	耐 盐 性
0.3	7d 无异常	2d 起泡	7d 无异常	7d 无异常
0.4	7d 无异常	3d 起泡	7d 无异常	7d 无异常
0.5	7d 无异常	3d 起泡	7d 无异常	7d 无异常
0.6	7d 无异常	5d 起泡	7d 无异常	7d 无异常
0.7	7d 无异常	7d 起泡	7d 无异常	7d 无异常
0.8	7d 无异常	7d 起泡	7d 无异常	7d 无异常

8.4　复杂高盐环境下混凝土表面防护涂层防护体系研究

环保型耐复杂高盐防腐涂层体系采用水性环氧防腐底层涂料和水性氟碳防腐面漆。为综合评价环保型耐复杂高盐防腐涂料涂层体系的各项性能以及涂层体系的耐复杂高盐腐蚀特性。本节从混凝土实际涂层防护应用环境出发，测试耐复杂高盐防腐涂层在各种状态下的耐腐蚀性能。为环保型防腐涂料耐腐蚀体系的应用中提供参考和数据。

8.4.1　复杂高盐双层防腐体系的耐水性

将涂覆单层底层涂料、单层面漆、双层防护和空白组的试件进行耐水性测试，测试混凝土试件的吸水率。单层单道涂刷厚度控制在 90μm 左右，结果见表 8-46。

不同涂装类型对吸水率的影响　　表 8-46

序号	组别	吸水前质量(g)	吸水后质量(g)	吸水率(%)	平均吸水率(%)
1	空白	2464.21	2510.18	1.86	1.71
2		2476.98	2518.67	1.68	
3		2480.92	2520.56	1.60	
4	单层底漆	2486.93	2505.90	0.76	0.74
5		2458.86	2476.7	0.73	
6		2492.2	2510.57	0.74	

续上表

序号	组别	吸水前质量(g)	吸水后质量(g)	吸水率(%)	平均吸水率(%)
7	单层面漆	2494.69	2530.56	1.35	1.31
8		2455.46	2489.17	1.37	
9		2470.71	2501.16	1.23	
10	双层体系	2481.65	2491.28	0.38	0.37
11		2480.76	2490.28	0.37	
12		2473.56	2483.01	0.38	

由表8-46可以看出,涂装双层防腐体系的试件平均吸水率在0.37%,未涂装的试件平均吸水率在1.71%左右。涂装比未涂装的试件,吸水率降低1.3%,降幅约78%。单独涂刷底层涂料的试件吸水率降幅比单独涂刷面层涂料的试件吸水率降幅大,这也从侧面验证了水性环氧防腐底层涂料具有更优异的渗透封闭能力,目前《海洋钢筋混凝土结构防腐涂料评价方法》(DB37/T 2318—2013)中要求,经过涂装的混凝土,吸水率应小于1.5%。由此可见,双层防腐涂装体系满足要求。

由表8-47可以看出,随着浸泡时间的增加,各个组别的涂装吸水率不断上升,而双层防腐涂装体系的上升趋势最为缓慢。说明在耐水性方面,耐复杂高盐双层防腐涂装体系耐水效果明显。

不同涂装类型的吸水率随时间变化　　表8-47

序号	组别	吸水前质量(g)	24h吸水后质量(g)	48h吸水后质量(g)	72h吸水后质量(g)	24h吸水率(%)	48h吸水率(%)	72h吸水率(%)
1	空白	2464.21	2510.18	2512.66	2516.98	1.86	1.96	2.14
2	单层底层	2486.93	2505.90	2514.01	2518.18	0.74	1.08	1.25
3	单层面层	2494.69	2530.56	2541.67	2546.96	1.31	1.88	2.01
4	双层体系	2481.65	2491.28	2496.67	2499.41	0.37	0.61	0.72

由表8-48可以看出,耐复杂高盐双层防腐涂层体系与市售某防腐涂装体系相比,随着浸泡时间的增加,吸水率较为相似。因而耐水性能与市售防腐体系基本持平。

耐复杂高盐双层防腐体系吸水率对比　　表8-48

序号	组别	吸水前质量(g)	24h吸水后质量(g)	48h吸水后质量(g)	72h吸水后质量(g)	24h吸水率(%)	48h吸水率(%)	72h吸水率(%)
1	双层体系	2481.65	2491.28	2496.67	2499.41	0.37	0.61	0.72
2	市售某品牌	2482.86	2492.20	2496.86	2501.34	0.38	0.56	0.74

8.4.2 复杂高盐双层防腐体系的黏结性

将涂覆单层底漆、单层面漆、双层防护的试件进行黏结性测试,测试混凝土试件的黏结强度。单层单道涂刷厚度控制在90μm左右,结果见表8-49。

不同类型涂装的黏结强度变化　　表8-49

序　号	单层底漆(MPa)	单层面漆(MPa)	双层防腐体系(MPa)
1	2.56	1.04	3.39
2	3.35	1.02	2.89
3	3.19	1.38	2.54
4	3.99	0.95	3.01
5	2.84	1.08	3.05

由表8-49可以看出,5组试件单独涂刷底层涂料附着力较高。均值可达3.4MPa,拉拔力最小也有2.56MPa。而面层涂料的附着力较底层涂料一般。经过双层涂刷的防护体系作用,双层涂层的黏结强度满足《混凝土结构防护用成膜型涂料》(JG/T 335—2011),涂层与混凝土黏结强度应大于1.5MPa。由此可见,本双层防腐体系的黏结性满足要求。

由表8-50可以看出,与某市售涂装体系涂装相比,自制双层体系的平均黏结强度要高出约6.4%。自制耐复杂高盐双层防腐体系的黏结性能与市售涂装体系黏结性能持平。

耐复杂高盐双层防腐体系黏结强度对比　　表8-50

序号	类　型	黏结强度(MPa)	平均黏结强度(MPa)
1	双层体系	3.39	2.97
2	双层体系	2.89	
3	双层体系	2.54	
4	双层体系	3.01	
5	双层体系	3.05	
6	市售某品牌	2.55	2.78
7	市售某品牌	2.64	
8	市售某品牌	3.05	
9	市售某品牌	2.93	
10	市售某品牌	2.75	

8.4.3 复杂高盐双层防腐体系的耐老化性

耐老化性能测试试板采用加压水泥石棉板进行，涂覆相应涂料放置24h后进行老化。通过质量控制法控制涂层厚度，耐紫外老化时间为200h。表8-51为单层水性环氧底漆耐紫外老化性能的失光率变化。

水性环氧底漆耐紫外老化性能的失光率变化　　表8-51

涂层厚度(μm)	老化前光泽度(Gu)	老化后光泽度(Gu)	失光率(%)
0	0.4	0.4	0.00
25	16.8	3	82.14
50	39.5	20.3	48.61
75	30.3	8.3	72.61

从表8-51中可以看出，水性环氧涂层光泽度随涂层厚度增加存在先增加后减少的趋势，50μm厚度的涂层光泽最大。老化后，所有厚度涂层的光泽度均降低，失光程度不一。未涂刷的水泥加压板本身没有光泽变化，说明涂刷底材并不影响光泽的变化。25μm厚度涂层失光率最大，50μm厚度涂层失光较其他两种轻微。根据《色漆和清漆 涂层老化的评价方法》(GB/T 1766—2008)中失光评级，水性环氧涂层在老化辐射后失光程度均在2级明显失光以上。

通过表8-52可以看出，老化后，未涂刷的水泥加压板 L、a、b 色坐标均增大，说明老化辐射会使底材变暗、发红、发黄。25μm厚度涂层色差值最大，75μm厚度涂层色差值居中，50μm厚度涂层色差值最小。这主要由于25μm厚度涂层不能很好地覆盖涂刷试板，能轻微观察到试板，同等光照条件下，所受辐射破坏全面，因而色差巨大；75μm厚度涂层厚度大，导致辐射后温度高，散热不明显，颜色变化也十分严重。因此单独使用底层涂料是不满足要求的。

水性环氧底漆耐紫外老化性能的色差值变化　　表8-52

涂层厚度(μm)	L	a	b	L^*	a^*	b^*	色差值 ΔE
0	62.23	0.24	4.43	63.16	0.51	5.12	1.19
25	46.10	1.15	0.57	50.26	10.69	15.20	17.95
50	45.3	1.18	0.73	47.87	7.23	10.86	12.07
75	45.19	1.16	0.74	46.91	9.65	13.79	15.66

由表 8-53 可以看出随着时间的增长,不同时间下的涂层光泽度逐渐下降,下降趋势明显。说明日常老化过程中,仅使用水性环氧防腐底漆难以满足耐老化需求。

水性环氧底漆耐日常老化的光泽度变化　　表 8-53

涂层厚度（μm）	1d 光泽度（Gu）	7d 光泽度（Gu）	14d 光泽度（Gu）	21d 光泽度（Gu）	28d 光泽度（Gu）	35d 光泽度（Gu）	42d 光泽度（Gu）
0	0.7	1.6	1.9	2.5	2.6	2.6	2.8
25	21.4	16.5	16.5	15.3	15.7	15.9	14.8
50	46.1	41.3	39.9	41.2	40.8	38.6	35.6
75	32.1	31.4	34.5	33.2	30.2	27.8	26.7

为此对水性氟碳面漆进行了耐老化测试,耐紫外老化时间为 200h。表 8-54 为单层水性氟碳面漆耐紫外老化性能的失光率变化。

水性氟碳面漆耐紫外老化性能的失光率变化　　表 8-54

涂层厚度（μm）	老化前光泽度（Gu）	老化后光泽度（Gu）	失光率（%）
0	0.5	0.5	0
25	5.4	3.2	40.74
50	6.9	4.9	28.98
75	8.2	5.6	31.70

由表 8-54 可以看出,水性氟碳面漆的光泽度随着厚度的增加而增加,但光泽度并不高,老化后的光泽度降低也较小。在 25μm 时,由于涂料涂覆不均所导致的失光程度能够达到严重失光。当厚度较高时,水性氟碳面漆的失光率有所下降。但整体光泽度下降幅度较大,但由于老化前的光泽度自身就不高,因而失光现象相对较弱。

通过表 8-55 可以看出,老化后底材仍显变暗、发红、发黄的趋势。50μm 厚度和 75μm 厚度涂层的色差值较小,满足面层老化 2 级变色以内的要求。

水性氟碳面漆耐紫外老化性能的色差值变化　　表 8-55

涂层厚度（μm）	L	a	b	L^*	a^*	b^*	色差值 ΔE
0	62.23	0.24	4.43	63.16	0.51	5.12	1.19
25	79.18	-1.11	-1.00	85.23	4.56	9.3	13.22
50	90.78	-0.32	3.09	96.23	4.56	8.56	9.13
75	93.38	-0.87	2.03	98.23	5.63	8.96	10.67

由表8-56可以看出，随着时间的增长，不同时间下的涂层光泽度逐渐下降，下降趋势较缓慢。

水性氟碳面漆耐日常老化的光泽度变化　表8-56

涂层厚度（μm）	1d光泽度（Gu）	7d光泽度（Gu）	14d光泽度（Gu）	21d光泽度（Gu）	28d光泽度（Gu）	35d光泽度（Gu）	42d光泽度（Gu）
0	0.7	1.6	1.9	2.5	2.6	2.6	2.8
25	5.5	5.5	5.5	5.4	5.3	5.2	5.2
50	6.8	6.7	6.7	6.6	6.5	6.3	6.0
75	8.9	8.7	8.7	8.5	8.2	8.2	8.1

8.4.4　复杂高盐双层防腐体系的抗氯离子渗透性

对涂覆单层底漆、单层面漆、双层防护及空白组的涂层细度纸进行抗氯离子渗透测试，结果见表8-57。单层单道涂刷厚度约为90μm。

涂层的抗氯离子渗透性能（mmol/L）　表8-57

空白组0d/28d后	单层底漆0d/28d后	单层面漆0d/28d后	双层涂刷0d/28d后
8.396×10^{-2}/8.533×10^{1}	9.546×10^{-2}/2.157×10^{2}	7.853×10^{-2}/1.616×10^{2}	6.572×10^{-2}/1.257×10^{2}

对涂覆单层底漆、单层面漆、双层防护及空白组的涂层细度纸进行抗氯离子渗透测试。试验用涂层细度纸直径7cm，渗透面积约38.48cm^2。由于试验误差较大，通过计算透过氯盐质量的方式十分不便，为此采用离子计测试试验后的离子浓度，通过离子浓度间接反映氯离子在涂层中的渗透能力，结果发现，双层涂刷的防腐体系在28d后氯离子渗透得最少，氯离子浓度最低，因而具有良好的抗氯离子渗透性。

8.4.5　复杂高盐双层防腐体系的耐碱性

对涂覆单层底漆、单层面漆、双层防护的试件进行耐碱性测试，测试混凝土试件的耐碱性。单层单道涂刷厚度控制在90μm左右，结果见表8-58。

涂层饱和氢氧化钙溶液中耐碱性破坏评级 表 8-58

时间	单独涂刷底层涂料			单独涂刷面层涂料			双层涂刷		
	粉化	开裂	剥落	粉化	开裂	剥落	粉化	开裂	剥落
7d	0	0	0	0	0	0	0	0	0
14d	0	0	0	0	0	0	0	0	0
21d	0	0	0	0	0	0	0	0	0
28d	0	0	0	0	0	0	0	0	0

由表 8-58 可以看出,多层涂刷的效果在饱和氢氧化钙溶液中浸泡过程中,并没有明显的剥落、粉化、开裂。由于涂层优异的附着能力,涂层与基材间黏结致密,因而耐碱性良好,在 28d 的室温浸泡状态下综合评级为 0 级。

8.4.6 复杂高盐双层防腐体系的耐盐冻性

采用自拟的双层耐复杂高盐双层防腐体系耐盐冻性测试方法,方法参考了水性涂料的耐冻性试验规程,在 $-5℃ \pm 2℃$ 下受冻 18h,溶解 6h 为 1 次循环,将涂覆单层底漆、单层面漆、双层防护的试件进行耐盐冻性测试。单层单道涂刷厚度控制在 90μm 左右,测试结果见表 8-59。

涂层耐盐冻性破坏评级 表 8-59

时间	单独涂刷底层涂料			单独涂刷面层涂料			双层涂刷		
	粉化	开裂	剥落	粉化	开裂	剥落	粉化	开裂	剥落
7d	0	0	0	0	0	0	0	0	0
14d	0	0	0	0	0	0	0	0	0
21d	0	0	0	0	0	0	0	0	0
28d	0	0	0	0	0	0	0	0	0

由表 8-59 可以看出,多层涂刷的效果在饱和氢氧化钙溶液中浸泡过程中,并没有明显的剥落现象。28d 冻融循环过程中涂层综合性能评级为 0 级。

结合实际冻融循环测试过程来看,涂层在 $-5℃$ 表面结冰后,侵蚀性离子并没有明显侵入破坏涂层,由于水性环氧防腐底漆优异的附着力,能够紧密涂覆在混凝土试件表面,加上底漆本身就比较致密且具有一定的柔韧性,因而在冻融循环过程中并没有明显的开裂、剥落现象。

8.5 混凝土表面防护涂层实体工程应用

8.5.1 复杂高盐环境下混凝土表面防护涂料的涂装工艺

针对桥梁混凝土防撞墙涂料施工工艺，主要采用了以下施工工业流程：原始基底→基层打磨→清扫处理→修补填缝→刮批腻子→腻子修补→腻子找平→底涂→细部处理→面涂→检查验收→涂料。

8.5.2 复杂高盐环境下混凝土表面防护涂料涂装示范工程

试验路位于福银高速陕西段李家坡隧道的北出口，此桥梁混凝土防撞护栏全长500m，宽1m，均存在不同程度的侵蚀，局部出现混凝土剥落、起皮、裂缝等现象。福州—银川高速公路，简称福银高速，中国国家高速公路网编号G70。福银高速是连接福建省福州市和宁夏回族自治区银川市的高速公路，全长2485km，已于2011年12月22日全线贯通，国家高速公路网中东西横向线的第14条，并且是一条承东启西、贯穿南北的运输大动脉。

1）原始基底

原始基底如图8-14所示。

2）基层打磨

用砂布磨平做到表面平整、粗糙程度一致，纹理质感均匀。此工序要求重复检查、打磨直到表面观感一致时为止，砂纸的粗细要根据被磨表面的硬度来定，砂纸粗了会产生砂痕，影响涂层的最终装饰效果。

（1）不能湿磨，打磨必须在基层干燥后进行，以免黏附砂纸影响操作。

（2）手工打磨应将砂纸包在打磨垫块上，往复用力推动，不能只用一两个手指压着砂纸打磨，以免影响打磨的平整度。打磨后表面如图8-15所示。

3）清扫处理

打磨后，立即清除冲洗防撞栏表面灰尘。对于尘土、粉末可使用扫帚、毛刷清扫；对于灰浆可用铲刀除去。冲洗后表面如图8-16所示。

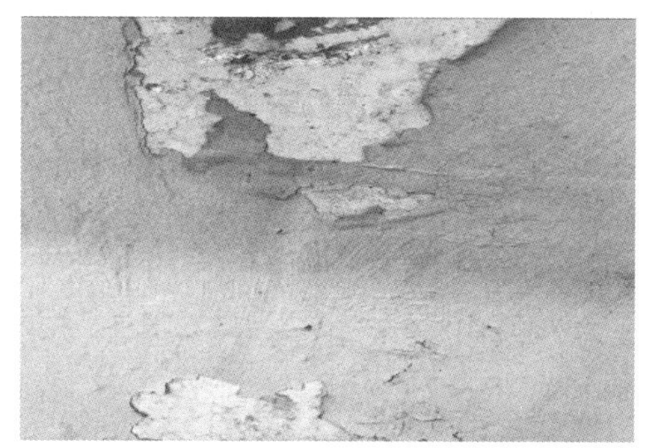

图 8-14 原始基底

图 8-15 打磨后表面

图 8-16 冲洗后表面

4)修补填缝

施涂前对于基体的缺棱掉角处、孔洞等缺陷采用抗裂砂浆修补,下面为具体做法。

缝隙:细小裂缝采用腻子进行修补(修补时要求薄批而不宜厚刷),干后用砂纸打平;对于大的裂缝,可将裂缝部位凿成“V”字形缝隙,清扫干净后做一层防水层,再嵌填抗裂砂浆,干后用水泥砂纸打磨平整。

孔洞:基层表面以下 3mm 以下的孔洞,采用聚合物水泥腻子进行找平,大于 3mm 的孔洞采用水泥砂浆进行修补待干后磨平。

5)刮批腻子

为了修补不平整的现象,防止表面的毛细孔及裂缝。对腻子的要求除了易批易打磨外,还应具备较好的强度和持久性,在进行填补、局部刮腻子施工时要求,宜薄批而不宜厚刷。本工程选用外墙专用柔性腻子,刮腻子时的施工技术如下:

(1)掌握好刮涂时工具的倾斜度,用力均匀,以保证腻子饱满。

(2)为避免腻子收缩过大,出现开裂和脱落,一次刮涂不要过厚,根据不同腻子的特点,厚度以0.5mm为宜。不要过多地往返刮涂,以免出现卷皮脱落或将腻子中的胶料挤出封住而使表面不易干燥。

(3)用刮板刮涂要用力均匀,将四周的腻子收刮干净,使腻子的痕迹尽量减少。批刮腻子如图8-17所示。

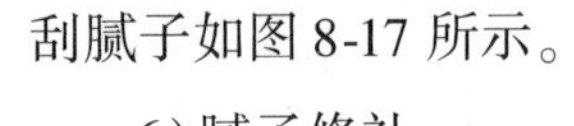

图8-17 批刮腻子

6)腻子修补

在基底上第一遍满批腻子后,用刮尺刮平,若还有凹陷,凹陷的地方用腻子填充修补再刮平。干燥后打磨找平,然后再沿垂直方向满批腻子一道,用刮尺沿垂直方向刮平,若有凹陷,用粗腻子填充后刮平,干燥后再次打磨找平。腻子修补如图8-18所示。

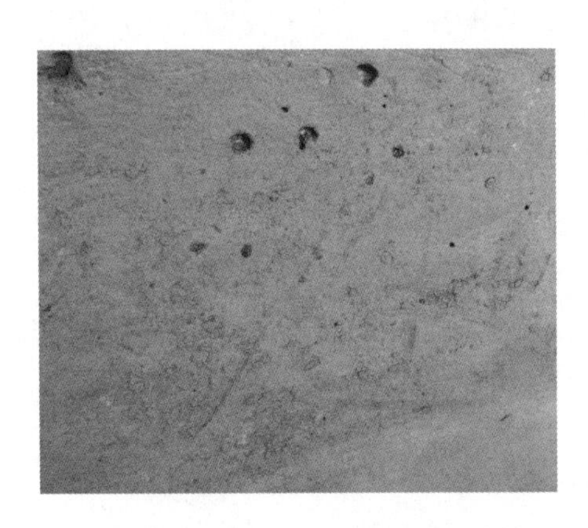

图8-18 腻子修补

7)腻子找平

对于不平表面,可将凸出部分用铲平,再用腻子进行填补,等干燥后再用砂纸进行打磨。要求打磨后基层的平整度达到在侧面光照下无明显批刮痕迹、无粗糙感,表面光滑。腻子找平如图8-19所示。

8)底漆施工

在干净的基层上,滚涂一遍环氧底漆,增加与基层的结合力,防止浮碱。底漆要涂刷均匀,不得漏涂。

(1)对基层表面处理干后,从细部大面积仔细检查,确认符合要求后再进行封闭底漆施工。

(2)基层封底前对护栏金属部位进行保护,避免涂料掺入。

图 8-19 腻子找平

(3)基层封闭底漆施工前要严格按照规定的比例添加固化剂,并要求加入固化剂时应对底漆充分搅拌,保证均匀。

(4)基层封闭底漆施工时应先小面后大面、从上而下均匀涂刷施工一遍。

(5)基层封底涂饰确保无漏涂、流挂、涂刷均匀。

(6)底漆施工完毕后,应及时对施工工具清洗,避免溶剂挥发后,施工工具硬干,清洗后于阴凉处保存。

底漆涂装效果如图 8-20 所示。

图 8-20 底漆涂装效果

9)第一遍面涂施工

(1)在底漆施工干燥后可以进行第一遍面涂施工(图 8-21)。

(2)涂料施工时应先小面后大面、自上而下施工。

(3)面涂施工时,不同颜色应使用不同施工工具,避免混色。

图 8-21　第一遍面漆涂装效果

图 8-22　第二遍面漆涂装效果

10)第二遍面涂施工

(1)第一遍面涂干燥后方可进行第二遍面涂施工(图 8-22)。

(2)第二遍面涂要求涂刷均匀,施工后应达到色泽一致,无流挂、漏底,阴阳角处无积料。

(3)如果漆面需要施工修补,应在第二遍面涂施工前尽量采用与以前批号相同的产品,避免色差。

(4)施工间隙或施工完毕后,应盖紧桶盖,以防结皮。

11)涂装检测

涂装完等待涂料实干后,对其进行质量评定,结果见表 8-60。

涂料质量评定表　　表 8-60

序号	检 查 项 目	质量检查情况
1	涂装整体外观效果符合设计及甲方要求	合格
2	涂层成品配色准确,并和甲方确定颜色无差异	合格
3	涂层颜色均匀无色差、疤痕现象	合格
4	涂层无起泡现象	合格
5	涂层无透底、泛青现象	合格
6	涂层无裂缝	合格
7	涂层表面光滑,无粗糙、橘皮、皱纹、鱼鳞状、疙瘩	合格
8	分色线顺直、无渗色现象	合格

续上表

序号	检 查 项 目	质量检查情况
9	涂面无划痕、刀印	合格
10	涂面洁净、无污渍及流水痕	合格

12)涂装质量控制

(1)工程质量目标:优良。施涂的质量应符合陕西省工程建设地方标准,做到甲方及各主管部门一次验收合格。

(2)项目的主要质量控制:外观达到设计要求,表面平整,漆膜无漏缝、无裂缝、无色差。线条部位平直,无大小头、弯曲。

(3)严格按照ISO9002质量管理体系的要求进行施工,建立质量保证体系,坚持三级质检制度,对施工的材料、施工工序及验收严格把关。

(4)施工人员经培训考核后上岗,严格按施工规范和质量标准施工。施工前做好施工方案和技术安全交底。

(5)使用涂料前应检查涂料包装是否因运输等过程而造成破裂、日期是否过期而造成涂料变质等。

(6)施工班组设质检员自检、填写自检记录,项目部质检员随时进行抽查、质量评定。公司质检员进行抽检及验收。

(7)制定消除质量通病的措施,保证涂层平整、无漏缝、无裂缝、无色差。

本章参考文献

[1] 张宏,朱海威,杨海成,等.冰冻海水环境下混凝土表面涂层长期暴露试验研究[J].硅酸盐通报,2022,41(04):1301-1307.

[2] 曾娟娟,邓淑玲,张文超.水性环氧树脂防水涂料的制备与性能[J].新型建筑材料,2021,48(06):136-138+143.

[3] 石妍,李家正,李杨,等.混凝土表面热喷涂陶瓷防护涂层的可行性试验研究[J].材料导报,2021,35(S1):238-241.

[4] 宋莉芳,张婷,霍慧文,等.纳米SiO_2溶胶改性水性氟碳涂料的制备及用于混凝土防腐研究[J].化工新型材料,2020,48(08):294-298.

[5] 陈彤丹,文一平,宋莉芳,等.水性氟碳涂料的制备及其用于混凝土防腐研究[J].化工新型材料,2019,47(10):246-249+254.

[6] 宋莉芳,陈彤丹,文一平,等.混凝土用水性氟碳涂料的制备及耐腐蚀性能评价[J].

化学研究与应用,2019,31(06):1209-1215.

[7] 王涛,孙德文,吕志锋,等.混凝土表面非异氰酸酯聚氨酯涂层的制备与性能研究[J].新型建筑材料,2016,43(06):53-56.

[8] Corcione C E,Striani R,Capone C,et al. Preliminary study of the application of a novel-hydrophobic photo-polymerizable nano-structured coating on concrete substrates[J]. Progress in Organic Coatings,2018,121:182-189.

[9] Elnaggar E M,Elsokkary T M,Shohide M A,et al. Surface protection of concrete by new protective coating[J]. Construction and Building Materials,2019,220:245-252.

[10] Aguirre-Guerrero A M,de Gutiérrez R M. Alkali-activated protective coatings for reinforced concrete exposed to chlorides[J]. Construction and Building Materials,2021,268:121-132.

[11] 王媛怡,陈亮,汪在芹.水工混凝土大坝表面防护涂层材料研究进展[J].材料导报,2016,30(09):81-86.

[12] 王春伟,张雪芹,郑树军,等.水性节能隔热混凝土彩瓦涂料的研制[J].新型建筑材料,2004,(11):27-29.

[13] Dassekpo J B M,Feng W,Li Y,et al. Synthesis and characterization of alkali-activated loess and its application as protective coating[J]. Construction and Building Materials,2021,282: 122-140.

[14] Wang H,Feng P,Lv Y,et al. A comparative study on UV degradation of organic coatings for concrete: Structure,adhesion, and protection performance[J]. Progress in Organic Coatings,2020,149:105-112.

[15] Roghanian N,Banthia N. Development of a sustainable coating and repair material to prevent bio-corrosion in concrete sewer and waste-water pipes[J]. Cement and Concrete Composites,2019,100:99-107.

[16] Li S,Zhang W,Liu J,et al. Protective mechanism of silane on concrete upon marine exposure[J]. Coatings,2019,9(9):558.

[17] Shen L,Jiang H,Wang T,et al. Performance of silane-based surface treatments for protecting degraded historic concrete[J]. Progress in Organic Coatings, 2019, 129: 209-216.